高等院校力学学习辅导丛书

材料力学习题解析

（第2版）

胡增强　编著

清华大学出版社

北京

内 容 简 介

本书以材料力学课程教学基本要求的内容为主,共分 14 章:轴向拉伸与压缩;剪切;扭转;截面的几何性质;弯曲内力;弯曲应力;弯曲变形;应力、应变分析;强度理论;组合变形;塑性极限分析;能量法;压杆稳定;动载荷与交变应力。每章均包括"内容提要"和"习题解析"两部分。其中:"内容提要"以提纲挈领的形式,列出该章的基本概念和基本公式,以及相关的物理意义和注意事项,可作为学习该章的小结;"习题解析"选取较为典型、概念性强、具有一定启发思考性和扩展性的习题共 400 余道,每道习题均予以解答,在解答中着重解题思路和分析讨论,而适当简化数字运算过程。

本书可供高等院校工科各专业本科生,参加函授、远程教育和高等教育自学考试以及报考硕士研究生的学生选用;也可作为研究生、教师和科技工作者的参考书。

图书在版编目(CIP)数据

材料力学习题解析/胡增强编著. —2 版. —北京:清华大学出版社,2021.10
(高等院校力学学习辅导丛书)
ISBN 978-7-302-56190-3

Ⅰ. ①材… Ⅱ. ①胡… Ⅲ. ①材料力学-高等学校-题解 Ⅳ. ①TB301-44

中国版本图书馆 CIP 数据核字(2020)第 143460 号

责任编辑:佟丽霞
封面设计:何凤霞
责任校对:王淑云
责任印制:刘海龙

出版发行:清华大学出版社
　　　　网　　址:http://www.tup.com.cn,http://www.wqbook.com
　　　　地　　址:北京清华大学学研大厦 A 座　　　　邮　　编:100084
　　　　社 总 机:010-62770175　　　　　　　　　　邮　　购:010-62786544
　　　　投稿与读者服务:010-62776969,c-service@tup.tsinghua.edu.cn
　　　　质量反馈:010-62772015,zhiliang@tup.tsinghua.edu.cn
印 装 者:三河市君旺印务有限公司
经　　销:全国新华书店
开　　本:185mm×260mm　　印　张:31.5　　插　页:1　　字　　数:762 千字
版　　次:2005 年 3 月第 1 版　2021 年 10 月第 2 版　　印　　次:2021 年 10 月第 1 次印刷
定　　价:89.00 元

产品编号:086768-01

序　言

　　材料力学课程是一门与机械、土建、交通、航空等工程实际密切相关的技术基础课。学习材料力学,一是要理解材料力学的基本概念,掌握基本理论和基本方法;二是要重视实践,掌握材料力学的解题思路及其工程应用。通过分析、演算一定数量的习题,加深对基本概念的理解,以及对基本理论和基本方法的应用,从而培养分析、解决工程实际问题的能力,并扩展、延伸知识面。希望本书能有助于激发学生自主学习的积极性,提高学生的分析、综合和创新能力。

　　本书以材料力学课程教学基本要求的内容为主,共分为14章:轴向拉伸与压缩;剪切;扭转;截面的几何性质;弯曲内力;弯曲应力;弯曲变形;应力、应变分析;强度理论;组合变形;塑性极限分析;能量法;压杆稳定;动载荷与交变应力。每章均包括“内容提要”和“习题解析”两部分。

　　“内容提要”以提纲挈领的形式,列出该章的基本概念和基本公式,以及相关的物理意义和注意事项。这一部分既是对该章内容的归结,也是对该章主要概念和公式的强调。希望有益于对基本概念、基本公式的理解和巩固。

　　“习题解析”选编了一些较为典型、概念性较强、具有一定启发思考性和扩展性的习题。每道习题均予以解答,在解答中着重于解题思路和分析讨论,而适当简化数字运算过程。为此,每道习题的解答都列出了解题步骤,并叙述解题所依据的概念和方法;分析讨论中包含有该题的不同解法、工程应用或所涉及概念的延伸等内容。本书习题的编号按章、节的序号编排,以便于读者阅读、查找和与相关理论的对照。习题中带有 * 号的习题(约占习题总量的 25%),主要是一些概念性较深、综合性较强、难度较大或带有扩展性的题目,以供教学要求较高、学有余力并有兴趣的读者参考。希望通过这些习题,能够使读者深化理解、拓展视野、提高求解能力和工程应用能力;并对学习材料力学的学生以及有志于报考研究生的学生均有所裨益。

　　最后,本书的附录Ⅳ“材料力学基本内容的回顾”,是对材料力学整个内容的总结,相信读者通过基本内容的回顾表能联想起材料力学的全部内容,而且对材料力学的基本理论和基本方法会有更深入的理解和更清晰的掌握。

值本书出版之际,谨向编写本书所参考的各书的编著者,致以深切的谢意。限于编者水平,书中难免有错漏、不足之处,敬请广大读者和同行专家批评指正。

作　者

2021 年 1 月

目　录

第1章
轴向拉伸与压缩

【内容提要】

1.1 轴向拉伸(压缩)杆的内力

1. 轴向拉伸(压缩)的力学模型

轴向拉伸(压缩)是杆件的基本变形之一,其力学模型如图 1-1 所示。

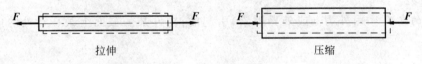

拉伸　　　　　　　　　　　压缩

图　1-1

构件特征　构件为等截面的直杆。

受力特征　外力(或外力合力)的作用线与杆件的轴线相重合。

变形特征　受力后杆件沿其轴线方向伸长(缩短),即杆件任意两横截面沿杆件轴线方向产生相对的平行移动。

2. 内力　截面法

内力　由外力(或其他外界因素)所引起的、构件本身两部分之间的相互作用。

截面法　截面法是求内力的普遍方法,用截面法求内力的步骤:

(1) 截开　在需求内力的截面处,假想地沿该截面将构件截分为二;

(2) 替代　任取一部分,其弃去部分对留下部分的作用,以作用在截开面上相应的内力来代替;

(3) 平衡　由于平衡物体的任一部分均应保持平衡,由平衡条件求出该截面上的未知内力值。

内力的特征

(1) 内力定义在构件的某一假想截面上,等效于截面两侧部分间的相互作用。

（2）内力是指由外力（或外界因素）作用引起构件变形、而产生的某一截面上分布内力系的合成。

（3）内力是矢量，内力沿坐标轴的分量是标量。内力分量的正、负号与构件的变形趋势相联系。

轴力　轴向拉（压）杆横截面上的内力，其作用线必定与杆件轴线相重合，称为轴力（图 1-2），记为 F_N。

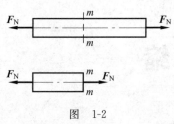

图　1-2

轴力的特征

（1）轴力实质上为内力分量（沿杆件轴线的分量），轴向拉（压）杆横截面上仅该内力分量不为零。

（2）轴力 F_N 规定以拉力为正、压力为负，即引起杆件伸长的轴力为正。注意，列平衡方程时，力的正负，以其使物体产生的运动趋势规定；内力的正负，以其使物体产生的变形趋势规定。两者的物理意义不同。若未知内力的方向始终假定为其正向，则由平衡方程求得的内力正负号，就直接反映了内力的正负。

轴力图　表示沿杆件轴线各横截面上轴力变化规律的图线。轴力图应与杆件轴线等长，且在图中标注各段轴力的正、负号和数值。

1.2　轴向拉伸(压缩)杆的应力

1. 应力

应力的定义　由外力（或外界因素）引起的，构件某一截面上某一点处的内力集度（图 1-3）。

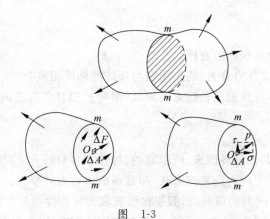

图　1-3

全应力　截面 m—m 上点 O 处的应力，记为 p。

$$p = \lim_{\Delta A \to 0} \frac{\Delta F}{\Delta A} = \frac{\mathrm{d}F}{\mathrm{d}A} \tag{1-1}$$

正应力　垂直于截面的应力分量，记为 σ。

切应力　相切于截面的应力分量，记为 τ。

应力的特征

(1) 应力定义在构件的某一假想截面或其边界上的某一点处,等效于材料质点间的相互作用。

(2) 应力是单位面积上的力;应力的单位为帕(Pascal),其代号为 Pa(1Pa＝1N/m²)。由于帕的单位较小,常用 MPa 表示(词冠 M 表示 10^6)。

(3) 应力为矢量,而应力分量为标量,并规定:

正应力 σ——以离开截面的拉应力为正,指向截面的压应力为负;

切应力 τ——以其对截面内一点产生顺时针转向的力矩时为正,反之为负。

2. 轴向拉(压)杆横截面上的应力

分布规律　轴向拉(压)杆横截面上仅有垂直于截面的正应力,且正应力在整个横截面上均匀分布(图 1-4)。

正应力公式

$$\sigma = \frac{F_N}{A} \qquad (1\text{-}2)$$

式中,F_N 为该横截面上的轴力;A 为横截面的面积。

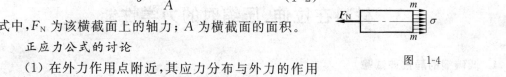

图　1-4

正应力公式的讨论

(1) 在外力作用点附近,其应力分布与外力的作用方式有关;在杆件几何外形骤然改变(或局部不规则)处,将引起局部应力骤增的应力集中现象,都不能应用式(1-2),但其影响范围均不超过杆件的最大横向尺寸,即圣维南 (St. Venant)原理。

(2) 对于阶梯形杆(图 1-5(a)),在各段中部各横截面上的正应力,可按式(1-2)计算;对于截面连续变化的锥形杆(图 1-5(b)),当杆件两侧棱边的夹角 $\alpha \leqslant 20°$ 时,应用式(1-2)所得的正应力,其误差不超过 3%(参见习题 1.2-7)。

3. 轴向拉(压)杆斜截面上的应力

斜截面应力　任意斜截面 m—m(图 1-6)的截面积为 A_α,斜截面上的应力均匀分布,其全应力及应力分量分别为

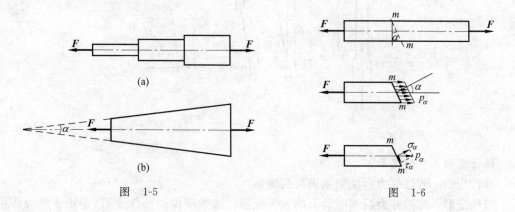

(a)

(b)

图　1-5　　　　　　　　　　　　　　图　1-6

全应力 $$p_\alpha = \frac{F}{A_\alpha} = \sigma_0 \cos\alpha \qquad (1\text{-}3a)$$

正应力 $$\sigma_\alpha = p_\alpha \cos\alpha = \sigma_0 \cos^2\alpha \qquad (1\text{-}3b)$$

切应力 $\qquad\qquad\qquad\qquad \tau_a = p_a\sin\alpha = \dfrac{\sigma_0}{2}\sin2\alpha$ $\qquad\qquad\qquad$ (1-3c)

式中，σ_0 表示横截面上的正应力；α 为横截面外法线至斜截面外法线的转角，以逆时针转动为正。

　　轴向拉(压)杆内的最大、最小应力

　　正应力的最大、最小值分别为

$$\sigma_{a,\max} = \sigma_{a=0°} = \sigma_0$$

$$\sigma_{a,\min} = \sigma_{a=90°} = 0$$

　　切应力的最大、最小值分别为

$$|\tau_a|_{\max} = \tau_{a=\pm45°} = \frac{\sigma_0}{2}$$

$$|\tau_a|_{\min} = \tau_{a=0°,90°} = 0$$

　　注意，切应力的正、负，仅表示其指向不同，而对于剪切强度来说是相同的。

1.3　材料在拉伸、压缩时的力学性能

1. 低碳钢的静拉伸试验

　　应力-应变曲线　以一定规格的试样，在规定的试验条件下[1]，通过试验机施加力 F，测量试样标距 l 的伸长 Δl。然后，以应力 σ（力除以试样的原始横截面面积）为纵坐标；以应变 ε（伸长除以标距的原始长度）为横坐标，得表征材料力学性能的应力-应变曲线。低碳钢的应力-应变曲线如图 1-7 所示。

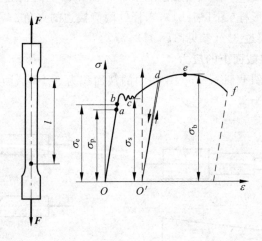

图　1-7

　　弹性变形与塑性变形

　　弹性变形　卸除外力后能完全消失的变形。

　　塑性变形　卸除外力后不能消失的永久变形。通常所说的塑性变形，是指由外力作用

---

　　① 关于试样的具体要求和测试条件，可参阅国家标准 GB/T 228.1—2010《金属材料　拉伸试验　第一部分：室温试验方法》。该标准中，有些名词术语和符号有所变动。本书为与国内教材取得一致，仍采用原标准。

引起的、与时间无关的不可恢复的永久变形。

变形的四个阶段

弹性阶段 Ob 只产生弹性变形,不引起塑性变形。

屈服阶段 bc 应力在很小范围波动,应变显著增加,且主要为塑性变形。

强化阶段 ce 必须增大应力,才能增加应变。

缩颈阶段 ef 试样发生缩颈,变形集中在缩颈区。

三类力学性能指标:

强度指标   比例极限 σ_p——应力与应变成正比的最高应力值。

弹性极限 σ_e——只产生弹性变形的最高应力值[1]。

屈服极限 σ_s——应变显著增加,应力微小波动时的最低应力值[2]。

强度极限 σ_b——试样在断裂前所能达到的最高应力值。

弹性指标   弹性模量

$$E = \frac{\sigma}{\varepsilon} \tag{1-4}$$

塑性指标   伸长率

$$\delta = \frac{l_1 - l}{l} \times 100\% \tag{1-5}$$

断面收缩率

$$\psi = \frac{A - A_1}{A} \times 100\% \tag{1-6}$$

式中,l_1 为试样拉断后的标距长度;A_1 为试样拉断后缩颈处的最小横截面面积。

卸载定律及冷作硬化

卸载定律   试样达到强化阶段(或强化阶段前),卸载时的应力与应变呈线性关系(如图 1-7 中 dO')。

冷作硬化   试样加载达到强化阶段后卸载,再次加载时,材料的比例极限(或弹性极限)提高,而塑性降低的现象(如图 1-7 中曲线 $O'def$)。

2. 铸铁的静拉伸试验

应力-应变曲线   应力与应变间无明显的直线段,在应变很小时就突然断裂,其应力-应变曲线如图 1-8 所示。

力学性能   试验中只能测得强度极限 σ_b,无屈服阶段和缩颈现象。弹性模量通常以总应变为 0.1% 时的割线斜率来度量(如图 1-8 中的 Oa)。

3. 低碳钢的压缩试验

应力-应变曲线   屈服阶段前与拉伸时的应力-应变曲线基本相同,屈服阶段后,试样越压越扁,测不到强度极限,其应力-应变曲线如图 1-9 所示。

力学性能   弹性模量 E、比例极限 σ_p、屈服极限 σ_s 分别与拉伸时的相同,无强度极限 σ_b。

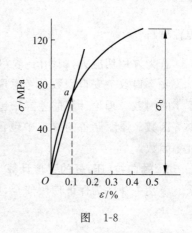

图 1-8

---

① 弹性极限与比例极限在实测中很难区分,工程中一般不加区分。

② GB/T 228.1—2010 将应力微小波动中首次下降前的最高应力称为"上屈服强度";而将不计初始瞬时效应的最低应力称为"下屈服强度"。试验表明,加载速度等因素对上屈服强度有影响,而下屈服强度较为稳定。

4. 铸铁的压缩试验

应力-应变曲线　应力与应变间无明显的直线阶段和屈服阶段,但有明显的塑性变形。其应力-应变曲线如图 1-10 所示。

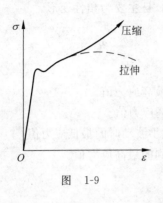

图　1-9

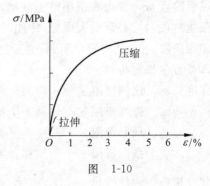

图　1-10

力学性能　压缩时的强度极限远大于拉伸时的强度极限,$\sigma_{b,t} \approx (4 \sim 5)\sigma_{b,c}$。弹性模量以某一应力值的割线斜率来度量,通常取拉伸和压缩的弹性模量相同。

1.4　轴向拉伸(压缩)杆的强度条件

1. 许用应力与安全因数

许用应力　在保证正常工作的条件下,材料容许承受的最高应力值。

塑性材料
$$[\sigma] = \frac{\sigma_s}{n_s} \tag{1-7a}$$

脆性材料
$$[\sigma] = \frac{\sigma_b}{n_b} \tag{1-7b}$$

若为许用切应力,则用$[\tau]$表示。

安全因数　安全因数是考虑理论计算中的差异和构件强度储备的要求后,而规定的大于 1 的因数。理论计算的差异中包括材料材质、载荷值确定、构件几何尺寸及计算简图的误差等因数;强度储备的要求中包含构件使用中的意外、构件的重要性及构件损坏后的危害性等因数。

2. 轴向拉(压)杆的强度计算

强度条件　为保证使用安全,构件内的最大工作应力不得超过材料的许用应力。即

$$\sigma_{max} = \left(\frac{F_N}{A}\right)_{max} \leqslant [\sigma] \tag{1-8}$$

强度计算的三类问题

强度校核
$$\sigma_{max} = \left(\frac{F_N}{A}\right)_{max} \leqslant [\sigma]$$

截面设计
$$A \geqslant \frac{F_{N,max}}{[\sigma]}$$

许可载荷计算　　　　　$F_N \leqslant [\sigma]A$　　　　　　　　　　　　由 F_N 计算$[F]$

1.5 轴向拉伸（压缩）杆的变形

1. 位移、变形与应变

位移的定义

线位移 受力物体形状改变时，一点（或一截面）位置移动的直线距离。图 1-11(a) 中点 A 的线位移为 u；点 B 的线位移为 $u+\Delta u$。

角位移 受力物体形状改变时，一线段（或一截面）方向转动的角度。图 1-11(b) 中线段 $\overline{AB}$ 的角位移为 α；线段 $\overline{AC}$ 的角位移为 $-\beta$。

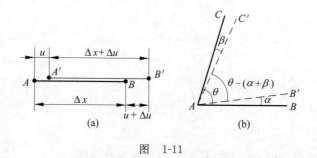

图 1-11

变形的定义

线变形 受力物体形状改变时，线段长度的改变量（或线段两端点间的相对线位移）。图 1-11(a) 中线段 $\overline{AB}$ 的线变形为 Δu。

角变形 受力物体形状改变时，两线段间夹角的改变量（或两线段间的相对角位移）。图 1-11(b) 中线段 $\overline{AB}$ 与 $\overline{AC}$ 间的角变形为 $(\alpha+\beta)$。

应变的定义

线应变 受力物体形状改变时，一点处沿某一方向微小线段相对线变形的极值，即

$$\varepsilon_x = \lim_{\Delta x \to 0} \frac{\Delta u}{\Delta x} = \frac{\mathrm{d}u}{\mathrm{d}x} \tag{1-9a}$$

切应变 受力物体形状改变时，一点处沿某个方向两相互垂直微小线段的直角改变量。若图 1-11(b) 中 $\angle CAB$ 为直角，则其切应变为

$$\gamma_{xy} = \lim_{\substack{\Delta x \to 0 \\ \Delta y \to 0}} \left(\frac{\pi}{2} - \angle C'AB' \right) \tag{1-9b}$$

位移、变形与应变的特征

(1) 线位移的单位为 m（或 mm），角位移的单位为度（或弧度）；线变形的单位为 m（或 mm），角变形的单位为度（或弧度）；线应变无单位（其量纲为 1），通常用 ‰ 表示；切应变的单位为度（或弧度）。

(2) 位移为矢量，变形为标量，而应变本身是以其分量的形式来定义的。线位移沿 x, y, z 三个坐标轴的分量通常分别用 u, v, w 表示，角位移的分量为在三个坐标平面内的转角，其指向和转向通常用图示方式表示。在工程实际中通常仅计算线变形（简称为变形），而不计算其角变形。（线）变形以伸长为正、缩短为负；线应变分量以伸长应变为正，而切应变

分量以第一象限的直角减小为正。

（3）位移、变形与应变三者间既有联系，又有区别，是三个不同的概念。

2. 轴向拉（压）杆的变形与应变

杆件在轴向拉伸（压缩）时，在平行和垂直杆轴方向产生均匀的线变形，而没有角变形。拉伸时沿轴向伸长，横向缩短（图 1-12），压缩时反之。

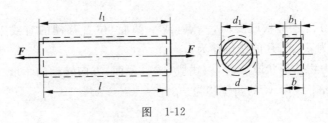

图　1-12

轴向线变形 $\qquad\qquad\Delta l = l_1 - l$ $\hfill$ (1-10a)

轴向线应变 $\qquad\qquad\varepsilon = \dfrac{\Delta l}{l}$ $\hfill$ (1-10b)

胡克（Hooke）定律 $\qquad\Delta l = \dfrac{F_N l}{EA}$ 或 $\varepsilon = \dfrac{\sigma}{E}$ $\hfill$ (1-11)

胡克定律的特征

（1）胡克定律适用于应力不超过比例极限的线弹性范围。

（2）在计算 Δl 的 l 长度内，F_N、E、A 均应为常数。

（3）EA 表征杆件抵抗拉伸（压缩）弹性变形的能力，称为杆件拉伸（压缩）刚度。

横向线变形 $\qquad\qquad\Delta d = d_1 - d$ 或 $\Delta b = b_1 - b$ $\hfill$ (1-12a)

横向线应变 $\qquad\qquad\varepsilon' = \dfrac{\Delta d}{d}$ 或 $\varepsilon' = \dfrac{\Delta b}{b}$ $\hfill$ (1-12b)

泊松（Poisson）比 $\qquad\nu = \left| \dfrac{\varepsilon'}{\varepsilon} \right|$ $\hfill$ (1-13)

泊松比的特征

（1）泊松比适用于应力不超过比例极限的线弹性范围。

（2）各向同性材料泊松比的范围为 $0 < \nu < 0.5$。

（3）对于各向同性材料，横向应变 ε' 与轴向应变 ε 恒为异号。

位移的计算

（1）由静力平衡条件，求杆件横截面上的轴力（或应力）；

（2）由力-变形间物理关系（胡克定律），计算杆件的变形（或应变）；

（3）由变形的几何相容条件（约束条件及连续条件），求解位移值。

3. 轴向拉（压）杆内的应变能

应变能　杆件在外力作用下引起变形，同时在杆内储存的能量，称为应变能。若变形是弹性变形，则称为弹性应变能，通常简称为应变能。在静载荷作用下，杆内应变能在数值上等于外力所做的功。即

$$V_\varepsilon = W \hfill (1-14)$$

轴向拉（压）杆内的应变能

$$V_\varepsilon = \frac{1}{2}F_N \Delta l = \frac{F_N^2 l}{2EA} = \frac{EA\Delta l^2}{2l} \tag{1-15}$$

应变能的单位为焦耳(Joule),其代号为 J(1J=1N・m)。

应变能密度 杆件单位体积内储存的应变能,称为应变能密度。轴向拉(压)杆内的应变能密度为

$$v_\varepsilon = \frac{1}{2}\sigma\varepsilon = \frac{\sigma^2}{2E} = \frac{E\varepsilon^2}{2} \tag{1-16}$$

1.6 轴向拉伸、压缩时的静不定问题

1. 静不定的概念

静不定问题 未知的约束反力数(图 1-13(a))或未知的杆件内力数(图 1-13(b))多于独立的静力平衡方程数,单凭静力平衡方程不可能确定全部未知数的问题,统称为静不定问题(或超静定问题)。

静不定次数 未知力数(包括未知反力和未知内力)超过独立平衡方程数,称为静不定次数。如图 1-13(a)、(b)称为静不定一次,或一次静不定(超静定一次或一次超静定)。而图 1-14(a)中的桁架为静不定二次,或二次静不定。其中一次为约束反力,另一次为杆件内力。

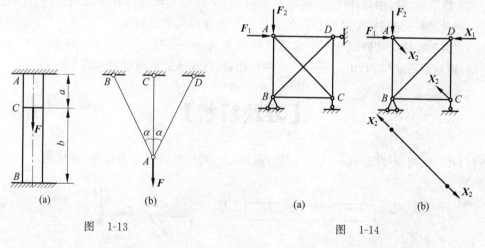

图 1-13

图 1-14

多余约束和多余未知力

多余约束 多于维持平衡所必须的支座和杆件,称为"多余"约束。静不定结构中必定存在与静不定次数相等的多余约束(如图 1-14(a)中将支座 D 和斜杆 AC 视为多余约束)。

多余未知力 与多余约束相应的支座反力和杆件内力(如图 1-14(b)中的 X_1 和 X_2)。

基本静定系 在静不定结构中解除多余约束,并施加相应的多余未知力,所得作用有载荷和多余未知力的静定结构,称为原静不定结构的基本静定系(或相当系统),如图 1-14(b)所示。

2. 静不定问题的解法

静力、几何、物理三方面求解静不定问题

（1）静力平衡条件　由静力平衡条件，列出静力平衡方程。

（2）变形几何相容条件　由变形的几何相容条件（连续条件和支座约束条件），列出变形相容的几何方程。

（3）力-变形间物理关系　由胡克定律，列出杆件的轴力与变形间的关系方程。

将物理关系代入变形相容方程，得补充方程。补充方程与静力平衡方程联立，求解全部未知力。

几点说明

（1）若仅由支座约束数多于维持平衡所必需的约束数而形成的静不定问题，则采用选取基本静定系（即选择某些支座约束为多余约束）的方法较为方便。由补充方程即可解出多余未知力，而求得多余未知力后，基本静定系即等效于原静不定结构。

（2）在计算位移时，也同样考虑静力平衡、变形几何相容和物理关系三个方面，但三方面是分别独立地考虑的。而在求解静不定问题时，三方面需综合考虑。

（3）静力、几何和物理三方面考虑的方法，不仅是求解静不定问题的方法，也是材料力学的基本方法。

3. 静不定问题的特征

（1）在静不定结构中，由于存在多余约束，因而也提供了相应的变形几何相容条件。因此，必定能找到足够的补充方程，使补充方程数与静力平衡方程数之和等于未知力的数目，从而求解全部未知力。

（2）静不定结构中杆件内力（或应力）不仅与结构的几何外形有关，而且与杆件的刚度有关。因此，静不定结构中某些杆件的强度往往不能得到充分利用。

（3）由于杆件尺寸的制造不正确或杆件所处温度场的变化，对于静定结构只影响其几何外形，而对静不定结构，由于多余约束的存在，则将在承受载荷前就产生初应力。

【习题解析】

1.1-1　试判别图（a）、（b）、（c）、（d）、（e）所示各构件是否是轴向拉伸（或压缩）？

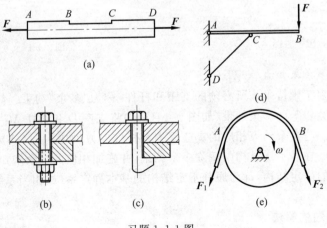

习题 1.1-1 图

答 (a) 杆的 AB 和 CD 段是轴向拉伸,而 BC 段是轴向拉伸和弯曲的组合。

(b) 螺栓是轴向拉伸。

(c) 弯头螺栓是轴向拉伸和弯曲的组合。

(d) 杆 AB 的 AC 段为轴向拉伸和弯曲的组合,CB 段为弯曲;杆 CD 是轴向压缩。

(e) 皮带与轮子接触的 $\overset{\frown}{AB}$ 段,除皮带所受拉力外,还受到轮子对其正压力和摩擦力的作用。当皮带的厚度 δ 很小时,皮带可按轴向拉伸计算。

1.1-2 结构及其承载如图(a)所示,试求杆 BD 和 CE 的轴力图。

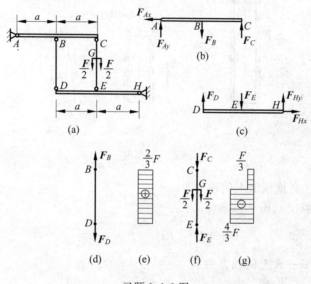

习题 1.1-2 图

解 (1) 受力分析

作杆 AC、DH、BD 和 CE 的受力图分别如图(b)、(c)、(d)和(f)所示。

$$\sum M_A = 0(\text{图(b)}), \qquad\qquad F_B = 2F_C \qquad\qquad\qquad (1)$$

$$\sum M_H = 0(\text{图(c)}), \qquad\qquad F_E = 2F_D \qquad\qquad\qquad (2)$$

$$\sum F_y = 0(\text{图(d)}), \qquad\qquad F_B = F_D \qquad\qquad\qquad (3)$$

$$\sum F_y = 0(\text{图(f)}), \qquad\qquad F_C + F = F_E \qquad\qquad\qquad (4)$$

联立式(1)~式(4),解得

$$F_B = F_D = \frac{2}{3}F, \quad F_C = \frac{1}{3}F, \quad F_E = \frac{4}{3}F$$

(2) 杆 BD、CE 的轴力图

杆 BD 和 CE 的轴力图分别如图(e)和(g)所示。

讨论:

上述计算的 F_B,F_C,F_D,F_E 分别为铰链 B,C,D,E 处的约束反力。对整个结构而言,是系统的内力;而对杆件 BD 和 CE 而言,则是外力。在本题中,也可应用截面法直接求解杆 BD 和 CE 的轴力,但这时各杆的受力图,应画出所截的截面位置,并用符号 F_N 表示未知的

轴力。然而,由于轴向拉(压)杆轴力计算的直观性,故在今后的计算中将不再严格区分。

1.1-3 一打入地基内的木桩如图(a)所示,沿杆轴单位长度的摩擦力为 $f=kx^2$(k 为常数),试作木桩的轴力图。

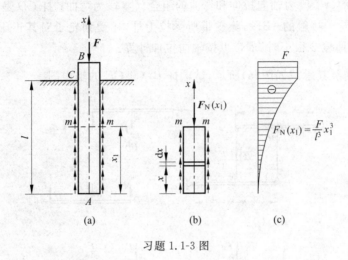

习题 1.1-3 图

解 (1) 木桩任意横截面上的轴力

应用截面法(图(b)),由平衡条件

$$\sum F_y = 0, \qquad\qquad \int_0^{x_1} f\mathrm{d}x - F_N(x_1) = 0$$

得木桩任一横截面 m—m 上的轴力为

$$F_N(x_1) = \int_0^{x_1} f\mathrm{d}x = \int_0^{x_1} kx^2 \mathrm{d}x = \frac{1}{3}kx_1^3$$

由整杆的平衡条件 $\sum F_y = 0$,得

$$\int_0^l kx^2 \mathrm{d}x = \frac{1}{3}kl^3 = F$$

$$k = 3\frac{F}{l^3}$$

于是,有

$$F_N(x_1) = F\left(\frac{x_1}{l}\right)^3 \quad (\text{压力})$$

(2) 木桩轴力图

由轴力方程,可得

$$x = 0, \qquad F_N = 0$$
$$x = l, \qquad F_N = F$$

轴力在地面以下部分沿杆轴呈三次曲线变化,其轴力图如图(c)所示。

1.1-4 在一刚性板的孔中装有弹性的螺栓(图(a)),已知旋进螺母,使螺栓产生预拉力 F_0。然后,通过槽钢施加力 F(设不考虑槽钢的变形),试分析加载过程中,螺栓内力的变化。

解 由于厚板是刚性的,只要下面的螺母与板(槽钢)保持接触,则螺栓的长度就保持不变。因而,螺栓的拉力就保持不变。当下面的螺母与刚性板(槽钢)脱开,则螺栓的拉力将等

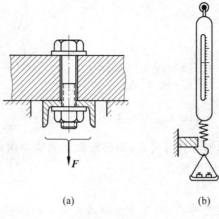

习题 1.1-4 图

于所施加的力,即

$$F \leqslant F_0, \qquad 螺栓拉力 \qquad F_N = F_0$$
$$F \geqslant F_0, \qquad 螺栓拉力 \qquad F_N = F$$

讨论:

上述结论的正确性,可用一简单的实验证明如下。设一悬挂在墙上的弹簧秤,施加初拉力将其钩在突出的刚性块上(图(b))。若在弹簧秤下端施加砝码,当砝码小于预拉力时,弹簧秤的读数将保持不变;当砝码大于初拉力时,则钩子将与刚性块脱开,显然,弹簧秤的读数将等于所加砝码的重量。实际上,当所加砝码小于预拉力时,钩子与刚性块之间的作用力将随砝码的重量而变化。即刚性块对钩子的反作用力与砝码重量之和,等于弹簧秤的预拉力。

1.2-1 横截面为任意形状的等直杆如图(a)所示。已知横截面上的正应力为均匀分布,试证明拉力 F 的作用线必与杆轴重合。

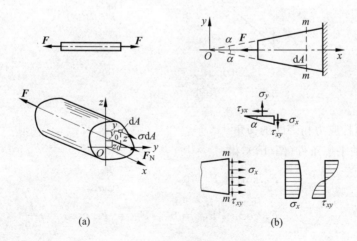

习题 1.2-1 图

解 任取坐标系 $Oxyz$,横截面上任一微面积 dA 的合力为 σdA。由应力合成等于内力的静力学原理,可得

$$\int_A \sigma dA = F_N, \qquad\qquad \sigma = \frac{F_N}{A}$$

$$M_y = \int_A z \cdot \sigma dA = F_N z_0, \qquad z_0 = \frac{\int_A z dA}{A}$$

$$M_z = \int_A y \cdot \sigma dA = F_N y_0, \qquad y_0 = \frac{\int_A y dA}{A}$$

上列 y_0, z_0 为横截面的形心计算公式,即证截面上的轴力通过截面形心,则由静力平衡条件,拉力 F 的作用线必与杆轴重合。

讨论:

若横截面上的正应力均匀分布,则其合力必通过横截面的形心,即轴力 F_N 必与杆轴线重合。但横截面上正应力为非均匀分布时,其合力也可能只有轴力。也就是说,轴向拉、压杆的外力作用条件是横截面上正应力均匀分布的必要条件,但并不是充分条件。如单位厚度楔形板承受轴向拉力 F(图(b)),从板边缘截取三角形单元体,由单元体的平衡可见,横截面上除正应力 σ_x 外,还有切应力 τ_{xy},而纵截面上有正应力 σ_y 和切应力 τ_{yx}。这时,横截面上的正应力 σ_x 和切应力 τ_{xy} 的分布规律,如图(b)中所示(参见习题 1.2-7),两者均为非均匀分布,但其应力合成仍为轴力。

1.2-2 由两杆组成的简单构架如图(a)所示。已知两杆的材料相同,横截面面积之比为 $A_1/A_2 = 2/3$,在结点 B 承受铅垂载荷 F。试求:

(1) 为使两杆内的应力相等,夹角 α 应为多大?

(2) 若 $F = 10kN, A_1 = 100mm^2$,则此时杆内的应力为多大?

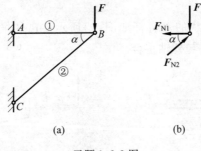

(a)   (b)

习题 1.2-2 图

解 (1) 两杆应力相等时的夹角

由结点 B 的平衡条件(图(b)),得

$$\sum F_y = 0, \qquad\qquad F_{N2}\sin\alpha - F = 0, \qquad F_{N2} = \frac{F}{\sin\alpha}$$

$$\sum F_x = 0, \qquad\qquad F_{N2}\cos\alpha - F_{N1} = 0, \qquad F_{N1} = F_{N2}\cos\alpha = \frac{F}{\tan\alpha}$$

由 $\sigma = \frac{F_N}{A}$,为使 $\sigma_1 = \sigma_2$,则

$$\frac{F_{N1}}{F_{N2}} = \frac{A_1}{A_2} = \frac{2}{3}$$

$$\frac{F/\tan\alpha}{F/\sin\alpha} = \cos\alpha = \frac{2}{3}$$

$$\alpha = 48.2° = 48°12'$$

（2）杆内应力

$$\sigma_1 = \sigma_2 = \frac{F_{N1}}{A_1} = \frac{F}{A_1\tan\alpha} = \frac{10 \times 10^3\,\mathrm{N}}{(100 \times 10^{-6}\,\mathrm{m}^2)\tan 48.2°}$$

$$= 89.4 \times 10^6\,\mathrm{Pa} = 89.4\,\mathrm{MPa}$$

讨论：

按国际单位制（SI Units）的使用规则，在数字运算时，一律用基本单位进行运算，其词冠均应用相应的 10 的乘方来代替。最后运算结果，再选用适当的词冠，尽可能使数值处于 0.1～1000 的范围内。

作为工程师的一个基本素养，希望读者在学习中注意养成良好的习惯。

1.2-3 一内半径为 r、壁厚为 δ、宽度为 b 的薄壁圆环，在圆环内表面承受均匀压力 p（图（a））。试求由内压力引起的圆环径向截面上的应力。

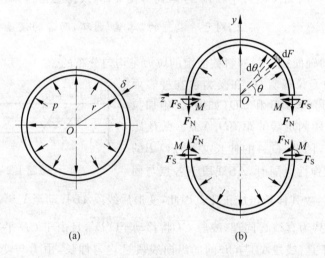

习题 1.2-3 图

解 （1）径向截面上的内力

由于圆环及其受力对于圆心 O 的极对称性，圆环任一径向截面上的内力均相同。应用截面法，得半圆环的受力如图（b）所示。

一般而言，截开面上的内力分量有垂直截面的力 F_N（称为轴力）、平行截面的力 F_S（称为剪力）和力偶 M（称为弯矩），分别对应于阻止截面两侧产生垂直及平行于截面的相对移动和相对转动的内约束力。由于作用与反作用定律，若设力 F_S 在圆环上半部指向圆心，则在下半部分的指向必远离圆心。这样上、下半圆环在变形后就违背了变形的几何相容条件（即变形后，圆环仍应保持连续的条件），因此，平行于截面的内力分量必须等于零。同时，由于是"薄壁"圆环，截面上的力偶矩 M 必定很小，而可略去不计。于是，在径向截面只有垂直于截面的内力分量 F_N。

由半圆环的平衡条件，可得

$$\sum F_y = 0, \qquad\qquad \int_0^\pi \mathrm{d}F\sin\theta - 2F_N = 0$$

$$F_N = \frac{1}{2}\int_0^\pi (pbr\,\mathrm{d}\theta)\sin\theta = pbr$$

由于圆环对 y 轴的对称性,显然满足平衡条件 $\sum F_z = 0$ 和 $\sum M_O = 0$。

（2）径向截面上的应力

当圆环很薄时,可假设截面上的应力均匀分布,即得

$$\sigma = \frac{F_N}{A} = \frac{pbr}{b\delta} = \frac{pr}{\delta}$$

讨论:

由上述解答可见,薄壁圆环承受均匀内压时径向截面上的应力情况,与宽度为 b、厚度为 δ 和长度为 $2\pi\left(r + \dfrac{\delta}{2}\right)$ 的平板条承受轴力 F_N 时横截面上的应力情况是相同的。这一模型在随后计算薄壁圆环的变形（如题 1.5-4 时）是很有用的。

应力公式中的 r 为圆环的内半径,在今后的薄壁圆环（或薄壁圆筒）的计算中,通常用平均半径 $r_0 = r + \dfrac{\delta}{2}$ 来代替。事实上,对于 $\delta \leqslant \dfrac{r}{10}$ 的"薄壁"圆环,两者的误差将小于 5%。

1.2-4 试论述轴向拉（压）杆斜截面上的应力是均匀分布的。

答　设一轴向受拉等直杆,在受力前在杆表面作两条相互平行的直线 AB 和 CD（如图）。施加拉力 F 后,由于点 A 距固定端的距离 $\overline{O_1A}$ 小于点 B 距固定端的距离 $\overline{O_2B}$,因此,$\overline{O_1A}$ 的伸长必小于 $\overline{O_2B}$ 的伸长。当杆处于线弹性范围时,$\overline{AB}$ 线段上各点与固

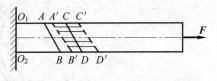

习题 1.2-4 图

定端的距离成正比,故其伸长也成正比。因此,变形后线段 $\overline{AB}$ 移动至 $\overline{A'B'}$,虽然 $A'B'$ 与 AB 不平行,但 $A'B'$ 保持为直线。同理,线段 $\overline{CD}$ 将移动至 $\overline{C'D'}$,且由于 CD 平行于 AB,则 $C'D'$ 必平行于 $A'B'$。于是,线段 $\overline{AB}$ 与 $\overline{CD}$ 间的纵向线段呈均匀伸长,由力与变形成正比的物理关系,即得轴向拉（压）杆斜截面上的应力为均匀分布。

1.2-5　横截面面积 $A = 100\,\mathrm{mm}^2$ 的拉杆,承受轴向拉力 $F = 10\,\mathrm{kN}$,如图（a）所示。若以角度 α 表示斜截面与横截面间的夹角,试求:

（1）$\alpha = 0°, 45°, -60°, 90°$ 时,各个截面上的正应力和切应力,并作图表示应力的方向。

（2）拉杆的最大正应力和最大切应力及其作用的截面。

解　（1）各截面上的应力

由

$$\sigma_\alpha = \sigma_0 \cos^2\alpha$$

$$\tau_\alpha = \frac{\sigma_0}{2}\sin 2\alpha$$

得　$\alpha = 0°$:　　$\sigma_{0°} = \sigma_0 = \dfrac{F}{A} = \dfrac{10\times 10^3\,\mathrm{N}}{100\times 10^{-6}\,\mathrm{m}^2} = 100\times 10^6\,\mathrm{Pa} = 100\,\mathrm{MPa}$

$$\tau_{0°} = 0$$

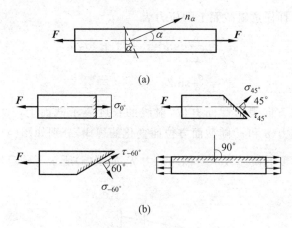

(a)

(b)

习题 1.2-5 图

$$\alpha=45°: \quad \sigma_{45°}=(100\times10^6\,\text{Pa})\cos^2 45°=50\times10^6\,\text{Pa}=50\text{MPa}$$

$$\tau_{45°}=\frac{100\times10^6\,\text{Pa}}{2}\sin(2\times45°)=50\times10^6\,\text{Pa}=50\text{MPa}$$

$$\alpha=-60°: \quad \sigma_{-60°}=(100\times10^6\,\text{Pa})\cos^2(-60°)=25\times10^6\,\text{Pa}=25\text{MPa}$$

$$\tau_{-60°}=\frac{100\times10^6\,\text{Pa}}{2}\sin[2(-60°)]=-43.3\times10^6\,\text{Pa}=-43.3\text{MPa}$$

$$\alpha=90°: \quad \sigma_{90°}=(100\times10^6\,\text{Pa})\cos^2 90°=0$$

$$\tau_{90°}=\frac{100\times10^6\,\text{Pa}}{2}\sin(2\times90°)=0$$

各截面上的应力方向如图(b)所示。

（2）最大应力

最大正应力 发生在 $\alpha=0°$ 的横截面上，其值为

$$\sigma_{max}=\sigma_0=100\text{MPa}$$

最大切应力 发生在 $\alpha=\pm45°$ 的截面上，其值为

$$|\tau_{max}|=\frac{\sigma_0}{2}=50\text{MPa}$$

1.2-6 试用极坐标表示轴向拉（压）杆中任一点处的应力随截面方位角而变化的规律。

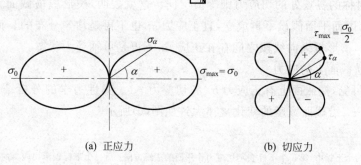

(a) 正应力   (b) 切应力

习题 1.2-6 图

答　轴向拉(压)杆任意斜截面上的应力为

$$\sigma_a = \sigma_0 \cos^2\alpha = \frac{\sigma_0}{2}(1 + \cos 2\alpha)$$

$$\tau_a = \frac{\sigma_0}{2}\sin 2\alpha$$

以极坐标的射线方向表示截面方位,射线的长度表示截面上应力的数值。则轴向拉(压)杆内任一点处应力(σ 和 τ)随截面方位而变化的规律,分别如图(a)和图(b)所示。

*1.2-7　单位厚度的楔形板承受轴向拉力 F,如图(a)所示。试定性地分析楔形板横截面上的应力情况。

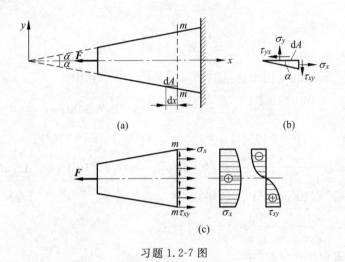

习题 1.2-7 图

解　(1)楔形板的应力分析

在楔形板的侧边处用相距为 dx 的两横截面和纵截面截取楔形单元体(图(b))。由于横截面上的正应力 σ_x,为维持 x 方向力的平衡,则在纵截面上必存在切应力 τ_{yx}[①];纵截面上有切应力,则横截面上也必存在切应力(参见第 2.3 节中的切应力互等定理);而为维持 y 方向力的平衡,则纵截面上还应有正应力 σ_y。由微楔体的平衡条件,得

$$\sum F_x = 0, \qquad \sigma_x(dA \cdot \tan\alpha) - \tau_{yx}dA = 0$$
$$\sum F_y = 0, \qquad \sigma_y dA - \tau_{xy}(dA \cdot \tan\alpha) = 0$$

由于楔形板及载荷均对称于杆轴 x,因此,在横截面的中间($y=0$)的各点处的切应力为零,而与 x 轴对称的各点处的切应力则等值反向。这就表明,楔形板横截面上的切应力 τ_{xy} 为非均匀分布,因而平面假设不再成立,且正应力 σ_x 也不再是均匀分布的。而且,纵截面上正应力 σ_y 表明,楔形板纵向线段之间存在正应力,不再是单轴受力状态。

(2)任意横截面上的应力

由上分析可见,横截面上有正应力 σ_x 和切应力 τ_{xy}。弹性力学的分析结果表明[②],正应力 σ_x 和切应力 τ_{xy} 沿截面宽度的变化规律大致如图(c)所示。

---

①　切应力的两个下标中,第一个下标表示切应力作用面的法线方向;后一个下标表示切应力的作用方向。

②　参见:刘鸿文.高等材料力学[M].北京:高等教育出版社,1985,第八章.

横截面宽度中点处的正应力为最大,其值为

$$\sigma_{x,\max} = \frac{2F}{2\alpha + \sin 2\alpha} \cdot \frac{1}{x}$$

而假如按横截面上正应力均匀分布,则

$$\sigma_x = \frac{F_N}{A} = \frac{F}{2x\tan\alpha}$$

当 α 为不同值,两者误差如下表所示。

两侧边夹角 2α	$10°$	$20°$	$30°$	$40°$
$\sigma_{x,\max}$（非均匀分布）	$5.744\dfrac{F}{x}$	$2.894\dfrac{F}{x}$	$1.954\dfrac{F}{x}$	$1.492\dfrac{F}{x}$
σ_x（均匀分布）	$5.715\dfrac{F}{x}$	$2.836\dfrac{F}{x}$	$1.866\dfrac{F}{x}$	$1.374\dfrac{F}{x}$
相对误差	0.5%	2%	4.5%	7.9%

1.3-1 按照试样的标距 l 与直径 d 的比值,规定由 $l = 5d$ 和 $l = 10d$ 两种标准试样测定的伸长率,分别记为 δ_5 和 δ_{10},试问对于同一材料,δ_5 与 δ_{10} 的值是否相等？若标距为 l 的拉伸试样及其断口如图所示,试确定试样的伸长率。

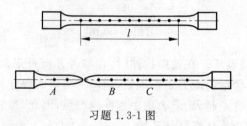

习题 1.3-1 图

答 (1) δ_5 与 δ_{10} 的比较

对于同一材料,若试样的直径相同,由于在局部变形阶段,塑性变形集中在缩颈区,其塑性变形量基本相同。因而对于 $l = 5d$ 的短试样,在其标距范围内塑性变形量所占的比例,显然大于 $l = 10d$ 的长试样,即对于同一材料,必然有 $\delta_5 > \delta_{10}$。

(2) 伸长率 δ 的计算

试样的伸长率为

$$\delta = \frac{l_1 - l}{l} \times 100\%$$

当试样的断口靠近标距的一端时,为消除缩颈区附近不均匀变形的影响,在计算试样断裂后的长度 l_1 时,应采用移中法,即假想地将断口移至试样标距的中部,如图所示,即

$$l_1 = \overline{AB} + 2\,\overline{BC}$$

将移中后的长度 l_1 代入伸长率定义式进行计算。

1.3-2 拉伸试样的伸长率为 $\delta = \dfrac{l_1 - l}{l} \times 100\% = \dfrac{\Delta l}{l} \times 100\%$,而试样的纵向线应变为 $\varepsilon = \dfrac{\Delta l}{l} = \dfrac{\Delta l}{l} \times 100\%$。可见,伸长率 δ 与纵向线应变 ε 的表达式相同,试问能否得出结论:试

样的伸长率等于其纵向线应变。

答　不能。纵向线应变 ε 为一点处的线应变,当在全长 l 范围内为均匀变形时,各点处的应变 ε 相等,才有 $\Delta l = \varepsilon \cdot l$,且其伸长 Δl 为包含弹性变形和塑性变形的总变形量;当试样经历局部变形阶段后,在其全长范围内为非均匀变形,且其总伸长量 $\Delta l = l_1 - l$ 仅为试样的塑性变形部分。因此,伸长率 δ 和纵向线应变 ε 两者意义不同,不可混淆。

1.3-3　在一长纸条的中部,打出一小圆孔和切出一横向裂缝,如图(a)所示。若小圆孔的直径 d 与裂缝的长度 a 相等,且均不超过纸条宽度 b 的 $1/10\left(d=a\leqslant\dfrac{b}{10}\right)$。小圆孔和裂缝均位于纸条宽度的中间,然后,在纸条两端均匀受拉,试问纸条将从何处破裂,为什么?

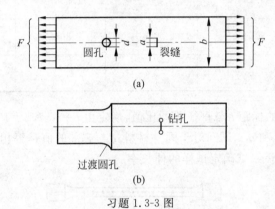

习题 1.3-3 图

答　纸条将从裂缝处破坏。在轴向拉伸时,在构件几何外形局部不规则的小圆孔和裂缝处,都将引起局部应力骤增的应力集中现象,但应力集中的程度与几何外形骤变的剧烈程度有关,即紧邻截面的刚度差越大、应力集中程度越严重,因此,裂缝尖端处的应力集中程度远较小圆孔处的严重,破裂将从裂缝处开始。

为此,在工程实际中,应尽量缓和几何外形骤变的剧烈程度,如在截面变化处设置过渡圆角等。若在构件中间发现裂缝,在裂缝两端钻以小圆孔(图(b)),也将减轻应力集中的程度。

****1.3-4**　轴向压缩时的最大切应力发生在 $45°$ 的斜截面上,而由铸铁的压缩试验发现,试样的破坏是大致沿 $55°$ 的斜截面剪断的。若铸铁的内摩擦因数 $f\approx0.35$,试证试样受压时(图(a)),其破坏面法线与试样轴线间的倾角约为 $55°$。

解　(1)斜截面应力

设试样横截面上的应力为 σ_0,则任一斜截面上的应力为(图(b))

$$\sigma_a = \sigma_0 \cos^2 \alpha$$

$$\tau_a = \sigma_0 \sin\alpha\cos\alpha$$

(2)破坏面倾角

由于铸铁的剪切强度远小于压缩强度,因此,在试样受压时,将由切应力达到材料的剪切强度极限(τ_b)而导致破坏。由于材料的内摩擦,在临近破坏时,导致斜截面发生错动的应是

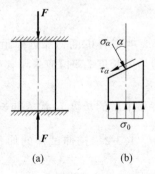

习题 1.3-4 图

斜截面上切应力 τ_α 与摩擦力集度 $f\sigma_\alpha$ 之差,即

$$\tau_\alpha - f\sigma_\alpha = \sigma_0(\sin\alpha\cos\alpha - f\cos^2\alpha)$$

破坏面应是差值 $(\tau_\alpha - f\sigma_\alpha)$ 为最大的斜截面,于是,由极值条件,得

$$\frac{\mathrm{d}(\tau_\alpha - f\sigma_\alpha)}{\mathrm{d}\alpha} = (\cos^2\alpha - \sin^2\alpha) + 2\sin\alpha\cos\alpha = 0$$

$$\cos2\alpha + f\sin2\alpha = 0$$

$$\cot2\alpha = -f = -\tan\varphi$$

式中,φ 为相应的摩擦角,$\varphi = \arctan f = \arctan 0.35 = 19.3°$。

由

$$\cot2\alpha = -\tan\varphi = \cot\left(\frac{\pi}{2} + \varphi\right)$$

$$\alpha = \frac{\pi}{4} + \frac{\varphi}{2} = 54.7°$$

可见,斜截面的倾角接近于 $55°$,即证。

1.4-1 图(a)所示构架,杆 AB 为直径 $d = 30\text{mm}$ 的钢杆,其许用应力 $[\sigma_s] = 160\text{MPa}$;杆 BC 为宽度 $b = 5\text{cm}$、高度 $h = 10\text{cm}$ 的木杆,其许用应力 $[\sigma_w] = 8\text{MPa}$。承受铅垂载荷 $F = 80\text{kN}$。

(1) 校核结构的强度。

(2) 若要求两杆的应力均达到各自的许用应力,则两杆的截面尺寸为多大?

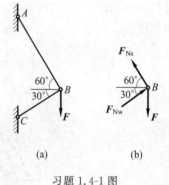

习题 1.4-1 图

解 (1) 计算两杆轴力

由结点 B(图(b))的平衡条件

$$\sum F_x = 0, \qquad\qquad F_{Nw}\cos30° - F_{Ns}\cos60° = 0$$

$$F_{Ns} = \sqrt{3}F_{Nw}$$

$$\sum F_y = 0, \qquad\qquad F_{Ns}\sin60° + F_{Nw}\sin30° - F = 0$$

$$\sqrt{3}F_{Ns} + F_{Nw} - F = 0$$

解得

$$F_{Ns} = \frac{\sqrt{3}}{2}F = 69.3\text{kN}, \qquad F_{Nw} = \frac{F}{2} = 40\text{kN}$$

(2) 强度校核

杆 AB $$\sigma_s = \frac{F_{Ns}}{A_s} = 98\text{MPa} < [\sigma_s]$$

杆 BC $$\sigma_w = \frac{F_{Nw}}{A_w} = 8\text{MPa} = [\sigma_w]$$

所以,结构满足强度要求。

(3) 两杆均达到各自许用应力时的截面尺寸

由上述计算可见,木杆 BC 已达到其许用应力,而钢杆 AB 的应力小于其许用应力,故重选钢杆直径。由

$$\frac{F_{\mathrm{Ns}}}{A_{\mathrm{s}}} = \frac{F_{\mathrm{Ns}}}{\frac{\pi}{4}d^2} \leqslant [\sigma_{\mathrm{s}}]$$

得　　　　　　　　　　　　　$$d \geqslant \sqrt{\frac{4F_{\mathrm{Ns}}}{\pi[\sigma_{\mathrm{s}}]}} = 23.5\mathrm{mm}$$

即钢杆直径取 $d = 23.5\mathrm{mm}$，木杆截面尺寸不变。

讨论：

为充分利用材料，在本题和习题 1.2-2 中，使各杆的工作应力均等于或接近材料的许用应力，这种设计方法也称为等强度设计。等强度设计不仅可节省材料，而且可减轻结构的自重。

1.4-2　起重机吊环的侧臂分别由两根 $\dfrac{\delta}{b} = 0.3$ 的矩形截面钢板条组成，如图（a）所示。材料的许用应力 $[\sigma] = 120\mathrm{MPa}$。若吊环的最大起重量 $F = 1000\mathrm{kN}$，试设计钢板条的宽度 b 和厚度 δ。

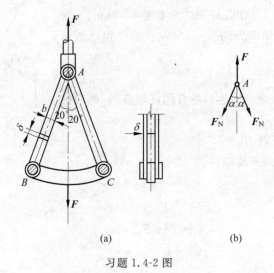

（a）　　　　　　　　　　　　　　（b）

习题 1.4-2 图

解　（1）受力分析

由结点 A（图（b））的平衡条件，得

$$\sum F_y = 0, \qquad F - 2F_{\mathrm{N}}\cos\alpha = 0$$

$$F_{\mathrm{N}} = \frac{F}{2\cos\alpha} = \frac{1000 \times 10^3\,\mathrm{N}}{2 \times \cos20°} = 532 \times 10^3\,\mathrm{N}$$

因此，每根钢板条的轴力为

$$F_{\mathrm{N1}} = \frac{F_{\mathrm{N}}}{2} = 266\mathrm{kN}$$

（2）截面设计

由 $\delta/b = 0.3$ 及强度条件

$$\sigma = \frac{F_{\mathrm{N1}}}{A_1} = \frac{F_{\mathrm{N1}}}{b \times \delta} \leqslant [\sigma]$$

$$b \geqslant \sqrt{\frac{F_{N1}}{0.3[\sigma]}} = \sqrt{\frac{266 \times 10^3 \text{N}}{0.3 \times (120 \times 10^6 \text{Pa})}} = 0.086\text{m}$$

$$\delta = 0.3b = 0.0258\text{m}$$

选取截面尺寸为毫米的整数,即

$$\delta = 26\text{mm}, \quad b = 86\text{mm}$$

1.4-3 一油缸的内径 $D = 186\text{mm}$,活塞杆的直径 $d = 65\text{mm}$,许用应力 $[\sigma] = 130\text{MPa}$。缸盖用 6 只 M20(根径 $d_1 = 17.3\text{mm}$)的螺栓与缸体连接,如图所示,螺栓的许用应力 $[\sigma]_1 = 110\text{MPa}$。试计算油缸的许可油压。

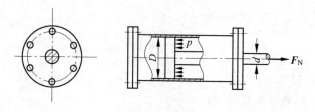

习题 1.4-3 图

解 (1) 受力分析

活塞杆的轴力为

$$F_N = p \times \frac{\pi}{4}(D^2 - d^2)$$

每只螺栓的受力为

$$F_1 = \frac{p \times \frac{\pi}{4}(D^2 - d^2)}{6} = \frac{\pi p(D^2 - d^2)}{24}$$

(2) 许可油压

由活塞杆的强度条件,得

$$\sigma = \frac{F_N}{A} = \frac{p \times \frac{\pi}{4}(D^2 - d^2)}{\frac{\pi}{4}d^2} = p\frac{D^2 - d^2}{d^2} \leqslant [\sigma]$$

$$p \leqslant \frac{d^2}{D^2 - d^2}[\sigma] = 18.1\text{MPa}$$

由螺栓的强度条件,得

$$\sigma_1 = \frac{F_{N1}}{A_1} = p \times \frac{D^2 - d^2}{6d_1^2} \leqslant [\sigma]_1$$

$$p \leqslant \frac{6d_1^2}{D^2 - d^2}[\sigma]_1 = 6.5\text{MPa}$$

应同时满足活塞杆及螺栓的强度条件,故许可油压为

$$[p] = 6.5\text{MPa}$$

1.4-4 图(a)所示简单桁架,水平杆 BC 的长度为 l,斜杆 AB 的长度可随夹角 θ 的改变而变化。两杆由同一材料制造,且材料的许用拉、压应力均等于 $[\sigma]$。在结点 B 承受铅垂载

荷 F，要求两杆的应力同时达到许用应力，且结构具有最小重量，试求两杆的夹角 θ 值及两杆横截面面积的比值。

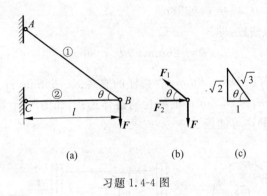

习题 1.4-4 图

解 （1）两杆轴力
由结点 B（图(b)）的平衡条件，得

$$\sum F_y = 0, \qquad\qquad F_1\sin\theta - F = 0, \quad F_1 = \frac{F}{\sin\theta}$$

$$\sum F_x = 0, \qquad\qquad F_2 - F_1\cos\theta = 0, \quad F_2 = \frac{F\cos\theta}{\sin\theta}$$

（2）两杆同时达到许用应力时的横截面面积
由拉、压杆的强度条件，可得

$$A_1 = \frac{F_{N1}}{[\sigma]} = \frac{F}{\sin\theta[\sigma]}, \quad A_2 = \frac{F_{N2}}{[\sigma]} = \frac{F\cos\theta}{\sin\theta[\sigma]}$$

（3）结构具有最小重量时的 θ 值
结构的重量与其体积成正比，结构的总体积为

$$V = A_1 l_1 + A_2 l_2 = \frac{F}{\sin\theta[\sigma]} \cdot \frac{l}{\cos\theta} + \frac{F\cos\theta}{\sin\theta[\sigma]} \cdot l$$

$$= \frac{Fl}{[\sigma]}\left(\frac{1}{\sin\theta\cos\theta} + \frac{\cos\theta}{\sin\theta}\right)$$

结构重量最小，即要求其体积最小，由极值条件，得

$$\frac{dV}{d\theta} = \frac{Fl}{[\sigma]}\left(\frac{\sin^2\theta - \cos^2\theta}{\sin^2\theta\cos^2\theta} - \frac{\sin^2\theta + \cos^2\theta}{\sin^2\theta}\right) = 0$$

$$2\cos^2\theta - \sin^2\theta = 0$$

$$\tan\theta = \sqrt{2}$$

$$\theta = \arctan\sqrt{2} = 54.74° = 54°44'$$

（4）横截面面积之比
由于许用拉、压应力相等，故横截面面积之比即等于其轴力之比，由图(c)即得

$$\frac{A_1}{A_2} = \frac{F_{N1}}{F_{N2}} = \frac{1}{\cos\theta} = \sqrt{3}$$

1.4-5 一直径 $d = 2\text{cm}$ 的等直圆杆，在杆的中部有通过杆中心的侧向小钻孔，孔的直径 $d_1 = \frac{d}{4}$，如图所示。材料的许用应力 $[\sigma] = 120\text{MPa}$，假设不考虑应力集中的影响，试求杆

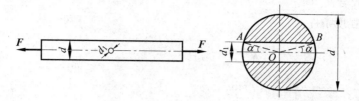

习题 1.4-5 图

的许可拉力。

解　由截面图可得

$$\sin\alpha = \frac{\dfrac{d_1}{2}}{\dfrac{d}{2}} = \frac{1}{4}$$

$$\alpha = 14.5°$$

因而圆心角$\angle AOB$为

$$\angle AOB = \pi - 2\alpha = 151°$$

于是，危险截面的净面积为

$$A = 2(圆心角\angle AOB\ 对应的扇形面积 - \triangle ABO\ 的面积)$$

$$= 2\left[\frac{\pi}{4}d^2 \times \frac{151°}{360°} - \frac{1}{2}\left(2 \times \frac{d}{2}\cos\alpha\right)\frac{d_1}{2}\right] = 0.538d^2$$

由强度条件

$$\sigma = \frac{F_N}{A} \leqslant [\sigma]$$

得许可载荷为

$$F = F_N = [\sigma]A = 25.8\text{kN}$$

***1.4-6**　一宽度$b = 5\text{cm}$、厚度$\delta = 1\text{cm}$的金属杆由两段杆沿m—m面胶合而成(图(a))，胶合面的角度α可在$0° \sim 60°$的范围内变化。假设杆的承载能力取决于粘胶的强度，且可分别考虑粘胶的正应力和切应力强度。已知胶的许用正应力$[\sigma] = 100\text{MPa}$，许用切应力$[\tau] = 50\text{MPa}$，为使杆能承受尽可能大的拉力，试求胶合面的角度α，以及此时的许可载荷。

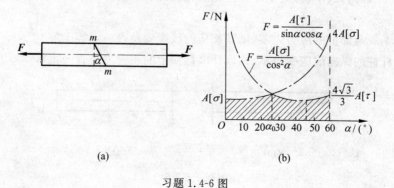

(a)　　　　　　　　　　　　　　　(b)

习题 1.4-6 图

解　（1）胶合面角度

由粘胶的强度条件

$$\begin{cases} \sigma_\alpha = \dfrac{F}{A}\cos^2\alpha \leqslant [\sigma] \\[2mm] \tau_\alpha = \dfrac{F}{A}\sin\alpha\cos\alpha \leqslant [\tau] \end{cases} \quad (0° \leqslant \alpha \leqslant 60°)$$

得

$$\begin{cases} F \leqslant \dfrac{A[\sigma]}{\cos^2\alpha} \\[2mm] F \leqslant \dfrac{A[\tau]}{\sin\alpha\cos\alpha} \end{cases} \quad (0° \leqslant \alpha \leqslant 60°)$$

由上式可见，按胶的正应力强度，承载力 F 将随倾角 α 的增加而增加；按胶的切应力强度，在 $\alpha < 45°$ 时，F 值随 α 值的增加而降低；当 $\alpha = 45°$ 时，F 值为最低；而在 $\alpha > 45°$ 时，F 值将随 α 值增大而增大。$F\text{-}\alpha$ 曲线表示如图（b）。显然，图（b）中两条曲线共同的以下部分（阴影部分）为力 F 的许可范围。在两曲线的交点（$\alpha = \alpha_0$）处，即胶合面同时达到正应力和切应力的许用应力时，力 F 为最大。由

$$\frac{A[\sigma]}{\cos^2\alpha_0} = \frac{A[\tau]}{\sin\alpha_0\cos\alpha_0}$$

可得胶合面的倾角为

$$\tan\alpha_0 = \frac{[\tau]}{[\sigma]} = \frac{1}{2}$$

$$\alpha_0 = 26.57° = 26°34'$$

（2）杆的许可载荷

由 $\alpha = \alpha_0 = 26°34'$ 及正应力（或切应力）强度条件，得杆的许可载荷为

$$[F] = \frac{A[\sigma]}{\cos^2\alpha_0} = 62.5\text{kN}$$

讨论：

由图（b）可见，在 $0° \leqslant \alpha \leqslant \alpha_0$ 时，杆的承载能力由胶的正应力强度决定；在 $\alpha_0 \leqslant \alpha \leqslant 60°$ 时，由切应力强度决定。一般地说，最大承载能力可能发生在胶合面的倾角 α 等于 α_0 或 $60°$ 时，并将取决于胶的许用切应力与许用正应力的比值。在难以确定时，可分别由 $\alpha = \alpha_0$ 和 $\alpha = 60°$ 按切应力强度条件计算杆的最大承载能力。

1.5-1　一轴向拉（压）杆处于线弹性范围，则有胡克定律 $\sigma = E\varepsilon$，试回答下列问题，并举例说明。

（1）若某一截面上的应力为零，则其相应的线应变是否一定等于零？

（2）若杆件的纵向线应变为零，则该杆横截面上的正应力是否一定等于零？

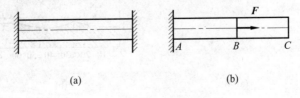

(a)   (b)

习题 1.5-1 图

（3）若某一截面上的应力及其相应的线应变均为零,则其位移是否一定等于零?

答 （1）不一定。如轴向拉(压)杆纵截面($\alpha=90°$)上的正应力等于零,而其相应的线应变(即横向线应变)就不等于零。

（2）一般来说,对于静定杆,纵向线应变为零时,横截面上的正应力也为零。但对于静不定杆,就不一定了。如图(a)所示两端固定的等直杆,由于温度改变,杆横截面将产生正应力,但由对称性原理可知,杆各横截面的轴向线位移为零,其纵向线应变也为零。

（3）不一定。截面的位移不仅与其相应的应力和变形(应变)有关,而且与变形几何相容性(支座约束及杆件连续条件)有关。如图(b)中杆 BC 段内各横截面上的应力、应变均为零,而其轴向线位移显然不为零。

1.5-2 图示矿用唧筒,连杆 AB 由曲柄带动。连杆 AB 的长度 $l=9.45\text{m}$,材料为冷拔圆钢,许用应力$[\sigma]=300\text{MPa}$,弹性模量 $E=210\text{GPa}$。活塞向上运动时的阻力 $F_1=900\text{N}$,向下运动时 $F_2=9\text{kN}$,要求活塞冲程 $\Delta=20\text{cm}$,试求连杆的直径 d 及曲柄的半径 r。

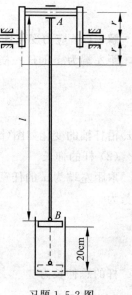

解 （1）连杆直径

由强度条件

$$\sigma_{max}=\frac{F_{N,max}}{A}=\frac{F_{N,max}}{\frac{\pi}{4}d^2}\leqslant[\sigma]$$

$$d\geqslant\sqrt{\frac{4F_2}{\pi[\sigma]}}=6.18\times10^{-3}\text{m}$$

连杆直径取 $d=7\text{mm}$。

（2）曲柄半径

先计算连杆的变形:

向上运动

$$\Delta l_1=\frac{F_{N1}l}{EA}=\frac{F_1l}{EA}=\frac{(900\text{N})\times(9.45\text{m})}{(210\times10^9\text{Pa})\times\frac{\pi}{4}\times(7\times10^{-3}\text{m})^2}$$
$$=1.05\times10^{-3}\text{m}\quad(\text{伸长})$$

向下运动

$$\Delta l_2=\frac{F_{N2}l}{EA}=\frac{F_2l}{EA}=10.52\times10^{-3}\text{m}\quad(\text{缩短})$$

要求活塞冲程 $\Delta=20\text{cm}$ 时,曲柄的半径为

$$r=\frac{\Delta+\Delta l_1+\Delta l_2}{2}=\frac{20\times10^{-2}\text{m}+1.05\times10^{-3}\text{m}+10.52\times10^{-3}\text{m}}{2}$$
$$=105.8\times10^{-3}\text{m}$$

曲柄半径取 $r=106\text{mm}$。

习题 1.5-2 图

1.5-3 一长度为 l、左端直径为 d_1、右端直径为 d_2 的圆锥形杆,承受轴向拉力 F 如图(a)所示。材料的弹性模量为 E,试求沿杆件轴线各横截面上的应力变化规律及杆的伸长。

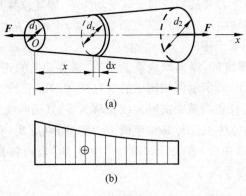

(a)

(b)

习题 1.5-3 图

解　（1）应力变化规律

距左端为 x 的任一横截面上的应力为

$$\sigma(x) = \frac{F_N}{A_x} = \frac{F}{\frac{\pi}{4}d_x^2} = \frac{4F}{\pi\left(d_1 + \dfrac{d_2 - d_1}{l}x\right)^2}$$

$\sigma(x)$ 沿杆轴的变化如图(b)所示。

（2）杆的伸长

取距左端为 x 的任意微段 $\mathrm{d}x$。对于微段 $\mathrm{d}x$ 可视为等截面，应用胡克定律，微段 $\mathrm{d}x$ 的伸长为

$$\mathrm{d}(\Delta l) = \frac{F_N \mathrm{d}x}{EA_x} = \frac{4F\mathrm{d}x}{E\pi\left(d_1 + \dfrac{d_2 - d_1}{l}x\right)^2}$$

杆的总伸长为

$$\Delta l = \int_l \mathrm{d}(\Delta l) = \int_0^l \frac{4F\mathrm{d}x}{E\pi\left(d_1 + \dfrac{d_2 - d_1}{l}x\right)^2}$$

$$= \frac{4F}{E\pi}\left(\frac{l}{d_2 - d_1}\right)\int_0^l \frac{\mathrm{d}\left(d_1 + \dfrac{d_2 - d_1}{l}x\right)}{\left(d_1 + \dfrac{d_2 - d_1}{l}x\right)^2}$$

$$= \frac{-4Fl}{E\pi(d_2 - d_1)} \cdot \left(\frac{1}{d_2} - \frac{1}{d_1}\right) = \frac{4Fl}{E\pi d_1 d_2}$$

讨论：

若以平均直径 d 的等截面杆计算其伸长，则为

$$\Delta l' = \frac{F_N l}{EA'} = \frac{4Fl}{E\pi d^2}$$

令 $d_1 = d - a, d_2 = d + a$，可得其相对误差为

$$\frac{\Delta l - \Delta l'}{\Delta l} \times 100\% = \frac{\dfrac{4Fl}{E\pi d_1 d_2} - \dfrac{4Fl}{E\pi d^2}}{\dfrac{4Fl}{E\pi d_1 d_2}} \times 100\%$$

$$= \left(\frac{a}{d}\right)^2 \times 100\% = \left(\frac{d_2-d_1}{d_2+d_1}\right)^2 \times 100\%$$

当 d_2 与 d_1 相差为 10%（即 $d_2=1.1d_1$）时，其相对误差为 4.8%。可以证明，若测得圆锥形杆的总伸长，而以平均直径 d 的等截面杆的变形公式（胡克定律），计算杆件材料的弹性模量，则所得结果的相对误差与上式相同。

1.5-4 一内半径为 r、宽度为 b、厚度为 δ 的薄壁圆环，承受均匀内压 p 如图（a）所示（参见习题 1.2-3）。材料的弹性模量为 E，试求由内压力引起的圆环半径的伸长。

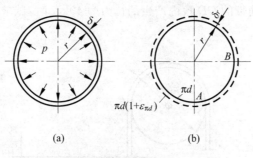

(a)　　　　　　　(b)

习题 1.5-4 图

解 （1）径向截面上应力

由习题 1.2-3 已知，圆环径向截面上的正应力为

$$\sigma = \frac{pr}{\delta}$$

且圆环可视为宽度为 b、厚度为 δ、长度为 $2\pi(r+\frac{\delta}{2})$，并承受轴力 $F_N=pbr$ 的平板条。

（2）圆环的变形

由上述力学模型，可得圆环沿圆周方向的线应变为

$$\varepsilon_{\pi d} = \frac{\sigma}{E} = \frac{pr}{E\delta}$$

而

$$\varepsilon_{\pi d} = \frac{\Delta(\pi d)}{\pi d} = \frac{\Delta d}{d} = \varepsilon_r$$

即周向应变等于径向应变。因而，圆环半径的伸长为（图（b））

$$\delta_r = r\varepsilon_r = \frac{pr^2}{E\delta}$$

讨论：

（1）本题及习题 1.2-3 中对"薄壁"圆环所作近似，是处理工程实际问题中近似方法的典型。一种近似方法的优劣，应将近似结果与精确结果进行比较来加以判断。对于圆环，可利用"厚壁圆筒"的精确解[1]来进行比较。分析结果表明：虽然径向截面上的应力并非均匀分布，且最大正应力发生在内壁处。但当 $\frac{\delta}{r} \leqslant 0.1$ 时，近似解与精确解的最大应力间的相对误差不超过 5%。

---

① 参见：徐芝纶. 弹性力学（上册）[M]. 北京：人民教育出版社，1980，第四章.

（2）若求圆环内壁 A、B 两点间的相对位移，由于圆环的几何形状和内压力的极对称性，显然变形后仍为圆形，因此，有

$$\Delta_{AB} = \sqrt{2}r(1+\varepsilon_r) - \sqrt{2}r = \sqrt{2}r\varepsilon_r = \overline{AB} \cdot \varepsilon_r$$

即在均匀应变情况下，同一平面内任意两点间的相对位移均等于两点间的距离乘以应变。

*1.5-5 钢质制动带 AD 一端固定、一端铰接在杠杆 GH 上（图（a）），制动带的宽度 $b=50\text{mm}$、厚度 $\delta=1.6\text{mm}$、弹性模量 $E=210\text{GPa}$。制动带与直径 $D=60\text{cm}$ 的飞轮的接触为半个圆周，且制动带用相当柔软的材料作衬里，衬里材料与旋转飞轮间的动摩擦因数 $f=0.4$。当施加力 F_e 使制动带的 CD 段内产生的拉力为 40kN 时，试求制动带与飞轮的接触段 $\overset{\frown}{BC}$ 的伸长。

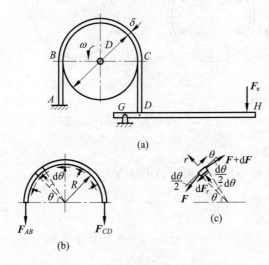

习题 1.5-5 图

解 （1）受力分析

制动带的 CD 段为紧边，紧边拉力 $F_{CD}=40\text{kN}$；AB 段为松边，松边拉力为 F_{AB}。制动带与飞轮相接触的各点处将有径向压力和切向摩擦力作用（图（b））。任取一微段（图（c）），由微段的平衡条件，得

$$\sum F_r = 0, \qquad dF_r - (F+dF)\sin\frac{d\theta}{2} - F\sin\frac{d\theta}{2} = 0$$

$$\sum F_\theta = 0, \qquad (F+dF)\cos\frac{d\theta}{2} - F\cos\frac{d\theta}{2} - f\,dF_r = 0$$

对于微小角度 $d\theta$，令 $\sin\dfrac{d\theta}{2} \approx \dfrac{d\theta}{2}$，$\cos\dfrac{d\theta}{2} \approx 1$，并略去高阶微量 $dF\cdot\dfrac{d\theta}{2}$，即得

$$\frac{dF}{d\theta} = fF$$

分离变量，积分得

$$F = Ae^{f\theta}$$

积分常数可由 $\overset{\frown}{BC}$ 段两端的边界条件确定，由

$$\theta = 0, \qquad F = F_{AB}; \qquad A = F_{AB}$$

$$\theta = \pi, \qquad F = F_{CD}; \qquad F_{CD} = Ae^{f\pi} = F_{AB}e^{f\pi}$$

所以，制动带在$\overset{\frown}{BC}$段任一截面的拉力为

$$F = \frac{F_{CD}}{\mathrm{e}^{f\pi}} \cdot \mathrm{e}^{f\theta}$$

（2）$\overset{\frown}{BC}$段的伸长

考虑微段（图(c)）的伸长

$$\mathrm{d}\delta = \frac{F(R\mathrm{d}\theta)}{EA} = \frac{F_{CD}R\mathrm{e}^{f\theta}}{EA\mathrm{e}^{f\pi}}\mathrm{d}\theta$$

故接触段$\overset{\frown}{BC}$的总伸长为

$$\delta_{\overset{\frown}{BC}} = \int_{\overset{\frown}{BC}}\mathrm{d}\delta = \frac{F_{CD}R}{EA\mathrm{e}^{f\pi}}\int_0^\pi \mathrm{e}^{f\theta}\mathrm{d}\theta = \frac{F_{CD}R}{EAf\mathrm{e}^{f\pi}}(\mathrm{e}^{f\pi} - 1)$$

$$= \frac{(40 \times 10^3\,\mathrm{N}) \times (30 \times 10^{-2}\,\mathrm{m})}{(210 \times 10^9\,\mathrm{Pa}) \times (50 \times 10^{-3}\,\mathrm{m}) \times (1.6 \times 10^{-3}\,\mathrm{m}) \times 0.4} \times \left(1 - \frac{1}{\mathrm{e}^{0.4\pi}}\right)$$

$$= 1.28 \times 10^{-3}\,\mathrm{m} = 1.28\,\mathrm{mm}$$

讨论：

（1）在计算中，对于微小角度θ，取近似值

$$\sin\theta \approx \theta, \quad \tan\theta \approx \theta, \quad \cos\theta \approx 1$$

实际上，这一近似关系在角度θ达到相当大的值时，仍是相当精确的，如下表所示。

$\theta/(\degree)$	θ/rad	$\sin\theta$	$\tan\theta$	$\cos\theta$	最大相对误差/%
0	0	0	0	1	
5	0.0873	0.0872	0.0875	0.9962	0.4
10	0.1745	0.1736	0.1763	0.9848	1.5
15	0.2618	0.2588	0.2679	0.9659	3.4

（2）制动带与飞轮接触段内的拉力随角度θ成指数规律变化。如本题中，制动带截面C的拉力与截面B拉力的比值$F_{CD}/F_{AB} = \mathrm{e}^{f\pi} = 3.5$。若制动带绕飞轮一周，则其两端的拉力之比$\mathrm{e}^{f\cdot 2\pi} = 12.35$。在许多工程实际中，正是利用摩擦的这种性质，如船舶通过缆绳在桩上绕上几圈，借以停止船的运动。

1.5-6 由相同材料制成的两杆组成的简单桁架，如图(a)所示。设两杆的横截面面积分别为A_1和A_2，材料的弹性模量为E，在结点B处承受与铅垂线成θ角的载荷F，试求当结点B的总位移与载荷F的方向相同时的角度θ值。

解 （1）各杆轴力

由结点B（图(b)）的平衡条件

$$\sum F_x = 0, \qquad F\sin\theta - F_1\cos 45\degree - F_2 = 0$$

$$\sum F_y = 0, \qquad F_1\sin 45\degree - F\cos\theta = 0$$

解得

$$F_1 = \sqrt{2}F\cos\theta, \quad F_2 = F(\sin\theta - \cos\theta)$$

（2）各杆变形

由力-变形间物理关系（胡克定律），得各杆伸长为

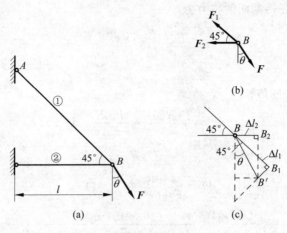

习题 1.5-6 图

$$\Delta l_1 = \frac{F_{N1} l_1}{EA_1} = \frac{2Fl\cos\theta}{EA_1}$$

$$\Delta l_2 = \frac{F_{N2} l_2}{EA_2} = \frac{Fl}{EA_2}(\sin\theta - \cos\theta)$$

（3）结点 B 的位移 Δ_B 与载荷 F 同方向时的角度 θ

由变形几何相容条件作结点 B 的位移图。按题意，设在载荷 F 方向取 $\overline{BB'}$ 为结点 B 的位移 Δ_B，从点 B' 分别作杆 AB 和 BC 延长线的垂线，得结点 B 的位移图如图（c）所示。

由位移图的几何关系，可得

$$\tan\theta = \frac{\overline{BB_2}}{B_2 B'} = \frac{\Delta l_2}{\dfrac{\Delta l_1}{\cos 45^\circ} - \Delta l_2 \tan 45^\circ} = \frac{\Delta l_2}{\sqrt{2}\,\Delta l_1 - \Delta l_2}$$

$$= \frac{\sin\theta - \cos\theta}{\dfrac{2\sqrt{2}A_2}{A_1}\cos\theta - (\sin\theta - \cos\theta)}$$

$$\cot\theta + 1 = \frac{2\sqrt{2}A_2}{A_1} \cdot \frac{\cos\theta}{\sin\theta - \cos\theta}$$

$$\frac{\sin^2\theta - \cos^2\theta}{2\sin\theta\cos\theta} = \sqrt{2}\,\frac{A_2}{A_1}$$

$$\cot 2\theta = -\sqrt{2}\,\frac{A_2}{A_1}$$

讨论：

（1）本题答案 $\cot 2\theta$ 为负值，故角度 θ 在 $45^\circ \sim 90^\circ$ 之间。由 $F_2 = F(\sin\theta - \cos\theta)$ 也可见，在 $45^\circ < \theta \leqslant 90^\circ$ 时，F_2 才为正值。

（2）按本题的条件，杆 BC 必须是伸长，因而，其相应的轴力应是拉力，而不能假设为压力，即力与变形之间应保持相容。在一般由变形求位移，当力（或变形）的方向难以确定时，力的方向可任意假设，但在作位移图时，力与变形之间必须相容。

1.5-7　水平刚性杆 AB 由三根钢杆 BC、BD 和 ED 支承，如图（a）所示。在杆的 A 端

承受铅垂载荷 $F = 20\text{kN}$，三根钢杆的横截面面积分别为 $A_1 = 12\text{mm}^2$，$A_2 = 6\text{mm}^2$，$A_3 = 9\text{mm}^2$，钢的弹性模量 $E = 210\text{GPa}$，试求端点 A 的水平和铅垂位移。

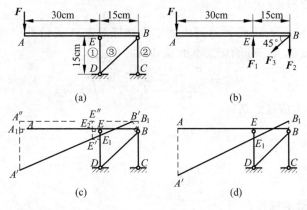

习题 1.5-7 图

解 （1）各杆轴力

由刚性杆 AB（图(b)）的平衡条件，得

$$\sum F_x = 0, \qquad F_3\cos45° = 0, \qquad\qquad F_3 = 0$$

$$\sum M_B = 0, \qquad F \times 0.45\text{m} - F_1 \times 0.15\text{m} = 0, \qquad F_1 = 3F = 60\text{kN} \quad (\text{压})$$

$$\sum M_E = 0, \qquad F \times 0.3\text{m} - F_2 \times 0.15\text{m} = 0, \qquad F_2 = 2F = 40\text{kN} \quad (\text{拉})$$

（2）各杆变形

由力-变形间物理关系（胡克定律），得

$$\Delta l_1 = \frac{F_{N1}l_1}{EA_1} = \frac{(60 \times 10^3\,\text{N}) \times (15 \times 10^{-2}\,\text{m})}{(210 \times 10^9\,\text{Pa}) \times (12 \times 10^{-6}\,\text{m}^2)} = 3.57 \times 10^{-3}\,\text{m} \quad (\text{缩短})$$

$$\Delta l_2 = \frac{F_{N2}l_2}{EA_2} = 4.76 \times 10^{-3}\,\text{m}$$

$$\Delta l_3 = 0$$

（3）端点 A 位移

由变形几何相容条件，作结构的变形图（图(c)）。由 $\overline{BB_1} = \Delta l_2$，分别从点 B_1 和 B 作 $\overline{BB_1}$ 和 $\overline{DB}$ 的垂线，相交于点 B'；从点 E_1 和 E_2 作 $\overline{E_1 D}$ 和 $\overline{E_2 E}$ 的垂线，相交于 E'。以直线连接点 B' 和 E' 延长，并与从点 A_1 作 $\overline{A_1 A}$ 的垂线相交于点 A'。于是，可得端点 A 的位移为

水平位移 $\quad \Delta_{Ax} = \overline{AA_1} = \overline{BB_1} = \Delta l_2\tan45° = 4.76\text{mm} \quad (\leftarrow)$

铅垂位移 $\quad$ 由 $\triangle B'A'A'' \backsim \triangle B'E'E''$，得

$$\frac{\overline{A_1 A'} + \overline{B_1 B}}{\overline{E_2 E'} + \overline{B_1 B}} = \frac{\overline{A'B'}}{\overline{E'B'}} = 3$$

$$\Delta_{Ay} = \overline{A_1 A'} = 3(\Delta l_1 + \Delta l_2) - \Delta l_2 = 20.23\text{mm} \quad (\downarrow)$$

讨论：

刚性杆 AB 本身不变形，其长度保持不变。杆 BD 不受力，虽不变形，但对杆系的位移将产生明显的影响。在作端点 B 的位移图时，应从点 B_1 作 $\overline{BC}$ 的垂线与从点 B 作 $\overline{BD}$ 的垂

线相交于点 B'，端点 B 的位移为 $\overline{BB'}$。而刚性杆 AB 上的点 A 和 E 将随点 B 的位移而有一水平位移 $\overline{AA_1} = \overline{EE_2} = \overline{B_1B'}$。若忽视该项水平位移，直接由点 B_1 ($\overline{B_1B} = \Delta l_2$) 和 E_1 ($\overline{EE_1} = \Delta l_1$) 连线作结构的变形图（图(d)）就错了。

1.5-8 试用机械能守恒原理，计算上题中刚性杆端点 A 的铅垂位移。

解 结构的应变能为三杆的应变能的总和，即

$$V_\varepsilon = \frac{F_{N1}l_1}{2EA_1} + \frac{F_{N2}l_2}{2EA_2} + \frac{F_{N3}l_3}{2EA_3}$$

在静载荷作用下，外力所做的功为

$$W = \frac{1}{2}F\Delta_{Ay}$$

由机械能守恒原理

$$W = V_\varepsilon$$

得刚性杆端点 A 的铅垂位移为

$$\Delta_{Ay} = \frac{1}{F}\left(\frac{F_{N1}l_1}{EA_1} + \frac{F_{N2}l_2}{EA_2} + \frac{F_{N3}l_3}{EA_3}\right)$$

将已知数据及上题解得 $F_{N1} = F_1 = 60\text{kN}, F_{N2} = F_2 = 40\text{kN}, F_{N3} = 0$ 代入上式，即可求得

$$\Delta_{Ay} = 20.23\text{mm}$$

求得的位移 Δ_{Ay} 为正值，表明其方向与外力方向一致，即铅垂向下。

讨论：

由上述计算可见，利用机械能守恒原理计算位移，省却了繁琐的几何运算，较为便捷。但若求端点 A 的水平位移，由于点 A 处无水平方向的外力作用，目前暂无法求解。关于应用能量原理求位移的更为普遍的方法，将在本书第 12 章"能量法"中介绍。

1.5-9 刚性梁 AC 在 A 端铰接在墙上，在 B、C 点处分别与钢杆 BD、CD 铰接，如图(a)所示。两钢杆的横截面面积 A 相同，钢的弹性模量 $E = 210\text{GPa}$，今杆 CD 较设计长度短了 $\Delta = \dfrac{l}{3} \times 10^{-3}$，试求装配后，钢杆内的装配应力。

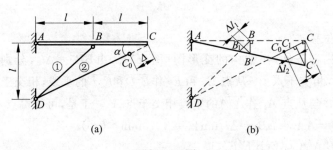

(a)   (b)

习题 1.5-9 图

解 (1) 静力平衡条件

设杆①、②的受力分别为 F_1 和 F_2，显然，F_1 为压力，F_2 为拉力。由平衡条件，得

$$\sum M_A = 0, \qquad F_1\sin 45° \times l - F_2\sin\alpha \times 2l = 0$$

$$F_1 = \frac{2\sqrt{2}}{\sqrt{5}}F_2 \qquad\qquad (1)$$

（2）补充方程

由结构的变形图（图（b）），可得变形几何相容条件

$$2\frac{\Delta l_1}{\sin 45°} = \frac{\Delta - \Delta l_2}{\sin\alpha}$$

$$\Delta l_2 = \Delta - \frac{2\sqrt{2}}{\sqrt{5}}\Delta l_1$$

将力-变形间物理关系（胡克定律）代入上式，得补充方程

$$\frac{F_2(\sqrt{5}\ l)}{EA} = \frac{l}{3}\times 10^{-3} - \frac{2\sqrt{2}}{\sqrt{5}}\times\frac{F_1(\sqrt{2}l)}{EA} \tag{2}$$

（3）装配应力

联立方程（1）、（2），并注意到 $F_1 = \sigma_1 A$，$F_2 = \sigma_2 A$，解得装配应力分别为

$$\sigma_1 = 19.7\text{MPa} \quad（压应力）$$

$$\sigma_2 = 15.6\text{MPa} \quad（拉应力）$$

*1.5-10 一内半径 $r = 25$mm、壁厚 $\delta_c = 2.5$mm 的薄壁铜管，为提高其承受内压的能力，在其外表面上缠绕高强度的薄钢带，钢带的宽度 $b_s = 10$mm、厚度 $\delta_s = 1$mm，在缠绕时保持其拉力 $F = 500$N，如图（a）所示。已知铜的弹性模量 $E_c = 40$GPa，许用压应力 $[\sigma]_c = 50$MPa；钢的弹性模量 $E_s = 210$GPa，许用拉应力 $[\sigma]_s = 200$MPa。试求用钢带缠绕后，铜管半径的缩小，以及绕带圆管的许可内压。

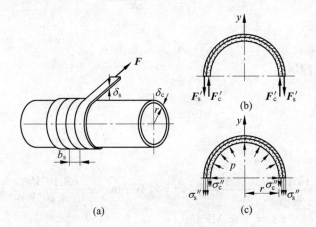

习题 1.5-10 图

解 （1）铜管半径的缩小

取宽度为 b_s 的绕带半圆管为力学模型（图（b）），由平衡条件，得

$$\sum F_y = 0, \qquad F_c' = F_s' = F = 500\text{N}$$

则钢带与铜管径向截面上由绕带引起的正应力分别为

$$\sigma_s' = \frac{F_s'}{b_s\delta_s} = \frac{500\text{N}}{(10\times 10^{-3}\text{m})\times(1\times 10^{-3}\text{m})} = 50\times 10^6\text{Pa} = 50\text{MPa} \quad（拉应力）$$

$$\sigma_c' = \frac{F_c'}{b_s\delta_c} = 20\text{MPa} \quad（压应力）$$

所以，铜管半径的缩小为

$$\Delta r = r\varepsilon_r = r \cdot \frac{\sigma_c'}{E_c} = (25 \times 10^{-3}\,\text{m}) \times \frac{20 \times 10^6\,\text{Pa}}{40 \times 10^9\,\text{Pa}}$$

$$= 0.0125 \times 10^{-3}\,\text{m} = 0.0125\,\text{mm}$$

（2）绕带圆管的许可内压

由承受内压后，钢带与铜管始终保持接触，即两者的径向线应变相等 $\varepsilon_{rs} = \varepsilon_{rc}$，于是，由径向线应变与径向截面上应力间的关系，得钢带和铜管径向截面上应力间的关系为（图(c)）

$$\varepsilon_{rs} = \frac{\sigma_s''}{E_s} = \frac{\sigma_c''}{E_c} = \varepsilon_{rc}$$

$$\frac{\sigma_s''}{\sigma_c''} = \frac{E_s}{E_c} = \frac{210 \times 10^9\,\text{Pa}}{40 \times 10^9\,\text{Pa}} = 5.25$$

而

$$\frac{[\sigma]_s - \sigma_s'}{[\sigma]_c - \sigma_c'} = \frac{200 \times 10^6\,\text{Pa} - 50 \times 10^6\,\text{Pa}}{50 \times 10^6\,\text{Pa} + 20 \times 10^6\,\text{Pa}} = 2.14$$

由此可见，钢带内的应力将先达到材料的许用应力。

为求绕带圆管承受内压时，钢带内的应力 σ_s''，由平衡条件（图(c)），得

$$\sum F_y = 0, \qquad\qquad \sigma_s'' b_s \delta_s + \sigma_c'' b_s \delta_c = pr b_s$$

将 $\sigma_s''/\sigma_c'' = E_s/E_c$ 代入上式，经整理后得

$$\sigma_s'' = \frac{pr}{\delta_s + \dfrac{E_c}{E_s}\delta_c}$$

于是，由钢带强度条件

$$\sigma_s = \sigma_s' + \sigma_s'' \leqslant [\sigma]_s$$

得绕带圆管的许可内压为

$$\sigma_s' + \frac{pr}{\delta_s + \dfrac{E_c}{E_s}\delta_c} \leqslant [\sigma]_s$$

$$[p] = \frac{[\sigma]_s - \sigma_s'}{r}\left(\delta_s + \frac{E_c}{E_s}\delta_c\right)$$

$$= \frac{200 \times 10^6\,\text{Pa} - 50 \times 10^6\,\text{Pa}}{25 \times 10^{-3}\,\text{m}} \times \left(1 \times 10^{-3}\,\text{m} + \frac{40 \times 10^9\,\text{Pa}}{210 \times 10^9\,\text{Pa}} \times 2.5 \times 10^{-3}\,\text{m}\right)$$

$$= 8.86 \times 10^6\,\text{Pa} = 8.86\,\text{MPa}$$

讨论：

（1）本题在求解绕带圆管许可内压的过程中，综合运用了静力平衡条件（如 $F_s'' + F_c'' = pr b_s$）、变形几何相容条件（如 $\varepsilon_{rs} = \varepsilon_{rc}$）和力-变形间物理关系$\left(\text{如 } \varepsilon_r = \dfrac{\sigma}{E}\right)$，也即本题实质上属于静不定的范畴（同理上题求解的装配应力也同属静不定范畴）。

（2）当铜管无缠绕带时，其许可内压为

$$[p] = \frac{[\sigma]_c \delta_c}{r} = 5\,\text{MPa}$$

可见，缠绕钢带后，其许可内压提高了 77%。这是工程中经常用来提高构件承载能力的预应力方法，如预应力钢筋混凝土等。

*$\mathbf{1.5\text{-}11}$ 由两根长度均为 l 的水平杆 AC 和 BC 组成的结构如图(a)所示。两杆的材料相同,弹性模量为 E,横截面面积均为 A。在结点 C 处逐渐施加铅垂载荷 F 的过程中,假设杆的伸长符合胡克定律,且可不计杆的自重,试求载荷 F 与结点 C 铅垂位移 δ 间的关系及结构的应变能。

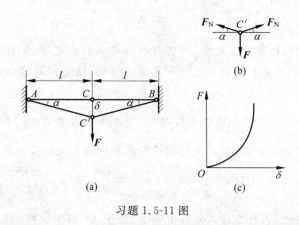

习题 1.5-11 图

解 (1) 杆件轴力

一般在小变形的条件下,以变形前的结构几何形状考虑静力平衡。而在本题中,虽然变形仍是微小的,但两杆在原水平位置不可能与铅垂载荷维持平衡。只有当载荷逐渐作用,结点 C 产生微小位移的情况下,结构才能维持平衡(这种结构称为瞬时几何可变结构)。由结构变形后,结点 C'(图(b))的平衡条件,得

$$\sum F_y = 0, \qquad\qquad 2F_N\sin\alpha - F = 0$$

$$F_N = \frac{F}{2\sin\alpha}$$

由于杆的变形是微小的,因此

$$\sin\alpha = \frac{\delta}{l+\Delta l} \approx \frac{\delta}{l}$$

$$F_N = \frac{Fl}{2\delta}$$

(2) F 与 δ 间关系

由胡克定律,得杆的变形为

$$\Delta l = \frac{F_N l}{EA} = \frac{Fl^2}{2EA\delta}$$

由变形几何相容条件,得几何关系

$$\Delta l = \sqrt{l^2 + \delta^2} - l = l\sqrt{1 + \left(\frac{\delta}{l}\right)^2} - l$$

$$\approx l\left(1 + \frac{1}{2}\cdot\frac{\delta^2}{l^2}\right) - l = \frac{\delta^2}{2l}$$

代入上式,得 F 与 δ 间关系为

$$F = EA\frac{\delta^3}{l^3} \qquad \text{或} \qquad \delta = l\sqrt[3]{\frac{F}{EA}}$$

载荷 F 与结点 C 铅垂位移 δ 间的关系呈三次抛物线关系,如图(c)所示。

(3) 结构应变能

由机械能守恒原理,结构的应变能等于外力所做的功,即得

$$V_\epsilon = \int_0^\delta F \mathrm{d}\delta = \int_0^\delta \frac{EA}{l^3}\delta^3 \mathrm{d}\delta = \frac{EA\delta^4}{4l^3} = \frac{1}{4}F\delta$$

讨论:

(1) 在这类瞬时几何可变结构中,所有杆件均服从胡克定律,即杆件是线性弹性的,但由于结构的几何原因,其载荷与位移之间却是非线性的,这类问题称为几何非线性问题(参见习题 12.1-6)。

(2) 由于载荷与位移间的非线性关系,所以外力所做的功 $W \neq \frac{1}{2}F\delta$,而应由积分求得。

但杆件的变形是线弹性的,结构的应变能同样可用两杆的应变能之和求得,即

$$V_\epsilon = 2\left(\frac{1}{2}F_N \Delta l\right) = \frac{1}{4}F\delta = \frac{EA\delta^4}{4l^3} = \frac{l}{4}\cdot\sqrt[3]{\frac{F^4}{EA}}$$

*1.5-12 一匀质等直杆支承在刚性平面上,如图(a)所示。杆的长度为 l、横截面面积为 A,杆材料的弹性模量为 E、密度为 ρ。为求杆在自重作用下,杆重心的位移 Δ,现用两种方法解答如下:

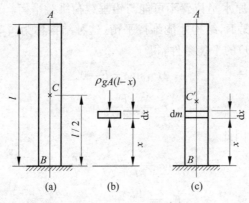

习题 1.5-12 图

(1) 杆重心 C 的位移

任取微段 $\mathrm{d}x$(图(b)),重心 C 的位移等于杆下半段 BC 的变形。于是,可得

$$\Delta = \int_0^{l/2} \frac{\rho g A(l-x)\cdot \mathrm{d}x}{EA} = \frac{\rho g}{E}\cdot\frac{3l^2}{8}$$

(2) 杆变形后的重心位置

杆变形后的重心 C' 至刚性支承面的距离为(图(c))

$$\overline{BC'} = \frac{\int_0^l \left[x - \frac{mg}{l}\cdot\frac{x}{EA}\left(l-\frac{x}{2}\right)\right]\mathrm{d}m}{m}$$

式中,$m = \rho A l$,$\mathrm{d}m = \rho A \mathrm{d}x$,代入上式并积分,得

$$\overline{BC'} = \frac{l}{2} - \frac{\rho g}{E}\cdot\frac{l^2}{3}$$

因此,所求位移为

$$\Delta = \frac{l}{2} - \overline{BC'} = \frac{\rho g}{E} \cdot \frac{l^2}{3}$$

由两种方法求得的 Δ 不同,试问这是为什么?

答 实质上,第一种方法求得的是在变形前杆重心所在点的位移;第二种方法求得的是变形后杆的重心位置至变形前杆重心所在点位置间的距离。而这是两个意义不同的距离。问题的关键是,术语"重心的位移"本身就含糊不清,由于变形而导致沿杆轴的应变和密度的不均匀。因而重心在变形固体上并不是一个固定的点。

1.6-1 三种结构分别如图(a),(b)和(c)所示,试问:

(1) 图示各结构的静不定次数。

(2) 静不定结构的变形相容是否是唯一的? 其解答是否是唯一的? 并写出图(a)所示静不定杆三种不同形式的变形相容方程。

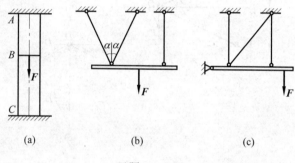

习题 1.6-1 图

答 (1) 判定静不定次数

图(a):虽然固定端约束反力可能有三个,但对于受轴向力作用的轴向拉(压)杆,其反力必沿轴向,故为一次静不定。

图(b):具有三个未知内力(轴力),而平面一般力系有三个独立的静力平衡方程,故是静定的。

图(c):具有三个未知内力和两个未知反力,而仅有三个独立的静力平衡方程,故为二次静不定。

(2) 关于变形相容方程的唯一性

静不定结构必须满足变形的几何相容条件,但变形相容方程的形式不是唯一的,可随假设的变形情况或选择的多余约束(或基本静定系)的不同而有多种形式。其解答是唯一的,同一问题不可能有不同的答案。

图(a)所示一次静不定杆的变形相容方程,可写成:

① 杆件的总伸长为零,即

$$\Delta l = \Delta l_{AB} + \Delta l_{BC} = 0$$

② 杆 AB 段的伸长等于 BC 段的缩短,即

$$l_{AB} = \Delta l_{BC}$$

③ 解除 C 端约束,代之以相应的未知多余力 F_C,则杆端 C 截面轴向线位移为零,即

$$\Delta_C = 0$$

讨论：

（1）第一种形式中的变形应为代数值，即伸长为正，缩短为负；第二种形式中的变形为绝对值，且反力 F_C 必须指向上（压力），与 BC 段的变形（缩短）相容。

（2）第三种形式中的 C 截面位移 Δ_C 的计算式也可写成不同的形式，如 $\Delta_C = \Delta l_{AB} + \Delta l_{BC}$ 或 $\Delta_C = \Delta l_F + \Delta l_{F_C}$ 等。

1.6-2　三根拉伸（压缩）刚度 EA 相同的杆件 AD、BD 和 CD 组成的桁架，如图（a）所示。在结点 D 承受铅垂载荷 F，试求各杆内的轴力。

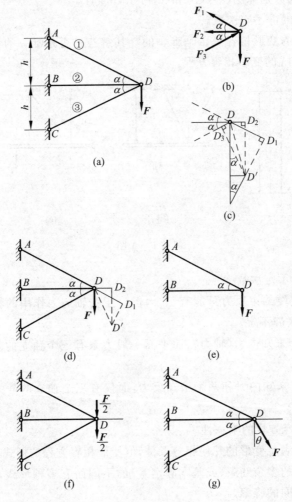

习题 1.6-2 图

解　（1）静力平衡条件

作结点 D 的受力图（图（b））。桁架在力 F 作用下，可以判断：杆①将受拉、杆③将受压，而杆②难以确定，可任意假设。若假设受拉，则由结点 D 的平衡条件，得

$$\sum F_x = 0, \qquad\qquad F_3\cos\alpha - F_1\cos\alpha - F_2 = 0 \qquad\qquad (1)$$

$$\sum F_y = 0, \qquad\qquad F_1\sin\alpha + F_3\sin\alpha - F = 0 \qquad\qquad (2)$$

（2）变形几何相容条件

作结点 D 的位移图（图（c）），由几何关系，可知

$$\frac{\Delta l_1}{\sin\alpha} = 2\frac{\Delta l_2}{\tan\alpha} + \frac{\Delta l_3}{\sin\alpha}$$

（3）力-变形间物理关系

由胡克定律，得

$$\Delta l_1 = \frac{F_1 l_1}{EA} = \frac{F_1 h}{EA\sin\alpha}$$

$$\Delta l_2 = \frac{F_2 l_2}{EA} = \frac{F_2 h}{EA\tan\alpha}$$

$$\Delta l_3 = \frac{F_3 l_3}{EA} = \frac{F_3 h}{EA\sin\alpha}$$

将物理关系代入变形相容方程，经整理后得补充方程

$$F_1 - F_3 = 2F_2\cos^2\alpha \tag{3}$$

联立平衡方程（1）、（2）和补充方程（3），解得各杆的轴力为

$$F_1 = F_3 = \frac{F}{2\sin\alpha}, \quad F_2 = 0$$

讨论：

（1）在考虑变形几何相容条件，作结点 D 的位移图时，必须满足杆件的变形（伸长或缩短）与考虑静力平衡条件中所假定的轴力方向（拉力或压力）相容。结点 D 位移图中的位移 $\overline{DD'}$，并不一定是实际的位移。反之，若先作结点位移图（即先假定结点的位移），同样在列平衡方程时，轴力的方向应与杆的变形相容。一般地说，结点的位移可任意假设，并不影响其最后的结果。但假设的位移不能与某一杆件相垂直（除该杆正好为零杆者除外）。如本题中，若假设结点 D 的位移 $\overline{DD'}$ 与杆③相垂直，则变形相容方程中将不出现杆③的变形 Δl_3（图（d）），杆的变形就与杆的轴力（图（b））不相容了。这就相当于将杆③视作多余约束，而相应的基本静定系（图（e））中却未施加多余未知力 F_3，显然，这样的基本静定系是不可能与原静不定结构等效的。

（2）在本题中，由于结构的几何形状对称于 $\overline{BD}$ 轴（杆②），而载荷 F 反对称于 $\overline{BD}$ 轴（图（f）），则杆 AD，CD 的轴力和结点 D 的位移均反对称于 $\overline{BD}$ 轴，即 F_1 与 F_3 等值、反向，而结点 D 的位移垂直于 BD 杆，杆 BD 的变形 $\Delta l_2 = 0$，即其轴力 $F_2 = 0$。于是，F_1，F_3 即可由静力平衡条件求得。因此，利用结构和载荷的对称与反对称性，往往能使解题过程大为简化。例如，若本题中的桁架承受任意方向的载荷时（图（g）），可将外力 F 分解为铅垂分量 $F\cos\theta$ 和水平分量 $F\sin\theta$，前者反对称于 BD 轴，而后者对称于 BD 轴，分别求得各杆的轴力后再叠加，即得任意方向载荷作用下的轴力。

1.6-3 长度 $l = 75\text{cm}$ 的钢螺栓，外面套一铜导管（图（a））。螺栓的横截面面积 $A_s = 6\text{cm}$，弹性模量 $E_s = 210\text{GPa}$；导管的横截面面积 $A_c = 12\text{cm}^2$，弹性模量 $E_c = 110\text{GPa}$，螺距为 $\Delta = 0.32\text{cm}$。在使螺母与导管正好接触（无间隙也无应力）后，再将螺母旋进 1/4 圈，试求螺栓和导管内的应力。

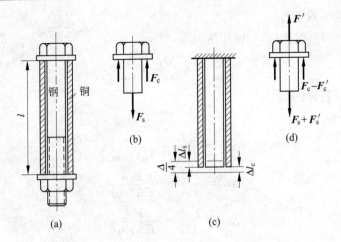

习题 1.6-3 图

解 （1）静力平衡条件

由螺栓的受力图（图(b)）的平衡条件，得

$$\sum F_y = 0, \qquad\qquad F_c - F_s = 0$$

$$F_c = F_s$$

（2）变形几何相容条件

螺母旋进 1/4 圈，则导管缩短 Δl_c，而螺栓伸长 Δl_s，故变形几何相容条件为

$$\Delta l_c + \Delta l_s = \Delta/4$$

（3）力-变形间物理关系

由胡克定律，得

$$\Delta l_s = \frac{F_s l}{E_s A_s}, \quad \Delta l_c = \frac{F_c l}{E_c A_c}$$

将物理关系代入变形相容方程，得补充方程，并解得

$$F_s = F_c = \frac{\Delta}{4l}\left(\frac{E_s A_s \times E_c A_c}{E_s A_s + E_c A_c}\right) = 68.8\text{kN}$$

（4）螺栓和导管内的应力

$$\sigma_s = \frac{F_s}{A_s} = \frac{68.8 \times 10^3 \text{N}}{6 \times 10^{-4}\text{m}^2} = 115 \times 10^6 \text{Pa} = 115\text{MPa}$$

$$\sigma_c = \frac{F_c}{A_c} = 57.5\text{MPa}$$

讨论：

若在此基础上，在螺旋上再施加拉力 $F' = 50\text{kN}$，则由初应力和力 F' 共同作用下的受力图（图(d)），由平衡条件，得

$$\sum F_y = 0, \qquad\qquad (F_s + F'_s) - (F_c - F'_c) = F'_s + F'_c = F'$$

由变形几何相容条件，得

$$\Delta l'_s = \Delta l'_c$$

应用胡克定律，得补充方程

$$\frac{F'_s l}{E_s A_s} = \frac{F'_c l}{E_c A_c}$$

联立平衡方程,解得

$$F'_s = \frac{F' E_s A_s}{E_s A_s + E_c A_c}, \quad F'_c = \frac{F' E_c A_c}{E_s A_s + E_c A_c}$$

代入已知数据,可得

$$F'_s = 24.4 \text{kN}, \quad F'_c = 25.6 \text{kN}$$

可见,当具有初应力时,拉力 F' 虽然施加在螺栓上,但螺栓轴力的增加并不等于力 F'。只有当导管内的预压力全部消除后,所加拉力将由螺栓单独承受(参见习题 1.1-4)。

工程实际中,承受内压的压力容器的密封螺栓就与本题相似(导管相当于密封用的衬垫材料)。为了保证压力容器的密封性,对衬垫内的压力有一定的要求,其分析方法与本题相同。

1.6-4 图(a)所示桁架,各杆拉伸(压缩)刚度均为 EA,试求在载荷 F 作用下结点 A 的位移。

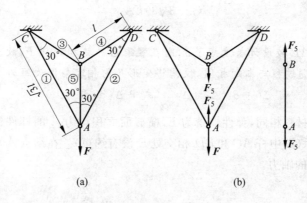

(a)   (b)

习题 1.6-4 图

解 (1) 受力分析

本题为一次静不定。由于结构和载荷均对称于铅垂线 AB,故各杆的轴力和结点 A、B 的位移也必对称于 AB。选取中间杆⑤为多余约束(多余未知力 F_5),相应的基本静定系如图(b)所示。

(2) 各杆轴力

假设各杆的轴力分别为 F_1、F_2、F_3、F_4 和 F_5,且均为拉力。由结点 A 和 B 的平衡条件,可得

$$F_1 = F_2 = \frac{F - F_5}{2\cos 30°} = \frac{F - F_5}{\sqrt{3}} \tag{1}$$

$$F_3 = F_4 = \frac{F_5}{2\sin 30°} = F_5 \tag{2}$$

由变形几何相容条件,得

$$\Delta_A - \Delta_B = \Delta l_5$$

而力-变形(位移)间的物理关系为

$$\Delta_A = \frac{\Delta l_1}{\cos 30°} = \frac{F_1 l_1}{EA\cos 30°} = \frac{2F_1 l}{EA}$$

$$\Delta_B = \frac{\Delta l_3}{\cos 60°} = \frac{2F_3 l}{EA}$$

$$\Delta l_5 = \frac{F_5 l}{EA}$$

代入变形相容方程,得补充方程

$$F_1 - F_3 = \frac{F_5}{2} \tag{3}$$

联立补充方程(3)和平衡方程(1)、(2),解得

$$F_1 = F_2 = \frac{3}{2+3\sqrt{3}}F, \quad F_3 = F_4 = F_5 = \frac{2}{2+3\sqrt{3}}F$$

(3) 结点 A 位移

将轴力 F_1 代入 Δ_A 表达式,即得

$$\Delta_A = \frac{6Fl}{(2+3\sqrt{3})EA} \quad (\downarrow)$$

讨论:

若同时由于杆 AB 较设计长度短了 δ,则在装配后并施加载荷 F,故求其装配应力或结点 A 的位移。则解题过程与本题相同,仅需将变形几何相容条件改写为

$$\Delta l_5 = \delta - \Delta_A - \Delta_B \quad (\text{式中 } \Delta_A \text{ 铅垂向上})$$

1.6-5　由六根材料相同,弹性模量为 E,横截面面积均为 A 的杆件铰接成正方形结构 $ABCD$,如图(a)所示(图中杆 AC 和 BD 相交处 E 没有约束)。在结点 A 和 C 处作用一对水平拉力 F,试求各杆的轴力。

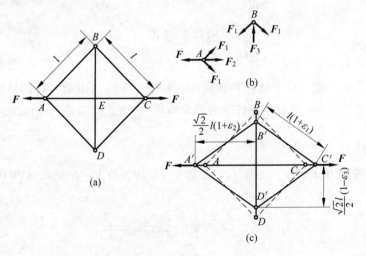

习题 1.6-5 图

解　(1) 静力平衡条件

由于结构和载荷均对称于 AC 和 BD 轴,故四周的杆 AB、BC、CD 和 DA 的轴力必相等,设为 F_1,杆 AC 和 BD 的轴力分别为 F_2 和 F_3。由结点 A 和 B(图(b))的平衡条件,得

$$\sum F_x = 0, \qquad 2F_1\cos45° + F_2 - F = 0$$

$$\sqrt{2}F_1 + F_2 = F \tag{1}$$

$$\sum F_y = 0, \qquad F_3 - 2F_1\cos45° = 0$$

$$F_3 = \sqrt{2}F_1 \tag{2}$$

(2) 补充方程

由于对称性,结构变形后也对称于 AC、BD 轴(图(c)),于是,得变形几何相容条件为

$$\left[l(1+\varepsilon_1)\right]^2 = \left[\frac{\sqrt{2}}{2}l(1+\varepsilon_2)\right]^2 + \left[\frac{\sqrt{2}}{2}l(1-\varepsilon_3)\right]^2$$

展开上式,略去高阶微量 ε^2 项,得变形相容方程

$$2\varepsilon_1 = \varepsilon_2 - \varepsilon_3$$

将物理关系(胡克定律)代入上式,得补充方程

$$2F_1 = F_2 - F_3 \tag{3}$$

(3) 各杆轴力

联立方程(1)、(2)和(3),即可解得各杆轴力为

杆 AB、BC、CD、DA: $\qquad F_1 = \dfrac{\sqrt{2}-1}{2}F$ (拉力)

杆 AC、BD: $\qquad F_2 = \dfrac{\sqrt{2}}{2}F$ (拉力)

$$F_3 = \frac{2-\sqrt{2}}{2}F \quad (压力)$$

讨论:

本题的变形相容方程,也可由结构的变形图(图(c))的几何关系写成

$$\Delta l_1 = \frac{\Delta l_2}{2}\cos45° - \frac{\Delta l_3}{2}\cos45°$$

所得结果是一致的,读者可自行验算。

1.6-6 一外径 $D=45\text{mm}$、厚度 $\delta=3\text{mm}$ 的钢管,与直径 $d=30\text{mm}$ 的实心铜杆同心地装配在一起,两端均固定在刚性平板上,如图(a)所示。已知钢和铜的弹性模量及线膨胀系数分别为 $E_s=210\text{GPa}$,$\alpha_s=12\times10^{-6}(℃)^{-1}$;$E_c=110\text{GPa}$,$\alpha_c=18\times10^{-6}(℃)^{-1}$。装配时的温度为 20℃,若工作环境的温度 170℃,试求钢管和铜杆内的应力以及组合筒的伸长。

解 (1) 钢管和铜杆的轴力

由受力图(图(b))的平衡条件,可得

$$F_s = F_c = F$$

由组合筒的变形图(图(c)),其变形几何相容条件为

$$\Delta l_{c,t} = \Delta l_{s,t} + \Delta l_{s,F} + \Delta l_{c,F}$$

将力(温度)与变形间的物理关系代入上式,得补充方程

$$\alpha_c\Delta t\, l = \alpha_s\Delta t\, l + \frac{Fl}{E_sA_s} + \frac{Fl}{E_cA_c}$$

由补充方程,即可解得钢管和铜杆的轴力为

$$F = F_s = F_c = \frac{(\alpha_c - \alpha_s)\Delta t E_sA_sE_cA_c}{E_sA_s + E_cA_c} = 36.2\text{kN}$$

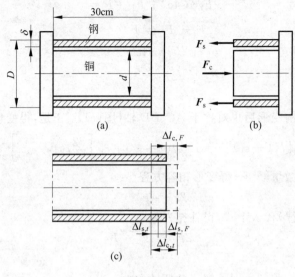

习题 1.6-6 图

（2）应力

钢管应力

$$\sigma_s = \frac{F_s}{A_s} = 91.5 \text{MPa} \quad （拉应力）$$

铜杆应力

$$\sigma_c = \frac{F_c}{A_c} = 51.2 \text{MPa} \quad （压应力）$$

（3）组合筒伸长

$$\Delta = \Delta l_{s,t} + \Delta l_{s,F} = \alpha_s \Delta t l + \frac{F_s l}{E_s A_s} = 0.67 \text{mm}$$

1.6-7 一内径 $d_s = 399.5 \text{mm}$ 的钢圆环，在炽热的状态下套在外径为 $D_1 = 400 \text{mm}$ 的铸铁圆环上，如图（a）所示。两环的宽度均为 $b = b_s = b_1 = 80 \text{mm}$，厚度分别为 $\delta_s = 12 \text{mm}$ 和 $\delta_1 = 25 \text{mm}$，材料的弹性模量分别为 $E_s = 200 \text{GPa}$，$E_1 = 140 \text{GPa}$，试求冷却后两环之间的压力及两环内的应力。

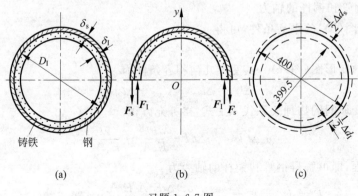

习题 1.6-7 图

解 (1) 静力平衡条件

由于冷却，钢环收缩，而铸铁环阻止其收缩，故钢环受拉，铸铁环受压(图(b))，由平衡条件，得

$$\sum F_y = 0, \qquad\qquad F_s = F_I$$

(2) 变形几何相容条件

由两环装配在一起(图(c))，故有

$$D_I - d_s = \Delta d_s + \Delta d_I$$

(3) 两环间压力与圆环径向变形间物理关系

由习题 1.5-4 的解答，p-δ_d 间关系为

$$\Delta d = \frac{pd^2}{2E\delta}$$

代入变形相容方程，得补充方程

$$D_I - d_s = \frac{pd_s^2}{2E_s\delta_s} + \frac{pD_I^2}{2E_I\delta_I}$$

(4) 两环间压力及环内应力

由补充方程，得两环间的压力为

$$p = \frac{2(D_I - d_s)E_s\delta_s \cdot E_I\delta_I}{d_s^2 E_I\delta_I + D_I^2 E_s\delta_s} = 8.91\text{MPa}$$

钢环和铸铁环内的应力分别为

$$\sigma_s = \frac{pd_s}{2\delta_s} = 148.3\text{MPa} \quad (\text{拉应力})$$

$$\sigma_I = \frac{pD_I}{2\delta_I} = 71.3\text{MPa} \quad (\text{压应力})$$

讨论：

工程中的轮缘装配、过盈配合等问题均与本题相似，其解法也与本题相同。

注意，在本题的求解过程中应用了胡克定律。因此，要求钢环和铸铁环内的应力应分别小于各自材料的弹性极限，否则，本题的求解不能成立。

*1.6-8 习题 1.6-7 的过盈配合圆环，若在工作中将有温度升高。设钢和铸铁的线膨胀系数分别为 $\alpha_s = 12 \times 10^{-6}(\text{℃})^{-1}$ 和 $\alpha_I = 6 \times 10^{-6}(\text{℃})^{-1}$，试求两环脱开时的温度。

解 (1) 温度增高时，两环内的应力

由于线膨胀系数 $\alpha_s > \alpha_I$，因此，温度升高时钢环的变形大于铸铁环的变形，两环间原有的压力 p 将减小。也即由于温度升高，钢环内将引起压应力而铸铁环产生拉应力，并分别以 σ_s' 和 σ_I' 表示。

在两环尚未脱开的条件下，则其变形几何相容条件为

$$\Delta d_s' = \Delta d_I'$$

代入力-变形间物理关系，得补充方程

$$-\frac{\sigma_s'}{E_s}d_s + \alpha_s t d_s = \frac{\sigma_I'}{E_I}D_I + \alpha_I t D_I$$

取 $d_s \approx D_I = 400\text{mm}$，并由 $\sigma_s'/\sigma_I' = \delta_I/\delta_s$ (参见习题 1.6-7 的解答)，即可解得因温度升高 $t(\text{℃})$，钢和铸铁环内引起的应力

$$\sigma_I' = \frac{t(\alpha_s - \alpha_I)E_I E_s \delta_s}{E_s \delta_s + E_I \delta_I} \quad (\text{拉}), \qquad \sigma_s' = \sigma_I' \delta_I / \delta_s \quad (\text{压})$$

两环内的实际应力应是初应力（装配应力）和温度应力之和，即钢环内的拉应力为 $(\sigma_s - \sigma_s')$；铸铁环内的压应力为 $(\sigma_I - \sigma_I')$。式中 σ_s 及 σ_I 见习题 1.6-7 的答案。

（2）两环脱开时的温度

若使两环脱开，则两环内的应力应小于等于零，由

$$\sigma_s - \sigma_s' = \sigma_s - \frac{t(\alpha_s - \alpha_I)E_I E_s \delta_s}{E_s \delta_s + E_I \delta_I} \leqslant 0$$

$$t \geqslant \frac{\delta_s(E_s \delta_s + E_I \delta_I)}{(\alpha_s - \alpha_I)E_I E_s \delta_I} = 209℃$$

有关 $\sigma_s, E_s, \delta_s, E_I, \delta_I$ 的具体数值参见习题 1.6-7。

1.6-9　水平刚性梁 AB，A 端铰接在墙上，B 端与铝合金杆铰接，在刚性梁 D 点处的下方有一钢柱，柱端与梁之间的空隙 $\Delta = 0.06\text{mm}$，如图(a)所示。已知钢柱的 $A_s = 25\text{cm}^2$，$E_s = 200\text{GPa}$，$\alpha_s = 12 \times 10^{-6}(℃)^{-1}$；铝合金杆的 $A_{Al} = 10\text{cm}^2$，$E_{Al} = 70\text{GPa}$，$\alpha_{Al} = 24 \times 10^{-6}(℃)^{-1}$。若在端点 B 作用铅垂载荷 $F = 50\text{kN}$，且温度升高 $t = 15℃$，试求钢柱和铝合金杆内的应力。

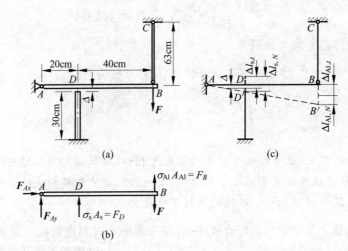

习题 1.6-9 图

解　（1）静力平衡条件

设在载荷和温度共同作用下，钢柱内的压应力为 σ_s，铝杆内的拉应力为 σ_{Al}。由梁 AB 的受力图（图(b)），得平衡方程为

$$\sum M_A = 0, \qquad\qquad 3\sigma_{Al}A_{Al} + \sigma_s A_s = 3F \qquad\qquad (1)$$

（2）变形几何相容条件

由梁的位移图（图(c)），得变形相容方程为

$$\frac{\Delta l_{s,N} - \Delta l_{s,t} + \Delta}{1} = \frac{\Delta l_{Al,N} + \Delta l_{Al,t}}{3}$$

（3）力（温度）-变形间物理关系

$$\Delta l_{s,N} = \frac{\sigma_s}{E_s} l_s, \quad \Delta l_{s,t} = \alpha_s t l_s$$

$$\Delta l_{Al,N} = \frac{\sigma_{Al}}{E_{Al}} l_{Al}, \quad \Delta l_{Al,t} = \alpha_{Al} t l_{Al}$$

将物理关系代入变形相容方程,得补充方程

$$3\left(\frac{\sigma_s}{E_s} l_s - \alpha_s t l_s + \Delta\right) = \frac{\sigma_{Al}}{E_{Al}} l_{Al} + \alpha_{Al} t l_{Al} \tag{2}$$

(4) 钢柱和铝杆内应力

联立方程(1)、(2),并代入已知数据,即可解得钢柱和铝杆内的应力分别为

$$\sigma_s = 54.9\text{MPa} \quad (压应力), \quad \sigma_{Al} = 4.25\text{MPa} \quad (拉应力)$$

讨论:

在作刚性梁的位移图中,假设铝杆受拉而伸长,计算结果 σ_{Al} 为正值,表明原假设正确。若假设铝杆受压(如温度升高足够大、而载荷较小),则受力图(图(b))中 F_B 应为压力,且变形相容方程作相应的变动,同样可得到相同的结果。

***1.6-10** 受预拉力 $F_0 = 10\text{kN}$ 拉紧的铅垂缆索,安装在 A、B 两支座间,如图(a)所示。然后,在距支座 B 为 h 的 C 点处作用载荷 $F = 15\text{kN}$,已知缆索不能承受压力,试考察当 h 由 $0 \sim l$ 变化时,缆索中轴力的变化。

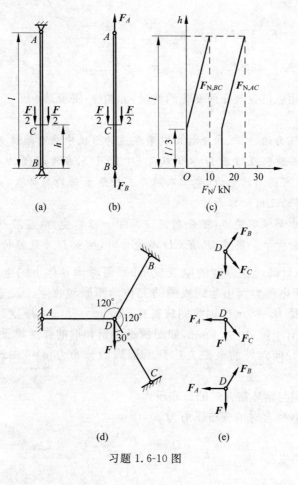

习题 1.6-10 图

解　(1) 在载荷单独作用下的缆索内力

假设缆索 B 端反力 F_B（图(b)）不超过初拉力 F_0。则由平衡条件

$$F_A + F_B = F \tag{1}$$

考察变形几何相容条件 $\Delta l_{AC} = \Delta l_{BC}$，代入物理关系，即得补充方程

$$F_A(l-h) = F_B h \tag{2}$$

联立式(1)、(2)，解得

$$F_A = F\frac{h}{l}, \quad F_B = F\frac{l-h}{l}$$

(2) h 由 $0 \sim l$ 变化时，缆索轴力的变化

在预拉力和载荷共同作用下，缆索的轴力为

$$F_{N,AC} = F_0 + F_A = F_0 + F\frac{h}{l}$$

$$F_{N,BC} = F_0 - F_B = F_0 - F\frac{l-h}{l}$$

由于缆索不能承受压力，故有

$$F_{N,BC} = F_0 - F\frac{l-h}{h} = 10 \times 10^3 \mathrm{N} - (15 \times 10^3 \mathrm{N})\frac{l-h}{l} \geqslant 0$$

$$h \geqslant \frac{l}{3}$$

当 $h \leqslant \dfrac{l}{3}$：　　$F_{N,AC} = F = 15\mathrm{kN}, \quad F_{N,BC} = 0$

当 $h > \dfrac{l}{3}$：　　$F_{N,AC} = F_0 + F\dfrac{h}{l}, \quad F_{N,BC} = F_0 - F\dfrac{l-h}{l}$

缆索轴力随载荷作用点位置改变而变化的情况，如图(c)所示。

讨论：

缆索不能承受压力的特征，在分析由缆索组成的系统中应引起注意。例如，由三根等角分布的缆索构成的系统。在结点 D 承受载荷 F（图(d)），在没有预拉力（或预拉力很小）的情况下，三根缆索不可能同时受力（受拉），因为三根缆索若均为伸长，则不可能再汇交于一点，即无法满足变形的几何相容条件。

至于三根缆索中哪根不受力，可分别假设其中一根不受力，然后根据结点 D 的平衡可能性来判断，如图(e)所示。显然，只有 CD 不受力时，结点 D 才能维持平衡。

***1.6-11**　当设计高电流强度的电气设备时，需考虑导体上的电磁力影响。例如，在同步加速器中，由于电磁力而引起铜线圈的交替地膨胀和收缩。设宽度 $b_c = 75\mathrm{mm}$、厚度 $\delta_c = 75\mathrm{mm}$、平均直径 $D_0 = 5\mathrm{m}$ 的铜线圈放置在宽度 $b_s = 75\mathrm{mm}$、厚度 $\delta_s = 25\mathrm{mm}$ 的钢环内，铜线圈与钢环间留有空隙 $\Delta = 0.5\mathrm{mm}$，如图所示。钢和铜的弹性模量分别为 $E_s = 200\mathrm{GPa}$ 和 $E_c = 100\mathrm{GPa}$，当径向向外的电磁力达到沿圆周的分布力 $p = 80\mathrm{kN/m}$ 时，试求铜线圈内的应力。

解　(1) 铜线圈与钢环密合时的分布压力

设铜线圈与钢环密合时的分布压力为 p'，则由

$$\Delta d_c = \frac{\sigma_c'}{E_c} \cdot D_0 = \frac{p' D_0}{2E_c b_c \delta_c} \cdot D_0 = 2\Delta$$

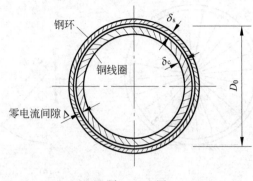

习题 1.6-11 图

$$p' = 4\frac{E_c b_c \delta_c \Delta}{D_0^2} = 4 \times \frac{(100 \times 10^9 \text{Pa}) \times (75 \times 10^{-3}\text{m})^2 \times (0.5 \times 10^{-3}\text{m})}{(5\text{m})^2}$$

$$= 45\text{kN/m}$$

（2）铜线圈内应力

当分布电磁力达到 $p = 80\text{kN/m}$ 时，其中由钢环和铜线圈共同承受的压力为

$$\Delta p = p - p' = 35\text{kN/m}$$

由静力平衡条件（参见习题 1.5-10 图(c)），得

$$\sum F_y = 0, \qquad F_s + F_c'' = \sigma_s b_s \delta_s + \sigma_c'' b_c \delta_c = \Delta p \cdot \frac{D_0}{2}$$

由变形几何相容条件（$\varepsilon_{Ds} = \varepsilon_{Dc}$），代入 p-σ 间物理关系，得补充方程

$$\frac{\sigma_c}{E_s} = \frac{\sigma_c''}{E_c}$$

与平衡方程联立，解得由 Δp 引起的铜线圈内的应力为

$$\sigma_c'' = \frac{\Delta p \cdot D_0}{2\left(\dfrac{E_s}{E_c} b_s \delta_s + b_c \delta_c\right)} = 9.33\text{MPa}$$

于是，铜线圈内的总应力为

$$\sigma_c = \sigma_c' + \sigma_c'' = \frac{p' D_0}{2 b_c \delta_c} + \sigma_c'' = 29.33\text{MPa}$$

讨论：

由于电磁力的交替变化，致使钢环和铜线圈内的应力也将交替变化。这种随时间交替变化的应力，称为交变应力。材料在交变应力作用下的破坏形式及其强度计算均与静载荷下的不同。有关交变应力下的破坏及其强度计算将在第 14 章"动载荷与交变应力"中讨论。

*1.6-12 自行车的车轮可简化为图(a)所示的力学模型：轮轴 O 由均匀分布的 n 根钢丝张紧于轮圈上。设每根钢丝的截面面积 A、长度 l 和弹性模量 E 均相同。相对于钢丝，轮圈的变形可忽略不计而视为刚性。试求轮轴中心在铅垂力 F 作用下的铅垂位移 Δ。

解 （1）静力平衡条件

设在力 F 作用下，第 i 根钢丝的受力为 F_i，则由轮轴 O 的平衡条件，得

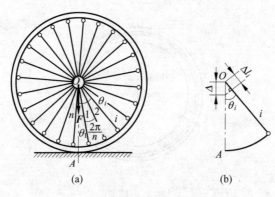

$$(a) \qquad\qquad (b)$$

习题 1.6-12 图

$$\sum F_y = 0, \qquad\qquad F = \sum_{i=1}^{n} F_i \cos\theta_i \qquad\qquad (1)$$

式中，θ_i 为第 i 根钢丝与铅垂轴 OA（即 y 轴）的夹角。设轮圈在任意位置时，第 1 根钢丝与 OA 轴的夹角为 θ_1，则第 i 根钢丝与 OA 轴的夹角为

$$\theta_i = (i-1)\frac{2\pi}{n} + \theta_1$$

（2）补充方程

第 i 根钢丝的变形与轮轴 O 的铅垂位移 Δ 间的几何相容条件（图(b)）为

$$\Delta l_i = \Delta\cos\theta_i$$

将力-变形间物理关系（胡克定律）代入变形相容方程，得补充方程

$$\frac{F_i l}{EA} = \Delta\cos\theta_i \qquad\qquad (2)$$

（3）轮轴位移

联立方程(1)、(2)，得

$$F = \frac{EA\Delta}{l}\sum_{i=1}^{n}\cos^2\theta_i = \frac{EA\Delta}{l}\left[\frac{n}{2} + \frac{1}{2}\sum_{i=1}^{n}\cos 2\theta_i\right]$$

式中 $\displaystyle\sum_{i=1}^{n}\cos 2\theta_i$ 项，将 θ_i 代入，并利用三角公式[①]，可得

$$\begin{aligned}
\sum_{i=1}^{n}\cos 2\theta_i &= \sum_{i=1}^{n}\cos\left[(i-1)\frac{4\pi}{n} + 2\theta_1\right] \\
&= \cos\left[2\theta_1 + \frac{n-1}{2}\cdot\frac{4\pi}{n}\right]\sin\left(\frac{n}{2}\cdot\frac{4\pi}{n}\right)\Big/\sin\left(\frac{2\pi}{n}\right) \\
&= 0
\end{aligned}$$

于是，得轮轴的铅垂位移为

$$\Delta = \frac{2Fl}{nEA}$$

[①]　$\cos\alpha + \cos(\alpha+\beta) + \cos(\alpha+2\beta) + \cdots + \cos(\alpha+n\beta) = \cos\left(\alpha + \frac{n}{2}\beta\right)\sin\left(\frac{n+1}{2}\beta\right)\Big/\sin\frac{\beta}{2}$。

讨论：

由图（b）可见，在力 F 作用下，轮圈下半圆周的钢丝为缩短，而实际上钢丝难以承受压力，因此，要求钢丝有足够的预拉力，以避免钢丝承压。在生活实际中，自行车车轮的钢丝应保持足够的张紧力，一旦钢丝松动（张紧力消失），则极易造成轮圈的变形，甚至丧失承载能力。

第2章

剪　切

【内容提要】

2.1　剪切及其实用计算

1. 剪切的力学模型

剪切是构件的基本变形之一,其力学模型如图 2-1 所示。

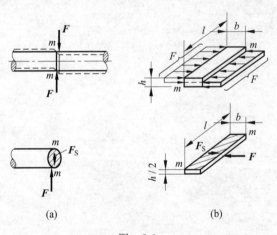

(a)   (b)

图　2-1

　　构件特征　主要为剪切变形的构件,工程中通常是一些尺寸较小的连接件,如螺栓、铆钉、键等。

　　受力特征　构件受两组大小相等、方向相反、作用线相互平行且距离很近的平行力系作用。

　　变形特征　构件沿两组平行力系间的交界面发生相对错动。

2. 剪切面及其内力

剪切面 构件将沿其发生相对错动的截面,如图 2-1 中阴影截面 m—m。

剪力 剪切面上其作用线平行于截面的内力分量,称为剪力(图 2-1),并记为 F_s。

3. 剪切实用计算

实用计算法 根据构件的破坏可能性,以直接试验为基础,采用既能反映受力的基本特征,又能简化计算的名义应力公式,进行强度计算的方法,称为实用计算法。工程中的螺栓、铆钉、键等连接件,本身尺寸不大,而其变形较为复杂,一般均采用实用计算法。

名义切应力 假设切应力在整个剪切面上均匀分布,即剪切面上的切应力为

$$\tau = \frac{F_\mathrm{s}}{A_\mathrm{s}} \tag{2-1}$$

式中,A_s 为剪切面面积。

剪切强度条件 剪切面上的工作切应力不得超过材料的许用切应力,即

$$\tau = \frac{F_\mathrm{s}}{A_\mathrm{s}} \leqslant [\tau] \tag{2-2}$$

式中,许用切应力 $[\tau]$ 为根据直接试验结果,按名义切应力公式(2-1)并考虑安全因数后所得的许用切应力值。

2.2 挤压及其实用计算

1. 挤压及挤压力

挤压 两构件间相互接触的承压作用。

挤压面 两构件间相互接触的承压面。其面积或因构件本身尺寸较小,或因承压接触面较小而较小。

挤压力 承压接触面上的总压力,称为挤压力,记为 F_bs(如图 2-1(b)中力 F)。

2. 挤压实用计算

名义挤压应力 假设挤压应力在名义挤压面上均匀分布,即

$$\sigma_\mathrm{bs} = \frac{F_\mathrm{bs}}{A_\mathrm{bs}} \tag{2-3}$$

式中,A_bs 为名义挤压面面积(图 2-2)。若挤压面为平面时(图 2-2(a)),则名义挤压面面积等于实际承压接触面面积,即 $A_\mathrm{bs} = \dfrac{h}{2} \cdot l$;若挤压面为半圆柱面时(图 2-2(b)),则名义挤压

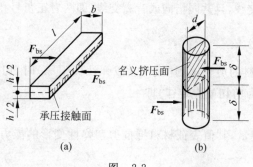

(a)   (b)

图 2-2

面面积取为实际承压接触面面积在其直径平面上的投影，即 $A_{\text{bs}} = d\delta$。

  挤压强度条件 挤压面上的工作（名义）挤压应力不得超过材料的许用挤压应力，即

$$\sigma_{\text{bs}} = \frac{F_{\text{bs}}}{A_{\text{bs}}} \leqslant [\sigma_{\text{bs}}] \tag{2-4}$$

式中，许用挤压应力$[\sigma_{\text{bs}}]$为根据直接试验结果，按名义挤压应力公式(2-3)并考虑安全因数后所得的许用挤压应力值。

2.3 纯剪切的概念

1. 纯剪切

  纯剪切 表示受力物体内的一点、边长为无限小的单元体的各个面上，只承受切应力而没有正应力的情况，称为纯剪切应力状态，简称为纯剪切（如图 2-3(a)，图中前、后两平面上无应力，也称为平面纯剪切应力状态）。

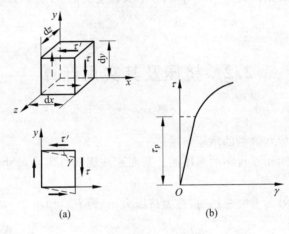

图 2-3

  切应变 直角改变量，称为切应变，记为 γ（图 2-3(a)）。对于各向同性材料，切应力只引起其所在平面内的切应变。

2. 切应力互等定理

  若某一平面存在切应力，则在与切应力矢相垂直的平面上必存在切应力，两者数值相等，方向均垂直于两平面的交线，且共同指向或背离交线（即两者正负号相反）（图 2-3(a)），即

$$\tau = -\tau' \tag{2-5}$$

3. 剪切胡克定律

  当切应力不超过材料的剪切比例极限 τ_{p}（或弹性极限 τ_{e}）时，切应变与切应力呈线性弹性关系（图 2-3(b)），称为剪切胡克定律，即

$$\tau = G\gamma \tag{2-6}$$

式中，G 为材料的切变模量，其值表征材料抵抗剪切弹性变形的能力。

【习题解析】

2.1-1 一直径为 $d=50\text{mm}$ 的钢拉杆,用一厚度 $\delta=12\text{mm}$ 的钢质扁栓锁住,如图(a)所示。拉杆和扁栓的钢材相同,其许用拉应力 $[\sigma]=160\text{MPa}$,许用切应力 $[\tau]=125\text{MPa}$。试求拉杆的许可载荷。

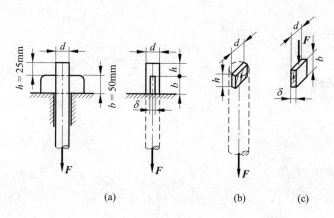

习题 2.1-1 图

解 (1) 考虑拉杆强度

由拉杆的拉伸强度条件,得

$$F \leqslant [\sigma]A = [\sigma]\frac{\pi d^2}{4} = (160 \times 10^6 \text{Pa}) \times \frac{\pi}{4} \times (50 \times 10^{-3}\text{m})^2$$
$$= 314 \times 10^3 \text{N}$$

由拉杆的剪切强度条件(图(b)),得

$$F_\text{S} = F \leqslant [\tau]A_\text{S} = [\tau] \cdot 2(dh)$$
$$= (125 \times 10^6 \text{Pa}) \times 2 \times (50 \times 10^{-3}\text{m}) \times (25 \times 10^{-3}\text{m})$$
$$= 312 \times 10^3 \text{N}$$

(2) 考虑扁栓强度

由扁栓的剪切强度条件,得

$$F_\text{S} = F \leqslant [\tau]A_\text{S} = [\tau](2b\delta)$$
$$= 2 \times (125 \times 10^6 \text{Pa}) \times (50 \times 10^{-3}\text{m} \times 12 \times 10^{-3}\text{m})$$
$$= 150 \times 10^3 \text{N}$$
$$= 150\text{kN}$$

所以,拉杆的许可载荷为 $[F]=150\text{kN}$。

2.1-2 图(a)所示为一安全联轴器,当传递的转矩超过额定值时,安全销即被剪断,以保护其他的主要零部件。已知安全销的平均直径 $d=5\text{mm}$,材料的剪切强度极限 $\tau_\text{b}=320\text{MPa}$,试求联轴器的额定转矩。

解 安全销剪切面上的剪力(图(b))

$$F_\text{S} = \frac{M_\text{e}}{D}$$

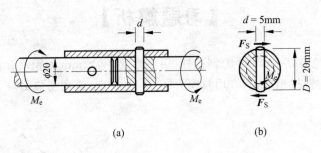

习题 2.1-2 图

由剪切破坏条件

$$\tau = \frac{F_{\mathrm{S}}}{A_{\mathrm{S}}} = \frac{\dfrac{M_{\mathrm{e}}}{D}}{\dfrac{\pi}{4} d^2} \geqslant \tau_{\mathrm{b}}$$

得联轴器的额定转矩为

$$M_{\mathrm{e}} = D\left(\frac{\pi}{4} d^2\right) \cdot \tau_{\mathrm{b}} = (0.02\,\mathrm{m}) \times \frac{\pi}{4}(5 \times 10^{-3}\,\mathrm{m})^2 \times (320 \times 10^6\,\mathrm{Pa})$$

$$= 126\mathrm{N} \cdot \mathrm{m}$$

2.1-3　一外径 $D_{\mathrm{c}} = 50\mathrm{mm}$、内径 $d_{\mathrm{c}} = 25\mathrm{mm}$ 的铜管,套在直径 $d_{\mathrm{s}} = 25\mathrm{mm}$ 的钢杆外,如图(a)所示。两杆的长度相等,在两端用直径 $d = 12\mathrm{mm}$ 的销钉将两者固定连接,两销钉的间距为 l。已知铜和钢的弹性模量及线膨胀系数分别为 $E_{\mathrm{c}} = 105\mathrm{GPa}$,$\alpha_{\mathrm{c}} = 17 \times 10^{-6}(℃)^{-1}$ 和 $E_{\mathrm{s}} = 210\mathrm{GPa}$,$\alpha_{\mathrm{s}} = 12 \times 10^{-6}(℃)^{-1}$。组合件在室温条件下装配,工作中组合件温度升高 $50℃$,若不考虑铜管与钢杆间的摩擦影响,试求销钉内的切应力。

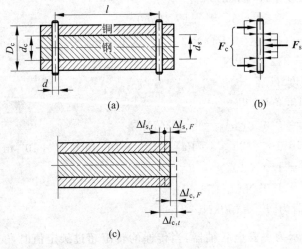

习题 2.1-3 图

解　(1) 受力分析

温度升高后,铜管伸长大于钢杆,而两端由销钉固定,故铜管受压,钢杆受拉。

由销钉(图(b))的平衡条件,得

$$\sum F_x = 0, \qquad\qquad F_c = F_s = F$$

由组合件的变形图（图(c)），其变形几何相容条件为

$$\Delta l_{s,t} + \Delta l_{s,F} = \Delta l_{c,t} - \Delta l_{c,F}$$

代入力(温度)-变形间物理关系，得补充方程

$$\frac{Fl}{E_c A_c} + \frac{Fl}{E_s A_s} = \alpha_c \Delta t l - \alpha_s \Delta t l$$

解得

$$F = \frac{(\alpha_c - \alpha_s)\Delta t \cdot E_c A_c E_s A_s}{E_c A_c + E_s A_s}$$

$$= [17 \times 10^{-6}(℃)^{-1} - 12 \times 10^{-6}(℃)^{-1}] \times (50℃) \times (105 \times 10^9 Pa) \times$$

$$\frac{\pi}{4}[(50 \times 10^{-3} m)^2 - (25 \times 10^{-3} m)^2] \times (210 \times 10^9 Pa) \times \frac{\pi}{4}(25 \times 10^{-3} m)^2$$

$$\Big/ \Big\{ 105 \times 10^9 Pa \times \frac{\pi}{4}[(50 \times 10^{-3} m)^2 - (25 \times 10^{-3} m)^2] + $$

$$(210 \times 10^9 Pa) \times \frac{\pi}{4}(25 \times 10^{-3} m)^2 \Big\}$$

$$= 15460 N$$

（2）销钉切应力

$$\tau = \frac{F_s}{A_s} = \frac{F}{2\left(\frac{\pi}{4} d^2\right)} = \frac{2 \times (15460 N)}{\pi (12 \times 10^{-3} m)^2}$$

$$= 68.3 \times 10^6 Pa = 68.3 MPa$$

2.1-4 试述铆钉（螺栓）连接中，计算每一铆钉受力的假设，并计算图示三种连接方式中每个铆钉的受力。

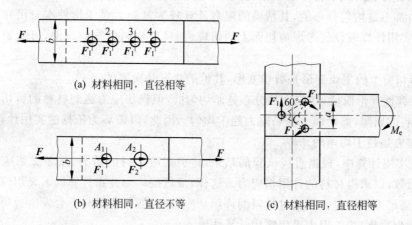

(a) 材料相同，直径相等

(b) 材料相同，直径不等

(c) 材料相同，直径相等

习题 2.1-4 图

解 （1）铆钉受力假设

① 若各铆钉的材料相同、直径相等，且外力作用线通过钉群截面形心，则每一铆钉的受力相等。

② 若各铆钉的材料相同、直径不等，而外力作用线通过钉群截面形心，则每一铆钉的受

力与该铆钉的横截面面积成正比。

③ 若各铆钉的材料相同、直径相等,且外力偶作用面垂直于铆钉的轴线,则各铆钉的受力与该铆钉横截面形心至钉群截面形心的距离成正比,而力的方向与该铆钉至钉群截面形心的连线相垂直。

(2) 图示连接中各铆钉的受力

图(a):   各铆钉的受力相等,其值为

$$F_1 = \frac{F}{4}$$

图(b):   两铆钉的受力与其截面积成正比,分别为

$$F_1 = F\frac{A_1}{A_1+A_2}, \qquad F_2 = F\frac{A_2}{A_1+A_2}$$

图(c):   由于三铆钉至钉群截面形心 C 的距离相等,故三铆钉的受力相等,其值为

$$F_1 = \frac{M_e}{3(a/2\cos30°)} = \frac{M_e}{\sqrt{3}a}$$

三铆钉所受力的方向分别垂直于该铆钉至钉群截面 C 的连线,如图(c)所示。

讨论:

对于每一铆钉受力的假设,实质上是建立在这样的基础上的:认为连接板的刚度远大于铆钉的刚度,即相对于铆钉而言,连接板可视为刚性的。于是,在图(a)所示的搭接情况下,四个铆钉的剪切变形相同,故其受力相等;而在图(c)所示的连接情况下,连接板将绕钉群截面形心转动,各铆钉的切应变将与其至钉群形心的距离成正比。

2.1-5   在剪切实用计算中,假设剪切面上的切应力为均匀分布,并以该名义切应力作为强度计算的依据。试述假设的可行性。

答   在铆钉、螺栓、销钉等连接中,剪切面上除切应力外,还将产生弯曲正应力,且切应力和正应力都不是均匀分布的,其精确的应力计算较为复杂。对于构件本身尺寸较小的连接件,剪切实用计算假设仅考虑剪切面上的切应力,且为均匀分布的理由,可从如下三方面考虑:

(1) 剪切面上的主要变形是剪切变形,其他的变形是次要的。

(2) 在弹性变形阶段,切应力的分布是非均匀的,但当切应力达到材料的剪切屈服极限后,由于材料的屈服,剪切面上的切应力趋于均匀。因此,以破坏为依据的实用计算,在剪切破坏前切应力是趋于均匀的。

(3) 在实用计算中,根据直接试验的结果,将剪切破坏时的剪力,按名义切应力公式并考虑安全因数,以求得材料的许用切应力。这样,虽然按均匀分布计算的名义切应力是近似的,但只要满足工作切应力不超过材料的许用切应力,就能保证材料不会发生剪切破坏。而其计算却大为简化,故工程中采用实用计算法。

2.1-6   图(a)所示为凸缘联轴节,凸缘之间用四只对称地分布在 $D_0 = 80\text{mm}$ 圆周上的螺栓连接。螺栓内径 $d = 8\text{mm}$,材料的许用切应力$[\tau] = 60\text{MPa}$。若联轴节传递的转矩 $M_e = 300\text{N}\cdot\text{m}$。

(1) 校核螺栓的强度。

(2) 当其中一只螺栓松脱时,校核余下三只螺栓的强度。

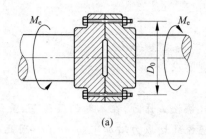

(a)

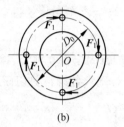 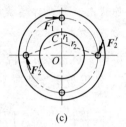

(b)   (c)

习题 2.1-6 图

解 （1）正常工作时的剪切强度校核

每只螺栓受力　由于螺栓对称地分布,故每只螺栓受力相等（图(b)）,其值为

$$F_1 = \frac{M_e}{4 \times \dfrac{D_0}{2}} = \frac{M_e}{2D_0}$$

由剪切强度条件

$$\tau = \frac{F_S}{A_S} = \frac{2M_0}{\pi d^2 D_0} = \frac{2 \times 300\mathrm{N} \cdot \mathrm{m}}{\pi(8 \times 10^{-3}\mathrm{m})^2 \times (80 \times 10^{-3}\mathrm{m})}$$

$$= 37.3 \times 10^6 \mathrm{Pa} = 37.3\mathrm{MPa} < [\tau]$$

所以安全。

（2）余下三只螺栓时的剪切强度校核

钉群截面形心 C 的位置　钉群对称于 OC 轴（图(c)）,其形心 C 距圆心 O 的距离为

$$\overline{OC} = \frac{1}{3} \cdot \frac{D_0}{2} = 13.33\mathrm{mm}$$

于是,各螺栓截面中心至钉群截面形心 C 的距离为

$$r_1 = \frac{D_0}{2} - \overline{OC} = 26.67\mathrm{mm}$$

$$r_2 = \sqrt{\left(\frac{D_0}{2}\right)^2 + \overline{OC}^2} = 42.16\mathrm{mm}$$

由静力关系

$$\sum F_x = F_1' - 2F_2' \frac{\overline{OC}}{r_2} = 0$$

$$\sum M_0 = F_1' r_1 + 2(F_2' r_2) = M_e$$

解得各螺栓的受力为

$$F_1' = 1880\mathrm{N}, \quad F_2' = 2970\mathrm{N}$$

由螺栓的剪切强度条件,得

$$\tau_{\max} = \frac{F_{\mathrm{S,max}}}{A_{\mathrm{S}}} = \frac{4F_{\mathrm{S,max}}}{\pi d^2} = 59.1\mathrm{MPa} < [\tau]$$

所以,仍然满足螺栓的剪切强度要求。

讨论:

当一只螺栓松脱,余下三只螺栓工作时,在本题的条件下,虽仍满足剪切强度要求,但已接近许用应力,且受力最大的螺栓的切应力增加了约 60%。因此,在工程实际中,还是应保证每只螺栓的正常工作状态。尤其伴随旋转的振动(如汽车车轮等),由于螺栓受力增大,极易导致余下螺栓的松动,而造成事故。

* **2.1-7**　一结点板用 4 只直径 $d=17\mathrm{mm}$ 的铆钉固定在立柱上,铆钉的材料相同,其排列及间距如图(a)所示。结点板承受载荷 $F=20\mathrm{kN}$,试求各铆钉剪切面上的切应力。

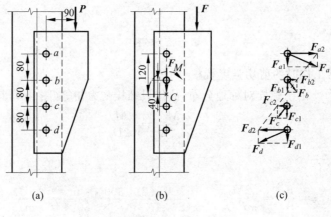

习题 2.1-7 图

解　(1) 受力分析

将载荷 F 向钉群截面形心 C 简化(图(b)),得

$$F = 20\mathrm{kN}$$

$$M = F \cdot e = (20 \times 10^3\,\mathrm{N}) \times (90 \times 10^{-3}\,\mathrm{m}) = 1800\mathrm{N} \cdot \mathrm{m}$$

各铆钉的受力为 (图(c))

由力 F,得

$$F_{a1} = F_{b1} = F_{c1} = F_{d1} = \frac{F}{4} = 5\mathrm{kN}$$

由力偶 M,得

$$\frac{F_{a2}(F_{d2})}{F_{b2}(F_{c2})} = \frac{120 \times 10^{-3}\,\mathrm{m}}{40 \times 10^{-3}\,\mathrm{m}} = 3$$

$$F_{a2}(240 \times 10^{-3}\,\mathrm{m}) + F_{b2}(80 \times 10^{-3}\,\mathrm{m}) = M = 1800\mathrm{N} \cdot \mathrm{m}$$

$$F_{a2} = F_{d2} = 6750\mathrm{N}, \quad F_{b2} = F_{c2} = 2250\mathrm{N}$$

于是,得各铆钉的受力为

$$F_a = F_d = \sqrt{F_{a1}^2 + F_{a2}^2} = 8400\mathrm{N}$$

$$F_b = F_c = \sqrt{F_{b1}^2 + F_{b2}^2} = 5480\mathrm{N}$$

各铆钉受力的方向如图(c)所示。

（2）铆钉切应力

$$\tau_a = \tau_d = \frac{F_{S,a}}{A_S} = \frac{4F_a}{\pi d^2} = 37\text{MPa}$$

$$\tau_b = \tau_c = \frac{4F_b}{\pi d^2} = 24.1\text{MPa}$$

各铆钉的切应力方向与其剪力方向相同（图（c））。

2.2-1 在挤压实用计算中，铆钉、螺栓等圆柱体在圆孔中的挤压，假设名义挤压应力在名义挤压面上均匀分布，而名义挤压面取为实际承压接触面在其直径平面的投影。试问这一假设有何依据？

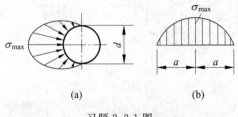

习题 2.2-1 图

答 首先，实用计算是一种建立在直接试验基础上的强度计算方法。其次，按弹性理论分析，圆柱面与圆孔间的挤压应力在实际承压接触面上的分布，如图（a）所示。最大挤压应力 $\sigma_{\max}$ 发生在半圆周的中点处，其值与按这一假设计算得到的名义挤压应力值较为接近。如厚度为 δ 的两圆柱体之间（包括圆柱面与圆孔凹面之间）、在宽度为 $2a$ 的接触面上的挤压应力，按椭圆分布规律[①]（图（b）），由于圆柱面与圆孔面的曲率半径相等，并取 $2a = \frac{\pi d}{2}$，于是，由挤压应力总和等于挤压力的静力关系，得

$$F_{bs} = \frac{\pi}{2} a\delta \cdot \sigma_{\max} = \frac{\pi^2}{8} d\delta\sigma_{\max}$$

$$\sigma_{\max} = \frac{8}{\pi^2} \cdot \frac{F_{bs}}{d\delta} \approx \frac{F_{bs}}{d\delta} = \frac{F_{bs}}{A_{bs}}$$

2.2-2 一厚度为 $\delta_1 = 15\text{mm}$ 的拉杆与两块厚度为 $\delta_2 = 8\text{mm}$ 的盖板，通过螺栓相连接，如图（a）所示。已知所有零件的材料均相同，其许用应力分别为 $[\sigma] = 100\text{MPa}$、$[\tau] = 60\text{MPa}$、$[\sigma_{bs}] = 160\text{MPa}$。若承受的拉力 $F = 60\text{kN}$，试设计拉杆的宽度 b 及螺栓的直径。

解 （1）拉杆宽度

由拉伸强度条件，得

$$\sigma = \frac{F_N}{A} = \frac{F}{b\delta_1} \leqslant [\sigma]$$

$$b \geqslant \frac{F}{[\sigma]\delta_1} = \frac{60 \times 10^3\,\text{N}}{(100 \times 10^6\,\text{Pa}) \times (15 \times 10^{-3}\,\text{m})} = 0.04\text{m}$$

取拉杆宽度为 $b = 40\text{mm}$。

---

① 参见：刘鸿文.高等材料力学［M］.北京：高等教育出版社，1985，第十四章.

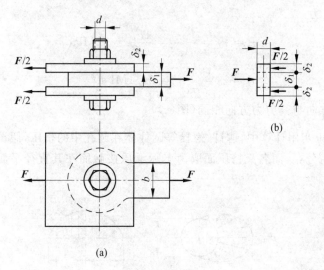

习题 2.2-2 图

（2）螺栓直径

由剪切强度条件：螺栓有两剪切面（称为双剪）（图(b)）

$$\tau = \frac{F_S}{A_S} = \frac{F}{2\left(\dfrac{\pi}{4}d^2\right)} \leqslant [\tau]$$

$$d \geqslant \sqrt{\frac{2F}{\pi[\tau]}} = \sqrt{\frac{2 \times (60 \times 10^3 \, \text{N})}{\pi(60 \times 10^6 \, \text{Pa})}} = 0.0252 \, \text{m}$$

由挤压强度条件：由螺栓受力（图(b)）可见，$\delta_1 < 2\delta_2$，故在螺栓与拉杆接触部分的挤压强度较危险

$$\sigma_{bs} = \frac{F_{bs}}{A_{bs}} = \frac{F}{d\delta_1} \leqslant [\sigma_{bs}]$$

$$d \geqslant \frac{F}{[\sigma_{bs}]\delta_1} = \frac{60 \times 10^3 \, \text{N}}{(160 \times 10^6 \, \text{Pa}) \times (15 \times 10^{-3} \, \text{m})} = 0.025 \, \text{m}$$

故应取螺栓直径（内径）$d = 25\text{mm}$。

2.2-3 两块宽度均为 $b = 180\text{mm}$、厚度分别为 $\delta_1 = 16\text{mm}$ 和 $\delta_2 = 18\text{mm}$ 的钢板，以图(a)所示方式通过铆钉进行搭接。铆钉的直径 $d = 20\text{mm}$，所有构件的材料均相同，其许用应力分别为 $[\sigma] = 140\text{MPa}$、$[\tau] = 100\text{MPa}$、$[\sigma_{bs}] = 280\text{MPa}$。试求：

（1）接头的许可载荷。

（2）若铆钉的排列次序相反（即自左向右，第一列是两只，第二列是三只铆钉），则接头的许可载荷为多大？

解　（1）接头的许可载荷

由铆钉的剪切强度条件（图(b)），得

$$\tau = \frac{F_S}{A_S} = \frac{F/5}{\dfrac{\pi}{4}d^2} \leqslant [\tau]$$

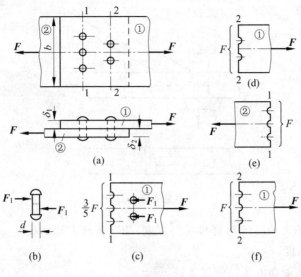

习题 2.2-3 图

$$F \leqslant 5\left(\frac{\pi}{4}d^2\right)[\tau] = 157 \times 10^3 \mathrm{N}$$

由铆钉和板 1 间的挤压强度条件（图（b）），得

$$\sigma_{bs} = \frac{F_S}{A_{bs}} = \frac{F/5}{d\delta_1} \leqslant [\sigma_{bs}]$$

$$F \leqslant 5(d\delta_1)[\sigma_{bs}] = 448 \times 10^3 \mathrm{N}$$

由板的拉伸强度,得

板 1：截面 1—1（图（c））

$$F \leqslant \frac{5}{3}\delta_1(b-3d)[\sigma] = 448 \times 10^3 \mathrm{N} = 448\mathrm{kN}$$

板 1：截面 2—2（图（d））

$$F \leqslant \delta_1(b-2d)[\sigma] = 314 \times 10^3 \mathrm{N} = 314\mathrm{kN}$$

板 2：截面 1—1（图（e））

$$F \leqslant \delta_2(b-3d)[\sigma] = 302 \times 10^3 \mathrm{N} = 302\mathrm{kN}$$

故许可载荷取决于铆钉剪切强度,为

$$[F] = 157\mathrm{kN}$$

（2）排列次序相反时的许可载荷

排列次序相反,对铆钉的剪切和挤压强度没有影响。而板拉伸强度的危险截面应为板 1 的截面 2—2（图（f））。由拉伸强度条件

$$F \leqslant \delta_1(b-3d)[\sigma] = 269\mathrm{kN}$$

可见,接头的许可载荷仍取决于铆钉的剪切强度,$[F]=157\mathrm{kN}$。只是从板的拉伸强度看,由 $F \leqslant 302\mathrm{kN}$ 降为 $F \leqslant 269\mathrm{kN}$。若两板的厚度相等,则两种排列次序并不影响板的拉伸强度。

2.2-4 在木桁架的支座部位,斜杆以宽度 $b=60\mathrm{mm}$ 的榫舌与下弦杆相连接,如图所示。已知木材斜纹许用压应力 $[\sigma_c]_{30°}=5\mathrm{MPa}$,顺纹许用切应力 $[\tau]=0.8\mathrm{MPa}$,斜杆的轴力

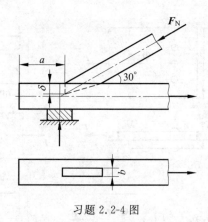

习题 2.2-4 图

$F_N = 20\text{kN}$,试确定榫舌的高度 δ(即榫接的深度)和下弦杆末端的长度 a。

解 (1)榫舌高度

由下弦杆榫舌接触面的压缩强度条件,得

$$\sigma_c = \frac{F_c}{A} = \frac{F_N \cos 30°}{b\delta} \leqslant [\sigma_c]_{30°}$$

$$\delta \geqslant \frac{F_N \cos 30°}{b[\sigma_c]_{30°}} = \frac{(20 \times 10^3 \text{N})\cos 30°}{(60 \times 10^{-3}\text{m}) \times (5 \times 10^6 \text{Pa})} = 0.058\text{m}$$

对于木材的尺寸应取厘米的整数,故取 $\delta = 60\text{mm}$。

(2)下弦杆末端长度

由下弦杆榫接处的剪切强度条件

$$\tau = \frac{F_S}{A_S} = \frac{F_N \cos 30°}{ba + 2a\delta} \leqslant [\tau]$$

$$a \geqslant \frac{F_N \cos 30°}{(b + 2\delta)[\tau]} = \frac{(20 \times 10^3 \text{N})\cos 30°}{(60 \times 10^{-3}\text{m} + 2 \times 60 \times 10^{-3}\text{m}) \times (0.8 \times 10^6 \text{Pa})}$$

$$= 0.12\text{m}$$

故取下弦杆末端长度 $a = 120\text{mm}$。

讨论:

(1)木材的力学性能和作用力与木纹间的夹角有关,也即木材的力学性能为各向异性。因此,在强度计算中,应根据受力与木纹间的夹角来选用相应的许用应力。而有关各向同性材料的特征(参见第 8 章),将不适用于木材。

(2)木材的许用应力不仅和其受力与木纹间的夹角有关,而且还与温度、含水率、载荷作用时间及木节的缺陷有关,因此,木材的许用应力通常规定较为保守。而且,对于受剪面较长的剪切强度,往往考虑切应力沿剪切面长度不均匀分布的影响,再乘以小于 1 的降低因数,而降低其许用应力。

***2.2-5** 一平均直径 $D = 100\text{cm}$ 的轻型压力容器,其纵向接缝用铆钉搭接,如图(a)所示。容器壁厚 $\delta = 8\text{mm}$,铆钉直径 $d = 16\text{mm}$。已知容器和铆钉的材料相同,其许用应力分别为 $[\sigma] = 100\text{MPa}$、$[\tau] = 70\text{MPa}$、$[\sigma_{bs}] = 150\text{MPa}$。若容器的工作压力 $p = 1\text{MPa}$,容器的正应力强度可按其周向应力计算,试求铆钉的间距及其排列方式。

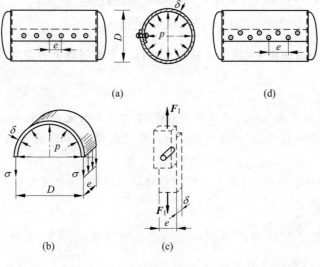

习题 2.2-5 图

解 （1）受力分析

设铆钉间距为 e。取宽度为 e 的一段容器来考虑（图(b)）。显然,容器径向截面上的周向应力为（参见习题 1.2-3）

$$\sigma = \frac{pD}{2\delta}$$

因此,每一铆钉的受力为（图(c)）

$$F_1 = \sigma(e\delta) = \frac{1}{2}pDe$$

（2）铆钉间距

由铆钉的剪切强度条件

$$\tau = \frac{F_S}{A_S} = \frac{F_1}{\frac{\pi}{4}d^2} = \frac{2pDe}{\pi d^2} \leqslant [\tau]$$

得

$$e \leqslant \frac{\pi d^2[\tau]}{2pD} = 28.2\text{mm}$$

由铆钉的挤压强度条件

$$\sigma_{bs} = \frac{F_{bs}}{A_{bs}} = \frac{pDe}{2(d\delta)} \leqslant [\sigma_{bs}]$$

得

$$e \leqslant \frac{2d\delta[\sigma_{bs}]}{pD} = 38.4\text{mm}$$

可见,铆钉的最大间距应不超过 28.2mm。

（3）铆钉的排列方式

铆钉的排列方式将影响容器的拉伸强度。若排列成单行,则由容器的拉伸强度

$$\sigma = \frac{F}{A} = \frac{pDe}{2(e-d)\delta} = 145\text{MPa} > [\sigma]$$

拉伸强度不足,故排列成单行不可取。

假设排列成两行,并取铆钉间距 $e=50\text{mm}$。校核容器的强度

$$\sigma = \frac{pDe}{2(e-d)\delta} = 92\text{MPa} < [\sigma]$$

满足强度条件,故可取间距 $e=50\text{mm}$,排列成两行。考虑制造上的方便,两行铆钉可交错排列,如图(d)所示。

讨论:

(1) 压力容器除径向截面上的周向应力外,在横截面上还存在轴向应力,即容器壁上任一点处为双向(周向和轴向)应力状态。若铆钉排列成两行,则还应考虑铆钉孔中心连线截面的强度问题。

(2) 作为压力容器的设计,除考虑构件的强度问题外,还应考虑连接的密合性,以防止泄漏。

2.3-1　平均直径为 D、壁厚为 $\delta\left(\delta \leqslant \dfrac{D}{20}\right)$ 的薄壁圆筒,承受转矩 M_x,如图(a)所示。试证筒壁上任一点为纯剪切应力状态。

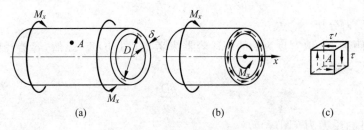

(a)　　　　　　　　　(b)　　　　　　　　　(c)

习题 2.3-1 图

解　(1) 横截面上的应力

由截面法可知,圆筒任一横截面上的内力分量均为 M_x。

由于横截面上的内力分量为作用在横截面内的力偶矩 M_x,为满足截面上的应力合成等于其内力分量的静力条件,故横截面上只可能有切应力分量,而没有正应力分量。又由于圆环截面和受力均对圆心具有极对称性,因此,沿圆周各点处的切应力处处相等。而对于薄壁圆环,可认为沿壁厚的切应力均匀分布。又因圆筒内、外表面无切向外力作用,故横截面上的切应力必与圆周相切,即垂直于该点至圆心的连线(图(b))。

于是,由应力合成等于内力的静力关系

$$\tau(\pi D\delta) \cdot \frac{D}{2} = M_x$$

得横截面上的切应力为

$$\tau = \frac{2M_x}{\pi\delta D^2}$$

(2) 筒壁任一点的应力状态

围绕筒壁上任一点 A,分别用相距很近的两横截面、两径向截面和两切向截面截取单元体(图(c)),则在左、右两侧的横截面上作用有切应力 τ;根据切应力互等定理,在上、下两侧的径向截面上必作用有切应力 τ';而在前、后两侧的切向截面上无应力作用。由图(c)可见,筒壁上任一点为平面的纯剪切应力状态。

2.3-2 一长度为 l、平均直径为 D、壁厚为 δ 的薄壁圆筒,承受转矩 M_x(参见习题 2.3-1 图(a))。现将圆筒沿一直径平面截开,则由切应力互等定理,纵截面上有切应力,且与横截面上的切应力等值异号,如图(a)所示。纵截面上的切应力将对 y 轴构成力矩

$$M_y = (\tau\delta l)D = \frac{2M_x}{\pi\delta D^2} \cdot \delta lD = \frac{2M_x l}{\pi D}$$

试问这一力矩如何平衡?

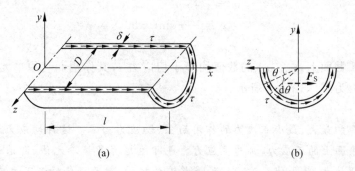

习题 2.3-2 图

解 考察横截面上的切应力(图(b))。由于其对 y 轴的反对称性,故切应力沿 y 轴投影的总和为零。而沿 z 轴投影的总和为

$$F_S = \int_0^\pi \left(\tau \cdot \delta \frac{D}{2}d\theta\right)\sin\theta = \frac{2M_x}{\pi\delta D^2} \cdot \frac{\delta D}{2}\int_0^\pi \sin\theta d\theta = \frac{2M_x}{\pi D}$$

于是,得

$$\sum M_y = F_S \cdot l - \frac{2M_x l}{\pi D} = 0$$

2.3-3 受力物体内的一点处为纯剪切应力状态,如图(a)所示。试求通过该点任意斜截面上的应力,以及通过该点的最大、最小正应力及其作用面方位。

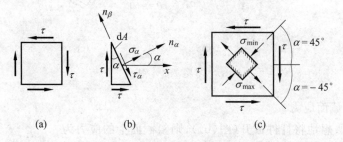

习题 2.3-3 图

解 (1)斜截面应力

以与 x 轴为任意角度 α 的任一斜截面截取微元体(图(b)),由平衡条件

$$\sum F_\alpha = 0, \qquad \sigma_\alpha dA + (\tau\sin\alpha)(dA\cos\alpha) + (\tau\cos\alpha)(dA\sin\alpha) = 0$$
$$\sum F_\beta = 0, \qquad -\tau_\alpha dA + (\tau\cos\alpha)(dA\cos\alpha) - (\tau\sin\alpha)(dA\sin\alpha) = 0$$

解得任意斜截面上的应力为

$$\sigma_\alpha = -\tau\sin2\alpha$$

$$\tau_{\alpha} = \tau\cos2\alpha$$

（2）最大、最小正应力

由 $\dfrac{\mathrm{d}\sigma_{\alpha}}{\mathrm{d}\alpha}=0$ 得最大、最小正应力的截面方位

$$\frac{\mathrm{d}\sigma_{\alpha}}{\mathrm{d}\alpha}=-2\tau\cos2\alpha=0$$

$$\alpha=\pm45°$$

$\alpha=-45°$： $\sigma_{\max}=-\tau\sin(-90°)=\tau$

$\alpha=45°$： $\sigma_{\min}=-\tau\sin(90°)=-\tau$

在 $\alpha=\pm45°$ 截面上，$\sigma_{\max}$、$\sigma_{\min}$ 的数值均等于切应力 τ，其作用面与原单元体成 $45°$，且作用面上的切应力为零，如图（c）所示。

讨论：

在 $\alpha=\pm45°$ 的最大、最小正应力的作用面上，切应力为零。这种切应力为零的平面，称为主平面。主平面上的正应力，称为主应力。也即主应力是该单元体（即通过该点）各方向截面上正应力的最大、最小值。这一结论是普遍适用的，对于一般情况下主应力及主平面的计算，将在第 8 章中讨论。

2.3-4　扁平钢试样表面上 ab 线与轴线的夹角 $\alpha=30°$，如图（a）所示。钢的弹性模量 $E=210\text{GPa}$，切变模量 $G=80\text{GPa}$。当试样加载至横截面上的拉应力 $\sigma=120\text{MPa}$ 时，试问角度 α 将改变多大？

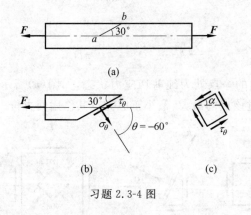

习题 2.3-4 图

解　（1）斜截面应力

沿 ab 方向假想地将杆件截开（图（b）），则斜截面上的应力为

$$\sigma_{\theta}=\sigma_0\cos^2\theta=(120\times10^6\,\text{Pa})\cos^2(-60°)=30\text{MPa}$$

$$\tau_{\theta}=\frac{\sigma_0}{2}\sin2\theta=\frac{(120\times10^6\,\text{Pa})}{2}\sin[2\times(-60°)]=-52\text{MPa}$$

（2）角度 α 的改变量

考虑沿斜截面方向的单元体（图（c）），即得角度 α 的改变量为

$$\Delta\alpha=\frac{\gamma}{3}=\frac{\tau_{\theta}}{3G}=\frac{52\times10^6\,\text{Pa}}{3\times(80\times10^9\,\text{Pa})}$$

$$=2.17\times10^{-4}\,\text{rad}=0°0'45''\quad（减小）$$

讨论：

在计算角度 α 的改变量时，以图（c）所示单元体为对象，且仅考虑切应力的影响。这是因为对于各向同性材料，正应力仅引起线应变，切应力仅引起相应平面内的切应变，且由于轴向拉伸时的特征，故直线 ab 变形后仍保持为直线，因而可作上述计算。

若假设点 a 与左端截面的距离，分别计算点 a、b 在加载后的位移。然后连以直线，并求出该直线与杆轴的夹角，同样可计算角度 α 的改变量，读者可自行验证。

* **2.3-5**　边长为 a 的正方形平板，在 y 方向承受均匀分布的压应力 σ，如图（a）所示。已知材料的弹性模量、切变模量和泊松比分别为 E、G 和 ν，试证明各向同性材料三个弹性常数间存在如下关系：$G = \dfrac{E}{2(1+\nu)}$。

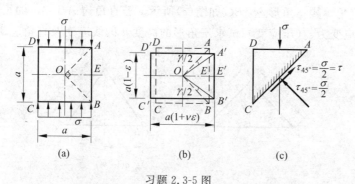

习题 2.3-5 图

证　（1）方形板的线应变及切应变

由方形板的变形图（图（b）），各棱边变形后的长度为

$$\overline{A'B'} = a(1-\varepsilon), \qquad \overline{A'D'} = a(1+\nu\varepsilon)$$

由方形板和应力对板中线的对称性，得 $\angle AOE$ 变形后的角度为

$$\tan\angle A'OE' = \tan\left(\frac{\pi}{4} - \frac{\gamma}{2}\right) = \frac{\overline{A'E'}}{\overline{OE'}} = \frac{\overline{A'B'}}{\overline{A'D'}}$$

式中，γ 为直角 $\angle AOB$ 的改变量，即切应变。

由三角公式

$$\tan\left(\frac{\pi}{4} - \frac{\gamma}{2}\right) = \frac{\tan\dfrac{\pi}{4} - \tan\dfrac{\gamma}{2}}{1 + \tan\dfrac{\pi}{4}\tan\dfrac{\gamma}{2}} = \frac{1 - \tan\dfrac{\gamma}{2}}{1 + \tan\dfrac{\gamma}{2}}$$

$$\approx \frac{1 - \gamma/2}{1 + \gamma/2}$$

代入上式，并略去高阶微量，得直角 $\angle AOB$ 的切应变与棱边 AB 的线应变间的关系为

$$\gamma = (1+\nu)\varepsilon$$

（2）E、G、ν 之间的关系

由胡克定律

$$\varepsilon = \frac{\sigma}{E}, \qquad \gamma = \frac{\tau}{G}$$

式中，ε 为棱边 AB 的线应变，σ 为 y 方向的正应力，γ 为直角 $\angle AOB$ 的切应变，τ 为截面 AC

上的切应力(图(c)),其值 $\tau=\sigma/2$。代入上式,得

$$\frac{\sigma}{2G} = (1+\nu)\frac{\sigma}{E}$$

$$G = \frac{E}{2(1+\nu)}$$

即证

讨论:

在上述证明过程中,已经认为正应力只产生线应变(如平板变形后四棱边仍相互垂直),切应力仅在相应平面内引起切应变(如直角 $\angle AOB$ 的切应变仅与 $\tau_{45°}$ 有关),且各方向的弹性常数均相等。故上述关系仅适用于各向同性材料,而对于木材等各向异性材料并不适用。

*2.3-6　直角等腰三角形 △ABC 如图(a)所示。若直角边 AB、AC 的长度为 a、应变为 ε_1;斜边 BC 的应变为 ε_2(压应变),试求三角形的高度 h 的线应变及直角 $\angle BAC$ 的切应变。

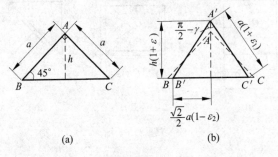

习题 2.3-6 图

解　(1) 高度 h 的线应变 ε

直角三角形 △ABC 变形后成三角形 △A′B′C′(图(b))。由几何关系及对点 A 至底边垂线的对称性,得

$$\left[h(1+\varepsilon)\right]^2 = \left[a(1+\varepsilon_1)\right]^2 - \left[\frac{\sqrt{2}}{2}a(1-\varepsilon_2)\right]^2$$

展开上式、略去高阶微量,并注意到 $h=\dfrac{\sqrt{2}}{2}a$,即得高度 h 的线应变为

$$\varepsilon = 2\varepsilon_1 + \varepsilon_2$$

(2) 直角 $\angle BAC$ 的切应变 γ

由变形图(图(b))的几何关系及对称性,得

$$\sin\left(\frac{\pi}{4}-\frac{\gamma}{2}\right) = \frac{\frac{1}{2}\overline{B'C'}}{\overline{A'B'}} = \frac{\frac{\sqrt{2}}{2}a(1-\varepsilon_2)}{a(1+\varepsilon_1)} = \frac{\sqrt{2}}{2}\cdot\frac{1-\varepsilon_2}{1+\varepsilon_1}$$

根据三角公式,令 $\cos\dfrac{\gamma}{2}\approx1$,$\sin\dfrac{\gamma}{2}\approx\dfrac{\gamma}{2}$,得

$$\sin\left(\frac{\pi}{4}-\frac{\gamma}{2}\right) = \sin\frac{\pi}{4}\cos\frac{\gamma}{2} - \cos\frac{\pi}{4}\sin\frac{\gamma}{2}$$

$$\approx \frac{\sqrt{2}}{2}\left(1-\frac{\gamma}{2}\right)$$

代入上式，得直角$\angle BAC$的切应变为

$$\gamma = 2\left(1 - \frac{1-\varepsilon_2}{1+\varepsilon_1}\right) = 2(\varepsilon_1 + \varepsilon_2)(1+\varepsilon_1)^{-1}$$

$$= 2(\varepsilon_1 + \varepsilon_2)(1 - \varepsilon_1 + \varepsilon_1^2 - \varepsilon_1^3 + \cdots)$$

$$\approx 2(\varepsilon_1 + \varepsilon_2)$$

第 3 章

扭　　转

【内容提要】

3.1　圆杆扭转时的内力

1. 扭转的力学模型

扭转是杆件的基本变形之一,其力学模型如图 3-1 所示。

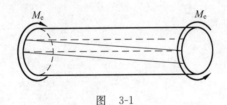

图　3-1

构件特征　构件为等圆截面的直杆。

受力特征　外力偶矩的作用面与杆件的轴线相垂直。

变形特征　受力后杆件表面的纵向线变形成螺旋线,即杆件任意两横截面绕杆件轴线发生相对转动。

2. 传动轴的传递功率、转速与外力偶矩间的关系

当传动轴稳定转动,且不计其他能量损耗时,其传递功率 P(单位: kW)、转速 n(单位: r/min)与外力偶矩 M_e(单位: N·m)之间的关系为

$$M_e = 9.55 \times 10^3 \frac{P}{n} \tag{3-1}$$

3. 受扭圆杆横截面上的内力

扭矩　受扭圆杆横截面上的内力偶矩,其作用面即为与杆轴相垂直的横截面(图 3-2),称为扭矩,记为 T。

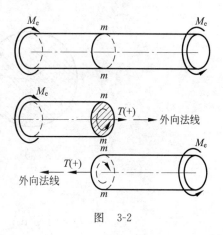

　　扭矩的特征

　　(1) 扭矩实质上为在垂直杆轴平面内的内力分量,受扭圆轴横截面上仅该内力分量不为零。

　　(2) 扭矩 T 的数值应用截面法,由平衡方程确定。扭矩的正、负号,规定以使杆表面纵向线有变成右手螺旋线的趋势时为正,反之为负。即扭矩矢量的指向与截面外向法线指向一致时为正,相反时为负(图 3-2)。应当注意,列平衡方程时外力偶矩的正、负号规定与扭矩的正、负号规定不同,两者的物理意义不同。

图　3-2

　　扭矩图　表示沿杆件轴线各横截面上扭矩变化规律的图线。

3.2　圆杆扭转时的应力　强度条件

1. 圆杆扭转时横截面上的应力

　　分布规律　圆杆扭转时横截面上只产生切应力。任一点处切应力的数值与该点至圆心的距离成正比,其方向与该点所在的半径相垂直(图 3-3)。

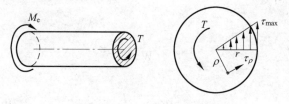

图　3-3

　　切应力公式

　　横截面上距圆心为 ρ 的任一点处的切应力为

$$\tau_\rho = \frac{T}{I_p}\rho \tag{3-2a}$$

　　横截面上最大切应力发生在横截面周边各点处,其值为

$$\tau_{max} = \frac{Tr}{I_p} = \frac{T}{W_p} \tag{3-2b}$$

　　切应力公式的特征

　　(1) 式(3-2)适用于均匀连续、各向同性材料,在线弹性范围($\tau_{max} \leqslant \tau_\rho$)、小变形条件下的等圆截面直杆。

　　(2) T 为所求截面上的扭矩。

　　(3) 公式适用于实心或空心圆截面直杆。式中 I_p 称为截面的极惯性矩;W_p 称为扭转截面系数,其值与截面尺寸有关,分别为(图 3-4):

实心圆截面(图 3-4(a))

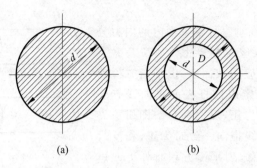

图　3-4

$$I_{\mathrm{p}} = \int_A \rho^2 \, \mathrm{d}A = \frac{\pi d^4}{32}, \quad W_{\mathrm{p}} = \frac{I_{\mathrm{p}}}{d/2} = \frac{\pi d^3}{16} \tag{3-3}$$

空心圆截面(图 3-4(b))

$$I_{\mathrm{p}} = \frac{\pi}{32}(D^4 - d^4) = \frac{\pi D^4}{32}(1 - \alpha^4), \quad W_{\mathrm{p}} = \frac{\pi D^3}{16}(1 - \alpha^4) \tag{3-4}$$

式中, $\alpha = d/D$。

2. 圆杆扭转时的强度计算

强度条件　圆杆扭转时, 横截面上的最大工作切应力不得超过材料的许用切应力, 即

$$\tau_{\max} = \left(\frac{T}{W_{\mathrm{p}}}\right)_{\max} \leqslant [\tau] \tag{3-5}$$

强度计算的三类问题

强度校核

$$\tau_{\max} = \frac{T}{W_{\mathrm{p}}} \leqslant [\tau]$$

截面设计

$$W_{\mathrm{p}} \geqslant \frac{T}{[\tau]} \qquad\qquad 由 W_{\mathrm{p}} 计算直径 d$$

许可载荷计算

$$T \leqslant [\tau] W_{\mathrm{p}} \qquad\qquad 由 T 计算外力偶矩 M_{\mathrm{e}}$$

3.3　圆杆扭转时的变形　刚度条件

1. 圆杆扭转时的变形

相对扭转角　圆杆扭转时的变形, 以任意两横截面间绕杆轴的相对转角来度量, 称为相对扭转角。相距为 l 的两端截面间的相对扭转角为(图 3-5)

$$\varphi = \frac{Tl}{GI_{\mathrm{p}}} \quad (\mathrm{rad}) \tag{3-6a}$$

单位长度扭转角

$$\varphi' = \frac{\mathrm{d}\varphi}{\mathrm{d}x} = \frac{T}{GI_{\mathrm{p}}} \quad (\mathrm{rad/m}) \tag{3-6b}$$

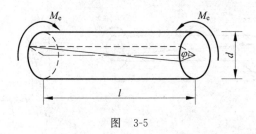

图 3-5

变形公式的特征

(1) 式(3-6)适用于均匀连续、各向同性材料,在线弹性范围($\tau_{\max} \leqslant \tau_p$)、小变形条件下的等圆截面直杆。

(2) 在计算相对扭转角 φ 的长度 l 内,扭矩 T、切变模量 G 和截面的极惯性矩 I_p 均应为常量。

(3) GI_p 与相对扭转角成反比,称为圆杆的扭转刚度,表征圆杆抵抗扭转弹性变形的能力。

(4) 圆杆扭转时的变形为相对扭转角;圆杆扭转时,某一横截面的角位移,称为扭转角。扭转角由三方面考虑求得,即由静力平衡条件计算横截面上的扭矩;由力矩-变形间物理关系,求圆杆的相对扭转角(或单位长度扭转角);由变形几何相容条件,计算其扭转角(截面的角位移)。

2. 圆杆扭转时的刚度计算

刚度条件 圆杆扭转时的最大单位长度扭转角不得超过规定的许可值。许可单位长度扭转角$[\varphi']$的单位通常以度每米$((°)/\mathrm{m})$ 给出,故刚度条件为

$$\varphi'_{\max} = \left(\frac{T}{GI_p}\right)_{\max} \frac{180}{\pi} \leqslant [\varphi'] \quad ((°)/\mathrm{m}) \tag{3-7}$$

刚度计算的三类问题

刚度校核

$$\varphi'_{\max} = \frac{T}{GI_p} \frac{180}{\pi} \leqslant [\varphi'] \quad ((°)/\mathrm{m})$$

截面设计

$$I_p \geqslant \frac{T}{G[\varphi']} \frac{180}{\pi} \qquad\qquad \text{由 } I_p \text{ 计算直径 } d$$

许可载荷计算

$$T \leqslant GI_p[\varphi'] \frac{\pi}{180} \qquad\qquad \text{由 } T \text{ 计算外力偶矩 } M_e$$

3. 等直圆杆扭转时的应变能

等直圆杆扭转应变能 长度为 l、扭转刚度为 GI_p 的等直圆杆,承受外力偶矩 M_e 而扭转(图 3-6(a))。在静载荷作用下、线弹性范围内,储存在杆内的应变能数值上等于外力偶矩在扭转过程中所做的功,即

$$V_\varepsilon = \frac{1}{2} M_e \varphi = \frac{M_e^2 l}{2GI_p} = \frac{GI_p \varphi^2}{2l} \quad (\mathrm{J}) \tag{3-8}$$

纯剪切应力状态下的应变能密度 在静应力、线弹性范围内的应变能密度为(图 3-6(b))

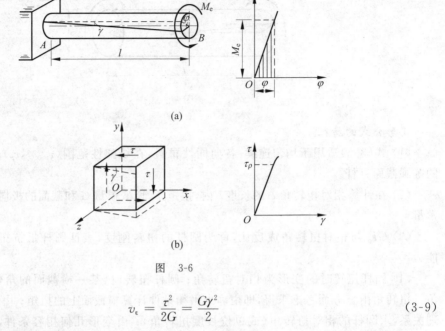

图   3-6

$$v_\varepsilon = \frac{\tau^2}{2G} = \frac{G\gamma^2}{2} \qquad (3-9)$$

4. 圆杆扭转的静不定问题

扭转静不定问题   圆杆的未知反力偶矩或未知扭矩数超过独立的静力平衡方程数,不可能仅用静力平衡条件求解全部未知数的问题。

扭转静不定的解法   扭转静不定问题的解法与轴向拉(压)静不定的解法相同。即由静力平衡条件,建立静力平衡方程;由变形几何相容条件,写出变形相容方程;应用扭矩-相对扭转角间的物理关系,列出物理关系式。将物理关系代入变形相容方程,得补充方程。静力平衡方程与补充方程联立,求解所有的未知反力偶矩或扭矩。

与求解拉(压)静不定问题相同,在求解扭转静不定问题时,也可选取多余约束(或基本静定系),直接求得多余未知力。同时,扭转静不定问题的特征也与拉(压)静不定相类似。

3.4   非圆截面杆的扭转

1. 自由扭转与约束扭转

自由扭转   非圆截面等直杆扭转时,横截面除绕杆轴发生相对转动外,还将发生翘曲,而不再保持为平面。若杆件两端无约束,而可自由翘曲,称为自由扭转(或纯扭转)。非圆截面杆自由扭转时,各横截面的翘曲程度相同,则横截面上只有切应力,没有正应力。

约束扭转   若非圆截面杆两端受到约束,而不能自由翘曲,称为约束扭转。约束扭转时相邻横截面的翘曲程度不同,则横截面上除切应力外,还存在正应力。对于实心的非圆截面杆,由约束扭转引起的正应力很小,可忽略不计。

2. 矩形截面杆的自由扭转

切应力分布规律   横截面上沿周边各点处的切应力与周边相切;沿截面对称线各点处

的切应力垂直于对称线。在截面角点处的切应力为零；最大切应力发生在截面长边的中点处；沿周边及对称线各点处切应力的变化规律如图 3-7 所示。

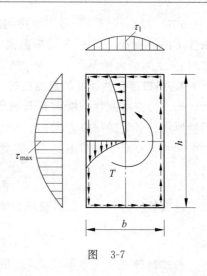

截面最大切应力 发生在矩形截面的长边中点处，其值为

$$\tau_{max} = \frac{T}{\alpha h b^2} \qquad (3\text{-}10a)$$

短边最大切应力 发生在短边中点处，其值为

$$\tau_1 = \nu \tau_{max} \qquad (3\text{-}10b)$$

相对扭转角 矩形截面杆扭转变形时，横截面发生翘曲，但其在垂直于杆轴平面内的投影形状保持为矩形。相距为 l 的两横截面间的相对扭转角为

$$\varphi = \frac{Tl}{G \beta h b^3} \qquad (3\text{-}11)$$

图 3-7

式(3-10)、式(3-11)适用于均匀连续、各向同性材料，在线弹性范围($\tau_{max} \leqslant \tau_p$)、小变形条件下的等直杆。式中，$T$ 为横截面上的扭矩；h 和 b 分别为截面的长边和短边；G 为材料的切变模量；α, β 和 ν 为与比值 h/b 有关的因数，其值见表 3-1。

表 3-1 矩形截面杆自由扭转时的因数 α, β 和 ν

h/b	1.0	1.2	1.5	2.0	2.5	3.0	4.0	6.0	8.0	10.0	>10.0
α	0.208	0.219	0.231	0.246	0.258	0.267	0.282	0.299	0.307	0.313	1/3
β	0.141	0.166	0.196	0.229	0.249	0.263	0.281	0.299	0.307	0.313	1/3
ν	1.000	0.930	0.858	0.796	0.767	0.753	0.745	0.743	0.743	0.743	0.743

3. 开口薄壁截面杆的自由扭转

切应力分布规律 横截面上的切应力方向与截面周边相切，并沿周边形成顺流。切应力沿壁厚呈线性分布，如图 3-8 所示。

切应力公式 开口薄壁截面若由 n 个狭长矩形所组成，则第 i 个狭长矩形长边各点处的切应力为

$$\tau_i = \frac{T}{\sum_{i=1}^{n} \frac{1}{3} h_i \delta_i^3} \delta_i \qquad (3\text{-}12a)$$

最大切应力发生在壁厚为最大的狭长矩形长边各点处，其值为

$$\tau_{max} = \frac{T}{\sum_{i=1}^{n} \frac{1}{3} h_i \delta_i^3} \delta_{max} \qquad (3\text{-}12b)$$

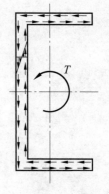

图 3-8

相对扭转角 相距为 l 的两横截面间的相对扭转角为

$$\varphi = \varphi_i = \frac{Tl}{G \sum_{i=1}^{n} \frac{1}{3} h_i \delta_i^3} \qquad (3\text{-}13)$$

式(3-12)、式(3-13)适用于均匀连续、各向同性材料,在线弹性范围($\tau_{max} \leqslant \tau_p$)、小变形条件下的等直杆。式中,$T$ 为横截面上的扭矩;h_i 和 δ_i 分别为每一组成部分的长边长度和壁厚;δ_{max} 为最大壁厚。

4. 闭口薄壁截面杆的自由扭转

切应力分布规律   横截面上的切应力方向与截面壁厚的中线相切,沿壁厚均匀分布。沿壁厚中线各处的切应力流 $\tau_i \delta_i$ 处处相等,如图 3-9 所示。

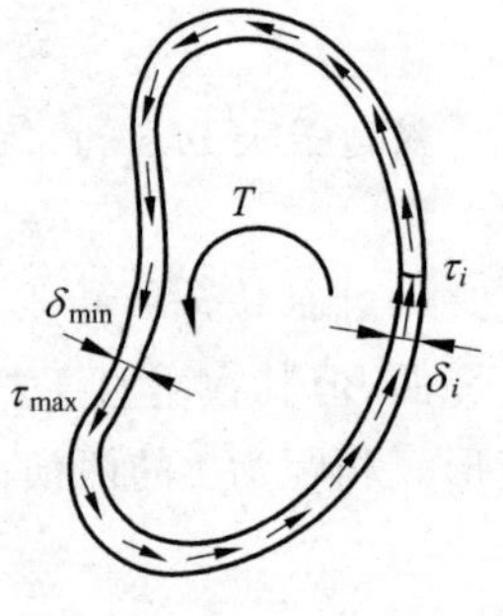

切应力公式   横截面上任一点处的切应力为

$$\tau_i = \frac{T}{2A_0 \delta_i} \qquad (3\text{-}14a)$$

最大切应力发生在截面壁厚为最小的各点处,其值为

$$\tau_{max} = \frac{T}{2A_0 \delta_{min}} \qquad (3\text{-}14b)$$

相对扭转角   当壁厚变化时,相距为 l 的两横截面间的相对扭转角为

$$\varphi = \frac{Tl}{4GA_0^2} \int_s \frac{\mathrm{d}s}{\delta_i} \qquad (3\text{-}15)$$

图   3-9

式(3-14)、式(3-15)适用于均匀连续、各向同性材料,在线弹性范围($\tau_{max} \leqslant \tau_p$)、小变形条件下的等直杆。式中,$T$ 为横截面上的扭矩;A_0 为截面壁厚中线所围的面积;δ_i 为所取点处的壁厚;s(或 $\mathrm{d}s$)为壁厚中线(或所取微段中线)的长度。

3.5   圆柱形密圈螺旋拉(压)弹簧

1. 簧丝横截面上的应力

弹簧圈平均直径为 D、弹簧丝直径为 d,当螺旋角 α 足够小(如 $\alpha \leqslant 5°$ 时),称为圆柱形密圈螺旋弹簧,如图 3-10(a)所示。

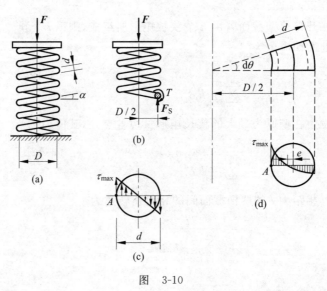

图   3-10

弹簧丝横截面上的内力　若弹簧承受轴向压力 F，忽略螺旋角的影响，则弹簧丝横截面上的内力分量为（图 3-10(b)）

剪力 $$F_\mathrm{s} = F$$

扭矩 $$T = \frac{FD}{2}$$

弹簧丝横截面上的应力

近似公式　不计螺旋角、曲率及剪力影响，按等直圆杆扭转应力公式，得弹簧丝横截面上的最大切应力为

$$\tau_{\max} = \frac{8FD}{\pi d^3} \tag{3-16a}$$

修正公式　考虑弹簧丝曲率和剪力的影响，弹簧丝横截面上的最大切应力发生在弹簧圈内侧的各点处，其值为

$$\tau_{\max} = \left(\frac{4c-1}{4c-4} + \frac{0.615}{c} \right) \frac{8FD}{\pi d^3} \tag{3-16b}$$

式中，$c = D/d$ 称为弹簧指数。c 值越大，近似公式的误差越小。若 $c = 20$，则两式的相对误差为 7%。

2. 弹簧的变形

圆柱形密圈螺旋弹簧承受轴向压缩（拉伸）时，其变形为沿弹簧轴线的缩短（伸长）（图 3-11）。轴向变形量为

$$\Delta = \frac{8FD^3 n}{Gd^4} = \frac{F}{k} \tag{3-17}$$

式中，F 为弹簧的轴向压力（拉力）；D 为弹簧圈的平均直径；n 为弹簧的有效工作圈数（即不计两端与支承面接触部分后的圈数）；G 为材料的切变模量。$k = \dfrac{Gd^4}{8D^3 n}$ 称为弹簧刚度，表征弹簧抵抗弹性变形的能力。

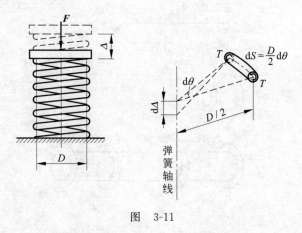

图　3-11

3. 关于弹簧应力、变形的讨论

（1）弹簧丝横截面上最大切应力的修正公式(3-16b)，实质上进行了两方面的修正。首先对于扭矩引起的切应力，由于弹簧丝具有曲率，若相邻两径向截面截取弹簧丝微段（图 3-10(d)），当两端截面由扭矩引起相对扭转角 $d\varphi$ 时，由平面假设，则截面任一点处的切向位移与该点至

圆心的距离成正比,但由于相邻截面间各点处的弧长不同(内侧短于外侧),因此沿截面水平直径的切应变呈非线性分布。研究表明[1]:相邻截面相对转动的转动中心将向内侧移动一个距离 $e \approx \dfrac{d^2}{8D}$;切应力沿水平直径按双曲线规律变化(图 3-10(d)),最大切应力发生在截面的内侧点处,其值为

$$\tau_{\max} = \frac{8FD}{\pi d^3} \times \frac{4c-1}{4c-4}$$

其次,考虑由剪力引起的切应力。引用弹性力学中关于圆截面悬臂梁在横向力作用下,横截面上水平直径两端点处的切应力值(取泊松比 $\nu = 0.3$)[2]

$$\tau_{\mathrm{S}} = 1.231 \frac{F}{A} = \frac{8FD}{\pi d^3} \times \frac{0.615}{c}$$

叠加上述两切应力,即得圆柱形密圈螺旋弹簧横截面上最大切应力的修正公式,该式也称为华尔(Wahl A M)公式。实质上,该式仍然是一个近似公式。更为精确的解,可参阅有关著作[3]。

(2)弹簧的轴向变形是由于弹簧丝的扭转变形引起的,实质上弹簧丝的横截面并没有面内转动,而是由弹簧丝的螺旋角 α 的改变导致弹簧的变形。或者说,由于弹簧丝螺旋角的改变抵消了弹簧丝横截面的扭转角。

【习题解析】

3.1-1　图(a)表示等圆截面杆的扭矩图,试在相应的圆杆上标出外力偶矩的数值和转向。

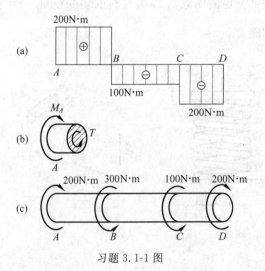

习题 3.1-1 图

---

①　参见:刘鸿文.高等材料力学[M].北京:高等教育出版社,1985.第九章.

②　参见:徐芝纶.弹性力学(上册)[M].北京:人民教育出版社,1979.第十章.

③　参见:TIMOSHENKO S P, GOODIER J M. Theory of Elasticity[M]. 3rd ed. New York:McGraw-Hill Book Co. 1970.

解 AB 段任一横截面上的扭矩 $T=200\text{N}\cdot\text{m}$，则由截面法、平衡条件可知(图(b))，端截面 A 处必有外力偶矩 $M_A=T=200\text{N}\cdot\text{m}$，其转向与扭矩的转向相反。

同理，可得截面 B、C、D 处的外力偶矩，如图(c)所示。

3.1-2 一钻机的功率为 $P=10\text{kW}$，转速为 $n=180\text{r/min}$，钻杆钻入土层的深度 $l=40\text{m}$，如图(a)所示。若土层对钻杆的阻力矩与其距地面的距离成正比，试作钻杆的扭矩图。

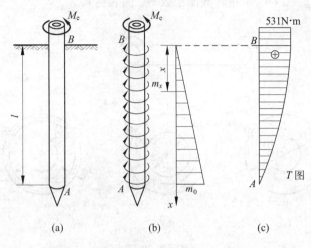

(a)　　　　　　(b)　　　　　　(c)

习题 3.1-2 图

解 (1) 受力分析

钻杆所受外力偶矩

$$M_e = 9.55 \times 10^3 \frac{P}{n} = 531\text{N}\cdot\text{m}$$

所以，离地表为 x 处分布力偶的集度为(图(b))

$$m_x = \frac{m_0}{l}x$$

而 $\frac{1}{2}m_0 l = M_e$，$m_0 = \frac{2M_e}{l}$，于是，得

$$m_x = \frac{2M_e}{l^2}x$$

(2) 扭矩图

钻杆距地表为 x 的任一横截面上的扭矩为

$$T(x) = M_e - \frac{1}{2}m_x x = M_e\left(1 - \frac{x^2}{l^2}\right)$$

于是，得钻杆 AB 段的扭矩图呈抛物线规律变化，如图(c)所示。

3.1-3 在车削工件时(如图)，工人师傅在粗加工时通常采用较低的转速，而在精加工时，则用较高的转速，试问这是为什么？

答 由外力偶矩与传递功率、转速间的关系式(3-1)可见，在传递功率相同的条件下，外力偶矩与转速成反比。粗加工时，切削量较大且不均匀，要求有较大的切

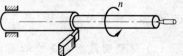

习题 3.1-3 图

削力,故需采用较低的转速。而在精加工时,切削量较小,且要求工件加工表面具有一定的光洁度,故需采用较高的转速。

3.2-1　等圆截面直杆扭转时,若杆的横截面分别为实心圆截面、空心圆截面和薄壁圆截面$\left(\delta \leqslant \dfrac{D_0}{20}\right)$,如图(a)、(b)和(c)所示。试分别画出横截面上的切应力沿半径的变化规律,以及最大切应力 $\tau_{\max} = T/W_{\mathrm{p}}$ 中扭转截面系数 W_{p} 的表达式。

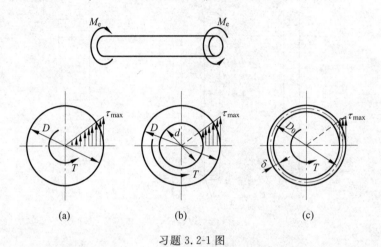

习题 3.2-1 图

解　(1) 切应力变化规律

等圆截面直杆扭转时,按平面假设,各横截面将绕杆轴作相对转动。当变形处于线弹性范围时,横截面上的切应力沿半径呈线性规律变化,如图(a)、(b)所示。对于 $\delta \leqslant \dfrac{D_0}{20}$ 的薄壁圆截面,沿壁厚可视为均匀分布,且其数值等于壁厚中点处的切应力,如图(c)所示。

(2) 扭转截面系数

实心圆截面　　　　$W_{\mathrm{p}} = \dfrac{\pi D^3}{16}$

空心圆截面　　　　$W_{\mathrm{p}} = \dfrac{\pi D^3}{16}\left[1 - \left(\dfrac{d}{D}\right)^4\right]$

薄壁圆截面　　　　$W_{\mathrm{p}} = \dfrac{I_{\mathrm{p}}}{D_0/2} = \dfrac{\displaystyle\int_A \rho^2 \,\mathrm{d}A}{D_0/2} = \dfrac{\displaystyle\int_0^{2\pi} \left(\dfrac{D_0}{2}\right)^2 \left(\dfrac{D_0}{2}\,\mathrm{d}\theta \cdot \delta\right)}{D_0/2}$

$$= \dfrac{\pi D_0^2 \delta}{2} = 2A_0 \delta \quad \left(A_0 = \dfrac{\pi D_0^2}{4}\right)$$

讨论:

(1) 空心圆截面的极惯性矩为 $I_{\mathrm{p}} = \dfrac{\pi}{32}(D^4 - d^4)$,即外圆的极惯性矩减去内圆的极惯性矩。但其扭转截面系数 $W_{\mathrm{p}} \neq \dfrac{\pi}{16}(D^3 - d^3)$,因 $W_{\mathrm{p}} = I_{\mathrm{p}}/\rho_{\max}$,而 $\rho_{\max} = D/2$。

(2) 薄壁圆截面也是空心圆截面,其扭转截面系数 W_{p} 也可由空心圆截面的 W_{p} 表达式展开,经数学近似$(D^2 + d^2 \approx 2D_0^2)$导得。关于薄壁圆截面的近似公式与空心圆截面的精确公式之间的相对误差,参见习题 3.2-2。

3.2-2 一外半径 $R=125\text{mm}$,内半径 $r=112.5\text{mm}$ 的薄壁圆截面等直杆,承受扭转外力偶矩 $M_\text{e}=100\text{kN}\cdot\text{m}$,如图(a)所示。试分别按精确公式和近似公式计算横截面上的最大切应力,以及两者的相对误差。

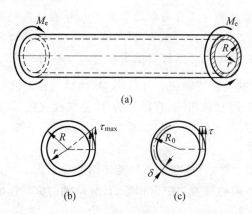

习题 3.2-2 图

解 (1)最大切应力

精确公式 按空心圆截面的切应力变化规律(图(b)),最大切应力发生在横截面的外周边处,其值为

$$\tau_\text{max}=\frac{T}{W_\text{p}}=\frac{2M_\text{e}R}{\pi(R^4-r^4)}=\frac{2\times(100\times10^3\text{N}\cdot\text{m})\times(0.125\text{m})}{\pi[(0.125\text{m})^4-(0.1125\text{m})^4]}$$

$$=94.8\times10^6\text{Pa}=94.8\text{MPa}$$

近似公式 按切应力沿壁厚均匀分布假设(图(c)),则横截面上的切应力值处处相等,其值为

$$\tau=\frac{T}{2A_0\delta}=\frac{M_\text{e}}{2\pi\left(\dfrac{R+r}{2}\right)^2(R-r)}=\frac{100\times10^3\text{N}\cdot\text{m}}{2\pi\left(\dfrac{0.125\text{m}+0.1125\text{m}}{2}\right)^2\times(0.125\text{m}-0.1125\text{m})}$$

$$=90.3\times10^6\text{Pa}=90.3\text{MPa}$$

(2)相对误差

$$\frac{\tau_\text{max}-\tau}{\tau_\text{max}}=\frac{94.8\times10^6\text{Pa}-90.3\times10^6\text{Pa}}{94.8\times10^6\text{Pa}}=4.7\%$$

可见,当 $\dfrac{\delta}{R}=\dfrac{1}{10}$ 时,其相对误差为 $4.7\%<5\%$,这在工程计算中是允许的。

讨论:

(1)当截面尺寸为任意值时,两者的相对误差可表示为

$$\frac{\tau_\text{max}-\tau}{\tau_\text{max}}=\frac{\dfrac{2TR}{\pi(R^4-r^4)}-\dfrac{T}{2\pi R_0^2\delta}}{\dfrac{2TR}{\pi(R^4-r^4)}}=1-\frac{R^4-r^4}{R(R+r)^2(R-r)}$$

$$=\frac{r}{R}\cdot\frac{R-r}{R+r}$$

当 $\dfrac{r}{R}=0.9$ 时,两者的相对误差为 4.7%,而与 R 及 r 的具体数值无关。

（2）上述由切应力沿壁厚均匀分布假设导得的薄壁圆截面切应力公式

$$\tau = \frac{T}{2A_0\delta}$$

对于非圆截面的闭口薄壁截面杆在自由扭转条件下是普遍适用的,而且并不要求壁厚 δ 沿截面周线为常数（参见公式(3-14)）。实质上,两者的物理概念（切应力沿壁厚均匀分布）是一致的。只是对非圆截面的闭口薄壁杆需限定在自由扭转的范畴。

3.2-3　一直径为 d 的实心圆轴和一外径为 D、内径与外径之比为 $3/4$ 的空心圆轴,通过联轴器相连。联轴器采用材料相同、直径均为 d_1 的螺栓连接,螺栓在半径为 R_1 的圆周上有 4 只,在半径为 R_2 的圆周上有 6 只,呈对称排列,如图所示。螺栓的许用切应力为 $[\tau]$,轴每分钟的转数为 n。试求:

（1）若不计圆盘间的摩擦,计算联轴器所能传递的功率。

（2）若实心轴与空心轴的最大切应力相等,计算两轴的横截面面积之比。

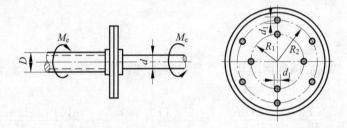

习题 3.2-3 图

解　（1）传递功率

假设螺栓横截面上的切应力均匀分布,则由变形几何相容条件,得内、外圈螺栓的切应力之比为

$$\frac{\tau_1}{\tau_2} = \frac{R_1}{R_2}$$

显然,外圈螺栓的切应力 τ_2 大于内圈螺栓的切应力 τ_1,故 τ_2 首先达到许用切应力。于是,有

$$\tau_2 = [\tau], \quad \tau_1 = \frac{R_1}{R_2}[\tau]$$

由静力平衡条件,得

$$\sum M_x = 0, \qquad M_e = 4\left(\frac{\pi d_1^2}{4}\cdot\tau_1\right)R_1 + 6\left(\frac{\pi d_1^2}{4}\cdot\tau_2\right)R_2$$

$$= \pi d_1^2[\tau]\frac{R_1^2 + 1.5R_2^2}{R_2}$$

由传递功率、转速与外力偶矩间的关系,得联轴器所能传递的功率为

$$P = \frac{M_e \cdot n}{9.55\times 10^3} = \frac{n\pi d_1^2[\tau]}{9.55\times 10^3}\cdot\frac{R_1^2 + 1.5R_2^2}{R_2} \quad (\text{kW})$$

（2）空心轴与实心轴的最大切应力相等时的横截面面积之比

由于两轴所承受的扭转外力偶矩相等，则由最大切应力公式，可得

$$\frac{M_e}{\frac{\pi}{16}d^3} = \frac{M_e}{\frac{\pi}{16}D^3(1-\alpha^4)}$$

$$D^3\left[1-\left(\frac{3}{4}\right)^4\right] = d^3$$

$$D = 1.135d$$

所以，横截面面积比 $= \dfrac{\frac{\pi}{4}D^2(1-\alpha^2)}{\frac{\pi}{4}d^2} = \dfrac{(1.135d)^2 \times \left[1-\left(\frac{3}{4}\right)^2\right]}{d^2} = 0.564$。

讨论：

由上述结果可见，若空心圆轴与实心圆轴的长度相等，材料相同，则空心轴的重量仅为实心轴重量的 56.4%，从而节省了原材料。但在工程实际中，制造空心轴是用适当外径的实心圆杆通过钻孔加工来得到的。因此，除在要求减轻重量为其主要因素（如飞机中的轴），或有使用要求（如机床主轴）等情况下应采用空心轴外，在一般的传动轴中，设计制造空心轴并不总是值得的。

3.2-4　图(a)、(b)、(c)所示分别为三种不同材料扭转试样的破坏型式，试分析其破坏原因，并列举其所属的材料。

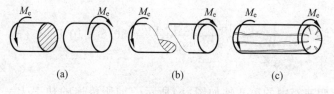

习题 3.2-4 图

答　等直圆杆扭转时，横截面上为与圆心距离成正比的切应力。由切应力互等定理，纵截面上有与横截面上切应力等值的切应力，故圆杆任一点（除杆轴线上各点外）的应力单元体处于纯剪切应力状态。最大拉应力发生在 45°的斜截面上，其值也与横截面上的切应力值相等（参见习题 2.3-3）。

图(a)：由横截面上的切应力，导致试样沿横截面剪断。低碳钢的剪切强度小于拉伸强度，且试样两端因受加力夹具的约束，其破坏形式将如图(a)所示。

图(b)：由 45°斜截面上的最大拉应力，导致试样沿 45°的螺旋面拉断。铸铁的拉伸强度低于剪切强度，其破坏形式即如图(b)所示。

图(c)：由纵截面上的切应力，导致试样沿纵截面开裂。木材的顺纹剪切强度远低于横纹剪切强度，因而沿木纹方向因纵截面上的切应力而开裂。

3.2-5　直径为 $d=50\text{mm}$ 的等截面钢轴，由功率为 20kW 的电动机带动（图(a)），钢轴的转速 $n=180\text{r/min}$，齿轮 B、D、E 的输出功率分别为 $P_B=3\text{kW}$、$P_D=10\text{kW}$、$P_E=7\text{kW}$。轴的许用切应力 $[\tau]=40\text{MPa}$，不考虑弯曲的影响，试校核轴的强度。

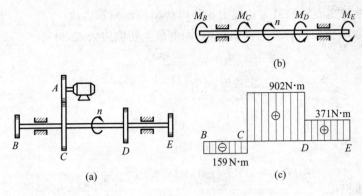

习题 3.2-5 图

解 (1)扭矩图

各轮的外力偶矩(图(b))

$$M_C = 9.55 \times 10^3 \frac{P}{n} = 9.55 \times 10^3 \times \frac{20\text{kW}}{180\text{r/min}} = 1061\text{N} \cdot \text{m}$$

$$M_B = 159\text{N} \cdot \text{m}, \quad M_D = 531\text{N} \cdot \text{m}, \quad M_E = 371\text{N} \cdot \text{m}$$

于是,可得轴的扭矩图如图(c)所示。危险截面为轴 CD 段中的各横截面,危险截面上的扭矩为

$$T_{\max} = 902\text{N} \cdot \text{m}$$

(2)强度校核

由强度条件,得

$$\tau_{\max} = \frac{T_{\max}}{W_p} = \frac{16 \times 902\text{N} \cdot \text{m}}{\pi(0.05\text{m})^3} = 36.8 \times 10^6 \text{Pa} < [\tau]$$

所以,满足强度要求。

3.2-6 机床变速箱中的第 Ⅱ 轴如图(b)所示。轴所传递的功率 $P = 5.5\text{kW}$,转速 $n = 200\text{r/min}$,材料的许用切应力 $[\tau] = 40\text{MPa}$。试按强度条件,初步设计轴的直径。

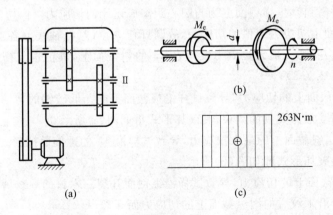

习题 3.2-6 图

解 (1)扭矩图

轴 Ⅱ 传递的外力偶矩为

$$M_e = 9.55 \times 10^3 \frac{P}{n} = 9.55 \times 10^3 \times \frac{5.5\text{kW}}{200\text{r/min}} = 263\text{N} \cdot \text{m}$$

作轴的扭矩图如图(c)所示。

（2）设计直径

由强度条件

$$\tau_{\max} = \frac{T}{W_p} = \frac{16T}{\pi d^3} \leqslant [\tau]$$

即得轴的直径为

$$d \geqslant \sqrt[3]{\frac{16T}{\pi[\tau]}} = \sqrt[3]{\frac{16 \times 263\text{N} \cdot \text{m}}{\pi(40 \times 10^6\text{Pa})}} = 32.2 \times 10^{-3}\text{m} = 32.2\text{mm}$$

取轴的直径 $d = 35\text{mm}$。

讨论：

机械中的传动轴实际上承受扭转与弯曲的联合作用，而且轴内的弯曲应力是随时间作周期性变化的交变应力。在传动轴的设计中，一般是根据轴所传递的功率，以降低扭转许用切应力的方法，先按扭转强度（或刚度）初步估算轴径，然后进行轴的结构设计。最后，按扭转与弯曲共同作用（参见第 10 章），以及考虑交变应力的影响（参见第 14 章），对轴进行全面的校核。

本题的计算为轴的初步设计中的强度计算部分。考虑到齿轮与轴配合用的键槽，将对轴的截面有所削弱。因此，在初步设计中所选用的轴径，通常较计算结果增大 $5\% \sim 10\%$。

3.2-7 一绞车由两人共同操作，如图（a）所示。若每人施加在手柄上的力均为 $F = 200\text{N}$，方向与回转半径相垂直。轴的许用切应力 $[\tau] = 40\text{MPa}$，试按扭转强度条件，计算轴 AC 的直径，以及绞车的最大起重量。

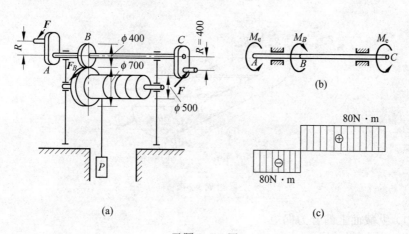

习题 3.2-7 图

解 （1）受力分析

轴所受的扭转外力偶矩（图(b)）

$$M_e = FR = 200\text{N} \times 0.4\text{m} = 80\text{N} \cdot \text{m}$$

由平衡条件，得

$$\sum M_x = 0, \qquad\qquad M_B = 2M_e = 160\text{N} \cdot \text{m}$$

于是,可得轴的扭矩图如图(c)。

(2) 轴的直径

由强度条件,得

$$d \geqslant \sqrt[3]{\frac{16T}{\pi[\tau]}} = \sqrt[3]{\frac{16 \times 80 \mathrm{N \cdot m}}{\pi(40 \times 10^6 \mathrm{Pa})}} = 21.7 \times 10^{-3}\mathrm{m}$$

取轴径为 $d = 22\mathrm{mm}$。

(3) 最大起重量

传动时,齿轮间的切向力 F_B(图(a))

$$F_B = \frac{M_B}{0.2\mathrm{m}} = 800\mathrm{N}$$

由鼓轮轴的平衡条件,得最大起重量为

$$P = \frac{F_B \times 0.35\mathrm{m}}{0.25\mathrm{m}} = 1120\mathrm{N}$$

*3.2-8 半径为 R 的等直圆杆承受扭转外力偶矩 M_e,如图(a)所示。现由相距为 a 的两个横截面 ABE、CDF 和一个纵截面 $ABCD$ 截取一隔离体,根据横截面上切应力的分布规律和切应力互等定理,可得隔离体各截面上的切应力分布如图(b)所示,试问:

(1) 纵截面 $ABCD$ 上切应力所构成的合力偶矩为多大?

(2) 图(b)所示隔离体是否保持平衡?

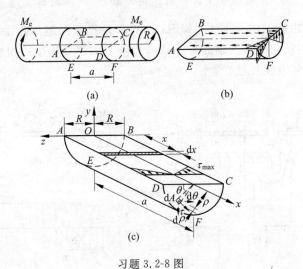

习题 3.2-8 图

解 (1) 纵截面上的合力偶矩

取微面积 $\mathrm{d}A = 2R\mathrm{d}x$,已知最大切应力为

$$\tau_{\max} = \frac{T}{W_p} = \frac{2M_e}{\pi R^3}$$

则微面积的合力偶矩

$$\mathrm{d}M = \left(\frac{1}{2}\tau_{\max} \cdot R\mathrm{d}x\right)\left(2 \times \frac{2}{3}R\right) = \frac{4M_e}{3\pi R}\mathrm{d}x$$

所以,纵截面上的合力偶矩为

$$M = \int_0^a \mathrm{d}M = \int_0^a \frac{4M_\mathrm{e}}{3\pi R}\mathrm{d}x = \frac{4M_\mathrm{e}a}{3\pi R}$$

（2）隔离体的平衡

在横截面 CDF 上取微面积 $\mathrm{d}A = \rho\mathrm{d}\theta\mathrm{d}\rho$（图(c)），得

$$\mathrm{d}F_y = (\tau\mathrm{d}A)\cos\theta, \quad \mathrm{d}F_z = (\tau\mathrm{d}A)\sin\theta$$

$$F_y = \int_0^R\int_0^\pi \left(\frac{2M_\mathrm{e}\rho}{\pi R^4}\right)(\rho\mathrm{d}\theta\mathrm{d}\rho)\cos\theta = 0$$

$$F_z = \int_0^R\int_0^\pi \left(\frac{2M_\mathrm{e}\rho}{\pi R^4}\right)(\rho\mathrm{d}\theta\mathrm{d}\rho)\sin\theta = \frac{4M_\mathrm{e}}{3\pi R} \quad (\rightarrow)$$

同理，在横截面 ABE 上有合力

$$F'_y = F_y = 0, \quad F'_z = F_z = \frac{4M_\mathrm{e}}{3\pi R} \quad (\leftarrow)$$

考察隔离体的平衡，取坐标系 $Oxyz$（图(c)），由平衡条件，得

$$\sum F_x = 0, \qquad \int_0^a \left(\frac{1}{2}\tau_{\max}\cdot R\mathrm{d}x\right) - \int_0^a \left(\frac{1}{2}\tau_{\max}\cdot R\mathrm{d}x\right) = 0$$

$$\sum F_y = 0, \qquad 0 = 0 \quad \text{自然满足}$$

$$\sum F_z = 0, \qquad F'_z - F_z = 0$$

$$\sum M_x = 0, \qquad F_z\cdot r_0 - F'_z\cdot r_0 = 0 \quad (r_0 \text{ 为 } F_z \text{ 至 } x \text{ 轴距离})$$

$$\sum M_y = 0, \qquad F_z\cdot a - M = \left(\frac{4M_\mathrm{e}}{3\pi R}\right)a - \frac{4M_\mathrm{e}a}{3\pi R} = 0$$

$$\sum M_z = 0, \qquad 0 = 0 \quad \text{自然满足}$$

可见，隔离体是平衡的。

*3.2-9 等直圆杆横截面上承受的扭矩为 T，如图(a)所示。试求 1/4 截面上（图中阴影部分）切应力合力的大小、方向及其作用点位置。

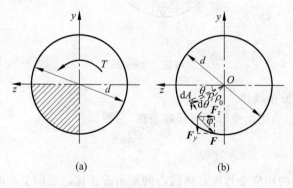

习题 3.2-9 图

解 取微面积 $\mathrm{d}A = \rho\mathrm{d}\theta\mathrm{d}\rho$（图(b)），则有

$$F_y = \int_{A_1} (\tau\mathrm{d}A)\cos\theta = \int_0^{d/2}\int_0^{\pi/2} \left(\frac{T\rho}{I_\mathrm{p}}\cdot\rho\mathrm{d}\theta\mathrm{d}\rho\right)\cos\theta = \frac{4T}{3\pi d}$$

$$F_z = \int_0^{d/2} \int_0^{\pi/2} \left(\frac{T\rho}{I_p} \cdot \rho \mathrm{d}\theta \mathrm{d}\rho \right) \sin\theta = \frac{4T}{3\pi d}$$

切应力合力 $\qquad F = \sqrt{F_y^2 + F_z^2} = \dfrac{4\sqrt{2}\,T}{3\pi d}$

方向角 $\qquad\qquad \varphi = \arctan \dfrac{F_y}{F_z} = 45°$

作用点位置 $\qquad F \cdot \rho_0 = \dfrac{T}{4}$

$$\rho_0 = \frac{3\pi d}{16\sqrt{2}} = 0.417d$$

*3.2-10 由外径为 D、内径为 d 的空心圆杆和直径为 d 的实心圆杆经紧配合而构成的组合轴，承受扭转外力偶矩 M_e，如图(a)所示。两杆的材料不同，空心圆杆与实心圆杆的切变模量分别为 G_1 和 G_2，且 $G_1 > G_2$，截面的极惯性矩分别为 I_{p1} 和 I_{p2}。若平面假设依然成立，试求组合杆横截面上切应力的分布规律，及两杆内的最大切应力。

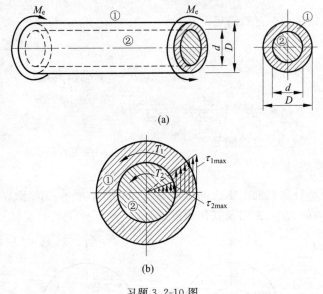

习题 3.2-10 图

解 (1) 切应力分布规律

由于平面假设成立，则由变形几何相容条件，可得

$$\gamma_\rho = \rho \frac{\mathrm{d}\varphi}{\mathrm{d}x}$$

即横截面上任一点处的切应变与该点离圆心的距离成正比。也即空心圆杆与实心圆杆的相对扭转角沿长度的变化率 $\dfrac{\mathrm{d}\varphi}{\mathrm{d}x}$ 相等。

由于两杆的材料不同，则由应力-应变间物理关系，即在线弹性范围时的剪切胡克定律，可得

空心圆杆 $\qquad\qquad\qquad \tau_{\rho 1} = G_1 \gamma_\rho = G_1 \rho \dfrac{\mathrm{d}\varphi}{\mathrm{d}x}$

实心圆杆 $\qquad\qquad\qquad\qquad \tau_{\rho 2} = G_2 \rho \dfrac{\mathrm{d}\varphi}{\mathrm{d}x}$

即横截面上的切应力与该点至圆心的距离成正比,但空心圆杆与实心圆杆内切应力的变化斜率不同,其分布规律如图(b)所示。

（2）最大切应力

由变形几何相容条件,得

$$\frac{\mathrm{d}\varphi}{\mathrm{d}x} = \frac{T_1}{G_1 I_{\mathrm{p}1}} = \frac{T_2}{G_2 I_{\mathrm{p}2}}$$

由平衡条件

$$T = T_1 + T_2 = M_{\mathrm{e}}$$

联立上列两式,解得

$$T_1 = \frac{M_{\mathrm{e}} G_1 I_{\mathrm{p}1}}{G_1 I_{\mathrm{p}1} + G_2 I_{\mathrm{p}2}}, \quad T_2 = \frac{M_{\mathrm{e}} G_2 I_{\mathrm{p}2}}{G_1 I_{\mathrm{p}1} + G_2 I_{\mathrm{p}2}}$$

于是,得最大切应力为

$$\tau_{1\,\max} = \frac{T_1}{I_{\mathrm{p}1}} \cdot \frac{D}{2} = \frac{M_{\mathrm{e}} G_1 D}{2(G_1 I_{\mathrm{p}1} + G_2 I_{\mathrm{p}2})}$$

$$\tau_{2\,\max} = \frac{T_2}{I_{\mathrm{p}2}} \cdot \frac{d}{2} = \frac{M_{\mathrm{e}} G_2 d}{2(G_1 I_{\mathrm{p}1} + G_2 I_{\mathrm{p}2})}$$

讨论：

（1）由于平面假设,两杆在 $\rho = \dfrac{d}{2}$ 的同一点处,切应变 γ_ρ 是连续的。而由于两杆的材料不同,该点处切应力不同, $\tau_1\,|_{\rho = d/2} \neq \tau_2\,|_{\rho = d/2}$。$\tau_1\,|_{\rho = d/2}$ 应理解为空心圆杆横截面上切向分布内力在 $\rho = d/2$ 处的集度,而 $\tau_2\,|_{\rho = d/2}$ 为实心圆杆横截面上切向分布内力在 $\rho = d/2$ 处的集度。

（2）本题实质上为扭转静不定问题,可由静力学关系

$$T_1 + T_2 = M_{\mathrm{e}}$$

力矩-变形间物理关系

$$\varphi = \frac{Tl}{GI_{\mathrm{p}}}$$

变形几何相容条件

$$\varphi_1 = \varphi_2$$

求解两杆所承受的扭矩 T_1 和 T_2。

3.3-1 直径 $d = 10\,\mathrm{cm}$、长度 $l = 50\,\mathrm{cm}$ 的等圆截面直杆,在 B 和 C 截面处分别承受扭转外力偶矩 $M_B = 8\,\mathrm{kN \cdot m}$ 和 $M_C = 3\,\mathrm{kN \cdot m}$,如图(a)所示。轴材料为钢,切变模量 $G = 82\,\mathrm{GPa}$,试求：

（1）杆内的最大切应力。

（2）自由端截面 C 的扭转角。

（3）若要求 BC 段的单位长度扭转角与 AB 段的相等,则在 BC 段钻孔的孔径 d_1（图(b)）。

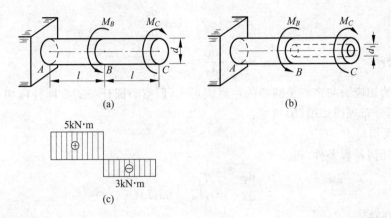

习题 3.3-1 图

解 （1）最大切应力

作扭矩图如图（c）所示。最大切应力发生在 AB 段内各横截面的周边处，其值为

$$\tau_{\max} = \frac{T_{\max}}{W_p} = \frac{5 \times 10^3 \text{N} \cdot \text{m}}{\dfrac{\pi}{16}(0.1\text{m})^3} = 25.5 \times 10^6 \text{Pa} = 25.5\text{MPa}$$

（2）截面 C 的扭转角

$$\varphi_C = \varphi_{C-B} + \varphi_{B-A} = \frac{T_{BC}l}{GI_p} + \frac{T_{AB}l}{GI_p}$$

$$= \frac{(-3 \times 10^3 \text{N} \cdot \text{m}) \times 0.5\text{m}}{(82 \times 10^9 \text{Pa}) \times \dfrac{\pi}{32} \times (0.1\text{m})^4} + \frac{(5 \times 10^3 \text{N} \cdot \text{m}) \times 0.5\text{m}}{(82 \times 10^9 \text{Pa}) \times \dfrac{\pi}{32} \times (0.1\text{m})^4}$$

$$= 0.00125\text{rad} = 0.072°$$

（3）BC 段孔径

由

$$|\varphi'_{BC}| = |\varphi'_{AB}|$$

$$\frac{T_{BC}}{GI'_p} = \frac{T_{AB}}{GI_p}$$

$$I'_p = \frac{\pi}{32}(d^4 - d_1^4) = \frac{\pi}{32}d^4 \cdot \frac{T_{BC}}{T_{AB}}$$

所以，

$$d_1 = d \cdot \sqrt[4]{1 - \frac{T_{BC}}{T_{AB}}} = (0.1\text{m})\sqrt[4]{1 - \frac{3 \times 10^3 \text{N} \cdot \text{m}}{5 \times 10^3 \text{N} \cdot \text{m}}} = 0.08\text{m} = 8\text{cm}$$

讨论：

截面 C 的扭转角为扭转时截面的角位移。位移计算中，首先由静力平衡条件求得各横截面上的扭矩；然后，由力矩-转角间的物理关系，列出截面 C 相对于截面 B 的相对扭转角 φ_{C-B} 和截面 B 相对于截面 A 的相对扭转角 φ_{B-A} 分别与扭矩 T_{BC} 和 T_{AB} 间的关系式；最后，由截面 A 固定支承和截面 B 保持连接的变形几何相容条件，才可得到 $\varphi_C = \varphi_{C-B} + \varphi_{B-A}$ 的表达式。也就是说，扭转时截面位移的计算方法与轴向拉（压）中结点（或截面）位移的计算方法是相同的，均需考虑静力、物理和几何三方面。

3.3-2 长度为 l、扭转刚度为 GI_p 的等圆截面直杆，承受集度为 m 的均布外力偶矩作用，如图(a)所示。试计算自由端截面 B 的扭转角。

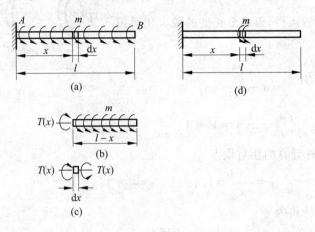

习题 3.3-2 图

解 （1）微段变形

由于各横截面的扭矩不同，任一横截面上的扭矩为（图(b)）

$$T(x) = m(l-x)$$

取任一微段 dx（图(c)），对于微段 dx，可认为各横截面上的扭矩相等，均为 $T(x)$。于是，可得微段两端截面的相对扭转角为

$$d\varphi = \frac{T(x)dx}{GI_p} = \frac{m(l-x)dx}{GI_p}$$

（2）截面 B 的扭转角

由于 A 端固定及变形后杆保持连续的变形几何相容条件，可得截面 B 的扭转角等于所有微段的相对扭转角之和，即

$$\varphi_B = \varphi_{B-A} = \int_l d\varphi = \int_0^l \frac{m(l-x)dx}{GI_p} = \frac{ml^2}{2GI_p}$$

讨论：

本题也可用力作用的叠加原理求解。将载荷分解为无限个 mdx，在任一微段的载荷作用下（图(d)），截面 B 的扭转角为

$$d\varphi_B = \frac{(mdx)x}{GI_p}$$

在全部载荷作用下，截面 B 的扭转角为

$$\varphi_B = \int_l d\varphi_B = \int_0^l \frac{mxdx}{GI_p} = \frac{ml^2}{2GI_p}$$

3.3-3 一实心锥形圆杆，小端半径为 a，大端半径为 $b=1.2a$，承受扭转外力偶矩 M_e，如图所示。杆的长度为 l，材料的切变模量为 G，试求该轴的最大相对扭转角。若以杆的平均半径，按等截面圆杆计算其最大相对扭转角，则其相对误差为多大？

解 （1）锥形杆的最大相对扭转角

设锥度较小，取微段 dx，则 dx 段两端面的相对扭转角为

$$d\varphi = \frac{T(x)dx}{GI_p(x)} = \frac{2M_e dx}{G\pi r_x^4} = \frac{2M_e dx}{G\pi \left(a + \dfrac{b-a}{l}x\right)}$$

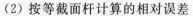

习题 3.3-3 图

由变形几何相容条件,得整个长度的最大相对扭转角为

$$\varphi = \int_l d\varphi = \frac{2M_e}{G\pi}\int_0^l \frac{dx}{\left(a + \dfrac{b-a}{l}x\right)}$$

$$= \frac{2M_e l}{3G\pi(b-a)}\left(\frac{1}{a^3} - \frac{1}{b^3}\right) = 1.404\frac{M_e l}{G\pi a^4}$$

(2)按等截面杆计算的相对误差

平均半径 $\qquad\qquad r = \dfrac{a+b}{2} = 1.1a$

故杆的最大相对扭转角为

$$\varphi' = \frac{Tl}{GI_p} = \frac{2M_e l}{G\pi(1.1a)^4} = 1.366\frac{M_e l}{G\pi a^4}$$

相对误差为

$$\frac{\varphi - \varphi'}{\varphi} = \frac{1.404 - 1.366}{1.404} = 2.7\%$$

3.3-4　传动轴 AC 的主动轮 1 输入功率 $P_1 = 400\mathrm{kW}$,从动轮 2 和 3 的输出功率分别为 $P_2 = 150\mathrm{kW}$,$P_3 = 250\mathrm{kW}$,如图(a)所示。试求:

(1)当 AB 和 BC 两段轴内的最大切应力相等时,两段轴的直径 d_1 与 d_2 之比和单位长度扭转角 φ'_1 与 φ'_2 之比。

(2)主动轮和从动轮应如何安排较为合理。若轴的转速 $n = 500\mathrm{r/min}$,材料的许用切应力 $[\tau] = 70\mathrm{MPa}$,切变模量 $G = 80\mathrm{GPa}$,且轴的许可单位长度扭转角 $[\varphi'] = 1(°)/\mathrm{m}$,并将轴设计成等截面时的直径。

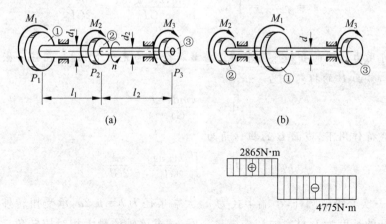

习题 3.3-4 图

解 （1）直径之比和单位长度扭转角之比

由最大切应力相等

$$\tau_{\max} = \frac{T}{W_p} = \frac{16T_1}{\pi d_1^3} = \frac{16T_2}{\pi d_2^3}$$

得

$$\frac{d_1}{d_2} = \sqrt[3]{\frac{T_1}{T_2}} = \sqrt[3]{\frac{P_1}{P_3}} = \sqrt[3]{\frac{4}{2.5}} = 1.17$$

由单位长度扭转角

$$\varphi_1' = \frac{T_1}{GI_{p_1}} = \frac{32T_1}{G\pi d_1^4}, \quad \varphi_2' = \frac{32T_2}{G\pi d_2^4}$$

得

$$\frac{\varphi_1'}{\varphi_2'} = \frac{T_1}{T_2}\left(\frac{d_2}{d_1}\right)^4 = \frac{4}{2.5} \times \left(\frac{2.5}{4}\right)^{4/3} = \left(\frac{2.5}{4}\right)^{1/3} = 0.855$$

（2）传动轮合理排列，并设计成等截面的轴径

将主动轮排在两从动轮之间（图（b）），将降低轴的最大扭矩，较为合理。这时，轴的扭矩图如图（c），其值分别为

$$T_1 = M_2 = 9.55 \times 10^3 \times \frac{150\text{kW}}{500\text{r/min}} = 2865\text{N} \cdot \text{m}$$

$$T_2 = M_3 = 9.55 \times 10^3 \times \frac{250\text{kW}}{500\text{r/min}} = 4775\text{N} \cdot \text{m}$$

按等截面轴设计轴径，由强度条件

$$d \geqslant \sqrt[3]{\frac{16T_2}{\pi[\tau]}} = \sqrt[3]{\frac{16 \times (4775\text{N} \cdot \text{m})}{\pi(70 \times 10^6\text{Pa})}} = 0.0703\text{m} = 70.3\text{mm}$$

由刚度条件

$$d \geqslant \sqrt[4]{\frac{32T_2 \times 180°}{G\pi[\varphi']\pi}} = \sqrt[4]{\frac{32 \times (4775\text{N} \cdot \text{m}) \times 180°}{(80 \times 10^9\text{Pa})\pi^2 \times (1°/\text{m})}}$$

$$= 0.0768\text{m} = 76.8\text{mm}$$

为同时满足强度和刚度条件，传动轴直径应取 $d=77\text{mm}$。

3.3-5 一直径为 d 的等直圆杆，承受扭转外力偶矩 M_e，如图（a）所示。现在杆表面与母线成 $45°$ 方向测得线应变为 ε，试导出材料的切变模量 G 与 M_e，d 和 ε 间的关系式。

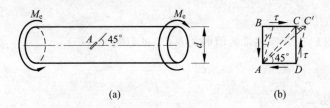

习题 3.3-5 图

解 （1）圆杆表面一点处的应力状态

通过圆杆表面任一点 A 的横截面上，该点处的切应力为

$$\tau = \frac{T}{W_p} = \frac{16M_e}{\pi d^3}$$

可见,圆杆表面任一点 A 处于纯剪切应力状态(图(b))。这时,单元体的切应变与 $45°$ 方向线应变间的关系为

$$\varepsilon = \frac{\overline{CC'}\cos45°}{\overline{AC}} = \frac{(\gamma \cdot \overline{AC}\cos45°)\cos45°}{\overline{AC}} = \gamma\cos^2 45° = \frac{\gamma}{2}$$

(2) 切变模量表达式

由剪切胡克定律,得

$$G = \frac{\tau}{\gamma} = \frac{\dfrac{16M_e}{\pi d^3}}{2\varepsilon} = \frac{8M_e}{\pi d^3 \varepsilon}$$

***3.3-6**　一外径 $D = 50\text{mm}$、内径 $d = 30\text{mm}$ 的空心圆轴,在扭转外力偶矩 $M_e = 1.5\text{kN} \cdot \text{m}$ 作用下,测得相距为 $a = 20\text{cm}$ 的两截面的相对扭转角 $\varphi = 0.4°$,如图所示。已知轴的材料为钢,弹性模量 $E = 210\text{GPa}$,试求材料的泊松比。

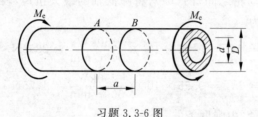

习题 3.3-6 图

解　(1) 材料的切变模量

由相对扭转角

$$\varphi = \frac{Tl}{GI_p}$$

得

$$G = \frac{Tl}{\varphi I_p} = \frac{M_e a}{\varphi \dfrac{\pi}{32}(D^4 - d^4)}$$

$$= \frac{32 \times (15 \times 10^2 \text{N} \cdot \text{m}) \times (0.20\text{m})}{\pi\left(0.4° \times \dfrac{\pi}{180°}\right) \times [(0.05\text{m})^4 - (0.03\text{m})^4]}$$

$$= 80.5 \times 10^9 \text{Pa}$$

(2) 材料的泊松比

由各向同性材料三个弹性常数间的关系(参见习题 2.3-5)

$$G = \frac{E}{2(1 + \nu)}$$

得材料的泊松比为

$$\nu = \frac{E}{2G} - 1 = \frac{210 \times 10^9 \text{Pa}}{2 \times 80.5 \times 10^9 \text{Pa}} - 1 = 0.304$$

3.3-7　直径为 D 的等直圆杆承受扭转外力偶矩 M_e(图(a)),若在中心部分钻一直径为 d 的孔,而外力偶矩 M_e 保持不变(图(b)),试求钻孔前、后,两杆应变能的比值。

解　由应变能等于外力功,得两杆的应变能分别为

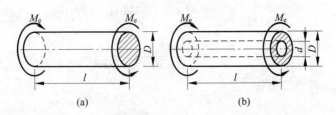

习题 3.3-7 图

钻孔前
$$V_{\varepsilon,a} = \frac{1}{2}M_e\varphi_a = \frac{M_e^2 l}{2GI_{p,a}}$$

钻孔后
$$V_{\varepsilon,b} = \frac{1}{2}M_e\varphi_b = \frac{M_e^2 l}{2GI_{p,b}}$$

即得钻孔前、后应变能的比值为

$$\frac{V_{\varepsilon,a}}{V_{\varepsilon,b}} = \frac{I_{p,b}}{I_{p,a}} = 1 - \left(\frac{d}{D}\right)^4$$

即应变能与截面的极惯性矩(或扭转刚度)成反比。

3.3-8 两端固定的实心圆杆 AB,AC 段直径为 d_1、长度为 l_1;BC 段直径为 d_2、长度为 l_2。在截面 C 处承受扭转外力偶矩 M_e,如图(a)所示。试作杆的扭矩图。

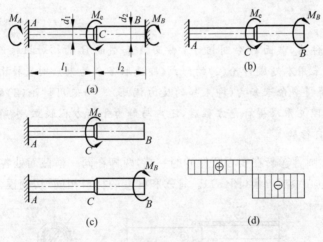

习题 3.3-8 图

解 (1)选择基本静定系

选取支座 B 为多余约束,解除多余约束,并加上相应的多余未知力 M_B,则得基本静定系如图(b)所示。

(2)求解多余未知力

为使基本静定系等效于原来的静不定杆,则其自由端截面 B 的扭转角(即角位移)应为零,并应用力作用的叠加原理,计算截面 B 的扭转角(图(c))。即得变形几何相容条件为

$$\varphi_B = (\varphi_B)_{M_e} + (\varphi_B)_{M_e} = 0$$

由力矩-扭转角间的物理关系

$$(\varphi_B)_{M_e} = \frac{M_e l_1}{G I_{p1}} = \frac{32 M_e l_1}{G \pi d_1^4}$$

$$(\varphi_B)_{M_B} = -\frac{32 M_B l_1}{G \pi d_1^4} - \frac{32 M_B l_2}{G \pi d_2^4}$$

代入变形相容方程,得补充方程

$$M_e \frac{l_1}{d_1^4} - M_B \left(\frac{l_1}{d_1^4} + \frac{l_2}{d_2^4} \right) = 0$$

从而解得多余未知力为

$$M_B = \frac{M_e}{1 + \dfrac{l_2}{l_1} \left(\dfrac{d_1}{d_2} \right)^4}$$

解得 M_B 后,基本静定系(图(b))就等效于原来的静不定系统(图(a))。也即,反力偶矩 M_A、扭矩图(图(d))、应力、变形及强度、刚度计算等,均可按图 (b) 所示的基本静定系进行。

讨论:

静不定问题的变形相容方程的形式可各有不同,但其解答是唯一的。本题的变形相容方程还可写成:

(1) $\varphi_A = (\varphi_A)_{M_e} + (\varphi_A)_{M_A} = 0$

即以支座 A 为多余约束,相应的反力偶矩 M_A 为多余未知力。变形几何相容条件为截面 A 的扭转角为零。

(2) $\varphi_{C-A} = \varphi_{C-B}$

即变形几何相容条件为,截面 C 分别相对于截面 A 和截面 B 的相对扭转角相等。

变形相容方程采用本题或讨论(1)的形式(即选取多余约束),则直接由变形几何相容条件和物理关系,可解得多余未知力(即未知的反力偶矩)。而采用讨论(2)的形式,则由变形几何相容条件和物理关系求得补充方程后,还应与静力平衡方程联立,求解未知的反力偶矩 M_A 和 M_B,读者可自行验算。

3.3-9 一空心圆管Ⓐ套在实心圆杆Ⓑ的一端,两杆在同一横截面处各有一直径相同的贯穿孔,但两孔的中心线成 β 角(图(a))。管Ⓐ和杆Ⓑ的材料相同,切变模量为 G,极惯性矩

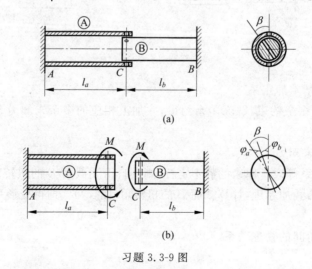

(a)

(b)

习题 3.3-9 图

分别为 I_{pa} 和 I_{pb}。现在杆Ⓑ上施加外力偶,使两孔对准,并穿过孔装上销钉。试问当卸除杆Ⓑ上的外力偶后,管Ⓐ和杆Ⓑ内的扭矩各为多大? 管Ⓐ和杆Ⓑ在销钉所在截面的扭转角各为多大? 以及结构的应变能为多大?

解 (1) 管Ⓐ和杆Ⓑ内的扭矩

卸除外力偶,组合件处于平衡状态,管Ⓐ和杆Ⓑ通过销钉相互间作用有力偶矩 M(图 (b))。由变形几何相容条件,得

$$\varphi_{C,a} + \varphi_{C,b} = \beta$$

将力矩-扭转角间的物理关系

$$\varphi_{C,a} = \frac{Tl_a}{GI_{pa}} = \frac{Ml_a}{GI_{pa}}, \quad \varphi_{C,b} = \frac{Ml_b}{GI_{pb}}$$

代入变形相容方程,得补充方程

$$\frac{Ml_a}{GI_{pa}} + \frac{Ml_b}{GI_{pb}} = \beta$$

解得

$$M = \frac{G\beta I_{pa}I_{pb}}{l_a I_{pb} + l_b I_{pa}}$$

而管Ⓐ和杆Ⓑ的扭矩均为

$$T_a = T_b = M = \frac{G\beta I_{pa}I_{pb}}{l_a I_{pb} + l_b I_{pa}}$$

(2) 管Ⓐ和杆Ⓑ的扭转角

由 A、B 端固定及变形后保持连续的变形几何相容条件,得两杆在销钉处截面 C 的扭转角分别为

$$\varphi_{C,a} = \frac{T_a l_a}{GI_{pa}} = \frac{\beta I_{pb}l_a}{l_a I_{pb} + l_b I_{pa}}$$

$$\varphi_{C,b} = \frac{\beta I_{pa}l_b}{l_a I_{pb} + l_b I_{pa}}$$

(3) 结构的应变能

由应变能等于外力所做的功,即得

$$V_\varepsilon = \frac{1}{2}M\varphi_{C,a} + \frac{1}{2}M\varphi_{C,b} = \frac{G\beta^2 I_{pa}I_{pb}}{2(l_a I_{pb} + l_b I_{pa})}$$

讨论:

在计算结构的应变能时,若先计算在杆Ⓑ左端施加一外力偶矩 M_e 而使其产生扭转角 β 时的应变能,然后装上销钉后,再计算卸除外力偶矩 M_e(即施加反向的外力偶矩 M_e)时结构变形能(实质上为卸载时结构所释放的变形能)。以前者减去后者,同样可得结构的变形能,读者可自行验算。

3.3-10 直径 $d=25\text{mm}$ 的钢圆轴,承受扭转外力偶矩 $M_e=150\text{N} \cdot \text{m}$。轴在受扭情况下,在长度为 l 的 AB 段与外径 $D=75\text{mm}$、壁厚 $\delta=2.5\text{mm}$ 的钢管焊接,如图(a)所示。焊接后,卸除外力偶矩 M_e,已知钢的切变模量为 G,试求 AB 段内,轴和钢管横截面上的最大切应力。

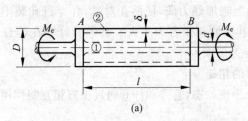

(a)

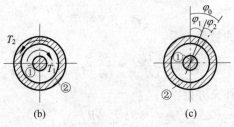

(b)   (c)

习题 3.3-10 图

解　(1) 轴和钢管的扭矩

取截面 B(图 (b)),由静力平衡条件,显然有

$$T_1 = T_2 = T$$

若钢轴在外力偶矩 M_e 作用下,截面 B 相对于截面 A 的相对扭转角为 φ_0,则卸除外力偶矩后,钢轴有消除变形的趋势而钢管阻止其恢复至自然状态。由变形几何相容条件(图(c)),得

$$\varphi_0 = \varphi_1 + \varphi_2$$

将物理关系

$$\varphi_0 = \frac{M_e l}{G I_{p1}}, \quad \varphi_1 = \frac{T l}{G I_{p1}}, \quad \varphi_2 = \frac{T l}{G I_{p2}}$$

代入变形相容方程,得补充方程

$$\frac{M_e l}{G I_{p1}} = \frac{T l}{G I_{p1}} + \frac{T l}{G I_{p2}}$$

$$M_e = T\left(1 + \frac{I_{p1}}{I_{p2}}\right)$$

$I_{p1} = \dfrac{\pi}{32} d^4$,$I_{p2} = \dfrac{\pi}{4} D^3 \delta$(参见习题 3.2-1)代入上式,即得

$$T = \frac{M_e}{1 + d^4/8D^3\delta} = 143.4 \mathrm{N \cdot m}$$

(2) 轴和钢管的最大切应力

圆轴横截面上的最大切应力

$$\tau_{1max} = \frac{T}{W_p} = \frac{16T}{\pi d^3} = 46.7 \mathrm{MPa}$$

钢管横截面上的切应力(薄壁圆管任一点处切应力值相等,参见习题 3.2-1)

$$\tau_2 = \frac{T}{W_p} = \frac{T}{2A_0\delta} = \frac{2T}{\pi D_0^2 \delta} = \frac{2 \times 143.4 \mathrm{N \cdot m}}{\pi (75 \times 10^{-3} \mathrm{m} - 2.5 \times 10^{-3} \mathrm{m})^2 \times (2.5 \times 10^{-3} \mathrm{m})}$$

$$= 6.95 \mathrm{MPa}$$

***3.3-11** 两端直径分别为 $d_1=40\text{mm}$ 和 $d_2=80\text{mm}$,长度 $l=1\text{m}$ 的锥形圆杆,与外径 $D=120\text{mm}$,中心具有相同锥形圆孔的空心圆杆配合成组合杆,如图所示。组合杆在两端承受扭转外力偶矩 $M_e=5\text{kN}\cdot\text{m}$。设两杆在接触面为紧密配合,不发生相对转动,且两杆的切变模量之比为 $G_1/G_2=1/2$,试求实心锥形圆杆内的最大切应力。

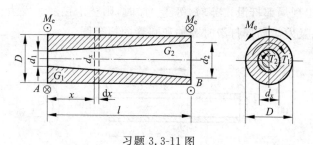

习题 3.3-11 图

解 (1) 两杆内的扭矩

取距 A 端为 x 的任一截面,则锥形圆杆的直径为

$$d_x = d_1 + \frac{d_2 - d_1}{l}x$$

由 x 段的静力平衡条件,得

$$\sum M_x = 0, \qquad M_e - T_1 - T_2 = 0 \qquad (1)$$

取任一微段 $\text{d}x$,由两杆结合在一起,则变形几何相容条件为两杆的相对扭转角相等,即

$$\text{d}\varphi_1 = \text{d}\varphi_2$$

由扭矩-相对扭转角间的物理关系,得

$$\text{d}\varphi_1 = \frac{T_1\,\text{d}x}{G_1 I_{p1}}, \quad \text{d}\varphi_2 = \frac{T_2\,\text{d}x}{G_2 I_{p2}}$$

代入变形相容方程,得补充方程

$$T_1 = T_2 \frac{G_1 I_{p1}}{G_2 I_{p2}} \qquad (2)$$

补充方程(2)与静力平衡方程(1)联立,解得

$$T_1 = \frac{M_e G_1 I_{p1}}{G_1 I_{p1} + G_2 I_{p2}}, \quad T_2 = \frac{M_e G_2 I_{p2}}{G_1 I_{p1} + G_2 I_{p2}}$$

式中,I_{p1}、I_{p2} 分别为空心杆和锥形杆 x 截面的极惯性矩,两者均为 x 函数。

(2) 锥形圆杆的最大切应力

x 截面的最大切应力

$$(\tau_{max})_x = \frac{T_2}{I_{p2}} \cdot \frac{d_x}{2} = \frac{16 M_e G_2 d_x}{\pi[(G_2 - G_1)d_x^4 + G_1 D^4]}$$

由 $\text{d}(\tau_{max})_x/\text{d}x=0$,解得极值点 $x=1.28\text{m}>l$。可见,锥形圆杆的最大切应力发生在截面 B ($x=1\text{m}$)的周边处,其值为

$$\tau_{max} = \frac{16 M_e d_2}{\pi\left[\left(1 - \dfrac{G_1}{G_2}\right)d_2^4 + \dfrac{G_1}{G_2}D^4\right]} = 16.4\text{MPa}$$

*　**3.3-12**　直径为 d 的圆轴 1 插入外径为 D、内径为 d 的圆管 2 中,通过两者间的装配压力所产生的摩擦力来传递扭转力偶矩 M_e,如图(a)所示。假设装配压力和摩擦力沿接触区长度为均匀分布。当外力偶矩 M_e 大于某一特定值 M_0 时,圆轴在圆管中将发生打滑。

若将接触区的长度 l 分为 a、b、c 三段,当 M_e 达到一定值,但小于 M_0 时,圆轴开始在接触区两端的 a、c 段出现局部打滑;当 M_e 等于 M_0 时,则整个接触区发生打滑。试求局部打滑区 a、c 的长度,以及发生局部打滑时圆轴和圆管的扭矩图。

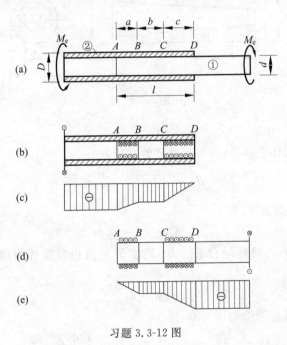

习题 3.3-12 图

解　(1) 局部打滑区长度

当 $M_e = M_0$ 时,整个接触区发生打滑。这时,杆与管间摩擦力达到极限值。由极限摩擦力产生的摩擦力矩的集度为

$$m = \frac{M_0}{l} \tag{1}$$

当局部打滑时,在 a 段内,圆管的扭矩和扭转角大于圆轴的扭矩和扭转角;在 b 段内,由于不发生打滑,两者的扭转角相等;在 c 段内,圆轴的扭矩和扭转角大于圆管的扭矩和扭转角。至截面 D,圆管的扭矩降为零,而圆轴的扭矩增加到最大值 M_e。

由圆管的平衡条件(图(b))或圆轴的平衡条件(图(d)),得

$$\sum M_x = 0, \qquad\qquad m(a+c) = M_e \tag{2}$$

考察不发生打滑的 b 段,由单位长度扭转角相等的变形几何相容条件,即

$$\varphi_1' = \varphi_2'$$

将扭矩-单位长度扭转角间的物理关系 $\varphi' = \dfrac{T}{GI_p}$ 代入变形相容方程,得补充方程

$$\frac{ma}{(GI_p)_1} = \frac{mc}{(GI_p)_2} \tag{3}$$

联立式(2)和式(3),并注意到式(1),解得打滑区的长度为

$$a = \frac{M_e l}{M_0 \left[1 + \frac{(GI_p)_2}{(GI_p)_1} \right]}, \quad c = \frac{M_e l}{M_0 \left[1 + \frac{(GI_p)_1}{(GI_p)_2} \right]}$$

（2）圆管和圆轴的扭矩图

求得打滑区长度 a、c 后，由圆管和圆轴的受力图（图(b)和图(d)），即可得其扭矩图分别如图（c）和图（e）所示。

讨论：

（1）当 $M_e = M_0$，则可得

$$a + c = l, \quad b = 0$$

即圆轴在整个接触区长度发生打滑、相对转动。

（2）若圆管与圆轴扭转刚度相同，$(GI_p)_1 = (GI_p)_2$，则得

$$a = c = \frac{M_e l}{2M_0}$$

即接触部分两端的打滑区长度相等。

3.4-1 一宽度 $b = 5\mathrm{cm}$、高度 $h = 10\mathrm{cm}$ 的矩形截面钢杆，长度 $l = 2\mathrm{m}$，在其两端承受扭转外力偶矩 M_e 作用，如图所示。已知材料的许用切应力 $[\tau] = 100\mathrm{MPa}$，切变模量 $G = 80\mathrm{GPa}$，杆的许可相对扭转角 $[\varphi] = 2°$，试求外力偶矩的许可值。

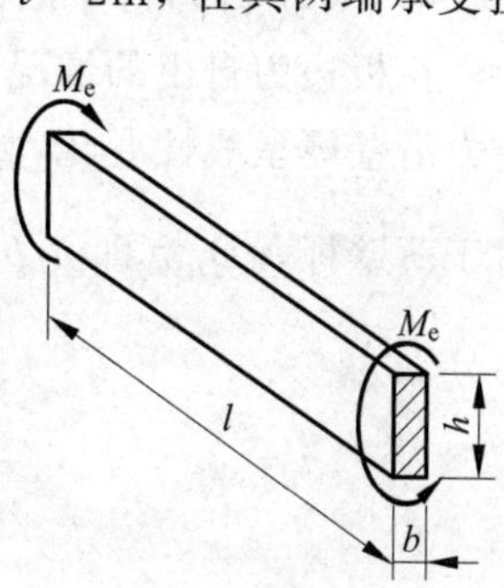

解 （1）由强度条件求 M_e

由强度条件，得

$$T = M_e \leqslant \alpha h b^2 [\tau]$$

由表 3-1 得，$h/b = 2$ 时，$\alpha = 0.246$。于是，有

$$M_e \leqslant 0.246 \times (0.1\mathrm{m}) \times (0.05\mathrm{m})^2 \times (100 \times 10^6 \mathrm{Pa})$$
$$= 6150\mathrm{N} \cdot \mathrm{m}$$

习题 3.4-1 图

（2）由刚度条件求 M_e

由刚度条件，得

$$T = M_e \leqslant \frac{G}{l} \beta h b^3 [\varphi]$$

由表 3-1 得，$h/b = 2$ 时，$\beta = 0.229$。于是，有

$$M_e \leqslant \frac{80 \times 10^9 \mathrm{Pa}}{2\mathrm{m}} \times 0.229 \times (0.1\mathrm{m}) \times (0.05\mathrm{m})^3 \times \left(2 \times \frac{\pi}{180} \right)$$
$$= 4000\mathrm{N} \cdot \mathrm{m}$$

为同时满足强度和刚度条件，故许可外力偶矩为

$$[M_e] = 4\mathrm{kN} \cdot \mathrm{m}$$

3.4-2 一长度为 l、厚度为 δ 的薄钢板，卷成平均直径为 D 的圆筒，材料的切变模量为 G，在其两端承受扭转外力偶矩 M_e，试求：

（1）在板边为自由的情况下（图(a)），薄壁筒横截面上的切应力分布规律，及其最大切应力和最大相对扭转角。

（2）当板边焊接后（图(b)），薄壁筒横截面上的切应力分布规律，及其最大切应力和最

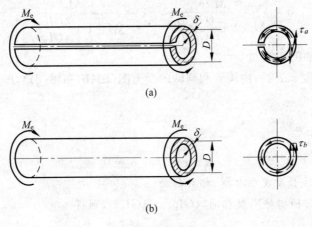

习题 3.4-2 图

大相对扭转角。

解 （1）开口薄壁圆筒的应力和变形

在板边为自由的情况下，可将开口环形截面展直，视为狭长矩形截面。其横截面上的切应力沿壁厚呈线性变化，如图（a）所示。最大切应力发生在开口薄壁圆筒的内、外周边处。

对于薄壁杆，$\pi D/\delta$（即 h/b）>10，由表 3-1，得 $\alpha=\beta=\dfrac{1}{3}$。于是，最大切应力和最大相对扭转角分别为

$$\tau_a = \frac{T}{\alpha h b^2} = \frac{3M_\mathrm{e}}{\pi D \delta^2}$$

$$\varphi_a = \frac{Tl}{G\beta h b^3} = \frac{3M_\mathrm{e}l}{G\pi D \delta^3}$$

（2）闭口薄壁圆筒的应力和变形

当板边焊接后，则成闭口薄壁圆筒，其横截面上的切应力沿壁厚为均匀分布，如图（b）所示。切应力及最大相对扭转角分别为

$$\tau_b = \frac{T}{2A_0\delta} = \frac{2M_\mathrm{e}}{\pi D^2 \delta}$$

$$\varphi_b = \frac{Tl}{GI_\mathrm{p}} \approx \frac{Tl}{G(\pi D \delta)\left(\dfrac{D}{2}\right)^2} = \frac{4M_\mathrm{e}l}{G\pi D^3 \delta}$$

讨论：

开口薄壁圆筒与闭口薄壁圆筒相比较：

最大切应力之比 $\qquad\qquad\qquad \tau_a/\tau_b = 3D/2\delta$

最大相对扭转角之比 $\qquad\qquad \varphi_a/\varphi_b = \dfrac{3}{4}\left(\dfrac{D}{\delta}\right)^2$

若 $D=20\delta$，则 $\tau_a=30\tau_b$，$\varphi_a=300\varphi_b$。即开口薄壁圆筒的最大切应力和最大相对扭转角均远大于闭口薄壁圆筒。

3.4-3 横截面面积 A、壁厚 δ、长度 l 和材料的切变模量均相同的三种截面形状的闭口

薄壁杆,分别如图(a)、(b)和(c)所示。若分别在杆的两端承受相同的扭转外力偶矩,试求三杆横截面上的切应力之比和最大相对扭转角之比。

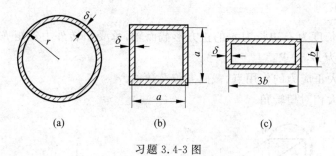

(a)　　　　　　　(b)　　　　　　　(c)

习题 3.4-3 图

解　(1) 三杆切应力之比

薄壁圆截面(图(a)):由

$$A = 2\pi r\delta, \quad r = \frac{A}{2\pi\delta}$$

$$A_0 = \pi r^2 = \frac{1}{4\pi} \cdot \left(\frac{A}{\delta}\right)^2$$

得

$$\tau_a = \frac{T}{2A_0\delta} = \frac{M_e \cdot 2\pi\delta}{A^2}$$

薄壁正方形截面(图(b)):由

$$A = 4a\delta, \quad a = \frac{A}{4\delta}$$

$$A_0 = a^2 = \frac{1}{16}\left(\frac{A}{\delta}\right)^2$$

得

$$\tau_b = \frac{T}{2A_0\delta} = \frac{8M_e\delta}{A^2}$$

薄壁矩形截面(图(c)):由

$$A = 2(b+3b)\delta = 8b\delta, \quad b = \frac{A}{8\delta}$$

$$A_0 = 3b \cdot b = \frac{3}{64}\left(\frac{A}{\delta}\right)^2$$

得

$$\tau_c = \frac{T}{2A_0\delta} = \frac{32M_e\delta}{3A^2}$$

可见,三种截面的扭转切应力之比为

$$\tau_a : \tau_b : \tau_c = 2\pi : 8 : \frac{32}{3} = 1 : 1.27 : 1.70$$

(2) 三杆的相对扭转角之比

三杆的最大相对扭转角分别为

$$\varphi_a = \frac{TlS}{4GA_0^2\delta} = 4\pi^2\frac{M_e l\delta^2}{GA^3}, \quad \varphi_b = 64\frac{M_e l\delta^2}{GA^3}, \quad \varphi_c = \frac{1024}{9} \cdot \frac{M_e l\delta^2}{GA^3}$$

故三杆相对扭转角之比为

$$\varphi_a : \varphi_b : \varphi_c = 1 : 1.62 : 2.88$$

　　由上述计算可见，对于同一材料、相同截面积，无论是强度或是刚度，都是薄壁圆截面最佳，薄壁矩形截面最差。这是因为薄壁圆截面壁厚中线所围的面积 A_0 为最大，而薄壁矩形截面的 A_0 为最小。

　　* **3.4-4**　一长度为 l、边长为 a 的正方形截面轴，承受扭转外力偶矩 M_e，如图（a）所示。材料的切变模量为 G，试求：

　　（1）轴内最大正应力的作用点、截面方位及数值。

　　（2）轴的最大相对扭转角。

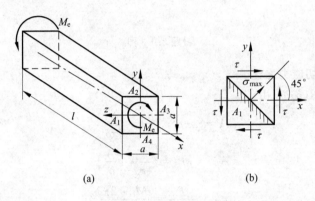

习题 3.4-4 图

　　解　（1）最大正应力

　　正方形截面杆自由扭转时，最大切应力发生在任一横截面周边的中点处（如图（a）中的点 A_1、A_2、A_3、A_4），其值为

$$\tau = \frac{T}{\alpha a^3} = \frac{M_e}{0.208 a^3} = 4.81 \frac{M_e}{a^3}$$

　　截面周边中点 A 为纯剪切应力状态（图（b）所示为点 A_1 处的应力状态），故轴内最大正应力发生在任一横截面周边中点 A 处，并分别在与横截面和纵截面成 $45°$ 的截面上（参见习题 2.3-3），其值为

$$\sigma_{max} = \tau = 4.81 \frac{M_e}{a^3}$$

　　（2）最大相对扭转角

　　两端截面间的相对扭转角为

$$\varphi = \frac{Tl}{G\beta a^4} = \frac{M_e l}{0.141 G a^4} = 7.09 \frac{M_e l}{G a^4}$$

　　* **3.4-5**　一长度为 l、平均半径为 r 的薄壁圆管，其横截面的上半圆周壁厚为 δ_1、下半圆周壁厚为 δ_2，在两端承受扭转外力偶矩 M_e，如图所示。材料的切变模量为 G，试求横截面上的最大切应力和圆管的最大相对扭转角。

　　解　（1）最大切应力

　　横截面上的最大切应力发生在上半圆周的各点处，其值为

$$\tau_{max} = \frac{T}{2A_0 \delta_{min}} = \frac{M_e}{2\pi r^2 \delta_1}$$

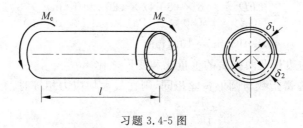

习题 3.4-5 图

（2）最大相对扭转角

最大相对扭转角即为两端面间的相对扭转角，其值为

$$\varphi = \frac{Tl}{4GA_0^2}\int_s \frac{\mathrm{d}s}{\delta_i} = \frac{M_e l}{4G(\pi r^2)^2}\left(\int_0^\pi \frac{r\mathrm{d}\theta}{\delta_1} + \int_0^\pi \frac{r\mathrm{d}\theta}{\delta_2}\right)$$

$$= \frac{M_e l}{4G\pi r^3}\left(\frac{1}{\delta_1} + \frac{1}{\delta_2}\right)$$

讨论：

最大相对扭转角也可由外力功等于杆内应变能求得。由纯剪切应力状态的应变能密度

$$v_\varepsilon = \frac{\tau^2}{2G}$$

截面上、下半圆周内各点的切应力分别为

$$\tau_1 = \frac{M_e}{2\pi r^2 \delta_1}, \quad \tau_2 = \frac{M_e}{2\pi r^2 \delta_2}$$

于是，由机械能守恒原理，得

$$\frac{1}{2}M_e\varphi = v_{\varepsilon 1}(A_1 l) + v_{\varepsilon 2}(A_2 l)$$

得

$$\varphi = \frac{M_e l}{4G\pi r^3}\left(\frac{1}{\delta_1} + \frac{1}{\delta_2}\right)$$

3.5-1 油泵阀门弹簧的平均直径 $D = 20\text{mm}$、簧丝直径 $d = 2.5\text{mm}$，有效圈数 $n = 8$，承受轴向压力 $F = 80\text{N}$，如图所示。已知弹簧材料的切变模量 $G = 80\text{GPa}$，试求：

（1）簧丝的最大切应力及弹簧的变形。

（2）若将簧丝截面改为正方形，而要求簧丝内的最大切应力保持不变，则方形截面的边长以及两弹簧的重量比和变形之比。

解 （1）圆簧丝弹簧的应力与变形

应用修正公式，由弹簧指数

$$c = \frac{D}{d} = \frac{20\text{mm}}{2.5\text{mm}} = 8$$

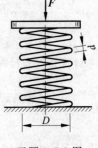

习题 3.5-1 图

簧丝横截面上的最大切应力为

$$\tau_{\max} = \left(\frac{4c-1}{4c-4} + \frac{0.615}{c}\right) \cdot \frac{8FD}{\pi d^3} = \left(\frac{4\times 8-1}{4\times 8-4} + \frac{0.615}{8}\right) \times \frac{8\times(80\text{N})\times(20\times 10^{-3}\text{m})}{\pi(2.5\times 10^{-3}\text{m})^3}$$

$$= 309\times 10^6\,\text{Pa} = 309\text{MPa}$$

弹簧的变形为

$$\Delta = \frac{8FD^3 n}{Gd^4} = \frac{8 \times (80\text{N}) \times (20 \times 10^{-3}\text{m})^3 \times 8}{(80 \times 10^9\text{Pa}) \times (2.5 \times 10^{-3}\text{m})^4}$$

$$= 0.0131\text{m} = 13.1\text{mm}$$

（2）方形簧丝的边长及两弹簧的重量比和变形之比

设方形簧丝的弹簧指数与圆形簧丝相同，则在最大切应力相等时，有

$$\frac{\pi d^3}{16} = \alpha b^3 = 0.208 b^3$$

所以，方形簧丝的边长为

$$b = d \sqrt[3]{\frac{\pi}{16 \times 0.208}} = 0.981d = 2.45\text{mm}$$

于是，两弹簧的重量比为

$$\frac{W_1}{W_2} = \frac{A_1}{A_2} = \frac{\pi d^2/4}{(0.981d)^2} = 0.816$$

而两弹簧的变形比为

$$\frac{\Delta_1}{\Delta_2} = \frac{I_{p2}}{I_{p1}} = \frac{\beta b^4}{\pi d^4/32} = \frac{32 \times 0.141 \times (0.981d)^4}{\pi d^4} = 1.33$$

讨论：

簧丝截面改为正方形后，在最大切应力相同的条件下，弹簧的重量将增加，而弹簧的变形降低。一般地说，这降低了弹簧的强度和变形能力，故在工程实际中大都采用圆截面簧丝所绕制的弹簧。

3.5-2 一直径 $d_0 = 8\text{cm}$ 的安全阀，上面用平均直径 $D = 160\text{mm}$ 的弹簧压住，如图所示。安全阀与排气孔的间距 $\delta = 30\text{mm}$，为保证在蒸气压力 $p = 1.5\text{MPa}$ 时开启排气孔，设弹簧材料的许用切应力 $[\tau] = 300\text{MPa}$，切变模量 $G = 80\text{GPa}$，试求弹簧的簧丝直径及其圈数。

解 （1）簧丝直径

弹簧压力为

$$F = p \frac{\pi d_0^2}{4} = (1.5 \times 10^6\text{Pa}) \times \frac{\pi(8 \times 10^{-2}\text{m})^2}{4}$$

$$= 7540\text{N}$$

计算簧丝直径时，无法计算其弹簧指数，为此由近似公式的强度条件

$$d \geqslant \sqrt[3]{\frac{8FD}{\pi[\tau]}} = \sqrt[3]{\frac{8 \times (7540\text{N}) \times (0.16\text{m})}{\pi(300 \times 10^6\text{Pa})}}$$

$$= 21.7 \times 10^{-3}\text{m}$$

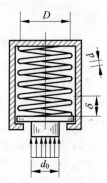

习题 3.5-2 图

若取簧丝直径 $d = 23\text{mm}$，并用修正公式校核其强度。

由弹簧指数

$$c = \frac{D}{d} = \frac{160\text{mm}}{23\text{mm}} = 6.96$$

所以，

$$\tau_{\max} = \left(\frac{4c-1}{4c-4} + \frac{0.615}{c}\right) \cdot \frac{8FD}{\pi d^3}$$

$$= 306\text{MPa} > [\tau]$$

但超过$[\tau]$仅2%,故取簧丝直径$d=23\text{mm}$是合适的。

(2) 弹簧圈数

由刚度条件

$$n \geqslant \frac{Gd^4\delta}{8FD^3} = \frac{(80 \times 10^9\text{Pa}) \times (0.023\text{m})^4 \times (0.03\text{m})}{8 \times (7540\text{N}) \times (0.16\text{m})^3} = 2.72 \text{ 圈}$$

弹簧的有效圈数应大于3圈。

讨论:

为使弹簧压住安全阀,弹簧在装配后就存在初压力F_0,当由蒸气产生的压力$F \leqslant F_0$时,弹簧的压力等于初压力F_0;当压力$F > F_0$时,弹簧所受的压力等于F(参见习题1.1-4)。故计算簧丝直径时,以压力F进行计算。但在计算弹簧有效圈数时,应考虑初压力F_0引起的初变形Δ_0,即弹簧的实际有效圈数应大于3圈。

3.5-3 两弹簧套装如图(a)所示。若两弹簧的簧丝直径均为$d=12.5\text{mm}$,弹簧的材料、有效圈数及自由长度也均相同。两弹簧的平均直径分别为$D_1=110\text{mm}$、$D_2=75\text{mm}$,共同承受轴向压力$F=1.5\text{kN}$,试求每一弹簧内的最大切应力。

解 (1) 弹簧受力

设外圈弹簧受力为F_1、内圈弹簧受力为F_2,则由平衡条件(图(b)),得

$$\sum F_y = 0, \qquad F_1 + F_2 = F$$

由两弹簧变形相等的变形几何相容条件

$$\Delta_1 = \Delta_2$$

将力-变形间物理关系$\Delta = F/k$代入变形相容方程,得补充方程

$$\frac{F_1}{k_1} = \frac{F_2}{k_2}$$

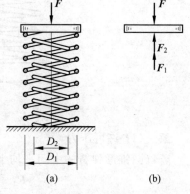

习题3.5-3 图

补充方程与静力平衡方程联立,解得

$$F_1 = \frac{Fk_1}{k_1+k_2} = \frac{F}{1+k_2/k_1} = \frac{F}{1+(D_1/D_2)^3} = 0.241F$$

$$F_2 = \frac{Fk_2}{k_1+k_2} = \frac{F}{(D_2/D_1)^3+1} = 0.759F$$

(2) 弹簧应力

外圈弹簧:

$$c_1 = \frac{D_1}{d} = \frac{110\text{mm}}{12.5\text{mm}} = 8.8$$

$$\tau_{1\text{max}} = \left(\frac{4c-1}{4c-4} + \frac{0.615}{c}\right)\frac{8F_1D_1}{\pi d^3}$$

$$= \left(\frac{4 \times 8.8 - 1}{4 \times 8.8 - 4} + \frac{0.615}{8.8}\right) \times \frac{8 \times (0.241 \times 1.5 \times 10^3\text{N}) \times (0.11\text{m})}{\pi(12.5 \times 10^{-3}\text{m})^3}$$

$$= 60.5 \times 10^6\text{Pa} = 60.5\text{MPa}$$

内圈弹簧：

$$c_2 = \frac{D_2}{d} = 6$$

$$\tau_{2\max} = \left(\frac{4c-1}{4c-4} + \frac{0.615}{c}\right) \cdot \frac{8F_2 D_2}{\pi d^3} = 139\text{MPa}$$

*3.5-4   一锥形密圈螺旋弹簧，簧丝直径 $d=15\text{mm}$，上底平均半径 $R_1=50\text{mm}$，下底平均半径 $R_2=200\text{mm}$，如图所示。材料的许用切应力 $[\tau]=300\text{MPa}$，试求：

(1) 弹簧的许可压力。

(2) 若材料的切变模量为 G，导出弹簧变形的表达式。

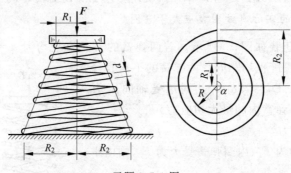

习题 3.5-4 图

解   (1) 许可压力

若以圆锥形弹簧的中间平均半径计算其弹簧指数，则

$$c = \frac{R_1 + R_2}{d} = \frac{50\text{mm} + 200\text{mm}}{15\text{mm}} = 16.7$$

最大扭矩发生在下底面处，其值为

$$T_{\max} = FR_2$$

由强度条件

$$\tau_{\max} = \left(\frac{4c-1}{4c-4} + \frac{0.615}{c}\right)\frac{T_{\max}}{W_\text{p}} \leqslant [\tau]$$

所以，弹簧的许可压力为

$$[F] = \frac{[\tau]\dfrac{\pi}{16}d^3}{R_2\left(\dfrac{4c-1}{4c-4} + \dfrac{0.615}{c}\right)}$$

$$= \frac{(300 \times 10^6\text{Pa}) \times \pi(15 \times 10^{-3}\text{m})^3}{16 \times (0.2\text{m}) \times \left(\dfrac{4 \times 16.7 - 1}{4 \times 16.7 - 4} + \dfrac{0.615}{16.7}\right)} = 917\text{N}$$

(2) 弹簧的变形

弹簧圈任一截面处的半径 R 与极角 α 间的关系为

$$R = R_1 + \frac{R_2 - R_1}{2\pi n}\alpha$$

任一截面上的扭矩为

$$T = FR = F\left(R_1 + \frac{R_2 - R_1}{2\pi n}\alpha\right)$$

于是，由任一截面处的微段 $ds = Rd\alpha$ 所引起的弹簧变形为

$$d\Delta = \frac{Tds}{GI_p}R = \frac{32FR^3}{G\pi d^4}d\alpha$$

由弹簧保持连续的变形几何相容条件，得弹簧的变形为

$$\Delta = \int_s ds = \frac{32F}{G\pi d^4}\int_0^{2\pi n}\left(R_1 + \frac{R_2 - R_1}{2\pi n}\alpha\right)^3 d\alpha$$

$$= \frac{16Fn}{Gd^4}(R_1 + R_2)(R_1^2 + R_2^2)$$

讨论：

弹簧的变形同样可由外力功等于储存在弹簧内的应变能求得，读者可自行验算。

第 4 章
截面的几何性质

【内容提要】

4.1 静矩 形心

1. 截面的静矩和形心

截面的静矩 设任意形状的截面图形的面积为 A（图 4-1），则截面对 y 轴和 z 轴的静矩分别定义为

$$S_y = \int_A z\,\mathrm{d}A = z_C A, \quad S_z = \int_A y\,\mathrm{d}A = y_C A \tag{4-1}$$

截面的形心 截面的形心坐标为

$$y_C = \frac{S_z}{A}, \quad z_C = \frac{S_y}{A} \tag{4-2}$$

2. 组合截面的静矩和形心

组合截面的静矩 设组合截面由 n 个面积分别为 $A_1, A_2, \cdots$ 的简单图形所组成（图 4-2），且各组分图形的形心坐标分别为 y_{C1}、z_{C1}，y_{C2}、z_{C2}，$\cdots$，则组合截面对 y 轴和 z 轴的静矩分别为

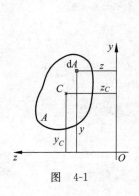

图 4-1

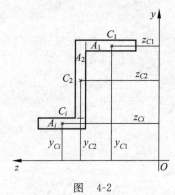

图 4-2

$$S_y = \sum_{i=1}^{n} S_{yi} = \sum_{i=1}^{n} A_i z_{Ci}, \quad S_z = \sum_{i=1}^{n} S_{zi} = \sum_{i=1}^{n} A_i y_{Ci} \tag{4-3}$$

组合截面的形心　组合截面的形心坐标为

$$y_C = \frac{S_z}{\sum\limits_{i=1}^{n} A_i} = \frac{\sum\limits_{i=1}^{n} A_i y_{Ci}}{\sum\limits_{i=1}^{n} A_i}, \quad z_C = \frac{S_y}{\sum\limits_{i=1}^{n} A_i} = \frac{\sum\limits_{i=1}^{n} A_i z_{Ci}}{\sum\limits_{i=1}^{n} A_i} \tag{4-4}$$

3. 静矩的特征

(1) 截面图形的静矩是对某一坐标定义的,故静矩与坐标轴有关。

(2) 静矩的量纲为长度的三次方,单位为 m^3。

(3) 静矩的数值可正可负,也可能为零。截面对任一形心轴的静矩必为零。反之,若截面对某一轴的静矩为零,则该轴必通过截面的形心。

(4) 若已知截面的形心坐标,则可由式(4-1)求截面对坐标轴的静矩。若已知截面对坐标轴的静矩,则可由式(4-2)求截面的形心坐标。组合截面的形心位置,通常先由式(4-3)求出截面对某一坐标系的静矩,然后由式(4-4)计算其形心坐标。

4.2 惯性矩 惯性积 惯性半径

1. 截面的惯性矩

截面的极惯性矩　设任意形状的截面图形的面积为 A(图 4-3),则截面对 O 点的极惯性矩定义为

$$I_p = \int_A \rho^2 \, dA \tag{4-5}$$

截面的轴惯性矩　设任意形状的截面图形的面积为 A(图 4-3),则截面对 y 轴和 z 轴的惯性矩分别定义为

$$I_y = \int_A z^2 \, dA, \quad I_z = \int_A y^2 \, dA \tag{4-6}$$

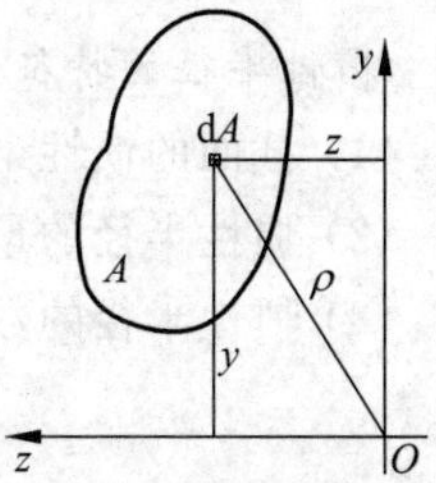

图 4-3

惯性矩的特征

(1) 截面的极惯性矩是对某一极点定义的,而轴惯性矩是对某一坐标轴定义的。

(2) 极惯性矩和轴惯性矩的量纲均为长度的四次方,单位为 m^4。

(3) 极惯性矩和轴惯性矩的数值均恒为大于零的正值。

(4) 截面对某一点的极惯性矩,恒等于截面对以该点为坐标原点的任意一对坐标轴的惯性矩之和,即

$$I_p = I_y + I_z = I_{y'} + I_{z'} \tag{4-7}$$

(5) 组合截面(图 4-2)对某一点的极惯性矩或对某一轴的轴惯性矩,分别等于各组分图形对同一点的极惯性矩或对同一轴的轴惯性矩之代数和,即

$$I_p = \sum_{i=1}^{n} I_{pi} \tag{4-8}$$

$$I_y = \sum_{i=1}^{n} I_{yi}, \quad I_z = \sum_{i=1}^{n} I_{zi} \tag{4-9}$$

2. 惯性积

截面的惯性积   设任意形状的截面图形的面积为 A(图 4-3),则截面对 y 轴和 z 轴的惯性积定义为

$$I_{yz} = \int_A yz\,\mathrm{d}A \tag{4-10}$$

惯性积的特征

(1)截面的惯性积是对相互垂直的一对坐标轴定义的。

(2)惯性积的量纲为长度的四次方,单位为 m^4。

(3)惯性积的数值可正可负,也可能为零。若一对坐标轴中有一轴为截面图形的对称轴,则截面对该对坐标轴的惯性积必等于零。但截面对某一对坐标轴的惯性积为零,则该对坐标轴中不一定存在图形的对称轴。

(4)组合截面对某一对坐标轴的惯性积,等于各组分图形对同一对坐标轴的惯性积之代数和,即

$$I_{yz} = \sum_{i=1}^{n} I_{yzi} \tag{4-11}$$

3. 惯性半径

截面的惯性半径   设任意形状的截面图形的面积为 A(图 4-3),则截面对 y 轴和 z 轴的惯性半径分别定义为

$$i_y = \sqrt{\frac{I_y}{A}}, \quad i_z = \sqrt{\frac{I_z}{A}} \tag{4-12}$$

惯性半径的特征

(1)截面的惯性半径是对某一坐标轴定义的。

(2)惯性半径的量纲为长度的一次方,单位为 m。

(3)惯性半径的数值恒取正值。

4.3   平行移轴定理与转轴公式

1. 平行移轴定理

平行移轴定理   设任意形状的截面图形的面积为 A、形心为 C(图 4-4),截面对形心轴 y_C、z_C 的惯性矩和惯性积分别为 I_{y_C}、I_{z_C} 和 $I_{y_C z_C}$,则截面对平行于形心轴、且相距分别为 a 和 b 的坐标轴 y 和 z 的惯性矩和惯性积分别为

$$I_y = I_{y_C} + a^2 A, \quad I_z = I_{z_C} + b^2 A \tag{4-13}$$

$$I_{yz} = I_{y_C z_C} + abA \tag{4-14}$$

平行移轴定理的特征

(1)两平行轴之间的距离 a 和 b 的正、负号,可任取坐标轴

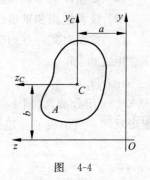

图 4-4

y、z 或形心轴 y_C、z_C 为参考轴加以确定。

(2) 在所有相互平行的坐标轴中,截面对形心轴的惯性矩必为最小,但截面对形心轴的惯性积不一定是最小。

2. 转轴公式

转轴公式 设任意形状的截面图形对通过任一点 O 的一对坐标轴 y 和 z 的惯性矩和惯性积分别为 I_y、I_z 和 I_{yz},则截面对与坐标轴 y 和 z 成 α 角的一对坐标轴 y_1 和 z_1(图 4-5)的惯性矩和惯性积分别为

$$\left.\begin{aligned} I_{y_1} &= \frac{I_y + I_z}{2} + \frac{I_y - I_z}{2}\cos2\alpha - I_{yz}\sin2\alpha \\ I_{z_1} &= \frac{I_y + I_z}{2} - \frac{I_y - I_z}{2}\cos2\alpha + I_{yz}\sin2\alpha \end{aligned}\right\} \tag{4-15}$$

$$I_{y_1 z_1} = \frac{I_y - I_z}{2}\sin2\alpha + I_{yz}\cos2\alpha \tag{4-16}$$

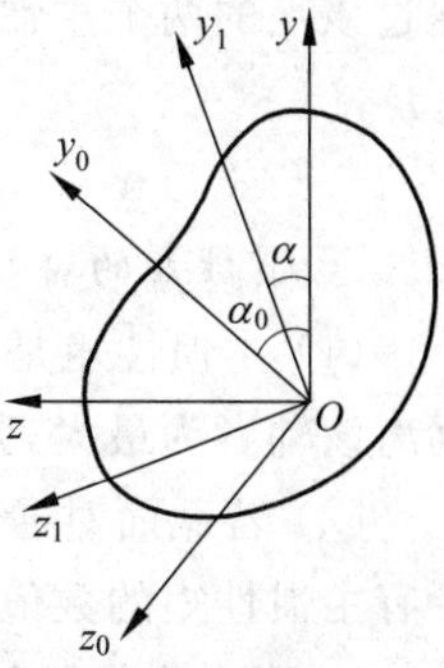

转轴公式的特征

(1) 角度 α 的正、负号,从原坐标轴 y、z 转至新坐标轴 y_1、z_1,以逆时针转向者为正。

图 4-5

(2) 转轴公式与截面图形的形心无关。

(3) 截面对通过同一坐标原点任意一对相互垂直坐标轴的两个惯性矩之和为常量,等于截面对原点 O 的极惯性矩。即

$$I_p = I_y + I_z = I_{y_1} + I_{z_1} \tag{4-17}$$

4.4 主惯性轴 主惯性矩

1. 主惯性轴

截面的主惯性轴 若截面图形对通过某一点 O 的一对坐标轴 y_0、z_0 的惯性积为零($I_{y_0 z_0} = 0$),则该对坐标轴 y_0、z_0 称为截面通过该点的主惯性轴(图 4-5)。

主惯性轴的位置

(1) 若通过某一点 O 具有截面图形的对称轴,则通过点 O 并包含对称轴的一对坐标轴,即为截面通过该点的一对主惯性轴。

(2) 若通过某一点 O 没有截面图形的对称轴,则可通过点 O 作任一对坐标轴 y、z 为参考轴,并求出截面对参考轴 y、z 的惯性矩 I_y、I_z 和惯性积 I_{yz}。于是,截面通过该点的一对主惯性轴的方位为(图 4-5)

$$\tan2\alpha_0 = -\frac{2I_{yz}}{I_y - I_z} \tag{4-18}$$

主惯性轴的特征

(1) 截面对于任一点 O,至少具有一对主惯性轴。

(2) 主惯性轴的方位角 α_0,从参考轴量起,以逆时针转向为正。

2. 主惯性矩

截面的主惯性矩 截面对通过某一点 O 的一对主惯性轴的惯性矩,称为截面通过该点

的主惯性矩。

主惯性矩的数值

（1）若截面通过某一点 O 的一对主惯性轴，由截面的对称轴直接确定，则截面通过该点的两个主惯性矩，通常可由平行移轴定理直接计算。

（2）若截面通过某一点 O 的一对主惯性轴，由选取参考轴 y、z 按式（4-18）确定，则截面通过该点的两个主惯性矩为

$$\left.\begin{matrix} I_{y_0} \\ I_{z_0} \end{matrix}\right\} = \frac{I_y + I_z}{2} \pm \sqrt{\left(\frac{I_y - I_z}{2}\right)^2 + I_{yz}^2} \qquad (4\text{-}19)$$

主惯性矩的特征

（1）主惯性矩是截面对通过同一点 O 所有轴的惯性矩中的最大值和最小值，并以图形远离该轴者为最大，紧靠该轴者为最小。

（2）若截面对通过某一点的两个主惯性矩相等，则通过该点的所有轴均为主惯性轴，且所有主惯性矩的数值均相同。

3. 形心主惯性轴与形心主惯性矩

截面的形心主惯性轴　以截面形心为原点的一对主惯性轴，称为截面的形心主惯性轴。

截面的形心主惯性矩　截面对形心主惯性轴的惯性矩，称为截面的形心主惯性矩。

形心主惯性轴（矩）的计算

（1）选取参考坐标系，确定截面的形心位置。

（2）应用平行移轴定理，计算通过形心并与参考轴平行的一对坐标轴 y、z 的惯性矩 I_y、I_z 和惯性积 I_{yz}（若 y、z 轴中有一轴为截面的对称轴，或所得的 $I_{yz} = 0$，则 I_y、I_z 即为截面的形心主惯性矩）。

（3）应用式（4-18），确定形心主惯性轴的位置；应用式（4-19），计算截面的形心主惯性矩的数值。

【习题解析】

4.1-1　梯形截面及其尺寸如图（a）所示，试求其形心位置及对底边的静矩。

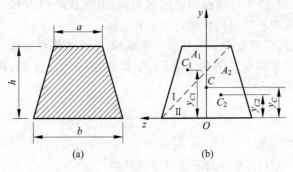

习题 4.1-1 图

解　（1）截面对底边的静矩

取参考坐标系 Oyz，并将梯形视为两个三角形(图(b))，则截面对底边的静矩为

$$S_z = A_1 y_{C1} + A_2 y_{C2} = \left(\frac{ah}{2}\right)\left(\frac{2h}{3}\right) + \left(\frac{bh}{2}\right)\left(\frac{h}{3}\right) = \frac{h^2}{6}(2a+b)$$

(2) 形心位置

由于坐标轴 y 为截面的对称轴，故形心坐标为

$$z_C = 0$$

$$y_C = \frac{S_z}{A} = \frac{\dfrac{h^2}{6}(2a+b)}{\dfrac{h}{2}(a+b)} = \frac{h}{3} \cdot \frac{2a+b}{a+b}$$

4.1-2 半径为 R 的半圆形截面如图(a)所示，试求其对底边的静矩及形心位置。

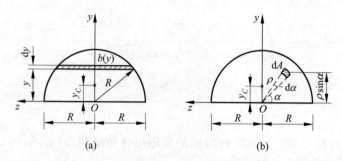

习题 4.1-2 图

解 (1) 截面对底边的静矩

取参考坐标系 Oyz（图(a)），即得

$$S_z = \int_A y \cdot b(y)\mathrm{d}y = \int_0^R y(2\sqrt{R^2 - y^2})\mathrm{d}y$$

$$= \left| -\frac{2}{3}\sqrt{(R^2 - y^2)^3} \right|_0^R = \frac{2}{3}R^3$$

(2) 形心坐标

由于 y 轴为截面的对称轴，故有

$$z_C = 0$$

$$y_C = \frac{S_y}{A} = \frac{2R^3/3}{\pi R^2/2} = \frac{4R}{3\pi}$$

讨论：

在计算 S_z 时，若采用极坐标(图(b))，则有

$$S_z = \int_A (\rho\sin\alpha)(\rho\mathrm{d}\alpha\mathrm{d}\rho) = \int_0^R \rho^2 \mathrm{d}\rho \cdot \int_0^\pi \sin\alpha\mathrm{d}\alpha$$

$$= \frac{R^3}{3}\left| -\cos\alpha \right|_0^\pi = \frac{2}{3}R^3$$

同理，也可取铅垂微面积 $\mathrm{d}A = h(z)\mathrm{d}z$，或扇形微面积 $\mathrm{d}A = \dfrac{R}{2}(R\mathrm{d}\alpha)$，所得结果都相同。

4.1-3 截面图形如图(a)所示的阴影面积，试求其形心位置。

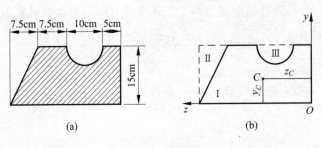

习题 4.1-3 图

解　取参考坐标系 Oyz，并将三角形面积 II 和半圆形面积 III 视为负面积（图（b）），即得

$$y_C = \frac{A_1 y_{C1} - A_2 y_{C2} - A_3 y_{C3}}{A_1 - A_2 - A_3}$$

$$= \frac{(0.3\text{m} \times 0.15\text{m}) \times \dfrac{1}{2} \times (0.15\text{m}) - \dfrac{1}{2} \times (0.15\text{m} \times 0.075\text{m}) \times \dfrac{2}{3} \times (0.15\text{m}) - \dfrac{\pi}{8} \times (0.1\text{m})^2 \times \left(0.15\text{m} - \dfrac{4 \times 0.15\text{m}}{3\pi}\right)}{(0.3\text{m} \times 0.15\text{m}) - \dfrac{1}{2} \times (0.15\text{m} \times 0.075\text{m}) - \dfrac{\pi}{8} \times (0.1\text{m})^2}$$

$$= 6.51 \times 10^{-2}\text{m} = 6.51\text{cm}$$

$$z_C = \frac{A_1 z_{C1} - A_2 z_{C2} - A_3 z_{C3}}{A_1 - A_2 - A_3} = 13.6\text{cm}$$

4.1-4　14b 号槽与 20b 号工字钢构成的型钢组合截面如图（a）所示，试求截面的形心位置，及槽钢截面对水平形心轴的静矩。

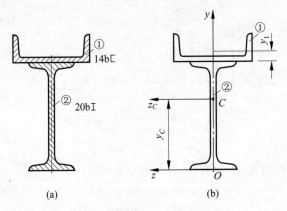

习题 4.1-4 图

解　（1）形心位置

取参考坐标系 Oyz（图（b）），由型钢表（附录 I）查得

14b 槽钢　　$A_1 = 21.31\text{cm}^2$，$y_1 = 1.67\text{cm}$

20b 工字钢　$A_2 = 39.55\text{cm}^2$

由于坐标轴 y 为截面的对称轴，于是，有

$$z_C = 0$$

$$y_C = \frac{A_1 y_{C1} + A_2 y_{C2}}{A_1 + A_2}$$

$$= \frac{21.31 \times 10^{-4}\,\text{m}^2 \times (1.67 \times 10^{-2}\,\text{m} + 20 \times 10^{-2}\,\text{m}) + 39.55 \times 10^{-4}\,\text{m}^2 \times 10 \times 10^{-2}\,\text{m}}{21.31 \times 10^{-4}\,\text{m}^2 + 39.55 \times 10^{-4}\,\text{m}^2}$$

$$= 14.09 \times 10^{-2}\,\text{m} = 14.09\,\text{cm}$$

（2）槽钢对形心轴 z_C 的静矩

$$S_{z_C}^1 = A_1(h + y_1 - y_C) = 161.5\,\text{cm}^3$$

讨论：

工字钢对形心轴 z_C 的静矩为

$$S_{z_C}^2 = -A_2\left(y_C - \frac{h}{2}\right) = -161.5\,\text{cm}^3$$

即 $S_{z_C}^1$ 与 $S_{z_C}^2$ 两者数值相等，而符号相反。

由于整个截面对形心轴的静矩为零，因此，两部分图形对形心轴的静矩必定大小相等、符号相反。而形心轴一侧的部分截面对形心轴的静矩为最大。

4.2-1 边长为 $a \times b$ 的矩形截面如图（a）所示，试求截面对其对角线的惯性矩。

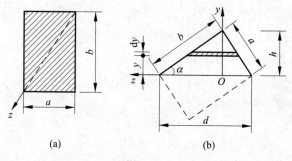

习题 4.2-1 图

解 将矩形视为由对角线划分的两相同的三角形的组合，并设对角线的边长为 d、高度为 h，则有

$$d^2 = a^2 + b^2$$

$$h = b\sin\alpha = \frac{ab}{d}$$

于是，矩形截面对于对角线的惯性矩为

$$I_z = 2\int_A y^2\,\text{d}A = 2\int_o^h y^2 \times \frac{d}{h}(h - y)\,\text{d}y$$

$$= \frac{dh^3}{6} = \frac{a^3 b^3}{6(a^2 + b^2)}$$

4.2-2 半径为 R 的 1/4 圆形截面如图（a）所示，试求截面对坐标轴 y、z 的惯性矩和惯性积。

解 （1）截面对 y、z 轴的惯性矩

显然，截面对 y、z 轴的惯性矩相等，并等于截面对原点 O 极惯性的 1/2。由图（b），即得

$$I_z = I_y = \frac{I_p}{2} = \frac{1}{2}\int_A \rho^2\,\text{d}A = \frac{1}{2}\int_0^R \rho^3\,\text{d}\rho\int_0^{\pi/2}\text{d}\alpha = \frac{\pi R^4}{16}$$

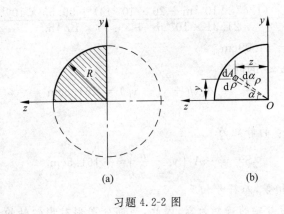

习题 4.2-2 图

（2）截面对 y、z 轴的惯性积

由图（b），得

$$I_{yz} = \int_A yz \, \mathrm{d}A = \int_0^R \int_0^{\pi/2} (\rho\sin\alpha)(\rho\cos\alpha)(\rho\,\mathrm{d}\alpha\,\mathrm{d}\rho) = \frac{R^4}{8}$$

讨论：

对于半径为 R 的圆截面，对 y、z 轴的惯性矩有

$$I_y = I_z = 4 \times \frac{\pi R^4}{16} = \frac{\pi R^4}{4} = \frac{\pi D^4}{64}$$

其对原点 O 的极惯矩

$$I_{\mathrm{p}} = I_y + I_z = \frac{\pi R^4}{2} = \frac{\pi D^4}{32}$$

而对 y、z 轴惯性积，由于 Ⅰ、Ⅲ 象限与 Ⅱ、Ⅳ 象限的 1/4 圆对 y、z 轴惯性积等值反号，故

$$I_{yz} = 0$$

也即截面对包含对称轴的一对坐标轴的惯性积为零。

4.2-3　一边长为 a 的正方形截面，截去长度为 na 的两对角如图（a）所示。试求截去对角后，截面对 z 轴的惯性矩。

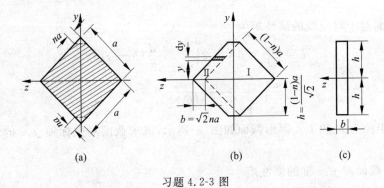

习题 4.2-3 图

解　将截面视为以边长为 $(1-n)a$ 的正方形 Ⅰ 与以宽度为 b、高度为 h 的两个平行四边形 Ⅱ 之和。

(1) 正方形的 I_{z1}

由习题 4.2-1 的结果，令 $a=b=(1-n)a$，得

$$I_{z1} = \frac{a^3 b^3}{6(a^2+b^2)} = \frac{(1-n)^4 a^4}{12}$$

(2) 两平行四边形的 I_{z2}

$$I_{z2} = 2\int_0^h y^2 b\,\mathrm{d}y = \frac{2bh^3}{3} = \frac{n(1-n)^3 a^4}{3}$$

(3) 截面对 z 轴的惯性矩

$$I_z = I_{z1} + I_{z2} = \frac{(1-n)^4 a^4}{12} + \frac{n(1-n)^3 a^4}{3}$$

$$= (1+3n)(1-n)^3 \frac{a^4}{12}$$

讨论：

由平行四边形对底边的惯性矩计算式 $I_{z1} = \int_0^h by^2\,\mathrm{d}y$ 可见，其值与 $b\times h$ 矩形对底边的惯性矩相等（图（c））。而 $b\times 2h$ 的矩形截面对其形心轴 z 的惯性矩为

$$I_z = \frac{b(2h)^3}{12}$$

*4.2-4　两半轴分别为 a 和 b 的椭圆形截面如图（a）所示，试求截面对其主轴的惯性矩。

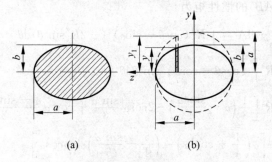

习题 4.2-4 图

解　作椭圆的外接圆（图（b））。椭圆任一微面积的高度 y 与其外接圆相应微面积的高度 y_1 间的关系为

$$\frac{y}{y_1} = \frac{b}{a}$$

因此，两微面积对 z 轴的惯性矩之比为 $\left(\dfrac{b}{a}\right)^3$。显然，整个椭圆与外接圆对 z 轴的惯性矩之比也应为 $\left(\dfrac{b}{a}\right)^3$。于是，得椭圆对 z 轴的惯性矩为

$$I_z = \left(\frac{\pi a^4}{4}\right)\left(\frac{b}{a}\right)^3 = \frac{\pi ab^3}{4}$$

同理，由椭圆与其内接圆之间的关系，可得椭圆对 y 轴的惯性矩为

$$I_y = \left(\frac{\pi b^4}{4}\right)\left(\frac{a}{b}\right)^3 = \frac{\pi b a^3}{4}$$

讨论：

由椭圆方程 $\frac{y^2}{b^2}+\frac{z^2}{a^2}=1$，应用积分法，同样可得上述结果，读者可自行验算。

*4.2-5　截面为由半径为 R 的圆与高度为 $R\cos\alpha$ 的弦 AB 所构成的阴影面积，如图(a)所示。试求截面对弦 AB 的惯性矩。

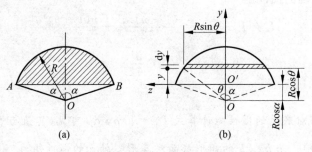

习题 4.2-5 图

解　作参考坐标系 $O'yz$（图(b)）。由几何关系，可得

$$y = R(\cos\theta - \cos\alpha), \quad dy = -R\sin\theta d\theta$$
$$dA = 2R\sin\theta dy = -2R^2\sin^2\theta d\theta$$

于是，截面对 z 轴（弦 AB）的惯性矩为

$$I_z = \int_A y^2 dA = \int_\alpha^0 R^2(\cos\theta - \sin\alpha)^2(-2R^2\sin^2\theta)d\theta$$
$$= 2R^4\int_0^\alpha (\cos\theta - \cos\alpha)^2\sin^2\theta d\theta$$
$$= 2R^4\left[\frac{1}{8}\left(\alpha - \frac{\sin 4\alpha}{4}\right) - 2\cos\alpha\frac{\sin^3\alpha}{3} + \cos^2\alpha\frac{\alpha - \sin\alpha\cos\alpha}{2}\right]$$
$$= R^4\left[\alpha\left(\frac{1}{4} + \cos^2\alpha\right) - \left(\frac{5}{4} - \frac{\sin^2\alpha}{6}\right)\sin\alpha\cos\alpha\right]$$

讨论：

当 $\alpha = \frac{\pi}{2}$，即得半圆对直径轴的惯性矩（参见习题 4.2-2）

$$I_z = R^4\left[\frac{\pi}{2}\left(\frac{1}{4}\right)\right] = \frac{\pi R^4}{8}$$

4.2-6　外径为 D、内径为 d 的空心圆截面和平均半径为 R_0、壁厚为 $\delta\left(\delta\leqslant\frac{D}{20}\right)$ 的薄壁圆截面，如图所示。试求两截面分别对形心轴 y、z 的惯性半径。

解　（1）空心圆截面
由空心圆截面的

$$I_y = I_z = \frac{\pi D^4}{64}(1 - \alpha^4) \quad \left(\alpha = \frac{d}{D}\right)$$

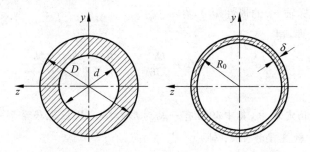

习题 4.2-6 图

$$A = \frac{\pi D^2}{4}(1-\alpha^2)$$

即得截面对 y、z 轴的惯性半径为

$$i_y = i_z = \sqrt{\frac{I_z}{A}} = \frac{D}{4}\sqrt{1+\alpha^2}$$

（2）薄壁圆截面

由薄壁圆截面的

$$I_y = I_z = \frac{I_p}{2} = \frac{\int_0^{2\pi} R_0^2 (R_0 \,\mathrm{d}\theta \cdot \delta)}{2} = \pi R_0^3 \delta$$

$$A = 2\pi R_0 \delta$$

故薄壁圆截面对 y、z 轴的惯性半径为

$$i_y = i_z = \sqrt{\frac{I_z}{A}} = \frac{R_0}{\sqrt{2}}$$

4.3-1 底边为 b、高度为 h 的三角形截面，如图（a）所示。已知截面对底边的惯性矩 $I_z = bh^3/12$（参见习题 4.2-1），试求截面对通过顶点的平行轴 z_1 的惯性矩。

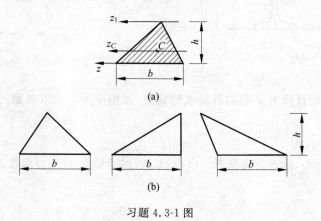

习题 4.3-1 图

解 （1）截面对形心轴 z_C 的 I_{z_C}

由平行移轴定理，得

$$I_{z_C} = I_z - a^2 A = \frac{bh^3}{12} - \left(\frac{h}{3}\right)^2 \left(\frac{bh}{2}\right) = \frac{bh^3}{36}$$

（2）截面对坐标轴 z_1 的惯性矩

由平行移轴定理,得

$$I_{z_1} = I_{z_C} + a^2 A = \frac{bh^3}{36} + \left(\frac{2h}{3}\right)^2 \left(\frac{bh}{2}\right) = \frac{bh^3}{4}$$

讨论：

（1）在平行移轴定理中,其中必须有一轴为形心轴。故应先移至形心轴 z_C,再移至坐标轴 z_1。而不能由 z 轴直接移至 z_1 轴。

（2）由本题结果可见,I_z、I_{z_C} 或 I_{z_1} 均仅与底边 b 和高度 h 有关,而与三角形的形状(如图(b)所示)无关。

4.3-2   试求习题 4.1-4 中型钢组合截面(如图)对形心轴 z_C 的惯性矩。

解   由型钢表查得

$A_1 = 21.31\text{cm}^2$, $I_{z_{C1}} = 61.1\text{cm}^4$, $y_1 = 1.67\text{cm}$

$A_2 = 39.55\text{cm}^2$, $I_{z_{C2}} = 2500\text{cm}^4$, $h = 20\text{cm}$

由习题 4.1-4 已知 $y_C = 14.09\text{cm}$。由平行移轴定理,即得

$$I_{z_C} = \left[I_{z_{C1}} + (h + y_1 - y_C)^2 A_1 \right] + \left[I_{z_{C2}} + \left(y_C - \frac{h}{2} \right)^2 A_2 \right]$$

$$= 4446\text{cm}^4$$

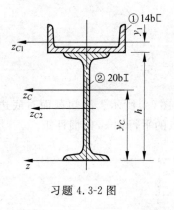

习题 4.3-2 图

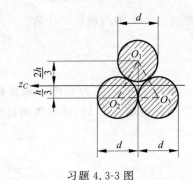

习题 4.3-3 图

4.3-3   由三个直径为 d 的圆形组成的截面,如图所示。试求截面对其形心轴 z_C 的惯性矩。

解   （1）形心位置

连接三圆的圆心,得等边三角形 $\triangle O_1 O_2 O_3$,则组合截面的形心即在等边三角形的形心处(如图)。图中

$$h = d\sin 60° = \frac{\sqrt{3}}{2}d$$

（2）截面对形心轴 z_C 的惯性矩

由平行移轴定理,得

$$I_{z_C} = \left[I_{z_1} + \left(\frac{2h}{3}\right)^2 A \right] + 2\left[I_{z_1} + \left(\frac{h}{3}\right)^2 A \right]$$

$$= \left[\frac{\pi d^4}{64} + \left(\frac{\sqrt{3}}{3}d\right)^2\left(\frac{\pi d^2}{4}\right)\right] + 2\left[\frac{\pi d^4}{64} + \left(\frac{\sqrt{3}}{6}d\right)^2\left(\frac{\pi d^2}{4}\right)\right]$$

$$= \frac{11}{64}\pi d^4$$

4.3-4 平均半径为 R_0、壁厚为 δ、中心角为 2α 所对的圆弧形薄壁截面,如图所示。试求截面对形心轴 z 的惯性矩。

解 取微面积

$$\mathrm{d}A = \delta \cdot R_0\,\mathrm{d}\theta$$

则截面对形心轴 z 的惯性矩为

$$I_z = \int_A y^2\,\mathrm{d}A = 2\int_0^\alpha (R_0\sin\theta)^2(\delta R_0\,\mathrm{d}\theta)$$

$$= 2R_0^3\delta\left(\frac{\alpha}{2} - \frac{\sin 2\alpha}{4}\right) = R_0^3\delta(\alpha - \sin\alpha\cos\alpha)$$

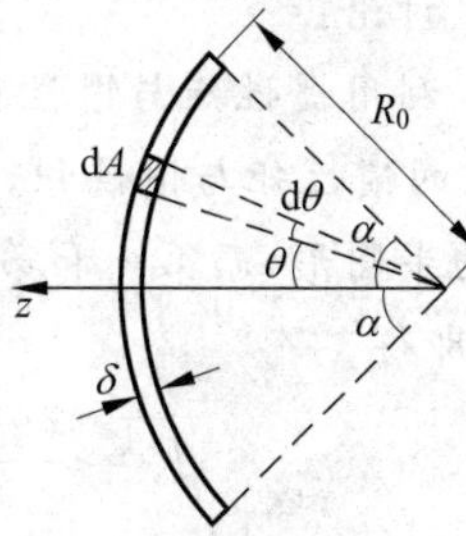

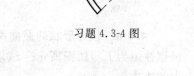

习题 4.3-4 图

讨论:

若 $\alpha = \pi$,则得薄壁圆环截面对形心轴的惯性矩为

$$I_z = \pi R_0^3\delta$$

计算中应用了平均半径,是对薄壁截面的近似计算。若应用空心圆截面的精确计算,则有

$$I_z = \frac{\pi}{4}\left[\left(R_0 + \frac{\delta}{2}\right)^4 - \left(R_0 - \frac{\delta}{2}\right)^4\right]$$

$$= \frac{\pi}{4}\left[\left(R_0 + \frac{\delta}{2}\right)^2 + \left(R_0 - \frac{\delta}{2}\right)^2\right]\cdot\left[\left(R_0 + \frac{\delta}{2}\right)^2 - \left(R_0 - \frac{\delta}{2}\right)^2\right]$$

$$= \pi R_0^3\delta\left[1 + \left(\frac{\delta}{2R_0}\right)^2\right]$$

由此可见,当 $\delta/R_0 \leqslant 1/10$ 时,按近似计算的相对误差 $<5\%$。

4.3-5 底边为 b、高度为 h 的直角三角形截面,如图(a)所示。若不用积分法,试求截面对形心轴 y_C、z_C 的惯性积。

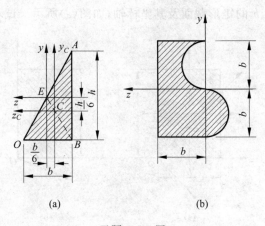

(a)　　　　　　　　(b)

习题 4.3-5 图

解　取直角三角形斜边的中点 E，作辅助线 BE。可见，轴 y 为 $\triangle EOB$ 的对称轴，而轴 z 为 $\triangle AEB$ 的对称轴。因而，截面对坐标轴 y、z 的惯性积

$$I_{yz} = 0$$

于是，由平行移轴定理，得截面对形心轴 y_C、z_C 的惯性积

$$I_{y_C z_C} = I_{yz} - abA = -\left(\frac{b}{6}\right)\left(\frac{h}{6}\right)\left(\frac{bh}{2}\right) = -\frac{b^2 h^2}{72}$$

讨论：

利用惯性矩与惯性积的特征，往往能使计算大为简化。如求图（b）所示截面对坐标轴 y、z 的惯性矩与惯性积，若将截面图形视为 $b \times 2b$ 的矩形加上第三象限半圆形、减去第一象限的半圆形，而第一和第三象限的两半圆形，对坐标轴 y、z 的惯性矩和惯性积分别相等，于是，即得

$$I_y = \frac{(2b)b^3}{12} + \left(\frac{b}{2}\right)^2 (b \times 2b) = \frac{2b^4}{3}, \quad I_z = \frac{2b}{3}; \quad I_{yz} = 0$$

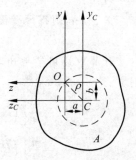

*4.3-6　任意形状的截面图形，其面积为 A，对其形心 C 的极惯性矩为 I_{pC}，如图所示。试求截面对其极惯性矩 $I_p = 2I_{pC}$ 的点的轨迹。

解　作参考坐标系 Oyz，设截面对点 $O(a, b)$ 的极惯性矩为

$$I_p = 2I_{pC}$$

于是，由

$$I_p = I_y + I_z = (I_{y_C} + a^2 A) + (I_{z_C} + b^2 A)$$
$$= I_{pC} + (a^2 + b^2)A$$

得

$$(a^2 + b^2) = \rho^2 = \frac{I_p - I_{pC}}{A} = \frac{I_{pC}}{A}$$

习题 4.3-6 图

即极惯性矩为 $2I_{pC}$ 的点 O 的轨迹为：以形心 C 为圆心、$\rho = \sqrt{\dfrac{I_{pC}}{A}}$ 为半径的圆，如图中虚线所示。

4.3-7　边长为 $b \times h$ 的矩形截面及其坐标轴，如图（a）所示。试求：

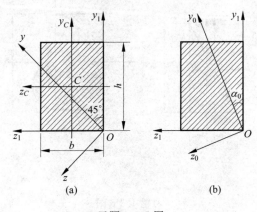

(a)　　　　　　　　　　(b)

习题 4.3-7 图

(1) 截面对坐标轴 y、z 的惯性矩和惯性积。

(2) 截面对通过角点 O、其惯性矩为极值(最大及最小)的坐标轴位置。

解 (1) 截面的 I_y、I_z 及 I_{yz}

已知截面对形心轴的惯性矩与惯性积为

$$I_{y_C} = \frac{hb^3}{12}, \quad I_{z_C} = \frac{bh^3}{12}, \quad I_{y_C z_C} = 0$$

由平行移轴公式,得截面对坐标轴 y_1、z_1 的惯性矩与惯性积为

$$I_{y_1} = \frac{hb^3}{12} + \left(\frac{b}{2}\right)^2 bh = \frac{hb^3}{3}$$

$$I_{z_1} = \frac{bh^3}{12} + \left(\frac{h}{2}\right)^2 bh = \frac{bh^3}{3}$$

$$I_{y_1 z_1} = 0 + \left(\frac{b}{2}\right)\left(\frac{h}{2}\right) bh = \frac{b^2 h^2}{4}$$

由转轴公式,并 $\alpha = 45°$,即得截面对坐标轴 y、z 的惯性矩与惯性积为

$$I_y = \frac{I_{y_1} + I_{z_1}}{2} + \frac{I_{y_1} - I_{z_1}}{2}\cos(2 \times 45°) - I_{y_1 z_1}\sin(2 \times 45°)$$

$$= \frac{bh}{3} \cdot \frac{b^2 + h^2}{2} - \frac{b^2 h^2}{4} = \frac{bh}{12}(2b^2 - 3bh + 2h^2)$$

$$I_z = \frac{I_{y_1} + I_{z_1}}{2} - \frac{I_{y_1} - I_{z_1}}{2}\cos(2 \times 45°) + I_{y_1 z_1}\sin(2 \times 45°)$$

$$= \frac{bh}{12}(2b^2 + 3bh + 2h^2)$$

$$I_{yz} = \frac{I_{y_1} - I_{z_1}}{2}\sin(2 \times 45°) + I_{y_1 z_1}\cos(2 \times 45°)$$

$$= \frac{bh}{6}(b^2 - h^2)$$

(2) 截面的惯性矩为极值时的坐标轴位置

由转轴公式,令 $\dfrac{\mathrm{d}I_y}{\mathrm{d}\alpha} = 0\left(或 \dfrac{\mathrm{d}I_z}{\mathrm{d}\alpha} = 0\right)$,得惯性矩为极值时的 $\alpha = \alpha_0$ 值为(图(b))

$$-\frac{I_{y_1} - I_{z_1}}{2}(2\sin 2\alpha_0) - I_{y_1 z_1}(2\cos 2\alpha_0) = 0$$

$$\alpha_0 = -\frac{1}{2}\arctan\frac{2I_{y_1 z_1}}{I_{y_1} - I_{z_1}} = -\frac{1}{2}\arctan\left[\frac{3bh}{2(b^2 - h^2)}\right]$$

$$= \frac{1}{2}\arctan\left[\frac{3bh}{2(h^2 - b^2)}\right]$$

讨论:

当 $\alpha = \alpha_0$,截面对坐标轴 y_0、z_0 的惯性矩 I_{y_0}、I_{z_0} 为极值时,其惯性积 $I_{y_0 z_0} = 0$。这是一个普遍规律,坐标轴 y_0、z_0 为截面在点 O 处的主惯性轴。

4.4-1 角形截面及其尺寸如图所示,试求通过角点 O 的主惯性轴位置及主惯性矩的数值。

解 (1) 取参考坐标系 Oyz,求截面的 I_y、I_z、I_{yz} 值

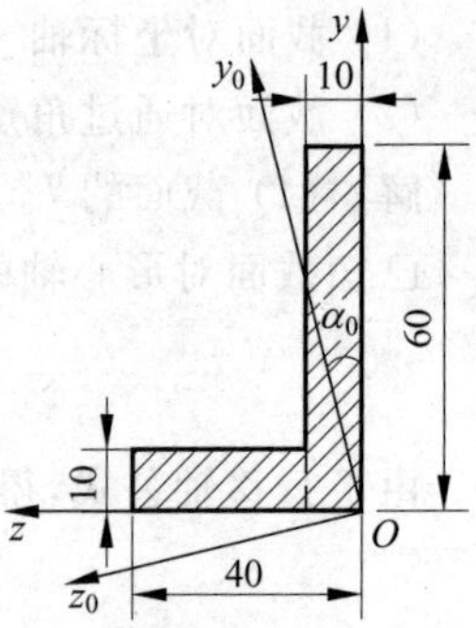

由平行移轴定理,得

$$I_y = \left[\frac{(6 \times 10^{-2}\,\mathrm{m}) \times (1 \times 10^{-2}\,\mathrm{m})^3}{12} + \right.$$

$$\left. (0.5 \times 10^{-2}\,\mathrm{m})^2 \times (6 \times 10^{-2}\,\mathrm{m}) \times (1 \times 10^{-2}\,\mathrm{m}) \right] +$$

$$\left[\frac{(1 \times 10^{-2}\,\mathrm{m}) \times (3 \times 10^{-2}\,\mathrm{m})^3}{12} + \right.$$

$$\left. \left(1 \times 10^{-2}\,\mathrm{m} + \frac{3 \times 10^{-2}\,\mathrm{m}}{2}\right)^2 \times (1 \times 10^{-2}\,\mathrm{m}) \times (3 \times 10^{-2}\,\mathrm{m}) \right]$$

$$= 23 \times 10^{-8}\,\mathrm{m}^4 = 23\,\mathrm{cm}^4$$

习题 4.4-1 图

$$I_z = 73\,\mathrm{cm}^4$$

$$I_{yz} = \left(1 \times 10^{-2}\,\mathrm{m} + \frac{3 \times 10^{-2}\,\mathrm{m}}{2}\right) \times \left(\frac{1 \times 10^{-2}\,\mathrm{m}}{2}\right) \times (3 \times 10^{-2}\,\mathrm{m}) \times (1 \times 10^{-2}\,\mathrm{m}) +$$

$$(3 \times 10^{-2}\,\mathrm{m}) \times \left(\frac{1 \times 10^{-2}\,\mathrm{m}}{2}\right) \times (6 \times 10^{-2}\,\mathrm{m} \times 1 \times 10^{-2}\,\mathrm{m})$$

$$= 12.75 \times 10^{-8}\,\mathrm{m}^4 = 12.75\,\mathrm{cm}^4$$

(2) 主惯性轴及主惯性矩

主惯性轴位置

$$\tan 2\alpha_0 = -\frac{2I_{yz}}{I_y - I_z} = -\frac{2 \times (12.75 \times 10^{-8}\,\mathrm{m}^4)}{(23 \times 10^{-8}\,\mathrm{m}^4) - (73 \times 10^{-8}\,\mathrm{m}^4)} = 0.51$$

得

$$\alpha_0 = 13.51° = 13°31', \quad 103°31'$$

主惯性轴 y_0、z_0 如图中所示。

主惯性矩数值

$$I_{y_0} = \frac{I_y + I_z}{2} + \frac{I_y - I_z}{2}\cos 2\alpha_0 - I_{yz}\sin 2\alpha_0$$

$$= \frac{(23 \times 10^{-8}\,\mathrm{m}^4) + (73 \times 10^{-8}\,\mathrm{m}^4)}{2} +$$

$$\frac{(23 \times 10^{-8}\,\mathrm{m}^4) - (73 \times 10^{-8}\,\mathrm{m}^4)}{2}\cos 27.02° -$$

$$(12.75 \times 10^{-8}\,\mathrm{m}^4)\sin 27.02°$$

$$= 19.9 \times 10^{-8}\,\mathrm{m}^4 = 19.9\,\mathrm{cm}^4$$

$$I_{z_0} = 76.1\,\mathrm{cm}^4$$

讨论:

(1) 两主惯性矩中,$I_{y_0} = I_{\min} = 19.9\,\mathrm{cm}^4$,$I_{z_0} = I_{\max} = 76.1\,\mathrm{cm}^4$。最大和最小惯性矩的轴可直接从图形上加以判别:若截面最大限度地远离此轴,则截面对该轴的惯性矩为最大;反之,若截面最大可能地紧靠此轴,则截面对该轴的惯性矩为最小。

(2) 作为校核,可验算截面对通过同一点任意一对坐标轴的惯性矩之和为常量,等于截面对该坐标原点的极惯性矩,即

$$I_y + I_z = I_{y_C} + I_{z_C} = I_p$$

4.4-2　设任意形状的截面图形中的 y、z 轴为通过 O 点的一对主惯性轴,如图(a)所示。若截面对 y、z 轴的两主惯性矩相等 $I_y = I_z$,试证明通过点 O 的任一轴均为主惯性轴,且其

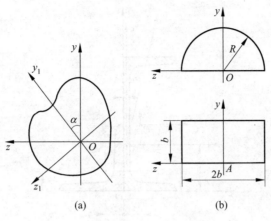

习题 4.4-2 图

主惯性矩也均相等。

证　通过点 O 作一对与 y、z 轴成任意角 α 的参考坐标轴(图(a)),已知 $I_y = I_z$、$I_{yz} = 0$,则由转轴公式,得

$$I_{y_1} = \frac{I_y + I_z}{2} + \frac{I_y - I_z}{2}\cos 2\alpha - I_{yz}\sin 2\alpha = I_y$$

$$I_{y_1 z_1} = \frac{I_y - I_z}{2}\sin 2\alpha + I_{yz}\cos 2\alpha = 0$$

可见,通过点 O 的任一轴均为主惯性轴,且其主惯性矩均相同,即 $I_{y_1} = I_{z_1} = I_y = I_z$。

讨论:

由本题所得结论,对于图(b)所示半圆形和矩形截面,由于

半圆形截面　　　　　　　　　$$I_y = I_z = \frac{\pi R^4}{8}$$

矩形截面　　　　　　　　　　$$I_y = I_z = \frac{2b^4}{3}$$

因此,半圆形截面对通过圆心 O 的任一轴,以及矩形截面对通过长边中点 A 的任一轴都是截面的主惯性轴。

4.4-3　由 18a 槽钢和 $90 \times 90 \times 10$ 角钢所组成的型钢组合截面,如图所示。试求截面的形心主惯性轴和形心主惯性矩。

解　由型钢表,查得

18a 槽钢:　　　　　　$A_1 = 25.69\text{cm}^2$,　　$z_1 = 1.88\text{cm}$,　　$y_1 = 9\text{cm}$

　　　　　　　　　　$I_{y_1} = 98.6\text{cm}^4$,　　　$I_{z_1} = 1270\text{cm}^4$

$90 \times 90 \times 10$ 角钢:　　$A_2 = 17.17\text{cm}^2$,　　$y_2 = z_2 = 2.59\text{cm}$

　　　　　　　　　　$I_{y_2} = I_{z_2} = 129\text{cm}^4$,　　$I_{y_2 z_2} = 75.3\text{cm}^4$

(1) 形心位置

取参考坐标系 Oyz(如习题 4.4-3 图)

$$y_C = \frac{(25.69 \times 10^{-4}\,\text{m}^2) \times (9 \times 10^{-2}\,\text{m}) + (17.17 \times 10^{-4}\,\text{m}^2) \times (2.59 \times 10^{-2}\,\text{m})}{(25.69 \times 10^{-4}\,\text{m}^2) + (17.17 \times 10^{-4}\,\text{m}^2)}$$

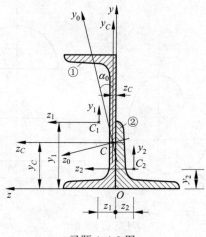

习题 4.4-3 图

$$= 6.43 \times 10^{-2}\,\mathrm{m}$$

$$z_C = 0.0893 \times 10^{-2}\,\mathrm{m}$$

（2）截面对 y_C、z_C 轴的惯性矩和惯性积

$$I_{y_C} = [I_{y_1} + (z_1 - z_C)^2 A] + [I_{y_2} + (z_2 + z_C)^2 A] = 433\,\mathrm{cm}^4$$

$$I_{z_C} = [I_{z_1} + (y_1 - y_C)^2 A] + [I_{z_2} + (y_C - y_2)^2 A] = 1824\,\mathrm{cm}^4$$

$$I_{y_C z_C} = (y_1 - y_C)(z_1 - z_C)A + [I_{y_2 z_2} + (y_C - y_2)(z_2 + z_C)A]$$

$$= 370\,\mathrm{cm}^4$$

（3）形心主惯性轴与形心主惯性矩

由

$$\tan 2\alpha_0 = -\frac{2I_{y_C z_C}}{I_{y_C} - I_{z_C}}$$

$$= -\frac{2 \times (370 \times 10^{-8}\,\mathrm{m}^4)}{(433 \times 10^{-8}\,\mathrm{m}^4) - (1824 \times 10^{-8}\,\mathrm{m}^4)} = 0.532$$

得 $\qquad \alpha_0 = 14°,\quad 104°$

形心主惯性轴 y_0、z_0 如图中所示。

形心主惯性矩为

$$I_{\min}^{\max} = \frac{I_{y_C} + I_{z_C}}{2} \pm \sqrt{\left(\frac{I_{y_C} - I_{z_C}}{2}\right)^2 + I_{y_C z_C}^2} = \genfrac{}{}{0pt}{}{1916}{341}\,\mathrm{cm}^4$$

由图可见，$I_{y_0} = I_{\min} = 341\,\mathrm{cm}^4$，$I_{z_0} = I_{\max} = 1916\,\mathrm{cm}^4$。

4.4-4　薄壁组合截面及其尺寸如图所示，试求截面的形心主惯性轴和形心主惯性矩。

解　（1）形心位置

取腹板的形心轴 Oyz 为参考坐标系（如图），得

$$y_C = \frac{(400 \times 10^{-3}\,\mathrm{m}) \times (10 \times 10^{-3}\,\mathrm{m}) \times (305 \times 10^{-3}\,\mathrm{m}) - (195 \times 10^{-3}\,\mathrm{m}) \times (10 \times 10^{-3}\,\mathrm{m}) \times (295 \times 10^{-3}\,\mathrm{m})}{(400 \times 10^{-3}\,\mathrm{m} + 600 \times 10^{-3}\,\mathrm{m} + 195 \times 10^{-3}\,\mathrm{m}) \times (10 \times 10^{-3}\,\mathrm{m})}$$

$$= 54 \times 10^{-3}\,\mathrm{m}$$

$$z_C = -16.7 \times 10^{-3}\,\mathrm{m}$$

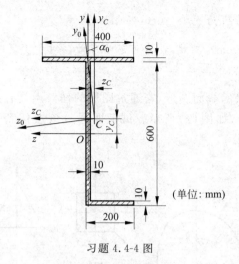

习题 4.4-4 图

（2）截面对形心轴 y_C、z_C 的惯性矩和惯性积

取截面的形心轴 y_C、z_C 为参考坐标轴（如图），由平行移轴定理，得

$$I_{y_C} = \left[\frac{60\text{cm}}{12} + (1.67\text{cm})^2 \times (60\text{cm})\right] + \left[\frac{(40\text{cm})^3}{12} + (1.67\text{cm})^2 (40\text{cm})\right] +$$

$$\left[\frac{(19.5\text{cm})^3}{12} + \left(\frac{19.5\text{cm}}{2} + 0.5\text{cm} - 1.67\text{cm}\right)^2 \times (19.5\text{cm})\right]$$

$$= 7670\text{cm}^4$$

$$I_{z_C} = \left[\frac{(60\text{cm})^3}{12} + (5.4\text{cm})^2 \times (60\text{cm})\right] + (30.5\text{cm} - 5.4\text{cm})^2 \times (40\text{cm}) + (29.5\text{cm} +$$

$$5.4\text{cm})^2 \times (19.5\text{cm}) = 68700\text{cm}^4$$

$$I_{y_C z_C} = -(1.67\text{cm}) \times (5.4\text{cm}) \times (60\text{cm}) + (1.67\text{cm}) \times (30.5\text{cm} - 5.4\text{cm}) \times (40\text{cm}) +$$

$$\left(\frac{19.5\text{cm}}{2} + 0.5\text{cm} - 1.67\text{cm}\right) \times (29.5\text{cm} + 5.4\text{cm}) \times (19.5\text{cm}) = 6980\text{cm}^4$$

（3）截面的形心主惯性轴和形心主惯性矩

形心主惯性轴位置（如图）

$$\tan 2\alpha_0 = -\frac{2I_{y_C z_C}}{I_{y_C} - I_{z_C}} = -\frac{2 \times (6980 \times 10^{-8}\text{m}^4)}{(7670 \times 10^{-8}\text{m}^4) - (68700 \times 10^{-8}\text{m}^4)}$$

$$= 0.2287$$

$$\alpha_0 = 6°27', \quad 96°27'$$

形心主惯性矩

$$\begin{matrix} I_{z_0} \\ I_{y_0} \end{matrix} = \frac{I_{y_C} + I_{z_C}}{2} \pm \sqrt{\left(\frac{I_{y_C} - I_{z_C}}{2}\right)^2 + I_{y_C z_C}^2} = \begin{matrix} 69490 \\ 6880 \end{matrix} \text{cm}^4$$

讨论：

在计算截面对形心轴 z_C 的惯性矩 I_{z_C} 时，略去了上、下翼缘对自身形心轴的惯性矩。这是由于薄壁，翼缘对自身形心轴的惯性轴项远小于其移轴项的数值，而可忽略不计。如对上

翼缘而言,对自身形心轴项为 $\frac{1}{12} \times 40\text{cm} \times (1\text{cm})^3 = 3.33\text{cm}^4$,而移轴项为 $(30.5\text{cm} -$

$5.4\text{cm})^2 \times (40\text{cm}) = 25200\text{cm}^4$,显然,前者可忽略不计。对于下翼缘,由于其移轴距离增大,就更可忽略不计了。

*4.4-5   设任意形状的截面图形,若通过图形的任一点具有两对既不重合、也不垂直的主惯性轴 y、z 和 y_1、z_1,如图(a)所示。试证明通过该点任意一对轴均为截面的主惯性轴。

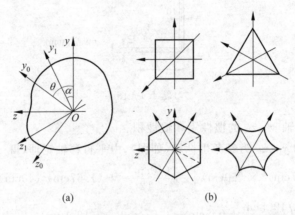

(a)   (b)

习题 4.4-5 图

证   设截面对坐标轴 y、z 的惯性矩分别为 I_y 和 I_z,由于 y、z 轴为主惯性轴,则有

$$I_{yz} = 0$$

由于 y_1、z_1 轴也是主惯性轴,则由转轴公式(图(a))

$$I_{y_1 z_1} = \frac{I_y - I_z}{2}\sin 2\alpha + I_{yz}\cos 2\alpha$$

$$= \frac{I_y - I_z}{2}\sin 2\alpha = 0$$

由于 $\sin 2\alpha \neq 0$,故有

$$I_y = I_z$$

设通过该点 O 作任意坐标系 $Oy_0 z_0$,则由转轴公式

$$I_{y_0 z_0} = \frac{I_y - I_z}{2}\sin 2\theta + I_{yz}\cos 2\theta = 0$$

因此,通过该点 O 的任意一对坐标轴都是截面的主惯性轴。

讨论:

由上述证明,可得如下推论:

(1)若已知截面的一对主惯性轴,且截面对于这对主惯性轴的惯性矩相等,则通过这对主惯性轴原点的任一轴均为截面的主惯性轴,且其主惯性矩也均相等(参见习题 4.4-2)。

(2)若截面具有三根或三根以上的对称轴,则通过截面形心的所有轴均为形心主惯性轴,且截面对任一形心轴的惯性矩(即形心主惯性矩)也均相同。图(b)中各正多边形截面都具有这一特征。

(3)若欲求正多边形截面(如图(b)中的正六边形)的形心主惯性矩,则可将正多边形分

解为 n 个等腰三角形,截面对形心的极惯性矩等于每一等腰三角形对顶点的惯性矩之和。

即 $I_p = \sum_{i=1}^{n} I_{pi} = nI_{pi}$。而任一等腰三角形对其顶点的极惯性矩等于其对通过顶点任一对轴的惯性矩之和 $I_{pi} = I_{yi} + I_{zi}$,利用已知结果(参见习题 4.3-1),即得 I_{pi},从而求得截面对形心的极惯性矩 I_p。于是,利用上述推论 2,即可求得截面的形心主惯性矩为

$$I_y = I_z = \frac{I_p}{2}$$

第 5 章

弯曲内力

【内容提要】

5.1 平面弯曲的概念

1. 平面弯曲的力学模型

平面弯曲是杆件的基本变形之一，其力学模型如图 5-1 所示。

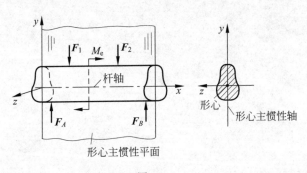

图　5-1

构件特征　构件为等截面的直杆。

受力特征　横向外力或外力偶的作用面与杆件的形心主惯性平面(即形心主惯性轴与杆件轴线所构成的平面)相重合①。

变形特征　杆件轴线变形成外力作用面(即形心主惯性平面)内的平面曲线，或两横截面之间绕垂直于外力作用面的某一横向轴发生相对转动。

---

① 若杆件的横截面为开口薄壁截面，且外力为横向力时，则杆件发生平面弯曲的受力特征为横向力作用面平行于杆件的形心主惯性平面，并通过薄壁截面的弯曲中心(参见第6.3节)。

2. 梁及其分类

梁　以弯曲变形为主的杆件,称为梁。

静定梁　其支座反力或内力可由静力平衡条件完全确定的梁,称为静定梁。静定梁的基本形式有简支梁、悬臂梁、外伸梁和静定组合梁,其计算简图分别如图 5-2(a)、(b)、(c)、(d)所示。

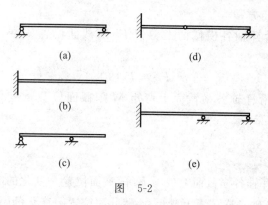

图　5-2

静不定梁　凡是其支座反力或内力不可能仅由静力平衡条件完全确定的梁,称为静不定梁。例如图 5-2(e)所示的梁。

5.2　梁横截面上的内力分量

1. 梁横截面上的内力分量——剪力与弯矩

梁任一横截面上的内力分量,一般有剪力和弯矩,如图 5-3(a)所示。

剪力　受弯构件横截面上,其作用线平行于截面的内力,称为剪力,记为 F_S。

弯矩　受弯构件横截面上,其作用面垂直于截面、并以截面形心为矩心的内力偶矩,称为弯矩,记为 M。

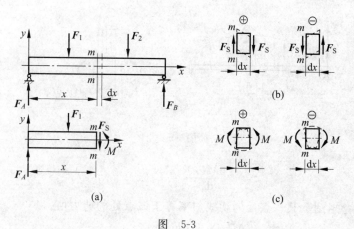

图　5-3

剪力、弯矩的特征

(1) 剪力、弯矩为构件截面上的内力分量,其数值可应用截面法,由静力平衡条件求得。

（2）剪力及弯矩的正、负号由其所引起的变形趋势确定。若在梁的横截面 $m—m$ 处，取微段 $\mathrm{d}x$ 考察，规定：当微段 $\mathrm{d}x$ 有左端面向上而右端面向下的相对错动时，剪力 F_S 为正，反之为负（图 5-3(b)）；当微段 $\mathrm{d}x$ 有凹向上的弯曲趋势时（即微段下部受拉、上部受压），截面上的弯矩为正，反之为负（图 5-3(c)）。

2. 剪力方程与弯矩方程

剪力方程　表示沿杆轴各横截面上剪力 F_S 随截面位置 x 变化的函数，称为剪力方程，即

$$F_\mathrm{S} = F_\mathrm{S}(x)$$

弯矩方程　表示沿杆轴各横截面上弯矩 M 随截面位置 x 变化的函数，称为弯矩方程，即

$$M = M(x)$$

3. 剪力图与弯矩图

剪力图　表示沿杆轴各横截面上剪力 F_S 随截面位置 x 变化的图线，称为剪力图。

弯矩图　表示沿杆轴各横截面上弯矩 M 随截面位置 x 变化的图线，称为弯矩图。

5.3　载荷集度与剪力、弯矩间的平衡微分关系及其应用

1. 载荷集度与剪力、弯矩间的平衡微分关系

设简支梁上分布载荷的集度为截面位置的连续函数，则由梁任一微段 $\mathrm{d}x$ 的平衡条件（图 5-4），可得

$$\frac{\mathrm{d}F_\mathrm{S}(x)}{\mathrm{d}x} = q(x) \tag{5-1}$$

其几何意义为，剪力图上某一点处的切线斜率等于该点处的载荷集度。

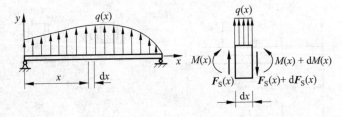

图　5-4

$$\frac{\mathrm{d}M(x)}{\mathrm{d}x} = F_\mathrm{S}(x) \tag{5-2}$$

其几何意义为，弯矩图上某一点处的切线斜率等于该点处的剪力值。

$$\frac{\mathrm{d}^2 M(x)}{\mathrm{d}x^2} = \frac{\mathrm{d}F_\mathrm{S}(x)}{\mathrm{d}x} = q(x) \tag{5-3}$$

其几何意义为，弯矩图上某点处的曲率等于该点处剪力图的切线斜率，或载荷集度。

2. 平衡微分关系的应用

应用平衡微分关系校核剪力、弯矩图　应用式(5-1)和式(5-2)的几何意义,可由梁上已知的载荷集度,校核剪力图和弯矩图的图线形状;应用式(5-3)的几何意义,校核弯矩图的曲线凹向,以及弯矩图可能的拐点位置。

应用平衡微分关系作剪力、弯矩图

由式(5-1)及图5-5,可得

$$\int_{F_{S1}}^{F_{S2}} dF_S(x) = \int_{x_1}^{x_2} q(x)\,dx = \omega_{1,2}$$

$$F_{S2} = F_{S1} + \omega_{1,2} \tag{5-4}$$

即截面2—2($x=x_2$)上的剪力 F_{S2},等于截面1—1($x=x_1$)上的剪力 F_{S1} 加上截面1—1与2—2之间梁上载荷集度图的面积 $\omega_{1,2}$。

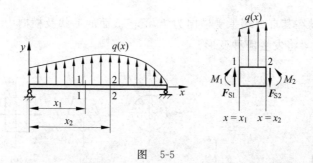

图　5-5

同理,由式(5-2)及图5-5,可得

$$\int_{M_1}^{M_2} dM(x) = \int_{x_1}^{x_2} F_S(x)\,dx$$

$$M_2 = M_1 + \Omega_{1,2} \tag{5-5}$$

即截面2—2上的弯矩 M_2,等于截面1—1上的弯矩 M_1 加上截面1—1与2—2之间剪力图的面积。

于是,由式(5-1)、式(5-2),根据梁上已知的载荷集度,推断剪力、弯矩图的图线形状;而由式(5-4)、式(5-5),确定关键截面的剪力、弯矩值。再考虑集中载荷(集中力或集中力偶)作用处剪力、弯矩图的特征,即可绘制剪力、弯矩图。

3. 集中载荷作用处,剪力、弯矩图的特征

集中力作用处剪力、弯矩的特征　在集中力作用点 C 处的两侧截面上(图5-6(a)、(b)),有

$$F'_{S,c} = F_{S,c} + F \tag{5-6}$$

$$M'_C = M_C \tag{5-7}$$

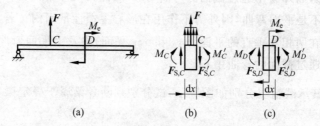

(a)　　　　(b)　　　　(c)

图　5-6

即在集中力作用处,两侧截面上的剪力值有突变,突变值等于集中力值;两侧截面上的弯矩值相等,但弯矩图在两侧截面处的切线斜率有突然变化,而形成"尖角"。

集中力偶作用处剪力、弯矩图的特征　在集中力偶作用面 D 处的两侧截面上(图 5-6 (a)、(c)),有

$$F'_{s,D} = F_{s,D} \tag{5-8}$$

$$M'_D = M_D + M_e \tag{5-9}$$

即在集中力偶作用处,两侧截面上的剪力相同,剪力图保持连续;两侧截面上的弯矩值有突变,突变值等于集中力偶矩值,而弯矩图在两侧截面处的切线斜率相同。

【习题解析】

5.1-1　悬臂梁在其自由端承受横向力 F,梁横截面的形状及横向力 F 的作用方向分别如图所示。试问各梁将发生何种变形?

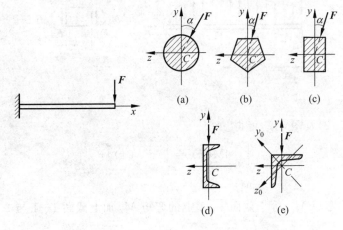

习题 5.1-1 图

答　图(a)和图(b)中的梁将发生平面弯曲。因圆形和正多边形截面通过形心 C 的任一轴均为截面的形心主惯性轴。

图(c)所示梁不是平面弯曲,因外力不作用在形心主惯性平面内。若将力 F 沿 y、z 轴分解,可见梁将在两相互垂直的平面(xy 和 xz 平面)内发生平面弯曲。

图(d)所示梁将发生平面弯曲,因力 F 作用在主惯性平面内。但梁除发生平面弯曲外,还将发生扭转变形,因外力不通过截面的弯曲中心(参见第 6.3 节)。

图(e)所示梁不是平面弯曲,因外力不作用在形心主惯性平面内。若将力 F 沿 y_0、z_0 轴分解,则可见梁将在两相互垂直的平面(xy_0 和 xz_0 平面)内发生平面弯曲,此外还将发生扭转变形,因外力不通过截面的弯曲中心。

5.1-2　梁及其承载情况分别如图所示,试分别判断各梁属于静定梁、静不定梁,还是瞬时几何可变机构。

答　图(a)和图(b)中的梁均为静定的组合梁,其支座反力均可由静力平衡条件完全

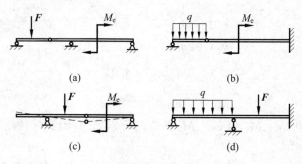

习题 5.1-2 图

确定。

图(c)中的梁为瞬时几何可变机构。由于三个铰链处于同一直线上,梁的几何外形将变成如虚线所示。

图(d)中的梁为静不定梁,其支座反力不可能由静力平衡条件完全确定。

5.2-1 悬臂梁承受线性分布载荷作用,如图(a)所示。试求梁截面 1—1、2—2 上的剪力和弯矩,并在截面上表示其方向。

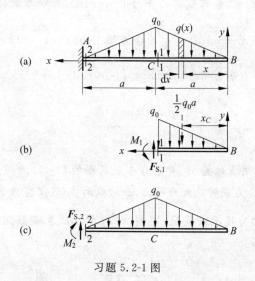

习题 5.2-1 图

解 取参考坐标系 Bxy,应用截面法求各截面的内力分量。

截面 1—1: 由右段梁的平衡条件(图(b)),得

$$\sum F_y = 0, \qquad F_{s,1} - \int_0^a q(x)\,\mathrm{d}x = 0$$

$$F_{s,1} = \int_0^a \frac{q_0}{a}x\,\mathrm{d}x = \frac{1}{2}q_0 a \ (+)$$

$$\sum M_0 = 0, \qquad M_1 - \int_0^a q(x)(a-x)\,\mathrm{d}x = 0$$

$$M_1 = \int_0^a \frac{q_0}{a}x(a-x)\,\mathrm{d}x = \frac{1}{6}q_0 a^2 \ (-)$$

截面 2—2: 由右段梁的平衡条件(图(c)),得

$$\sum F_y = 0, \qquad F_{S,2} - \frac{1}{2}q_0(2a) = 0$$

$$F_{S,2} = q_0 a$$

$$\sum M_0 = 0, \qquad -M_2 - \left(\frac{1}{2}q_0 \times 2a\right)a = 0$$

$$M_2 = -q_0 a^2$$

截面 1—1、2—2 上的 $F_{S,1}$、M_1 和 $F_{S,2}$、M_2 的方向分别如图(b)和(c)所示。

讨论:

(1) 用截面法求内力时,题中均取右段梁考虑平衡,省略了支座反力的计算。截面上剪力、弯矩的计算,与坐标轴的取向无关,今后可按计算方便,任取左段或右段梁来考虑。

(2) 列平衡方程时,力和力矩的正、负号按其产生的运动趋势确定;而剪力、弯矩(内力分量)的正、负号按其引起的变形趋势确定。如截面 1—1(图(b))的剪力、弯矩,由平衡方程求得均为正值,表明图(b)中对 $F_{S,1}$、M_1 假设的方向正确,但剪力 $F_{S,1}$ 为正,而弯矩 M_1 为负。若截面上未知的剪力、弯矩始终假设为正向(如图(c)中截面 2—2 的剪力 $F_{S,2}$ 和弯矩 M_2),则由平衡方程所得结果的正、负号,就与剪力、弯矩的正、负号规定相一致。

(3) 在 $F_{S,1}$ 的表达式中,分布载荷的合力 $\int_0^a q(x)\,\mathrm{d}x$ 为分布载荷图的面积;而在 M_1 的表达式中,分布载荷对截面 1—1 形心 C 的合力矩 $\int_0^a q(x)(a-x)\,\mathrm{d}x$,由合力矩定理,得

$$\int_0^a q(x)(a-x)\,\mathrm{d}x = \left(\int_0^a q(x)\,\mathrm{d}x\right)(a-x_C)$$

$$a - x_C = \frac{\displaystyle\int_0^a q(x)(a-x)\,\mathrm{d}x}{\displaystyle\int_0^a q(x)\,\mathrm{d}x}$$

可见,分布载荷合力的作用点位置 x_C,即为分布载荷图的形心。应用上述结论,在计算分布载荷的合力及其对一点的合力矩时就大为简化,如对截面 2—2 上剪力 $F_{S,C}$ 和弯矩 M_2 的计算。

5.2-2　静定组合梁及其承载情况,如图(a)所示。试求梁截面 1—1 和 2—2 上的剪力和弯矩。

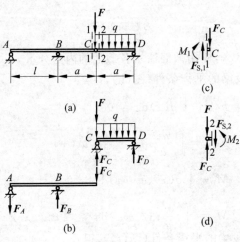

习题 5.2-2 图

解 (1) 计算支座反力

将具有中间铰 C 的静定组合梁 AD，分解为基梁 AC 和辅梁 CD（图(b)）。于是，可由静力平衡条件，分别计算各梁的支座反力。

辅梁 CD： $\qquad \sum M_C = 0, \qquad F_D = \dfrac{1}{2}qa$

$\qquad\qquad\qquad\quad \sum M_D = 0, \qquad F_C = \dfrac{1}{2}qa + F$

基梁 AC： $\qquad \sum M_A = 0, \qquad F_B = \left(\dfrac{1}{2}qa + F\right)\left(1 + \dfrac{a}{l}\right)$

$\qquad\qquad\qquad\quad \sum M_B = 0, \qquad F_A = \left(\dfrac{1}{2}qa + F\right)\dfrac{a}{l}$

(2) 计算截面内力

截面 1—1： 由右侧微段的平衡条件（图(c)），可得

$$F_{S,1} = F_C = \frac{1}{2}qa + F$$

$$M_1 = 0$$

截面 2—2： 由左侧微段的平衡条件（图(d)），可得

$$F_{S,2} = F_C - F = \frac{1}{2}qa$$

$$M_2 = 0$$

讨论：

(1) 静定组合梁中间铰 C 两侧截面上弯矩为零，即组合梁的中间铰只能传递力，而不能传递力偶矩。在中间铰 C 处也不能作用有外力偶矩。

(2) 中间铰 C 处作用有外力 F，故两侧截面上的剪力 $F_{S,1}$ 与 $F_{S,2}$ 相差一个外力值 F。而外力 F 不论是作用在中间铰上，还是作用在偏左侧（AC 梁上）或偏右侧（CD 梁上），均不影响两侧截面上的剪力值，以及所有的支反力值。

5.2-3 悬臂梁承受均布载荷如图(a)所示，试列出梁的剪力、弯矩方程；作梁的剪力、弯矩图，并求 $|F_S|_{\max}$、$|M|_{\max}$ 及其截面位置。

解 (1) 剪力、弯矩方程

取参考坐标系 Axy。由于梁上载荷不连续，将梁分为两段（AB 和 BC 段）来考虑。应用截面法，可得

$$AB \text{ 段}: F_S(x) = qx \quad (0 \leqslant x \leqslant a)$$

$$M(x) = \frac{1}{2}qx^2 \quad (0 \leqslant x \leqslant a)$$

BC 段：

$$F_S(x) = qa - q(x - a) \quad (a \leqslant x < 2a)$$

$$M(x) = qa\left(x - \frac{a}{2}\right) - q\,\frac{(x-a)^2}{2} \quad (a \leqslant x < 2a)$$

(2) 剪力、弯矩图

由剪力、弯矩方程，作剪力、弯矩图：

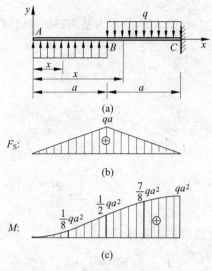

习题 5.2-3 图

截面	AB 段			BC 段		
	$x=0$	$x=a/2$	$x=a$	$x=a$	$x=3a/2$	$x=2a$
F_S	0		qa	qa		0
M	0	$\dfrac{1}{8}qa^2$	$\dfrac{1}{2}qa^2$	$\dfrac{1}{2}qa^2$	$\dfrac{7}{8}qa^2$	qa^2

由于弯矩方程为 x 的二次函数,故各段除端值外,至少还需求另一截面的弯矩值。且由 $\dfrac{\mathrm{d}M}{\mathrm{d}x}=0$ 可知,AB 段的极值发生在 $x=0$ 处;BC 段的极值发生在 $x=2a$ 处。

梁的剪力、弯矩图分别如图(b)和图(c)所示。

(3) $|F_S|_{\max}$ 和 $|M|_{\max}$

$|F_S|_{\max}$ 发生在中间截面 B,其值为

$$|F_S|_{\max} = F_{S,B} = qa$$

$|M|_{\max}$ 发生在固定端截面 C,其值为

$$|M|_{\max} = M_C = qa^2$$

讨论:

(1) 在列剪力、弯矩方程时,任一截面上的剪力 $F_S(x)$ 和弯矩 $M(x)$ 均假定为正值。

(2) 任一截面的位置参数 x 可以都从坐标原点 A 算起,也可从另外的点算起,仅需写明方程的适用范围(x 的区间)即可。

(3) 剪力、弯矩方程的适用范围,在集中力(包括支座反力)作用处,剪力方程应为开区间,因在该处剪力图有突变;而在集中力偶(包括支座反力偶)作用处,弯矩方程应为开区间,因在该处弯矩图有突变。

(4) 若所得剪力或弯矩方程为 x 的二次或二次以上方程时,则在作图时除计算该段的端值外,至少还应计算中间某一截面的剪力或弯矩值,并注意曲线的凹向及其极值。

5.2-4 外伸梁及其承载情况如图(a)所示,试由剪力、弯矩方程作剪力、弯矩图,并求 $|F_S|_{max}$、$|M|_{max}$。

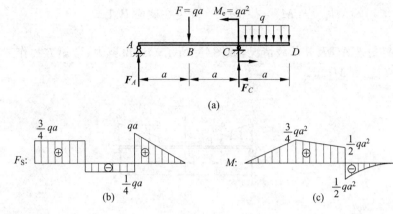

习题 5.2-4 图

解 (1) 支座反力

由平衡条件(图(a)),得

$$\sum M_C = 0, \qquad F_A = \frac{1}{2a}\left(Fa + M_e - q\frac{a^2}{2}\right) = \frac{3}{4}qa$$

$$\sum M_A = 0, \qquad F_C = \frac{1}{2a}\left(Fa - M_e + qa\frac{5a}{2}\right) = \frac{5}{4}qa$$

(2) 剪力、弯矩方程

AB 段:
$$F(x) = F_A = \frac{3}{4}qa \quad (0 < x < a)$$

$$M(x) = F_A x = \frac{3}{4}qax \quad (0 \leqslant x \leqslant a)$$

BC 段:
$$F(x) = F_A - F = -\frac{1}{4}qa \quad (a < x < 2a)$$

$$M(x) = F_A x - F(x-a) = \frac{3}{4}qx - qa(x-a) \quad (a \leqslant x < 2a)$$

CD 段:
$$F(x) = q(3a - x) \quad (2a < x \leqslant 3a)$$

$$M(x) = -q\frac{(3a-x)^2}{2} \quad (2a < x \leqslant 3a)$$

(3) 剪力、弯矩图及 $|Q|_{max}$、$|M|_{max}$

由剪力、弯矩方程,可得

截面	AB 段		BC 段		CD 段	
	A_+	B_-	B_+	C_-	C_+	D
F_S	$\frac{3}{4}qa$	$\frac{3}{4}qa$	$-\frac{1}{4}qa$	$-\frac{1}{4}qa$	qa	0
M	0	$\frac{3}{4}qa^2$	$\frac{3}{4}qa^2$	$\frac{1}{2}qa^2$	$-\frac{1}{2}qa^2$	0

梁的剪力、弯矩图分别如图(b)和图(c)所示。并可得

$$|F_S|_{max} = F_{S,C_+} = qa \quad (\text{发生在支座 } C \text{ 右侧截面上})$$

$$|M|_{max} = M_B = \frac{3}{4}qa^2 \quad (\text{发生在截面 } B \text{ 上})$$

5.2-5 简支梁 AC 及其承载情况,如图(a)所示。试由剪力、弯矩方程作梁的剪力、弯矩图,并求 $|F_S|_{max}$、$|M|_{max}$。

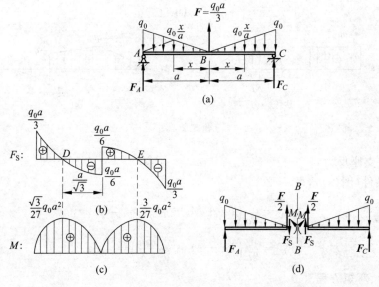

习题 5.2-5 图

解 (1) 支座反力
由于梁及载荷均对称于中间截面 B,故支座反力也必对称于中间截面 B。即得

$$F_A = F_C = \frac{1}{2}\left[2\left(\frac{1}{2}q_0 \times a\right) - F\right] = \frac{1}{3}q_0 a$$

(2) 剪力、弯矩方程
AB 段: 取中间截面 B 为坐标原点(图(a)),应用截面法,可得

$$F_S = F_A - \frac{q_0}{2}\left(1 + \frac{x}{a}\right)(a - x)$$

$$= \frac{1}{3}q_0 a - \frac{q_0}{2}\left(1 + \frac{x}{a}\right)(a - x) \quad (a > x > 0)$$

$$M = F_A(a - x) - \frac{q_0}{2}(a - x)\frac{2(a - x)}{3} - \frac{q_0}{2}\frac{x}{a}(a - x)\frac{(a - x)}{3}$$

$$= \frac{q_0}{3}a(a - x) - \frac{q_0}{3}(a - x)^2 - \frac{q_0 x}{6a}(a - x)^2 \quad (a \geqslant x \geqslant 0)$$

BC 段: 以中间截面 B 为坐标原点,并考虑右段梁的平衡,则可得

$$F_S = -\frac{1}{3}q_0 a + \frac{q_0}{2}\left(1 + \frac{x}{a}\right)(a - x) \quad (0 < x < a)$$

$$M = \frac{q_0}{3}a(a-x) - \frac{q_0}{3}(a-x)^2 - \frac{q_0 x}{6a}(a-x)^2 \quad (0 \leqslant x \leqslant a)$$

（3）剪力、弯矩图及 $|F_S|_{\max}$、$|M|_{\max}$

由剪力、弯矩方程，并令 $\dfrac{\mathrm{d}M}{\mathrm{d}x} = F_S = 0$，得 $x = \dfrac{a}{\sqrt{3}}$（图(b)）。

截面	AB 段			BC 段		
	A_+	D	B_-	B_+	E	C_-
F_S	$\frac{1}{3}q_0 a$	0	$-\frac{1}{6}q_0 a$	$\frac{1}{6}q_0 a$	0	$-\frac{1}{3}q_0 a$
M	0	$\frac{\sqrt{3}}{27}q_0 a^2$	0	0	$\frac{\sqrt{3}}{27}q_0 a^2$	0

剪力、弯矩图分别如图(b)和图(c)所示。

$$|F_S|_{\max} = \frac{1}{3}q_0 a \quad （发生在支座 A、C 的内侧截面上）$$

$$|M|_{\max} = M_D = M_E = \frac{\sqrt{3}}{27}q_0 a^2 \quad （发生在截面 D 和 E 上）$$

讨论：

若将梁沿中间截面 B 假想地截开（图(d)），则可见截面上的剪力 F_S 是反对称的，而弯矩 M 是对称的。因此，当梁的几何外形、材料，以及载荷均对称于中间截面 B 时，则梁的剪力图将反对称于中间截面 B，而弯矩图将对称于中间截面 B。反之，若梁的几何外形、材料对称于某一截面，而载荷反对称于该截面，则对于该截面，梁的剪力图将是对称的，而弯矩图将是反对称的。

利用对称和反对称性的特性，在计算支座反力及做剪力、弯矩图时，将使运算过程大为简化。

*5.2-6　在简支梁 AB 上作用有 n 个间距相等的集中力，其总载荷为 F，则每一集中力为 F/n。梁的跨度为 l，各集中力间的距离为 $l/(n+1)$，如图所示。试求梁的最大弯矩表达式。

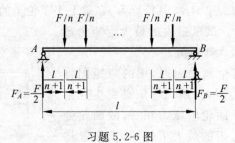

习题 5.2-6 图

解　由梁和载荷的对称性可知，梁的最大弯矩将发生在跨度中间截面上。

（1）n 为奇数时的最大弯矩

当 n 为奇数时，跨中截面有集中力作用。跨中截面一侧的半梁上共有 $\dfrac{n-1}{2}$ 个集中力作用。于是，有

$$M_{\max} = \frac{F}{2} \cdot \frac{l}{2} - \frac{F}{n}\left(\frac{l}{2} - \frac{l}{n+1}\right) - \frac{F}{n}\left(\frac{l}{2} - \frac{2l}{n+1}\right) - \cdots - \frac{F}{n}\left(\frac{l}{2} - \frac{\frac{n-1}{2} \cdot l}{n+1}\right)$$

$$= \frac{Fl}{4} - \frac{F}{n} \cdot \frac{l}{2}\left(\frac{n-1}{2}\right) + \frac{F}{n} \cdot \frac{l}{n+1}\left(1 + 2 + \cdots + \frac{n-1}{2}\right)$$

$$= \frac{Fl}{4} - \frac{(n-1)Fl}{4n} + \frac{(n-1)Fl}{8n} = \frac{(n+1)Fl}{8n}$$

（2）n 为偶数时的最大弯矩

当 n 为偶数时，跨中截面无集中力作用。跨中截面一侧的半梁上共有 $\frac{n}{2}$ 个集中力作用。于是，有

$$M_{\max} = \frac{Fl}{4} - \frac{F}{n} \cdot \frac{l}{2}\left(\frac{n}{2}\right) + \frac{F}{n} \cdot \frac{l}{n+1}\left(1 + 2 + \cdots + \frac{n}{2}\right)$$

$$= \frac{(n+2)Fl}{8(n+1)}$$

讨论：

若 $n=1$，即简支梁在跨中集中力 F 作用下，则

$$M_{\max} = \frac{Fl}{4} = 2\,\frac{Fl}{8}$$

若 $n=7$，则

$$M_{\max} = \frac{8}{7} \cdot \frac{Fl}{8} = 1.14\,\frac{Fl}{8}$$

若 $n=8$，则

$$M_{\max} = \frac{10}{9} \cdot \frac{Fl}{8} = 1.11\,\frac{Fl}{8}$$

若 $n \to \infty$，即简支梁在均布载荷 $q = \dfrac{F}{l}$ 作用下，即

$$M_{\max} = \lim_{n \to \infty} \frac{n+1}{n} \cdot \frac{Fl}{8} = \frac{Fl}{8} = \frac{ql^2}{8}$$

可见，若总载荷值不变，当载荷分散作用时，梁的最大弯矩随之减小。因此，在工程实际中，应尽可能将载荷分散作用或增大载荷的作用面，以减小构件内的最大弯矩。

5.2-7　桥式起重机的大梁 AB，其跨度为 l。梁上小车轮子的轮距为 d，每一轮子对梁的压力为 F，如图（a）所示。试求梁内的最大弯矩为最大时小车的位置，以及该最大弯矩值。

解　当简支梁承受两个集中力时，梁的弯矩图将由三段直线组成（图（b）），因此，最大弯矩必发生在集中力作用处的截面。由于两轮的压力相等，故两轮处截面内可能产生的最大弯矩的最大值相同，其位置将对称于梁的跨度中点。假设左轮 C 的最大弯矩达到最大值。

（1）左轮 C 最大弯矩为最大时的位置

左轮 C 距左端 A 为任一距离 x 时，其支座反力为

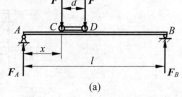

(a)

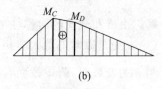

(b)

习题 5.2-7 图

$$F_A = \frac{F(l-x)+F(l-x-d)}{l} = \frac{F(2l-2x-d)}{l}$$

左轮 C 处截面上的弯矩为

$$M_C = F_A x = \frac{F(2l-2x-d)}{l}x$$

由 $\dfrac{\mathrm{d}M_C}{\mathrm{d}x}=0$，得 M_C 为最大值时轮 C 的位置为

$$x = \frac{l}{2} - \frac{d}{4}$$

（2）梁内最大弯矩的最大值

$$(M_C)_{\max} = \frac{F(2l-d)}{l}\left(\frac{l}{2}-\frac{d}{4}\right) - \frac{2F}{l}\left(\frac{l}{2}-\frac{d}{4}\right)^2 = \frac{F}{8l}(2l-d)^2$$

5.2-8　长度为 l 的书架由一块对称地放置在两个支架上的木板构成，如图（a）所示。设书的重量可视为均布载荷 q，为使木板内的最大弯矩为最小，试求两支架的间距 a。

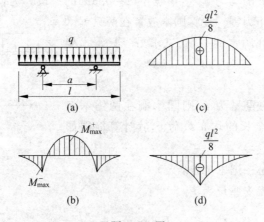

习题 5.2-8 图

解　（1）最大弯矩为最小的条件

设两支座的间距为 a，则木板的弯矩图如图（b）所示。木板内的最大正弯矩和最大负弯矩分别为

$$M_{\max}^+ = \frac{ql}{2}\frac{a}{2} - \frac{ql^2}{8}, \quad M_{\max}^- = -\frac{q}{2}\left(\frac{l-a}{2}\right)^2$$

当间距 a 逐渐增大，则 $M_{\max}^+$ 随之增大，而 $M_{\max}^-$ 随之减小。在 $a \to l$ 的极限情况，其弯矩图如图（c），即

$$M_{\max}^+ \to \frac{ql^2}{8}, \quad M_{\max}^- \to 0$$

反之，当间距 a 逐渐减小，则 $M_{\max}^+$ 随之减小，而 $M_{\max}^-$ 随之增大。在 $a \to 0$ 的极限情况，其弯矩图如图（d），即

$$M_{\max}^+ \to 0, \quad M_{\max}^- \to -\frac{ql^2}{8}$$

可见,为使木板内的最大弯矩为最小,应有

$$|M_{\max}^{+}| = |M_{\max}^{-}|$$

(2) 最大弯矩为最小时的间距

$$\frac{qla}{4} - \frac{ql^2}{8} = \frac{q}{8}(l-a)^2$$

$$a^2 - 4al + 2l^2 = 0$$

$$a = \frac{4l \pm \sqrt{(4l)^2 - 4(2l^2)}}{2} = (2 \pm \sqrt{2})l$$

所以,两支座间距应为

$$a = (2 - \sqrt{2})l = 0.586l$$

讨论:

木板内的"最大弯矩"是指弯矩的绝对值为最大,并非指弯矩的代数值。因为弯矩的正、负,仅影响弯曲正应力的正、负,而弯曲应力的大小将取决于弯矩绝对值的大小。

5.2-9　长度 $l = 2\mathrm{m}$ 的均匀圆木,欲锯下 $a = 0.6\mathrm{m}$ 的一段。为使锯口处两端面的开裂最小,应使锯口处的弯矩为零。现将圆木放置在两只锯木架上,一只锯木架放置在圆木的一端,试求另一只锯木架应放置的位置。

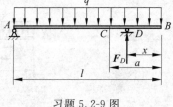

习题 5.2-9 图

解　(1) 力学模型

设圆木单位长度的重量为 q,则圆木搁在两锯木架上,可视为外伸梁承受全长的均布载荷 q,其计算简图如图所示。

(2) $M_C = 0$ 时,求另一锯木架位置

由静力平衡条件,得支座反力 F_D:

$$\sum M_A = 0, \qquad F_D(l-x) - \frac{ql^2}{2} = 0$$

$$F_D = \frac{ql^2}{2(l-x)}$$

由题意,得

$$M_C = F_D(a-x) - \frac{qa^2}{2} = \frac{ql^2}{2(l-x)}(a-x) - \frac{qa^2}{2} = 0$$

$$x(a^2 - l^2) = al(a-l)$$

$$x = \frac{al}{a+l} = \frac{0.6\mathrm{m} \times 2\mathrm{m}}{0.6\mathrm{m} + 2\mathrm{m}} = 0.462\mathrm{m}$$

*5.2-10**　装在飞机机身上的无线电天线 AB 的高度为 $h = 0.5\mathrm{m}$,为抵抗飞行时天线所受的阻力,在天线顶拴一金属拉线 AC,如图(a)所示。假设空气阻力沿天线可视为均匀分布,其合力为 F。为使天线中的最大弯矩为最小,试求拉线中的张力。

解　(1) 天线的弯矩图

设拉线的张力为 F_t,并保证使天线的上部产生负弯矩,下部产生正弯矩。由天线的计算简图(图(b)),可得天线的弯矩图如图(c)所示。

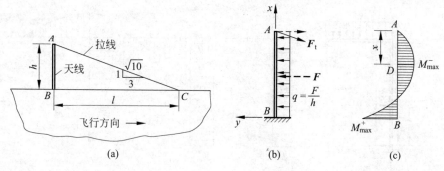

习题 5.2-10 图

最大正弯矩将发生在天线底部的截面 B,其值为

$$M_{max}^+ = F\frac{h}{2} - \frac{3}{\sqrt{10}}F_t h$$

最大负弯矩的截面位置,由 $\dfrac{\mathrm{d}M}{\mathrm{d}x} = F_S = 0$,可得

$$F_S = \frac{3}{\sqrt{10}}F_t - \frac{F}{h}x = 0$$

$$x = \frac{3h}{\sqrt{10}} \cdot \frac{F_t}{F}$$

最大负弯矩为

$$M_{max}^- = \frac{1}{2}\left(\frac{F}{h}\right)\left(\frac{3h}{\sqrt{10}} \cdot \frac{F_t}{F}\right)^2 - \left(\frac{3F_t}{\sqrt{10}}\right)\left(\frac{3h}{\sqrt{10}} \cdot \frac{F_t}{F}\right)$$

(2) 天线内最大弯矩为最小时的张力

为使天线内的最大弯矩为最小,令

$$|M_{max}^+| = |M_{max}^-|$$

$$\frac{Fh}{2} - \frac{3h}{\sqrt{10}}F_t = -\frac{F}{2h}\left(\frac{3h}{\sqrt{10}} \cdot \frac{F_t}{F}\right)^2 + \frac{3F_t}{\sqrt{10}}\left(\frac{3h}{\sqrt{10}} \cdot \frac{F_t}{F}\right)$$

$$F_t^2 + \frac{2\sqrt{10}}{3}FF_t - \frac{10}{9}F^2 = 0$$

$$F_t^2 + 2.11FF_t - 1.111F^2 = 0$$

$$F_t = \frac{-2.11 \pm \sqrt{2.11^2 + 4 \times 1.111}}{2} \cdot F$$

$$= \frac{-2.11 \pm 2.98}{2}F$$

故拉线中的张力应为

$$F_t = \frac{2.98 - 2.11}{2}F = 0.435F$$

5.2-11 刚架 ABC 及其承载情况如图(a)所示,试作刚架的内力图。

解 (1) 支座反力

由平衡条件,得

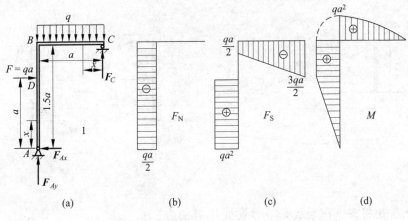

习题 5.2-11 图

$$\sum M_A = 0, \qquad F_C a - qa\,\frac{a}{2} - Fa = 0, \qquad\qquad F_C = \frac{3}{2}qa$$

$$\sum F_x = 0, \qquad F_{Ax} - F = 0, \qquad\qquad F_{Ax} = qa$$

$$\sum M_C = 0, \qquad qa\,\frac{a}{2} + F\,\frac{a}{2} - F_{Ax}\left(\frac{3a}{2}\right) - F_{Ay}a = 0, \qquad F_{Ay} = \frac{1}{2}qa$$

（2）内力方程

AB 肢：以端点 A 为坐标原点，AB 为 x 轴

AD 段　$F_N = -F_{Ay} = -\dfrac{qa}{2}$;　$F_S = F_{Ax} = qa$;　$M = F_{Ax}x = qax$　$(0 \leqslant 0 \leqslant a)$

DB 段　$F_N = -\dfrac{qa}{2}$;　$F_S = F_{Ax} - F = 0$;　$M = F_{Ax}x - F(x-a) = qa^2$

BC 肢：以端点 C 为坐标原点，CB 为 x 轴

$$F_N = 0, \quad F_S = qx - F_C = qx - \frac{3qa}{2} \quad (0 < x \leqslant a)$$

$$M = F_C x - \frac{qx^2}{2} = \frac{3}{2}qax - \frac{qx^2}{2} \quad (0 \leqslant x \leqslant a)$$

由内力 (F_N, F_S, M) 方程得轴力、剪力和弯矩图分别如图(b)、图(c)和图(d)所示。

讨论：

刚架截面上的内力分量通常有轴力、剪力和弯矩。轴力以拉为正；剪力、弯矩的正、负号通常规定如下：若人站在刚架内部环顾刚架的各肢，则剪力和弯矩的正、负号与梁的规定相同。而在作内力图时，通常将正值内力画在刚架的外侧（对弯矩图而言，即画在刚架的受压侧）。

*5.2-12　一边长为 l 的正方形封闭刚架及其承载情况，如图(a)所示。试根据结构的几何外形和载荷的对称或反对称性绘制刚架的内力图。

解　本题的封闭刚架，求其内力应是三次静不定问题。利用习题 5.2-5 关于对称与反对称性的论述，可简化为静定问题求出其未知内力。

（1）结构的简化

正方形刚架对于对角线 AC（或 BD），其几何外形（及材料性能）是对称的，而其载荷是

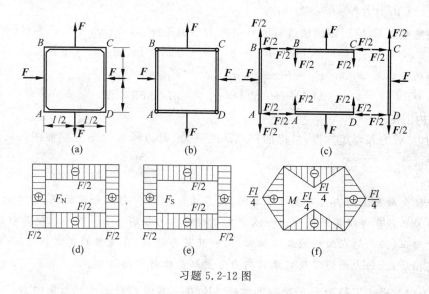

习题 5.2-12 图

反对称的。因此，A、C 截面（或 B、D 截面）上对称的内力分量——弯矩 M 必等于零。于是，可将 A、C（及 B、D）处的刚性连接代之以铰链连接，显然不影响刚架的内力分析，从而可得与正方形封闭刚架等效，在 A、B、C、D 均为铰接的静定结构如图（b）所示。

（2）结构的内力分析

对于图（b）所示结构，AB、BC、CD、DA 各杆均为两端铰支、中间承受集中载荷 F 的杆件，并注意到铰 A、B、C、D 处的作用与反作用关系，即得各杆的受力图如图（c）所示。于是，由静力平衡条件（或对称性原理）即可求得铰接处的反力及各杆的内力分量。最终可得刚架的轴力 F_N、剪力 F_S 及弯矩 M 图分别如图（d）、图（e）及图（f）所示。

5.2-13 1/4 圆周长的曲杆 AB，其曲率半径为 R，在自由端 A 承受集中载荷 F，如图（a）所示。试求曲杆的内力图。

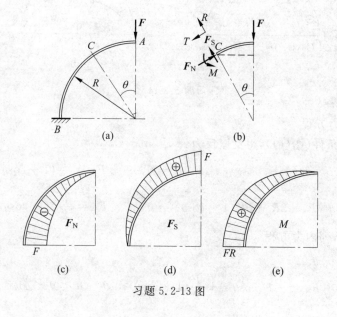

习题 5.2-13 图

解　(1) 内力方程

取任意截面 C,应用截面法(图(b)),由静力平衡条件,得

$$\sum F_T = 0, \qquad F\sin\theta - F_N = 0, \qquad F_N = F\sin\theta$$

$$\sum F_R = 0, \qquad F_S - F\cos\theta = 0, \qquad F_S = F\cos\theta$$

$$\sum M_C = 0, \qquad M - F(R\sin\theta) = 0, \qquad M = FR\sin\theta$$

(2) 内力图

由轴力、剪力和弯矩方程,可得曲杆 AB 的轴力、剪力和弯矩图分别如图(c)、图(d)和图(e)所示。

讨论:

曲杆径向截面上的内力分量通常有轴力、剪力和弯矩。内力分量的正、负号规定如下:轴力以拉为正;剪力以其对截面内一点产生顺时针向力矩时为正;弯矩以使曲杆轴线的曲率增加时为正(若人站在曲杆内侧环顾曲杆,则其剪力的正、负与梁的规定相同,而弯矩却与梁的规定相反)。内力图通常规定正的内力分量画在曲杆的凸边侧。

*5.2-14　平均半径为 R 的半圆形曲杆 AB,在其截面 C 处承受铅垂集中力 F,如图(a)所示,试作曲杆的内力图。

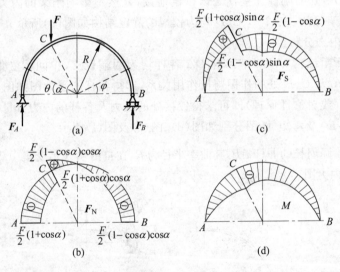

习题 5.2-14 图

解　(1) 内力方程

由静力平衡条件(图(a)),得支座反力

$$\sum M_B = 0, \qquad FR(1+\cos\alpha) - F_A \cdot 2R = 0, \qquad F_A = \frac{F}{2}(1+\cos\alpha)$$

$$\sum M_A = 0, \qquad F_B \cdot 2R - FR(1-\cos\alpha) = 0, \qquad F_B = \frac{F}{2}(1-\cos\alpha)$$

应用截面法,列内力方程

$\overset{\frown}{AC}$段:　取极坐标 θ

$$F_N = -F_A\cos\theta = -\frac{F}{2}(1+\cos\alpha)\cos\theta \quad (0 < \theta < \alpha)$$

$$F_S = F_A \sin\theta = \frac{F}{2}(1 + \cos\alpha)\sin\theta \quad (0 < \theta < \alpha)$$

$$M = -F_A R(1 - \cos\theta) = -\frac{F}{2}R(1 + \cos\alpha)(1 - \cos\theta) \quad (0 \leqslant \theta \leqslant \alpha)$$

$\overset{\frown}{CB}$段： 取极坐标 φ

$$F_N = -F_B \cos\varphi = -\frac{F}{2}(1 - \cos\alpha)\cos\varphi \qquad (0 < \varphi < \pi - \alpha)$$

$$F_S = -F_B \sin\varphi = -\frac{F}{2}(1 - \cos\alpha)\sin\varphi \qquad (0 < \varphi < \pi - \alpha)$$

$$M = -F_B R(1 - \cos\varphi) = -\frac{F}{2}R(1 - \cos\alpha)(1 - \cos\varphi) \quad (0 \leqslant \varphi \leqslant \pi - \alpha)$$

（2）内力图

由轴力、剪力、弯矩方程，作曲杆的轴力、剪力和弯矩图分别如图（b）、图（c）和图（d）所示。

5.3-1 简支梁 AB 承受分布载荷 $q(x)$，并取左手坐标系如图（a）所示，试推导在该坐标系时的平衡微分关系。

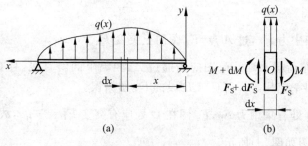

习题 5.3-1 图

解 取任一微段 $\mathrm{d}x$（图（b）），由静力平衡条件，并略去高阶微量，即得

$$\sum F_y = 0, \qquad \frac{\mathrm{d}F_S(x)}{\mathrm{d}x} = -q(x)$$

$$\sum M_O = 0, \qquad \frac{\mathrm{d}M(x)}{\mathrm{d}x} = -F_S(x)$$

$$\frac{\mathrm{d}^2 M(x)}{\mathrm{d}x^2} = -\frac{\mathrm{d}F_S(x)}{\mathrm{d}x} = q(x)$$

讨论：

实际上，采用左手坐标系时，由于 x 轴正向与右手坐标系相反，因此，由一阶导数表示的切线斜率的正、负号相反，而由二阶导数表示的曲线凹向则无影响。

5.3-2 外伸梁 AB 的承载情况、剪力图和弯矩图分别如图（a）、图（b）和图（c）所示。试应用平衡微分关系及集中载荷作用处剪力、弯矩图的特征，校核梁的剪力、弯矩图的正确性。若有错误，则加以改正。

解 （1）校核支座反力

$$\sum F_y = 0, \qquad F_A + F_D - q(3a) = 0 \qquad\qquad 满足$$

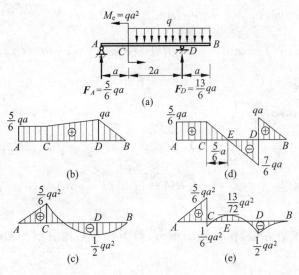

习题 5.3-2 图

$$\sum M_A = 0, \qquad M_e - q(3a)(2.5a) + F_D \cdot 3a = 0 \qquad\qquad 满足$$

（2）校核剪力图

① 端点 A 有集中力 F_A，过 A 点，F_S 图向上突变 $F_A = \dfrac{5}{6}qa$。

② CB 段有均布荷载 $q<0$，F_S 图应为通过二、四象限的斜直线，且 CB 段的 q 为常量，故 F_S 图斜直线的斜率应相等。可见，CD 段的 F_S 图错误。

③ 梁在支座 D 处有集中力 F_D，F_S 图在 D 处应有突变 $F_D = \dfrac{13}{6}qa$，故该处 F_S 图有误。

改正后的剪力图如图（d）所示。

（3）校核 M 图

① 端点 A 无集中力偶作用，弯矩图在该点应为零。

② AC 段均布载荷 $q=0$，剪力图为正值水平线，M 图应为通过一、三象限的斜直线。

③ 截面 C 处有集中力偶 M_e 作用，过 C 点，M 图应有向下突变 $M_e = qa^2$，M 图有误。

④ CB 段有均布载荷 $q<0$，M 图为凹口向下的二次抛物线，故 M 图曲线凹向有误。

⑤ 支座 D 处有集中力 F_D，F_S 图在该处有突变，故 M 图在该处的切线斜率有突变，即 M 图曲线在该处不连续，M 图在该处有误。

改正后的弯矩图如图（e）所示。且在 $F_S=0$ 的 E 点处，M 图有极值（切线为水平），应用截面法，可得 $M_E = \dfrac{13}{72}qa^2$。

5.3-3 外伸梁 AB 及其承载情况，如图（a）所示。试应用平衡微分关系及集中载荷作用处剪力、弯矩图的特征，作梁的剪力、弯矩图。

解 （1）计算支座反力

$$\sum M_D = 0, \qquad Fa + M_e - F_A \cdot 2a - \frac{1}{2}qa^2 = 0, \qquad\qquad F_A = \frac{3}{4}qa$$

$$\sum M_A = 0, \qquad F_D \cdot 2a + M_e - Fa - (qa)(2.5a) = 0, \qquad F_D = \frac{5}{4}qa$$

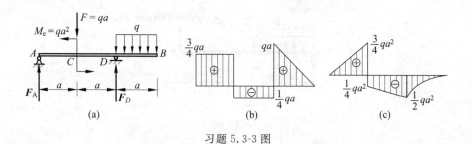

习题 5.3-3 图

（2）作剪力图

从梁左端 A 开始。A 点有向上集中力 F_A 作用,过 A 点,剪力图向上突变 F_A；AC 段无均布载荷作用 $q=0$,剪力图为水平线；C 点有向下集中力 F 作用,过 C 点,剪力图向下突变 $F=qa$；CD 段无均布载荷 $q=0$,剪力图为水平线；D 点有向上集中力作用,过 D 点,剪力图向上突变 $F_D=\dfrac{5}{4}qa$；DB 段有向下的均布载荷作用 $q<0$,剪力图为通过 Ⅱ、Ⅳ 象限（向右下倾斜）的斜直线,而 $F_{S,B}=0$。

将各关键截面的剪力值列表如下：

截面	A_+	C_-	C_+	D_-	D_+	B
F_S 值	$\dfrac{3}{4}qa$	$\dfrac{3}{4}qa$	$-\dfrac{1}{4}qa$	$-\dfrac{1}{4}qa$	qa	0

于是,可得剪力图如图（b）所示。

（3）作弯矩图

从梁左端 A 开始。A 点无集中力偶作用,$M_A=0$；AC 段剪力图为正值常数,弯矩图为通过 Ⅰ、Ⅲ 象限（向右上倾斜）的斜直线；C 点有集中力偶 M_e 作用,过 C 点,弯矩图向下突变 $M_e=qa^2$；CD 段剪力图为负值常数,弯矩图为通过 Ⅱ、Ⅳ 象限（向右下倾斜）的斜直线；DB 段剪力图为通过 Ⅱ、Ⅳ 象限的斜直线（$q<0$）,弯矩图为凹口向下的二次抛物线,且 B 截面的剪力 $F_{S,B}=0$,该处弯矩图的切线为水平,弯矩图有极值。

各关键截面的弯矩值可分别由截面法求得,现列表如下：

截面	A_+	C_-	C_+	D_-	D_+	B
M 值	0	$\dfrac{3}{4}qa^2$	$-\dfrac{1}{4}qa^2$	$-\dfrac{1}{2}qa^2$	$-\dfrac{1}{2}qa^2$	0

于是,可得梁的弯矩图如图（c）所示。并注意到,在剪力图有突变的 A、C、D 处,弯矩图的切线斜率有突变,曲线不连续。

5.3-4 外伸梁 AB 及其承载情况,如图（a）所示。试应用平衡微分关系及积分关系,作梁的剪力、弯矩图。

解 （1）支座反力

$$\sum M_D=0, \qquad (q \cdot 2a)(2a)-M_e-F \cdot 3a-F_A \cdot 2a=0, \qquad F_A=2.33\text{kN}$$

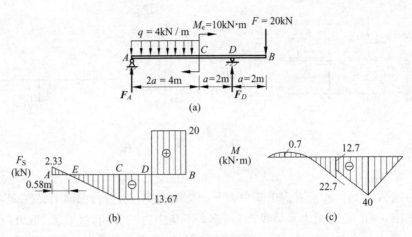

习题 5.3-4 图

$$\sum M_A = 0, \qquad F_D \cdot 3a - (q \cdot 2a)a - M_e - F \cdot 4a = 0, \qquad F_D = 33.7\text{kN}$$

（2）剪力图

从梁左端 A_- 开始。在 A 点有向上集中力 F_A 作用，过 A 点，剪力图向上突变，得 $F_{S,A_+} = F_A = 2.33\text{kN}$；$AC$ 段有向下的均布载荷 $q = -4\text{kN/m}$ 作用，剪力图为通过 II、IV 象限的斜直线，截面 C 的剪力为 $F_{S,C} = F_A + \omega_{A,C} = 2.33\text{kN} - (4 \times 4)\text{kN} = -13.67\text{kN}$；$CD$ 段无均布载荷 $q = 0$，剪力图为水平线；在 D 点有向上集中力 F_D 作用，过 D 点，剪力图向上突变，得 $F_{S,D_+} = F_{S,D_-} + F_D = -13.67\text{kN} + 33.7\text{kN} = 20\text{kN}$；$DB$ 段无均布载荷 $q = 0$，剪力图为水平线；在 B 点有向下集中力 F 作用，过 B 点，剪力图向下突变，得 $F_{S,B_+} = F_{S,B_-} - F = 0$，剪力图闭合。于是，得剪力图如图（b）所示。

（3）弯矩图

从梁左端 A 开始。由于 A 点无集中力偶作用，故 $M_A = 0$；AC 段剪力图为通过 II、IV 象限的斜直线（$q < 0$），弯矩图为凹口向下的二次抛物线。由于剪力图的斜直线在 E 点通过零点，则弯矩图在 E 点处有极值，$M_E = M_A + \Omega_{A,E} = 0\text{kN} \cdot \text{m} + \frac{1}{2} \times (2.33 \times 0.58)\text{kN} \cdot \text{m} = 0.7\text{kN} \cdot \text{m}$。而在 C 点处的弯矩为 $M_{C_-} = M_E + \Omega_{E,C} = 0.7\text{kN} \cdot \text{m} - \frac{1}{2} \times (4 - 0.58) \times 13.67\text{kN} \cdot \text{m} = -22.7\text{kN} \cdot \text{m}$；在 C 点有集中力偶 M_e 作用，过 C 点，弯矩图向上突变，$M_{C_+} = M_{C_-} + M_e = -12.7\text{kN} \cdot \text{m}$；$CD$ 段剪力图为负值水平线，弯矩图为通过 II、IV 象限的斜直线，在 D 点处的弯矩为 $M_D = M_{C_+} + \Omega_{C,D} = -12.7\text{kN} \cdot \text{m} - (13.67\text{kN}) \times (2\text{m}) = -40\text{kN} \cdot \text{m}$；$DB$ 段剪力图为正值水平线，弯矩图为通过 I、III 象限的斜直线，在 B 点处的弯矩为 $M_B = M_D + \Omega_{D,B} = -40\text{kN} \cdot \text{m} + (20\text{kN}) \times (2\text{m}) = 0$，弯矩图闭合。于是，可得弯矩图如图（c）所示。

讨论：

（1）作剪力、弯矩图时，从梁左端的左侧开始，由于左侧截面以左无载荷作用，故其剪力、弯矩均为零。然后，自左向右直至梁的右端，由于右端点右侧截面以右已无载荷，即右端右侧截面的剪力、弯矩也应均为零，即剪力图和弯矩图均应闭合。在应用微分和积分关系作图时，若剪力、弯矩图闭合，一般表明作图正确；若不闭合，则必存在错误。

（2）在弯矩图中，E 点处的剪力为零，弯矩图有极值，其切线为水平线；在 C 点处有集中力偶作用,该点处剪力值无变化,弯矩图有突变,但弯矩图在 C 点两侧的切线斜率相同;在 D 点处剪力图有突变,则弯矩图在 D 点的弯矩值虽无改变,但其两侧的切线斜率有突变。这些特征,在作图时应予以注意。

5.3-5 外伸梁 AB 及其承载情况,如图(a)所示。试应用平衡微分关系及积分关系作梁的剪力、弯矩图。

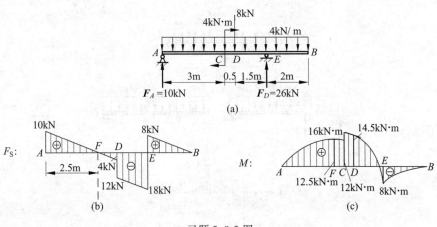

习题 5.3-5 图

解 按照上题的程序及作图方法,可得梁的剪力、弯矩图分别如图(b)和图(c)所示。关于作图的具体过程及剪力、弯矩图的正确性,请读者自行验证。

在作图中应注意的是:

(1) 由于全梁承受等值的均布载荷,因此,剪力图各段斜直线的斜率相同。

(2) 剪力图为零的 F 点位置,可由相似三角形求得。

(3) 弯矩图在剪力为零的 F 点处,其切线为水平线;在 C 点处,弯矩图有突变,但其两侧的切线斜率相同;在 D、E 点处剪力图有突变,弯矩图在该点处的数值无变化,但在其两侧的切线斜率有突变。

5.3-6 已知某梁的剪力图如图(a)所示。若梁上无集中力偶作用,试确定梁的支承、载荷及其弯矩图。

解 (1) 梁的支承及载荷

由剪力图,可推知:

① 全梁剪力图为通过 Ⅱ、Ⅳ 象限的斜直线,且两段斜直线的斜率相等,故全梁作用有向下的均布载荷,其值可由任一斜直线两截面剪力的差值除以间距求得,如取 AB 段考虑,则得

$$q = \frac{4\text{kN}}{1\text{m}} = 4\text{kN/m}$$

② 在截面 B 和 D 处,剪力图有突变,故在 B 和 D 点处有集中力作用,其值等于剪力图的突变值,即

$$F_B = 9\text{kN}, \quad F_D = 3\text{kN}$$

于是,可得梁 AD 的受力情况如图(b)所示。符合图(b)受力情况的可构筑两种梁:一

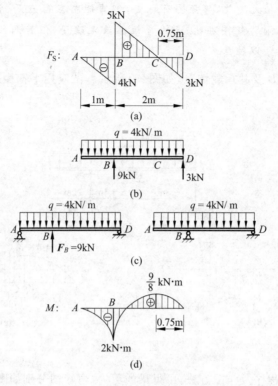

习题 5.3-6 图

种为简支梁承受均布载荷 q 和集中力 F_B；另一种为外伸梁承受均布载荷 q，如图（c）所示。

（2）梁的弯矩图

全梁的弯矩图应为两段凹口向下的二次抛物线。AB 段的曲线在截面 A 处的切线为水平（$F_{S,A}=0$），而 BD 段的曲线在截面 C 处的切线为水平（$F_{S,C}=0$）。

在截面 B 和截面 C 处的弯矩值，分别由积分关系可得

$$M_B = M_A + \Omega_{A,B} = 0 - \frac{1}{2} \times 4\text{kN} \times 1\text{m} = -2\text{kN} \cdot \text{m}$$

$$M_C = M_B + \Omega_{B,C} = -2\text{kN} \cdot \text{m} + \frac{1}{2} \times 5\text{kN} \times \frac{5}{4}\text{m} = \frac{9}{8}\text{kN} \cdot \text{m}$$

5.3-7 已知静定组合梁的弯矩图如图（a）所示。试确定梁的支座、载荷及其剪力图。

解 （1）梁及其载荷

由弯矩图，可以推知：

① 在左端 A 处，弯矩图的数值和切线斜率均有突变，故在 A 处有集中力偶 M_A 和集中力 F_A 作用。

② AC 段弯矩图为斜直线，且其斜率无变化，则该段梁上无均布载荷和集中力作用。

③ 截面 C 处弯矩图的切线斜率有突变，则该处剪力图有突变，即有集中力 F_C 作用。

④ CD 段弯矩图为凹口向下的二次抛物线，则该段有向下的均布载荷作用。且由截面 C 与截面 D_- 处弯矩的差值，可得均布载荷为

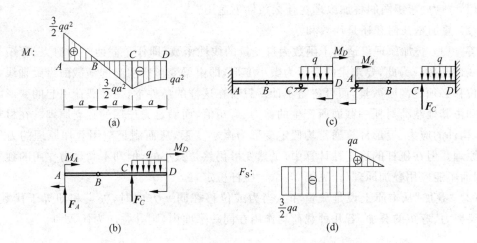

习题 5.3-7 图

$$\frac{M_C - M_{D_-}}{\frac{1}{2}a^2} = \frac{\frac{3}{2}qa^2 - qa^2}{\frac{1}{2}a^2} = q$$

⑤ 截面 D 弯矩图有突变，故截面 D 处有集中力偶 M_D 作用。而该处弯矩图的切线为水平线，故无集中力作用。

⑥ 全梁截面 B 处弯矩为零，则静定组合梁的中间铰必在 B 点处。

于是，可得梁 AD 的受力情况如图（b）所示。符合图（b）受力情况的可构筑两种静定组合梁：一是左端 A 为固定端，C 点处为可动铰支座，而右端 D 承受集中力偶 M_D；另一是左端 A 为可动铰支座，并承受集中力偶 M_A，右端 D 为固定端，在 C 点处承受集中力 F_C。分别如图（c）所示。

（2）剪力图

① AC 段弯矩图为斜直线，剪力图应为水平线，其值可通过积分关系确定。

$$M_C = M_{A_+} + \Omega_{A,C} = M_{A_+} + F_S(2a)$$

$$F_S = \frac{1}{2a}(M_C - M_{A_+}) = \frac{1}{2a}\left(-\frac{3}{2}qa^2 - \frac{3}{2}qa^2\right)$$

$$= -\frac{3}{2}qa$$

② CD 段弯矩图为凹口向下的二次抛物线，剪力图应为通过 Ⅱ、Ⅳ 象限的斜直线，且有 $F_{S,D} = 0$。则由积分关系

$$M_{D_-} = M_C + \Omega_{C,D} = M_C + \frac{1}{2}(F_{S,C_+} + F_{S,D})a$$

$$F_{S,C_+} = \frac{2(M_{D_-} - M_C)}{a} = \frac{2}{a}\left(-qa^2 + \frac{3}{2}qa^2\right) = qa$$

于是，可得梁的剪力图如图（d）所示。

*5.3-8　绘制剪力、弯矩的叠加原理表明：梁在几种载荷作用下的剪力、弯矩图，等于同一梁在每一种载荷分别作用下梁的剪力、弯矩图的叠加。试问：

（1）剪力、弯矩图的叠加原理在什么条件下适用？

（2）叠加是几何和还是代数和？

答　（1）叠加原理仅适用于函数为自变量的线性函数，即任一截面上的剪力、弯矩是载荷的线性函数。为此，要求梁的变形为微小变形，即由梁变形所引起的横截面沿梁轴线方向的线位移必须是高阶微量，而可忽略不计。只有在这样的条件下，一种载荷引起的变形才不影响到由其他载荷对任一截面所产生的剪力、弯矩值，而满足力作用的独立原理。在材料力学中，构件的应力、变形计算通常均假定变形为微小变形，从而满足应用叠加原理的力作用独立原理。但在压杆的稳定性计算中，虽然变形仍然是微小的，但却不满足力作用的独立原理，因而不能应用叠加原理（详见第 13 章　压杆稳定）。

（2）"叠加"从本质上说是矢量和。当力或位移在同一方向时，矢量和即等于代数和。对于梁剪力、弯矩的叠加，若几种载荷均作用在同一平面内，则其叠加为代数和。

第6章

弯 曲 应 力

【内容提要】

6.1　弯曲正应力　正应力强度条件

1. 纯弯曲与剪切弯曲

纯弯曲　当杆件(或杆段)各横截面上的剪力为零,而弯矩为常量时,则杆件(或杆段)的弯曲称为纯弯曲。

剪切弯曲　当杆件(或杆段)各横截面上有剪力和弯矩,且弯矩为截面位置 x 的函数时,则杆件(或杆段)的弯曲称为剪切弯曲(或横力弯曲)。

2. 中性层与中性轴

中性层　杆件弯曲变形时,其纵向线段既不伸长也不缩短的平面,称为中性层。

中性轴　中性层与横截面的交线,即横截面上正应力为零的各点的连线,称为中性轴。杆件弯曲变形时,各横截面之间绕其中性轴作相对转动。

中性轴位置　当杆件发生平面弯曲,且处于线弹性范围时,中性轴通过横截面形心,且垂直于载荷作用平面。

中性层曲率　当杆件发生平面弯曲,且处于线弹性范围时,中性层(或杆轴线)的曲率与弯矩间的物理关系为

$$\frac{1}{\rho(x)} = \frac{M(x)}{EI_z} \tag{6-1}$$

式中, $\rho(x)$ 为变形后中性层(或杆轴线)的曲率半径; $M(x)$ 为杆横截面的弯矩; E 为杆材料的弹性模量; I_z 为横截面对中性轴 z (形心主惯轴)的惯性矩;而 EI_z 为杆的弯曲刚度,表征杆件在线弹性阶段抵抗弯曲变形的能力。

3. 平面弯曲梁横截面上的正应力

分布规律　横截面上任一点处的正应力大小,与该点至中性轴的距离成正比,即正应力沿截面宽度为均匀分布、沿截面高度呈线性变化。中性轴的一侧为拉应力,另一侧为压应

力,如图 6-1 所示。

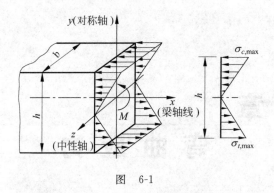

图　6-1

正应力公式

任一点应力

$$\sigma = \frac{M}{I_z} \cdot y \qquad\qquad (6\text{-}2\text{a})$$

最大应力　发生在截面上、下边缘处

$$\sigma_{max} = \frac{M}{I_z} y_{max} = \frac{M}{W_z} \qquad\qquad (6\text{-}2\text{b})$$

正应力公式的特征

(1) 公式适用于均匀连续、各向同性材料,在线弹性范围($\sigma_{max} \leqslant \sigma_p$)、小变形条件下的等截面直杆。

(2) M 为所求截面上的弯矩;I_z 为截面对中性轴 z 的惯性矩(形心主惯性矩);$W_z = \dfrac{I_z}{y_{max}}$ 称为截面的弯曲截面系数。

(3) 在纯弯曲时,横截面在弯曲变形后保持为平面,公式为精确解;在横力弯曲时,横截面不再保持平面,公式为近似解。当梁的跨高比 $\dfrac{l}{h} \geqslant 5$ 时,其相对误差 $\leqslant 2\%$。

(4) 若中性轴为截面的对称轴,则 $\sigma_{t,max} = \sigma_{c,max}$;若不是对称轴,则 $\sigma_{t,max} \neq \sigma_{c,max}$,如图 6-2 所示。

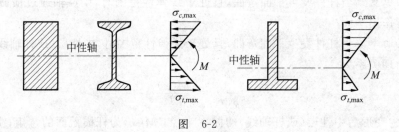

图　6-2

4. 梁的正应力强度条件

强度条件　梁内的最大工作正应力不得超过材料的许用正应力,即

$$\sigma_{max} = \frac{M_{max}}{W_z} \leqslant [\sigma] \qquad\qquad (6\text{-}3)$$

当梁内的 $\sigma_{t,\max}\neq\sigma_{c,\max}$，且材料的 $[\sigma_t]\neq[\sigma_c]$ 时，梁的拉伸和压缩强度应分别得到满足。

强度计算的三类问题

（1）强度校核

$$\sigma_{\max}=\frac{M_{\max}}{W_z}\leqslant[\sigma]$$

（2）截面设计

$$W_z\geqslant\frac{M_{\max}}{[\sigma]}\qquad\qquad 由\,W_z\,计算截面尺寸$$

（3）许可载荷计算

$$M_{\max}\leqslant[\sigma]W_z\qquad\qquad 由\,M_{\max}\,计算许可载荷值$$

6.2 弯曲切应力 切应力强度条件

1. 矩形截面梁的切应力

分布规律 切应力方向与剪力平行，大小沿截面宽度为均匀分布，沿高度呈抛物线变化，如图 6-3 所示。

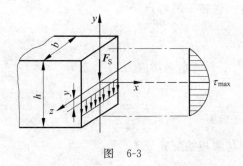

图 6-3

切应力公式

任一点切应力

$$\tau=\frac{F_S S_z^*}{b I_z}=\frac{6F_S}{bh^3}\left(\frac{h^2}{4}-y^2\right)\tag{6-4a}$$

最大切应力 发生在中性轴上各点处

$$\tau_{\max}=\frac{3}{2}\cdot\frac{F_S}{bh}\tag{6-4b}$$

式中，F_S 为截面上的剪力；S_z^* 为通过所求切应力点的横线一侧部分截面对中性轴的静矩；b 为截面的宽度；I_z 为整个截面对中性轴的惯性矩。

2. 工字形截面梁的切应力

分布规律 截面上铅垂方向的剪力主要由腹板承受（占 $95\%\sim97\%$），腹板上的切应力分布规律与矩形截面相同（即方向与剪力平行，大小沿宽度为均布、沿高度呈抛物线变化），如图 6-4 所示。翼缘部分的切应力主要为沿翼缘宽度的水平切应力（参见第 6.3 节）。

切应力公式

腹板部分 （与剪力平行的铅垂切应力）

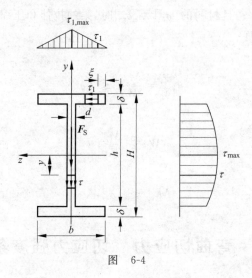

图 6-4

任一点切应力

$$\tau = \frac{F_S S_z^*}{d I_z} = \frac{F_S}{d I_z}\left[\frac{b}{8}(H^2 - h^2) + \frac{d}{2}\left(\frac{h^2}{4} - y^2\right)\right] \tag{6-5a}$$

最大切应力 发生在中性轴 z 的各点处

$$\tau_{max} = \frac{F_S S_{z,max}^*}{d I_z} \approx \frac{F_S}{d h} \tag{6-5b}$$

翼缘部分(与翼缘宽度平行的水平切应力)

任一点切应力

$$\tau_1 = \frac{F_S S_z^*}{\delta I_z} = \frac{F_S H \xi}{2 I_z} \tag{6-6a}$$

最大切应力 发生在翼缘与腹板的交界处

$$\tau_{1,max} = \frac{F_S H b}{4 I_z} \tag{6-6b}$$

式(6-5)、式(6-6)中,F_S 为截面上的剪力;S_z^* 为通过所求切应力点的横线一侧部分截面对中性轴的静矩;I_z 为整个截面对中性轴的惯性矩。式(6-5b)中 $I_z / S_{z,max}^*$ 即为型钢表中给出的 I_x / S_x。

3. 圆形截面梁的切应力

分布规律 截面上等高度各点的切应力汇交于一点,切应力沿铅垂方向的分量沿截面宽度为均匀分布,沿高度呈抛物线变化。圆环、椭圆形等截面上的切应力分布与其相同,如图 6-5 所示。

切应力公式

任一点切应力

$$\tau = \frac{\tau_y}{\cos\alpha} = \frac{F_S S_z^*}{b(y) I_z} \cdot \frac{1}{\cos\alpha} \tag{6-7a}$$

最大切应力 发生在中性轴上各点处

$$\tau_{max} = \frac{4}{3} \cdot \frac{F_S}{\pi R^2} \tag{6-7b}$$

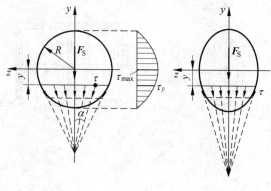

图 6-5

式中，F_S 为截面上的剪力；S_z^* 为通过所求切应力点的横线一侧部分截面对中性轴的静矩；$b(y)$ 为所求点横线的宽度；I_z 为整个截面对中性轴的惯性矩；α 为所求点与汇交点的连线与对称轴 y 间的夹角。

4. 切应力强度条件

强度条件 梁内的最大工作切应力不得超过材料的许用切应力，即

$$\tau_{max} = \frac{F_{S,max} S_{z,max}^*}{b I_z} \leqslant [\tau] \tag{6-8}$$

切应力强度计算的特征

(1) 若截面为等宽度的，则最大切应力必发生在中性轴上各点处；若截面为变宽度时，则最大切应力不一定发生在中性轴处（参见习题 6.2-7）。

(2) 切应力的强度计算同样有强度校核、截面设计和许可载荷计算三类问题，但通常以强度校核为主。

5. 梁强度问题的说明

(1) 在细长杆件的弯曲变形中，弯曲的正应力强度通常是主要的，切应力强度是次要的，因此，一般仅需考虑正应力强度。当构件较为粗短，剪力较大，而弯矩较小；或薄壁截面梁的腹板宽度较小，导致切应力较大；或梁材料（如木材）的剪切强度较小等情况下，应校核梁的切应力强度。

(2) 最大正应力发生在最大弯矩截面的上、下边缘处，该处切应力为零。最大正应力点处于单轴应力状态下，则正应力强度条件(式(6-3))适用；最大切应力通常发生在最大剪力截面的中性轴处，该处正应力为零。最大切应力点处于纯剪切应力状态下，则切应力强度条件(式(6-8))适用。若变宽度截面的最大切应力不在中性轴处，或工字形等薄壁截面的翼缘与腹板连接处，同时存在正应力和切应力，且两者均较大时，则其强度条件应按强度理论进行，参见第 9 章。

6.3 开口薄壁截面的弯曲中心

1. 开口薄壁截面梁的切应力

分布规律 切应力方向与截面的壁厚中心线相切，且沿中心线形成"顺流"，切应力的大小沿壁厚为均匀分布，如图 6-6 所示。

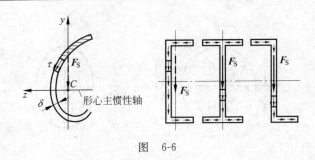

图　6-6

切应力公式

任一点的切应力为

$$\tau = \frac{F_S S_z^*}{\delta I_z} \tag{6-9}$$

式中，F_S 为截面上的剪力；S_z^* 为通过所求切应力点与壁厚中心线垂直线一侧的部分截面对中性轴的静矩；δ 为截面的壁厚；I_z 为整个截面对中性轴的惯性矩。

2. 开口薄壁截面的弯曲中心

弯曲中心　剪切弯曲时，薄壁截面梁只产生弯曲变形，不发生扭转变形，横向外力必须通过的点，称为弯曲中心。

弯曲中心的特征

(1) 弯曲中心实质上为横截面上由切应力所构成的合力作用点，因而也称为剪切中心。

(2) 弯曲中心必在截面的对称轴（或反对称轴）上。若截面具有两个对称轴（或反对称轴），则其交点即为弯曲中心。

(3) 对于匀质梁，弯曲中心位置仅与截面的几何形状、大小有关，而与载荷大小和材料性能无关。对于不同材料的组合梁，则弯曲中心还将与材料性能有关（参见习题 6.3-6）。

几种常见的开口薄壁截面的弯曲中心 A 的位置，如图 6-7 所示。

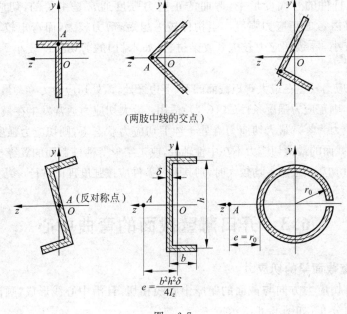

图　6-7

【习题解析】

6.1-1 梁的横截面为空心圆截面,其尺寸如图(a)所示。截面上的弯矩 $M=60\text{kN}\cdot\text{m}$,试求该截面上点 1、2 和 3 处的弯曲正应力,及正应力沿截面高度的变化规律。

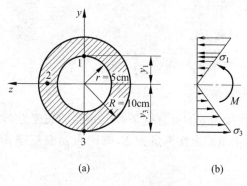

习题 6.1-1 图

解 (1) 截面对中性轴的惯性矩

$$I_z = \frac{\pi}{4}(R^4 - r^4) = \frac{\pi}{4}\left[(10\times10^{-2}\text{m})^4 - (5\times10^{-2}\text{m})^4\right]$$

$$= 73.6\times10^{-6}\text{m}^4$$

(2) 各点处的弯曲正应力

$$\sigma_1 = \frac{My_1}{I_z} = \frac{(60\times10^3\text{N}\cdot\text{m})\times(0.05\text{m})}{73.6\times10^{-6}\text{m}^4} = 40.8\text{MPa} \quad (\text{压应力})$$

$$\sigma_2 = \frac{My_2}{I_z} = 0$$

$$\sigma_3 = \frac{My_3}{I_z} = \frac{M}{W_z} = \frac{(60\times10^3\text{N}\cdot\text{m})\times(0.05\text{m})}{73.6\times10^{-6}\text{m}^4} = 81.5\text{MPa} \quad (\text{拉应力})$$

讨论:

(1) 在弯曲正应力计算中,弯矩 M 和坐标 y 均用其绝对值计算,然后根据弯矩的转向(即弯矩的正、负),由梁的变形趋势确定该点处的正应力是拉应力还是压应力。

(2) 空心圆截面对中性轴的惯性矩 $I_z = \frac{\pi}{4}(R^4 - r^4)$,即外圆的惯性矩减去内圆的惯性矩。而弯曲截面系数 $W_z \neq \frac{\pi}{4}(R^3 - r^3)$,因对于同一截面 $y_{\max}=R$ 只有一个数值,故 $W_z = \frac{\pi R^3}{4}\left[1-\left(\frac{r}{R}\right)^4\right]$。

(3) 由正应力沿截面高度的分布规律,确定某一点处的正应力后,其余不同高度各点处的正应力也可由比例关系确定。

6.1-2 任意形状截面的梁,已知梁在 xy 平面发生平面弯曲,其弯曲正应力可按下式计算

$$\sigma = \frac{M}{I_z}y$$

试证明其中性轴 z 必通过截面形心（如图），且轴 y、z 为截面的形心主惯性轴。

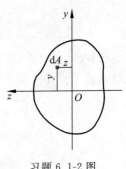

解　在截面上任取微面积 dA，则由应力合成等于内力的静力学关系

$$F_N = \int_A \sigma dA = \frac{M}{I_z}\int_A y dA = \frac{M}{I_z} \cdot S_z = 0$$

由 $S_z = 0$，故中性轴 z 必通过截面形心。

$$M_y = \int_A \sigma dA \cdot z = \frac{M}{I_z}\int_A yz dA = \frac{M}{I_z} \cdot I_{yz} = 0$$

习题 6.1-2 图

由 $I_{yz} = 0$，故坐标轴 y、z 为截面的形心主惯性轴。

6.1-3　一厚度为 δ、宽度为 b 的薄直钢条 AB，钢条的长度为 l，A 端夹在半径为 R 的刚性座上，如图（a）所示。设钢条的弹性模量为 E，密度为 ρ，且壁厚 $\delta \ll R$，试求钢条与刚性座贴合的长度。

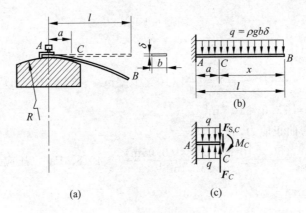

习题 6.1-3 图

解　设钢条与刚性座贴合段 AC 的长度为 a，则在小变形情况下，有（图（b））

$$\frac{1}{R} = \frac{M_C}{EI_z} = \frac{qx^2}{2EI_z}$$

钢条单位长度的重量 $q = \rho gb\delta$，而截面对中性轴的惯性矩 $I_z = \dfrac{b\delta^3}{12}$，于是得

$$x = \sqrt{\frac{2EI_z}{Rq}} = \delta\sqrt{\frac{E}{6\rho gR}}$$

即钢条与刚性座贴合的长度为

$$a = l - x = l - \delta\sqrt{\frac{E}{6\rho gR}}$$

讨论：

值得注意的是，钢条的 AC 段若与刚性座保持贴合，则 AC 段内各横截面上的弯矩应保持为常量 M_C。因此，钢条 AC 段除刚性座的均匀分布反力，以抵消由钢条自重引起的弯矩外，在 C 点处还将有集中反力 $F_C = F_{S,C} = qx$，以抵消由 CB 段自重引起的剪力。从而保证钢条 AC 段与刚性座贴合的变形几何相容条件 $\dfrac{1}{\rho} = \dfrac{1}{R}$，即 AC 段各横截面上的剪力为零和

弯矩为常量 M_C（参见习题 6.1-12）。

6.1-4 一 T 字形截面的悬臂梁的尺寸及其承载如图（a）所示。为使梁内最大拉应力与最大压应力之比为 $1/2$，试求：

（1）水平翼缘的宽度及梁内的最大拉应力。

（2）最大应力截面上拉应力合力大小与作用点、压应力合力大小与作用点，及两者的合力矩大小。

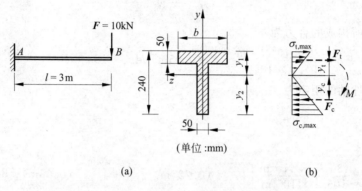

(a) (b)

习题 6.1-4 图

解 （1）中性轴位置

为满足最大拉应力与最大压应力之比为 $1/2$，则由

$$\frac{\sigma_{t,max}}{\sigma_{c,max}} = \frac{y_1}{y_2} = \frac{1}{2}$$

$$y_1 + y_2 = 240\text{mm}$$

解得

$$y_1 = 80\text{mm}, \quad y_2 = 160\text{mm}$$

（2）翼缘宽度

由截面对中性轴的静矩为零

$$S_z = (b \times 0.05\text{m})\left(y_1 - \frac{0.05\text{m}}{2}\right) - (0.19\text{m} \times 0.05\text{m}) \times \left(y_2 - \frac{0.19\text{m}}{2}\right) = 0$$

解得翼缘的宽度为

$$b = 0.225\text{m}$$

（3）最大拉应力

最大拉应力发生在固定端截面 A 的上边缘各点处，其值由

$$I_z = \frac{0.225\text{m} \times (0.05\text{m})^3}{12} + (0.225\text{m} \times 0.05\text{m}) \times (0.055\text{m})^2 +$$

$$\frac{0.05\text{m} \times (0.19\text{m})^3}{12} + (0.05\text{m} \times 0.19\text{m}) \times (0.065\text{m})^2$$

$$= 105.1 \times 10^{-6}\,\text{m}^4$$

得最大拉应力为

$$\sigma_{t,max} = \frac{M_{max}}{I_z}y_1 = \frac{(10 \times 10^3\,\text{N}) \times 3\text{m}}{105.1 \times 10^{-6}\,\text{m}^4} \times 0.08\text{m}$$

$$= 22.8 \times 10^6 \mathrm{Pa} = 22.8 \mathrm{MPa}$$

（4）应力合成

由拉应力所构成的合力为

$$F_t = \frac{30 \times 10^3 \mathrm{N \cdot m}}{105.1 \times 10^{-6} \mathrm{m^4}} \left[\int_0^{0.03m} (0.05m) y \mathrm{d}y + \int_{0.03m}^{0.08m} (0.225m) y \mathrm{d}y \right] = 183 \times 10^3 \mathrm{N}$$

其作用点距中性轴的距离为（图(b)）

$$y_t = \frac{2}{3} y_1$$

由压应力所构成的合力为

$$F_c = \frac{30 \times 10^3 \mathrm{N \cdot m}}{105.1 \times 10^{-6} \mathrm{m^4}} \int_0^{0.16m} (0.05m) y \mathrm{d}y = 183 \times 10^3 \mathrm{N} = F_t$$

其作用点距中性轴的距离为

$$y_c = \frac{2}{3} y_2$$

合力矩为

$$M = \frac{30 \times 10^3 \mathrm{N \cdot m}}{105.1 \times 10^{-6} \mathrm{m^4}} \left[\int_{-0.08m}^{-0.03m} (0.225m) y^2 \mathrm{d}y + \int_{-0.03m}^{0.16m} (0.05m) y^2 \mathrm{d}y \right]$$

$$= 30 \times 10^3 \mathrm{N \cdot m} = M_A$$

也即，最大应力截面上的应力合成满足

$$F_N = F_t - F_c = 0$$

$$M = M_A$$

6.1-5　高度 $l = 10\mathrm{m}$、截面为正方形的旗杆，杆顶的截面为 $5\mathrm{cm} \times 5\mathrm{cm}$，杆底截面为 $15\mathrm{cm} \times 15\mathrm{cm}$。在杆顶部沿水平方向承受集中力 $F = 1\mathrm{kN}$，力 F 在水平面内的方向可任意变化，如图所示。试求当杆内的最大弯曲正应力为最大时，力 F 的作用方向和最大应力的截面位置及其数值。

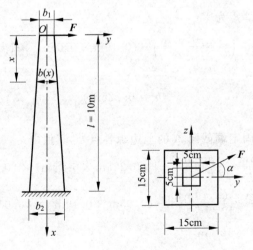

习题 6.1-5 图

解　（1）集中力 F 的作用方向

设正方形截面的边长为 b。对于正方形截面,通过形心的任一轴均为形心主惯性轴,且其形心主惯性矩相同,均等于

$$I_z = \frac{b^4}{12}$$

由弯曲截面系数 $W_z = \dfrac{I_z}{y_{max}}$ 可见,当集中力 F 沿截面对角线方向($\alpha = \pm 45°$)作用时,y_{max} 为最大,即 W_z 为最小。也就是说,当集中力 F 沿截面对角线方向作用时,对于同一截面而言,其最大应力为最大,其值为

$$\sigma_{max} = \frac{M}{W_{z,min}} = \frac{6\sqrt{2}M}{b^3}$$

(2)最大正应力的截面位置及其数值

取参考坐标系 Oxy,对于任一截面,有

$$M(x) = Fx$$

$$b(x) = b_1 + \frac{b_2 - b_1}{l}x = (5+x) \times 10^{-2}\,\text{m}$$

得

$$(\sigma_{max})_x = \frac{6\sqrt{2}Fx}{\left(b_1 + \dfrac{b_2 - b_1}{l}x\right)^3} = \frac{6\sqrt{2}Fx \times 10}{(5+x)^3\,\text{m}^3}$$

由

$$\frac{\mathrm{d}(\sigma_{max})_x}{\mathrm{d}x} = 6\sqrt{2}F \times 10^6 \left[\frac{(5+x)^3 - 3x(5+x)^2}{(5+x)^6}\right] = 0$$

$$5 - 2x = 0, \quad x = 2.5\,\text{m}$$

即最大正应力发生在距杆顶 $x = 2.5\,\text{m}$ 的截面上的角点处,其值为

$$\sigma_{max} = \frac{6\sqrt{2} \times (1 \times 10^3\,\text{N}) \times (2.5\,\text{m}) \times 10^6}{(5\text{m} + 2.5\text{m})^3}$$

$$= 50.3 \times 10^6\,\text{Pa} = 50.3\,\text{MPa}$$

6.1-6 我国宋朝李诫所著《营造法式》中,规定木梁截面的高宽比 $h/b = 3/2$(图(a)),试从弯曲强度的观点,证明该规定为由直径为 d 的圆木中锯出矩形截面梁的合理比值。

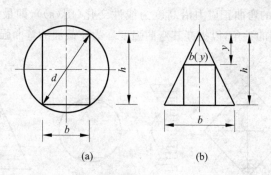

(a)   (b)

习题 6.1-6 图

证 要求矩形截面梁的强度为最大,则所取矩形截面的弯曲截面系数 W_z 应为最大。

$$b^2 + h^2 = d^2$$

$$W_z = \frac{bh^2}{6} = \frac{b(d^2 - b^2)}{6}$$

由

$$\frac{\mathrm{d}W_z}{\mathrm{d}b} = \frac{1}{6}(d^2 - 3b^2) = 0$$

$$b = \frac{d}{\sqrt{3}}, \quad h = \sqrt{\frac{2}{3}}d$$

于是,得从圆木中锯出强度最大的矩形截面梁的最佳高宽比为

$$\frac{h}{b} = \sqrt{2} \approx \frac{3}{2}$$

古代建筑中的木梁都由圆木锯得,可见,《营造法式》中的规定是合理的。

讨论:

(1) 若要求从圆木中锯出的矩形截面梁的弯曲刚度 EI_z 为最大,则由

$$I_z = \frac{bh^3}{12} = \frac{\sqrt{d^2 - h^2} \cdot h^3}{12}$$

由 $\frac{\mathrm{d}I_z}{\mathrm{d}h} = 0$,可得 $h = \frac{\sqrt{3}}{2}d, b = \frac{d}{2}$。因此,刚度最大的最佳高宽比为

$$\frac{h}{b} = \sqrt{3}$$

而《营造法式》中规定的 $\frac{h}{b} = \frac{3}{2}$ 介于 $\sqrt{2}$ 与 $\sqrt{3}$ 之间,可见其合理性。

(2) 同理,若从高为 h、宽为 b 的等腰三角形中,截取强度最大的矩形截面(图(b)),则由

$$b(y) = \frac{b}{h}y$$

$$W_z = \frac{b(y)(h-y)^2}{6} = \frac{bh}{6}y(h-y)^2$$

由 $\frac{\mathrm{d}W_z}{\mathrm{d}y} = 0$,可得 $b(y) = \frac{b}{3}, h(y) = \frac{2}{3}h$。

6.1-7 一边长为 a 的正方形截面,当载荷作用在对角线平面时,其弯曲强度为最小(参见习题 6.1-5),而截面上的弯曲正应力沿高度为线性变化(图(a)),即最大应力处的材料最少。为此,可截去上、下两端的尖角,以提高其弯曲强度。为使截面的弯曲强度为最大,试求:

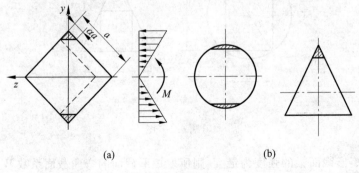

(a)   (b)

习题 6.1-7 图

(1) 应截去尖角的尺寸 α 值。

(2) 截去尖角后,弯曲截面系数 W_z 增大的比值。

解 (1) 弯曲强度为最大时的 α 值

当截去边长为 αa 的两端尖角时

$$I_z = \frac{(1-\alpha)^4 a^4}{12} + 2\left[\frac{1}{3}(\sqrt{2}\alpha a)\frac{(1-\alpha)^3 a^3}{(\sqrt{2})^3}\right]$$

$$= \frac{a^4}{12}(1-\alpha)^3(1+3\alpha)$$

$$W_z = \frac{I_z}{y_{\max}} = \frac{\sqrt{2}}{12}a^3(1-\alpha)^2(1+3\alpha)$$

令 $\dfrac{\mathrm{d}W_z}{\mathrm{d}\alpha}=0$,得

$$\frac{\mathrm{d}W_z}{\mathrm{d}\alpha} = \frac{\sqrt{2}}{12}a^3\left[3(1-\alpha)^2 - 2(1-\alpha)(1+3\alpha)\right] = 0$$

$$\alpha = 1(\text{不合理}),\quad \alpha = \frac{1}{9}$$

(2) 截去后,W_z 增大的比值

截去 $\alpha=\dfrac{1}{9}$ 的尖角后的弯曲截面系数为

$$W_{z,\max} = \frac{\sqrt{2}}{12}a^3\left(1-\frac{1}{9}\right)^2 \times \left(1+\frac{3}{9}\right) = \frac{64\sqrt{2}a^3}{729}$$

未截去尖角时的弯曲截面系数为

$$W_z = \frac{I_z}{y_{\max}} = \frac{\sqrt{2}a^3}{12}$$

因此,截去 $\alpha=\dfrac{1}{9}$ 的尖角后,弯曲截面系数增大的比值为

$$\frac{W_{z,\max} - W_z}{W_z} = 5.35\%$$

讨论:

在工程实际中,对于截面上、下端较小的截面,诸如圆形、三角形等截面(图(b)),都可在截面的上、下端适当地截去一小部分,以增大截面的弯曲截面系数,提高梁的弯曲强度。但弯曲截面系数增大的比例有多大,是否有实际意义,还应根据不同形状的截面区别对待。如对圆形截面,截面系数 W_z 的增大小于 1%,就没有实际意义了。

6.1-8 T 字形截面的铸铁梁 AB,其截面尺寸及其承载情况如图(a)所示。铸铁的许用拉应力 $[\sigma_t]=40\text{MPa}$,许用压应力 $[\sigma_c]=100\text{MPa}$,试校核梁的正应力强度。

解 (1) 作梁的弯矩图

由静力平衡条件(图(a)),得支座反力为

$$\sum M_B = 0, \qquad \left(q\frac{l}{2}\right)\left(l+\frac{l}{4}\right) + F\frac{l}{4} - F_C l = 0$$

$$F_C = 30\text{kN}$$

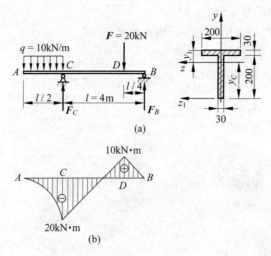

习题 6.1-8 图

$$\sum M_C = 0, \qquad \left(q\,\frac{l}{2}\right) \cdot \frac{l}{4} - F \cdot \frac{3}{4}l + F_B l = 0$$

$$F_B = 10\text{kN}$$

绘得梁的弯矩图如图(b)所示。

（2）截面几何性质

$$y_C = \frac{(20 \times 10^{-2}\text{m}) \times (3 \times 10^{-2}\text{m}) \times (10 \times 10^{-2}\text{m}) + (20 \times 10^{-2}\text{m}) \times (3 \times 10^{-2}\text{m}) \times (21.5 \times 10^{-2}\text{m})}{2 \times (20 \times 10^{-2}\text{m}) \times (3 \times 10^{-2}\text{m})}$$

$$= 15.75 \times 10^{-2}\text{m}$$

$$I_z = \frac{(3 \times 10^{-2}\text{m}) \times (20 \times 10^{-2}\text{m})^3}{12} + (60 \times 10^{-4}\text{m}^2) \times (5.75 \times 10^{-2}\text{m})^2 +$$

$$\frac{(20 \times 10^{-2}\text{m}) \times (3 \times 10^{-2}\text{m})^3}{12} + (60 \times 10^{-4}\text{m}^2) \times (5.75 \times 10^{-2}\text{m})^2$$

$$= 6013 \times 10^{-8}\text{m}^4$$

（3）强度校核

截面 C：由 $M_C = -20\text{kN} \cdot \text{m}$, $y_1 = 7.25\text{cm}$, $y_c = 15.75\text{cm}$,得

$$\sigma_{t,\text{max}} = \frac{M_C}{I_z} \cdot y_1 = \frac{(20 \times 10^3\text{N} \cdot \text{m}) \times (7.25 \times 10^{-2}\text{m})}{6013 \times 10^{-8}\text{m}^4} = 24.1 \times 10^6\text{Pa}$$

$$= 24.1\text{MPa} < [\sigma_t]$$

$$\sigma_{c,\text{max}} = \frac{M_C}{I_z} \cdot y_C = 52.4\text{MPa} < [\sigma_c]$$

截面 D：由 $M_D = 10\text{kN} \cdot \text{m}$, $y_1 = 7.25\text{cm}$, $y_C = 15.75\text{cm}$,得

$$\sigma_{t,\text{max}} = \frac{M_D}{I_z} \cdot y_C = 26.2\text{MPa} < [\sigma_t]$$

$$\sigma_{c,\text{max}} = \frac{M_D}{I_z} \cdot y_1 = 12.1\text{MPa} < [\sigma_c]$$

所以,梁满足正应力强度要求。

讨论:

若将截面倒置(翼缘在下),则不难看出,梁的最大拉应力将发生在截面 C 的上边缘(腹板顶部),其值为

$$\sigma_{t,max} = \frac{M_C}{I_z} \cdot y_C = 52.4\text{MPa} > [\sigma_t]$$

超出了材料的许用拉应力,不满足强度要求。因此,对于材料的许用拉、压应力不等,且截面的中性轴为非对称轴的梁,应注意梁(截面)的正确放置。

6.1-9 一桥式起重机,其移动机架及绞车等附属设备的自重 $P = 50\text{kN}$,最大起重量 $F = 10\text{kN}$,起重机大梁由两根工字钢组成。起重机各部分尺寸如图(a)所示,若不计梁的自重,且两根工字钢的受力相同,材料的许用正应力 $[\sigma] = 160\text{MPa}$,试按正应力强度条件选取工字钢型号。

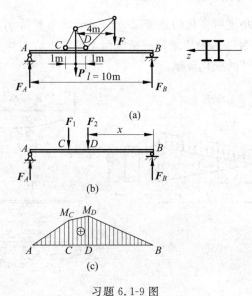

习题 6.1-9 图

解 (1) 梁的计算简图

起重机架对梁的作用力,由静力平衡条件可得

$$F_1 = 10\text{kN}, \quad F_2 = 50\text{kN}$$

于是,得梁的计算简图如图(b)所示。

(2) 梁内最大弯矩为最大时的截面位置及其数值

梁承受两个集中力作用时,弯矩图由三段斜直线组成(图(c))。由于 $F_2 > F_1$,显然,最大弯矩的最大值将发生在 F_2 作用处的截面 D。

设最大弯矩为最大时,截面 D 距右支座 B 的距离为 x。则截面 D 的弯矩为

$$M_D = F_B x = \frac{F_2(l-x) + F_1(l-x-2\text{m})}{l} x$$

$$= 58x - 6x^2 \text{kN} \cdot \text{m}$$

由 $\dfrac{\mathrm{d}M_D}{\mathrm{d}x} = 0$,得起重机架的最不利位置为

$$x = \frac{58}{12} = \frac{29}{6}\text{m}$$

得梁内最大弯矩的最大值为

$$M_{D,\max} = 140.2\text{kN} \cdot \text{m}$$

（3）截面设计

由强度条件，得

$$W_z \geqslant \frac{M_{D,\max}}{[\sigma]}$$

$$W_{z_1} = \frac{W_z}{2} \geqslant \frac{M_{D,\max}}{2[\sigma]} = \frac{140.2 \times 10^3 \text{N} \cdot \text{m}}{2 \times (160 \times 10^6 \text{Pa})}$$

$$= 438 \times 10^{-6}\text{m}^3 = 438\text{cm}^3$$

由型钢表，选取两根 27a 号工字钢（$W = 485\text{cm}^3$）。

6.1-10　宽度为 b、高度可变化的悬臂梁 AB，承受均布载荷 q，如图（a）所示。设梁的长度为 l，材料的许用应力为 $[\sigma]$，为使梁每一横截面上的最大应力均等于许用应力，试求截面的最大高度及高度沿梁轴的变化规律。

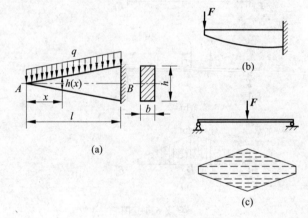

习题 6.1-10 图

解　（1）最大高度

最大弯矩发生在固定端截面 B，由强度条件，得

$$\sigma_{\max} = \frac{M_{\max}}{W} = \frac{3ql^2}{bh^2} \leqslant [\sigma]$$

所以，梁截面的最大高度为

$$h = \sqrt{\frac{3q}{b[\sigma]}} \cdot l$$

（2）高度变化规律

取距自由端为 x 的任一截面，其截面高度为 $h(x)$，由强度条件，得

$$\sigma_{\max} = \frac{M(x)}{W(x)} = \frac{3qx^2}{bh^2(x)} \leqslant [\sigma]$$

$$h(x) = \sqrt{\frac{3q}{b[\sigma]}} \cdot x$$

即截面高度 $h(x)$ 呈线性变化。

讨论：

(1) 梁每一横截面上的最大应力相等，均等于材料的许用应力，称为等强度梁。等强度梁可节省材料，减轻构件的自重，并增大构件的变形，工程中多有采用。

(2) 宽度不变、高度变化，在自由端承受集中载荷的等强度悬臂梁(图(b))，其截面高度 $h(x)$ 呈抛物线变化(自由端截面的最小高度由切应力强度确定)。工程中摇臂钻床的外伸臂，厂房建筑中的鱼腹梁等即属于这种情况。

(3) 高度不变、宽度变化，在跨中承受集中载荷的等强度简支梁(图(c))，其宽度 $b(x)$ 呈线性变化(两端支座截面的最小宽度由切应力强度确定)。工程中的叠板弹簧即由高度不变、宽度变化的等强度简支梁，并将梁沿宽度截成条状叠合而成。因此，叠板弹簧不允许将叠合的板条焊接(或铆接)成整体。

6.1-11 一矩形截面 $b \times h$ 的等直梁，两端承受外力偶矩 M_e(图(a))。已知梁中性层上无应力，若将梁沿中性层锯开而成两根截面为 $b \times \dfrac{h}{2}$ 的梁，但将两梁仍叠合在一起，并承受相同的外力偶矩 M_e(图(b))。试问：

(1) 锯开前、后，两者的最大弯曲应力和弯曲刚度有否改变？

(2) 为什么锯开前、后，两者的工作情况不同？锯开后，可采取什么措施以保证其工作状态不变？

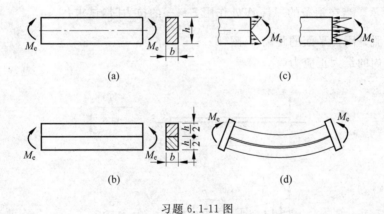

(a)   (c)

(b)   (d)

习题 6.1-11 图

解 (1) 锯开前、后，梁的最大弯曲应力与弯曲刚度

锯开前，梁为矩形截面 $b \times h$，其

最大弯曲应力
$$(\sigma_{\max})_1 = \frac{M}{W_z} = \frac{6M_e}{bh^2}$$

弯曲刚度
$$(EI_z)_1 = \frac{Ebh^3}{12}$$

锯开后，两根截面为 $b \times \dfrac{h}{2}$ 的梁独立作用，每梁承受 $M_e/2$，故叠合梁的

最大弯曲应力
$$(\sigma_{\max})_2 = \frac{M}{W_z} = \frac{M_e/2}{b\left(\dfrac{h}{2}\right)^2 / 6} = \frac{12M_e}{bh^2}$$

弯曲刚度
$$(EI_z)_2 = 2E\frac{b\left(\dfrac{h}{2}\right)^3}{12} = \frac{Ebh^3}{48}$$

锯开前、后，最大弯曲应力和弯曲刚度的比值分别为
$$(\sigma_{max})_1/(\sigma_{max})_2 = 1/2$$
$$(EI_z)_1/(EI_z)_2 = 4/1$$

即锯开后的叠合梁，最大弯曲应力增加 1 倍，而弯曲刚度降为 1/4。

（2）锯开前、后的工作状态

由于中性层上没有应力，应可沿中性层锯开，而不影响梁的应力和变形。现在的问题是，锯开后改变了梁端的加力条件。锯开前，梁截面上的弯曲正应力与距中性轴的距离成正比；而锯开后，上、下梁独立作用，变形后在两梁的叠合面（即原中性层）将产生相对位移。则每一梁的弯曲正应力与其自身中性轴的距离成正比（相当于宽度为 $2b$、高度为 $h/2$ 的梁的工作情况），分别如图（c）所示。也即梁在锯开前、后，虽然两端的外力偶矩均等于 M_e，但组成 M_e 的梁端加力条件却不相同。通常在材料力学中并不讨论组成力矩的外力分布规律，但在本题中正是由于梁端的外力分布规律的不同，而导致最大弯曲应力和弯曲刚度的差异。

若保证梁端的外力分布规律与原来的整体梁相同，例如锯开后，在其两端加上刚性约束，如图（d）所示。则锯开前、后，梁的工作状态（梁内应力和变形）也将保持不变。

6.1-12　一宽度为 b、厚度为 δ、长度为 l、总重量为 P 的匀质薄钢条，放在刚性的平面上，如图（a）所示。当在钢条的一端 A 处作用 $F = \dfrac{P}{3}$ 的拉力时，试求：

（1）钢条脱开刚性平面的距离 d（图（b））。

（2）钢条内的最大正应力。

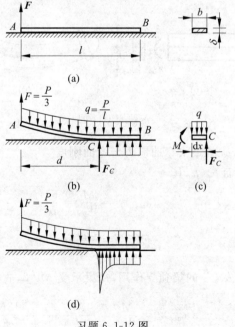

习题 6.1-12 图

解 (1) 脱开距离

A 端受力 F 后,若钢条的 AC 段被提起,而 CB 段仍与刚性平面接触。则由截面 C 处曲率为零的变形几何相容条件,得

$$\frac{1}{\rho} = \frac{M_C}{EI_z} = 0$$

$$M_C = Fd - \frac{1}{2}qd^2 = \frac{P}{3}d - \frac{1}{2} \cdot \frac{P}{l}d^2 = 0$$

$$3d^2 - 2ld = 0$$

$$d = 0(\text{不合理}), \quad d = \frac{2}{3}l$$

(2) 最大正应力

在截面 C 处,由变形几何相容条件及曲率-力矩间物理关系,已知 $M_C = 0$,而由 AC 段的静力平衡条件,得

$$\sum F_y = 0, \qquad\qquad F_C + F - qd = 0$$

$$F_C = \left(\frac{P}{l}\right)\left(\frac{2}{3}l\right) - \frac{P}{3} = \frac{P}{3}$$

即在截面 C 处,刚性平面有集中反力 F_C。于是,钢条的 AC 段可视作长度为 d、承受均布载荷 q 的简支梁。最大正应力将发生在 AC 段中间截面的上、下边缘处,其值为

$$\sigma_{\max} = \frac{M_{\max}}{W_z} = \frac{\dfrac{1}{8}qd^2}{\dfrac{1}{6}b\delta^2} = \frac{Pl}{3b\delta^2}$$

讨论:

在截面 C 处,刚性平面将有集中反力 F_C。这一集中反力似乎不可理解,但却是既符合变形的几何相容条件,又符合力的平衡条件。若取截面 C 左侧微段 dx 来考虑(图(c)),由钢条自重将在其左端截面引起负弯矩,而 AC 段的曲率为正,其左端截面必须有相应的正弯矩,因此,在截面 C 应有一较大的集中力,以保证其左侧截面具有正的弯矩(参见习题 6.1-3)。

事实上,集中反力的出现,是因为忽略了剪力的影响。若考虑剪力的影响,则可得刚性平面反力的分布情况如图(d)所示,且截面 C 附近反力的"集中"程度随剪切刚度的增大而加强(参见习题 7.3-10)。

6.1-13 一矩形截面 $b \times h$ 的简支梁,如图(a)所示。梁上边缘的温度为 t_0,下边缘为 t_1,已知 $t_1 - t_0 = 50℃$,且沿梁的高度温度成线性变化。梁的材料为钢,其线膨胀系数 $\alpha = 12 \times 10^{-6}(℃)^{-1}$,试求由温度场引起的曲率半径 ρ。

解 由于温度沿梁高度成线性变化,故中性层 0—0 的温度为 $\dfrac{t_0 + t_1}{2}$,则距中性层为 y 的纵向线段 n—n(图(b))的温度为

$$t = \frac{t_0 + t_1}{2} + \frac{t_1 - t_0}{h}y$$

由温度-伸长间的物理关系,得线段 n—n 相对于中性层 0—0 的线应变为

$$\varepsilon = \alpha\left(t - \frac{t_0 + t_1}{2}\right) = \alpha\left(\frac{t_1 - t_0}{h}\right)y$$

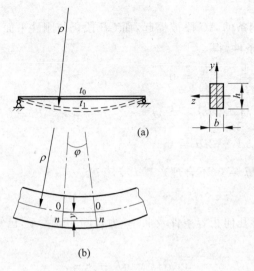

习题 6.1-13 图

由变形的几何相容条件(图(b)),得线段 $n—n$ 相对于中性层 $0—0$ 的线应变与曲率间的关系为

$$\varepsilon = \frac{(\rho + y)\varphi - \rho\varphi}{\rho\varphi} = \frac{y}{\rho}$$

即得,梁的曲率半径为

$$\rho = \frac{h}{\alpha(t_1 - t_0)} = \frac{h}{12 \times 10^{-6}(\text{℃})^{-1} \times 50\text{℃}} = \frac{h}{6 \times 10^{-4}}$$

*6.1-14　混凝土为拉伸强度远小于压缩强度的脆性材料,为此,工程中普遍采用钢筋混凝土梁。设计中假设混凝土仅承受压应力,而拉应力均由钢筋承受。今有矩形截面的钢筋混凝土梁,宽度为 b,钢筋至上、下边缘的距离分别为 d 和 e,钢筋的总面积为 A_s,截面上的弯矩为 M,如图(a)所示。设混凝土和钢筋的弹性模量分别为 E_c 和 E_s,试证明:

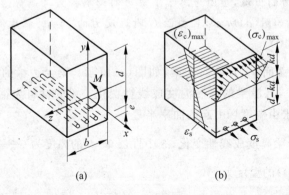

习题 6.1-14 图

(1) 截面的中性轴距梁上边缘的距离为 kd,而因数 k 由下式确定:

$$E_s(d - kd)A_s - E_c \frac{b(kd)^2}{2} = 0$$

（2）钢筋的拉应力和混凝土的最大压应力分别为

$$\sigma_{\mathrm{s}} = \frac{M}{A_{\mathrm{s}}d\left(1-\dfrac{k}{3}\right)}, \quad (\sigma_{\mathrm{c}})_{\max} = \frac{2M}{kbd^2\left(1-\dfrac{k}{3}\right)}$$

解 （1）中性轴位置

设平面假设成立，则由变形几何相容条件，得截面上各点纵向线应变呈线性规律变化（图(b)），即

$$\varepsilon = \frac{y}{\rho}$$

由应力-应变间物理关系，即在线弹性条件下的胡克定律，得混凝土和钢筋内的应力分别为

$$\sigma_{\mathrm{c}} = E_{\mathrm{c}}\frac{y}{\rho}, \quad \sigma_{\mathrm{s}} = E_{\mathrm{s}}\frac{d-kd}{\rho}$$

混凝土所受压应力呈线性分布，钢筋内的拉应力为均匀分布（图(b)）。

由横截面上 x 方向合力为零的静力学关系，即得中性轴位置为

$$F_{\mathrm{N}} = \sigma_{\mathrm{s}}A_{\mathrm{s}} - \int_0^{kd} \sigma_{\mathrm{c}}b\mathrm{d}y = \frac{d-kd}{\rho}E_{\mathrm{s}}A_{\mathrm{s}} - E_{\mathrm{c}}\frac{b}{\rho}\cdot\frac{(kd)^2}{2} = 0$$

所以
$$E_{\mathrm{s}}(d-kd)A_{\mathrm{s}} - E_{\mathrm{c}}\frac{b(kd)^2}{2} = 0$$

（2）应力公式

由横截面上应力对 z 轴力矩的总和等于弯矩的静力学关系，得

$$M = \sigma_{\mathrm{s}}A_{\mathrm{s}}(d-kd) + \int_0^{kd}\sigma_{\mathrm{c}}yb\mathrm{d}y$$

$$= \frac{1}{\rho}\left[E_{\mathrm{s}}(d-kd)^2A_{\mathrm{s}} + E_{\mathrm{c}}\frac{b(kd)^3}{3}\right]$$

所以
$$\frac{1}{\rho} = \frac{M}{E_{\mathrm{s}}(d-kd)^2A_{\mathrm{s}} + E_{\mathrm{c}}b(kd)^3/3}$$

将曲率代入应力-曲率物理关系式，并注意到，由中性轴方程可得 $E_{\mathrm{s}}(d-kd)A_{\mathrm{s}} = E_{\mathrm{c}}b(kd)^2/2$，于是，即得钢筋应力和混凝土的最大应力分别为

$$\sigma_{\mathrm{s}} = E_{\mathrm{s}}(d-kd)\frac{M}{E_{\mathrm{s}}(d-kd)A_{\mathrm{s}}\left(1-\dfrac{k}{3}\right)d} = \frac{M}{A_{\mathrm{s}}d(1-k/3)}$$

$$(\sigma_{\mathrm{c}})_{\max} = E_{\mathrm{c}}kd\frac{M}{E_{\mathrm{c}}\dfrac{b(kd)^2}{2}\left(1-\dfrac{k}{3}\right)d} = \frac{2M}{kbd^2(1-k/3)} \qquad \text{即证}$$

讨论：

本题及习题 6.1-15、习题 6.1-16、习题 6.1-17 的求解过程与推导纯弯曲匀质梁横截面上正应力的过程是一致的。即由变形几何相容条件（平面假设），写出横截面上任一点处的纵向线应变；由力-变形间物理关系，得横截面上任一点处的正应力；最后，由应力合成等于内力的静力学关系，求解中性轴位置和应力计算公式。也就是应用几何、物理、静力学三方面的方法。

*6.1-15 由两种材料组成的矩形截面梁，其上部分为材料 1，截面积为 A_1，弹性模量为 E_1；下部分为材料 2，截面积为 A_2，弹性模量为 E_2，且 $E_2 > E_1$，如图(a)所示。若平面假

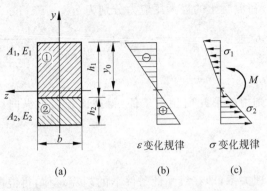

习题 6.1-15 图

设依然成立，试推导在线弹性范围内，纯弯曲时横截面上的正应力计算公式。

解 由于材料 1 与材料 2 不同，且 $E_2 > E_1$，显然，中性轴 z 不可能是截面的几何对称轴，而必偏于材料弹性模量较大的一侧。设截面的中性轴为轴 z，其位置待定。

（1）变形几何相容条件 由平面假设，截面上各点的纵向线应变 ε_x 与该点至中性轴的距离 y 成正比，如图（b）所示，即

$$\varepsilon_x = \frac{y}{\rho}$$

（2）力-变形间物理关系 在线弹性范畴，由胡克定律，材料 1、材料 2 各点处的应力分别为

$$\sigma_{x1} = E_1\varepsilon_x = \frac{E_1}{\rho}y, \quad \sigma_{x2} = E_2\varepsilon_x = \frac{E_2}{\rho}y$$

（3）静力学关系 由应力合成等于内力的静力学关系，确定中性轴位置及曲率

由
$$F_N = \int_{A_1} \sigma_{x1}\,\mathrm{d}A + \int_{A_2} \sigma_{x2}\,\mathrm{d}A = \frac{E_1}{\rho}\int_{A_1} y\,\mathrm{d}A + \frac{E_2}{\rho}\int_{A_2} y\,\mathrm{d}A = 0$$

令 $\int_{A_1} y^2\,\mathrm{d}A = S_{z1}$，$\int_{A_2} y^2\,\mathrm{d}A = S_{z2}$，即得确定中性轴位置的条件为

$$E_1 S_{z1} + E_2 S_{z2} = 0 \tag{1}$$

由
$$M = \int_{A_1} \sigma_{x1} y\,\mathrm{d}A + \int_{A_2} \sigma_{x2} y\,\mathrm{d}A = \frac{E_1}{\rho}\int_{A_1} y^2\,\mathrm{d}A + \frac{E_2}{\rho}\int_{A_2} y^2\,\mathrm{d}A$$

令 $\int_{A_1} y^2\,\mathrm{d}A = I_{z1}$，$\int_{A_2} y^2\,\mathrm{d}A = I_{z2}$，即得曲率-弯矩关系为

$$\frac{1}{\rho}(E_1 I_{z1} + E_2 I_{z2}) = M$$

所以
$$\frac{1}{\rho} = \frac{M}{E_1 I_{z1} + E_2 I_{z2}} \tag{2}$$

将曲率代入物理关系，即得正应力计算公式为

$$\sigma_{x1} = \frac{ME_1 y}{E_1 I_{z1} + E_2 I_{z2}}, \quad \sigma_{x2} = \frac{ME_2 y}{E_1 I_{z1} + E_2 I_{z2}} \tag{3}$$

沿截面高度正应力的变化规律如图（c）所示。

讨论：

（1）导得的中性轴位置、曲率和应力计算公式，显然并不限于矩形截面。且公式可推广

至剪切弯曲细长等直梁的平面弯曲。

（2）若截面为同一材料 $E_1 = E_2$，则由式（1）、式（2）和式（3）分别可得

$$S_{z1} + S_{z2} = 0 \quad \text{中性轴通过形心}$$

$$\frac{1}{\rho} = \frac{M}{E(I_{z1} + I_{z2})} = \frac{M}{EI_z}$$

$$\sigma_{x1} = \sigma_{x2} = \sigma_x = \frac{M}{I_z} \cdot y \quad \text{即为梁的弯曲正应力}$$

（3）作为例题，若组合梁为用钢板加固的木梁，截面宽度 $b=100\text{mm}$，材料 1 为木材，高度 $h_1 = 150\text{mm}$，弹性模量 $E_1 = 10\text{GPa}$；材料 2 为钢，厚度 $h_2 = 12\text{mm}$，弹性模量 $E_2 = 200\text{GPa}$，承受弯矩 $M=10\text{kN} \cdot \text{m}$，则可由式（1）和式（3）求得中性轴的位置以及木材和钢板中的最大正应力分别为

$$y_0 = 124.8\text{mm} \quad \text{（中性轴与截面顶边距离）}$$

$$\sigma_{W,max} = 14.1\text{MPa} \quad \text{（压应力）}, \quad \sigma_{S,max} = 83.7\text{MPa} \quad \text{（拉应力）}$$

读者可自行验算。

* 6.1-16　一宽度 $b=10\text{cm}$、高度 $h=20\text{cm}$ 的矩形截面梁，承受弯矩 $M=10\text{kN} \cdot \text{m}$，如图（a）所示。梁材料的拉伸弹性模量 $E_t = 9\text{GPa}$，压缩弹性模量 $E_c = 25\text{GPa}$，若平面假设依然成立，试求中性轴位置及梁内的最大拉应力和最大压应力。

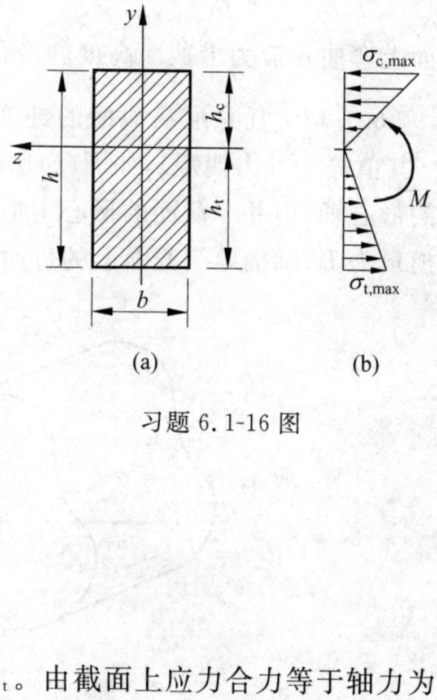

解　（1）中性轴位置

设中性轴 z，其位置待定。根据平面假设，由变形几何相容条件，得截面上各点处纵向线应变与该点至中性轴距离成正比，即

$$\varepsilon_x = \frac{y}{\rho}$$

在线弹性范围内，由胡克定律，得应力-应变间物理关系分别为

受拉区
$$\sigma_t = E_t \varepsilon_x = \frac{E_t}{\rho} y$$

受压区
$$\sigma_c = E_c \varepsilon_x = \frac{E_c}{\rho} y$$

习题 6.1-16 图

设中性轴 z 距截面上、下边缘的距离分别为 h_c 和 h_t。由截面上应力合力等于轴力为零的静力学关系，得

$$F_N = \int_{A_t} \sigma_t dA + \int_{A_c} \sigma_c dA$$

$$= -\frac{E_t}{\rho}\left(bh_t \cdot \frac{h_t}{2}\right) + \frac{E_c}{\rho}\left(bh_c \cdot \frac{h_c}{2}\right) = 0$$

$$E_t h_t^2 = E_c h_c^2$$

又
$$h_t + h_c = h$$

联立上列两式，解得中性轴位置为

$$h_t = \frac{h\sqrt{E_c}}{\sqrt{E_t}+\sqrt{E_c}} = \frac{(20\times10^{-2}\,\text{m})\,\sqrt{25\times10^9\,\text{Pa}}}{\sqrt{9\times10^9\,\text{Pa}}+\sqrt{25\times10^9\,\text{Pa}}} = 12.5\times10^{-2}\,\text{m}$$

或
$$h_c = 7.5\times10^{-2}\,\text{m}$$

（2）最大应力

由截面上应力对中性轴的合力矩等于弯矩的静力学关系，得曲率为

$$M = \int_{A_t}\sigma_t y\,dA + \int_{A_c}\sigma_c y\,dA = \frac{E_t}{\rho}\cdot\frac{bh_t^3}{3} + \frac{E_c}{\rho}\cdot\frac{bh_c^3}{3}$$

$$\frac{1}{\rho} = \frac{3M}{E_t bh_t^3 + E_c bh_c^3}$$

将曲率代入物理关系，即得应力计算公式。于是，可得最大拉应力和最大压应力分别为

$$\sigma_{t,\max} = \frac{3M\times E_t h_t}{E_t bh_t^3 + E_c bh_c^3}$$

$$= \frac{3\times(10\times10^3\,\text{N}\cdot\text{m})\times(9\times10^9\,\text{Pa})\times(12.5\times10^{-2}\,\text{m})}{(9\times10^9\,\text{Pa})\times(10\times10^{-2}\,\text{m})\times(12.5\times10^{-2}\,\text{m})^3 + (25\times10^9\,\text{Pa})\times(10\times10^{-2}\,\text{m})\times(7.5\times10^{-2}\,\text{m})^3}$$

$$= 18.1\times10^6\,\text{Pa} = 18.1\,\text{MPa}$$

$$\sigma_{c,\max} = \frac{3M\times E_c h_c}{E_t bh_t^3 + E_c bh_c^3} = 30.2\,\text{MPa}$$

截面上弯曲正应力沿截面高度的变化规律，如图（b）所示。

*6.1-17 任意形状截面的纯弯曲梁，已知任一横截面上弯矩为作用在 xy 平面内的 M_z（其值等于外力偶矩），如图（a）所示。坐标原点 O 为截面形心，坐标轴 y、z 为任意一对正交的形心轴，但并非截面的形心主惯性轴。若平面假设成立，且材料处于线弹性范围内，弹性模量为 E，试推导横截面上的弯曲正应力计算公式。

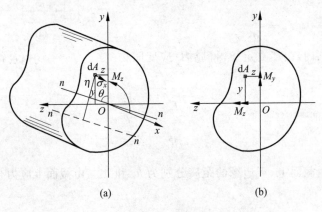

习题 6.1-17 图

解 （1）变形几何相容条件

由于平面假设，横截面将绕中性轴转动。因为 y、z 轴不是形心主惯性轴，不符合平面弯曲的外力作用条件，因此，中性轴是否通过形心，以及是否与 xy 平面垂直均不能确定。设横截面中性轴为 n—n（如图（a）中虚线所示），其位置待定。

由平面假设，其变形几何相容条件为截面上任一点处的纵向线应变与该点至中性轴的距离 η 成正比，即

$$\varepsilon_x = \frac{\eta}{\rho}$$

（2）力-变形间物理关系

在线弹性范围，由胡克定律得任一点处正应力为

$$\sigma_x = E\varepsilon_x = \frac{E}{\rho}\eta$$

（3）静力学关系

由截面上的应力合成等于其轴力的静力学关系，得

$$\int_A \sigma_x \mathrm{d}A = F_N = 0 \tag{1}$$

$$\int_A \sigma_x \mathrm{d}A \cdot y = -M_z \tag{2}$$

$$\int_A \sigma_x \mathrm{d}A \cdot z = 0 \tag{3}$$

由式（1），得

$$F_N = \int_A \sigma_x \mathrm{d}A = \frac{E}{\rho}\int_A \eta \mathrm{d}A = 0$$

由此可见，中性轴 $n\!-\!n$ 仍然通过截面形心，如图（a）中实线 $n\!-\!n$ 所示。设中性轴 $n\!-\!n$ 与 y 轴间的夹角为 θ，则有

$$\eta = y\sin\theta - z\cos\theta$$

而任一点处的正应力可写为

$$\sigma_x = \frac{E}{\rho}(y\sin\theta - z\cos\theta)$$

代入式（2）及式（3），并注意到 $I_z = \int_A y^2 \mathrm{d}A$，$I_y = \int_A z^2 \mathrm{d}A$，$I_{yz} = \int_A yz \mathrm{d}A$，得

$$\frac{E}{\rho}(I_z\sin\theta - I_{yz}\cos\theta) = -M_z \tag{4}$$

$$\frac{E}{\rho}(I_{yz}\sin\theta - I_y\cos\theta) = 0 \tag{5}$$

由式（5），可确定中性轴与 y 轴的夹角 θ 为

$$\tan\theta = \frac{I_y}{I_{yz}} \tag{6}$$

而由式（4），并注意到

$$\sin\theta = \frac{I_y}{\sqrt{I_y^2 + I_{yz}^2}}, \quad \cos\theta = \frac{I_{yz}}{\sqrt{I_y^2 + I_{yz}^2}}$$

得曲率为

$$\frac{1}{\rho} = -\frac{M_z\sqrt{I_y^2 + I_{yz}^2}}{E(I_y I_z - I_{yz}^2)} \tag{7}$$

将曲率 $\dfrac{1}{\rho}$ 代入应力表达式，即得横截面上任一点处正应力的计算公式为

$$\sigma_x = -\frac{M_z(yI_y - zI_{yz})}{I_y I_z - I_{yz}^2} \tag{8}$$

讨论：

（1）当外力偶矩的作用面（xy 平面）不是梁的形心主惯性平面时，横截面的中性轴仍然通过截面形心，但与 y 轴的夹角为 θ（由式（6）确定），而弯曲变形时横截面将绕中性轴转动。也就是说，变形后梁的轴线将不在外力偶的作用平面内，这种弯曲就不属于平面弯曲的范畴了。

若外力偶矩作用面（xy 平面）是梁的形心主惯性平面，即 $I_{yz}=0$，则由式（6）可见，$\theta=90°$，即中性轴通过形心且垂直于外力偶作用面，即为平面弯曲。而由式（8）得正应力公式为

$$\sigma_x = -\frac{M_z}{I_z}y。$$

（2）若外力偶矩为作用在 xz 平面内的 M_y，则通过类似的推导，可得横截面上任一点处正应力计算公式为

$$\sigma_x = \frac{M_y(zI_z - yI_{yz})}{I_yI_z - I_{yz}^2}$$

上式为正号，是因正的 M_y（其力矩矢方向与 y 轴正向一致）在第一象限产生拉应力。

若在 xy 和 xz 平面内同时有外力偶矩 M_z 和 M_y 作用（图（b）），则由叠加原理，可得横截面上任一点处的正应力为

$$\sigma_x = \frac{M_y(zI_z - yI_{yz}) - M_z(yI_y - zI_{yz})}{I_yI_z - I_{yz}^2}$$

上式通常称为广义弯曲正应力公式。不论梁的外力偶矩是否作用在任意方向的纵平面内，均可通过截面形心任作一对正交的坐标轴，将弯矩 M 分解为 M_y 和 M_z，即可按广义弯曲正应力公式进行计算（参见习题 10.2-7）。

6.2-1 矩形截面 $b×h$ 的简支梁承受集中载荷 F，如图所示。有道"中性层 A 点处的正应力为零，而下边缘 B 点处的切应力为零"，试问，上述论述是否正确，为什么？

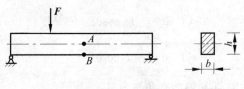

习题 6.2-1 图

答 这种论述不正确。因为应力定义在某一截面上的一点处。一般地说，同一截面上不同点处的应力不同；而通过同一点不同方位截面的应力也不同。因此，应该说，在梁的横截面上 A 点处的正应力为零、B 点处的切应力为零。事实上，通过 A 的斜截面上，其正应力不为零；通过 B 点的斜截面上，其切应力也不等于零。有关通过一点不同方位截面上应力的变化规律，参见第 8 章应力、应变分析。

6.2-2 长度 l 的简支梁承受均布载荷 q，其截面分别为 $b×h$ 的矩形截面和平均直径为 D、壁厚为 $\delta\left(\delta\leqslant\dfrac{D}{20}\right)$ 的薄壁圆环，如图（a）和图（b）所示。试分别计算两种截面梁的最大切应力与最大正应力之比。

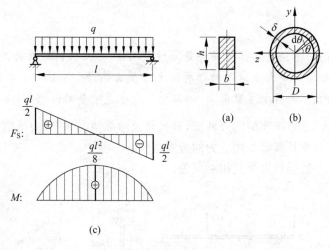

习题 6.2-2 图

解 (1) 矩形截面梁

梁的剪力、弯矩图如图(c)所示。

最大正应力 发生在梁跨中截面的上、下边缘处

$$\sigma_{\max} = \frac{M_{\max}}{W_z} = \frac{ql^2/8}{bh^2/6} = \frac{3ql^2}{4bh^2}$$

最大切应力 发生在两端支座内侧截面的中性轴处

$$\tau_{\max} = \frac{3F_{S,\max}}{2A} = \frac{3ql}{4bh}$$

故得两者比值为

$$\frac{\tau_{\max}}{\sigma_{\max}} = \frac{1}{2} \cdot \frac{h}{l}$$

(2) 薄壁圆环截面梁

对于薄壁圆环截面$\left(\delta \leqslant \dfrac{D}{20}\right)$，其截面的几何性质为

$$I_z = I_y = \frac{I_p}{2} = \frac{\pi D^3 \delta}{8} \quad (\text{参见习题 } 4.2\text{-}6)$$

$$S_{z,\max}^* = \int_0^\pi \left(\frac{D}{2}\sin\theta\right)\left(\delta \frac{D}{2}\mathrm{d}\theta\right) = \frac{D^2 \delta}{2}$$

最大正应力 发生在梁跨中截面的上、下边缘处

$$\sigma_{\max} = \frac{M_{\max}}{I_z} \cdot y_{\max} = \frac{ql^2}{2\pi D^2 \delta}$$

最大切应力 发生在两端支座内侧截面的中性轴处

$$\tau_{\max} = \frac{F_{S,\max} S_{z,\max}^*}{b I_z} = \frac{\left(\dfrac{ql}{2}\right)\left(\dfrac{D^2 \delta}{2}\right)}{(2\delta)\left(\dfrac{\pi D^3 \delta}{8}\right)} = \frac{ql}{\pi D \delta}$$

两者之比为

$$\frac{\tau_{\max}}{\sigma_{\max}} = 2\frac{D}{l}$$

讨论：

由本题计算可见，不论是实体截面还是薄壁截面梁，其比值均与截面高度与跨度之比有关。一般地说，工程实际中大多数梁的跨度远大于截面高度（$l \geqslant 10h$），对于实体截面，通常可不考虑切应力强度；而对于薄壁截面，切应力强度也是次要的。

6.2-3　截面为 16 号工字钢的外伸梁，其尺寸及承载情况如图（a）所示。试求：

（1）最大切应力及其截面上切应力的分布规律。

（2）最大切应力的近似值及其相对误差。

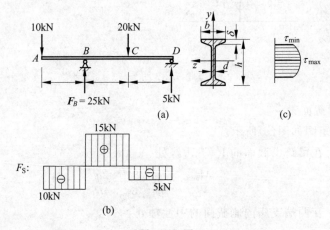

习题 6.2-3 图

解　（1）最大切应力及切应力分布

由梁的剪力图（图（b））可见，梁内最大切应力发生在梁 BC 段任一横截面上的中性轴处。

由型钢表：　　$d = 6\text{mm}$，　$b = 88\text{mm}$，　$\delta = 9.9\text{mm}$

　　　　　　　$h = 160\text{mm}$，　$I_z = 1130\text{cm}^4$，　$I_z/S_{z,\max}^* = 13.8\text{cm}$

所以　　　$\tau_{\max} = \frac{F_{\text{S},\max}S_{z,\max}^*}{dI_z} = \frac{15\times10^3\,\text{N}}{(6\times10^{-3}\,\text{m})\times(13.8\times10^{-2}\,\text{m})} = 18.12\times10^6\,\text{Pa}$

　　　　　　　$= 18.12\text{MPa}$

切应力沿腹板宽度均匀分布，沿高度呈抛物线变化（图（c））。腹板上最小切应力为

$\tau_{\min} = \dfrac{F_{\text{S},\max}S_z^*}{dI_z}$

$$= \frac{(15\times10^3\,\text{N})\times(88\times10^{-3}\,\text{m})\times(9.9\times10^{-3}\,\text{m})\times\dfrac{1}{2}\times(160\times10^{-3}\,\text{m} - 9.9\times10^{-3}\,\text{m})}{(6\times10^{-3}\,\text{m})\times(1130\times10^{-8}\,\text{m}^4)}$$

$= 14.47\text{MPa}$

翼缘部分铅垂切应力很小，主要为水平切应力，通常均可忽略不计。

（2）最大切应力的近似值

$$\tau_{\max}' = \frac{F_{\text{S},\max}}{A_{\text{腹}}} = \frac{F_{\text{S},\max}}{d(h-2\delta)} = 17.83\text{MPa}$$

其相对误差为

$$\frac{\tau_{max} - \tau'_{max}}{\tau_{max}} = \frac{18.12 \times 10^6\,Pa - 17.83 \times 10^6\,Pa}{18.12 \times 10^6\,Pa} = 1.6\%$$

可见其相对误差$<2\%$,工程中完全容许。

6.2-4 一长度 $l=1$m 的悬臂梁,在其自由端承受集中载荷 F,梁由三根矩形截面的木料胶合而成,如图所示。若木材的许用正应力$[\sigma] = 25$MPa,胶合面的许用切应力$[\tau] = 2.4$MPa,试求梁的许可载荷。

解 (1)正应力强度

梁的最大正应力发生在固定端截面的上、下边缘处,由正应力强度条件

$$\sigma_{max} = \frac{M_{max}}{W_z} = \frac{6Fl}{bh^2} \leqslant [\sigma]$$

所以

$$F \leqslant [\sigma]\frac{bh^2}{6l} = (25 \times 10^6\,Pa) \times \frac{(10 \times 10^{-2}\,m) \times (15 \times 10^{-2}\,m)^2}{6 \times 1m}$$

$$= 9380N$$

(2)切应力强度

由胶合面的切应力强度条件

$$\tau = \frac{F_s S_z^*}{bI_z} = \frac{F_s\left(b \times \dfrac{h}{3}\right)\left(\dfrac{h}{3}\right)}{b \times \dfrac{bh^3}{12}} = \frac{4F_s}{3bh} \leqslant [\tau]$$

所以

$$F \leqslant [\tau]\frac{3bh}{4} = \frac{3}{4} \times (2.4 \times 10^6\,Pa) \times (10 \times 10^{-2}\,m) \times (15 \times 10^{-2}\,m)$$

$$= 27 \times 10^3\,N$$

需同时满足木梁的正应力强度和胶合面的切应力强度,故梁的许可载荷为$[F] = 9.38$kN。

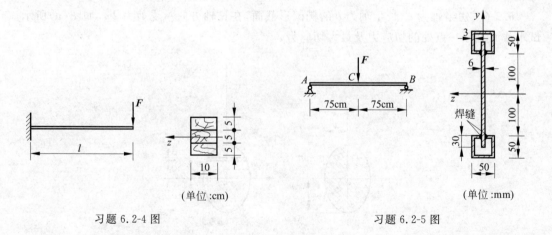

习题 6.2-4 图　　　　　　　　　习题 6.2-5 图

6.2-5 由箱形翼缘和腹板组成的组合截面的简支梁,在跨中承受集中载荷 F,梁及其截面尺寸如图所示。若梁的材料为黄铜,其许用正应力$[\sigma] = 100$MPa,焊缝的许用切应力$[\tau] = 10$MPa,试求梁的许可载荷。

解 (1)截面的几何性质

截面对中性轴的惯性矩

$$I_z = \frac{(6 \times 10^{-3}\,\mathrm{m}) \times (260 \times 10^{-3}\,\mathrm{m})^3}{12} + 2 \times \left\{ \frac{(50 \times 10^{-3}\,\mathrm{m})^4 - (44 \times 10^{-3}\,\mathrm{m})^4}{12} + \right.$$

$$\left. [(50 \times 10^{-3}\,\mathrm{m})^2 - (44 \times 10^{-3}\,\mathrm{m})^2] \times (125 \times 10^{-3}\,\mathrm{m})^2 \right\}$$

$$= 26.8 \times 10^{-6}\,\mathrm{m}^4$$

箱形翼缘对中性轴的静矩

$$S_z^* = [(50 \times 10^{-3}\,\mathrm{m})^2 - (44 \times 10^{-3}\,\mathrm{m})^2] \times (125 \times 10^{-3}\,\mathrm{m}) = 70.5 \times 10^{-6}\,\mathrm{m}^3$$

（2）梁的正应力强度

最大正应力发生在梁跨中截面 C 的上、下边缘处

$$\sigma_{\max} = \frac{M_{\max}}{I_z} \cdot y_{\max} \leqslant [\sigma]$$

所以
$$F \leqslant [\sigma] \frac{4}{l} \cdot \frac{I_z}{y_{\max}} = (100 \times 10^6\,\mathrm{Pa}) \times \frac{4}{1.5\,\mathrm{m}} \times \frac{26.8 \times 10^{-6}\,\mathrm{m}^4}{150 \times 10^{-3}\,\mathrm{m}}$$

$$= 47.6 \times 10^3\,\mathrm{N}$$

（3）焊缝的切应力强度

每条焊缝承受的切应力为 $\tau = \dfrac{1}{2}\left(\dfrac{F_{S,\max} S_z^*}{b I_z}\right)$，由

$$\tau = \frac{1}{2} \cdot \frac{F_{S,\max} S_z^*}{b I_z} = \frac{F S_z^*}{4 b I_z} \leqslant [\tau]$$

$$F \leqslant [\tau] \frac{4 b I_z}{S_z^*} = (10 \times 10^6\,\mathrm{Pa}) \times \frac{4 \times (3 \times 10^{-3}\,\mathrm{m}) \times (26.8 \times 10^{-6}\,\mathrm{m}^4)}{70.5 \times 10^{-6}\,\mathrm{m}^3}$$

$$= 45.6 \times 10^3\,\mathrm{N}$$

因此，梁的许可载荷为 $[F] = 45.6\,\mathrm{kN}$。

6.2-6 短半轴为 a、长半轴为 b 的椭圆形截面，在长轴方向承受剪力 F_S，如图（a）所示。试求截面上任一点处的切应力及最大切应力。

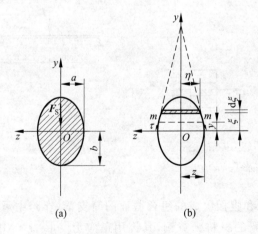

(a)   (b)

习题 6.2-6 图

解　（1）任一点处切应力

考虑距中性轴为 y 的任一宽度 $m—m$ 上各点的切应力（图(b)）。假设沿宽度 $m—m$ 上各点的切应力汇交于一点，各点切应力沿铅垂方向的分量沿宽度为均匀分布。由

$$dA = 2\eta \cdot d\xi = 2\frac{a}{b}\sqrt{b^2 - \xi^2} \cdot d\xi$$

$$S_z^* = \int_y^b \xi dA = 2\frac{a}{b}\int_y^b \xi\sqrt{b^2 - \xi^2} \cdot d\xi$$

$$= 2\frac{a}{b}\left[-\frac{1}{3}(b^2 - \xi^2)^{3/2}\right]_y^b = \frac{2a}{3b}(b^2 - y^2)^{3/2}$$

$$I_z = \frac{\pi ab^3}{4} \quad （参见习题 4.2\text{-}4）$$

任一宽度 $m—m$ 上各点切应力的铅垂分量为

$$\tau_y = \frac{F_S \cdot S_z^*}{(2z)I_z} = \frac{F_S \cdot \frac{2a}{3b}(b^2 - y^2)^{3/2}}{\left(\frac{2a}{b}\sqrt{b^2 - y^2}\right)\left(\frac{\pi ab^3}{4}\right)}$$

$$= \frac{4}{3} \cdot \frac{F_S}{\pi ab}\left[1 - \left(\frac{y}{b}\right)^2\right]$$

而任一宽度 $m—m$ 上任一点的切应力为 τ_y 除以该点至汇交点连线与 y 轴夹角的余弦，方向沿该点至汇交点的连线。

（2）最大切应力

由 $\dfrac{d\tau_y}{dy} = 0$，可得最大切应力发生在中性轴（$y=0$）上的各点处，方向均平行于剪力 F_S，其值为

$$\tau_{\max} = \frac{4}{3} \cdot \frac{F_S}{\pi ab}$$

* 6.2-7　边长为 a 的正方形截面梁，已知横截面上的剪力 F_S 沿截面的对角线方向，如图(a)所示。试求截面上的最大切应力。

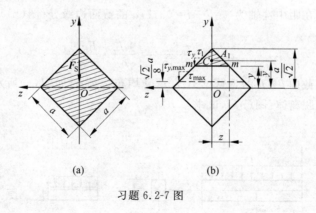

习题 6.2-7 图

解　（1）任一点处切应力

考虑距中性轴为 y 的任一宽度 $m—m$ 上各点的切应力（图(b)）。同理，假设各点的切应力汇交于一点（顶点），且各点切应力沿 y 轴分量为均匀分布。由

$$z = \frac{a}{\sqrt{2}} - y$$

$$A_1 = \frac{1}{2}(2z)\left(\frac{a}{\sqrt{2}} - y\right) = \left(\frac{a}{\sqrt{2}} - y\right)^2$$

$$S_z^* = A_1 \bar{y} = \left(\frac{a}{\sqrt{2}} - y\right)^2 \left[y + \frac{1}{3}\left(\frac{a}{\sqrt{2}} - y\right)\right]$$

$$= \frac{1}{3}\left(\frac{a}{\sqrt{2}} - y\right)^2 \left(2y + \frac{a}{\sqrt{2}}\right)$$

$$I_z = \frac{a^4}{12}$$

距中性轴为 y 的各点切应力的铅垂分量为

$$\tau_y = \frac{F_s S_z^*}{b(z) I_z} = \frac{2F_s\left(\frac{a}{\sqrt{2}} - y\right)^2 \left(2y + \frac{a}{\sqrt{2}}\right)}{\left(\frac{a}{\sqrt{2}} - y\right)a^4}$$

$$= \frac{F_s}{a^4}(a^2 + \sqrt{2}ay - 4y^2)$$

在宽度 m—m 的两端处的切应力 $\tau_1 = \tau_y / \cos 45°$。

（2）最大切应力

由
$$\frac{\mathrm{d}\tau_y}{\mathrm{d}y} = \frac{F_s}{a^4}(\sqrt{2}a - 8y) = 0$$

$$y = \frac{\sqrt{2}}{8}a$$

知在 $y = \frac{\sqrt{2}}{8}a$ 处各点切应力铅垂分量为最大，其值为

$$\tau_{y,\max} = \frac{F_s}{a^4}\left(a^2 + \sqrt{2}a \cdot \frac{\sqrt{2}}{8}a - 4 \cdot \frac{2}{64}a^2\right) = \frac{9}{8} \cdot \frac{F_s}{a^2}$$

而最大切应力发生在距中性轴为 $y = \frac{\sqrt{2}}{8}a = 0.177a$ 的截面边缘处（图（b）），其值为

$$\tau_{\max} = \frac{\tau_{y,\max}}{\cos 45°} = \frac{9\sqrt{2}}{8} \cdot \frac{F_s}{a^2}$$

* **6.2-8** 矩形截面 $b \times h$ 的悬臂梁 AB，承受均布载荷 q，如图（a）所示。假设沿中性层及任一横截面截取脱离体（图（b）），试求：

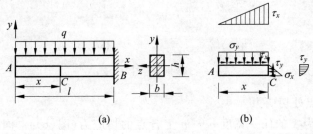

习题 6.2-8 图

（1）中性层截面上切应力的变化规律。

（2）证明截下部分满足静力平衡条件。

解 （1）中性层上切应力变化规律

在距自由端 A 为 x 的横截面上任一点处有正应力和切应力，其值分别为

$$\sigma_x = \frac{M(x)}{I_z} y = \frac{6qx^2}{bh^3} \cdot y$$

$$\tau_y = \frac{F_S(x)S_z^*}{bI_z} = \frac{6qx}{bh^3}\left(\frac{h^2}{4} - y^2\right)$$

正应力沿高度为线性分布；切应力沿高度呈抛物线变化，如图（b）所示。

横截面上切应力 τ_y 在中性轴处为最大，由切应力互等定理，得中性层上切应力 τ_x 为

$$\tau_x = \tau_y \big|_{y=0} = \frac{3}{2} \cdot \frac{qx}{bh}$$

可见，中性层上切应力 τ_x 沿 x 轴呈线性变化（图（b））。

（2）截下部分的平衡

中性层上切应力 τ_x 的合力为

$$F_t = \int_0^x \tau_x(b\mathrm{d}x) = \int_0^3 \frac{3}{2} \cdot \frac{qx}{bh}(b\mathrm{d}x) = \frac{3qx^2}{4h} \quad (\rightarrow)$$

横截面上正应力 σ_x 和切应力 τ_y 的合力分别为

$$F_N = \int_0^{h/2} \sigma_x(b\mathrm{d}y) = \int_0^{h/2} \frac{6qx^2}{bh^3} y(b\mathrm{d}y) = \frac{3qx^2}{4h} \quad (\leftarrow)$$

$$F_S' = \int_0^{h/2} \tau_y(b\mathrm{d}y) = \int_0^{h/2} \frac{6qx^2}{bh^3}\left(\frac{h^2}{4} - y^2\right)(b\mathrm{d}y) = \frac{qx}{2} \quad (\uparrow)$$

考虑隔离体的平衡，由静力平衡条件，得

$$\sum F_x = 0, \qquad\qquad F_t - F_N = 0 \qquad\qquad 满足$$

但 $\sum F_y = 0$，$\sum M_z = 0$ 却难以满足，这是因为材料力学中忽略了纵向层之间的挤压应力。由弹性力学可知，纵向层之间的挤压应力为[①]

$$\sigma_y = \frac{-q}{2b}\left(1 + \frac{y}{h}\right)\left(1 - \frac{2y}{h}\right)^2$$

因而在中性层上的挤压应力为

$$\sigma_y = \frac{q}{2b}$$

于是，由静力平衡条件，得

$$\sum F_y = 0, \qquad\qquad F_S' - \sigma_y(bx) = 0 \qquad\qquad 满足$$

$$\sum M_z = 0, \qquad\qquad (\sigma_y \cdot bx)\frac{x}{2} - F_N\left(\frac{2}{3} \cdot \frac{h}{2}\right) = 0 \qquad\qquad 满足$$

可见，截下部分能满足静力平衡条件。

*6.2-9 长度为 l 的矩形截面 $b \times h$ 悬臂梁，承受切向均布载荷 q，如图（a）所示。假设

---

① 参见：徐芝纶.弹性力学（上册）[M]. 北京：人民教育出版社，1979，第三章。

横截面上正应力公式 $\sigma = \dfrac{M}{I_z}y$ 和切应力沿宽度均匀分布依然成立,试推导横截面上切应力的计算公式,并绘出切应力沿截面高度的变化规律。

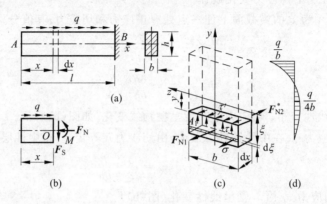

习题 6.2-9 图

解 (1) 内力分量

距自由端 A 为 x 处任一截面上的内力分量为(图(b))

$$F_N = -qx, \quad F_S = 0$$

$$M = \frac{qxh}{2}$$

横截面上的剪力 F_S 虽为零,但因梁顶面有切向均布载荷作用,故由切应力互等定理,横截面必有铅垂方向的切应力,而其合力应为零。

(2) 切应力公式

从梁中截取微段 $\mathrm{d}x$,再以距中性层为 y 的平行平面截出一隔离体,如图(c)所示。考察隔离体 x 方向的力的平衡。

在隔离体的左侧面上,距形心轴 z 为 ξ 的任一点处的正应力为

$$\sigma_x = -\frac{M}{I_z}\xi + \frac{F_N}{A} = -\frac{qx}{bh}\left(\frac{6\xi}{h} + 1\right)$$

于是,得左侧面上正应力的合力为

$$F_{N1}^* = \int_{A_1} \sigma_x \mathrm{d}A = \int_y^{-h/2} -\frac{qx}{bh}\left(\frac{6\xi}{h} + 1\right) \cdot b\mathrm{d}\xi$$

$$= -\frac{qx}{4}\left(1 - 4\frac{y}{h} - 12\frac{y^2}{h^2}\right)$$

隔离体右侧面上正应力的合力为

$$F_{N2}^* = F_{N1}^* + \mathrm{d}F_{N1}^*$$

而隔离体顶面上切应力 τ' 的合力为

$$F_t = \tau'(b\mathrm{d}x)$$

由 x 方向的力的平衡条件 $\sum F_x = 0$,解得

$$F_{N2}^* - F_{N1}^* - F_t = 0$$

$$\tau' = \frac{1}{b} \cdot \frac{\mathrm{d}F_{N1}^*}{\mathrm{d}x} = -\frac{q}{4b}\left(1 - 4\frac{y}{h} - 12\frac{y^2}{h^2}\right)$$

由切应力互等定理 $\tau=-\tau'$，即得横截面上的切应力为

$$\tau=\frac{q}{4b}\left(1-4\frac{y}{h}-12\frac{y^2}{h^2}\right)$$

由上式可见，切应力沿截面高度呈抛物线变化。

当 $y=-\dfrac{h}{2}$，$\tau=0$；$y=0$，$\tau=\dfrac{q}{4b}$；$y=\dfrac{h}{2}$，$\tau=-\dfrac{q}{b}$。

切应力沿截面高度的变化规律如图（d）所示。

讨论：

（1）梁横截面上的剪力为零，即

$$F_S=\int_A\tau\mathrm{d}A=\frac{q}{4b}\int_{-h/2}^{h/2}\left(1-4\frac{y}{h}-12\frac{y^2}{h^2}\right)(b\mathrm{d}y)=0$$

可见，横截面上的切应力是自相平衡的。

（2）横截面上有轴力 F_N 和弯矩 M，因此，其正应力由轴力和弯矩所引起的正应力之和，横截面的中性轴将不通过形心（参见第 10.3 节）。

（3）若悬臂梁的顶面再承受铅垂方向的均布载荷 q，则横截面上的切应力可由叠加原理求得，即

$$\tau=\frac{q}{4b}\left(1-4\frac{y}{h}-12\frac{y^2}{h^2}\right)-\frac{6qx}{bh^3}\left(\frac{h^2}{4}-y^2\right)$$

*6.2-10 两种材料组成的矩形截面梁，如图（a）所示（即与习题 6.1-15 的组合梁相同）。梁除传递弯矩外，还在纵向对称平面内传递剪力 F_S，若均质梁的切应力分布假设依然成立（即切应力沿截面宽度均匀分布，其方向平行于剪力），试推导横截面上的切应力计算公式。

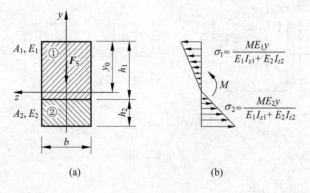

习题 6.2-10 图

解 按照与矩形截面匀质梁推导横截面上切应力完全类似的过程，即截取任一微段 $\mathrm{d}x$；然后通过所求切应力的点，以一平行于中性层的平面截出一隔离体；最后，考察隔离体沿 x 轴（梁轴）方向的力的平衡，即可求得切应力的计算公式。

在完全类似的推导过程中，唯一的区别就在于弯曲正应力计算公式的不同：

对于匀质梁，横截面上的正应力为

$$\sigma=\frac{M}{I_z}\cdot y$$

对于组合梁，横截面上两种材料的正应力如图(b)所示(参见习题6.1-15)，即分别为

$$\sigma_1 = \frac{M}{\left(\dfrac{E_1 I_{z1} + E_2 I_{z2}}{E_1}\right)} \cdot y, \quad \sigma_2 = \frac{M}{\left(\dfrac{E_1 I_{z1} + E_2 I_{z2}}{E_2}\right)} \cdot y$$

于是，可分别以 $\dfrac{E_1 I_{z1} + E_2 I_{z2}}{E_1}$ 和 $\dfrac{E_1 I_{z1} + E_2 I_{z2}}{E_2}$ 代替匀质梁切应力公式 $\tau = \dfrac{F_S S_z^*}{b I_z}$ 中的 I_z，即可得组合梁横截面上两种材料的切应力分别为

$$\tau_1 = \frac{F_S S_z^* E_1}{b(E_1 I_{z1} + E_2 I_{z2})}, \quad \tau_2 = \frac{F_S S_z^* E_2}{b(E_1 I_{z1} + E_2 I_{z2})}$$

讨论：

在两种材料在交界处，两种材料的切应力分别为

$$\tau_1 = \frac{F_S S_{z1}^* E_1}{b(E_1 I_{z1} + E_2 I_{z2})}, \quad \tau_2 = \frac{F_S S_{z2}^* E_2}{b(E_1 I_{z1} + E_2 I_{z2})}$$

由习题6.1-15已知，确定组合梁横截面中性轴位置的方程为

$$E_1 S_{z1} + E_2 S_{z2} = 0$$

注意到，两种材料的面积 A_1 和 A_2 对中性轴的静矩 S_{z1}^* 和 S_{z2}^*，必定是互为异号(即一正一负)，故两种材料在其交界处的切应力相等，即 $\tau_1 = \tau_2$。实际上，在其交界面上，由切应力互等定理，两者是作用与反作用的关系，显然应该是相等的。

6.3-1 一非对称的薄壁工字形截面梁的尺寸如图(a)所示，承受铅垂方向的剪力 $F_S = F$，试求：

(1) 梁横截面上的切应力及其分布规律。

(2) 弯曲中心 A 的位置。

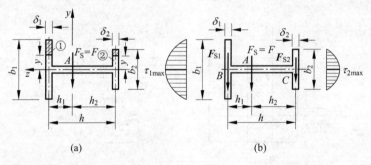

习题 6.3-1 图

解 (1) 切应力及其分布

由于薄壁，δ_1 和 δ_2 均远小于 b_1、b_2 和 h，故可假设铅垂剪力由两侧翼缘承受，由

$$I_z = I_{z1} + I_{z2} = \frac{1}{12}(\delta_1 b_1^3 + \delta_2 b_2^3)$$

则两翼缘的切应力分别如下：

翼缘1 $\tau_1 = \dfrac{F_S S_z^*}{\delta_1 I_z} = \dfrac{6F\left(\dfrac{b_1^2}{4} - y^2\right)}{\delta_1 b_1^3 + \delta_2 b_2^3}$ (呈抛物线变化)

$$\tau_{1max} = \frac{3F b_1^2}{2(\delta_1 b_1^3 + \delta_2 b_2^3)} \quad \text{(发生在中性轴处)}$$

翼缘 2 $\tau_2 = \dfrac{F_S S_z^*}{\delta_2 I_z} = \dfrac{6F\left(\dfrac{b_2^2}{4} - y^2\right)}{\delta_1 b_1^3 + \delta_2 b_2^3}$ （呈抛物线变化）

$$\tau_{2\max} = \dfrac{3Fb_2^2}{2(\delta_1 b_1^3 + \delta_2 b_2^3)}$$ （发生在中性轴处）

（2）弯曲中心位置

考虑对 B 点的力矩（图(b)），得

$$F_S \cdot h_1 = F_{S2} \cdot h = \int_{A2} \tau_2 (\delta_2 \mathrm{d}y)$$

所以 $F \cdot h_1 = \displaystyle\int_{-b_2/2}^{b_2/2} \dfrac{h \cdot 6F\delta_2}{\delta_1 b_1^3 + \delta_2 b_2^3}\left(\dfrac{b_2^2}{4} - y^2\right)\mathrm{d}y$

$$= \dfrac{F\delta_2 b_2^3 h}{\delta_1 b_1^3 + \delta_2 h_2^3}$$

$$h_1 = \dfrac{\delta_2 b_2^3 h}{\delta_1 b_1^3 + \delta_2 b_2^3}$$

同理，由对 C 点力矩，可得

$$h_2 = \dfrac{\delta_1 b_1^3 h}{\delta_1 b_1^3 + \delta_2 b_2^3}$$

讨论：

由两翼缘上切应力的合力

$$\int_{A_1} \tau_1 (\delta_1 \mathrm{d}y) + \int_{A_2} \tau_2 (\delta_2 \mathrm{d}y) = F$$

可见，腹板内的切应力为零，即与假设一致。

6.3-2 壁厚为 δ 的开口薄壁箱形截面梁，其截面中线的宽度为 b、高度为 h，如图所示。设壁厚 δ 及切口 Δ 远小于尺寸 b 及 h，试求其弯曲中心 A 的位置。

解 弯曲中心 A 必在截面的对称轴 z 上，为此，假设截面承受铅垂方向剪力 F_S。

（1）各部分的切应力及其合力

$BC(GB)$ 段：

$$S_z^* = \dfrac{\delta \xi^2}{2} \quad \left(0 \leqslant \xi \leqslant \dfrac{h}{2}\right)$$

$$\tau_1 = \dfrac{F_S S_z^*}{\delta I_z} = \dfrac{F_S \xi^2}{2 I_z} \quad \text{（抛物线分布）}$$

$$F_{S1} = \int_0^{h/2} \tau_1 (\delta \mathrm{d}\xi) = \dfrac{F_S \delta h^3}{48 I_z} \quad \text{（方向如图示）}$$

$CD(FG)$ 段：

$$S_z^* = \dfrac{\delta h^2}{8} + \dfrac{\delta h \eta}{2} \quad (0 \leqslant \eta \leqslant b)$$

$$\tau_2 = \dfrac{F_S S_z^*}{\delta I_z} = \dfrac{F_S h}{8 I_z}(h + 4\eta) \quad \text{（线性分布）}$$

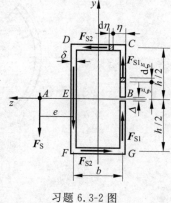

习题 6.3-2 图

$$F_{S2} = \int_0^b \tau_2 (\delta \mathrm{d}\eta) = \frac{F_S \delta h}{8 I_z}(hb + 2b) \quad (\text{方向如图示})$$

DF 段切应力的合力必与其中心线重合,若考虑对其中心线与 z 轴交点 E 的力矩。则可不必计算其切应力。

(2) 弯曲中心位置

考虑对 E 点的力矩,得

$$F_S \cdot e = 2F_{S1}b + F_{S2}h$$

$$e = \frac{\delta b h^2}{24 I_z}[h + 3(h + 2b)] = \frac{\delta b h^2}{12 I_z}(2h + 3b)$$

由

$$I_z = 2\left(\frac{\delta h^3}{12}\right) + 2(\delta b)\left(\frac{h}{2}\right)^2 = \frac{\delta h^2}{12}(2h + 6b)$$

即得弯曲中心 A 距 E 点的距离为

$$e = \frac{b(2h + 3b)}{2h + 6b}$$

讨论:

(1) 在计算 CD、FG 段对 z 轴的惯性矩时,略去了其对自身形心轴的惯性矩 $b\delta^3/12$。由于薄壁 $\delta \ll b$ 或 h,因此是完全允许的。

(2) 弯曲中心为截面上切应力合力的作用点,由上述计算可见,对于匀质材料,其位置仅与截面的形状和尺寸有关,而与载荷(或剪力)的大小无关。因而,弯曲中心位置是一个纯几何量。

6.3-3　壁厚为 δ、平均半径为 r、中心角为 2α 的薄壁圆弧形截面,如图(a)所示,承受平行于铅垂轴 y 的剪力 F_S,试求截面上的切应力及弯曲中心的位置。

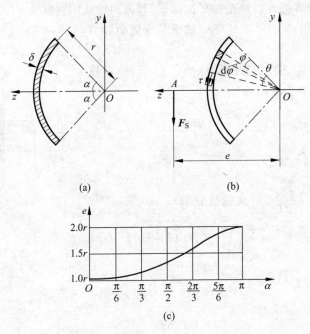

(a)

(b)

(c)

习题 6.3-3 图

解 （1）截面上的切应力

任一截面 θ 处的切应力 τ 与截面的中心线相切,且沿壁厚均匀分布(图(b))。由

$$S_z^* = \int_0^\theta (\delta r\,\mathrm{d}\varphi)r\sin(\alpha-\varphi) = \delta r^2[\cos(\alpha-\theta)-\cos\alpha]$$

$$I_z = 2\int_0^\alpha (\delta r\,\mathrm{d}\varphi)[r\sin(\alpha-\varphi)]^2 = 2\delta r^3\left(\frac{\alpha}{2}-\frac{1}{2}\sin\alpha\cos\alpha\right)$$

得切应力为

$$\tau = \frac{F_S S_z^*}{\delta I_z} = \frac{F_S}{r}\cdot\frac{\cos(\alpha-\theta)-\cos\alpha}{\alpha-\sin\alpha\cos\alpha}$$

（2）弯曲中心位置

弯曲中心 A 在对称轴 z 上,距坐标原点 O 的距离 e 为

$$F_S e = \int_0^{2\alpha}(\tau\cdot\delta r\,\mathrm{d}\theta)\cdot r = F_S r\int_0^{2\alpha}\frac{\cos(\alpha-\theta)-\cos\alpha}{\alpha-\sin\alpha\cos\alpha}\mathrm{d}\theta$$

$$= F_S r\cdot\frac{2(\sin\alpha-\alpha\cos\alpha)}{\alpha-\sin\alpha\cos\alpha}$$

所以

$$e = 2r\cdot\frac{\sin\alpha-\alpha\cos\alpha}{\alpha-\sin\alpha\cos\alpha}$$

讨论：

当 α 由 0 至 π 的不同值时,e 值分别为

α	$\to 0$	$\pi/6$	$\pi/3$	$\pi/2$	$2\pi/3$	$5\pi/6$	π
e	$\to r$	$1.028r$	$1.115r$	$1.273r$	$1.514r$	$1.814r$	$2.0r$

e 与 α 间的关系曲线,如图(c)所示。

6.3-4 梁的截面形状如图所示。假设连接翼缘的腹板很薄,其面积与两端的翼缘面积 A_1 相比可忽略不计,试求截面的弯曲中心 A 的位置。

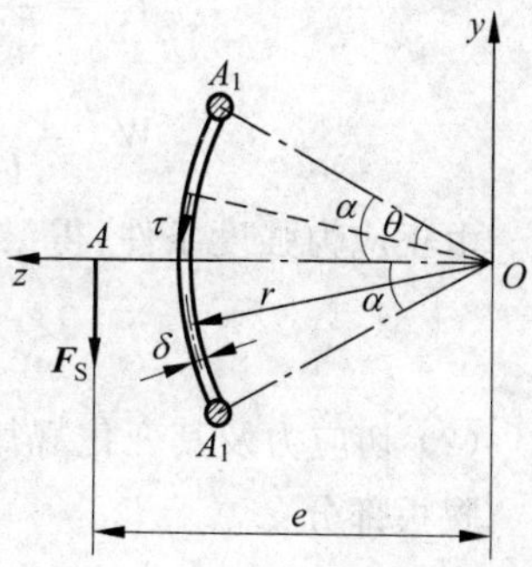

解 腹板任一截面 θ 处的切应力与腹板的中心线相切。由于与翼缘相比,不计腹板的面积,因此,腹板上的切应力处处相等,其值为

$$S_z^* = A_1(r\sin\alpha), \quad I_z = 2A_1(r\sin\alpha)^2$$

所以

$$\tau = \frac{F_S\cdot S_z^*}{\delta I_z} = \frac{F_S}{2\delta r\sin\alpha}$$

考虑对坐标原点 O 的力矩,即得弯曲中心 A 的位置为

$$e = \frac{1}{F_S}(\tau\cdot 2r\alpha\cdot\delta)\cdot r = \frac{r\alpha}{\sin\alpha}$$

当 $\alpha\leqslant 30°$ 时,可认为 $e\approx r$,即弯曲中心 A 位于对称轴 z 与腹板中心线相交处,其相对误差小于 5%。

习题 6.3-4 图

* **6.3-5** 一薄壁箱形截面的简支梁 AB,承受移动载荷 F 作用,如图(a)所示。已知梁由宽为 45cm、厚为 3mm 和长为 2m 的钢板弯成宽为 15cm、高为 30cm 的矩形截面梁,并经焊接而成。钢的许用正应力 $[\sigma]=160$MPa,试求:

（1）梁的许可载荷。

（2）横截面上切应力及其变化规律。

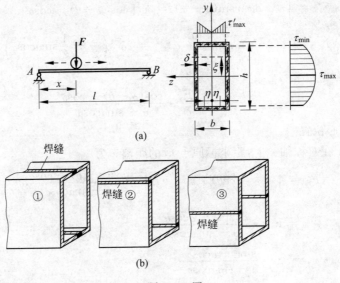

(a)

(b)

习题 6.3-5 图

解　（1）许可载荷

在移动载荷作用下，梁的最大弯矩的最大值，由

$$\frac{\mathrm{d}M}{\mathrm{d}x} = \frac{\dfrac{F}{l}x(l-x)}{\mathrm{d}x} = 0, \quad x = \frac{l}{2}$$

得
$$M_{\max} = \frac{Fl}{4}$$

$$I_z = \frac{bh^3}{12} - \frac{(b-2\delta)(h-2\delta)^3}{12} = 3260 \times 10^{-8}\,\mathrm{m}^4$$

$$W_z = \frac{I_z}{h/2} = 217 \times 10^{-6}\,\mathrm{m}^3$$

由正应力强度条件，得梁的许可载荷为

$$[F] = \frac{4}{l}W_z[\sigma] = 69.4\,\mathrm{kN}$$

（2）切应力及其变化规律

腹板部分：

$$F_S = \frac{F}{2} = 34.7\,\mathrm{kN}$$

$$S_z^* = (b\delta)\left(\frac{h-\delta}{2}\right) + 2 \cdot \delta\left[\left(\frac{h}{2}-\delta\right)-\xi\right]\frac{\left[\left(\dfrac{h}{2}-\delta\right)+\xi\right]}{2}$$

$$= 66.8 \times 10^{-6}\,\mathrm{m}^3 + 64.8 \times 10^{-6}\,\mathrm{m}^3 - 0.3\xi^2 \times 10^{-6}\,\mathrm{m}^3$$

$$= (131.6 - 0.3\xi) \times 10^{-6}\,\mathrm{m}^3$$

得腹板上任一点处的切应力为

$$\tau = \frac{F_S S_z^*}{(2\delta) I_z} = 0.1774 \times (131.6 - 0.3\xi^2) \text{MPa}$$

可见,腹板上切应力沿截面高度呈抛物线变化。当 $\xi = 0$ 时,$\tau_{max} = 23.3 \text{MPa}$;当 $\xi = \frac{h}{2} - \delta$ 时,$\tau_{min} = 11.8 \text{MPa}$。其变化规律如图所示。

翼缘部分:

$$S_z^* = 2\eta\delta\left(\frac{h-\delta}{2}\right) = 4.41\eta \times 10^{-6} \text{m}^3$$

得翼缘上任一点处的水平切应力为

$$\tau' = \frac{F_S S_z^*}{(2\delta) I_z} = 0.782\eta \text{MPa}$$

可见,翼缘上的水平切应力沿截面宽度呈线性变化。当 $\eta = 0$ 时,$\tau'_{min} = 0$;当 $\eta = \frac{b}{2} - \delta$ 时,$\tau'_{max} = 5.63 \text{MPa}$。切应力的指向及其变化规律如图所示。

讨论:

由截面上的切应力分布规律可见,图(b)所示钢板焊缝位置的三种方案中,其中的第 1 方案最佳,而第 3 方案最差(焊缝承受的切应力最大)。

*6.3-6 由两根不同材料的矩形截面 $\frac{b}{2} \times h$ 杆黏结而成的悬臂梁,如图(a)所示。两材料的弹性模量分别为 E_1 和 E_2,且 $E_1 > E_2$。若集中载荷 F 作用在梁的纵对称面(即黏合面)内,试问梁是否发生平面弯曲?若要求梁仅发生平面弯曲,则求截面弯曲中心 A 的位置。

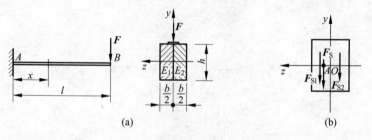

习题 6.3-6 图

解 (1) 梁的变形

设两部分截面承受的剪力分别为 F_{S1} 和 F_{S2}(图(b)),则由静力学关系,得

$$F_{S1} + F_{S2} = F_S = F$$

由于两种材料黏结成整体,由变形几何相容条件,得

$$\frac{1}{\rho_1} = \frac{1}{\rho_2}$$

代入力矩-曲率间的物理关系,得补充方程

$$\frac{F_1(l-x)}{E_1 I_{z1}} = \frac{F_2(l-x)}{E_2 I_{z2}}$$

与静力平衡方程联立,并注意到 $F_1 = F_{S1}$,$F_2 = F_{S2}$,$I_{z1} = I_{z2}$,即得

$$F_{S1} = \frac{E_1}{E_1 + E_2} F, \quad F_{S2} = \frac{E_2}{E_1 + E_2} F$$

　　由于该梁由两种材料组成,且 $E_1 > E_2$,因而,截面两部分所承受的剪力不等且 $F_{S1} >$ F_{S2}。于是,剪力 F_{S1} 和 F_{S2} 的合力 F_S 将不在梁的纵对称面内,而偏于弹性模量较大的一侧。当集中载荷 F 作用在纵对称面时,梁除平面弯曲外,还将发生扭转变形。

　　(2) 弯曲中心位置

　　弯曲中心 A 必位于对称轴 z 上,其距坐标原点 O 的距离 e 可由 F_{S1} 和 F_{S2} 对 A 点的力矩之和为零求得,

$$F_{S1} \left(\frac{b}{4} - e \right) - F_{S2} \left(\frac{b}{4} + e \right) = 0$$

$$e = \frac{b(E_1 - E_2)}{4(E_1 + E_2)}$$

　　为使梁仅发生平面弯曲,不发生扭转变形,则集中载荷 F 应作用在通过弯曲中心 A,并与形心主惯性平面(xy 平面)平行的纵向平面内。

　　讨论:

　　由本题可见,截面几何形状对称(坐标轴 y 为截面的几何对称轴),但材料不对称,将引起扭转变形。因此,弯曲中心位置不仅与截面的几何形状和尺寸有关,而且与材料的物性有关。也就是说,弯曲中心必定位于几何形状和材料均为对称的对称轴上。

第7章

弯 曲 变 形

【内容提要】

7.1　弯曲变形与位移

1. 平面弯曲时的变形

挠曲线　梁在弯曲变形后的轴线,称为挠曲线。平面弯曲时,梁的挠曲线为在形心主惯性平面内的平面曲线(图 7-1),其方程可表达为

$$v = f(x)$$

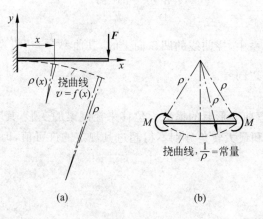

图　7-1

弯曲变形　弯曲变形的程度以挠曲线的曲率来度量。平面弯曲时,弯矩-曲率间的物理关系为

$$\frac{1}{\rho(x)} = \frac{M(x)}{EI_z} \tag{7-1}$$

式中,$M(x)$ 为梁的弯矩方程;E 为材料的弹性模量;I_z 为截面对中性轴 z 的惯性矩。EI_z

为梁的弯曲刚度,表征梁抵抗弯曲弹性变形的能力。

曲率公式的特征

(1) 公式适用于均匀连续、各向同性材料,在线弹性、平面弯曲、小变形条件下的细长梁。

(2) 等直梁在剪切弯曲下,挠曲线曲率与该处的弯矩成正比(图 7-1(a));在纯弯曲下,挠曲线为圆弧线,其曲率为常量。

2. 平面弯曲时,梁横截面的位移

挠度　梁变形后的横截面形心沿垂直于原轴线方向的线位移,称为挠度,用 v 表示。沿梁轴线方向各横截面挠度的变化规律,即梁的挠度方程为

$$v = f(x)$$

转角　梁变形后的横截面相对于原来所在平面的角位移,称为转角,用 θ 表示。在忽略剪切变形影响及微小变形条件下,任一截面的转角等于挠曲线在该截面处的切线斜率,即梁的转角方程为

$$\theta \approx \tan\theta = \frac{\mathrm{d}v}{\mathrm{d}x} = f'(x)$$

挠度、转角的正、负　挠度、转角的正、负号由所选坐标系的方向确定。在图 7-2 所示坐标系中,向上位移(沿 y 轴正向)的挠度为正;逆时针转向(其切线通过一、三象限)的转角为正。反之为负。

3. 挠曲线的近似微分方程

平面弯曲时,在线弹性范围、小变形条件下,挠曲线的近似微分方程为

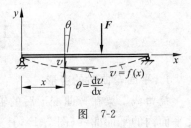

图　7-2

$$\frac{\mathrm{d}^2 v}{\mathrm{d}x^2} = \frac{M(x)}{EI_z} \tag{7-2}$$

在图 7-2 所示坐标系中,挠曲线的凹口向上时,其曲率 $\frac{1}{\rho} \approx \frac{\mathrm{d}^2 v}{\mathrm{d}x^2}$ 为正,相应的弯矩 $M(x)$ 也为正值,故式(7-2)两边同号。

4. 梁的刚度条件

工程中,通常以梁弯曲变形后的横截面位移来控制梁的变形,其刚度条件表示为位移刚度条件:梁的最大挠度和最大转角分别不得超过其规定的许可值,即

$$|v|_{\max} \leqslant [v] \tag{7-3a}$$

$$|\theta|_{\max} \leqslant [\theta] \tag{7-3b}$$

7.2　通过积分求梁的位移

1. 挠曲线近似微分方程的积分

由挠曲线的近似微分方程(7-2),积分两次,即得梁横截面的转角和挠度方程分别为

$$\theta = \frac{\mathrm{d}v}{\mathrm{d}x} = \int \frac{M(x)}{EI} \mathrm{d}x + C$$

$$v = \iint \frac{M(x)}{EI} \mathrm{d}x\mathrm{d}x + Cx + D$$

2. 积分法的特征

(1) 适用于均匀连续、各向同性材料的细长梁在线弹性范围、小变形条件下的平面弯曲。

(2) 积分应遍及全梁。在梁的弯矩方程或弯曲刚度不连续处,其挠曲线的近似微分方程应分段列出,并相应地分段积分。

(3) 积分常数由边界条件(包括支座条件和光滑、连续条件)确定。求梁位移的方法,实质上与轴向拉、压和扭转时求位移的方法相同,即考虑静力、物理和几何三个方面:

由静力平面条件,求弯矩方程 $M(x)$;

由力-变形物理关系,写出挠曲线近似微分方程

$$\frac{\mathrm{d}^2 v}{\mathrm{d}x^2} = \frac{M(x)}{EI}$$

由变形的几何相容条件,梁变形仍保持光滑、连续,因而可进行积分,并由边界条件确定积分常数。

(4) 积分法的优点在于普遍适用于求等截面或变截面梁在各种载荷情况下的转角和挠度方程。当仅需计算个别截面的挠度、转角时(如工程中往往仅需计算梁的最大挠度、特定截面或支座截面的转角),其计算过程显得繁琐、冗长。

7.3 应用叠加原理求梁的位移

1. 按叠加原理求挠度、转角

叠加原理的应用 梁在几种载荷同时作用下任一截面的挠度或转角,等于同一梁在每种载荷单独作用下同一截面的挠度或转角的总和。

叠加原理的限制 叠加原理仅适用于线性函数。为此,要求梁截面的挠度、转角为梁上载荷的线性函数,即

(1) 弯矩 M 与载荷呈线性关系,要求梁的变形为微小变形,即各载荷引起梁的水平位移可忽略不计。

(2) 曲率 $\frac{1}{\rho}$ 与弯矩 M 呈线性关系,要求梁处于线弹性范围,即满足胡克定律。

(3) 挠曲线的二阶导数 $\frac{\mathrm{d}^2 v}{\mathrm{d}x^2}$ 与弯矩 M 呈线性关系,要求梁为细长梁,其变形为微小变形。即略去剪力对梁截面位移的影响,且转角 $\theta \approx \tan\theta$,并 θ^2 与 1 相比很小,可略去不计。

2. 叠加法的特征

(1) 几种载荷同时作用下的挠度、转角,等于每种载荷单独作用下挠度、转角的总和,叠加应是几何和(矢量和),同一方向时的几何和等于代数和。

(2) 梁在简单载荷作用下的挠度、转角应为已知,或有变形表可查(参见附录Ⅲ)。

(3) 叠加法适用于求梁个别截面的挠度、转角,或梁的挠度、转角方程。工程实际中,大都应用于求梁的最大挠度及最大转角(或特定截面的转角)。

7.4 弯曲的静不定问题

1. 静不定梁的解法

静不定梁 梁的未知力(含约束反力和内力)数超过独立的静力平衡方程数,即不可能仅用静力平衡方程求解全部未知力的梁,称为静不定梁。未知力数超过静力平衡方程数的数目,称为静不定的次数。

静不定梁的解法 静不定梁的解法与轴向拉、压和扭转静不定问题的解法相同,即综合考虑静力、几何和物理三方面。由于静不定梁大都是因为约束数(包括支座或其他约束)多于维持静力平衡(且满足几何不变形)必需的约束所构成,因此,通常采用选择多余约束(即选取基本静定系)的方法求解。即:

(1) 选择多余约束,确定基本静定系。在基本静定系上除作用有原静不定梁的载荷外,还应作用有相应于多余约束的多余未知力。

(2) 根据变形几何相容条件,列出变形相容方程。即比较基本静定系与静不定梁在多余约束处的变形,并按叠加原理列出相应的变形相容方程。

(3) 将基本静定系的位移与载荷(包括多余未知力)间的物理关系代入变形相容方程,得补充方程。并由补充方程,求解多余未知力。

(4) 求得多余未知力后,基本静定系就等效于原静不定梁,则其余的支座反力、梁的应力或位移等计算,均可根据基本静定系进行计算。

2. 基本静定系的特征

(1) 基本静定系应是能维持静力平衡和几何不变的系统。

(2) 基本静定系除作用有原静不定梁的所有载荷外,还应有相应于多余约束的多余未知力。

(3) 基本静定系应尽可能使运算便捷。其截面位移与载荷间的物理关系为已知,或可在变形表中查得;在多次静不定梁中,尽可能避免或降低求解联立方程组等。

(4) 静不定梁可以选取不同的基本静定系(即选择不同的多余约束),其相应的变形相容方程可以不同,但其解答必定是唯一的。如图 7-3(a)所示静不定梁,可选取三种不同的

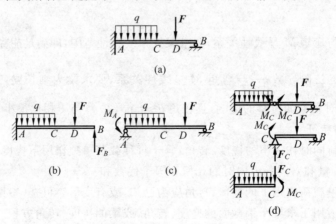

图 7-3

基本静定系(图 7-3(b)、(c)、(d))。

三种不同基本静定系及其相应的变形相容方程分别为

图 7-3(b):以支座 B 为多余约束,F_B 为多余未知力

$$v_B = v_{Bq} + v_{BF} + v_{BF_B} = 0$$

图 7-3(c):以固定端阻止转动的约束为多余约束,M_A 为多余未知力

$$\theta_A = \theta_{Aq} + \theta_{AF} + \theta_{AM_A} = 0$$

图 7-3(d):以截面 C 阻止相对转动的约束为多余约束,中间铰 C 两侧的一对力偶

M_C 为多余未知力

$$\theta_{C_-} = \theta_{Cq} + \theta_{CF_C} + \theta_{CM_C}, \quad \theta_{C_+} = \theta_{CF} + \theta_{CM_C}$$

$$\theta_{C_-} = \theta_{C_+}$$

【习题解析】

7.1-1 由弯矩-曲率间物理关系式(7-1),曲率与弯矩成正比,试问横截面的挠度和转角是否也与弯矩成正比,为什么?

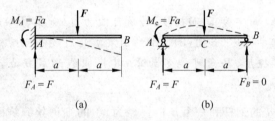

习题 7.1-1 图

答 挠曲线任一点处曲率与该处的弯矩成正比,但横截面的挠度和转角一般并不与弯矩成正比。因挠度和转角为弯曲变形时横截面的位移,而位移既与力矩-曲率的物理关系有关,也与变形的几何相容条件有关。当梁的变形(即挠曲线曲率)相同,而变形几何相容条件(即支座约束)不同时,其截面位移(挠度和转角)也就不同。如图(a)与(b)所示两梁、它们的弯矩和曲率分别相同,但其挠度和转角却各不相同。

7.1-2 各等刚度梁及其承载情况分别如图所示,试绘出各梁挠曲线的大致形状。

解 绘制梁挠曲线大致形状的步骤为:

(1) 作梁的弯矩图。

(2) 由梁弯矩的变化规律,判定挠曲线曲率的变化规律。如曲率的正、负及大小;弯矩由正(或负)过渡至负(或正)的零点处,曲率也随之变号,称为拐点;弯矩发生突变处,曲率也随之发生突变。

(3) 根据梁的支座约束,考虑变形几何相容条件,绘制挠曲线的大致形状。

各梁挠曲线的大致形状分别如图中虚线所示。

讨论:

由挠曲线的大致形状可见,挠曲线的曲率与该处的弯矩成正比。而其挠度、转角不与弯

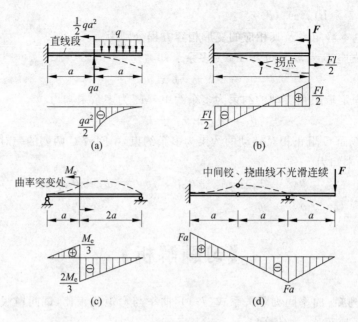

习题 7.1-2 图

矩成正比。如弯矩为正、曲率为正,而挠度、转角可能为负(如图(b));弯矩为最大、曲率也
为最大,而挠度、转角可能为零(如图(b)、(d)的固定端处);弯矩为零或有突变处,则其曲率
也为零或有突变,而其挠度、转角可能不为零,其挠曲线形成拐点,但仍为光滑连续(如
图(b)、(c))。

7.1-3　一直径为 d 的钢杆和一由 n 根直径为 d_1 的细钢丝缠绕而成的钢丝绳,若钢丝
绳与钢杆的材料相同(弹性模量相同)、横截面面积相等,分别环绕在半径为 R 的圆柱体上,
且 $d \ll R$,如图所示。试求钢丝绳与钢杆的弯曲刚度之比,以及最大正应力之比。

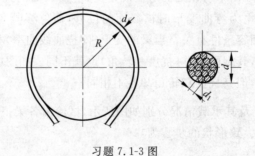

习题 7.1-3 图

解　(1) 弯曲刚度之比
由横截面面积相等,得

$$A = \frac{\pi d^2}{4} = n \cdot \frac{\pi d_1^2}{4}$$

$$d_1 = \frac{d}{\sqrt{n}}$$

设钢丝绳中每一钢丝的弯曲刚度为 EI_1,则得弯曲刚度之比为

$$\frac{nEI_1}{EI} = \frac{nd_1^4}{d^4} = \frac{1}{n}$$

（2）最大正应力之比

由 $\dfrac{1}{\rho_1} = \dfrac{1}{\rho} = \dfrac{1}{R}$，则钢丝绳中每一钢丝承受的弯矩 M_1 与钢杆的弯矩 M 之比为

$$\frac{M_1}{M} = \frac{I_1}{I} = \frac{1}{n^2}$$

于是，最大正应力之比为

$$\frac{\sigma_{1,\max}}{\sigma_{\max}} = \frac{M_1}{M} \frac{W}{W_1} = \frac{1}{n^2} \frac{d^3}{d_1^3} = \frac{1}{\sqrt{n}}$$

讨论：

由本题计算结果可见，钢丝绳较之相同截面积的钢杆要柔软得多，而最大应力也较小。同时，由于每根钢丝的截面积很小，往往经过冷拔加工，从而进一步提高钢丝绳的强度和弹性范围。因此，在工程实际中的起重缆索、绞车索等均使用钢丝绳。

*7.1-4 一长度为 l、宽度为 b、高度为 h 的矩形截面简支梁，如图所示。梁的顶面温度为 t_0，底面温度为 $t_1 > t_0$，若沿梁高度温度呈线性变化，材料的线膨胀系数为 α。试求梁跨中点 C 的挠度和两端面的转角。

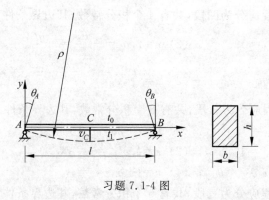

习题 7.1-4 图

解 当温度由梁的顶面 t_0 升高至底面的 t_1，且沿截面高度呈线性变化时，则梁的挠曲线为圆弧线，其曲率半径为（参见习题 6.1-13）

$$\rho = \frac{h}{\alpha(t_1 - t_0)}$$

由几何关系，得跨中挠度和两端面转角分别为

$$v_C = -\left[\rho - \sqrt{\rho^2 - \left(\frac{l}{2}\right)^2}\right] \approx -\frac{1}{2} \cdot \frac{l^2}{4\rho}$$

$$= -\frac{\alpha(t_1 - t_0)l^2}{8h}$$

$$\theta_B = -\theta_A \approx \frac{l}{2\rho} = \frac{\alpha(t_1 - t_0)l}{2h}$$

7.2-1 各梁及其承载情况分别如图所示，通过积分求梁的挠曲线方程时，试问在列各梁的挠曲线近似微分方程时应分几段；将出现多少积分常数？分别写出其确定积分常数的

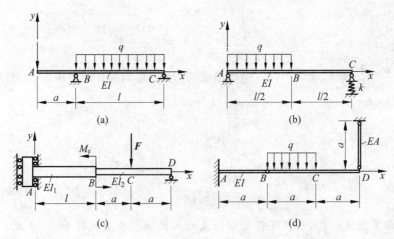

习题 7.2-1 图

边界条件。

解   图(a)：挠曲线方程应分为两段,共有 4 个积分常数,其边界条件为

支承条件：(1) $x=a,v_B=0$;　　　(2) $x=a+l,v_C=0$

连续条件：(1) $x=a,\theta_{B_-}=\theta_{B_+}$;　　(2) $x=a,v_{B_-}=v_{B_+}$

图(b)：挠曲线方程应分为两段,共有 4 个积分常数,其边界条件为

支承条件：(1) $x=0,v_A=0$;　　　(2) $x=l,v_C=-\dfrac{F_C}{k}=-\dfrac{ql}{8k}$

连续条件：(1) $x=\dfrac{l}{2},\theta_{B_-}=\theta_{B_+}$;　　(2) $x=\dfrac{l}{2},v_{B_-}=v_{B_+}$

图(c)：挠曲线方程应分为三段,共有 6 个积分常数,其边界条件为

支承条件：(1) $x=0,\theta_A=0$;　　　(2) $x=l+2a,v_D=0$

连续条件：(1) $x=l,\theta_{B_-}=\theta_{B_+}$;　　(2) $x=l,v_{B_-}=v_{B_+}$;

　　　　　(3) $x=l+a,\theta_{C_-}=\theta_{C_+}$;　(4) $x=l+a,v_{C_-}=v_{C_+}$

图(d)：挠曲线方程应分为三段,共有 6 个积分常数,其边界条件为

支承条件：(1) $x=0,\theta_A=0$;　　(2) $x=0,v_A=0$;　　(3) $x=3a,v_D=-\dfrac{qa^2}{4EA}$

连续条件：(1) $x=a,v_{B_-}=v_{B_+}$;　(2) $x=2a,\theta_{C_-}=\theta_{C_+}$;　(3) $x=2a,v_{C_-}=v_{C_+}$

7.2-2　一悬臂梁 AB 的弯曲刚度 $EI=$ 常数,承受三角形分布载荷作用,如图所示。试由积分法求梁的挠曲线方程,以及自由端的挠度和转角。

解　(1) 挠曲线方程

由挠曲线近似微分方程及其积分

$$EI\,\frac{\mathrm{d}^2 v}{\mathrm{d}x^2}=M(x)=-\frac{q_0(l-x)^3}{6l}\quad(0\leqslant x\leqslant l)$$

$$EI\theta=\frac{q_0}{24l}(l-x)^4+C$$

$$EIv=\frac{-q_0}{120l}(l-x)^5+Cx+D$$

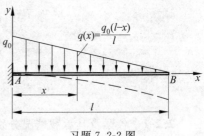

习题 7.2-2 图

由边界条件定积分常数

$$x=0, \quad \theta_A=0: \quad C=-\frac{q_0 l^3}{24}$$

$$x=0, \quad v_A=0: \quad D=\frac{q_0 l^4}{120}$$

所以, 挠曲线方程为

$$v=\frac{-q_0}{120lEI}(l-x)^5-\frac{q_0 l^3 x}{24EI}+\frac{q_0 l^4}{120EI} \quad (0 \leqslant x \leqslant l)$$

(2) 自由端挠度和转角

$$v_B=v\big|_{x=l}=-\frac{q_0 l^4}{30EI}$$

$$\theta_B=\frac{\mathrm{d}v}{\mathrm{d}x}\Big|_{x=l}=-\frac{q_0 l^3}{24EI}$$

讨论:

(1) 列弯矩方程时, 取任意截面右侧梁段为对象, 可不必计算梁的支座反力。

(2) 在本题的积分中, 以 $(l-x)$ 为积分变量, 使运算较为简捷。

(3) 当挠曲线近似微分方程需分段列出时 (如习题 7.2-1 图 (a)、(b)、(c) 中各梁), 若各段梁的坐标原点均同取在梁的左端, 则后一梁段的弯矩方程中包括前一梁段的弯矩方程和新增的 $(x-a)$ 项; 在积分中, 以 $(x-a)$ 为自变量 (即括号不打开), 则由分段处的连续条件, 可得相应的积分常数分别相等, 即

$$C_1=C_2=\cdots=C_n$$

$$D_1=D_2=\cdots=D_n$$

7.2-3 一厚度为 δ、宽度呈线性变化, 且最大宽度为 b 的简支梁 AB, 在跨中承受集中载荷 F 作用, 如图所示。材料的弹性模量为 E, 试用积分法求梁的最大挠度。

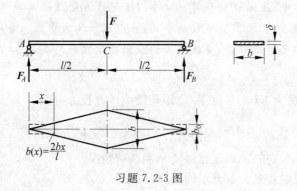

习题 7.2-3 图

解 (1) 支座反力

由于梁的材料、几何尺寸和载荷均对称于跨中截面 C, 故有

$$F_A=F_B=\frac{F}{2}$$

(2) 挠曲线方程

由于对称, 考察梁的 AC 段。挠曲线近似微分方程及其积分为

$$\frac{\mathrm{d}^2 v}{\mathrm{d}x^2} = \frac{M(x)}{EI(x)} = \frac{3Fl}{Eb\delta^3} \quad \left(0 \leqslant x \leqslant \frac{l}{2}\right)$$

$$\theta = \frac{\mathrm{d}v}{\mathrm{d}x} = \frac{3Fl}{Eb\delta^3}x + C$$

$$v = \frac{3Fl}{Eb\delta^3} \cdot \frac{x^2}{2} + Cx + D$$

由边界条件,得积分常数为

$$x = \frac{l}{2}, \quad \theta_C = 0: \quad C = -\frac{3Fl^2}{2Eb\delta^3}$$

$$x = 0, \quad v_A = 0: \quad D = 0$$

得挠曲线方程为

$$v = \frac{3Fl}{2Eb\delta^3}(x-l)x \quad \left(0 \leqslant x \leqslant \frac{l}{2}\right)$$

(3) 最大挠度

显然,最大挠度发生在跨中截面 C,其值为

$$|v|_{\max} = |v_C|_{x=\frac{l}{2}} = \frac{3Fl^3}{8Eb\delta^3} = \frac{Fl^3}{32EI}$$

式中,$I = \frac{b\delta^3}{12}$,即 EI 为矩形截面 $b \times \delta$ 等直梁的弯曲刚度。

讨论:

(1) 本题中厚度不变、宽度线性变化的简支梁承受集中载荷 F,实质上为等强度的叠板弹簧的力学模型(参见习题 6.1-10)。梁两端靠近支座的截面 A(或 B)上有剪力 $F_S = \frac{F}{2}$,故梁的最小宽度 b_0 应由切应力强度确定,即 $b_0 \geqslant \frac{3F}{4\delta[\tau]}$。

(2) 在工程实际中,在保证梁强度的条件下,有的希望减小其挠度,以提高梁的刚度;有的则希望增大其挠度,以提高梁吸收能量的能力(增大其应变能),叠板弹簧即为按此要求而设计的实例。由本题计算可见,叠板弹簧的最大挠度较矩形截面 $b \times \delta$ 等截面梁的最大挠度增加了 50%。

7.2-4 弯曲刚度为 EI 的等直梁,已知其挠曲线方程为

$$v = \frac{q_0 x}{360EIl}(3x^4 - 10l^2x^2 + 7l^4)$$

试求梁的最大弯矩、最大剪力,以及梁的支承和载荷情况。

解 (1) 最大弯矩和最大剪力

将挠曲线方程代入挠曲线近似微分方程,得

$$M = EI\frac{\mathrm{d}^2 v}{\mathrm{d}x^2} = \frac{q_0 x}{6l}(x^2 - l^2)$$

$$F_S = \frac{\mathrm{d}M}{\mathrm{d}x} = \frac{q_0}{6l}(3x^2 - l^2)$$

由 $\dfrac{\mathrm{d}M}{\mathrm{d}x} = F_S = 0$,得 $x = \dfrac{l}{\sqrt{3}}$,代入弯矩方程得

$$M_{max} = -\frac{q_0 l^2}{9\sqrt{3}}$$

而在边界处($x=0$ 或 $x=l$),弯矩均为零,故最大弯矩发生在 $x=\frac{l}{\sqrt{3}}$ 处,其值为

$$|M|_{max} = \frac{q_0 l^2}{9\sqrt{3}}$$

由 $\frac{dF_S}{dx} = \frac{q_0 x}{l} = 0$,得 $x=0$,于是,有

$$F_S|_{x=0} = -\frac{q_0 l}{6}$$

而

$$F_S|_{x=l} = \frac{q_0 l}{3}$$

故最大剪力发生在 $x=l$ 处,其值为

$$F_{S,max} = \frac{q_0 l}{3}$$

(2)梁的支承及载荷

由

$$q(x) = \frac{dF_S}{dx}$$

得

$$q(x) = \frac{q_0}{l} x$$

且 $x=0$,$q=0$;$x=l$,$q=q_0$。可见,$q(x)$ 沿梁轴线为由 0 至 q_0 呈线性变化。

当 $x=0$: $M=0$, $F_S = -\frac{q_0 l}{6}$, $q=0$;

$x=l$: $M=0$, $F_S = \frac{q_0 l}{3}$, $q=q_0$。

于是,可知梁两端均为铰链支承,得梁的支承及载荷情况,如习题 7.2-4 图所示。

讨论:

由弯曲刚度为 EI 的等直梁的挠曲线近似微分方程及弯矩、剪力与载荷集度间的平衡微分关系,可得等直梁挠曲线的四阶微分方程

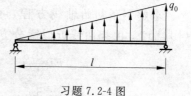

习题 7.2-4 图

$$EI \frac{d^4 v}{dx^4} = q(x)$$

对上式积分 4 次,得

$$EI \frac{d^3 v}{dx^3} = \frac{dM}{dx} = F_S(x) = \int q(x) dx + C_1$$

$$EI \frac{d^2 v}{dx^2} = M(x) = \iint q(x) dx^2 + C_1 x + C_2$$

$$EI \frac{dv}{dx} = EI\theta = \iiint q(x) dx^3 + C_1 \frac{x^2}{2} + C_2 x + C_3$$

$$EIv = \iiiint q(x) dx^4 + C_1 \frac{x^3}{6} + C_2 \frac{x^2}{2} + C_3 x + C_4$$

若以 $x=0$ 代入以上 4 式,则可得积分常数分别等于坐标原点处横截面上的剪力、弯矩、

转角和挠度,即

$$C_1 = F_{S0}, \quad C_2 = M_0, \quad C_3 = EI\theta_0, \quad C_4 = EIv_0$$

于是,挠曲线方程可写为

$$EIv = \iiint q(x)\mathrm{d}x^4 + F_{S0}\frac{x^3}{6} + M_0\frac{x^2}{2} + EI\theta_0 + EIv_0$$

式中,F_{S0}、M_0、θ_0、v_0 称为初参数,再应用习题 7.2-2 讨论 3 中的对新增弯矩项$(x-a)$积分时不展开的约定,则可得等直梁挠曲线的初参数方程。应用挠曲线的初参数方程,不论载荷如何复杂,均可将梁的挠曲线方程表达为一个统一的方程,而适于运用计算机求解梁的位移[①]。

7.2-5　一具有初曲率的等厚度钢条 AB,放置在刚性平面 MN 上,两端距刚性平面的距离 $\Delta = 1\mathrm{mm}$,如图(a)所示。若在钢条两端施加力 F 后,钢条与刚性平面紧密接触,且刚性平面的反力为均匀分布。设钢条的长度 $l = 20\mathrm{cm}$,横截面 $b \times \delta = 20\mathrm{mm} \times 5\mathrm{mm}$,弹性模量 $E = 200\mathrm{GPa}$,试求:

(1) 钢条在自然状态下的轴线方程。

(2) 加力后,钢条内的最大弯曲正应力。

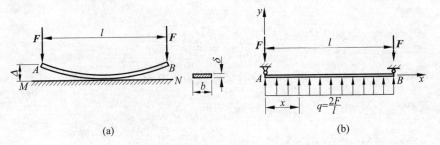

(a)   (b)

习题 7.2-5 图

解　(1) 钢条的初始轴线方程

求解钢条初始轴线方程,可转化为求解等直梁在均布载荷作用下的挠曲线方程(图(b))。由挠曲线近似微分方程及积分,得

$$EI\frac{\mathrm{d}^2 v}{\mathrm{d}x^2} = M(x) = -Fx + \frac{qx^2}{2} = -Fx + \frac{F}{l}x^2$$

$$EI\frac{\mathrm{d}v}{\mathrm{d}x} = -F\frac{x^2}{2} + \frac{F}{l}\cdot\frac{x^3}{3} + C$$

$$EIv = -F\frac{x^3}{6} + \frac{F}{l}\cdot\frac{x^4}{12} + Cx + D$$

由边界条件确定积分常数:

$$x = 0, \quad v = 0: \quad D = 0$$

$$x = l, \quad v = 0: \quad C = \frac{Fl^2}{12}$$

① 关于等直梁挠曲线初参数方程较为普遍的形式及其计算例题,可参见:胡增强. 材料力学学习指导[M]. 北京:高等教育出版社,2003,第五章.

故得钢条的初始轴线方程为

$$y = \frac{-Fx}{12EIl}(l^3 - 2lx^2 + x^3)$$

（2）最大弯曲应力

具有初曲率钢条两端距刚性平面的距离 Δ，即相当于均匀载荷作用下简支梁（图(b)）的中点挠度。由挠曲线方程可得

$$\Delta = v\big|_{x=\frac{l}{2}} = \frac{F}{24EI} \cdot \frac{5l^3}{8}$$

最大弯矩发生在跨中截面上，其值为

$$M_{max} = \frac{ql^2}{8} = \frac{Fl}{4}$$

注意到弯曲截面系数 $W = \dfrac{I}{y_{max}} = \dfrac{2I}{\delta}$，于是，可得最大弯曲正应力为

$$\sigma_{max} = \frac{M_{max}}{W} = \frac{Fl\delta}{8I} = \Delta\frac{24E\delta}{5l^2} = 120\text{MPa}$$

7.2-6 长度为 l、弯曲刚度 EI 为常数的悬臂梁，在自由端承受外力偶矩 M_e，如图所示。已知梁纯弯曲时的挠曲线为一圆弧线；而由积分法所得梁的挠曲线为二次抛物线 $v = \dfrac{M_e x^2}{2EI}$（参见附录Ⅲ）。两者不一致，试解释其原因，并计算两种情况下最大挠度的相对误差。

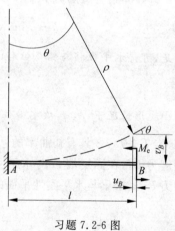

习题 7.2-6 图

解 （1）挠曲线形状

由力矩-曲率间物理关系

$$\frac{1}{\rho} = \frac{M(x)}{EI} = \frac{M_e}{EI}$$

当弯矩 $M = M_e$、弯曲刚度 EI 为常量时，曲率 $\dfrac{1}{\rho}$ 为常量，故挠曲线应为圆弧线。

由积分法所得的挠曲线方程

$$v = \frac{M_e x^2}{2EI}$$

是基于挠曲线的近似微分方程

$$\frac{\mathrm{d}^2 v}{\mathrm{d}x^2} = \frac{M(x)}{EI} = \frac{M_e}{EI}$$

这时，假设梁的位移很小，取 $\dfrac{1}{\rho} \approx \dfrac{\mathrm{d}^2 v}{\mathrm{d}x^2}$，而在微小变形情况下，圆弧可用二次抛物线来近似。

（2）最大挠度

最大挠度发生在自由端截面 B。

精确值 由图中的几何关系

$$v_B = \rho(1 - \cos\theta)$$

而
$$\cos\theta = 1 - \frac{\theta^2}{2!} + \frac{\theta^4}{4!} - \cdots$$

$$\theta = \frac{l}{\rho} = \frac{M_e l}{EI}$$

得
$$v_B = \frac{EI}{M_e}\left(\frac{M_e^2 l^2}{2E^2 I^2} - \frac{M_e^4 l^4}{24E^4 I^4} + \cdots\right)$$

$$= \frac{M_e l}{2EI} - \frac{M_e^3 l^4}{24(EI)^3} + \cdots$$

近似解　由挠曲线方程

$$v_B' = v\big|_{x=l} = \frac{M_e l^2}{2EI}$$

得两者的相对误差为

$$\left|\frac{v_B - v_B'}{v_B'}\right| \approx \frac{M_e^2 l^2}{12(EI)^2} = \frac{1}{12}\left(\frac{l}{\rho}\right)^2$$

在小变形情况下，$\rho \gg l$，显然，两者的误差可忽略不计。

讨论：

若计算梁自由端的水平位移，则由图中几何关系，得

$$u_B = l - \rho\sin\theta = l - \rho\left(\theta - \frac{\theta^3}{3!} + \frac{\theta^5}{5!} - \frac{\theta^7}{7!} + \cdots\right) \approx \frac{M_e^2 l^3}{6(EI)^2}$$

于是，可得水平位移与铅垂位移（挠度）之比为

$$\frac{u_B}{v_B} = \frac{M_e l}{3EI} = \frac{1}{3} \cdot \frac{l}{\rho}$$

在小变形情况下，$\rho \gg l$，故水平位移远小于铅垂位移，可忽略不计。

*7.2-7　一具有初曲率的悬臂梁 AB，其初始轴线方程为 $y = Kx^3$。梁的长度为 l，弯曲刚度为 EI，在固定端 A 与水平刚性平面相切，如图(a)所示。若在梁的自由端 B 作用一集中力 F，试求梁与水平刚性平面的接触长度，以及梁自由端 B 与水平刚性平面的铅垂距离。

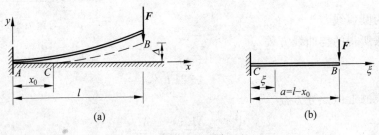

习题 7.2-7 图

解　(1) 梁与刚性平面的接触长度

梁的初曲率为

$$\frac{1}{\rho_0} = \frac{\mathrm{d}^2 y}{\mathrm{d}x^2} = 6Kx$$

由于梁具有初曲率，故由曲率-弯矩间物理关系，悬臂梁的曲率变化为

$$\frac{1}{\rho} - \frac{1}{\rho_0} = \frac{M(x)}{EI}$$

即变形后，梁的曲率为

$$\frac{1}{\rho} = \frac{1}{\rho_0} + \frac{M(x)}{EI} = 6Kx - \frac{F(l-x)}{EI}$$

设梁与刚性平面的接触长度为 x_0，则由接触段端点 C 处曲率为零的变形几何相容条件有

$$6Kx_0 - \frac{F(l-x_0)}{EI} = 0$$

即得

$$x_0 = \frac{Fl}{6EIK + F}$$

（2）梁自由端 B 至刚性平面的距离

求解梁 B 端至刚性平面的距离 Δ（图(a)），可转化为求解具有初曲率 $\frac{1}{\rho_0}$ 的水平梁 CB 在自由端的挠度 v_B（图(b)）。由悬臂梁曲率-弯矩间的物理关系，有

$$EI\frac{\mathrm{d}^2 v}{\mathrm{d}\xi^2} = 6EIK(x_0 + \xi) - F(a - \xi)$$

$$EI\frac{\mathrm{d}v}{\mathrm{d}\xi} = 3EIK(x_0 + \xi)^2 + \frac{F}{2}(a - \xi)^2 + C$$

$$EIv = EIK(x_0 + \xi)^3 - \frac{F}{6}(a - \xi)^3 + C\xi + D$$

由边界条件确定积分常数

$$\xi = 0, \frac{\mathrm{d}v}{\mathrm{d}\xi} = 0: \quad C = -3EIKx_0^2 - \frac{Fa^2}{2}$$

$$\xi = 0, v = 0: \quad D = -EIKx_0^3 + \frac{Fa^3}{6}$$

以 $\xi = a$ 代入挠曲线方程，得

$$EIv_B = EIK(x_0 + a)^3 - \left(3EIKx_0^2 + \frac{Fa^2}{2}\right)a + \left(\frac{Fa^3}{6} - EIKx_0^3\right)$$

$$= EIKa^2(a + 3x_0) - \frac{Fa^3}{3}$$

以 $a = l - x_0$ 及 x_0 值代入上式，经整理后，可得梁自由端 B 至刚性平面的距离为

$$\Delta = v_B = \frac{(6EI)^2 (Kl)^3}{(6EIK + F)^2}$$

*7.2-8 一长度为 l，弯曲刚度为 EI，具有初曲率的静不定梁 AB。当梁承受三角形分布载荷时，梁的轴线成为水平直线，如图所示。试求梁的初始轴线方程。

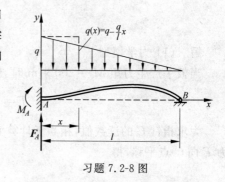

习题 7.2-8 图

解 由挠曲线近似微分方程，有

$$EI\frac{\mathrm{d}^2 v}{\mathrm{d}x^2} = M_A + F_A x - \frac{qx^2}{2} + \frac{qx^2}{2l} \cdot \frac{x}{3}$$

$$EI\frac{\mathrm{d}v}{\mathrm{d}x} = M_A x + F_A \frac{x^2}{2} - q\frac{x^3}{6} + q\frac{x^4}{24l} + C$$

$$EIv = M_A \frac{x^2}{2} + F_A \frac{x^3}{6} - q \frac{x^4}{24} + q \frac{x^5}{120l} + Cx + D$$

由边界条件

$$x = 0, \theta_A = 0: \quad C = 0$$

$$x = 0, v_A = 0: \quad D = 0$$

$$x = l, v_B = 0: \quad M_A \frac{l^2}{2} + F_A \frac{l^3}{6} - q \frac{l^4}{30} = 0$$

$$x = l, M_B = v'' \big|_{x=l} = 0: \quad M_A + F_A \tau - q \frac{l^2}{3} = 0$$

联立解得

$$M_A = -\frac{ql^2}{15}, \quad F_A = \frac{2ql}{5}$$

于是,可得梁的初始轴线方程为

$$y = -v = \frac{qx^2}{6EI} \left(\frac{l^2}{5} - \frac{2lx}{5} + \frac{x^2}{4} - \frac{x^3}{20l} \right)$$

讨论:

本题与习题 7.2-5 相似,将问题转化为求解等直梁在三角形分布载荷作用下的挠曲线方程。不同的是,本题为静不定梁,其支座反力不能用静力平衡方程全部确定。在本题求解中后面两个边界条件(即 $x = l, v_B = 0$ 及 $M_B = 0$),其中前者可看作是由变形几何相容条件和力-变形间物理关系得出的补充方程;而后者为静力平衡方程。

7.3-1 弹簧扳手的主要尺寸及其受力如图(a)所示。材料的弹性模量 $E = 210\text{GPa}$,当扳手产生 $M_0 = 200\text{N} \cdot \text{m}$ 的力矩时,试求指针 C 的读数值。

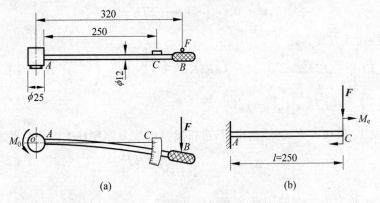

习题 7.3-1 图

解 (1) 力学模型

当扳手产生力矩 $M_0 = 200\text{N} \cdot \text{m}$ 时,应施加的力为

$$F = \frac{M_0}{0.32\text{m}} = 625\text{N}$$

为求指针 C 的读数值,相当于计算直杆 AB 在集中力 F 作用下 C 点的挠度。为此,将力 F 向 C 点平移,得

$$F = 625\text{N}, \quad M_e = F\left(0.32\text{m} - 0.25\text{m} - \frac{0.025\text{m}}{2}\right) = 35.9\text{N} \cdot \text{m}$$

于是,得力学模型如图(b)所示。

（2）指针 C 读数值

由挠度、转角表（附录Ⅲ），得

$$v_C = \frac{Fl^3}{3EI} + \frac{M_e l^2}{2EI} = \frac{l^2}{EI}\left(\frac{Fl}{3} + \frac{M_e}{2}\right)$$

$$= \frac{(0.25\text{m})^2}{(210 \times 10^9 \text{Pa}) \times \frac{\pi}{64} \times (0.012\text{m})^4} \times \left(\frac{625\text{N} \times 0.25\text{m}}{3} + \frac{35.9\text{N} \cdot \text{m}}{2}\right)$$

$$= 20.5 \times 10^{-3}\text{m} = 20.5\text{mm}$$

7.3-2 弯曲刚度为 EI 的简支梁 AB,承受三角形分布载荷,如图(a)所示。试用叠加原理,求梁跨中截面 C 及两端截面 A、B 的转角。

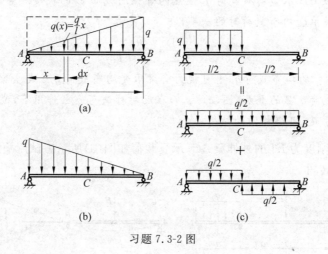

习题 7.3-2 图

解 （1）截面 C 挠度

同一梁承受与原载荷成反对称的三角形分布载荷时(图(b)),其跨中截面 C 的挠度,与梁在原三角形分布载荷下截面 C 的挠度相等。图(a)和图(b)中载荷叠加成均布载荷,因此,梁在三角形分布载荷作用下截面 C 的挠度,等于全梁承受均布载荷下跨中截面 C 挠度的一半,即

$$v_C = \frac{1}{2} \cdot \frac{5ql^4}{384EI} = \frac{5ql^4}{768EI} \quad (\downarrow)$$

（2）截面 A、B 的转角

距支座 A 为 x 的分布载荷的集度

$$q(x) = q\frac{x}{l}$$

取微段 $\mathrm{d}x$,将 $q(x)\mathrm{d}x$ 视为微集中力,由挠度、转角表,梁在微集中力 $q(x)\mathrm{d}x$ 作用下,截面 A 的转角为

$$\mathrm{d}\theta_A = \frac{\left(q\dfrac{x}{l}\mathrm{d}x\right)x(l-x)(2l-x)}{6EIl}$$

于是，三角形分布载荷为无限个微集中力的叠加，应用积分，即得截面 A 的转角为

$$\theta_A = \frac{q}{6EIl^2}\int_0^l (2l^2x^2 - 3lx^3 + x^4)\,\mathrm{d}x$$

$$= \frac{7ql^3}{360EI} \quad (\frown)$$

同理，可得截面 B 的转角为

$$\mathrm{d}\theta_B = \frac{\left(q\,\dfrac{x}{l}\mathrm{d}x\right)x(l-x)(l+x)}{6EIl}$$

$$\theta_B = \frac{q}{6EIl^2}\int_0^l (l^2x^2 - x^4)\,\mathrm{d}x = \frac{ql^3}{45EI} \quad (\frown)$$

讨论：

对于在左半段 AC 承受均布载荷 q 的简支梁（图（c）），若求梁跨中截面 C 的挠度，可类似地考虑梁右半段 CB 承受均布载荷 q，显然两者中间截面 C 的挠度相等，于是得跨中截面 C 的挠度等于全梁承受均布载荷时的一半，即

$$v_C = \frac{1}{2} \cdot \frac{5ql^4}{384EI}$$

又：右半梁 AC 的均布载荷 q，也可视为全梁承受均布载荷 $q/2$ 与全梁承受对跨中截面 C 反对称的均布载荷 $q/2$ 的叠加（图（c））。而在反对称载荷 $q/2$ 作用下，截面 C 对称的位移（挠度）等于零。于是，可得相同的结果。

7.3-3　弯曲刚度为 EI 的外伸梁 AC，承受载荷如图（a）所示。试用叠加原理，求外伸端截面 C 的挠度和转角。

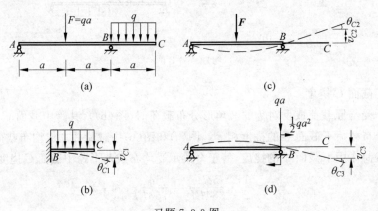

习题 7.3-3 图

解　（1）将外伸部分 BC 看作悬臂梁（图（b））

由挠度、转角表，得

$$v_{C1} = \frac{-qa^4}{8EI}, \quad \theta_{C1} = \frac{-qa^3}{6EI}$$

（2）考虑截面 B 转角的影响

悬臂梁 BC 的截面 B 无挠度和转角，而外伸梁 AC 段的截面 B 无挠度，但有转角 θ_B，将使 BC 段倾斜，从而引起外伸端截面 C 的挠度和转角。

截面 B 的转角由集中力 F 和均布载荷 q 作用下引起梁 AB 段的变形求得：

由集中力 F 引起的截面 B 转角对截面 C 挠度、转角的影响为(图(c))

$$\theta_{C2} = \theta_B = \frac{F(2a)^2}{16EI}, \quad v_{C2} = \frac{F(2a)^2}{16EI}a$$

由均布载荷 q 引起的影响为(图(d))

$$\theta_{C3} = -\frac{\left(\frac{1}{2}qa^2\right)(2a)}{3EI}, \quad v_{C3} = -\frac{\left(\frac{1}{2}qa^2\right)(2a)}{3EI}a$$

(3) 外伸梁截面 C 的挠度和转角

由叠加原理得

$$\theta_C = \theta_{C1} + \theta_{C2} + \theta_{C3} = -\frac{qa^3}{4EI} \quad (\frown)$$

$$v_C = v_{C1} + v_{C2} + v_{C3} = -\frac{5qa^4}{24EI} \quad (\downarrow)$$

讨论：

(1) 应用叠加原理求梁的挠度、转角时,分别作出梁在各载荷单独作用下的变形图(图(c)、图(d)),或梁各梁段的变形图(图(b)～图(d))。

(2) 各部分挠度和转角的正、负号,根据其相应的变形图确定。

7.3-4 阶梯形简支梁 AB 承受均布载荷 q,如图(a)所示。试用叠加原理,求梁跨中截面 C 的挠度和端截面 A、B 的转角。

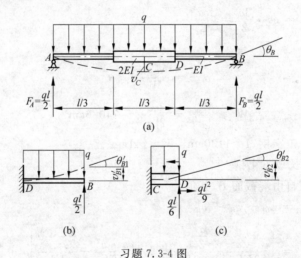

习题 7.3-4 图

解 梁的几何外形和载荷均对称于跨中截面 C,其变形也对称于截面 C,故得 $\theta_C = 0$。取梁的右半段 CB,并视为 C 端固定的悬臂梁承受均布载荷 q。显然,原简支梁 AB 截面 C 的挠度 v_C 和截面 A、B 的转角 $\theta_B = -\theta_A$,在数值上分别等于悬臂梁 CB 的截面 B 的挠度 v_B' 和转角 θ_B'。即

$$v_C = -v_B', \quad \theta_B = -\theta_A = \theta_B'$$

悬臂梁 CB 分解为悬臂梁 DB(图(b))及悬臂梁 CD(图(c))。于是,由叠加原理可得

$$\theta_B = \theta'_B = \theta'_{B1} + \theta'_{B2}$$

$$= \left[\frac{\left(\frac{ql}{2}\right)\left(\frac{l}{3}\right)^2}{2EI} - \frac{q\left(\frac{l}{3}\right)^3}{6EI} \right] + \left[\frac{\left(\frac{ql}{6}\right)\left(\frac{l}{6}\right)^2}{2(2EI)} + \frac{\left(\frac{ql^2}{9}\right)\left(\frac{l}{6}\right)}{2EI} - \frac{q\left(\frac{l}{6}\right)^3}{6(2EI)} \right]$$

$$= \frac{ql^3}{1296EI} + \frac{13ql^3}{1296EI} = \frac{41ql^3}{1296EI} \quad (\frown)$$

$$v_C = -v'_B = -\left(v'_{B1} + \theta'_{B2} \times \frac{l}{3} + v'_{B2} \right)$$

$$= -\left[\frac{\left(\frac{ql}{2}\right)\left(\frac{l}{3}\right)^3}{3EI} - \frac{q\left(\frac{l}{3}\right)^4}{8EI} \right] - \frac{13ql^3}{1296EI} \times \frac{l}{3} - \left[\frac{\left(\frac{ql}{6}\right)\left(\frac{l}{6}\right)^3}{3(2EI)} + \frac{\left(\frac{ql^2}{9}\right)\left(\frac{l}{6}\right)^2}{2(2EI)} - \frac{q\left(\frac{l}{6}\right)^4}{8(2EI)} \right]$$

$$= -\frac{61ql^4}{6912EI} \quad (\downarrow)$$

7.3-5 悬臂梁 AB 承受半梁的均布载荷作用,如图所示。已知均布载荷 $q = 15\text{kN/m}$,长度 $a = 1\text{m}$,钢材的弹性模量 $E = 200\text{GPa}$,许用正应力 $[\sigma] = 160\text{MPa}$,梁的许可挠度 $[v] = \dfrac{l}{500}(l = 2a)$,试选取工字钢的型号。

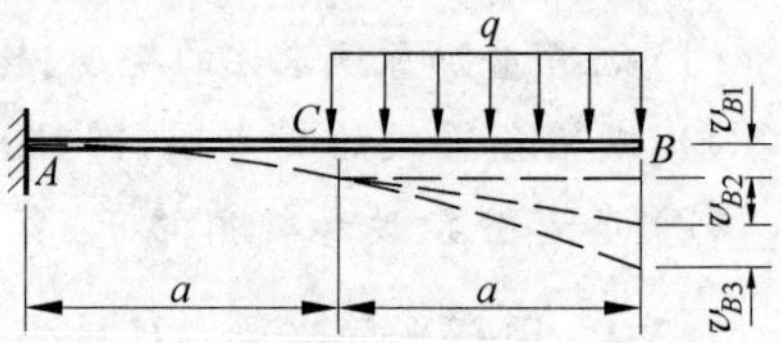

解　(1) 由强度条件选取工字钢

最大弯矩发生在固定端截面 A,其值为

$$|M|_{\max} = qa \cdot \frac{3a}{2} = \frac{3qa^2}{2}$$

由强度条件

$$\sigma_{\max} = \frac{M_{\max}}{W} \leqslant [\sigma]$$

得

$$W \geqslant \frac{M_{\max}}{[\sigma]} = \frac{3qa^2}{2[\sigma]} = 140.6\text{cm}^3$$

由型钢表,选取 16 号工字钢,$I = 1130\text{cm}^4$,$W = 141\text{cm}^3$。

(2) 由刚度条件选取工字钢

最大挠度发生在自由端截面 B,其值为

$$|v|_{\max} = v_{B1} + v_{B2} + v_{B3}$$

$$= \left(\frac{qa \cdot a^3}{3EI} + \frac{\frac{qa^2}{2} \cdot a^2}{2EI} \right) + \left(\frac{qa \cdot a^2}{2EI} + \frac{\frac{qa^2}{2} \cdot a}{EI} \right) a + \frac{qa^4}{8EI}$$

$$= \frac{41qa^4}{24EI}$$

由刚度条件

$$v_{\max} = \frac{41qa^4}{24EI} \leqslant [v] = \frac{2a}{500}$$

得

$$I \geqslant \frac{41 \times 250qa^3}{24E} = 3203\text{cm}^4$$

选取 22a 号工字钢,$I = 3400\text{cm}^4$,$W = 309\text{cm}^3$。

习题 7.3-5 图

需同时满足强度条件和刚度条件,故应选用 22a 工字钢。

讨论:

本题最大挠度 v_B 的计算与习题 7.3-3、习题 7.3-4 相类似,即先将 CB 段视作悬臂梁,得 v_{B3},然后,考虑截面 C 的挠度和转角对截面 B 挠度的影响,得 $v_{B1}=v_C$,$v_{B2}=\theta_C a$。这一方法,犹如先将梁的 AC 段视为刚性,然后再将 CB 段视为刚性,分别求出截面 B 的挠度进行叠加。因此,该方法也称为逐段刚化法。

7.3-6 一边长为 $a=10\text{cm}$ 的正方形截面的木悬臂梁 AB,在自由端 B 装有指针 BC,梁及指针的长度如图(a)所示。已知木材的弹性模量 $E=8\text{GPa}$,当梁在自由端 B 承受集中力 $F=5\text{kN}$ 后,试求指针 C 的读数值。

解 指针的读数值 Δ 为指针 C 端相对于梁中间截面 C 的相对铅垂位移(图(b))。由挠度、转角表,可得

$$\Delta = v_C - \left(v_B - \theta_B \frac{l}{2}\right)$$

$$= \frac{F\left(\frac{l}{2}\right)^2}{6EI}\left(3l - \frac{l}{2}\right) - \left(\frac{Fl^3}{3EI} - \frac{Fl^2}{2EI}\frac{l}{2}\right)$$

$$= \frac{Fl^3}{EI}\left(\frac{5}{48} - \frac{1}{12}\right) = \frac{Fl^3}{48EI}$$

$$= \frac{(5\times10^3\,\text{N})\times(0.9\text{m})^3\times12}{48\times(8\times10^9\,\text{Pa})\times(0.10\text{m})^4} = 1.14\times10^{-3}\,\text{m}$$

$$= 1.14\text{mm}$$

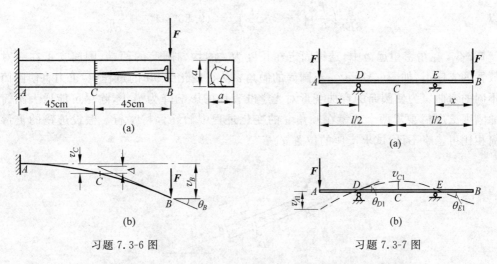

习题 7.3-6 图   习题 7.3-7 图

7.3-7 一长度为 l、弯曲刚度为 EI 的外伸梁 AB,在其两外伸端分别承受集中力 F 作用,如图(a)所示。试求:

(1) 当梁的外伸端挠度等于中点 C 挠度时,外伸部分的长度及其挠度值。

(2) 当梁中点挠度为最大时的外伸部分长度及其最大挠度值。

解 (1) 当 $v_A=v_C$ 时的 x 及 v_A 值

$$v_A = v_{A1} + v_{A2} = v_{A1} + \theta_{E1}x$$

$$= \left[\frac{Fx^3}{3EI} + \frac{(Fx)(l-2x)}{3EI}x\right] + \frac{(Fx)(l-2x)}{6EI}x$$

$$= \frac{Fx^2(3l-4x)}{6EI}$$

$$v_C = v_{C1} + v_{C2} = 2v_{C1}$$

$$= 2\frac{(Fx)(l-2x)^2}{16EI} = \frac{Fx(l-2x)^2}{8EI}$$

由 $v_A = v_C$,得

$$\frac{Fx^2(3l-4x)}{6EI} = \frac{Fx(l-2x)^2}{8EI}$$

$$x(28x^2 - 24lx + 3l^2) = 0$$

$$x = 0.152l \quad (x=0, \quad x=0.705l \text{ 不合理})$$

$$v_A = v_C = \frac{F(0.152l)}{8EI}(l-2\times0.152l)^2$$

$$= (9.2\times10^{-3})\frac{Fl^3}{EI}$$

(2) 当 v_C 为最大时的 x 及 v_C 值

令 $\dfrac{\mathrm{d}v_C}{\mathrm{d}x} = 0$,得

$$(l^2 - 8lx + 12x^2) = (l-2x)(l-6x) = 0$$

$$x = \frac{l}{6} = 0.167l \quad \left(x = \frac{l}{2} \text{ 不合理}\right)$$

所以
$$v_C = \frac{F}{8EI}\left(\frac{l}{6}\right)\left(l - 2\cdot\frac{l}{6}\right)^2 = (9.26\times10^{-3})\frac{Fl^3}{EI}$$

7.3-8   在精密望远镜中,透镜固定在长度为 l 的均匀圆筒的两端,圆筒支承在一对对称放置的支座上,如图(a)所示。当圆筒的倾角 α 从 $0°$ 变化到 $90°$ 的过程中,重力将使圆筒引起不同的弯曲。为使圆筒的弯曲变形对光学准直性的影响降为最小,除尽可能增大圆筒的弯曲刚度 EI 外,要求两个透镜在倾角 α 的变化过程中始终保持平行。假设透镜的重量与圆筒相比可忽略不计,试求支座的位置 x。

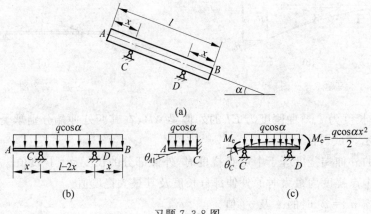

习题 7.3-8 图

解 设圆筒单位长度的重量为 q。当圆筒处于任一倾角 α 时,其力学模型如图(b)所示。为使圆筒两端处的透镜始终保持平行,则圆筒两端截面的转角均应等于零。

为计算圆筒在任一倾角 α 时端截面 A(或 B)的转角(图(b)),将其视为一悬臂梁 AC 和简支梁 CD(图(c))。于是,可得

$$\theta_A = |\theta_B| = \theta_{A1} + \theta_C$$

令 $\theta_A = 0$,并由挠度、转角表,即得

$$\frac{(q\cos\alpha)x^3}{6EI} + \left(\frac{1}{6} + \frac{1}{3}\right)\left(\frac{q\cos\alpha \cdot x^2}{2}\right)\frac{l-2x}{EI} - \frac{(q\cos\alpha)(l-2x)^3}{24EI} = 0$$

$$6x^2 - 6lx + l^2 = 0$$

解得 $\qquad x = 0.211l \quad (x = 0.789l \text{ 不合理})$

即支座距外伸端的距离为

$$x = 0.211l$$

7.3-9 一长度为 l,弯曲刚度为 EI 的悬臂梁 AB,在固定端 A 下面有一半径为 R 的刚性圆柱面与梁相切,如图(a)所示。试求在自由端 B 的集中力 F 作用下,自由端 B 的挠度。

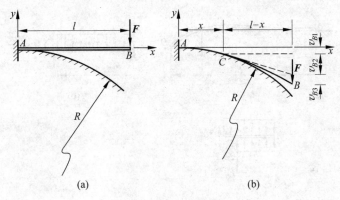

习题 7.3-9 图

解 (1)当梁不与刚性柱面接触时

若梁在靠近固定端 A 处的曲率半径 $\rho > R$,则梁将不与刚性柱面接触。于是,梁自由端截面 B 的挠度为

$$v_B = -\frac{Fl^3}{3EI}$$

当曲率半径 $\rho = R$,即梁除固定端 A 外,不与柱面接触。这时,力 F 的极限值为

$$\frac{1}{\rho} = \frac{1}{R} = \frac{F_0 l}{EI}$$

$$F_0 = \frac{EI}{Rl}$$

(2)当 $F > F_0$,梁的一部分 AC 与刚性柱面接触

梁与刚性柱面接触部分 AC 的长度为(图(b))

$$\frac{1}{\rho} = \frac{1}{R} = \frac{F(l-x)}{EI}$$

$$x = l - \frac{EI}{FR}$$

梁自由端截面 B 的挠度为(图(b))

$$v_B = v_{B1} + v_{B2} + v_{B3}$$

$$= -\frac{x^2}{2R} - \frac{x}{R}(l-x) - \frac{F(l-x)^3}{3EI}$$

将 $x = l - \dfrac{EI}{FR}$ 代入上式,即得

$$v_B = -\frac{\left(l - \dfrac{EI}{FR}\right)^2}{2R} - \frac{EI}{FR^2}\left(l - \frac{EI}{FR}\right) - \frac{(EI)^2}{3F^2R^3}$$

$$= -\frac{l^2}{2R} + \frac{(EI)^2}{6F^2R^3}(\downarrow)$$

7.3-10　单位长度重量为 q,弯曲刚度为 EI 的匀质长钢条放置在刚性水平面上,钢条的一端伸出水平面一小段 CD,其长度为 a(设 a 足够小,保证不引起钢条倾覆),如图(a)所示。试求钢条抬离水平面 BC 段的长度。

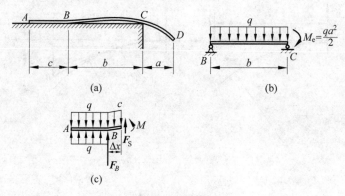

习题 7.3-10 图

解　(1) 力学模型

钢条的 AB 段紧贴在水平面上,其曲率为零,故 AB 段内钢条各横截面上的弯矩为零。又钢条在截面 B 处并无阻止转动的外部约束,仅有水平面阻止其铅垂方向的位移,故截面 B 处可视为铰链约束。而钢条 BC 段可简化为承受均布载荷 q 和由外伸段 CD 的重量所引起的外力偶矩 $M_e = \dfrac{1}{2}qa^2$ 作用下的简支梁,如图(b)所示。

(2) 抬离水平面的长度

由截面 B 处转角为零的变形几何相容条件,得

$$\theta_B = \theta_{BM} - \theta_{Bq} = 0$$

代入力-变形间物理关系,得

$$\frac{\left(\dfrac{qa^2}{2}\right)b}{6EI} - \frac{qb^3}{24EI} = 0$$

即可解得抬离水平面的长度为

$$b = \sqrt{2}a$$

讨论：

本题在将钢条的截面 B 简化为铰支座时，仅考虑了截面 B 的弯矩为零，且无阻止转动的约束，并未考虑到支座 B 处的反力。而铰支座 B 将产生集中反力 F_B，现在的问题是，在截面 B 处是否可能存在集中反力 F_B。

首先，由于钢条的 AB 段紧贴水平面，因此，在 AB 段的曲率为零，则各截面上的弯矩必定为零。同时，由于 AB 段内的弯矩为常数（零），故这一段内的剪力也必须为零，即 AB 段的反力集度等于载荷集度 q。

然后，考察钢条 $c + \Delta x$ 段的隔离体（图(c)）。由于钢条自截面 B 开始抬离水平面，则由变形几何相容条件，截面 B 右侧的 Δx 段的曲率为正。而由力矩-曲率间物理关系，其右端截面上的弯矩必须为正，为此，在 B 点附近要求存在一个数值较大的向上反力。从而可以推断，在截面 B 处存在一个向上的集中反力 F_B。

集中反力 F_B 的存在似乎难以理解，但却既符合变形几何相容条件，也满足物理关系（其值可由静力平衡条件求得）。事实上，若考虑剪力对弯曲变形的影响，则可得 AB 段的反力将是连续分布的，而集中反力 F_B 则是 B 点附近集度很大的分布反力的近似[1]（参见习题6.1-12）。

*7.3-11　弯曲刚度为 EI 的刚架 ABC，在自由端 C 承受与水平方向成 α 角的集中力 F，如图所示。若不考虑轴力和剪力对变形的影响，试求当自由端截面 C 的总位移与集中力作用线方向一致时，集中力 F 作用线的倾角 α。

习题 7.3-11 图

解　(1) 自由端截面 C 的水平及铅垂位移

由叠加原理及挠度、转角表，得

$$u_C = \frac{F_x l^3}{3EI} - \frac{(F_y l)l^2}{2EI}$$

$$= \frac{Fl^3}{6EI}(2\cos\alpha - 3\sin\alpha) \qquad (\rightarrow)$$

$$v_C = \frac{F_y l^3}{3EI} + \frac{(F_y l)l}{EI} \cdot l - \frac{F_x l^2}{2EI} \cdot l$$

$$= \frac{Fl^3}{6EI}(8\sin\alpha - 3\cos\alpha) \qquad (\uparrow)$$

(2) 倾角 α

由截面 C 总位移方向与集中力作用线方向一致，得

$$\tan\alpha = \frac{F_y}{F_x} = \frac{v_C}{u_C} = \frac{8\tan\alpha - 3}{2 - 3\tan\alpha}$$

$$2\tan^2\alpha - 3\tan\alpha = 8\tan\alpha - 3$$

$$1 = \frac{2\tan\alpha}{1 - \tan^2\alpha} = \tan 2\alpha$$

① 参见：В. И. ФеоRocbeВ. 材料力学习题选集[M]. 东北工学院材料力学教研组，译. 北京：高等教育出版社，1954，第 95 页.

$$\alpha = \frac{n\pi}{2} + \frac{\pi}{8} \quad (n = 0, 1, 2, \cdots)$$

讨论：

（1）对于刚架的应力和变形，一般地说，弯矩的影响是主要的，剪力和轴力的影响是次要的，通常可忽略不计。

（2）本题的计算相当于习题 7.3-3、习题 7.3-4 中所采用的逐段刚化法。

（3）本题应用能量法求解，参见习题 12.2-6。

* 7.3-12 长度为 l，弯曲刚度为 EI 的两端固定梁 AB，若 B 端相对于 A 端有一铅垂位移 δ，如图（a）所示。试求梁的支座反力。

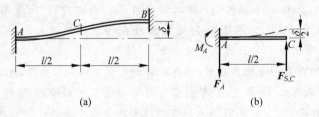

(a)   (b)

习题 7.3-12 图

解 梁 AB 的挠曲线对于跨中截面 C 是反对称的，显然，C 点为其拐点，因此，截面 C 的弯矩 $M_C = 0$，而只有剪力 $F_{\mathrm{s},c}$。于是，假想地将梁沿截面 C 截开，可得梁左半段 AC 的受力和变形如图（b）所示。

由于梁对于截面 C 的反对称性及挠度、转角表，可得

$$v_C = \frac{F_{\mathrm{s},c}\left(\dfrac{l}{2}\right)^3}{3EI} = \frac{\delta}{2}$$

$$F_{\mathrm{s},c} = \frac{12EI}{l^3}\delta$$

求得 $F_{\mathrm{s},c}$ 后，即可由静力平衡条件，求得固定端 A 的支座反力：

$$\sum F_y = 0, \qquad F_A = \frac{12EI}{l^3}\delta \quad (\downarrow)$$

$$\sum M_A = 0, \qquad M_A = F_{\mathrm{s},c} \cdot \frac{l}{2} = \frac{6EI}{l^2}\delta \quad (\frown)$$

固定端 B 的支座反力 F_B、M_B 与 F_A、M_A 成反对称，即数值相等，方向（或转向）相反。

讨论：

本题的两端固定梁为二次静不定梁，利用对称与反对称原理及静力平衡条件，即可解得梁的全部支座反力。实质上，解题中由反对称性得出的 C 点为拐点 $\left(\text{即} \dfrac{1}{\rho_C} = 0\right)$ 和 $v_C = \dfrac{\delta}{2}$，就是静不定的变形几何相容条件，而由力 - 变形间物理关系，即得 $M_C = 0$，$F_{\mathrm{s},c} = \dfrac{12EI}{l^3}\delta$。也就是说，利用对称、反对称原理，可简化解题过程，但并未改变静不定梁的性质。

7.4-1 长度为 $1.5l$，弯曲刚度为 EI 的静不定梁 AC，在外伸端 C 承受集中力 F，如图（a）所示。试选取三种不同的基本静定系，分别求解梁的支座反力。

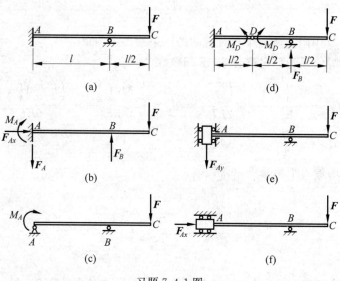

习题 7.4-1 图

解 （1）以可动铰支座 B 为多余约束

静不定梁共 4 个支座反力，独立的静力平衡方程为 3 个，为一次静不定。若取可动铰支座 B 为多余约束，则相应的多余未知力为 F_B，基本静定系为悬臂梁（图(b)）。

变形几何相容条件：

$$v_B = v_{BF} + v_{BF_B} = 0$$

物理关系：由挠度、转角表，得

$$v_{BF} = -\frac{Fl^3}{3EI} - \frac{\left(F\frac{l}{2}\right)l^2}{2EI} = -\frac{7Fl^3}{12EI}$$

$$v_{BF_B} = \frac{F_B l^3}{3EI}$$

以物理关系代入变形相容方程，得补充方程，并解得

$$F_B = \frac{7}{4}F \quad (\uparrow)$$

由静力平衡条件，得

$$\sum F_x = 0, \qquad F_{Ax} = 0$$

$$\sum F_y = 0, \qquad F_{Ay} = F_B - F = \frac{3}{4}F \quad (\downarrow)$$

$$\sum M_A = 0, \qquad M_A = F_B l - F\left(\frac{3l}{2}\right) = \frac{Fl}{4} \quad (\frown)$$

（2）以固定端 A 阻止转动的约束为多余约束

相应的基本静定系为外伸梁（图(c)），由

$$\theta_{AF} + \theta_{AM_A} = \frac{\left(F\frac{l}{2}\right)l}{6EI} - \frac{M_A l}{3EI} = 0$$

得 $$M_A = \frac{Fl}{4} \quad (\frown)$$

（3）以截面 D 中阻止两侧梁相对转动的约束为多余约束

相应的基本静定系为静定组合梁（图(d)），由

$$\theta'_D = \frac{M_D\left(\frac{l}{2}\right)}{EI} + \frac{F\left(\frac{l}{2}\right)^2}{2EI} = \theta''_D = -\frac{M_D\left(\frac{l}{2}\right)}{3EI} + \frac{\left(F\frac{l}{2}\right)\left(\frac{l}{2}\right)}{6EI}$$

得 $$M_D = -\frac{Fl}{8} \quad (\downarrow\downarrow)$$

由辅梁 DC 的静力平衡条件，可得

$$\sum M_D = 0, \qquad\qquad\qquad F_B\frac{l}{2} - M_D - Fl = 0$$

$$F_B = \frac{7}{4}F \quad (\uparrow)$$

讨论：

（1）多余约束可任意选取，不仅可在梁的支座约束中选取（图(b)、图(c)），也可在梁本身的相互间约束中选取（图(d)）。由于所选的多余约束不同，相应的基本静定系也就不同，但最后的解答都相同，是唯一的。

（2）选取多余约束必须满足的条件是，相应的基本静定系必须是静定，且是几何不变体系。但在实际运算中，还应考虑解题的便捷。如以固定端 A 阻止铅垂位移的约束为多余约束，其相应的基本静定系如图(e)所示。这是可以的，但其物理关系无现成的挠度表可查，而增加了解题工作量。若选取固定端 A 阻止水平移动的多余约束，则相应的基本静定系如图(f)所示。这时，梁的水平方向无约束，是几何可变体系，因而，这一选取不能成立。实际上，这时相应的多余未知力 F_{Ax}，直接可由静不定梁的静力平衡条件 $\left(\sum F_x = 0\right)$ 求得，无需考虑变形几何相容条件，因而不能选作多余约束。

7.4-2 等截面梁及其承载情况如图(a)所示。当载荷 F 作用前，梁处于水平位置，且弹簧无伸长。已知梁的长度为 l，弯曲刚度为 EI，弹簧刚度为 k。试求载荷 F 作用后，弹簧的

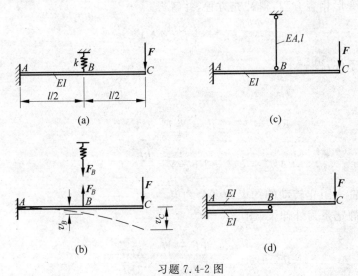

习题 7.4-2 图

受力和截面 C 的挠度。

解 （1）弹簧受力

以弹簧为多余约束,相应的基本静定系为悬臂梁和弹簧(如图(b))。则由变形几何相容条件

$$v_B = v_{BF} + v_{BF_B} = \delta_B$$

代入力-变形间物理关系,得补充方程

$$\left[\frac{F\left(\frac{l}{2}\right)^3}{3EI} + \frac{\left(F\frac{l}{2}\right)\left(\frac{l}{2}\right)^2}{2EI}\right] - \frac{F_B\left(\frac{l}{2}\right)^3}{3EI} = \frac{F_B}{k}$$

解得弹簧受力为

$$F_B = \frac{5F}{2}\frac{kl^3}{24EI + kl^3}$$

（2）截面 C 挠度

由叠加原理,得

$$v_C = \frac{Fl^3}{3EI} - \left[\frac{F_B\left(\frac{l}{2}\right)^2}{2EI}\frac{l}{2} + \frac{F_B\left(\frac{l}{2}\right)^3}{3EI}\right]$$

$$= \frac{Fl^3}{3EI}\left[1 - \frac{25kl^3}{32(24EI + kl^3)}\right]$$

讨论:

拉(压)杆或梁均可视为弹性元件。若梁在 B 处与拉杆相连(图(c)),则拉杆的弹簧刚度为

$$k = \frac{F_B}{\delta_B} = \frac{EA}{l}$$

若梁下方装有垫梁(图(d)),则垫梁的弹簧刚度为

$$k = \frac{F_B}{v'_B} = \frac{24EI}{l^3}$$

7.4-3 长度为 l、弯曲刚度为 EI 的两端固定梁 AB,在跨度中点 C 处承受集中载荷 F,如图(a)所示。试求梁的弯矩图及跨中截面 C 的挠度。

解 （1）支座反力

两端固定梁共 6 个支座反力,平面一般力系有 3 个独立的静力平衡方程,故为三次静不定。由于梁无水平方向的载荷,在小变形条件下,忽略水平反力。于是,4 个未知反力,2 个静力平衡方程,为二次静不定。

考虑梁的几何外形及载荷均对称于中间截面 C。故其反力也将对称于截面 C。于是,有

$$F_A = F_B, \quad M_A = M_B$$

由静力平衡条件,得

$$\sum F_y = 0, \qquad F_A = F_B = \frac{F}{2}$$

余下一未知反力偶矩 M_A(或 M_B),取基本静定系为

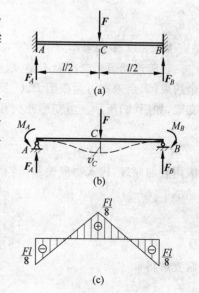

习题 7.4-3 图

简支梁(图(b))。由变形几何相容条件:

$$\theta_A = \theta_{AF} + \theta_{AM_A} + \theta_{AM_B} = 0$$

代入物理关系,得补充方程

$$-\frac{Fl^2}{16EI} + \frac{M_A l}{3EI} + \frac{M_B l}{6EI} = 0$$

解得

$$M_A = M_B = \frac{Fl}{8}$$

(2) 梁的弯矩图及跨中挠度

已知梁的全部外力,可作弯矩图如图(c)所示。由叠加原理,得跨中挠度为

$$v_C = v_{CF} + v_{CM_A} + v_{CM_B}$$

$$= -\frac{Fl^3}{48EI} + 2\frac{M_A l^2}{16EI} = -\frac{Fl^3}{192EI} \quad (\downarrow)$$

7.4-4　弯曲刚度为 EI 的三跨连续梁及其承载情况,如图(a)所示。试求梁的支座反力。

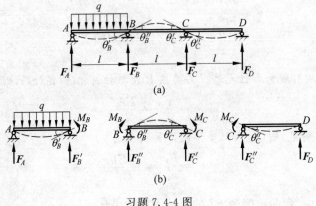

习题 7.4-4 图

解　(1) 多余未知力

三跨连续梁为二次静不定,取中间支座 B、C 上截面内阻止两侧梁相对转动的约束为多余约束(多余未知力为截面 B、C 上的弯矩 M_B 和 M_C),相应的基本静定系为三个独立的简支梁,如图(b)所示。由变形几何相容条件

$$\begin{cases} \theta'_B = \theta''_B \\ \theta'_C = \theta''_C \end{cases}$$

应用叠加原理,代入物理关系,得补充方程

$$\begin{cases} \dfrac{ql^3}{24EI} + \dfrac{M_B l}{3EI} = -\dfrac{M_B l}{3EI} - \dfrac{M_C l}{6EI} \\ \dfrac{M_B l}{6EI} + \dfrac{M_C l}{3EI} = -\dfrac{M_C l}{3EI} \end{cases}$$

联立解得

$$M_B = -\frac{ql^2}{15}, \quad M_C = \frac{ql^2}{60}$$

（2）支座反力

按基本静定系，由静力平衡条件，得

$$F_A = \frac{ql}{2} + \frac{M_B}{l} = \frac{13}{30}ql \quad (\uparrow)$$

$$F_B = F_B' + F_B'' = \left(\frac{ql}{2} - \frac{M_B}{l}\right) + \left(\frac{M_C - M_B}{l}\right) = \frac{13}{20}ql \quad (\uparrow)$$

$$F_C = F_C' + F_C'' = \frac{M_B - M_C}{l} - \frac{M_C}{l} = -\frac{1}{10}ql \quad (\downarrow)$$

$$F_D = \frac{M_C}{l} = \frac{1}{60}ql \quad (\uparrow)$$

讨论：

对于多跨的连续梁，取中间支座上截面内阻止两侧梁相对转动的约束为多余约束（即以支座截面上的弯矩为多余未知力），则相应的基本静定系为一系列的简支梁。由每个中间支座的变形几何相容条件及物理关系所得的补充方程，仅涉及该支座相邻两跨简支梁的载荷及多余未知力（即中间支座截面上的弯矩）。因而，补充方程较为简洁，而易于求解。

对于多跨连续梁，当每跨的跨长不等、弯曲刚度不同，且承受载荷较为复杂时的普遍情况，推得补充方程的一般形式，称为三弯矩方程[①]。

7.4-5 在伽利略的一篇论文中，讲述了一个故事。古罗马人在运输大石柱时，先前是

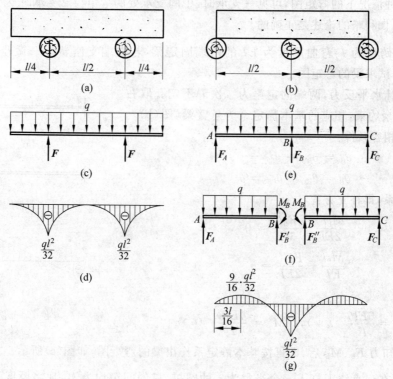

习题 7.4-5 图

---

① 参见：单辉祖. 材料力学（Ⅱ）[M]. 北京：高等教育出版社，1999，第13章.

把石柱对称地支承在两根圆木上(图(a)),结果石柱往往在其中一个滚子的上方破坏。后来,为避免发生破坏,古罗马人增加了第三根圆木(图(b))。伽利略指出:石柱将在中间支承处破坏。试证明伽利略论述的正确性。

解 (1)两支承时,石柱的弯矩图

设石柱每单位长度的重量为 q,则由计算简图(图(c)),可得石柱的弯矩图如图(d)所示。

(2)三支承时,石柱的弯矩图

由计算简图(图(e)),可见石柱为一次静不定。以中间支座上截面 B 的弯矩 M_B 为多余未知力,则基本静定系如图(f)所示。由结构和载荷对于中间截面 B 的对称性,可得变形几何相容条件为

$$\theta_B = \theta_{Bq} + \theta_{BM_B} = 0$$

代入物理关系,得补充方程

$$\frac{q\left(\dfrac{l}{2}\right)^3}{24EI} - \frac{M_B\left(\dfrac{l}{2}\right)}{3EI} = 0$$

$$M_B = \frac{ql^2}{32}$$

按基本静定系,可得石柱的弯矩图如图(g)所示。

比较两种情况下的弯矩图,可见三支承时,中间支承处的弯矩与二支承时支承处的弯矩相同。因此,伽利略的论述是正确的。

7.4-6 跨度为 l、弯曲刚度为 EI 的两端固定梁,若右端支座转过一微小角度 θ,如图(a)所示。试求梁的弯矩图。

解 不计水平反力,两端固定梁为二次静不定。取右支座 B 为多余约束,相应的基本静定系为悬臂梁(图(b))。由变形几何相容条件:

$$v_B = v_{BM} + v_{BF} = 0$$
$$\theta_B = \theta_{BM} + \theta_{BF} = \theta$$

代入物理关系,得补充方程

$$\frac{M_B l^2}{2EI} - \frac{F_B l^3}{3EI} = 0$$

$$\frac{M_B l}{EI} - \frac{F_B l^2}{2EI} = \theta$$

联立解得

$$F_B = \frac{6EI\theta}{l^2} \quad (\downarrow), \qquad M_B = \frac{4EI\theta}{l} \quad (\frown)$$

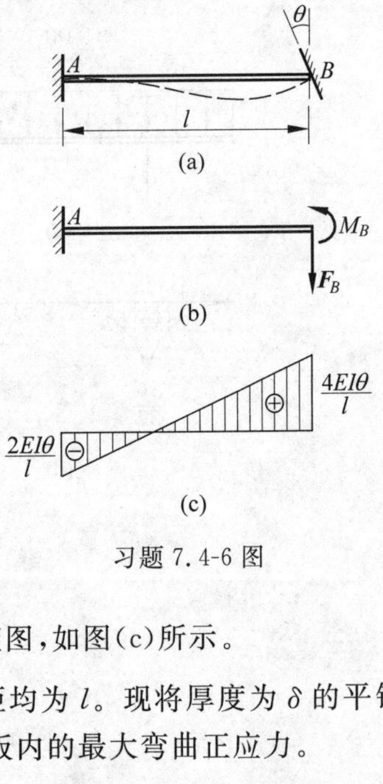

解得多余未知力 F_B、M_B 后,即可按基本静定系作出梁的弯矩图,如图(c)所示。

习题 7.4-6 图

7.4-7 在一直线上打入 n 个半径为 r 的圆桩,桩的间距均为 l。现将厚度为 δ 的平钢板插入圆桩之间,如图(a)所示。钢的弹性模量为 E,试求钢板内的最大弯曲正应力。

解 (1)力学模型

由对称性,考虑钢板的 BD 段。显然,钢板截面 B、D 的转角为零,故可将 BD 段视为两

端固定的梁，如图(b)所示。

该力学模型与习题 7.4-3 相同，于是，可得

$$v_C = \frac{F_C(2l)^3}{192EI} = 2r$$

$$F_C = \frac{48EIr}{l^3}$$

(2) 最大弯曲正应力

由习题 7.4-3 的结果，钢板内的最大弯矩为

$$M_{\max} = \frac{F_C(2l)}{8} = \frac{12EIr}{l^2}$$

所以，最大弯曲正应力为

$$\sigma_{\max} = \frac{M_{\max}}{W} = \frac{12EIr}{l^2 W} = \frac{6E\delta r}{l^2}$$

讨论：

由于钢板在任一圆桩处截面转角均等于零，对于任意间距内的钢板，也可理想化为如图(c)所示的力学模型。而该力学模型与习题 7.3-12 相同。于是，也可得

$$M_B = M_C = \frac{6EI(2r)}{l^2}$$

7.4-8 半径为 R 的刚性圆盘，由两条长度为 l、弯曲刚度为 EI 的弹性钢条支承，如图(a)所示。在圆盘平面内作用一力偶矩 M_0 后，圆盘转动一微小角度 ϕ_0，试求结构的弹簧刚度 $k = \dfrac{M_0}{\phi_0}$。

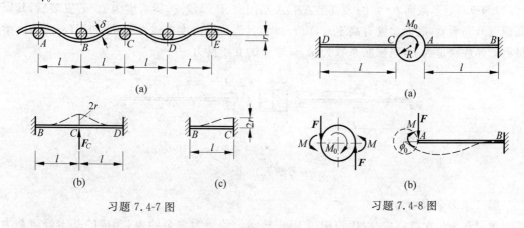

习题 7.4-7 图　　　　习题 7.4-8 图

解 (1) 力学模型

转动圆盘后，弹性条 AB 受到向下的力 F，但力 F 将使弹性条 AB 的截面 A 产生逆时针的转角。而由于弹性条与圆盘固定连接，弹性条截面 A 将随圆盘的转动而有顺时针的转角。因此，弹性条 AB 在截面 A 处除有集中力 F 外，必有力偶 M 作用。弹性条 CD 在截面 C 的受力将与弹性条 AB 呈反对称。于是，可得圆盘及弹性条 AB 的受力如图(b)所示。

(2) 静力平衡条件

由圆盘的静力平衡条件，得

$$M_0 = 2M + 2FR$$

（3）补充方程

由于弹性条 AB 与圆盘的固定连接,得变形几何相容条件

$$\begin{cases} \theta_A = \theta_{AF} + \theta_{AM} = \phi_0 \\ v_A = v_{AF} + v_{AM} = \phi_0 R \end{cases}$$

代入物理关系,得补充方程

$$\begin{cases} \dfrac{Ml}{EI} - \dfrac{Fl^2}{2EI} = \phi_0 \\ \dfrac{Fl^3}{3EI} - \dfrac{Ml^2}{2EI} = \phi_0 R \end{cases}$$

联立解得

$$F = \frac{6\phi_0 EI}{l^2}\left(1 + 2\,\frac{R}{l}\right)\quad(\downarrow),\quad M = \frac{12\phi_0 EI}{l}\left(\frac{1}{3} + \frac{R}{2l}\right)\quad(\frown)$$

（4）弹簧刚度

将 F、M 代入静力平衡方程,得

$$M_0 = 2 \times \frac{12\phi_0 EI}{l}\left(\frac{1}{3} + \frac{R}{2l}\right) + 2R \times \frac{6\phi_0 EI}{l^2}\left(1 + \frac{2R}{l}\right)$$

$$= \frac{8\phi_0 EI}{l}\left(1 + 3\,\frac{R}{l} + 3\,\frac{R^2}{l^2}\right)$$

所以,结构的扭转弹簧刚度为

$$k = \frac{M_0}{\phi_0} = \frac{8EI}{l}\left(1 + 3\,\frac{R}{l} + 3\,\frac{R^2}{l^2}\right)$$

7.4-9　矩形截面 $b\times h$ 的等直梁 AB,A 端固定、B 端铰支,梁跨度为 l。若安装后,其顶面温度升高至 t_1,底面温度升高至 t_2,而 $t_1 > t_2$,且温度沿高度成线性变化,如图(a)所示。梁材料的弹性模量为 E,线膨胀系数为 α_l,试求梁的支座反力。

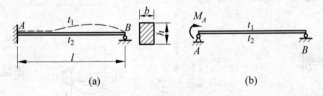

习题 7.4-9 图

解　求多余未知力

梁 AB 为一次静不定,取固定端 A 阻止转动的约束为多余约束,相应的基本静定系为简支梁,如图(b)所示。

由变形几何相容条件

$$\theta_A = \theta_{At} + \theta_{AM_A} = 0$$

代入物理关系(参见习题 7.1-4),得补充方程

$$\frac{l}{2\rho} - \frac{M_A l}{3EI} = 0$$

$$\frac{\alpha_l(t_1 - t_2)l}{2h} - \frac{M_A l}{3EI} = 0$$

得多余未知力为

$$M_A = \alpha_l(t_1 - t_2)\frac{3EI}{2h} = \alpha_l(t_1 - t_2)\frac{Ebh^2}{8} \quad (\frown)$$

7.4-10 直径 $d=10$mm 的等圆截面钢质折杆 ABC，A 端固定，C 端与可在水平方向移动的刚块铰链连接，如图(a)所示。已知折杆肢长 $l=1$m，弹性模量 $E=200$GPa，若刚块在水平方向移动了距离 $\delta=20$mm，试求折杆内的最大弯曲正应力。

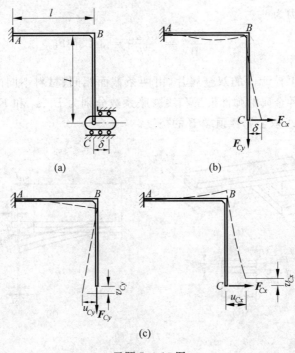

习题 7.4-10 图

解 （1）多余未知力

折杆为二次静不定，取刚块与折杆的铰链为多余约束，相应的基本静定系如图(b)所示。

由变形几何相容条件(图(c))，得

$$\begin{cases} v_C = v_{Cx} - v_{Cy} = 0 \\ u_C = u_{Cx} - u_{Cy} = \delta \end{cases}$$

力-位移间物理关系为

$$v_{Cx} = \frac{(F_{Cx}l)l^2}{2EI}, \quad v_{Cy} = \frac{F_{Cy}l^3}{3EI}$$

$$u_{Cx} = \frac{F_{Cx}l^3}{3EI} + \frac{(F_{Cx}l)l}{EI} \cdot l, \quad u_{Cy} = \frac{F_{Cy}l^2}{2EI} \cdot l$$

将物理关系代入变形相容方程，得补充方程

$$\begin{cases} 3F_{Cx} = 2F_{Cy} \\ 8F_{Cx} - 3F_{Cy} = \dfrac{6EI\delta}{l^3} \end{cases}$$

解得多余未知力为

$$F_{Cx} = \frac{12EI\delta}{7l^3} \quad (\rightarrow), \quad F_{Cy} = \frac{18EI\delta}{7l^3} \quad (\downarrow)$$

（2）最大弯曲正应力

最大弯矩发生在 BC 肢的截面 B，其值为

$$M_{max} = F_{Cx}l = \frac{12EI\delta}{7l^2}$$

所以，最大弯曲正应力为

$$\sigma_{max} = \frac{M_{max}}{W} = \frac{6Ed\delta}{7l^2} = 34.3\text{MPa}$$

*7.4-11　用作温控元件的双金属片，由两条截面相同、材料不同的金属片黏合而成，如图（a）所示。设两种金属的弹性模量和线膨胀系数分别为 E_1、α_1 和 E_2、α_2（且 $\alpha_1 > \alpha_2$），当温度升高 Δt℃时，试求双金属片顶端 B 的挠度。

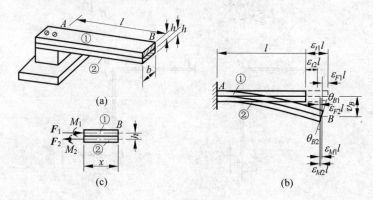

习题 7.4-11 图

解　（1）静力平衡条件

由于上、下金属片的材料不同，且 $\alpha_1 > \alpha_2$，因此，当温度升高后，上金属片将受压、下金属片受拉，而双金属片将引起弯曲（图（b））。

设距右端 B 为 x 截取隔离体（图（c）），若上、下金属片截面内的轴向力和弯矩分别为 F_1、M_1 和 F_2、M_2，则由静力平衡条件，得

$$\sum F_x = 0, \qquad\qquad F_1 - F_2 = 0, \quad F_1 = F_2 = F$$

$$\sum M_0 = 0, \qquad\qquad M_1 + M_2 - Fh = 0, \quad M_1 + M_2 = Fh$$

（2）补充方程

由于上、下金属片在黏合面处的应变相等，并假设双金属片的横截面在变形后仍保持为平面。于是，由变形几何相容条件

$$\begin{cases} \varepsilon_{t1} - \varepsilon_{F1} - \varepsilon_{M1} = \varepsilon_{t2} + \varepsilon_{F2} + \varepsilon_{M2} \\ \theta_{B1} = \theta_{B2} \end{cases}$$

代入力-变形间物理关系，得补充方程

$$
\begin{cases}
\alpha_1 \Delta t - \dfrac{F_1}{E_1 A} - \dfrac{M_1}{E_1 I} \cdot \dfrac{h}{2} = \alpha_2 \Delta t + \dfrac{F_2}{E_2 A} + \dfrac{M_2}{E_2 I} \cdot \dfrac{h}{2} \\[2mm]
\dfrac{M_1 l}{E_1 I} = \dfrac{M_2 l}{E_2 I}
\end{cases}
$$

联立静力平衡方程与补充方程,解得

$$
F_1 = F_2 = \frac{(\alpha_1 - \alpha_2)\Delta t E_1 E_2 (E_1 + E_2)bh}{(E_1 + E_2)^2 + 12 E_1 E_2}
$$

$$
M_1 = \frac{(\alpha_1 - \alpha_2)\Delta t E_1^{\,2} E_2 bh^2}{(E_1 + E_2)^2 + 12 E_1 E_2}
$$

$$
M_2 = \frac{(\alpha_1 - \alpha_2)\Delta t E_1 E_2^{2} bh^2}{(E_1 + E_2)^2 + 12 E_1 E_2}
$$

(3) 双金属片挠度

$$
v_B = \frac{M_1 l^2}{2 E_1 I}\left(= \frac{M_2 l^2}{2 E_2 I}\right)
$$

$$
= \frac{6(\alpha_1 - \alpha_2)\Delta t E_1 E_2 l^2}{h\left[(E_1 + E_2)^2 + 12 E_1 E_2\right]}
$$

讨论:

(1) 双金属片任一截面内的轴力和弯矩的合成为零,也即其应力是自相平衡的。这虽满足静力平衡条件,但在靠近右端 B 的截面上应无应力作用,因在端面 B 上无任何外力作用。

(2) 由于任一截面内的轴力和弯矩均为常量,因此,由 $\dfrac{\mathrm{d}M}{\mathrm{d}x} = F_S$ 可见,截面内不可能存在剪力 F_S。

*7.4-12 弯曲刚度为 EI 的等直梁 ABC,支承在间距为 l 的 A、B、C 三个浮筒上,梁在 D 点处承受集中载荷 F,如图(a)所示。若浮筒的横截面面积均为 A。水的密度为 ρ,试求梁的支座反力 F_A、F_B 和 F_C。

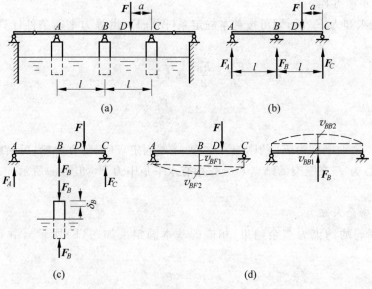

习题 7.4-12 图

解　由于梁的两端支座 A 和 C 以外均不受力,故可取梁的 ABC 部分考虑,如图(b)所示。

(1) 变形几何相容条件

以中间支座 B 为多余约束,相应的基本静定系为简支梁 AC 及浮筒 B,如图(c)所示。由变形几何相容条件,得

$$v_B = \delta_B$$

(2) 物理关系

δ_B：浮筒 B 下沉的距离 δ_B(图(c))

$$\delta_B = \frac{F_B}{\rho g A}$$

v_B：梁 AC 的截面 B 挠度 v_B,由叠加原理(图(d))

$$v_B = (v_{BF1} + v_{BF2}) - (v_{BB1} + v_{BB2})$$

$$= \left[\frac{1}{2} \left(\frac{Fa}{2l} \cdot \frac{1}{\rho g A} + \frac{F(2l-a)}{2l} \cdot \frac{1}{\rho g A} \right) + \frac{Fa}{48EI} (3 \cdot (2l)^2 - 4a^2) \right] -$$

$$\left[\frac{F_B}{2} \cdot \frac{1}{\rho g A} + \frac{F_B (2l)^3}{48EI} \right]$$

$$= \left[\frac{F}{2\rho g A} + \frac{Fa}{12EI} (3l^2 - a^2) \right] - \left(\frac{F_B}{2\rho g A} + \frac{F_B l^3}{6EI} \right)$$

(3) 补充方程

将物理关系代入变形相容方程,得补充方程

$$\frac{F}{2\rho g A} + \frac{Fa}{12EI} (3l^2 - a^2) - \frac{F_B}{2\rho g A} - \frac{F_B l^3}{6EI} = \frac{F_B}{\rho g A}$$

解得多余未知力为

$$F_B = F \frac{6EI + \rho g A a (3l^2 - a^2)}{18EI + 2\rho g A l^3} \quad (\uparrow)$$

(4) 静力平衡方程

求得多余未知力 F_B 后,即可按基本静定系(图(c)),由静力平衡条件计算支座 A、C 的反力,得

$$\sum M_C = 0, \qquad F_A = \frac{Fa}{2l} - \frac{F_B}{2} \quad (\uparrow)$$

$$\sum M_A = 0, \qquad F_C = \frac{F(2l-a)}{2l} - \frac{F_B}{2} \quad (\uparrow)$$

* **7.4-13**　弯曲刚度为 EI 的刚架 $ABCD$,A 端固定,D 端装有滑轮,可沿刚性水平面滑动,其摩擦因数为 f,在刚架的结点 C 处作用有水平集中力 F,如图(a)所示。试求刚架的弯矩图。

解　(1) 多余未知力

取 D 端滑轮的约束为多余约束,相应的基本静定系如图(b)所示。由变形几何相容条件

$$v_D = 0$$

应用叠加原理,将物理关系代入,得补充方程

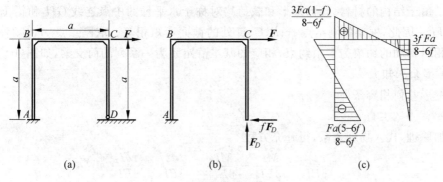

习题 7.4-13 图

$$- \frac{Fa^2}{2EI} \cdot a + \left(\frac{F_D a^3}{3EI} + \frac{F_D a \cdot a}{EI} \times a \right) - \left(\frac{fF_D a \cdot a^2}{2EI} + \frac{fF_D a \cdot a}{EI} \times a - \frac{fF_D a^2}{2EI} \times a \right) = 0$$

$$- \frac{Fa^3}{2EI} + \frac{F_D a^3}{EI} \left(\frac{4}{3} - f \right) = 0$$

解得多余未知力为

$$F_D = \frac{3F}{8 - 6f} \quad (\uparrow)$$

（2）弯矩图

求得多余未知力 F_D 后，即可按基本静定系（图(b)）作出弯矩图，如图(c)所示。

讨论：

刚架截面上的内力，除弯矩外，通常还有轴力和剪力。一般地说，由轴力和剪力引起的应力或位移（变形）与弯矩所引起的应力或位移（变形）相比要小得多。故通常都不计轴力和剪力的影响。

*7.4-14 矩形框架 $ABCD$，其水平杆 AB、CD 的长度为 l_1、弯曲刚度为 EI_1；铅垂杆 AD、BC 的长度为 l_2，弯曲刚度为 EI_2，框架在两水平杆的中点 G 及 H 处承受一对集中力 F，如图(a)所示。试求集中力作用点 E 与 F 间的相对线位移。

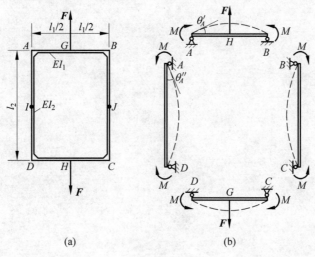

(a)   (b)

习题 7.4-14 图

解 由于结构的材料、几何外形和载荷均对称于水平杆的中点连线 GH 和铅垂杆的中点连线 IJ。因此,框架的刚结点 A、B、C、D 处的截面弯矩相等。取刚结点 A、B、C、D 截面内阻止相对转动的约束为多余约束,相应的基本静定系为一系列的简支梁,如图(b)所示。

(1)多余未知力

由变形几何相容条件

$$\theta_A' = \theta_A''$$

应用叠加原理,代入物理关系,得补充方程

$$\frac{Fl_1^3}{16EI_1} - \frac{Ml_1}{3EI_1} - \frac{Ml_1}{6EI_1} = \frac{Ml_2}{3EI_2} + \frac{Ml_2}{6EI_2}$$

解得多余未知力为

$$M = \frac{Fl_1^2}{8} \cdot \frac{I_2}{I_1 l_2 + I_2 l_1}$$

(2)相对位移

力 F 作用点沿力作用线方向的相对线位移为

$$\Delta_{H-G} = 2v_H = 2\left(\frac{Fl_1^3}{48EI_1} - 2 \times \frac{Ml_1^2}{16EI_1}\right)$$

$$= \frac{Fl_1^3}{96EI_1}\left(4 - 3\frac{I_2 l_1}{I_1 l_2 + I_2 l_1}\right) \quad (\updownarrow)$$

第8章
应力、应变分析

【内容提要】

8.1 应力状态的概念

1. 一点处的应力状态

受力构件内应力的特征

(1) 应力定义在受力构件某一假想截面内的某一点处。

(2) 受力构件在同一截面上不同点处的应力一般是不相同的。

(3) 在受力构件的同一点处,不同方位截面上的应力一般也是不相同的。

一点处的应力状态 通过受力构件内的某一点,不同方位截面上的应力集合,称为该点处的应力状态。

2. 一点处应力状态的表示

用单元体表示点的应力状态 围绕所研究的点,截取一单元体(如微小正六面体),以单元体各表面上的应力表示周围材料对其作用,这样的应力单元体,即可表示该点处的应力状态。例如,杆件在轴向拉压、扭转和平面弯曲时某一点 A(或 B)处的应力状态,分别如图 8-1(a)、(b)、(c)所示。

应力单元体的特征

(1) 单元体的尺寸为无限小,每个面上的应力为均匀分布。

(2) 单元体表示一点处的应力,故相互平行截面上的应力相同。

(3) 同一点处的应力状态,若所取单元体的方位不同,则所得应力单元体的形态不同,如图 8-1(a)所示两应力单元体均为轴向拉伸杆 A 点处的应力状态,但两单元体是等价的。

3. 主平面、主应力

主平面 应力单元体中切应力为零的平面,称为主平面。图 8-1 中各应力单元体的前、后平面,均为主平面。

主应力 主平面上的正应力,称为主应力。

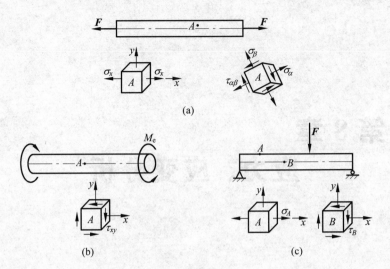

图　8-1

　　应力状态的普遍情况　在任意载荷作用下,受力构件内一点处应力状态的普遍情况,最多可能有 9 个应力分量(图 8-2(a)),即

$$\begin{array}{ccc}
\sigma_x & \tau_{xy} & \tau_{xz} \\
\tau_{yx} & \sigma_y & \tau_{yz} \\
\tau_{zx} & \tau_{zy} & \sigma_z
\end{array}$$

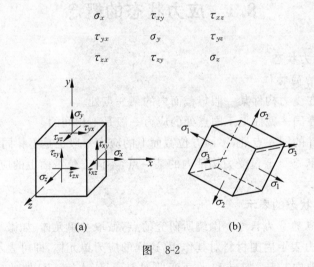

图　8-2

　　应力状态的特征

　　(1) 切应力分量的两个下标中,第一个下标表示该应力分量作用的平面；第二个下标表示其作用的方向。正应力分量的两个下标必然相同,故简化为一个下标。

　　(2) 由切应力互等定理,在数值上有

$$\tau_{xy} = \tau_{yx}, \qquad \tau_{yz} = \tau_{zy}, \qquad \tau_{zx} = \tau_{xz}$$

因此,普遍情况下一点处应力状态的独立应力分量为六个。

　　(3) 在普遍情况下,任一点处的应力状态,必定存在一个由三对相互垂直的主平面所组成的主应力单元体(图 8-2(b))[①]。三个主应力分别为 σ_1、σ_2、σ_3,且规定按代数值 $\sigma_1 \geqslant$

---

　　①　参见：胡增强. 固体力学基础[M].南京：东南大学出版社,1990,第六章.

$\sigma_2 \geqslant \sigma_3$。

4. 应力状态的分类

平面应力状态　若不等于零的应力分量均处于同一坐标平面(如 xy 平面)内,而该平面以外的应力分量(即与下标 z 有关的应力分量)均等于零,则称该点的应力状态为(xy 平面的)平面应力状态。如图 8-1 中各点处的应力状态均为 xy 平面的平面应力状态。

平面应力状态中,最多只可能有两个主应力不等于零。若只有一个主应力不等于零(图 8-1(a)),则也称为单轴应力状态。

空间应力状态　若在各坐标平面内均存在不等于零的应力状态,则称该点的应力状态为空间应力状态(图 8-2)。

空间应力状态中,一般有三个相互垂直的主应力不等于零。

8.2　平面应力状态下的应力分析

1. 平面应力状态分析的解析法

任意斜截面上的应力分量　若已知平面应力状态 σ_x、σ_y、τ_{xy}($\tau_{yx}=\tau_{xy}$),则与 x 截面成 α 角的斜截面上的应力分量(图 8-3(a))为

$$\sigma_\alpha = \frac{\sigma_x+\sigma_y}{2} + \frac{\sigma_x-\sigma_y}{2}\cos2\alpha - \tau_{xy}\sin2\alpha \tag{8-1}$$

$$\tau_{\alpha\beta} = \frac{\sigma_x-\sigma_y}{2}\sin2\alpha + \tau_{xy}\cos2\alpha \tag{8-2}$$

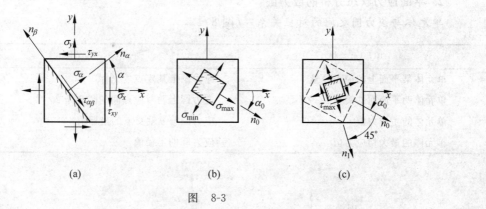

图　8-3

主平面、主应力　(图 8-3(b))

主平面 $$\tan2\alpha_0 = -\frac{2\tau_{xy}}{\sigma_x-\sigma_y} \tag{8-3}$$

主应力 $$\begin{matrix}\sigma_{\max}\\\sigma_{\min}\end{matrix} = \frac{\sigma_x+\sigma_y}{2} \pm \sqrt{\left(\frac{\sigma_x-\sigma_y}{2}\right)^2 + \tau_{xy}^2} \tag{8-4}$$

最大切应力及其作用面　(图 8-3(c))

作用面 $$\tan2\alpha_1 = \frac{\sigma_x-\sigma_y}{2\tau_{xy}} \tag{8-5}$$

数值　　　　　　　　$$\left| \tau_{\max} \right| = \sqrt{\left(\frac{\sigma_x - \sigma_y}{2} \right)^2 + \tau_{xy}^2} \qquad\qquad (8\text{-}6)$$

平面应力状态分析的特征

（1）斜截面应力、主应力及最大切应力均是指 xy 平面内的应力，即其作用面均垂直于 xy 平面。

（2）正负号规定：

正应力 σ：以拉应力为正、压应力为负；

切应力 τ：以其对作用面内侧一点产生顺时针方向的力矩者为正、反之为负；

方位角 α：以逆时针转动为正、反之为负。

（3）任意两相互垂直截面上的正应力之和为常量

$$\sigma_\alpha + \sigma_\beta = \sigma_x + \sigma_y = \sigma_{\max} + \sigma_{\min}$$

（4）平面应力状态中，垂直于该平面的主应力为零，故该点处三个主应力的序号应随由式(8-3)所得 $\sigma_{\max}$ 和 $\sigma_{\min}$ 的正、负号而定，即

若 $\sigma_{\max} > 0$、$\sigma_{\min} > 0$，则 $\sigma_1 = \sigma_{\max}$、$\sigma_2 = \sigma_{\min}$、$\sigma_3 = 0$；

若 $\sigma_{\max} > 0$、$\sigma_{\min} < 0$，则 $\sigma_1 = \sigma_{\max}$、$\sigma_2 = 0$、$\sigma_3 = \sigma_{\min}$；

若 $\sigma_{\max} < 0$、$\sigma_{\min} < 0$，则 $\sigma_1 = 0$、$\sigma_2 = \sigma_{\max}$、$\sigma_3 = \sigma_{\min}$。

（5）主平面上的切应力必等于零；最大切应力作用面上的正应力一般不为零，等于 $\dfrac{\sigma_x + \sigma_y}{2}$。

（6）主平面与最大切应力作用面必互成 $45°$。

2. 平面应力状态分析的应力圆

单元体与应力圆之间的对应关系　（图 8-4）

单　元　体	应　力　圆
单元体某平面上的应力分量	应力圆上某定点的坐标
单元体两平面间的夹角 α	应力圆上两对应点间的圆心角 2α
单元体的主应力值	应力圆与 σ 轴交点的坐标值
单元体的最大切应力值	应力圆的半径值

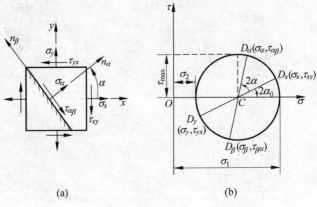

(a)　　　　　　　　　　　(b)

图　8-4

应力圆的作法

若已知平面应力状态 σ_x、σ_y、τ_{xy}，则取横坐标为 σ 轴、纵坐标为 τ 轴，选定比例尺；由 $(\sigma_x、$ $\tau_{xy})$ 确定点 D_x，$(\sigma_y、\tau_{yx})$ 确定点 D_y；以 $\overline{D_x D_y}$ 为直径，并以 $\overline{D_x D_y}$ 与 σ 轴交点为圆心作圆，即得相应于该单元体的应力圆。

应力圆的应用　（图 8-4）

（1）按选定比例尺或应力圆的几何关系，确定任一斜截面上的应力分量；主应力、主平面；或最大切应力及其作用面。

（2）由应力圆直观地显示平面应力状态分析的特征。

8.3　空间应力状态的概念

1. 与单元体某一对平面相垂直的任意斜截面上的应力

若已知任意空间应力状态（图 8-5(a)），则与单元体前、后平面（z 平面）相垂直，并与右侧平面（x 平面）成 α 角的任意斜截面上的应力为：

（1）对于应力分量 $\sigma_{x'}$、$\tau_{x'y'}$（图 8-5(b)），由于 z 平面上的应力分量 σ_z、τ_{zx}、τ_{zy} 并不影响力的平衡条件 $\sum F_{x'} = 0$ 和 $\sum F_{y'} = 0$，因而，$\sigma_{x'}$、$\tau_{x'y'}$ 仅与 σ_x、σ_y 及 τ_{xy} 有关，即可按平面应力状态的斜截面应力公式进行计算。

（2）对于应力分量 $\tau_{x'z}$，由切应力互等定理，则 $\tau_{x'z}$ 的数值应等于 τ_{zx} 和 τ_{zy} 在垂直于 z 平面与斜截面交线 mn 方向上的分量之和。

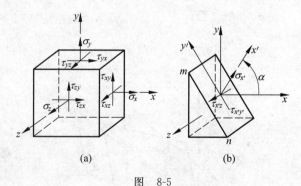

(a)   (b)

图　8-5

2. 主应力、最大切应力

主应力　在任意应力状态下，必存在三个相互垂直的主应力 σ_1、σ_2 和 σ_3（图 8-6(a)），并规定按代数值

$$\sigma_1 \geqslant \sigma_2 \geqslant \sigma_3$$

任意斜截面上的应力　若分别以 σ_1、σ_2；σ_2、σ_3 和 σ_3、σ_1 作应力圆，则空间应力状态下任意斜截面上应力所对应的点必在三个应力圆之间的阴影区域内（图 8-6(b)）[1]。

---

[1] 参见：Seely F B，Smith J O. Advanced Mechanics of Materials. 2nd. ed. New York：John Wiley & Sons inc，1955，§ 23.

最大切应力　空间应力状态下，最大切应力的数值等于 σ_1、σ_3 应力圆的半径，即

$$\tau_{max} = \frac{\sigma_1 - \sigma_3}{2} \tag{8-7}$$

其作用面与 σ_2 的作用面相垂直，并与 σ_1、σ_3 的作用面的夹角分别为 45°(图 8-6(c))。

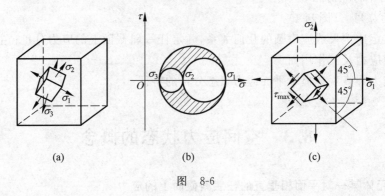

图　8-6

8.4　平面应力状态下的应变分析

1. 应变分析

任意方向的应变分量　若已知平面应力状态下沿 x、y 轴方向的应变分量为 ε_x、ε_y、γ_{xy}，则与 x 轴成 α 角的任一方向上的应变分量(图 8-7)为

$$\varepsilon_\alpha = \frac{\varepsilon_x + \varepsilon_y}{2} + \frac{\varepsilon_x - \varepsilon_y}{2}\cos 2\alpha + \frac{\gamma_{xy}}{2}\sin 2\alpha \tag{8-8}$$

$$\gamma_{\alpha\beta} = -(\varepsilon_x - \varepsilon_y)\sin 2\alpha + \gamma_{xy}\cos 2\alpha \tag{8-9}$$

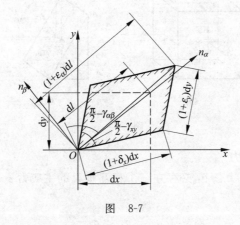

图　8-7

主应变及其方向　切应变为零的方向上的线应变，称为主应变。

主应变方向　　$$\tan 2\alpha_0 = \frac{\gamma_{xy}}{\varepsilon_x - \varepsilon_y} \tag{8-10}$$

主应变数值　　$$\begin{matrix}\varepsilon_{max}\\\varepsilon_{min}\end{matrix} = \frac{\varepsilon_x + \varepsilon_y}{2} \pm \sqrt{\left(\frac{\varepsilon_x - \varepsilon_y}{2}\right)^2 + \left(\frac{\gamma_{xy}}{2}\right)^2} \tag{8-11}$$

应变分析的特征

（1）任意方向的应变及主应变均是指 xy 平面内的应变分量。

（2）线应变 ε 以伸长为正、缩短为负；切应变 γ_{xy} 则以单元体第一象限的直角减小为正、增大为负（图 8-7）。因此，线应变 ε 与正应力 σ 的正负号是相互对应的；而切应变 γ_{xy} 与切应力 τ_{xy} 的正负号相反，与切应力 τ_{yx} 的正负号相同。切应变 $\gamma_{xy} = \gamma_{yx}$ 为同一个直角的改变量，而切应力 $\tau_{xy} = -\tau_{yx}$。方位角 α 以逆时针转向为正、反之为负。

（3）平面应力状态下，与 z 有关的应力分量 σ_z、τ_{zx}、τ_{zy} 均等于零，而与 z 有关的应变分量中，γ_{zx} 和 γ_{zy} 为零，但 ε_x 一般不等于零。

（4）一点处同样存在三个相互垂直的主应变 ε_1、ε_2、ε_3，且规定按代数值 $\varepsilon_1 \geqslant \varepsilon_2 \geqslant \varepsilon_3$。因而，按式（8-11）求得的两个主应变（$\varepsilon_{\max}$、$\varepsilon_{\min}$），应与另一主应变（$\varepsilon_3$）比较后，才能确定三个主应变的序号。对于各向同性材料，一点处主应变方向与其主应力方向相同，其序号也相对应。

（5）若作代换：$\sigma \rightarrow \varepsilon, \tau_{xy} \rightarrow -\dfrac{\gamma_{xy}}{2}$，则由应力分析公式（8-1）～公式（8-4），即可得应变分析公式（8-8）～公式（8-11）。因而，以 ε 为横坐标，$\dfrac{\gamma}{2}$ 为纵坐标，同样可作应变圆，进行应变分析。

2. 由应变花求主应变

对于平面应力状态，若不知道该平面内一点处的主应变（主应力）方向，则可应用应变花测定其应变值，从而计算该点处主应变的方向和数值。

直角应变花　（图 8-8(a)）

主应变方向　　$\tan 2\alpha_0 = \dfrac{2\varepsilon_{45°} - \varepsilon_{0°} - \varepsilon_{90°}}{\varepsilon_{0°} - \varepsilon_{90°}}$　　　　　　　　　　（8-12）

主应变数值　　$\begin{matrix} \varepsilon_{\max} \\ \varepsilon_{\min} \end{matrix} = \dfrac{\varepsilon_{0°} + \varepsilon_{90°}}{2} \pm \dfrac{\sqrt{2}}{2}\sqrt{(\varepsilon_{0°} - \varepsilon_{45°})^2 + (\varepsilon_{45°} - \varepsilon_{90°})^2}$　　（8-13）

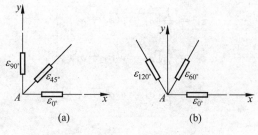

图　8-8

等角应变花　（图 8-8(b)）

主应变方向　　$\tan 2\alpha_0 = \dfrac{\sqrt{3}(\varepsilon_{60°} - \varepsilon_{120°})}{2\varepsilon_{0°} - \varepsilon_{60°} - \varepsilon_{120°}}$　　　　　　　　　（8-14）

主应变数值　　$\begin{matrix} \varepsilon_{\max} \\ \varepsilon_{\min} \end{matrix} = \dfrac{\varepsilon_{0°} + \varepsilon_{60°} + \varepsilon_{120°}}{3}$

$$\pm \dfrac{\sqrt{2}}{3}\sqrt{(\varepsilon_{0°} - \varepsilon_{60°})^2 + (\varepsilon_{60°} - \varepsilon_{120°})^2 + (\varepsilon_{120°} - \varepsilon_{0°})^2} \qquad (8\text{-}15)$$

8.5 各向同性材料的应力-应变关系

1. 空间应力状态下的广义胡克定律

空间一般应力状态下的广义胡克定律 （图 8-9(a)）

对于各向同性材料,正应力仅引起线应变,切应力仅引起相应平面内的切应变,其应力-应变关系为

$$\varepsilon_x = \frac{1}{E}[\sigma_x - \nu(\sigma_y + \sigma_z)], \quad \gamma_{xy} = \frac{\tau_{xy}}{G}$$

$$\varepsilon_y = \frac{1}{E}[\sigma_y - \nu(\sigma_z + \sigma_x)], \quad \gamma_{yz} = \frac{\tau_{yz}}{G} \qquad (8\text{-}16)$$

$$\varepsilon_z = \frac{1}{E}[\sigma_z - \nu(\sigma_x + \sigma_y)], \quad \gamma_{zx} = \frac{\tau_{zx}}{G}$$

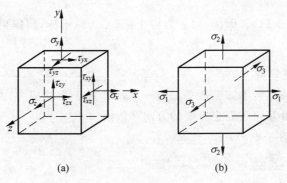

(a)   (b)

图   8-9

空间主应力状态下的广义胡克定律 （图 8-9(b)）

$$\varepsilon_1 = \frac{1}{E}[\sigma_1 - \nu(\sigma_2 + \sigma_3)]$$

$$\varepsilon_2 = \frac{1}{E}[\sigma_2 - \nu(\sigma_3 + \sigma_1)] \qquad (8\text{-}17)$$

$$\varepsilon_3 = \frac{1}{E}[\sigma_3 - \nu(\sigma_1 + \sigma_2)]$$

广义胡克定律的特征

(1) 适用于匀质、连续、各向同性材料,在线弹性范围、微小应变的情况。

(2) 广义胡克定律中应力分量的正、负号定义为：若正面(外法线与坐标轴正向一致的平面)上应力分量的指向与坐标轴正向一致,或负面(外法线与坐标轴负向一致的平面)上的应力分量指向与坐标轴负向一致,则该应力分量为正,反之为负。简言之,即正面正向、负面负向为正,正面负向、负面正向为负。按上述规定,正应力的正、负号与以前的规定相同,而切应力的正、负号与以前的规定不尽相同,则有 $\tau_{xy} = \tau_{yx}$,并与切应变的正、负号相对应(图 8-9(a)中所示各应力分量均为正值)。

(3) 对于各向同性材料,独立的弹性常数为两个,三个弹性常数 E、G、ν 之间的关系为

$$G = \frac{E}{2(1+\nu)} \tag{8-18}$$

2. 体积应变

对于各向同性材料,线应变仅由正应力引起,且由于切应变不引起体积改变,故在线弹性、微小应变情况下,空间应力状态单元体(图 8-9)的体积应变为

$$\theta = \varepsilon_x + \varepsilon_y + \varepsilon_z = \frac{1-2\nu}{E}(\sigma_x + \sigma_y + \sigma_z)$$

$$= \varepsilon_1 + \varepsilon_2 + \varepsilon_3 = \frac{1-2\nu}{E}(\sigma_1 + \sigma_2 + \sigma_3) \tag{8-19}$$

3. 空间应力状态下的应变能密度

空间主应力状态(图 8-9(b))下的应变能密度

$$v_\varepsilon = \frac{1}{2}(\sigma_1\varepsilon_1 + \sigma_2\varepsilon_2 + \sigma_3\varepsilon_3)$$

$$= \frac{1}{2E}\left[\sigma_1^2 + \sigma_2^2 + \sigma_3^2 - 2\nu(\sigma_1\sigma_2 + \sigma_2\sigma_3 + \sigma_3\sigma_1)\right] \tag{8-20}$$

应变能密度的分量

体积改变能密度

$$v_V = \frac{1-2\nu}{6E}(\sigma_1 + \sigma_2 + \sigma_3)^2 \tag{8-21}$$

形状改变能密度

$$v_d = \frac{1+\nu}{6E}\left[(\sigma_1 - \sigma_2)^2 + (\sigma_2 - \sigma_3)^2 + (\sigma_3 - \sigma_1)^2\right] \tag{8-22}$$

【习题解析】

8.1-1 矩形截面 $b \times h$ 简支梁的跨度及其承载情况,如图(a)所示。试求梁危险点的位置及其应力状态。

解 (1)梁的剪力、弯矩图

作梁的剪力图和弯矩图,如图(b)所示。

(2)危险点及其应力状态

考虑切应力强度 由剪力图及梁横截面上切应力的变化规律可知,切应力强度的危险点位于梁 CD 段内各横截面中性轴上的各点处,其应力状态如图(c)所示。其中,横截面上切应力 τ_{xy} 的数值为

$$\tau_{xy} = \frac{3}{2} \cdot \frac{F_S}{A} = \frac{F}{bh}$$

考虑正应力强度 由弯矩图及梁横截面上正应力的变化规律可知,正应力强度的危险点位于截面 C 上、下边缘的各点处(或截面 D 下、上边缘的各点处),其应力状态如图(d)所示。其中,横截面上的正应力 σ_x 分别为

$$\sigma_x = \mp \frac{M_{max}}{W} = \mp \frac{2Fa}{bh^2}$$

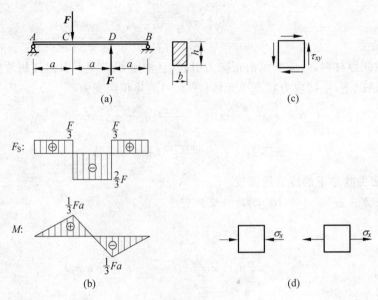

习题 8.1-1 图

讨论：

确定受力构件危险点应力状态的一般步骤为：由构件的内力图确定危险截面位置；由危险截面上的应力变化规律，确定危险点的位置；然后，根据可求应力的截面、围绕危险点截取单元体，并在单元体各面上标明其应力分量，即得危险点的应力状态。

8.1-2   承受均布载荷作用的简支梁如图所示。已知在任一截面 m —m 中性轴上的 A 点处于纯剪切应力状态。若紧靠 A 点上方，再取 B 点，则其应力状态为平面应力状态，而根据相邻两单元体接触面上力的作用、反作用定律，于是，B 单元体上的切应力 τ 与 A 单元体上的切应力相同。依此类推，可得横截面上的切应力沿截面高度为均匀分布。而在弯曲应力的讨论中已知，横截面上的切应力沿截面高度呈抛物线变化。两者矛盾了，试解释其原因。

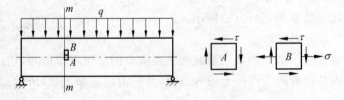

习题 8.1-2 图

解   弯曲切应力沿截面高度均匀分布的论述是错误的，如在截面上、下边缘处的应力单元体，由于不存在与梁表面相切的外力，因而违反了切应力互等定理。导致这一错误论述的原因是，混淆了一点处应力状态与应力场中力的平衡两个不同的概念。在讨论一点处的应力状态时，微小单元体表示几何上的一点，而不计单元体上、下两平面上应力的微小增量；但在讨论应力场中力的平衡时，虽然单元体仍很微小，但单元体的上表面较下表面的坐标 y 有个微小增量 $\mathrm{d}y$，因此，单元体上表面的切应力（或正应力）较下表面就有微小的增量。由于每一单元体的上、下平面间均存在微小增量,于是,经无限多单元体后,微量积累成有限量,因而,横截面上的切应力沿截面高度是变化的。由平衡条件可导得弯曲切应力沿截面高度呈抛物线变化的结论。

8.1-3 一横截面面积为 A_c 的铜质圆杆,两端固定,如图(a)所示。已知铜的线膨胀系数 $\alpha_l = 2 \times 10^{-5} (℃)^{-1}$,弹性模量 $E = 110\text{GPa}$,设铜杆温度升高 $50℃$,试求铜杆上 A 点处所示单元体的应力状态。

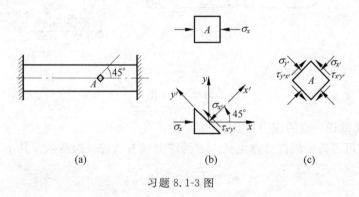

习题 8.1-3 图

解 (1)铜杆横截面上正应力

由拉(压)静不定的变形几何相容条件和物理关系,可得铜杆横截面上的应力为

$$\sigma_x = -\alpha_l E \Delta t = -2 \times 10^{-5} (℃)^{-1} \times (110 \times 10^9 \text{Pa}) \times (50℃)$$

$$= -110 \times 10^6 \text{Pa} = -110\text{MPa}$$

故由横截面及纵截面所截取的单元体所示的应力状态,如图(b)所示。

(2)A 点处斜截面上的应力

应用截面法,由力的平衡条件(图(b)),得

$$\sum F_{x'} = 0, \qquad \sigma_{x'} dA = \sigma_x \cos 45° \cdot dA \cos 45°$$

$$\sigma_{x'} = \sigma_x \cos^2 45° = -55\text{MPa}$$

$$\sum F_{y'} = 0, \qquad \tau_{x'y'} = \sigma_x \cos 45° \sin 45° = -55\text{MPa}$$

同理,可得 y' 截面上的应力为

$$\sigma_{y'} = \sigma_x \cos^2 135° = -55\text{MPa}$$

$$\tau_{y'x'} = -\tau_{x'y'} = 55\text{MPa}$$

于是,可得图(a)所示 A 点单元体的应力状态,如图(c)所示。

讨论:

通过受力构件同一点 A 处,所取单元体的方位不同,则其应力状态的形式不同(图(b)和图(c)),因为应力定义在某一截面的某一点处。一般地说,同一截面上点的位置不同,其应力不同;而通过同一点处,截面的方位不同,该点的应力也不相同。因此,讨论应力必须明确其截面和点的位置。但对于同一点(图(a)中的点 A),不同形式的应力状态(图(b)和图(c)所示点 A 的应力状态)是等价的。

8.1-4 一平均半径为 r、厚度为 $\delta \left(\delta \leqslant \dfrac{r}{10}\right)$,两端封闭的薄壁圆筒,承受内压 p,如图(a)

所示。试证在筒壁平面内的最大切应力等于最大正应力的 1/4。

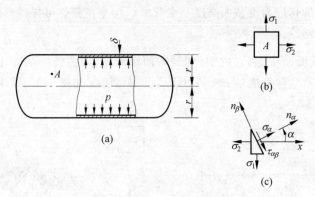

习题 8.1-4 图

解 (1) 筒壁任一点的应力状态

由截面法,可得薄壁圆筒筒壁上任一点的应力状态,如图(b)所示。其中

$$\sigma_1 = \frac{pr}{\delta}, \quad \sigma_2 = \frac{pr}{2\delta}$$

(2) 筒壁平面内的最大切应力

由截面法,力的平衡条件(图(c)),得任一斜截面上的切应力为

$$\sum F_\beta = 0, \qquad -\tau_{\alpha\beta} dA - \sigma_1 \cos\alpha \cdot dA \sin\alpha + \sigma_2 \sin\alpha \cdot dA \cos\alpha = 0$$

$$\tau_{\alpha\beta} = \frac{\sigma_2 - \sigma_1}{2} \sin 2\alpha$$

由

$$\frac{d\tau_{\alpha\beta}}{d\alpha} = (\sigma_2 - \sigma_1)\cos 2\alpha = 0$$

得 $\qquad\qquad\qquad\qquad\qquad \alpha = \pm 45°$

于是,得最大切应力值为

$$|\tau_{\max}| = \frac{\sigma_1 - \sigma_2}{2} = \frac{1}{2}\left(\frac{pr}{\delta} - \frac{pr}{2\delta}\right) = \frac{pr}{4\delta}$$

而最大正应力为 $\sigma_{\max} = \sigma_1 = \dfrac{pr}{\delta}$,故有

$$|\tau_{\max}| / \sigma_{\max} = 1/4 \qquad\qquad\qquad\qquad 即证$$

讨论:

本题所求筒壁平面内的最大切应力,其作用面垂直于筒壁,并与圆筒横截面成 $\pm 45°$。而并不是筒壁任一点处空间任意斜截面上切应力的最大值(参见习题 8.5-7)。

***8.1-5** 一内半径为 R,壁厚为 $\delta(\delta \leqslant R/10)$ 的薄壁球体,承受内压 p,如图(a)所示。试求球壁上任一点处的应力状态。

解 以球心为原点 O,取球坐标 $Or\theta\varphi$,其中

$$R \leqslant r \leqslant R + \delta, \quad 0 \leqslant \theta \leqslant 2\pi, \quad 0 \leqslant \varphi \leqslant \pi$$

由于结构和受力均对称于球心,故球壁各点的应力状态相等,且 $\sigma_\theta = \sigma_\varphi$,又由于球壁很薄,球内壁一点处 $\sigma_r = p$,而球外壁一点处 $\sigma_r = 0$,故可得

$$\sigma_r \approx 0, \quad \sigma_\theta = \sigma_\varphi = \sigma$$

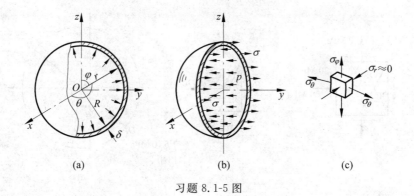

习题 8.1-5 图

对于球壁上任一点,取通过该点的直径平面截取脱离体(图(b)),由平衡条件,得

$$\sum F_y = 0, \qquad \sigma \cdot 2\pi \left(R + \frac{\delta}{2}\right)\delta - p \cdot \pi R^2 = 0$$

$$\sigma = \frac{pR^2}{2\delta\left(R + \frac{\delta}{2}\right)} \approx \frac{pR}{2\delta}$$

于是,球壁任一点的应力状态为平面应力状态(图(c))

$$\sigma_r = 0, \quad \sigma_\theta = \sigma_\varphi = \sigma = \frac{pR}{2\delta}$$

即

$$\sigma_1 = \sigma_2 = \frac{pR}{2\delta}, \quad \sigma_3 = 0$$

8.2-1 带有尖角的轴向拉伸杆如图(a)所示,试证尖角点 A 处为零应力状态。

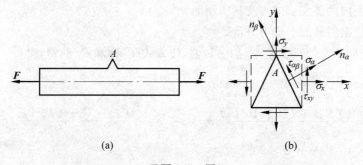

(a)   (b)

习题 8.2-1 图

证 若在尖角点 A 处沿自由边界截取三角形单元体,如图(b)所示。设单元体 x、y 面上应力分量分别为 σ_x、τ_{xy} 和 σ_y、τ_{yx},而自由边界上应力分量为 $\sigma_\alpha = \tau_{\alpha\beta} = 0$,则有

$$\sigma_\alpha = \frac{\sigma_x + \sigma_y}{2} + \frac{\sigma_x - \sigma_y}{2}\cos 2\alpha - \tau_{xy}\sin 2\alpha = 0$$

$$\tau_{\alpha\beta} = \frac{\sigma_x - \sigma_y}{2}\sin 2\alpha + \tau_{xy}\cos 2\alpha = 0$$

由于 $\sin 2\alpha \neq 0$,$\cos 2\alpha \neq 0$,因此,必有 $\sigma_x = 0$、$\sigma_y = 0$、$\tau_{xy} = -\tau_{yx} = 0$。这时,表示 A 点处应力状态的应力圆缩减为 $\sigma - \tau$ 坐标的原点,即点 A 处为零应力状态,即证。

8.2-2 已知平面应力状态如图(a)所示,试分别用解析法和应力圆求:

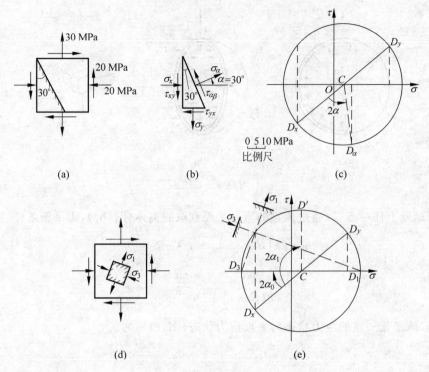

习题 8.2-2 图

(1) 指定斜截面上的应力分量；

(2) 主应力及主平面，并画出主应力单元体；

(3) 该平面内的最大切应力及其作用面。

解 (1) 指定斜截面上应力分量

解析法：以 $\alpha = 30°$ 及 σ_x、σ_y、τ_{xy} 的已知值，代入式(8-1)和式(8-2)，得

$$\sigma_\alpha = \frac{\sigma_x + \sigma_y}{2} + \frac{\sigma_x - \sigma_y}{2}\cos2\alpha - \tau_{xy}\sin2\alpha$$

$$= \frac{(-20 \times 10^6\,\mathrm{Pa}) + (30 \times 10^6\,\mathrm{Pa})}{2} + \frac{(-20 \times 10^6\,\mathrm{Pa}) - (30 \times 10^6\,\mathrm{Pa})}{2}\cos(2 \times 30°) -$$

$$(-20 \times 10^6\,\mathrm{Pa})\sin(2 \times 30°)$$

$$= 9.82 \times 10^6\,\mathrm{Pa} = 9.82\mathrm{MPa}$$

$$\tau_{\alpha\beta} = \frac{\sigma_x - \sigma_y}{2}\sin2\alpha + \tau_{xy}\cos2\alpha$$

$$= \frac{(-20 \times 10^6\,\mathrm{Pa}) - (30 \times 10^6\,\mathrm{Pa})}{2}\sin(2 \times 30°) + (-20 \times 10^6\,\mathrm{Pa})\cos(2 \times 30°)$$

$$= -31.7 \times 10^6\,\mathrm{Pa} = -31.7\mathrm{MPa}$$

应力圆：作 $O\sigma\tau$ 坐标系，取比例尺 $0.7\mathrm{cm} = 10\mathrm{MPa}$；由 (σ_x, τ_{xy}) 定 D_x 点，(σ_y, τ_{yx}) 定 D_y 点，连接点 D_x、D_y，交 σ 轴于点 C；以点 C 为圆心，$\overline{CD_x}$ 为半径作应力圆(图(c))；由 $\overline{CD_x}$ 为起始，顺 α 角的转向量取 2α，得 $\overline{CD_\alpha}$。量取 D_α 点的坐标值，即得

$$\sigma_\alpha = 9.8\mathrm{MPa}, \quad \tau_{\alpha\beta} = -32\mathrm{MPa}$$

σ_α、$\tau_{\alpha\beta}$的方向如图(b)所示。

（2）主应力及其单元体

解析法：由式(8-3)和式(8-4)，得

主平面 $$\tan2\alpha_0 = -\frac{2\tau_{xy}}{\sigma_x - \sigma_y} = -\frac{2\times(-20\times10^6\mathrm{Pa})}{(-20\times10^6\mathrm{Pa})-(30\times10^6\mathrm{Pa})} = -0.8$$

$$\alpha_0 = -19.33° = -19°20' \quad 及 \quad -19°20'+90° = 70°40'$$

主应力 $$\begin{matrix}\sigma_{\max}\\\sigma_{\min}\end{matrix} = \frac{\sigma_x+\sigma_y}{2} \pm \sqrt{\left(\frac{\sigma_x-\sigma_y}{2}\right)^2 + \tau_{xy}{}^2} = \begin{matrix}37\\-27\end{matrix}\mathrm{MPa}$$

$$\sigma_1 = 37\mathrm{MPa}, \quad \sigma_2 = 0, \quad \sigma_3 = -27\mathrm{MPa}$$

应力圆：按前述程序作应力图(图(e))，应力圆与σ轴的交点D_1和D_2的坐标值分别为

主应力 $$\sigma_1 = 37\mathrm{MPa}, \quad \sigma_3 = -27\mathrm{MPa}$$

主平面的方位，可由$\overline{CD_x}$起始量至$\overline{CD_3}$及由$\overline{CD_x}$量至$\overline{CD_1}$，得

$$\alpha_0 = -19°20' \quad 及 \quad 70°40'$$

主应力单元体如图(d)所示。

（3）最大切应力及其作用面

解析法：由式(8-5)和式(8-6)，得

作用面 $$\tan2\alpha_1 = \frac{\sigma_x-\sigma_y}{2\tau_{xy}} = 1.25$$

$$\alpha_1 = 25°40' \quad 及 \quad -64°20'$$

最大切应力 $$|\tau_{\max}| = \sqrt{\left(\frac{\sigma_x-\sigma_y}{2}\right)^2 + \tau_{xy}^2} = 32\mathrm{MPa}$$

应力圆：应力圆(图(e))上纵坐标为最大的点D'的纵坐标，即为最大切应力值。其作用面方位，可由$\overline{CD_x}$量到$\overline{CD'}$，得$2\alpha_1$。即可得

$$\tau_{\max} = 32\mathrm{MPa}, \quad \alpha_1 = -64°20'$$

讨论：

（1）由解析法求得的主平面方位角α_0和$\alpha_0\pm90°$，究竟哪一个角度对应于最大主应力的作用面，可由单元体上切应力来判断，即切应力τ_{xy}和τ_{yx}的应力矢所对的象限，必定是最大主应力所处的象限。单元体上正应力σ_x和σ_y的大小和正负，仅影响角度α_0的大小，而不影响其所处的象限，且最大主应力偏于σ_x或σ_y中数值较大的正应力方向。

（2）由应力圆确定主平面方位时，最大和最小主应力(如本题中的σ_1和σ_3)所对应的主平面是一目了然的。而且利用同一圆弧所对的圆周角为圆心角之半的原理，可直接由几何方法画出主应力单元体(图(e))。

（3）根据应力圆可得出平面应力状态的特征，如主应力为最大、最小正应力；最大(或最小)切应力作用面与主平面互成$45°$，且其作用面上的正应力等于$\frac{\sigma_1+\sigma_2}{2}$；相互垂直平面上的正应力之和为常量$\sigma_x+\sigma_y=\sigma_1+\sigma_2$等。

（4）在具体运算中，可由应力圆的几何关系导出平面应力分析中的计算公式(如斜截面上应力；主平面及主应力；最大切应力及其作用面等)。因此，由应力圆的几何关系进行计

算,既可避免将应力圆作为纯粹的图解法所带来的误差,也不必强记应力分析中的计算公式。

8.2-3 等厚度的任意形状薄平板,在其周边承受集度为 $p(Pa)$ 的均匀压力,如图(a)所示。试证平板内任一点均处于均匀应力状态,且垂直于平板任一斜截面上的应力均为 $\sigma = p$。

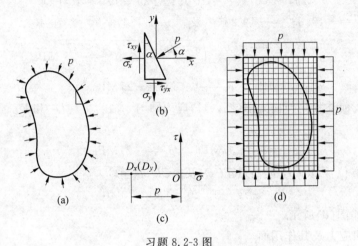

习题 8.2-3 图

证 (1)边界上任一点处的应力状态

在平板边界上任一点处截取一单元体(图(b)),设斜表面的面积为 $\mathrm{d}A$。则由单元体的平衡条件,得

$$\sum F_x = 0, \qquad -\sigma_x \mathrm{d}A\cos\alpha + \tau_{yx}\mathrm{d}A\sin\alpha - p\cos\alpha \mathrm{d}A = 0$$

$$(\sigma_x + p)\cos\alpha = \tau_{yx}\sin\alpha$$

$$\sum F_y = 0, \qquad (\sigma_y + p)\sin\alpha = \tau_{yx}\cos\alpha$$

由以上两式可得

$$(\sigma_x + p)(\sigma_y + p) = \tau_{yx}^2$$

$$p^2 + (\sigma_x + \sigma_y)p + (\sigma_x\sigma_y - \tau_{xy}^2) = 0$$

由此解得

$$p = \frac{-(\sigma_x + \sigma_y) \pm \sqrt{(\sigma_x + \sigma_y)^2 - 4(\sigma_x\sigma_y - \tau_{xy}^2)}}{2}$$

由于压力 p 为常量,则上式根号项必为零,即

$$(\sigma_x - \sigma_y)^2 + 4\tau_{xy}^2 = 0$$

为满足上式,则必须

$$\sigma_x = \sigma_y, \quad \tau_{xy} = 0$$

代入 p 式,即得

$$\sigma_x = \sigma_y = -p$$

故薄平板边界上任一点处于均匀压应力状态。

(2)平板内任一点的应力状态

对于均匀压应力状态,其相应的应力圆成点圆(图(c)),因此,通过该点垂直于平板任一

斜截面上的应力恒为常量

$$\sigma_a = -p$$

若考察一等厚度的矩形平板,沿周边承受均匀压力 p(图(d)),则矩形平板内任一点显然处于均匀压应力状态,且通过任一点垂直于平板任一斜截面上的应力均为压应力 p。因此,由矩形平板内取出一任意形状的平板,其周边也承受均匀压力 p。于是,可得结论:任意形状的等厚薄平板,在其周边承受均匀压力 p 时,平板内任一点均处于均匀应力状态,且垂直于平板任一斜截面上的应力均为压应力 p。 即证

讨论:

同理,可以推论:一任意形状的物体,在其表面承受均匀压力 p(静水压力)时,则物体内部任一点将处于空间均匀压应力状态,且通过任一点任一斜截面上的应力均等于压应力 p。

8.2-4 已知平面应力状态 $\sigma_y = 15\mathrm{MPa}$、$\tau_{yx} = -40\mathrm{MPa}$,以及主应力 $\sigma_3 = -5\mathrm{MPa}$,如图(a)所示。试用应力圆,求 σ_x 和主应力 σ_1,并画出主应力单元体。

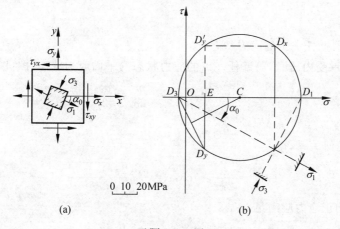

习题 8.2-4 图

解 (1) 作应力圆

① 取 $O\sigma\tau$ 坐标系,选取比例尺。

② 由 σ_y、τ_{yx} 定 D_y 点,σ_3 定 D_3 点;连 D_y、D_3 点,由于 D_y、D_3 点均在应力圆上,作 $\overline{D_y D_3}$ 的垂直平分线,交 σ 轴于 C,点 C 即为应力圆的圆心。

③ 以 C 为圆心,$\overline{CD_y}$(或 $\overline{CD_3}$)为半径作圆,即得应力圆(图(b))。

(2) σ_x 及主应力值

延长 $\overline{D_y E}$ 交应力圆于 D'_y 点,过点 D'_y 作 σ 轴平行线,交应力圆于点 D_x。于是,σ_x 及主应力 σ_1 均可由图中量得

$$\sigma_x = 70\mathrm{MPa}, \quad \sigma_1 = 90\mathrm{MPa}$$

主应力单元体如图(a)中所示。σ_1 主平面的方位角 $\alpha_0 = -28°$。

8.2-5 一两端密封的圆柱形压力容器,由宽度为 b、厚度为 δ 的塑料条经滚压成螺旋状,并连续熔接而成平均半径为 $r(r \geqslant 10\delta)$ 的薄壁容器,如图(a)所示。当容器承受内压力为 p,若熔接缝承受的拉应力不得超过容器壁塑料条中最大主应力的 80%,试求塑料条的许可

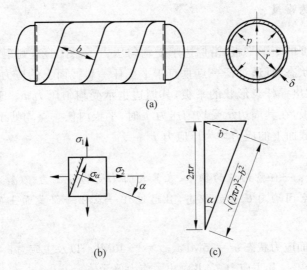

$$(a)$$

$$(b) \qquad\qquad (c)$$

习题 8.2-5 图

宽度 b。

解　(1) 容器壁任一点的应力状态

当薄壁圆筒承受内压时,筒壁任一点的应力状态为平面应力状态(图(b)),其中

$$\sigma_1 = \frac{pr}{\delta}, \quad \sigma_2 = \frac{pr}{2\delta} = \frac{\sigma_1}{2}$$

(2) 许可宽度 b

由图(c)的几何关系,得

$$\sin\alpha = \frac{b}{2\pi r}, \quad \cos\alpha = \frac{\sqrt{(2\pi r)^2 - b^2}}{2\pi r}$$

由题意,熔接缝的正应力应满足

$$\sigma_\alpha = \sigma_1 \sin^2\alpha + \sigma_2 \cos^2\alpha \leqslant 0.8\sigma_1$$

$$\frac{b^2}{(2\pi r)^2} + \frac{1}{2} \cdot \frac{(2\pi r)^2 - b^2}{(2\pi r)^2} \leqslant 0.8$$

$$2b^2 + (2\pi r)^2 - b^2 \leqslant 2 \times 0.8(2\pi r)^2$$

$$b^2 \leqslant 2.4(\pi r)^2$$

得宽度　　　　　　　　　　$b \leqslant 4.87r$

8.2-6　一轻型压力容器用玻璃纤维来承受拉力,并用环氧树脂作为黏结剂,如图(a)所示。设容器为平均半径为 r,壁厚为 $\delta(\delta \leqslant r/10)$ 的两端封闭的圆柱形薄壁容器,当两方向纤维内的拉应力相等时,试求纤维的绕线角度 α。

解　已知纤维的拉应力相等,设纤维的拉应力为 σ。取单元体如图(b)所示,并设每一边纤维截面的总面积为 ΔA。

应用截面法,由图(c) y 方向力的平衡条件,得

$$\sum F_y = 0, \qquad 2(\sigma \cdot \Delta A)\sin\alpha - \sigma_y(2\Delta A\cos\alpha) \times 2 = 0$$

$$\sigma_y = \frac{\sigma}{2}\tan\alpha$$

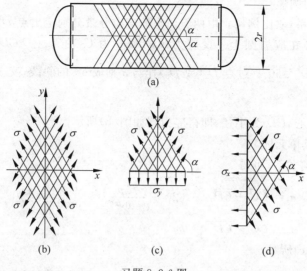

习题 8.2-6 图

由图(d)x 方向力的平衡条件,得

$$\sum F_x = 0, \qquad 2(\sigma \cdot \Delta A)\cos\alpha - \sigma_x(2\Delta A\sin\alpha) \times 2 = 0$$

$$\sigma_x = \frac{\sigma}{2} \cdot \frac{1}{\tan\alpha}$$

根据薄壁圆筒承受内压时,筒壁任一点的应力状态,有

$$\sigma_y = 2\sigma_x$$

将 σ_x、σ_y 代入上述关系式,即得纤维绕线角度为

$$\tan^2\alpha = 2,$$

$$\tan\alpha = \sqrt{2}$$

$$\alpha = 54°44'$$

8.2-7 相交于一点处的两斜面上的应力分量如图(a),试用应力圆的几何关系,求该点处的主应力,并画出主应力单元体。

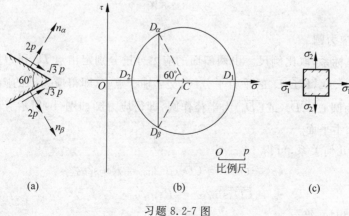

习题 8.2-7 图

解　（1）作应力圆

① 作 $O\sigma\tau$ 坐标系，取比例尺。由两斜面上的应力分量分别定出点 D_α、D_β。

② 点 D_α、D_β 必在应力圆上。设应力圆的圆心为 C，由于 $\angle D_\alpha C D_\beta = 2 \times 60°$，因而，$\angle D_\alpha CO = \dfrac{1}{2} \angle D_\alpha C D_\beta = 60°$。过点 D_α（或 D_β）作与 σ 轴成 $60°$ 的斜线，交 σ 轴于点 C，得应力圆的圆心位置。

③ 以点 C 为圆心，$\overline{CD_\alpha}$ 为半径，即得应力圆如图（b）所示。

（2）主应力及其单元体

由应力圆的几何关系，可得

$$\sigma_1 = \overline{OC} + \overline{CD_1} = \left(2p + \frac{\sqrt{3}\,p}{\tan 60°} \right) + \frac{\sqrt{3}\,p}{\sin 60°} = 5p$$

$$\sigma_2 = \overline{OC} - \overline{CD_2} = p$$

主应力单元体如图（c）所示。

8.2-8　已知受力构件的 A 点处为平面应力状态，过点 A 两斜面上的应力分量如图（a）所示。试用应力圆的几何关系，求该点处的主应力、主平面，以及该平面内的最大切应力。

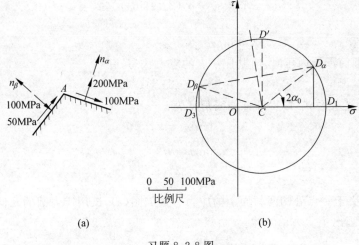

(a)　　　　　　　　　　　　　　　　(b)

习题 8.2-8 图

解　（1）作应力圆

① 作 $O\sigma\tau$ 坐标系，取比例尺。由两斜面的应力分量分别定出点 D_α 和 D_β。

② 连接点 D_α、D_β，作 $\overline{D_\alpha D_\beta}$ 的垂直平分线，交 σ 轴于点 C，即得应力圆的圆心。

③ 以点 C 为圆心，$\overline{CD_\alpha}$（或 $\overline{CD_\beta}$）为半径作圆，即得应力圆如图（b）所示。

（2）主应力、主平面

由应力圆的几何关系，可得

$$(\sigma_\alpha - \overline{OC}) = \overline{CD_\alpha}\cos 2\alpha_0 = R\cos 2\alpha_0$$

$$\tau_\alpha = \overline{CD_\alpha}\sin 2\alpha_0 = R\sin 2\alpha_0$$

以上两式平方后相加，得

$$R^2 = (\sigma_\alpha - \overline{OC})^2 + \tau_\alpha^2 \tag{1}$$

同理,由$\overline{CD_\beta}=R$,得

$$R^2 = (\sigma_\beta + \overline{OC})^2 + \tau_\beta^2 \tag{2}$$

将σ_α、τ_α和σ_β、τ_β代入式(1)、式(2),解得应力圆的圆心位置和半径分别为

$$\overline{OC} = 62.5\text{MPa}, \quad R = 170\text{MPa}$$

即得主应力及主平面分别为

$$\sigma_1 = \overline{OC} + R = 232.5\text{MPa}, \quad \sigma_3 = \overline{OC} - R = -107.5\text{MPa}$$

$$\alpha_0 = -\frac{1}{2}\arcsin\left(\frac{\tau_\alpha}{R}\right) = -18.02°$$

（3）最大切应力

$$\tau_{\max} = \overline{CD'} = R = 170\text{MPa}$$

其作用面垂直于纸平面,并分别与σ_1、σ_3主平面互成45°。

讨论:

（1）由本题及习题8.2-7可见,已知任意两斜截面上的应力,即可画出其应力圆,从而确定该点处的应力状态;若两任意斜截面上的正应力相等,而切应力等值反号,则表示该两斜面应力的点,将位于垂直于σ轴直线的两侧,这时将无法确定应力圆的圆心,而需给出两斜面的夹角,才能画出其应力圆,以确定该点的应力状态。

（2）用应力圆表示一点处的应力状态,是一种较为形象、直观的方法。在实际运用中,可先作出应力圆,然后通过应力圆的几何关系,来求解一点处的应力状态。这样既不必强记应力计算的解析公式,也避免纯粹图解带来的误差,如习题8.2-7及本题所示。

*8.2-9 已知平面主应力状态$\sigma_x > \sigma_y > 0$,如图(a)所示。试求该点处任意斜截面上全应力p_α与其作用面法线所夹角度的最大值。

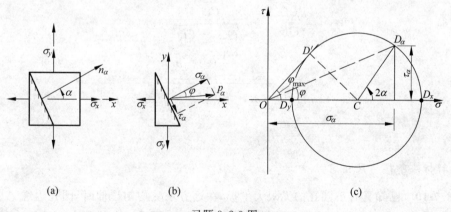

习题8.2-9图

解 设任一斜截面的法线n_α与x轴的夹角为α(图(b)),则α面上的应力分量为

$$\sigma_\alpha = \frac{\sigma_x + \sigma_y}{2} + \frac{\sigma_x - \sigma_y}{2}\cos 2\alpha$$

$$\tau_\alpha = \frac{\sigma_x - \sigma_y}{2}\sin 2\alpha$$

而全应力p_α与截面法线n_α间的夹角为(图(b))

$$\tan\varphi = \frac{\tau_\alpha}{\sigma_\alpha} = \frac{\dfrac{\sigma_x - \sigma_y}{2}\sin2\alpha}{\dfrac{\sigma_x + \sigma_y}{2} + \dfrac{\sigma_x - \sigma_y}{2}\cos2\alpha}$$

由于正切函数在 $(0, \pi/2)$ 区间内的单调性,由 $\dfrac{\mathrm{d}(\tan\varphi)}{\mathrm{d}\alpha} = 0$,求角度 φ 的极大值,可得

$$\left(\frac{\sigma_x + \sigma_y}{2}\right)\left(\frac{\sigma_x - \sigma_y}{2}\right)\cos2\alpha + \left(\frac{\sigma_x - \sigma_y}{2}\right)^2 = 0$$

$$\cos2\alpha = -\frac{\sigma_x - \sigma_y}{\sigma_x + \sigma_y}$$

$$\sin2\alpha = \sqrt{1 - \cos^2 2\alpha} = \frac{2\sqrt{\sigma_x \sigma_y}}{\sigma_x + \sigma_y}$$

将 $\sin2\alpha$、$\cos2\alpha$ 代入 $\tan\varphi$ 式,即得角度 φ 的最大值为

$$\tan\varphi_{\max} = \frac{\sigma_x - \sigma_y}{2\sqrt{\sigma_x \sigma_y}}$$

$$\varphi_{\max} = \arctan\frac{\sigma_x - \sigma_y}{2\sqrt{\sigma_x \sigma_y}}$$

讨论:

若用应力圆求解,则由 σ_x、σ_y 定出点 D_x 和 D_y,并以 $\overline{D_x D_y}$ 为直径作圆,即得应力圆如图(c)所示。

由 $\overline{CD_x}$ 起始逆时针转 2α,得 D_α 点,其坐标即为 α 截面上的应力分量 $(\sigma_\alpha, \tau_\alpha)$。由 $\tan\angle D_\alpha O D_x = \tau_\alpha / \sigma_\alpha$ 可见,$\angle D_\alpha O D_x$ 即为 α 面上全应力与截面法线间的夹角。于是,由原点 O 作应力圆的切线 $\overline{OD'}$,则 $\angle D'OD_x$ 即为需求角度 φ 的最大值

$$\begin{aligned}
\tan\varphi_{\max} &= \frac{\overline{CD'}}{\overline{OD'}} = \frac{\overline{CD'}}{\sqrt{\overline{OC}^2 - \overline{CD'}^2}} \\
&= \frac{\dfrac{1}{2}(\sigma_x - \sigma_y)}{\sqrt{\left[\dfrac{1}{2}(\sigma_x + \sigma_y)\right]^2 - \left[\dfrac{1}{2}(\sigma_x - \sigma_y)\right]^2}} \\
&= \frac{\sigma_x - \sigma_y}{2\sqrt{\sigma_x \sigma_y}}
\end{aligned}$$

上式与解析法所得结果相同。

*8.2-10 已知具有小圆孔的无限大平板,在远方承受均匀拉伸时,圆孔边缘 A 点和 B 点处的应力状态分别为单轴压缩和单轴拉伸[1],如图(a)所示。一长度为 l、平均直径为 D、壁厚为 $\delta(\delta \leqslant D/20)$ 的薄壁圆管,在管壁处有一直径为 $d(d \ll D、l)$ 的小圆孔,在管的两端承受轴向拉力 F 和扭转外力偶矩 M_e 的共同作用(图(b)),试应用图(a)所示结果,求解薄壁圆管圆孔边缘的最大正应力。

---

① 参见:刘鸿文.高等材料力学[M].北京:高等教育出版社,1985,§14-5.

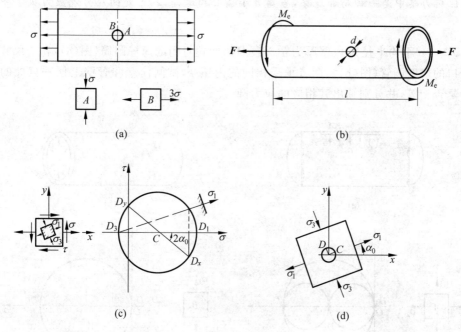

习题 8.2-10 图

解　(1) 管壁任一点处的应力状态

管壁任一点处为平面应力状态(图(c)),其中

$$\sigma = \frac{F}{\pi D \delta}, \quad \tau = \frac{2M_e}{\pi D^2 \delta}$$

由应力圆,可得其主应力及主平面为

$$\frac{\sigma_1}{\sigma_3} = \frac{\sigma}{2} \pm \sqrt{\left(\frac{\sigma}{2}\right)^2 + \tau^2}$$

$$\tan 2\alpha_0 = \frac{2\tau}{\sigma}$$

(2) 圆孔边缘的最大正应力

由于圆孔直径 d 远小于薄壁圆管的直径 D 及长度 l,因而,在圆孔附近,可视为具有小圆孔的平板。由此围绕小圆孔截取单元体如图(d)所示。应用叠加原理及图(a)所示结果,可得圆孔边缘点 C 和点 D 的正应力分别为

$$\sigma_C = (-\sigma_1) + 3\sigma_3 = \sigma - 2\sqrt{\sigma^2 + 4\tau^2} = \frac{1}{\pi D \delta}\left(F - 2\sqrt{F^2 + \frac{16M_e^2}{D^2}}\right)$$

$$\sigma_D = 3\sigma_1 + (-\sigma_3) = \sigma + 2\sqrt{\sigma^2 + 4\tau^2} = \frac{1}{\pi D \delta}\left(F + 2\sqrt{F^2 + \frac{16M_e^2}{D^2}}\right)$$

即得圆孔边缘最大压应力为 σ_C,最大拉应力为 σ_D。

讨论:

具有小圆孔的构件(平板或薄壁圆管)在圆孔边缘的应力情况不同于构件其余部位的应力情况。这种由构件几何外形的局部不规则,而引起的局部应力骤增现象,称为应力集中。

应力集中不仅引起应力的骤然增加(如 $\sigma_B = 3\sigma$),而且将影响点的应力状态(如 $\sigma_A =$

—σ)。但应力集中是一种局部现象,当离开小圆孔稍远处,各点处的应力或应力状态即趋于正常。

8.3-1　一平均半径为 r、壁厚为 δ($\delta \leqslant r/10$)两端封闭的薄壁圆筒(图(a))和一尺寸相同两端开口的薄壁圆管(图(b)),两者承受相同的内压 p,试问筒壁和管壁上任一点处的最大切应力是否相等,并分别画出其相应的应力圆。

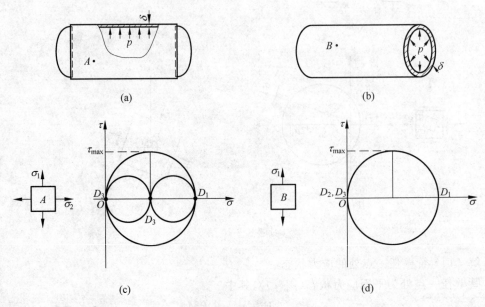

习题 8.3-1 图

解　(1) 筒壁和管壁任一点的应力状态

薄壁圆筒　筒壁任一点为平面应力状态(图(c)),其主应力为

$$\sigma_1 = \frac{pr}{\delta}, \quad \sigma_2 = \frac{pr}{2\delta}, \quad \sigma_3 = 0$$

其相应的应力圆如图(c)所示。

薄壁圆管　管壁任一点为单轴应力状态(图(d)),其主应力为

$$\sigma_1 = \frac{pr}{\delta}, \quad \sigma_2 = \sigma_3 = 0$$

其相应的应力圆如图(d)所示。

(2) 最大切应力

由应力圆可见,筒壁与管壁任一点处的最大切应力值相等,即

$$\tau_{\max} = \frac{\sigma_1 - \sigma_3}{2} = \frac{pr}{2\delta}$$

筒壁任一点的最大切应力作用面垂直于筒壁,并与 σ_1、σ_2 作用面互成 $45°$;而管壁任一点的最大切应力作用面,则可能位于垂直于管壁并与 σ_1 作用面及管轴互成 $45°$,或位于垂直横截面并与 σ_1 作用面及管壁互成 $45°$。

8.3-2　已知单元体的应力状态如图(a)所示。试用应力圆,求该点处的三个主应力及最大切应力。

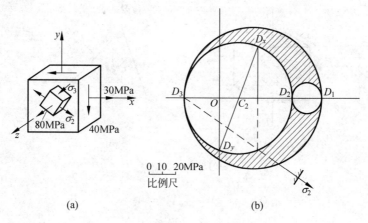

习题 8.3-2 图

解 (1) 作应力圆

① 作 $O\sigma\tau$ 坐标系,取比例尺。

② 由于 z 面上无切应力,故 z 面即为主平面。对于垂直于 z 面的任意斜截面上的应力与 σ_z 无关,因此,由 σ_x、τ_{xy} 定 D_x 点,τ_{yx} 定 D_y 点,以 $\overline{D_xD_y}$ 为直径作圆,得 D_2、D_3 点。

③ 由 σ_z 定 D_1 点,分别以 $\overline{D_1D_2}$ 和 $\overline{D_1D_3}$ 为直径作圆,即得三向应力圆如图(b)所示。

(2) 主应力及最大切应力

主应力 由应力圆可得

$$\sigma_1 = 80\text{MPa}$$

$$\sigma_2 = \overline{OC_2} + \overline{C_2D_2} = \frac{\sigma_x}{2} + \sqrt{\left(\frac{\sigma_x}{2}\right)^2 + \tau_{xy}^2} = 57.7\text{MPa}$$

$$\sigma_3 = \overline{OC_2} - \overline{C_2D_3} = \frac{\sigma_x}{2} - \sqrt{\left(\frac{\sigma_x}{2}\right)^2 + \tau_{xy}^2} = -27.7\text{MPa}$$

主应力单元体如图(a)所示。

最大切应力 由应力圆可得

$$\tau_{\max} = \frac{\overline{D_1D_3}}{2} = \frac{\sigma_1 - \sigma_3}{2} = 53.9\text{MPa}$$

其作用面垂直 σ_2 主平面,并与 σ_1、σ_3 主平面互成 $45°$。

8.3-3 一边长为 $a = 2.5\text{cm}$ 的立方块进行压缩试验,当压力 $F = 200\text{kN}$ 时,立方块沿着由三个相互垂直面上对角线所构成的平面发生破坏,如图(a)所示。试求在破坏前瞬时该斜面上的正应力、切应力及全应力。

解 应用截面法,截取四面体如图(b)。设斜截面面积为 A_α,斜截面法线 n_α 与 x、y、z 轴的夹角分别为 α_1、α_2、α_3。由于该截面法线与 x、y、z 轴的夹角相等,而

$$\cos^2\alpha_1 + \cos^2\alpha_2 + \cos^2\alpha_3 = 1$$

故有

$$\cos\alpha_1 = \cos\alpha_2 = \cos\alpha_3 = \frac{1}{\sqrt{3}}$$

由力的平衡条件,得

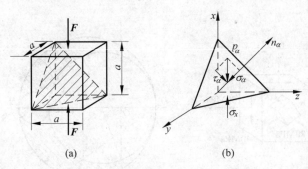

习题 8.3-3 图

$$\sum F_x = 0, \qquad\qquad \sigma_x(A_a\cos\alpha_1) - p_a A_a = 0$$

所以，全应力
$$p_a = \sigma_x\cos\alpha_1 = \frac{200\times10^3\,\mathrm{N}}{(2.5\times10^{-2}\,\mathrm{m})^2}\times\frac{1}{\sqrt{3}}$$

$$= 184.8\times10^6\,\mathrm{Pa} = 184.8\,\mathrm{MPa}$$

正应力 $\qquad\qquad \sigma_a = P_a\cos\alpha_1 = 106.7\,\mathrm{MPa}$

切应力 $\qquad\qquad \tau_a = \sqrt{p_a^2 - \sigma_a^2} = 150.9\,\mathrm{MPa}$

全应力及应力分量(σ_a、τ_a)的方向如图(b)所示。

讨论：

斜截面的法线与 x、y、z 轴夹角的余弦，称为斜截面的方向余弦，并分别记为

$$l = \cos\alpha_1, \quad m = \cos\alpha_2, \quad n = \cos\alpha_3$$

并有

$$l^2 + m^2 + n^2 = 1$$

在空间应力状态的计算中，应用方向余弦表示，可使计算表达式得以简化(参见习题 8.3-5)。

* 8.3-4   空间纯剪切应力状态如图(a)所示，试求该单元体的主应力。

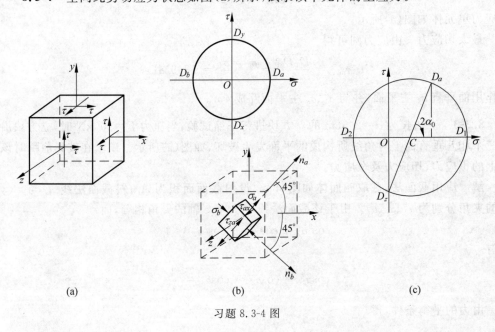

习题 8.3-4 图

解 （1）垂直于 z 面的应力状态分析

在 xy 平面内（垂直 z 面）任意斜截面上的应力仅与 τ_{xy} 和 τ_{yx} 有关。于是，由平面应力状态的应力圆（图(b)），可得分别与 x、y 面成 $\pm45°$ 的 a、b 面上的应力分量为

$$\sigma_a = -\tau_{xy} = \tau, \quad \sigma_b = -\tau, \quad \tau_{ab} = \tau_{ba} = 0$$

（2）主应力

将 z 面上的两切应力合成，合成切应力的方向正好与 a 面的法线 n_a 平行，其值为

$$\tau_{za} = \sqrt{2}\tau$$

于是，可见 b 面为一主平面。而垂直于 b 面的任意斜截面仅与 σ_a、τ_{az} 和 τ_{za} 有关。由应力圆（图(c)），得另外两主应力为

$$\sigma_1 = \overline{OC} + \overline{CD_1} = \frac{\sigma_a}{2} + \sqrt{\left(\frac{\sigma_a}{2}\right)^2 + \tau_{az}^2} = 2\tau$$

$$\sigma_2 = \overline{OC} - \overline{CD_2} = \frac{\sigma_a}{2} - \sqrt{\left(\frac{\sigma_a}{2}\right)^2 + \tau_{za}^2} = -\tau$$

于是，得三个主应力为

$$\sigma_1 = 2\tau, \quad \sigma_2 = \sigma_3 = -\tau$$

σ_1 主平面垂直于 b 面（σ_3 主平面），并于 a 面的夹角为

$$\alpha_0 = -\frac{1}{2}\arctan\frac{2\tau_{az}}{\sigma_a} = -35°16'$$

*8.3-5 空间主应力状态如图(a)所示。试求分别与 x、y、z 轴成等角度的斜截面上的正应力和切应力。

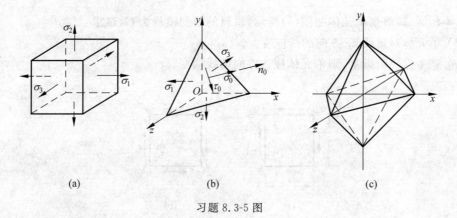

(a)　　　　　　　　(b)　　　　　　　　(c)

习题 8.3-5 图

解 （1）斜截面上的正应力

由于斜截面法线 n_0 与 x、y、z 轴的夹角相等，且有

$$l^2 + m^2 + n^2 = 1$$

故斜截面法线的方向余弦为

$$l = m = n = \frac{1}{\sqrt{3}}$$

应用截面法，考虑四面体（图(b)）在 x、y、z 方向的力的平衡，得斜截面上全应力在 x、y、z 方向的分量为

$$p_x = \sigma_1 l, \quad p_y = \sigma_2 m, \quad p_z = \sigma_3 n$$

将全应力的各分量向斜截面法线方向投影、求和,即得斜截面上的正应力为

$$\sigma_0 = p_x l + p_y m + p_z n = \sigma_1 l^2 + \sigma_2 m^2 + \sigma_3 n^2$$

$$= \frac{1}{3}(\sigma_1 + \sigma_2 + \sigma_3)$$

可见,该斜截面上的正应力为三个主应力的平均值。

（2）斜截面上的切应力

斜截面上的全应力为

$$p^2 = p_x^2 + p_y^2 + p_z^2 = \sigma_1^2 l^2 + \sigma_2^2 m^2 + \sigma_3^2 n^2 = \sigma_0^2 + \tau_0^2$$

因而,斜截面上的切应力为

$$\tau_0 = \sqrt{p^2 - \sigma_0^2}$$

$$= \frac{1}{3}\sqrt{(\sigma_1 - \sigma_2)^2 + (\sigma_2 - \sigma_3)^2 + (\sigma_3 - \sigma_1)^2}$$

讨论:

若取坐标平面与主平面重合（图(b)）,则在坐标系 $Oxyz$ 中,与坐标平面成等角度的斜面（即其方向余弦相等 $l = m = n$）共有 8 个,这八个面形成一个正八面体,如图(c)所示。八面体上的应力分量称为八面体应力,并记为 σ_{oct} 和 τ_{oct}。

八面体切应力为

$$\tau_{\text{oct}} = \frac{1}{3}\sqrt{(\sigma_1 - \sigma_2)^2 + (\sigma_2 - \sigma_3)^2 + (\sigma_3 - \sigma_1)^2}$$

在考虑材料的塑性屈服中有其特定的意义。

8.4-1　一纯剪切单元体如图(a)所示,材料的切变模量为 G,试求:

（1）单元体对角线 ac 方向的线应变。

（2）若考虑二阶微量,则单元体棱边方向的线应变。

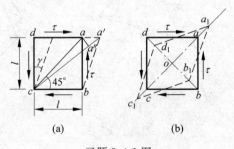

习题 8.4-1 图

解　（1）对角线 ac 的线应变

单元体的切应变为

$$\gamma = \frac{\tau}{G}$$

由单元体的变形几何相容条件（图(a)）,得其对角线 ac 的线应变为

$$\varepsilon_{ac} = \frac{a'a''}{ac} = \frac{(\gamma l)\cos 45°}{l/\cos 45°} = \gamma \cos^2 45° = \frac{\gamma}{2} = \frac{\tau}{2G}$$

（2）棱边的线应变

由单元体的变形几何相容条件（图（b）），得棱边 ab 变形后的长度为

$$Oa_1 = (l\cos45°)(1+\varepsilon_{ac}) = \frac{l}{\sqrt{2}}(1+\varepsilon_{ac})$$

$$Ob_1 = (l\cos45°)(1+\varepsilon_{bd}) = \frac{l}{\sqrt{2}}(1-\varepsilon_{ac})$$

$$a_1b_1 = \sqrt{Oa_1^2 + Ob_1^2} = \frac{l}{2}\sqrt{(1+\varepsilon_{ac})^2 + (1-\varepsilon_{ac})^2}$$

$$= l\sqrt{1+\varepsilon_{ac}^2} \approx l\left(1+\frac{1}{2}\varepsilon_{ac}^2\right)$$

即得单元体棱边的线应变为

$$\varepsilon_{ab} = \frac{a_1b_1 - ab}{ab} = \frac{1}{2}\varepsilon_{ac}^2 = \frac{\tau^2}{8G^2}$$

讨论：

在微小应变条件下，若略去应变的二阶微量 ε_{ac}^2，则 $a_1b_1 = l$，即在纯剪切应力状态下，单元体沿棱边方向无线应变。

8.4-2 边长为 a 的正方形平板如图（a）所示，已知对角线 AC 方向的线应变为 ε_1，BD 方向线应变为 $-\varepsilon_2$，试求棱边 BC 的线应变及直角$\angle BCD$ 的改变量。

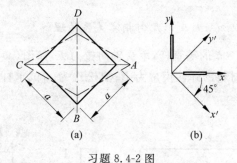

习题 8.4-2 图

解 （1）棱边 BC 的线应变

设变形后棱边 BC 的长度为 a_1，则由变形几何相容条件，得

$$a_1 = \sqrt{[a\cos45°(1+\varepsilon_1)]^2 + [a\cos45°(1-\varepsilon_2)]^2}$$

$$\approx a\sqrt{1+\varepsilon_1-\varepsilon_2}$$

即得棱边 BC 的线应变为

$$\varepsilon = \frac{a_1 - a}{a} = \sqrt{1+\varepsilon_1-\varepsilon_2} - 1 \approx \frac{\varepsilon_1-\varepsilon_2}{2}$$

（2）$\angle BCD$ 的改变量

$\angle BCD$ 变形前为 $\pi/2$，变形后为 $\pi/2 - \gamma$，由变形几何相容条件，得

$$\tan\left(\frac{\pi/2-\gamma}{2}\right) = \frac{a\cos45°(1-\varepsilon_2)}{a\cos45°(1+\varepsilon_1)} = \frac{1-\varepsilon_2}{1+\varepsilon_1}$$

由三角公式，得

$$\tan\left(\frac{\pi}{4}-\frac{\gamma}{2}\right)=\frac{1-\tan\dfrac{\gamma}{2}}{1+\tan\dfrac{\gamma}{2}}\approx\frac{2-\gamma}{2+\gamma}$$

$$\frac{2-\gamma}{2+\gamma}=\frac{1-\varepsilon_2}{1+\varepsilon_1}$$

略去高阶微量,即得 $\angle BCD$ 的改变量为

$$\gamma=\varepsilon_1+\varepsilon_2$$

讨论:

若以 $\varepsilon_x=\varepsilon_1$、$\varepsilon_y=-\varepsilon_2$、$\gamma_{xy}=0$ 及 $\alpha=-45°$ 代入任意方向应变的计算公式,即可得棱边 BC 的线应变 $\varepsilon_{x'}$ 和直角 $\angle BCD$ 的改变量 $\gamma_{x'y'}$(图(b))分别为

$$\begin{aligned}\varepsilon_{x'}&=\frac{\varepsilon_x+\varepsilon_y}{2}+\frac{\varepsilon_x-\varepsilon_y}{2}\cos2\alpha+\frac{\gamma_{xy}}{2}\sin2\alpha\\&=\frac{\varepsilon_1+(-\varepsilon_2)}{2}+\frac{\varepsilon_1-(-\varepsilon_2)}{2}\cos(-2\times45°)\\&=\frac{\varepsilon_1-\varepsilon_2}{2}\end{aligned}$$

$$\begin{aligned}\gamma_{x'y'}&=-(\varepsilon_x-\varepsilon_y)\sin2\alpha+\gamma_{xy}\cos2\alpha\\&=-[\varepsilon_1-(-\varepsilon_2)]\sin(-2\times45°)\\&=\varepsilon_1+\varepsilon_2\end{aligned}$$

本题利用几何关系求解,以加强对变形几何相容关系的理解。

8.4-3 一矩形截面 $b\times h$ 的等直杆,承受轴向拉力 F,如图(a)所示。若在杆受力前,其表面画有直角 $\angle ABC$,杆材料的弹性模量为 E、泊松比为 ν,试求杆受力后,线段 BC 的变形及直角 $\angle ABC$ 的改变量。

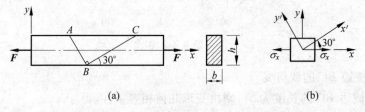

习题 8.4-3 图

解 (1)拉杆任一点的应力状态

轴向拉伸时,杆内任一点为单轴应力状态(图(b)),其中

$$\sigma_x=\frac{F}{bh}$$

xy 平面内的应变分量为

$$\varepsilon_x=\frac{\sigma_x}{E}=\frac{F}{Ebh},\quad \varepsilon_y=-\nu\varepsilon_x=-\frac{\nu F}{Ebh},\quad \gamma_{xy}=0$$

(2)线段 BC 的变形和直角 $\angle ABC$ 的改变量

设 BC、AB 方向分别为 x' 轴和 y' 轴,则 x'、y' 方向的应变分量为

$$\varepsilon_{x'} = \frac{\varepsilon_x + \varepsilon_y}{2} + \frac{\varepsilon_x - \varepsilon_y}{2}\cos 2\alpha = \frac{1}{4}(3\varepsilon_x + \varepsilon_y)$$

$$= \frac{F}{4Ebh}(3 - \nu)$$

$$\gamma_{x'y'} = -(\varepsilon_x - \varepsilon_y)\sin 2\alpha = -\frac{\sqrt{3}F}{2Ebh}(1 + \nu)$$

于是,可得线段 BC 的变形和直角 $\angle ABC$ 的改变量分别为

$$\Delta_{BC} = \varepsilon_{x'}\,\overline{BC} = \frac{F}{4Ebh}(3 - \nu) \times \frac{h}{\sin 30°}$$

$$= \frac{F}{2Eb}(3 - \nu) \quad (\text{伸长})$$

$$\gamma_{\angle ABC} = \gamma_{x'y'} = -\frac{\sqrt{3}F}{2Ebh}(1 + \nu) \quad (\text{直角增大})$$

8.4-4 已知受力构件内一点处在 xy 平面内的应变分量为

$$\varepsilon_x = 600 \times 10^{-6}, \quad \varepsilon_y = -300 \times 10^{-6},$$

$$\gamma_{xy} = 450 \times 10^{-6},$$

试求该点在 xy 平面内的主应变及其方向。

解 由式(8-10)及式(8-11),可得
主应变方向

$$\tan 2\alpha_0 = \frac{\gamma_{xy}}{\varepsilon_x - \varepsilon_y} = \frac{450 \times 10^{-6}}{(600 \times 10^{-6}) - (-300 \times 10^{-6})} = \frac{1}{2}$$

$$\alpha_0 = 13°17', \quad 103°17'$$

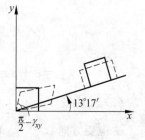

习题 8.4-4 图

主应变数值
$$\begin{matrix} \varepsilon_{\max} \\ \varepsilon_{\min} \end{matrix} = \frac{\varepsilon_x + \varepsilon_y}{2} \pm \sqrt{\left(\frac{\varepsilon_x - \varepsilon_y}{2}\right)^2 + \left(\frac{\gamma_{xy}}{2}\right)^2}$$

$$= 150 \times 10^{-6} \pm 503 \times 10^{-6}$$

$$= \begin{matrix} 653 \times 10^{-6} \\ -353 \times 10^{-6} \end{matrix}$$

主应变单元体如图所示。

讨论:

(1) 在 xy 平面的平面应力状态下,xy 平面外的应力分量均为零($\sigma_z = \tau_{zx} = \tau_{zy} = 0$),因而,$z$ 平面为主平面,且其主应力为零。但 z 方向的线应变一般不为零($\varepsilon_z \neq 0$),而与 z 有关的切应变为零($\gamma_{zx} = \gamma_{zy} = 0$),因而,$z$ 方向为主应变方向,其主应变 $\varepsilon_z = -\frac{\nu}{1 - \nu}(\varepsilon_x + \varepsilon_y)$。因此,在解得 xy 平面内的两个主应变 $\varepsilon_{\max}$、$\varepsilon_{\min}$ 后,应与 ε_z 相比较,然后,按代数值 $\varepsilon_1 \geqslant \varepsilon_2 \geqslant \varepsilon_3$ 的规定,以确定三个主应变的序号。对于各向同性材料,主应力与主应变的方向相同,且其序号也相对应。因此,本题中有 $\varepsilon_1 = \varepsilon_{\max}$、$\varepsilon_3 = \varepsilon_{\min}$。

(2) 若在 xy 平面外的应变分量均为零,即 $\varepsilon_z = \gamma_{zx} = \gamma_{zy} = 0$,即不等于零的应变分量均在同一平面内,则称为平面应变状态。在平面应变状态下,z 面上的正应力一般不为零($\sigma_z \neq 0$),而切应力为零($\tau_{zx} = \tau_{zy} = 0$),故 z 面为主平面,但其主应力不为零。

8.4-5 一边长为 10m 的正方形平板,变形后各边仍为直线,其形状如图(a)所示。试

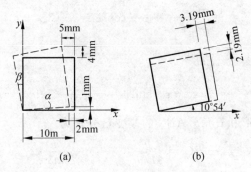

习题 8.4-5 图

求平板在板平面内的主应变及其方向。

解 （1）x、y 方向的应变分量

$$\varepsilon_x = \frac{-2 \times 10^{-3} \text{m}}{10\text{m}} = -2 \times 10^{-4}$$

$$\varepsilon_y = \frac{4 \times 10^{-3} \text{m} - 1 \times 10^{-3} \text{m}}{10\text{m}} = 3 \times 10^{-4}$$

$$\gamma_{xy} = \alpha + \beta = \frac{1 \times 10^{-3} \text{m}}{10\text{m}} - \frac{5 \times 10^{-3} \text{m} - 2 \times 10^{-3} \text{m}}{10\text{m}} = -2 \times 10^{-4}$$

（2）主应变

主应变方向
$$\tan 2\alpha_0 = \frac{\gamma_{xy}}{\varepsilon_x - \varepsilon_y} = \frac{-2 \times 10^{-4}}{(-2 \times 10^{-4}) - (3 \times 10^{-4})} = 0.4$$

$$\alpha_0 = 10°54', \quad 100°54'$$

主应变数值
$$\begin{matrix} \varepsilon_1 \\ \varepsilon_3 \end{matrix} = \frac{\varepsilon_x + \varepsilon_y}{2} \pm \frac{1}{2}\sqrt{(\varepsilon_x - \varepsilon_y)^2 + \gamma_{xy}^2}$$

$$= \frac{(-2 \times 10^{-4}) + (3 \times 10^{-4})}{2} \pm$$

$$\frac{1}{2}\sqrt{[(-2 \times 10^{-4}) - (3 \times 10^{-4})]^2 + (-2 \times 10^{-4})^2}$$

$$= \begin{matrix} 3.19 \times 10^{-4} \\ -2.19 \times 10^{-4} \end{matrix}$$

平板沿主应变方向的变形如图（b）所示。

8.4-6 用等角应变花测得受力构件表面上某点处的应变值为

$$\varepsilon_{0°} = 1000 \times 10^{-6}, \quad \varepsilon_{60°} = -650 \times 10^{-6}, \quad \varepsilon_{120°} = 750 \times 10^{-6}$$

试求该点处沿 x、y 方向的应变分量，以及 xy 平面内主应变的大小和方向。

解 （1）x、y 方向应变分量

由图（a）及式（8-8），得

$$\varepsilon_{0°} = \varepsilon_x = 1000 \times 10^{-6}$$

$$\varepsilon_{60°} = \frac{\varepsilon_x + \varepsilon_y}{2} + \frac{\varepsilon_x - \varepsilon_y}{2}\cos(2 \times 60°) + \frac{\gamma_{xy}}{2}\sin(2 \times 60°)$$

$$= \frac{1000 \times 10^{-6} + \varepsilon_y}{2} - \frac{1000 \times 10^{-6} - \varepsilon_y}{4} + \frac{\sqrt{3}}{4}\gamma_{xy} = -650 \times 10^{-6}$$

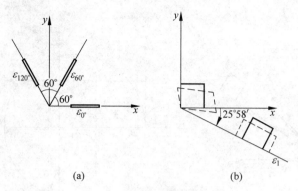

习题 8.4-6 图

$$\varepsilon_{120^\circ} = \frac{1000 \times 10^{-6} + \varepsilon_y}{2} - \frac{1000 \times 10^{-6} - \varepsilon_y}{4} - \frac{\sqrt{3}}{4}\gamma_{xy} = 750 \times 10^{-6}$$

解得　$\varepsilon_x = 1000 \times 10^{-6}$,　$\varepsilon_y = -266.7 \times 10^{-6}$,　$\gamma_{xy} = -1617 \times 10^{-6}$

（2）主应变

由式(8-10)、式(8-11)，即得

主应变方向　　　　$\tan 2\alpha_0 = \dfrac{\gamma_{xy}}{\varepsilon_x - \varepsilon_y} = \dfrac{-1617 \times 10^{-6}}{1000 \times 10^{-6} - (-266.7 \times 10^{-6})}$

$$= -1.277$$

$$\alpha_0 = -25°58', \quad 64°02'$$

主应变数值　　　　$\begin{matrix} \varepsilon_1 \\ \varepsilon_3 \end{matrix} = \dfrac{\varepsilon_x + \varepsilon_y}{2} \pm \dfrac{1}{2}\sqrt{(\varepsilon_x - \varepsilon_y)^2 + \gamma_{xy}^2}$

$$= \begin{matrix} 1394 \times 10^{-6} \\ -660 \times 10^{-6} \end{matrix}$$

主应变单元体的变形如图(b)所示。

讨论：

由等角应变花测得的应变值 ε_{0°、ε_{60°、ε_{120°，也可按式(8-14)、式(8-15)直接计算其主应变方向和数值：

$$\tan 2\alpha_0 = \frac{\sqrt{3}(\varepsilon_{60^\circ} - \varepsilon_{120^\circ})}{2\varepsilon_{0^\circ} - \varepsilon_{60^\circ} - \varepsilon_{120^\circ}} = -1.277, \quad \alpha_0 = -25°58'$$

$$\begin{matrix} \varepsilon_1 \\ \varepsilon_3 \end{matrix} = \frac{\varepsilon_{0^\circ} + \varepsilon_{60^\circ} + \varepsilon_{120^\circ}}{3} \pm \frac{\sqrt{2}}{3}\sqrt{(\varepsilon_{0^\circ} - \varepsilon_{60^\circ})^2 + (\varepsilon_{60^\circ} - \varepsilon_{120^\circ})^2 + (\varepsilon_{120^\circ} - \varepsilon_{0^\circ})^2}$$

$$= \begin{matrix} 1394 \times 10^{-6} \\ -660 \times 10^{-6} \end{matrix}$$

其结果与题中结果完全一致。实际上，式(8-14)、式(8-15)本身就是按照由等角应变花计算 x、y 方向应变分量，再由 x、y 方向应变分量计算主应变的过程推导而得的。

*8.4-7　用直角应变花测得受力构件表面上某点处的应变值为(图(a))

$$\varepsilon_{0^\circ} = -267 \times 10^{-6}, \quad \varepsilon_{45^\circ} = -570 \times 10^{-6}, \quad \varepsilon_{90^\circ} = 79 \times 10^{-6}$$

试用应变圆，求该点处主应变的数值及其方向。

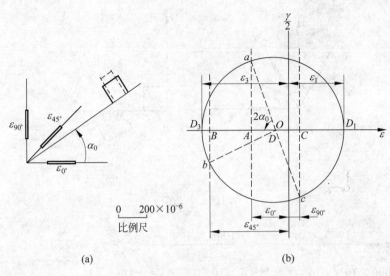

$$0 \quad 200 \times 10^{-6}$$

比例尺

(a)   (b)

习题 8.4-7 图

解 (1) 作应变圆

① 取横坐标为 ε 轴，并以向右为正；纵坐标为 $\dfrac{\gamma}{2}$ 轴，但不定其正、负向。选比例尺。

② 在 ε 轴上分别由 $\varepsilon_{0°}$、$\varepsilon_{45°}$ 及 $\varepsilon_{90°}$ 定出 A、B 及 C 点。

③ 由于 $\overline{OA} = \varepsilon_{0°}$、$\overline{OC} = \varepsilon_{90°}$，故应变圆的圆心必在 $\overline{AC}$ 的中点 D 处 $\left(\text{即} \overline{OD} = \dfrac{\varepsilon_{0°} + \varepsilon_{90°}}{2}\right)$。

④ 通过点 A 作 ε 轴的垂线，并量取 $\overline{Aa} = \overline{DB}$。

⑤ 以点 D 为圆心，$\overline{Da}$ 为半径作圆，即得应变圆如图(b)所示。

(2) 主应变数值及方向

由应变圆量得主应变为

$$\varepsilon_1 = 412 \times 10^{-6}, \quad \varepsilon_3 = -600 \times 10^{-6}$$

由 $\varepsilon_{0°}$ 至主应变 ε_3 之间的夹角为

$$\alpha_0 = 35°$$

主应变方向如图(a)中所示。

讨论：

(1) 在应变圆上 a、b、c 三点分别表示 $0°$、$45°$、$90°$ 方向上的应变分量，其相对位置应与应变花上的相对位置相一致。若不一致时，则仅需在 ε 轴下面取 $\overline{Aa} = \overline{DB}$，即能与应变花相对位置相一致，而应变圆的大小和位置均无改变。

(2) 本题的结果也可由式(8-12)、式(8-13)求得

$$\tan 2\alpha_0 = \frac{2\varepsilon_{45°} - \varepsilon_{0°} - \varepsilon_{90°}}{\varepsilon_{0°} - \varepsilon_{90°}} = 2.75$$

$$\alpha_0 = 35°, \quad 125°$$

$$\begin{aligned} \varepsilon_1 \\ \varepsilon_3 \end{aligned} = \frac{\varepsilon_{0°} + \varepsilon_{90°}}{2} \pm \frac{\sqrt{2}}{2} \sqrt{(\varepsilon_{0°} - \varepsilon_{45°})^2 + (\varepsilon_{45°} - \varepsilon_{90°})^2}$$

$$= -94 \times 10^{-6} \pm 506 \times 10^{-6} = \begin{array}{l} 412 \times 10^{-6} \\ -600 \times 10^{-6} \end{array}$$

（3）由切应力互等定理 $\tau_{xy} = -\tau_{yx}$，而切应变 γ_{xy} 只有一个值。因而在应变圆中，纵坐标 $\left(\dfrac{\gamma}{2}\text{轴}\right)$ 不设定其正、负向，而规定：当切应变为正时，则表示 x 轴方向应变分量 $\left(\varepsilon_x, \dfrac{\gamma_{xy}}{2}\right)$ 的点，其切应变的一半 $\left(\dfrac{\gamma_{xy}}{2}\right)$ 在 ε 轴的下面量取，而表示 y 轴方向应变分量 $\left(\varepsilon_y, \dfrac{\gamma_{xy}}{2}\right)$，其切应变分量的一半 $\left(\dfrac{\gamma_{xy}}{2}\right)$ 在 ε 轴的上面量取；当切应变为负时，则相反。参见习题 8.4-8。

*8.4-8 设 xy 平面应力状态的应变分量为 $\varepsilon_x > \varepsilon_y > 0$，$\gamma_{xy} > 0$，试用应变圆，推导主应变及其方向的表达式(8-10)及式(8-11)。

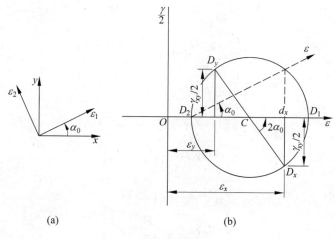

习题 8.4-8 图

解 （1）作应变圆

① 取 $\varepsilon - \dfrac{\gamma}{2}$ 轴（ε 轴以向右为正，$\dfrac{\gamma}{2}$ 不设正、负向），选比例尺。

② 以 $\left(\varepsilon_x, \dfrac{\gamma_{xy}}{2}\right)$ 定 D_x 点 $\left(\gamma_{xy} > 0, \dfrac{\gamma_{xy}}{2}\text{在 }\varepsilon\text{ 轴下面量取}\right)$，以 $\left(\varepsilon_y, \dfrac{\gamma_{xy}}{2}\right)$ 定 D_y 点 $\left(\dfrac{\gamma_{xy}}{2}\text{在 }\varepsilon\text{ 轴上面量取}\right)$。

③ 连接点 D_x、D_y，交 ε 轴于点 C。以点 C 为圆心，$\overline{CD_x}$ 为半径作圆，即得应变圆如图(b)。

（2）主应变

由应变圆的几何关系，得主应变的方向及数值分别为

$$\tan 2\alpha_0 = \frac{\overline{D_x d_x}}{\overline{C d_x}} = \frac{\dfrac{\gamma_{xy}}{2}}{\dfrac{\varepsilon_x - \varepsilon_y}{2}} = \frac{\gamma_{xy}}{\varepsilon_x - \varepsilon_y}$$

$$\begin{aligned}\varepsilon_1 \\ \varepsilon_2\end{aligned} = \overline{OC} \pm \overline{CD_1} = \overline{OC} \pm \overline{CD_x} = \overline{OC} \pm \sqrt{\overline{Cd_x}^2 + \overline{d_x D_x}^2}$$

$$= \frac{\varepsilon_x + \varepsilon_y}{2} \pm \sqrt{\left(\frac{\varepsilon_x - \varepsilon_y}{2}\right)^2 + \left(\frac{\gamma_{xy}}{2}\right)^2}$$

即为式(8-10)及式(8-11)。

8.5-1 对于各向同性材料,试推导由应变分量表示应力分量的广义胡克定律。

解 由广义胡克定律式(8-16),将其第一式改写为

$$\varepsilon_x = \frac{1}{E}\left[\sigma_x - \nu(\sigma_y + \sigma_z)\right] = \frac{1}{E}\left[(1+\nu)\sigma_x - \nu(\sigma_x + \sigma_y + \sigma_z)\right]$$

而由体积应变式(8-19)

$$\theta = \varepsilon_x + \varepsilon_y + \varepsilon_z = \frac{1-2\nu}{E}(\sigma_x + \sigma_y + \sigma_z)$$

代入上式,得

$$\varepsilon_x = \frac{1+\nu}{E}\sigma_x - \frac{\nu}{1-2\nu}(\varepsilon_x + \varepsilon_y + \varepsilon_z)$$

于是,可得

$$\sigma_x = \frac{E}{1+\nu}\left[\varepsilon_x + \frac{\nu}{1-2\nu}(\varepsilon_x + \varepsilon_y + \varepsilon_z)\right]\Bigg\}$$

同理可得

$$\sigma_y = \frac{E}{1+\nu}\left[\varepsilon_y + \frac{\nu}{1-2\nu}(\varepsilon_x + \varepsilon_y + \varepsilon_z)\right]$$

$$\sigma_z = \frac{E}{1+\nu}\left[\varepsilon_z + \frac{\nu}{1-2\nu}(\varepsilon_x + \varepsilon_y + \varepsilon_z)\right]$$

而

$$\tau_{xy} = G\gamma_{xy} = \frac{E}{2(1+\nu)}\gamma_{xy}\Bigg\}$$

$$\tau_{yz} = G\gamma_{yz} = \frac{E}{2(1+\nu)}\gamma_{yz}$$

$$\tau_{zx} = G\gamma_{zx} = \frac{E}{2(1+\nu)}\gamma_{zx}$$

上式即为用应变分量表示应力分量的广义胡克定律。

讨论:

在应用广义胡克定律时,应力分量的正、负号应按"正面正向、负面负向为正"的规定来确定。这时,正应力的正、负号与以前的规定一致,而切应力的正、负号与以前的规定有所不同;切应力互等定理为 $\tau_{xy} = \tau_{yx}$。采用新的正、负号规定,切应力与切应变的正、负号就协调一致了。

8.5-2 一直径为 $d = 20\text{mm}$ 的钢质圆轴,承受扭转外力偶矩 M_e,如图(a)所示。现由应变仪测得圆轴表面上与母线成 $45°$ 方向的线应变为 $\varepsilon = 5.2 \times 10^{-4}$,设钢的弹性模量 $E = 210\text{GPa}$、泊松比 $\nu = 0.3$,试求圆轴所承受的扭转外力偶矩 M_e。

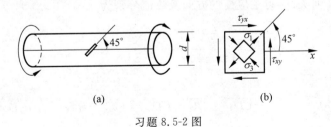

(a)   (b)

习题 8.5-2 图

解 (1) 圆轴表面任一点处应力状态

圆轴表面任一点处的应力状态为纯剪切应力状态(图(b)),其切应力为

$$\tau_{xy} = \frac{T}{W_p} = \frac{16M_e}{\pi d^3}$$

（2）圆轴的外力偶矩

由应力状态分析可知，纯剪切应力状态的主应力为（图(b)）

$$\sigma_1 = \tau_{xy}, \quad \sigma_2 = 0, \quad \sigma_3 = -\tau_{xy}$$

于是，由广义胡克定律，圆轴表示与母线成 45°方向的线应变为

$$\varepsilon_1 = \frac{1}{E}\left[\sigma_1 - \nu(\sigma_2 + \sigma_3)\right] = \frac{1+\nu}{E}\tau_{xy}$$

即

$$\varepsilon = \frac{1+\nu}{E} \cdot \frac{16M_e}{\pi d^3}$$

得圆轴所承受的外力偶矩为

$$\begin{aligned}
M_e &= \frac{\varepsilon E \pi d^3}{16(1+\nu)} \\
&= \frac{(5.2 \times 10^{-4}) \times (210 \times 10^9\,\text{Pa}) \times \pi \times (20 \times 10^{-3}\,\text{m})^3}{16 \times (1+0.3)} \\
&= 125.7\,\text{N} \cdot \text{m}
\end{aligned}$$

8.5-3 从钢构件内取出一单元体如图(a)所示。已知 $\sigma_x = 30\text{MPa}$，$\tau_{xy} = 15\text{MPa}$，钢材的弹性模量 $E = 210\text{GPa}$，泊松比 $\nu = 0.3$，试求其对角线 $\overline{AC}$ 的长度改变 Δl_{AC}，以及 $\angle CAD$ 的角度改变 $\Delta\angle CAD$。

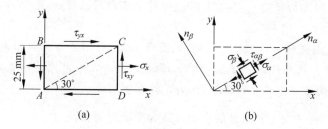

习题 8.5-3 图

解 （1）对角线方向的应力状态

沿对角线 $\overline{AC}$ 方向取单元体（图(b)），其应力分量为

$$\begin{aligned}
\sigma_\alpha &= \frac{\sigma_x + \sigma_y}{2} + \frac{\sigma_x - \sigma_y}{2}\cos 2\alpha - \tau_{xy}\sin 2\alpha \\
&= \frac{30 \times 10^6\,\text{Pa}}{2} + \frac{30 \times 10^6\,\text{Pa}}{2}\cos(2 \times 30°) - (-15 \times 10^6\,\text{Pa})\sin(2 \times 30°) \\
&= 35.5 \times 10^6\,\text{Pa} \\
\sigma_\beta &= \frac{30 \times 10^6\,\text{Pa}}{2} + \frac{30 \times 10^6\,\text{Pa}}{2}\cos(2 \times 120°) - (-15 \times 10^6\,\text{Pa})\sin(2 \times 120°) \\
&= -5.5 \times 10^6\,\text{Pa} \\
\tau_{\alpha\beta} &= \frac{\sigma_x - \sigma_y}{2}\sin 2\alpha + \tau_{xy}\cos 2\alpha \\
&= 5.49 \times 10^6\,\text{Pa}
\end{aligned}$$

（2）对角线$\overline{AC}$的长度改变

由广义胡克定律，得

$$\varepsilon_a = \frac{1}{E}(\sigma_a - \nu\sigma_\beta)$$

$$= \frac{1}{210 \times 10^9 \text{Pa}} \times (35.5 \times 10^6 \text{Pa} + 0.3 \times 5.5 \times 10^6 \text{Pa})$$

$$= 177 \times 10^{-6}$$

所以，对角线$\overline{AC}$的长度改变为

$$\Delta l_{AC} = l_{AC} \cdot \varepsilon_a = \frac{25 \times 10^{-3} \text{m}}{\sin30°} \times 177 \times 10^{-6}$$

$$= 8.85 \times 10^{-6} \text{m} = 8.85 \times 10^{-3} \text{mm} \quad (\text{伸长})$$

（3）$\angle CAD$ 的角度改变

由广义胡克定律，得$\angle CAD$ 的改变为

$$\Delta\angle CAD = \frac{\gamma_{xy}}{3} = \frac{\tau_{xy}}{3G} = \frac{2(1+\nu)}{3E}\tau_{xy}$$

$$= \frac{2 \times (1+0.3)}{3 \times (210 \times 10^9 \text{Pa})} \times (15 \times 10^6 \text{Pa})$$

$$= 61.9 \times 10^{-6} \text{rad} = 3.55 \times 10^{-3} (°) \quad (\text{减小})$$

讨论：

（1）在α-β方向上切应力$\tau_{\alpha\beta}$不等于零。但对于各向同性材料，$\tau_{\alpha\beta}$的存在并不引起n_α、n_β方向的线应变ε_a和ε_β。

（2）在应力状态分析中，切应力τ_{xy}的正、负号规定，以切应力对截面内侧一点产生顺时针方向力矩者为正。故在计算ε_a、ε_β、$\tau_{\alpha\beta}$时，τ_{xy}取负号；而在应用广义胡克定律时，切应力以正面正向、负面负向为正。故在计算γ_{xy}时，τ_{xy}取正号。

8.5-4 受力构件表面上某点处的应力状态为平面应力状态，且$\sigma_1 > \sigma_2 > 0$，如图所示。已知主应力σ_1的平面与x面的夹角$\alpha_0 = 30°$，$\sigma_1 - \sigma_2 = 100\text{MPa}$，$\sigma_x = 120\text{MPa}$，材料的弹性模量$E = 210\text{MPa}$，泊松比$\nu = 0.3$，试求该点处的主应力和主应变。

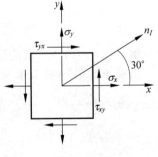

解 （1）xy平面应力分量

由主应力计算式(8-10)、式(8-11)，得

$$\tan2\alpha_0 = \tan(2 \times 30°) = 1.732 = -\frac{2\tau_{xy}}{\sigma_x - \sigma_y}$$

$$\sigma_1 - \sigma_2 = \sqrt{(\sigma_x - \sigma_y)^2 + 4\tau_{xy}^2} = 100\text{MPa}$$

$$\sigma_x = 120\text{MPa}$$

习题 8.5-4 图

解得 $\sigma_y = 70\text{MPa}, \quad \tau_{xy} = -43.3\text{MPa}$

σ_x、σ_y、τ_{xy}的指向如图所示。

（2）主应力

由 $\begin{cases} \sigma_1 - \sigma_2 = 100\text{MPa} \\ \sigma_1 + \sigma_2 = \sigma_x + \sigma_y = 190\text{MPa} \end{cases}$

解得 $\qquad \sigma_1 = 145\mathrm{MPa}, \quad \sigma_2 = 45\mathrm{MPa}, \quad \sigma_3 = 0$

（3）主应变

由广义胡克定律，得

$$\varepsilon_1 = \frac{1}{E}[\sigma_1 - \nu(\sigma_2 + \sigma_3)] = 62.6 \times 10^{-5}$$

$$\varepsilon_2 = \frac{1}{E}[\sigma_2 - \nu(\sigma_3 + \sigma_1)] = 0.714 \times 10^{-5}$$

$$\varepsilon_3 = \frac{1}{E}[\sigma_3 - \nu(\sigma_1 + \sigma_2)] = -27.1 \times 10^{-5}$$

主应变方向与主应力方向相对应。

讨论：

本题先求出主应力，然后，由广义胡克定律，求得其主应变。显然，也可由应力分量 σ_x、σ_y、τ_{xy} 先求其应变分量 ε_x、ε_y、γ_{xy}；由应变分量 ε_x、ε_y、γ_{xy} 求出主应变 ε_1、ε_2；然后，再应用广义胡克定律（参见习题 8.5-1），求该点处的主应力 σ_1、σ_2。

8.5-5 试分别推导由直角应变花的应变分量（$\varepsilon_{0°}$、$\varepsilon_{45°}$、$\varepsilon_{90°}$）和等角应变花的应变分量（$\varepsilon_{0°}$、$\varepsilon_{60°}$、$\varepsilon_{120°}$）表达的主应力数值及其方向的计算式。

解　（1）直角应变花

主应力方向　对于各向同性材料，主应力方向与主应变方向相同，故由式（8-12），得

$$\tan 2\alpha_0 = \frac{2\varepsilon_{45°} - \varepsilon_{0°} - \varepsilon_{90°}}{\varepsilon_{0°} - \varepsilon_{90°}}$$

主应力数值　对于平面应力状态，若 $\sigma_3 = 0$，则由空间主应力状态下的广义胡克定律表达式（8-17），可得

$$\sigma_1 = \frac{E}{1-\nu^2}(\varepsilon_1 + \nu\varepsilon_2)$$

然后，代入由应变花表达的主应变式（8-13），即得

$$\sigma_1 = \frac{E}{2(1-\nu)}(\varepsilon_{0°} + \varepsilon_{90°}) + \frac{\sqrt{2}E}{2(1+\nu)}\sqrt{(\varepsilon_{0°} - \varepsilon_{45°})^2 + (\varepsilon_{45°} - \varepsilon_{90°})^2}$$

$$\sigma_2 = \frac{E}{2(1-\nu)}(\varepsilon_{0°} + \varepsilon_{90°}) - \frac{\sqrt{2}E}{2(1+\nu)}\sqrt{(\varepsilon_{0°} - \varepsilon_{45°})^2 + (\varepsilon_{45°} - \varepsilon_{90°})^2}$$

（2）等角应变花

主应力方向　由式（8-14），得

$$\tan 2\alpha_0 = \frac{\sqrt{3}(\varepsilon_{60°} - \varepsilon_{120°})}{2\varepsilon_{0°} - \varepsilon_{60°} - \varepsilon_{120°}}$$

主应力数值　按类似的推导过程，并 $\sigma_3 = 0$，可得

$$\begin{matrix}\sigma_1\\\sigma_2\end{matrix} = \frac{E}{3(1-\nu)}(\varepsilon_{0°} + \varepsilon_{60°} + \varepsilon_{120°}) \pm$$

$$\frac{\sqrt{2}E}{3(1+\nu)}\sqrt{(\varepsilon_{0°} - \varepsilon_{60°})^2 + (\varepsilon_{60°} - \varepsilon_{120°})^2 + (\varepsilon_{120°} - \varepsilon_{0°})^2}$$

8.5-6 试证明各向同性材料的泊松比 ν，其数值必定在 $0 < \nu < 0.5$ 的范围内。

解　由各向同性材料的体积应变

$$\theta = \frac{1-2\nu}{E}(\sigma_x + \sigma_y + \sigma_z) = \frac{1-2\nu}{E}(\sigma_1 + \sigma_2 + \sigma_3)$$

若在三向受拉的情况下($\sigma_x > 0, \sigma_y > 0, \sigma_z > 0$),则物体的体积不可能缩小,而总是增大($\theta > 0$),因此,在弹性模量 E 为正值的条件下,有

$$1 - 2\nu > 0$$
$$\nu < 0.5$$

若 $\theta = 0$,则 $\nu = 0.5$,物体为不可变形体。

在轴向拉伸时,由实验得知拉杆的纵向伸长、横向缩短,即

$$\varepsilon_y = \varepsilon_z = -\nu\varepsilon_x$$

所以, $$\nu > 0$$

因而,各向同性材料泊松比 ν 的范围为

$$0 < \nu < 0.5$$

8.5-7 一长度为 $l = 3\mathrm{m}$、内径 $d = 1\mathrm{m}$、壁厚 $\delta = 10\mathrm{mm}$ 的圆柱形薄壁压力容器,承受内压 $p = 1.5\mathrm{MPa}$,如图(a)所示。设容器材料为钢材,弹性模量 $E = 210\mathrm{GPa}$,泊松比 $\nu = 0.3$,不计容器两端的局部效应,试求:

(1) 容器内径、壁厚、长度及容积的改变。

(2) 器壁的最大切应力及其作用面。

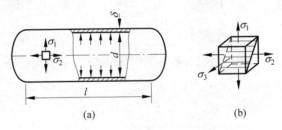

习题 8.5-7 图

解 (1) 容器内径、壁厚、长度及容积的改变

薄壁压力容器壁任一点处的应力状态为平面应力状态(图(b)),其应力分量为

环向应力 $$\sigma_1 = \frac{pd}{2\delta} = \frac{(1.5 \times 10^6 \,\mathrm{Pa}) \times 1\mathrm{m}}{2 \times (1 \times 10^{-2}\mathrm{m})} = 75 \times 10^6 \,\mathrm{Pa}$$

轴向应力 $$\sigma_2 = \frac{pd}{4\delta} = 37.5 \times 10^6 \,\mathrm{Pa}$$

径向应力 $$(\sigma_3)_{\max} = -p \approx 0$$

内径增大为

$$\Delta d = d \cdot \varepsilon_\mathrm{d} = d \cdot \varepsilon_{\pi d} = d \cdot \varepsilon_1 = d \cdot \frac{1}{E}(\sigma_1 - \nu\sigma_2)$$

$$= \frac{1\mathrm{m}}{210 \times 10^9 \,\mathrm{Pa}} \times (75 \times 10^6 \,\mathrm{Pa} - 0.3 \times 37.5 \times 10^6 \,\mathrm{Pa})$$

$$= 0.304 \times 10^{-3}\mathrm{m} = 0.304\mathrm{mm}$$

壁厚减小为

$$\Delta\delta = \delta \cdot \varepsilon_3 = \frac{\delta}{E}(-\nu)(\sigma_1 + \sigma_2) = -1.61 \times 10^{-3}\,\text{mm}$$

长度增大为

$$\Delta l = l \cdot \varepsilon_2 = \frac{l}{E}(\sigma_2 - \nu\sigma_1) = 0.214\,\text{mm}$$

容积增大为

$$\Delta V = V' - V = \frac{\pi[d(1+\varepsilon_1)]^2}{4} \times l(1+\varepsilon_2) - \frac{\pi d^2}{4} \times l$$

$$= \frac{\pi d^2 l}{4}[(1+\varepsilon_1)^2(1+\varepsilon_2) - 1] \approx \frac{\pi d^2 l}{4}(2\varepsilon_1 + \varepsilon_2)$$

$$= \frac{\pi d^2 l}{E}[(2-\nu)\sigma_1 + (1-2\nu)\sigma_2]$$

$$= 1.60 \times 10^{-3}\,\text{m}^3$$

（2）最大切应力

容器壁任一点的最大切应力为

$$\tau_{\max} = \frac{\sigma_1 - \sigma_3}{2} = 37.5\,\text{MPa}$$

最大切应力作用面垂直于横截面（σ_2 主平面），并与径向截面（σ_1 主平面）和容器表面（σ_3 主平面）互成 45°（图(b)）。

讨论：

若薄壁圆筒的两端为与圆筒内径 d、壁厚 δ 相同的薄壁半圆球。已知薄壁圆球球壁任一点处的应力状态为平面应力状态（参见习题 8.1-5），且有

$$\sigma_1 = \sigma_2 = \frac{pd}{4\delta}, \quad \sigma_3 \approx 0$$

则承受内压后，圆筒与圆球的直径变化不同，两者之比为

$$\frac{\Delta d'}{\Delta d''} = \frac{\varepsilon_1'}{\varepsilon_1''} = \frac{\sigma_1' - \nu\sigma_2'}{\sigma_1'' - \nu\sigma_2''} = \frac{2-\nu}{1-\nu}$$

为使圆筒与圆球部分的直径变化相同，则圆筒部分的壁厚 δ' 与圆球部分的壁厚 δ'' 也应满足如下关系（参见习题 9.2-7）：

$$\frac{\delta'}{\delta''} = \frac{2-\nu}{1-\nu}$$

8.5-8 直径为 $d = 40\,\text{mm}$ 的铝圆柱体，放在厚度为 $\delta = 2\,\text{mm}$、内径同为 d 的钢套筒内。设两者之间无间隙，也无初应力，如图(a)所示。铝的 $E_1 = 70\,\text{GPa}$，$\nu_1 = 0.35$；钢的 $E_2 = 210\,\text{GPa}$，$\nu_2 = 0.30$。当圆柱体承受轴向压力 $F = 40\,\text{kN}$ 时，试求铝圆柱体和钢套筒内任一点处的应力状态。

解 （1）铝圆柱体和钢套筒内任一点处应力状态

假设不计铝圆柱体与钢套筒间的摩擦，则其应力状态分别如图(b)和图(c)所示。

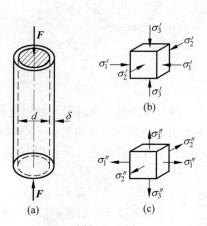

习题 8.5-8 图

铝圆柱体　轴向应力　$\sigma_3' = \dfrac{F_N}{A} = -\dfrac{4F}{\pi d^2} = -\dfrac{4 \times (40 \times 10^3 \,\text{N})}{\pi (4 \times 10^{-2}\,\text{m})^2} = -\dfrac{100}{\pi} \times 10^6 \,\text{Pa}$

环向、径向应力　$\sigma_1' = \sigma_2' = -p$

钢套筒　环向应力　$\sigma_1'' = \dfrac{pd}{2\delta} = \dfrac{p(4 \times 10^{-2}\,\text{m})}{2 \times (2 \times 10^{-3}\,\text{m})} = 10p$

径向应力　$\sigma_2'' \approx 0$

轴向应力　$\sigma_3'' = 0$

（2）铝圆柱体与钢套筒间的压力

由变形几何相容条件　$\varepsilon_d' = \varepsilon_d''$，代入广义胡克定律，得

$$\frac{1}{E_1}[\sigma_1' - \nu_1(\sigma_2' + \sigma_3')] = \frac{\sigma_1''}{E_2}$$

$$\frac{1}{70 \times 10^9 \,\text{Pa}}\left[-p + 0.35\left(p + \frac{100}{\pi} \times 10^6 \,\text{Pa}\right)\right] = \frac{10p}{210 \times 10^9 \,\text{Pa}}$$

$$p = 2.8 \times 10^6 \,\text{Pa} = 2.8 \,\text{MPa}$$

即得铝圆柱体和钢套筒内一点处的应力为

$$\sigma_1' = -31.8 \,\text{MPa}, \quad \sigma_2' = \sigma_3' = -2.8 \,\text{MPa}$$

$$\sigma_1'' = 28 \,\text{MPa}, \qquad \sigma_2'' = \sigma_3'' = 0$$

*8.5-9　一内径 $d_c = 60\,\text{mm}$、外径 $D_c = 64\,\text{mm}$、两端封闭的铜质圆筒，用直径 $d_s = 0.8\,\text{mm}$ 的钢丝缠绕在圆筒表面，如图（a）所示。已知铜的 $E_c = 120\,\text{GPa}$，$\nu_c = 0.30$；钢的 $E_s = 200\,\text{GPa}$。若在铜圆筒产生环向拉应力前，能承受内压 $p = 1.5\,\text{MPa}$，试求缠绕在圆筒表面上的钢丝内应有的预拉应力。

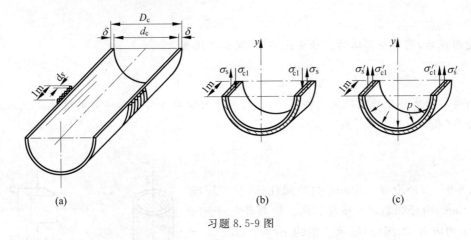

习题 8.5-9 图

解　设由缠绕钢丝引起的钢丝预拉应力和铜圆筒环向压应力分别为 σ_s 和 σ_{c1}；而由内压 p 引起的钢丝拉应力为 σ_s'、铜圆筒的环向拉应力和轴向拉应力分别为 σ_{c1}' 和 σ_{c2}'。

由于缠绕圆筒在内压作用下，其环向应力为零，故有

$$\sigma_{c1} = \sigma_{c1}'$$

即圆筒由缠绕钢丝引起的环向压应力，在数值上等于由内压引起的环向拉应力。

（1）由缠绕钢丝引起的应力分析

考察单位长度的绕丝圆筒。在单位长度上钢丝缠绕的圈数为（图（b））

$$n = \frac{1\text{m}}{d_s}$$

故径向截面上钢丝的总面积为

$$A_s = 2n\frac{\pi d_s^2}{4} = \frac{\pi d_s}{2} = \frac{\pi(0.8 \times 10^{-3}\text{m}) \times 1\text{m}}{2}$$

$$= 1.26 \times 10^{-3}\text{m}^2$$

由平衡条件

$$\sum F_y = 0, \qquad \sigma_s A_s - \sigma_{c1}(2\delta \times 1\text{m}) = 0$$

$$\sigma_s A_s = \sigma_{c1}(D_c - d_c) \times 1\text{m}$$

$$\sigma_s(1.26 \times 10^{-3}\text{m}^2) = \sigma_{c1}(64 \times 10^{-3}\text{m} - 60 \times 10^{-3}\text{m}) \times 1\text{m}$$

$$\sigma_{c1} = 0.315\sigma_s$$

（2）由内压引起的应力分析

由平衡条件（图(c)）

$$\sum F_y = 0, \qquad \sigma_s' A_s + \sigma_{c1}'(D_c - d_c) \times 1\text{m} - pd_c \times 1\text{m} = 0$$

由于 $\qquad \sigma_{c1}' = \sigma_{c1} = 0.315\sigma_s$

所以, $\qquad \sigma_s + \sigma_s' = 71.4 \times 10^6\text{Pa}$

由内压引起的钢丝应变改变等于铜圆筒环向应变改变的变形几何相容条件,并代入物理关系,得

$$\frac{\sigma_s'}{E_s} - \frac{\sigma_s}{E_s} = \frac{1}{E_c}(\sigma_{c1}' - \nu_c\sigma_{c2}') - \frac{\sigma_{c1}}{E_c}$$

由于 $\qquad \sigma_{c1} = \sigma_{c1}'$

$$\sigma_{c2}' = \frac{pd_c}{4\delta} = \frac{pd_c}{2(D_c - d_c)}$$

$$= \frac{(1.5 \times 10^6\text{Pa}) \times (60 \times 10^{-3}\text{m})}{2 \times (64 \times 10^{-3}\text{m} - 60 \times 10^{-3}\text{m})} = 11.25 \times 10^6\text{Pa}$$

于是,得

$$\sigma_s' - \sigma_s = -\frac{E_s}{E_c}\nu_c\sigma_{c2}' = -\frac{200 \times 10^9\text{Pa}}{120 \times 10^9\text{Pa}} \times 0.3 \times (11.25 \times 10^6\text{Pa})$$

$$= -5.625 \times 10^6\text{Pa}$$

与$(\sigma_s + \sigma_s')$式联立,即可解得缠绕钢丝的预拉应力为

$$\sigma_s = 38.5\text{MPa}$$

讨论:

工程中,对于承受内压力的薄壁压力容器,通常用高强度钢丝缠绕在容器的表面,使钢丝产生预拉应力,而容器产生预压应力,从而提高容器承受内压的能力。土建工程中的预应力钢筋混凝土梁等也利用相同的原理,以防止或减轻混凝土的开裂。

8.5-10 已知单元体的应力分量如图(a)所示,设材料为钢,其弹性模量 $E = 200\text{GPa}$,泊松比 $\nu = 0.3$,试求单元体的应变能密度,以及体积改变能密度和形状改变能密度。

解 （1）单元体的主应力

已知 x 面为主平面,由应力圆(图(b)),可得 yz 平面的主应力 σ_1、σ_3 为

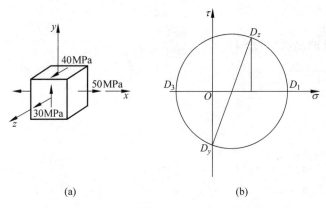

习题 8.5-10 图

$$\begin{aligned}\sigma_1\\\sigma_3\end{aligned} = \frac{\sigma_z}{2} \pm \sqrt{\left(\frac{\sigma_z}{2}\right)^2 + \tau_{zy}^2} = \begin{aligned}57.7\text{MPa}\\-27.7\text{MPa}\end{aligned}$$

$$\sigma_2 = 50\text{MPa}$$

（2）应变能密度及其分量

由式(8-20)，得应变能密度为

$$v_\varepsilon = \frac{1}{2E}[\sigma_1^2 + \sigma_2^2 + \sigma_3^2 - 2\nu(\sigma_1\sigma_2 + \sigma_2\sigma_3 + \sigma_3\sigma_1)]$$

$$= 16.64 \times 10^3 \text{N} \cdot \text{m/m}^3$$

由式(8-21)式(8-22)分别得

体积改变能密度　　　$v_V = \frac{1-2\nu}{6E}(\sigma_1 + \sigma_2 + \sigma_3)^2$

$$= 2.13 \times 10^3 \text{N} \cdot \text{m/m}^3$$

形状改变能密度　　　$v_d = \frac{1+\nu}{6E}[(\sigma_1 - \sigma_2)^2 + (\sigma_2 - \sigma_3)^2 + (\sigma_3 - \sigma_1)^2]$

$$= 14.51 \times 10^3 \text{N} \cdot \text{m/m}^3$$

讨论：

体积改变能密度和形状改变能密度为应变能密度的分量，因而，有

$$v_\varepsilon = v_V + v_d$$

由本题的计算结果也可验证其正确性。

8.5-11　平面纯剪切应力状态如图(a)所示，试证明切应力不引起体积改变，只产生形状改变。并计算其形状改变能密度。

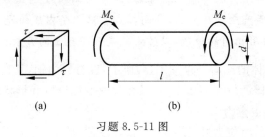

(a)　　　　　　　　(b)

习题 8.5-11 图

解 (1) 证明切应力不引起体积改变

平面纯剪切应力状态(图(a))的主应力为

$$\sigma_1 = \tau, \quad \sigma_2 = 0, \quad \sigma_3 = -\tau$$

由体积应变计算式(8-19),得

$$\theta = \frac{1-2\nu}{E}(\sigma_1 + \sigma_2 + \sigma_3) = \frac{1-2\nu}{E}(\tau + 0 - \tau) = 0$$

可见,单元体无体积应变,即证。

(2) 形状改变能密度

由式(8-22),得

$$v_d = \frac{1+\nu}{6E}\left[(\sigma_1 - \sigma_2)^2 + (\sigma_2 - \sigma_3)^2 + (\sigma_3 - \sigma_1)^2\right]$$

$$= \frac{1+\nu}{6E}\left[\tau^2 + \tau^2 + (-2\tau)^2\right] = \frac{1+\nu}{E}\tau^2$$

讨论:

由本题结果可见,等直圆杆承受扭转外力偶矩(图(b))时,圆杆将只有形状改变(扭转变形),而无体积改变。

在等直圆杆扭转时,杆内距圆心为 ρ 的任一点为平面纯剪切应力状态(图(a)),且

$$\tau = \frac{M_e}{I_p} \cdot \rho$$

由形状改变能密度 v_d 对圆杆体积的积分,得

$$\int_V v_d \mathrm{d}V = \int_l \int_A v_d \mathrm{d}A\mathrm{d}x = \int_l \int_A \frac{1+\nu}{E}\tau^2 \mathrm{d}A\mathrm{d}x$$

$$= \frac{1+\nu}{E} \cdot l \int_A \left(\frac{M_e}{I_p}\rho\right)^2 \mathrm{d}A$$

$$= \frac{1+\nu}{E} \cdot l \left(\frac{M_e}{I_p}\right)^2 \int_A \rho^2 \mathrm{d}A$$

$$= \frac{1+\nu}{E} \cdot \frac{M_e^2 l}{I_p}$$

注意到 $G = \dfrac{E}{2(1+\nu)}$,即得

$$\int_V v_d \mathrm{d}V = \frac{M_e^2 l}{2GI_p} = V_\varepsilon$$

即形状改变能密度对圆杆体积的积分等于等直圆杆扭转时的应变能,也即等直圆杆扭转时不存在体积改变。

*8.5-12 两等直杆的横截面面积分别为 A_1 和 A_2,材料的弹性模量分别为 E_1 和 E_2,长度均为 l。装配时,发现两杆之间有微小空隙 Δ,如图(a)所示。为使两杆装配在一起,在杆 1 上施加力 F,使杆 1 伸长与杆 2 接触,并将两杆焊接牢固。然后缓慢地卸除力 F,最后处于平衡状态。试求:

(1) 两杆内的总应变能。

(2) 证明外力所做的功等于两杆内的应变能。

解 (1) 两杆内的应变能

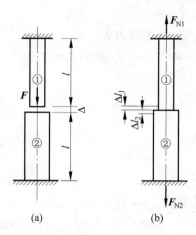

(a)   (b)

习题 8.5-12 图

    装配后,两杆将受拉(图(b)),由平衡条件

$$\sum F_y = 0, \qquad\qquad F_{N1} = F_{N2} = F_N$$

    由变形几何相容条件 $\Delta l_1 + \Delta l_2 = \Delta$,并代入胡克定律,得补充方程

$$\frac{F_{N1} l}{E_1 A_1} + \frac{F_{N2} l}{E_2 A_2} = \Delta$$

于是,得两杆的轴力为

$$F_{N1} = F_{N2} = F_N = \frac{E_1 A_1 \cdot E_2 A_2}{E_1 A_1 + E_2 A_2} \cdot \frac{\Delta}{l}$$

则两杆的应变能为

$$V_\varepsilon = V_{\varepsilon 1} + V_{\varepsilon 2} = \frac{F_N^2 l}{2E_1 A_1} + \frac{F_N^2 l}{2E_2 A_2}$$

$$= \frac{\Delta^2}{2l} \cdot \frac{E_1 A_1 \cdot E_2 A_2}{E_1 A_1 + E_2 A_2}$$

    (2) 外力所做的功

    外力 F 在加载和卸载的整个过程中,均视为静载荷。因而,外力 F 在整个过程中所作的功为

$$W = \frac{1}{2} F\Delta - \frac{1}{2} F \cdot \Delta l_2 = \frac{1}{2} F \cdot \Delta l_1$$

$$= \frac{1}{2} \left(\frac{\Delta E_1 A_1}{l} \right) \left(\frac{F_{N1} l}{E_1 A_1} \right) = \frac{1}{2} F_N \cdot \Delta$$

$$= \frac{1}{2} \left(\frac{\Delta}{l} \cdot \frac{E_1 A_1 \cdot E_2 A_2}{E_1 A_1 + E_2 A_2} \right) \cdot \Delta$$

$$= V_\varepsilon \qquad\qquad\qquad\qquad 即证$$

第9章

强 度 理 论

【内容提要】

9.1　强度理论的概念

1. 材料失效的基本型式

材料的失效型式不仅与材料本身的材质有关,而且与材料所处的应力状态、加载速率及温度环境等因素有关。材料在常温、静载荷条件下的基本失效型式有以下两种:

脆性断裂　材料在无明显的变形下突然断裂,从而丧失其工作能力。如铸铁在轴向拉伸时的断裂破坏。

塑性屈服　材料产生显著的塑性变形,而导致其丧失正常的工作能力。如低碳钢在轴向拉伸时,由于屈服而出现显著的塑性变形,从而导致材料的失效。

2. 强度理论

强度理论是从宏观角度,对导致材料发生某一型式失效的因素所作的假设。根据强度理论,可利用简单应力状态下的实验结果,来建立材料在复杂应力状态下的强度条件。

9.2　四个常用的强度理论

1. 最大拉应力理论(第一强度理论)

基本假设　材料发生脆性断裂的主要因素,为受力构件内一点处的最大拉应力达到材料的极限应力。

强度条件

$$\sigma_1 \leqslant [\sigma] \tag{9-1}$$

实验验证　主要适用于脆性材料以拉伸(单轴或双轴)为主的情况,且偏于安全。

2. 最大伸长线应变理论（第二强度理论）

基本假设　材料发生脆性断裂的主要因素，为受力构件内一点处的最大伸长线应变达到材料的极限值。

强度条件

$$\sigma_1 - \nu(\sigma_2 + \sigma_3) \leqslant [\sigma] \tag{9-2}$$

实验验证　主要适用于脆性材料以压缩（单轴或双轴）为主的情况。

3. 最大切应力理论（第三强度理论）

基本假设　材料发生塑性屈服的主要因素，为受力构件内一点处的最大切应力达到了材料屈服时的极限值。

强度条件

$$\sigma_1 - \sigma_3 \leqslant [\sigma] \tag{9-3}$$

实验验证　主要适用于塑性材料在单轴或平面应力状态下的情况，且偏于安全。

4. 形状改变能密度理论（第四强度理论）

基本假设　材料发生塑性屈服的主要因素，为受力构件内一点处的形状改变能密度达到了材料屈服时的极限值。

强度条件

$$\sqrt{\frac{1}{2}\left[(\sigma_1 - \sigma_2)^2 + (\sigma_2 - \sigma_3)^2 + (\sigma_3 - \sigma_1)^2\right]} \leqslant [\sigma] \tag{9-4}$$

实验验证　主要适用于塑性材料在单轴或平面应力状态下的情况，较最大切应力理论更符合实验结果。

9.3　莫尔强度理论　强度理论的应用

1. 莫尔强度理论

基本思路　材料的破坏（脆性断裂或塑性屈服）取决于受力构件内一点处由主应力 σ_1 和 σ_3 所构成的极限应力状态。因此，莫尔强度理论并不单纯地假设导致材料失效的因素，而是以各种应力状态的破坏试验为依据，建立带有一定经验性的强度理论。

强度条件

$$\sigma_1 - \frac{[\sigma_t]}{[\sigma_c]}\sigma_3 \leqslant [\sigma] \tag{9-5}$$

实验验证　主要适用于受力构件内一点处应力状态中最大和最小主应力分别为拉应力和压应力的情况。

若材料的许用拉应力和许用压应力相等，则其强度条件式(9-5)与最大切应力理论的强度条件式(9-3)相同；若许用拉应力与许用压应力之比等于材料的泊松比，对于主应力 $\sigma_2 = 0$ 的平面应力状态，则其强度条件式(9-5)与最大伸长线应变理论的强度条件式(9-2)相同。

2. 强度理论的应用

强度条件的统一形式　不同强度理论的强度条件，可写成如下的统一形式：

$$\sigma_r \leqslant [\sigma] \tag{9-6}$$

式中, σ_r 为根据不同强度理论所得的受力构件危险点处三个主应力的组合,称为相当应力。即

第一强度理论 $\qquad \sigma_{r1} = \sigma_1$

第二强度理论 $\qquad \sigma_{r2} = \sigma_1 - \nu(\sigma_2 + \sigma_3)$

第三强度理论 $\qquad \sigma_{r3} = \sigma_1 - \sigma_3$

第四强度理论 $\qquad \sigma_{r4} = \sqrt{\dfrac{1}{2}\left[(\sigma_1 - \sigma_2)^2 + (\sigma_2 - \sigma_3)^2 + (\sigma_3 - \sigma_1)^2\right]}$

莫尔强度理论 $\qquad \sigma_{rM} = \sigma_1 - \dfrac{[\sigma_t]}{[\sigma_c]}\sigma_3$

强度理论的适用范围

(1) 上述各强度理论均仅适用于在常温、静载荷条件下,由匀质、连续、各向同性材料所制成的构件。

(2) 强度理论是对导致材料失效因素的假设,因此,应用强度理论,可利用单轴应力状态下的试验结果,来建立材料处于任何应力状态下的强度条件。

(3) 根据受力构件可能发生的失效型式,选用适当的强度理论,以建立其相应的强度条件。而材料的失效型式,即使在常温、静载荷条件下,也不仅与材料本身的材质有关,而且与其所处的应力状态有关。如塑性材料的低碳钢,在三轴拉伸的应力状态下将发生脆性断裂,应选用第一强度理论,但其许用应力则不能采用单轴拉伸时的许用拉应力;又如脆性材料的铸铁,在三轴压缩的应力状态下将发生塑性屈服,应选用第四强度理论,而其许用应力也不能采用脆性材料在单轴拉伸时的许用拉应力。

【习题解析】

9.1-1 水管在寒冬低温条件下,由于管内水结冰引起体积膨胀,而导致水管爆裂。由作用反作用定律可知,水管与冰块所受的压力相等,试问为什么冰不破裂,而水管发生爆裂。

答 水管在寒冬低温条件下,管内水由于结冰引起体积膨胀,水管承受内压而使管壁处于双轴拉伸的应力状态下,且在低温条件下材料的塑性指标降低(在液氢温度下将完全丧失塑性而转化为脆性),因而易于发生爆裂;而冰块处于三轴压缩的应力状态下,不易发生破裂。例如深海海底的石块,虽承受很大的静水压力,但在三轴均匀压缩应力状态,石块不发生破裂。

9.1-2 把经过冷却的钢质实心球体,放入沸腾的热油锅中,将引起钢球的爆裂,试分析其原因。

答 冷却的实心钢球放入沸腾的热油中,钢球的外部因骤热而迅速膨胀,其内芯受拉且处于三轴均匀拉伸的应力状态,因而发生脆性爆裂。

9.2-1 内径 $d = 100\text{mm}$、壁厚 $\delta = 10\text{mm}$、两端封闭的铸铁圆管,承受内压 $p = 5\text{MPa}$,轴向压力 $F = 100\text{kN}$ 和扭转外力偶矩 $M_e = 3\text{kN} \cdot \text{m}$ 的作用,如图(a)所示。设材料的许用拉应力 $[\sigma_t] = 40\text{MPa}$,泊松比 $\nu = 0.25$,试按第二强度理论校核其强度。

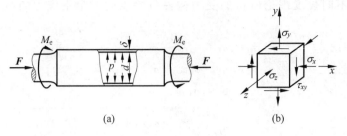

$$(a) \qquad\qquad\qquad (b)$$

习题 9.2-1 图

解 (1) 管壁危险点的应力状态

管壁危险点位于圆管的内表面处,其应力状态如图(b)所示,应力分量为

$$\sigma_x = -\frac{F}{A} + \frac{pd}{4\delta} = -19.33\text{MPa}$$

$$\sigma_y = \frac{pd}{2\delta} = 25\text{MPa}$$

$$\sigma_z = -p = -5\text{MPa}$$

$$\tau_{xy} = -\frac{M_e}{W_p} = \frac{-16 \times (3 \times 10^3 \text{N} \cdot \text{m})}{\pi(0.12\text{m})^3 \left[1 - \left(\frac{0.1\text{m}}{0.12\text{m}}\right)^4\right]}$$

$$= -17.1\text{MPa}$$

由 xy 平面的应力圆,可得危险点的主应力为

$$\sigma_1 = 30.8\text{MPa}, \quad \sigma_2 = -5\text{MPa}, \quad \sigma_3 = -25.2\text{MPa}$$

(2) 强度校核

按第二强度理论,得

$$\sigma_{r2} = \sigma_1 - \nu(\sigma_2 + \sigma_3) = 38.4\text{MPa} < [\sigma_t]$$

故圆管是安全的。

讨论:

在计算管壁的环向应力 σ_y 时,采用了薄壁圆筒的近似计算式。对于 $\delta = \dfrac{d}{10}$ 的圆管是有误差的,按厚壁圆管计算,环向应力沿壁厚是非均匀分布的,环向应力的最大值发生在管的内表面,其值为

$$\sigma_y = p \frac{(d/2 + \delta)^2 + (d/2)^2}{(d/2 + \delta)^2 - (d/2)^2}[1] = 27.7\text{MPa}$$

则危险点的主应力为

$$\sigma_1 = 33.3\text{MPa}, \quad \sigma_2 = -5\text{MPa}, \quad \sigma_3 = -24.9\text{MPa}$$

按第二强度理论,得

$$\sigma_{r2} = \sigma_1 - \nu(\sigma_2 + \sigma_3) = 40.7\text{MPa} > [\sigma_t]$$

但相当应力 σ_{r2} 超过许用拉应力 $[\sigma_t]$ 的值小于 5%,仍可视为是安全的。

9.2-2 平均直径为 D、壁厚为 $\delta(\delta \leqslant D/20)$,两端封闭的钢质薄壁圆筒,在承受内压时,

---

[1] 参见:王龙甫. 弹性理论[M].北京:科学出版社,1978,§ 8-3.

由于内压 p 过大而导致筒壁产生裂纹,其裂纹的形状及方向如图(a)所示。试分析形成裂纹的原因。

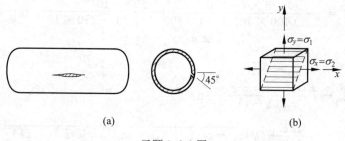

习题 9.2-2 图

解 (1)筒壁任一点的应力状态

承受内压的薄壁圆筒,其筒壁任一点的应力状态为双轴拉伸应力状态(图(b)),其主应力为

$$\sigma_1 = \sigma_y = \frac{pD}{2\delta}, \qquad \sigma_2 = \sigma_x = \frac{pD}{4\delta}, \qquad \sigma_3 = 0$$

(2)导致裂纹的原因

在图(b)所示应力状态下,筒壁上任一点处在垂直于横截面(x 面),并与径向截面(y 面)和切向截面(z 面)成 45°角的斜面上有最大切应力

$$\tau_{\max} = \frac{\sigma_1 - \sigma_3}{2} = \frac{pD}{4\delta}$$

当内压 p 足够大,而使最大切应力达到材料的剪切强度极限时,圆筒壁在某处的较弱部位就将沿最大切应力的作用面发生剪切破坏,从而形成图(a)所示的裂纹。

9.2-3 机床主轴在最不利的切削情况下,用等角应变花测得危险点的三个线应变值为

$$\varepsilon_{0°} = 400 \times 10^{-6}, \qquad \varepsilon_{60°} = -300 \times 10^{-6}, \qquad \varepsilon_{120°} = 250 \times 10^{-6}$$

主轴材料为钢材,其弹性模量 $E = 210\text{GPa}$,泊松比 $\nu = 0.3$,许用应力 $[\sigma] = 120\text{MPa}$,试按第四强度理论,校核主轴的强度。

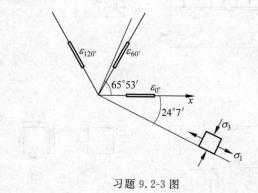

习题 9.2-3 图

解 (1)危险点的应力状态

主轴危险点为平面应力状态,由习题 8.5-5 导得的计算公式,可得危险点切向平面内的主应力方向和数值分别为

方向 $\tan 2\alpha_0 = \dfrac{\sqrt{3}(\varepsilon_{60°} - \varepsilon_{120°})}{2\varepsilon_{0°} - \varepsilon_{60°} - \varepsilon_{120°}}$

$$= \frac{\sqrt{3} \times (-300 \times 10^{-6} - 250 \times 10^{-6})}{2 \times (400 \times 10^{-6}) - (-300 \times 10^{-6}) - 250 \times 10^{-6}} = -1.12$$

所以, $\alpha_0 = -24°7',\quad 65°53'$

数值

$$\begin{matrix} \sigma_1 \\ \sigma_3 \end{matrix} = \frac{E(\varepsilon_{0°} + \varepsilon_{60°} + \varepsilon_{120°})}{3(1 - \nu)} \pm$$

$$\frac{\sqrt{2}E}{3(1 + \nu)} \sqrt{(\varepsilon_{0°} - \varepsilon_{60°})^2 + (\varepsilon_{60°} - \varepsilon_{120°})^2 + (\varepsilon_{120°} - \varepsilon_{0°})^2}$$

$$= 35 \times 10^6 \, \text{Pa} \pm 68.8 \times 10^6 \, \text{Pa} = \begin{matrix} 103.8 \\ -33.8 \end{matrix} \text{MPa}$$

其主应力的方向如图所示。于是,得危险点的三个主应力为

$$\sigma_1 = 103.8 \text{MPa}, \quad \sigma_2 = 0, \quad \sigma_3 = -33.8 \text{MPa}$$

(2) 主轴强度校核

由第四强度理论

$$\sigma_{r4} = \sqrt{\frac{1}{2}\left[(\sigma_1 - \sigma_2)^2 + (\sigma_2 - \sigma_3)^2 + (\sigma_3 - \sigma_1)^2\right]}$$

$$= \sqrt{\frac{1}{2} \times \left[(103.8 \times 10^6 \, \text{Pa})^2 + (33.8 \times 10^6 \, \text{Pa})^2 + (-33.8 \times 10^6 \, \text{Pa} - 103.8 \times 10^6 \, \text{Pa})^2\right]}$$

$$= 124.2 \times 10^6 \, \text{Pa} > [\sigma] = 120 \text{MPa}$$

但超过许用应力$(124.2 - 120)/120 = 3.75\% < 5\%$,可认为是安全的。

9.2-4 跨度 $l = 2\text{m}$、由 25b 号工字钢制成的简支梁及其承载情况,如图(a)所示。钢材的许用正应力$[\sigma] = 160 \text{MPa}$,许用切应力$[\tau] = 100 \text{MPa}$。试对该梁作全面的强度校核。

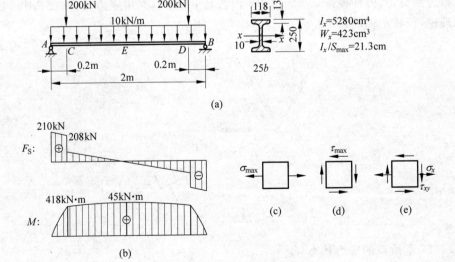

习题 9.2-4 图

解　(1) 梁的剪力、弯矩图

作梁的剪力、弯矩图，如图(b)所示。

(2) 梁的弯曲正应力强度校核

最大正应力发生在梁跨中截面 E 的上、下边缘处。下边缘各点处均为单轴拉应力状态（图(c)），其值为

$$\sigma_{max} = \frac{M_{max}}{W} = \frac{45 \times 10^3\,\text{N} \cdot \text{m}}{423 \times 10^{-6}\,\text{m}^3} = 106.4 \times 10^6\,\text{Pa} < [\sigma]$$

所以，满足正应力强度条件。

(3) 梁的切应力强度校核

最大切应力发生在两支座内侧截面 A、B 的中性轴上。截面 A 中性轴上各点处均为平面纯剪切应力状态（图(d)），其值为

$$\tau_{max} = \frac{F_{Smax}S_{max}^*}{bI}$$

$$= \frac{210 \times 10^3\,\text{N}}{(10 \times 10^{-3}\,\text{m}) \times (21.3 \times 10^{-2}\,\text{m})}$$

$$= 98.6 \times 10^6\,\text{Pa} < [\tau]$$

所以，满足切应力强度条件。

(4) 梁的主应力强度校核

危险点位于截面 C 或 D 外侧的翼缘与腹板的交界处。截面 C 外侧的下翼缘与腹板交界处各点的应力状态为平面应力状态（图(e)），其应力分量为

$$\sigma_x = \frac{My}{I} = 88.6\,\text{MPa}, \quad \tau_{xy} = \frac{F_S S^*}{bI} = 71.6\,\text{MPa}$$

其主应力为

$$\left.\begin{array}{c}\sigma_1 \\ \sigma_3\end{array}\right\} = \frac{\sigma_x}{2} \pm \sqrt{\left(\frac{\sigma_x}{2}\right)^2 + \tau_{xy}^2}$$

$$\sigma_2 = 0$$

若按第三强度理论，可得强度条件为

$$\sigma_{r3} = \sigma_1 - \sigma_3 = 2\sqrt{\left(\frac{\sigma_x}{2}\right)^2 + \tau_{xy}^2} = \sqrt{\sigma_x^2 + 4\tau_{xy}^2} \leqslant [\sigma]$$

若按第四强度理论，可得强度条件为

$$\sigma_{r4} = \sqrt{\frac{1}{2}\left[(\sigma_1 - \sigma_2)^2 + (\sigma_2 - \sigma_3)^2 + (\sigma_3 - \sigma_1)^2\right]}$$

$$= \sqrt{\sigma_x^2 + 3\tau_{xy}^2} \leqslant [\sigma]$$

按第四强度理论进行计算

$$\sigma_{r4} = \sqrt{\sigma_x^2 + 3\tau_{xy}^2} = \sqrt{(88.6 \times 10^6\,\text{Pa})^2 + 3 \times (71.6 \times 10^6\,\text{Pa})^2}$$

$$= 152.4 \times 10^6\,\text{Pa} < [\sigma]$$

所以，主应力的强度条件也得到满足。

讨论：

(1) 实际上，单轴应力状态和纯剪切应力状态也同样可按强度理论进行强度校核。因

此,对于三个可能的危险点应力状态,即最大正应力(图(c))、最大切应力(图(d))和同时存在较大的正应力及切应力(图(e)),可先分别计算其主应力:

图(c): $\sigma_1 = \sigma_{\max} = 106.4\text{MPa}$, $\sigma_2 = \sigma_3 = 0$

图(d): $\sigma_1 = \tau_{\max} = 98.6\text{MPa}$, $\sigma_2 = 0$, $\sigma_3 = -98.6\text{MPa}$

图(e): $\dfrac{\sigma_1}{\sigma_3} = \dfrac{\sigma_x}{2} \pm \sqrt{\left(\dfrac{\sigma_x}{2}\right)^2 + \tau_{xy}^2} = \dfrac{128.5}{-39.9}\text{MPa}$, $\sigma_2 = 0$

然后,比较三者的主应力(或三者相应的相当应力),最终确定一个危险点及其应力状态,进行强度校核。其结果是相同的。

(2) 对于符合国家标准的型钢,由于在腹板与翼缘交界处设有过渡圆角,且工字钢翼缘的内侧边具有1∶6的坡度,从而增加了交界处的截面宽度,因此,在保证其最大正应力强度和最大切应力强度的条件下,可不必校核其翼缘与腹板交界处的主应力强度。在本题的主应力强度核算中,对工字形截面进行了简化(即视为由三个矩形的组合截面)。

(3) 本题对平面应力状态 σ_x、τ_{xy}、$\sigma_y = 0$(图(e))所导得的第三强度理论和第四强度理论的相当应力

$$\sigma_{r3} = \sqrt{\sigma_x^2 + 4\tau_{xy}^2}$$

$$\sigma_{r4} = \sqrt{\sigma_x^2 + 3\tau_{xy}^2}$$

其正应力 σ_x 不论是由弯矩、还是由轴力所引起;切应力 τ_{xy} 不论是由剪力、还是由扭矩所引起的,只要其应力状态为 $\sigma_y = 0$ 的平面应力状态(图(e))时,都是适用的。

(4) 对于本题中的主应力强度校核(图(e)),若选用第三强度理论,则得

$$\sigma_{r3} = \sqrt{\sigma_x^2 + 4\tau_{xy}^2} = 168.4\text{MPa} > [\sigma]$$

不满足主应力的强度要求。

实验表明,对于塑性材料,第四强度理论的结果较之第三强度理论更符合实验结果。而第三强度理论是偏于安全的,且第三强度理论使用简捷。

对于同一问题,选用一种强度理论不满足强度要求,而选用另一强度理论能满足强度条件。这时,并不能肯定一定是安全的。因为强度理论与有关工程技术部门所制订的一套计算方法和规定的许用应力值有关。因此,强度理论的选用也应遵循有关的设计规范或设计手册。

9.2-5 两单元体的应力状态分别如图(a)和图(b)所示,且两者的正应力 σ 与切应力 τ 的数值分别相等。试分别按第三和第四强度理论,比较两单元体的危险程度。

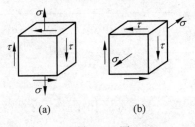

习题 9.2-5 图

解 (1) 两单元体的主应力

平面应力状态(图(a)),其主应力为

$$\sigma_1 = \frac{\sigma}{2} + \sqrt{\left(\frac{\sigma}{2}\right)^2 + \tau^2}, \quad \sigma_2 = 0, \quad \sigma_3 = \frac{\sigma}{2} - \sqrt{\left(\frac{\sigma}{2}\right)^2 + \tau^2}$$

空间应力状态(图(b)),其主应力为

$$\sigma_1 = \sigma, \quad \sigma_2 = \tau, \quad \sigma_3 = -\tau$$

(2) 按第三强度理论比较

对于图(a),有

$$(\sigma_{r3})_a = \sigma_1 - \sigma_3 = \sqrt{\sigma^2 + 4\tau^2} = \sqrt{5}\sigma$$

对于图(b),有

$$(\sigma_{r3})_b = \sigma_1 - \sigma_3 = \sigma - (-\tau) = 2\sigma$$

$$(\sigma_{r3})_a > (\sigma_{r3})_b$$

因此,图(a)所示的平面应力状态将先于图(b)所示的应力状态,进入危险状态。

(3) 按第四强度理论比较

由于各向同性材料,正应力仅引起线应变、切应力仅引起相应平面内的切应变。因而,两单元体的形状改变能密度相等,其危险程度也必定相同。也可由第四强度理论的相当应力验证如下。

对于图(a),有

$$(\sigma_{r4})_a = \sqrt{\frac{1}{2}\left[(\sigma_1 - \sigma_2)^2 + (\sigma_2 - \sigma_3)^2 + (\sigma_3 - \sigma_1)^2\right]} = \sqrt{\sigma^2 + 3\tau^2}$$

对于图(b),有

$$(\sigma_{r4})_b = \sqrt{\frac{1}{2}\left[(\sigma - \tau)^2 + (\tau + \tau)^2 + (-\tau - \sigma)^2\right]} = \sqrt{\sigma^2 + 3\tau^2}$$

于是,得$(\sigma_{r4})_a = (\sigma_{r4})_b$,即两单元体的危险程度相同。

*9.2-6 一平均半径 $R = 500\text{mm}$、壁厚 $\delta = 10\text{mm}$ 的薄壁球形容器,承受内压 $p_1 = 32\text{MPa}$,外压 $p_2 = 30\text{MPa}$,如图(a)所示。材料的屈服极限 $\sigma_S = 300\text{MPa}$,试分别按第三和第四强度理论,确定容器的工作安全因数。

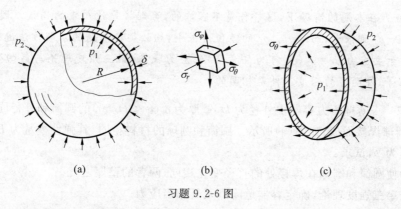

习题 9.2-6 图

解 (1) 危险点应力状态

由于 $p_1 > p_2$,故薄壁球形容器的危险点位于容器内表面的各点处,其应力状态如图(b)所示,且 $\sigma_\varphi = \sigma_\theta$(参见习题 8.1-5)。其主应力为

$$\sigma_1 = \sigma_2 = \sigma_\theta, \quad \sigma_3 = \sigma_r = -p$$

截取半球体(图(c)),由力的平衡条件

$$\sum F_x = 0, \qquad p_1 \pi \left(R - \frac{\delta}{2} \right)^2 - p_2 \pi \left(R + \frac{\delta}{2} \right)^2 - \sigma_\theta \cdot 2\pi R\delta = 0$$

$$(p_1 - p_2)R^2 - (p_1 + p_2)R\delta + (p_1 - p_2)\frac{\delta^2}{4} - \sigma_\theta \cdot 2R\delta = 0$$

略去高阶微量 δ^2 项,得

$$\sigma_1 = \sigma_2 = \sigma_\theta = \frac{(p_1 - p_2)R}{2\delta} - \frac{p_1 + p_2}{2} = 19\text{MPa}$$

$$\sigma_3 = \sigma_r = -p = -32\text{MPa}$$

(2) 工作安全因数

由第三强度理论,得相当应力

$$\sigma_{r3} = \sigma_1 - \sigma_3 = 51\text{MPa}$$

所以,工作安全因数为

$$n = \frac{\sigma_S}{\sigma_{r3}} = 5.88$$

由第四强度理论,得相当应力

$$\sigma_{r4} = \sqrt{\frac{1}{2}\left[(\sigma_1 - \sigma_2)^2 + (\sigma_2 - \sigma_3)^2 + (\sigma_3 - \sigma_1)^2 \right]} = 51\text{MPa}$$

$$n = \frac{\sigma_S}{\sigma_{r4}} = 5.88$$

讨论:

(1) 在通常情况下,对于薄壁球形,平衡方程中括号 $\left(R + \frac{\delta}{2} \right)$ 和 $\left(R - \frac{\delta}{2} \right)$ 项,由于 $\frac{\delta}{2}$ 值与 R 值相比很小,可忽略不计,于是,可得

$$\sigma_\theta = \frac{(p_1 - p_2)R}{2\delta} = 50\text{MPa}$$

且 $\sigma_3 = \sigma_r \approx 0$。在本题的情况下,这样作是不容许的,否则将导致严重的错误。因为,现在内压 p_1 和外压 p_2 都很大,而 p_1 与 p_2 的差值却很小,故必须按本题的求解方法进行计算。

(2) 对于主应力 $\sigma_1 = \sigma_2$(σ_3 可为任意值)的应力状态,第三强度理论与第四强度理论的相当应力相等,即两者的强度条件是相同的。

*9.2-7　一薄壁压力容器由外径为 D、壁厚为 δ'($\delta' < D/20$)的圆筒和外径同为 D、壁厚为 δ'' 的半圆球焊接而成,如图(a)所示。圆筒和圆球的材料相同,其弹性模量为 E、泊松比为 ν,承受内压为 p,试求:

(1) 为使圆筒和圆球在焊接处的直径变化相同,两者的壁厚之比。

(2) 按第三强度理论,确定容器危险点及其相当应力。

解　圆筒和圆球的应力状态

圆筒筒壁任一点处为平面应力状态(参见习题 8.1-4):

$$\sigma_1' = \frac{pD}{2\delta'}, \quad \sigma_2' = \frac{pD}{4\delta'}, \quad \sigma_3' \approx 0$$

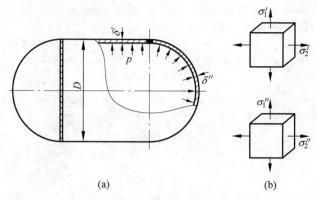

(a)   (b)

习题 9.2-7 图

圆球球壁任一点处为平面等拉应力状态(参见习题 8.1-5):

$$\sigma_1'' = \sigma_2'' = \frac{pD}{4\delta''}, \quad \sigma_3'' \approx 0$$

圆筒和圆球的应力状态如图(b)所示。

(1) 焊接处径向应变相等时的壁厚之比

由径向应变等于环向应变及广义胡克定律,得

圆筒 $\qquad\qquad \varepsilon_d' = \varepsilon_{\pi d}' = \frac{1}{E}(\sigma_1' - \nu\sigma_2') = \frac{1}{E}(2-\nu)\frac{pD}{4\delta'}$

圆球 $\qquad\qquad \varepsilon_d'' = \varepsilon_{\pi d}'' = \frac{1}{E}(\sigma_1'' - \nu\sigma_2'') = \frac{1}{E}(1-\nu)\frac{pD}{4\delta''}$

令 $\varepsilon_d' = \varepsilon_d''$,得两者的壁厚之比为

$$\frac{\delta'}{\delta''} = \frac{2-\nu}{1-\nu}$$

(2) 容器的危险点及其相当应力

按第三强度理论,圆筒壁任一点的相当应力为

$$\sigma_{r3}' = \sigma_1' - \sigma_3' = \frac{pD}{2\delta'}$$

圆球壁任一点的相当应力为

$$\sigma_{r3}'' = \sigma_1'' - \sigma_3'' = \frac{pD}{4\delta''} = \frac{pD}{2\delta'} \cdot \frac{2-\nu}{2(1-\nu)}$$

于是,两者的相当应力之比为

$$\frac{\sigma_{r3}'}{\sigma_{r3}''} = \frac{2(1-\nu)}{2-\nu} = \frac{2-2\nu}{2-\nu} = 1 - \frac{\nu}{2-\nu} < 1$$

由于 $0 < \nu < 0.5$(参见习题 8.5-6),则有

$$\frac{\sigma_{r3}'}{\sigma_{r3}''} < 1$$

即 $\sigma_{r3}'' > \sigma_{r3}'$,危险点位于圆球部分,其相当应力为

$$\sigma_{r3} = \sigma_{r3}'' = \frac{pD}{4\delta''}$$

讨论：

若按第四强度理论，则有

$$\sigma'_{r4} = \sqrt{\frac{1}{2}\left[(\sigma'_1 - \sigma'_2)^2 + (\sigma'_2 - \sigma'_3)^2 + (\sigma'_3 - \sigma'_1)^2\right]} = \frac{\sqrt{3}\,pD}{4\delta'}$$

$$\sigma''_{r4} = \frac{pD}{4\delta''}$$

所以

$$\frac{\sigma'_{r4}}{\sigma''_{r4}} = \sqrt{3}\,\frac{\delta''}{\delta'} = \frac{\sqrt{3}(1-\nu)}{2-\nu}$$

由于 $0 < \nu < 0.5$，故有

$$\frac{\sigma'_{r4}}{\sigma''_{r4}} < 1$$

即容器的危险点仍位于圆球部分，且其相当应力 σ_{r4} 与 σ_{r3} 相同。

9.3-1 对于塑性材料，当危险点的 $\sigma_{max} = \sigma_S$ 时，试问是否一定出现塑性屈服；对于脆性材料，当 $\sigma_{max} = \sigma_b$ 时，试问是否一定发生脆性断裂，为什么？

答 塑性材料，当 $\sigma_{max} = \sigma_S$ 时，不一定出现塑性屈服。反之，塑性材料出现塑性屈服，其危险点的最大正应力也不一定等于材料的屈服极限，可能大于或小于屈服极限。因为材料是否发生塑性屈服的条件，与危险点的应力状态有关。如在三轴均匀受拉应力状态下，材料将不会出现塑性屈服，而发生脆性断裂；又如设应力状态

$$\sigma_1 = \sigma_{max}, \quad \sigma_2 = 0, \quad \sigma_3 = -\sigma_{max}$$

则按第三强度理论

$$\sigma_{r3} = \sigma_1 - \sigma_3 = 2\sigma_{max} = \sigma_S$$

即在 $\sigma_{max} = \dfrac{\sigma_S}{2}$ 时，材料就出现塑性屈服。

同理，对于脆性材料，如在三轴均匀受压应力状态下，材料将不会发生脆性断裂；如设应力状态

$$\sigma_1 = \sigma_{max}, \quad \sigma_2 = \sigma_{max}, \quad \sigma_3 = 0$$

则按第二强度理论

$$\sigma_{r2} = \sigma_1 - \nu(\sigma_2 + \sigma_3) = (1-\nu)\sigma_{max} = \sigma_b$$

即在 $\sigma_{max} = \dfrac{\sigma_b}{1-\nu}$ 时，材料才发生脆性断裂。

9.3-2 两根由相同材料制成的圆杆，其一为光滑等截面的，直径为 d（图(a)）；另一杆具有尖锐的切槽，切槽处的最小直径也等于 d（图(b)）。两杆均承受轴向拉力 F，若：(1)材料均为低碳钢；(2)材料均为铸铁，试问哪一根杆的承载能力较大？（材料不论是出现塑性屈服，还是发生脆性断裂，都认为是丧失了承载能力）

答 (1)材料为低碳钢

对于光滑等直杆，将因发生塑性屈服而丧失承载能力。杆件的屈服条件为

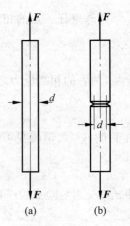

习题 9.3-2 图

$$\sigma = \frac{F}{A} = \sigma_S$$

对于具有尖锐切槽的杆件,在切槽处将引起应力集中,且切槽根部为三轴拉伸应力状态,故带槽杆件将不出现塑性屈服(及缩颈现象),而发生脆性断裂。按第一强度理论,脆性断裂的条件为

$$\sigma_{max} = \alpha\sigma = \frac{\alpha F}{A} = \sigma_b$$

式中,α 为应力集中因数。

对于低碳钢,$\sigma_b < 2\sigma_S$,而尖锐切槽的应力集中因数一般为 $\alpha > 2$,因此,带槽杆件的承载能力较低。同时,脆性断裂的后果较塑性屈服要严重得多。故在工程设计中,应尽可能避免带有尖锐切槽等导致截面骤然变化的杆件。

(2)材料为铸铁

一般地说,脆性材料中的铸铁,由于内部气孔、杂质和石墨颗粒的影响,属于应力集中不敏感($\alpha \approx 1$)的材料,故两杆的承载能力基本相同。但实验表明,在三轴拉伸应力状态下,其强度稍低于单轴拉伸。

* **9.3-3** 铸铁试样进行压缩试验(图(a))。若铸铁的拉伸强度极限为 σ_{bt},压缩强度极限为 σ_{bc},且 $\sigma_{bc} = 2.5\sigma_{bt}$。试按莫尔强度理论,求试样破坏面法线与试样轴线间的夹角 α。

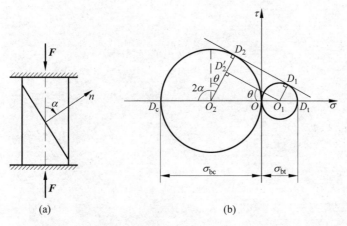

习题 9.3-3 图

解 (1)作极限应力圆的包络线

① 取 $O\sigma\tau$ 坐标系,选定比例尺。

② 以 σ_{bt} 和 σ_{bc} 作单轴拉伸和单轴压缩时的极值应力圆。

③ 以两圆公切线作为近似的公共包络线,如图(b)所示。

(2)单轴压缩时,破坏面的方位角

由莫尔强度理论,单轴压缩应力圆上的点 D_2 对应于破坏面上的应力分量,而点 D_2 与 D_c 间的圆心角等于横截面与破坏面之间夹角 α 的 2 倍。

由极限应力圆的几何关系

$$\overline{O_1 D_1} = \overline{O_1 D_t} = \frac{\sigma_{bt}}{2}, \quad \overline{O_2 D_2} = \overline{O_2 O} = \frac{\sigma_{bc}}{2}$$

得 $\qquad$ $\overline{O_2 D_2'} = \overline{O_2 D_2} - \overline{D_2' D_2} = \dfrac{\sigma_{bc} - \sigma_{bt}}{2}, \quad \overline{O_1 O_2} = \dfrac{\sigma_{bc} + \sigma_{bt}}{2}$

$$\sin\theta = \frac{\overline{O_2 D_2'}}{\overline{O_1 O_2}} = \frac{\sigma_{bc} - \sigma_{bt}}{\sigma_{bc} + \sigma_{bt}}$$

已知 $\sigma_{bc} = 2.5\sigma_{bt}$，解得

$$\sin\theta = \frac{1.5}{3.5} = 0.4286$$

$$\theta = 25°23'$$

因此， $\qquad$ $2\alpha = \dfrac{\pi}{2} + \theta = 115°22'$

$$\alpha = 57°41'$$

讨论：

按莫尔强度理论可见，铸铁试样在单轴压缩时，其破坏面法线与试样轴线间的夹角也应大于 $45°$，且所得结论与习题 1.3-4 考虑内摩擦力影响所得的结论基本一致。

第 10 章

组合变形

【内容提要】

10.1　组合变形的概念

1. 组合变形

构件受载后,同时产生同一数量级的两种或两种以上的基本变形,称为组合变形。如图 10-1(a)所示的屋架桁条,将产生两相互垂直平面内平面弯曲的组合变形;图 10-1(b)的钻床立柱,将产生轴向拉伸与平面弯曲的组合变形;图 10-1(c)的机床传动轴,将产生扭转与两相互垂直平面内平面弯曲的组合变形。

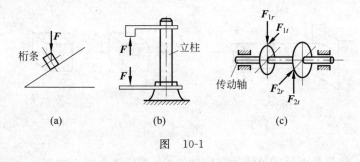

图　10-1

2. 构件在组合变形下的计算

计算原理

(1) 圣维南原理　应用圣维南原理,以静力等效力系替代构件原有的载荷。因此,要求构件为细长杆,且所求应力的截面位置远离外力作用点处。

(2) 叠加原理　应用力作用的叠加原理,按各基本变形计算后进行叠加。要求构件材料符合胡克定律,且变形为微小变形,力与所求物理量间保持线性关系。

组合变形下强度计算步骤

(1) 外力分析　将载荷简化成符合各基本变形外力作用条件的静力等效力系。

（2）内力分析   作各基本变形下的内力图,确定其危险截面位置及其内力分量。

（3）应力分析   根据各基本变形下横截面上的应力变化规律,确定危险点位置及其应力分量,并由叠加原理确定危险点的应力状态。

（4）强度分析   按危险点的应力状态及材料的可能失效形式,选取强度理论建立强度条件,进行强度计算。

组合变形下的变形计算

（1）外力分析   将载荷简化成符合各基本变形外力作用条件的静力等效力系。

（2）变形（位移）计算   计算各基本变形下的变形（或位移）。不同变形性质的位移相互独立;同一变形性质的位移进行叠加。

10.2 两相互垂直平面内平面弯曲的组合——斜弯曲

1. 斜弯曲的特征

受力特征   构件承受在两相互垂直的形心主惯性平面内的横向力作用（图 10-2(a)）,或承受其作用面不与形心主惯性平面相重合或平行的横向力作用（图 10-2(b)）。

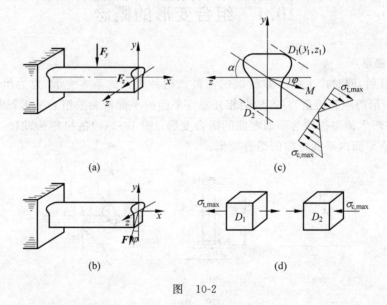

图   10-2

变形特征   构件变形后的轴线为空间曲线,或不与外力作用面相重合或平行的平面曲线。因此,称为斜弯曲。

2. 应力、强度计算

应力计算   任一截面上（其内力分量为 M_y 和 M_z）任一点（y,z）处的应力为

$$\sigma_x = \pm \frac{M_y}{I_y}z \pm \frac{M_z}{I_z}y \tag{10-1}$$

中性轴位置   任一截面上的中性轴为一通过截面形心的直线,其方位不与该截面上合成弯矩矢量相重合或平行（图 10-2(c)）。其方位角为

$$\tan\alpha = -\frac{y}{z} = \frac{I_z}{I_y} \cdot \frac{M_y}{M_z} = \frac{I_z}{I_y}\tan\varphi \tag{10-2}$$

强度条件 危险点位于距中性轴为最远处。若截面有棱角,则危险点必在棱角处;若截面无棱角,则危险点为截面周边上平行于中性轴的切点处(图 10-2(c))。危险点的应力状态为单轴应力状态(图 10-2(d)),其强度条件为

$$\sigma_{\max} = \frac{M_{y,\max}}{I_y}z_1 + \frac{M_{z,\max}}{I_z}y_1 \leqslant [\sigma] \tag{10-3a}$$

或

$$\sigma_{\max} = \frac{M_{y,\max}}{W_y} + \frac{M_{z,\max}}{W_z} \leqslant [\sigma] \tag{10-3b}$$

当危险截面上的 M_y 和 M_z 不一定是其各自的最大值时,应注意确定危险截面的可能位置。若材料的许用拉、压应力不同 $[\sigma_t] \neq [\sigma_c]$,则拉、压强度均应得到满足。

3. 截面位移计算

总挠度 分别求出两相互垂直平面内平面弯曲的挠度 v_y 和 v_z,截面的总挠度为

$$v = \sqrt{v_y^2 + v_z^2} \tag{10-4a}$$

总挠度的方位垂直于中性轴(图 10-3(a)),其方位角为

$$\tan\beta = \frac{v_z}{v_y} = \frac{I_z}{I_y}\tan\varphi = \tan\alpha \tag{10-4b}$$

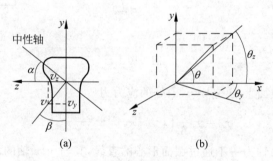

图 10-3

总转角 同理,截面的总转角为(图 10-3(b))

$$\theta = \sqrt{\theta_y^2 + \theta_z^2} \tag{10-5}$$

10.3 轴向拉、压与弯曲的组合

1. 轴向力与横向力联合作用

变形特征 轴向力引起轴向拉伸(或压缩);横向力引起平面弯曲(或斜弯曲)。

应力计算 在任一横截面上,若由轴向力引起的轴力为 F_N;由横向力引起的两相互垂直平面内的弯矩为 M_y 和 M_z,则任一点 (y,z) 处的应力为

$$\sigma_x = \pm\frac{F_N}{A} \pm \frac{M_y}{I_y}z \pm \frac{M_z}{I_z}y \tag{10-6}$$

式中,按内力分量及点的位置,拉应力取正号,压应力取负号。

强度条件　由内力图确定危险截面,由横截面上的应力变化规律确定危险点。显然,危险点为单轴应力状态,其强度条件为

$$\sigma_{max} = \frac{F_{N,max}}{A} + \frac{M_{y,max}}{W_y} + \frac{M_{z,max}}{W_z} \leqslant [\sigma] \tag{10-7}$$

危险截面上的各内力分量(F_N,M_y,M_z)不一定同时达到其最大值。若材料的许用拉、压应力不同,则拉、压强度均应得到满足。

2.偏心拉伸(或压缩)

受力特征　外力作用线平行于杆件轴线,但与杆轴不相重合(图 10-4(a))。偏心拉、压时,任一截面上的内力相同,其内力分量为

$$F_N = F, \qquad M_y = F \cdot z_F, \qquad M_z = F \cdot y_F$$

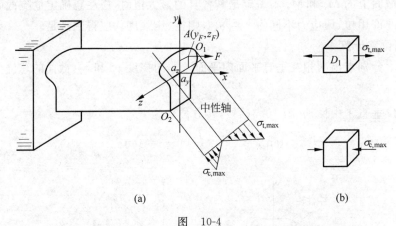

图　10-4

应力计算　任一截面上任一点(y、z)处的应力为

$$\sigma_x = \pm \frac{F}{A}\left(1 \pm \frac{z_F \cdot z}{i_y^2} \pm \frac{y_F \cdot y}{i_z^2}\right) \tag{10-8}$$

中性轴位置　中性轴为一不通过截面形心的直线,其与 y、z 轴的截距分别为

$$a_y = -\frac{i_z^2}{y_F}, \quad a_z = -\frac{i_y^2}{z_F} \tag{10-9}$$

式中的负号表明,截距 a_y、a_z 与外力作用点位置 y_F、z_F 恒处于形心的两侧。

强度条件　危险点位于距中性轴为最远的点处。危险点的应力状态为单轴应力状态,其强度条件为

$$\sigma_{max} = \frac{F}{A}\left(1 + \frac{z_F \cdot z_1}{i_y^2} + \frac{y_F \cdot y_1}{i_z^2}\right) \leqslant [\sigma] \tag{10-10}$$

若材料的许用拉、压应力不同,则拉、压强度均应满足。

3.截面核心

定义　使横截面上仅产生同号应力时,外力作用的区域。

计算公式　应用式(10-9),由与截面周边相切的中性轴截距(a_y、a_z),反求外力作用点的位置(y_F、z_F)。

10.4　扭转与弯曲的组合

1. 变形特征

构件在扭转外力偶矩作用下产生扭转变形（或位移）；在横向力作用下引起平面弯曲（或斜弯曲）的变形（或位移），两者相互独立。

2. 应力计算

内力分量　横截面上的内力分量有扭矩 T，以及两相互垂直平面内的弯矩 M_y 和 M_z。若横截面为圆截面或空心圆截面，则内力分量可简化为（图 10-5(a)）

$$\text{扭矩}\quad T, \quad \text{弯矩}\quad M = \sqrt{M_y^2 + M_z^2}$$

应力分量　对于圆截面（或空心圆截面），则任一点的应力分量及其最大应力分别为

$$
\left.
\begin{aligned}
\text{切应力}\quad & \tau = \frac{T}{I_p} \cdot \rho; & \tau_{max} = \frac{T}{W_p} \\
\text{正应力}\quad & \sigma = \pm \frac{M_y}{I_y} z \pm \frac{M_z}{I_z} y; & \sigma_{max} = \frac{M}{W}
\end{aligned}
\right\}
\tag{10-11}
$$

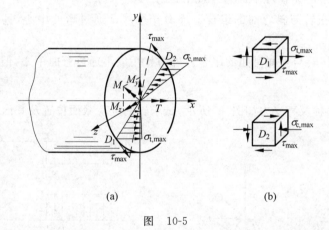

图　10-5

对于非圆截面，则切应力按非圆截面扭转计算，正应力按斜弯曲计算。

3. 强度条件

危险点及其应力状态　对于圆截面（或空心圆截面），危险点位于合成弯矩作用平面与横截面周边的交点处（图 10-5(a)）。其应力状态为平面应力状态（图 10-5(b)）。

强度条件　对于塑性材料，选用第三或第四强度理论，其强度条件分别为

$$
\sigma_{r3} = \sqrt{\sigma_{max}^2 + 4\tau_{max}^2} = \frac{\sqrt{M^2 + T^2}}{W} \leqslant [\sigma]
\tag{10-12}
$$

$$
\sigma_{r4} = \sqrt{\sigma_{max}^2 + 3\tau_{max}^2} = \frac{\sqrt{M^2 + 0.75T^2}}{W} \leqslant [\sigma]
\tag{10-13}
$$

对于非圆截面，则应按横截面上正应力和切应力的变化规律，确定其危险点位置。危险点的应力状态仍为平面应力状态。对于不同的材料，按其可能的失效形式，选用适当的强度理论，建立强度条件进行强度计算。

【习题解析】

10.1-1 悬臂梁在其自由端承受通过截面形心,且垂直于梁轴线的集中载荷作用。设梁的横截面形状及载荷作用的方向分别如图中所示,试问各梁将发生什么变形?

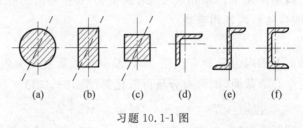

习题 10.1-1 图

答 图(a)和图(c)的梁为平面弯曲。对于圆形和正多边形截面,通过形心的任一轴均为形心主惯性轴。

图(b)和图(e)的梁为两相互垂直平面内平面弯曲的组合,即斜弯曲。外力作用线通过弯曲中心,但不与形心主惯性平面重合或平行。

图(d)的梁为扭转与斜弯曲的组合。外力作用线不通过弯曲中心,且不与形心主惯性平面重合或平行。

图(f)的梁为扭转与平面弯曲的组合。外力作用线不通过弯曲中心,但与形心主惯性平面相平行。

10.1-2 传动轴及其受力如图(a)所示,试求轴的危险截面位置及其内力分量。

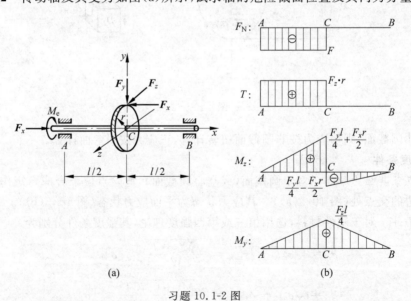

习题 10.1-2 图

解 传动轴的轴力图,扭矩图及 xy 平面和 xz 平面的弯矩图分别如图(b)所示。危险截面位于齿轮 C 左侧的截面处,其内力分量为

$$\text{轴力 } F_{\mathrm{N}} = -F, \quad \text{扭矩 } T = F_z r, \quad \text{弯矩 } M_z = \frac{F_y l}{4} + \frac{F_x r}{2}, \quad M_y = \frac{F_z l}{4}$$

若轴为圆截面,则合成弯矩 $M = \sqrt{\left(\dfrac{F_y l}{4} + \dfrac{F_x r}{2}\right)^2 + \left(\dfrac{F_z l}{4}\right)^2}$。

10.1-3 轴线为半径 R 的 $1/4$ 圆弧的平面曲杆,在其自由端 B 分别承受水平和铅垂方向的两集中力 F,如图(a)所示,试作曲杆的内力图。

解 由截面法,可得任一截面(θ 截面)的内力分量(略去剪力)为

轴力 $\qquad\qquad F_{\mathrm{N}} = F\cos\theta$

扭矩 $\qquad\qquad T = FR(1 - \cos\theta)$

弯矩 $\qquad\qquad M_r = FR\sin\theta, \quad M_z = FR(\cos\theta - 1)$

由内力方程,即可得轴力图、扭矩图和弯矩图(M_r、M_z)分别如图(b)所示。

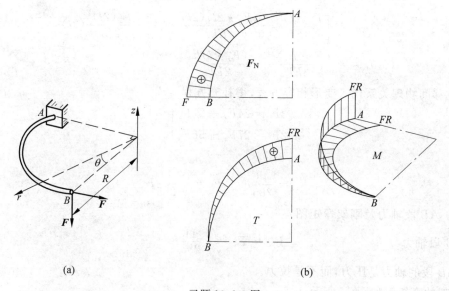

(a)　　　　　　　(b)

习题 10.1-3 图

*10.1-4 各杆的弯曲刚度均为 EI 的组合刚架,在结点 A 处承受铅垂集中载荷作用,刚架及其尺寸如图(a)所示。试问刚架的 AB 段的轴力是拉力还是压力?并作刚架的弯矩图。

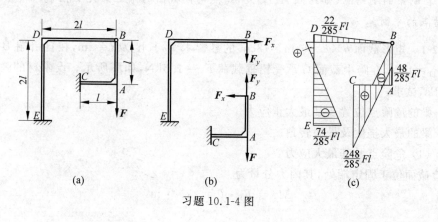

(a)　　　　　　(b)　　　　　　(c)

习题 10.1-4 图

解　(1) 受力分析

本题为二次静不定。若以铰 B 为多余约束，则得基本静定系如图(b)，多余未知力为 F_x 和 F_y。

变形几何相容条件为刚架 BDE 和 BAC 在铰链 B 点无相对水平和铅垂方向的线位移，即

$$(u_B)_{BDE} = (u_B)_{BAC}$$

$$(v_B)_{BDE} = (v_B)_{BAC}$$

若不计刚架内轴力和剪力对刚架变形(或位移)的影响，则可得

$$(u_B)_{BDE} = \frac{F_x(2l)^3}{3EI} + \frac{(F_y \cdot 2l)(2l)^2}{2EI}$$

$$(u_B)_{BAC} = \frac{(F - F_y)l^2}{2EI} \cdot l - \left[\frac{F_x l^3}{3EI} + \frac{(F_x l)l}{EI} \cdot l \right]$$

$$(v_B)_{BDE} = \left[\frac{F_y(2l)^3}{3EI} + \frac{(F_y \cdot 2l)(2l)}{EI} \cdot 2l \right] + \frac{F_x(2l)^2}{2EI}(2l)$$

$$(v_B)_{BAC} = \frac{(F - F_y)l^3}{3EI} - \frac{(F_x \cdot l)l^2}{2EI}$$

将力-位移间物理关系代入变形相容方程，得补充方程

$$\left. \begin{matrix} 3F = 24F_x + 27F_y \\ 2F = 27F_x + 66F_y \end{matrix} \right\}$$

解得

$$F_x = \frac{48}{285}F, \quad F_y = -\frac{11}{285}F$$

(2) AB 段轴力及刚架弯矩图

AB 段轴力　　　　　　　　　　$F_N = F_y = -\dfrac{11}{285}F$

所以，AB 段的轴力是压力，而不是拉力。

刚架的弯矩图如图(c)所示。

讨论：

(1) 刚架弯矩的正、负号，以人站在刚架的内部观察刚架四周各杆，使各杆凹口向外的弯矩为正(犹如人站在梁下面观察梁的变形)。并将正弯矩画在刚架的外侧。

(2) 在刚架的刚结点(如结点 A、D)处，结点两侧截面的弯矩必大小相等，正、负号相同，以保证结点的平衡。

10.2-1　矩形截面 $b \times h = 9\text{cm} \times 18\text{cm}$ 的悬臂木梁，长度为 $l = 2\text{m}$，在自由端 B 承受水平载荷 $F_1 = 1\text{kN}$，在跨中截面 C 承受铅垂载荷 $F_2 = 1.6\text{kN}$，如图所示。设木材的弹性模量 $E = 10\text{GPa}$，试求：

(1) 梁的危险点位置及其最大正应力。

(2) 梁的最大挠度及最大转角。

解　(1) 危险点及其最大应力

危险截面位于固定端处，其内力分量为

$$M_y = F_1 \cdot l = 2\text{kN} \cdot \text{m}$$

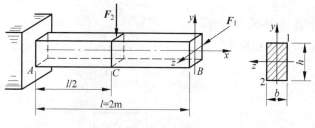

习题 10.2-1 图

$$M_z = F_2 \cdot \frac{l}{2} = 1.6\text{kN} \cdot \text{m}$$

危险点位于固定端截面的棱角点 1 和 2 处,其正应力分别为

$$\sigma_{\text{t,max}} \atop \sigma_{\text{c,max}} = \pm \frac{M_y}{W_y} \pm \frac{M_z}{W_z} = \pm \frac{6M_y}{hb^2} \pm \frac{6M_z}{bh^2}$$
$$= \pm 11.52\text{MPa}$$

(2) 最大挠度及转角

最大的挠度及转角均发生在自由端截面。

挠度 $\qquad v_y = \dfrac{F_2 \left(\dfrac{l}{2}\right)^3}{3EI_z} + \dfrac{F_2 \left(\dfrac{l}{2}\right)^2}{2EI_z} \cdot \dfrac{l}{2} = \dfrac{5F_2 l^3}{48EI} = 3.05\text{mm} \quad (\downarrow)$

$$v_z = \frac{F_1 l^3}{3EI_y} = 24.4\text{mm} \quad (\leftarrow)$$

所以 $\qquad v_{\text{max}} = \sqrt{v_y^2 + v_z^2} = 24.59\text{mm} \quad (\swarrow)$

转角 $\qquad \theta_z = \dfrac{F_2 \left(\dfrac{l}{2}\right)^2}{2EI_z} = 1.829 \times 10^{-3} \text{ rad}$

$$\theta_y = \frac{F_1 l^2}{2EI_y} = 18.29 \times 10^{-3} \text{ rad}$$

所以 $\qquad \theta_{\text{max}} = \sqrt{\theta_z^2 + \theta_y^2} = 18.38 \times 10^{-3} \text{ rad}$
$$= 1°3'$$

讨论:

(1) 一点沿 x、y、z 轴的位移,通常分别记为 u、v、w。一般来说,梁的挠度沿 y 轴(铅垂)方向,故记作 v。本题中,沿用了挠度的符号 v,而将沿 y 和 z 轴方向的挠度分别记为 v_y 和 v_z。

(2) 本题中的危险点是对正应力强度而言的。若考虑切应力强度,则危险截面为 AC 段内各横截面,危险点位于截面的形心处。若木纹顺梁的长度方向,由于木材顺纹方向剪切强度极限较低,则木梁往往会发生顺纹方向的开裂。

10.2-2 长度为 $l = 2\text{m}$、截面为 Z 字形的悬臂梁,在自由端承受铅垂集中载荷 $F = 10\text{kN}$,截面尺寸如图(b)所示(图中尺寸为 mm)。已知截面对 y、z 的惯性矩和惯性积分别为

$$I_y = 21.6 \times 10^6 \text{mm}^4, \quad I_z = 38.4 \times 10^6 \text{mm}^4, \quad I_{yz} = 17.28 \times 10^6 \text{mm}^4$$

试求:

(1) 危险截面上点 A 处的正应力。

(2) 中性轴位置及最大正应力。

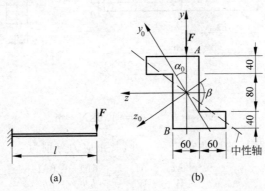

习题 10.2-2 图

解　(1) 确定截面的形心主惯性轴

形心主惯性轴位置

$$\tan 2\alpha_0 = -\frac{2I_{yz}}{I_y - I_z} = \frac{2 \times (17.28 \times 10^6 \, \text{mm}^4)}{(21.6 \times 10^6 \, \text{mm}^4 - 38.4 \times 10^6 \, \text{mm}^4)} = 2.057$$

$$\alpha_0 = 32.04°$$

形心主惯性矩

$$\left.\begin{matrix} I_{z_0} \\ I_{y_0} \end{matrix}\right. = \frac{I_y + I_z}{2} \pm \sqrt{\left(\frac{I_y - I_z}{2}\right)^2 + I_{yz}^2} = \left.\begin{matrix} 49.21 \\ 10.79 \end{matrix}\right. \times 10^6 \, \text{mm}^4$$

(2) 点 A 处正应力

固定端截面的内力分量为

$$M_{y_0} = F \sin\alpha_0 \times l = 10.61 \, \text{kN} \cdot \text{m}$$

$$M_{z_0} = F \cos\alpha_0 \times l = 16.95 \, \text{kN} \cdot \text{m}$$

对于 y_0、z_0 轴,点 A 的坐标为

$$y_A = (80 \, \text{mm})\cos 32.04° - (30 \, \text{mm})\sin 32.04° = 51.9 \, \text{mm}$$

$$z_A = (-80 \, \text{mm})\sin 32.04° - (30 \, \text{mm})\cos 32.04° = -67.9 \, \text{mm}$$

于是,可得点 A 的正应力为

$$\sigma_A = \frac{M_{y_0}}{I_{y_0}} z_A + \frac{M_{z_0}}{I_{z_0}} y_A$$

$$= \frac{10.61 \times 10^3 \, \text{N} \cdot \text{m}}{10.79 \times 10^{-6} \, \text{m}^4} \times (67.9 \times 10^{-3} \, \text{m}) + \frac{16.95 \times 10^3 \, \text{N} \cdot \text{m}}{49.21 \times 10^{-6} \, \text{m}^4} \times (51.9 \times 10^{-3} \, \text{m})$$

$$= 84.6 \times 10^6 \, \text{Pa} = 84.6 \, \text{MPa}$$

(3) 中性轴位置及最大正应力

中性轴位置　由式(10-2),得

$$\tan\beta = \frac{I_{z_0}}{I_{y_0}} \tan\alpha_0 = 2.854$$

$$\beta = 70.7°$$

中性轴的位置如图(b)中虚线所示。

最大正应力   最大正应力发生在距中性轴为最远的点处。由图(b)可见,距中性轴最远的点即为点 A 或 B,点 A 为拉应力、点 B 为压应力。

讨论:

(1) 应力计算中,可先不考虑弯矩(M_{y_0},M_{z_0})及点坐标(y_A,z_A)的正、负号。最后,根据梁的变形来确定应力项 $\left(\dfrac{M_{y_0}}{I_{y_0}}z_A, \dfrac{M_{z_0}}{I_{z_0}}y_A\right)$ 的正、负。

(2) 对于具有棱角的截面(如 Z 形、工字形等),当外力作用在非形心主惯性平面时,计算截面上棱角点的弯曲正应力,若采用非对称弯曲下的广义弯曲正应力公式,其计算过程将较为简捷。关于非对称弯曲下的广义弯曲正应力公式,可参见习题 10.2-7。

10.2-3   一直径 $d=16\text{cm}$ 的半圆形截面的木梁,简支在相距为 $l=2\text{m}$ 的两屋架之间,承受均布载荷 $q=2\text{kN/m}$,如图(a)所示。试求木梁内的最大拉应力和最大压应力。

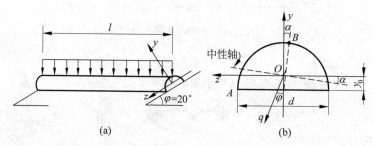

习题 10.2-3 图

解   (1) 截面的几何性质及中性轴位置
截面形心

$$y_0 = \frac{2d}{3\pi} = \frac{2 \times (16 \times 10^{-2}\,\text{m})}{3\pi} = 3.4 \times 10^{-2}\,\text{m}$$

截面的形心主惯性矩

$$I_y = \frac{1}{2} \cdot \frac{\pi d^4}{64} = 1608 \times 10^{-8}\,\text{m}^4$$

$$I_z = \frac{1}{2} \cdot \frac{\pi d^4}{64} - y_0^2\left(\frac{\pi d^2}{2 \times 4}\right) = 446 \times 10^{-8}\,\text{m}^4$$

中性轴位置

$$\tan\alpha = \frac{I_z}{I_y}\tan\varphi = \frac{446 \times 10^{-8}\,\text{m}^4}{1608 \times 10^{-8}\,\text{m}^4}\tan 20° = 0.101$$

$$\alpha = 5°46'$$

中性轴位置如图(b)中虚线所示。

(2) 最大应力

最大拉应力发生在跨中截面上点 $A\left(y_A=y_0=3.4\text{cm}, z_A=\dfrac{d}{2}=8\text{cm}\right)$,其值为

$$\sigma_{t,\max} = \frac{M_{y\max}}{I_y}z_A + \frac{M_{z\max}}{I_z}y_A = \frac{ql^2}{8}\left(\frac{\sin\varphi}{I_y}z_A + \frac{\cos\varphi}{I_z}y_A\right) = 8.87\text{MPa}$$

最大压应力发生在跨中截面上距中性轴最远的切点 $B\left(y_B=\dfrac{d}{2}\cos\alpha-y_0=4.56\text{cm}\right.$,

$z_B=\dfrac{d}{2}\sin\alpha=0.804\text{cm}\Big)$,其值为

$$\sigma_{c,\max}=\frac{ql^2}{8}\left(\frac{\sin\varphi}{I_y}z_B+\frac{\cos\varphi}{I_z}y_B\right)=9.78\text{MPa}$$

10.2-4   宽高比 $b/h=1/2$ 的矩形截面木梁,长度 $l=2\text{m}$,在自由端截面承受与水平面成 $30°$ 角的集中载荷 $F=240\text{N}$,如图所示。设木材的许用正应力 $[\sigma]=10\text{MPa}$,不考虑切应力强度,试选定其截面尺寸。

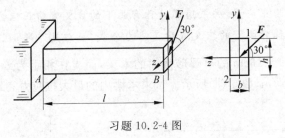

习题 10.2-4 图

解   (1) 危险点及其应力

危险截面为固定端截面 A,危险点位于角点 1 和 2 处,其最大正应力为

$$\sigma_{\max}=\frac{M_y}{W_y}+\frac{M_z}{W_z}=Fl\left(\frac{\cos30°}{W_y}+\frac{\sin30°}{W_z}\right)$$

(2) 截面尺寸

危险点为单轴应力状态,由强度条件

$$\sigma_{\max}=Fl\left(\frac{\cos30°}{W_y}+\frac{\sin30°}{W_z}\right)\leqslant[\sigma]$$

而

$$W_y/W_z=b/h=1/2$$

所以

$$\sigma_{\max}=\frac{Fl}{W_y}\left(\cos30°+\frac{W_y}{W_z}\sin30°\right)$$

$$=\frac{3Fl}{b^3}\left(\cos30°+\frac{1}{2}\sin30°\right)\leqslant[\sigma]$$

解得

$$b\geqslant\sqrt[3]{\frac{3Fl}{[\sigma]}\left(\cos30°+\frac{1}{2}\sin30°\right)}=5.5\text{cm}$$

所以

$$b\times h=5.5\text{cm}\times11\text{cm}$$

讨论:

在截面设计中,由强度条件

$$\sigma_{\max}=\frac{M_y}{W_y}+\frac{M_z}{W_z}\leqslant[\sigma]$$

可见,有两个未知量 W_y、W_z。对于矩形截面,$W_y/W_z=b/h$,但对于槽钢、工字钢等其他截面形状,由于截面尚未选定,故 W_y/W_z 不能确定。因此,在设计中采用试算法,即先假定比值 W_y/W_z,选择截面,然后再按所选截面,校核其强度。要求梁的最大正应力接近于许用正应力,并希望最大应力与许用应力的差值控制在 $\pm5\%$ 之内。

一般地说，工字钢的 $W_y/W_z \approx 6 \sim 15$；槽钢 $W_y/W_z \approx 3 \sim 10$，且型号越小，其比值也越小。

10.2-5 跨度 $l=4\text{m}$ 的工字钢简支梁，在跨中截面 C 处承受集中载荷 $F=7\text{kN}$，载荷 F 通过截面形心，但与铅垂对称轴成 $20°$ 角，如图所示。设材料的许用应力 $[\sigma]=160\text{MPa}$，弹性模量 $E=200\text{GPa}$，试选取工字钢型号，并求梁的最大挠度。

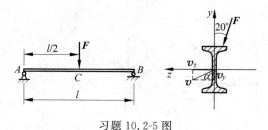

习题 10.2-5 图

解 （1）截面设计

危险截面为跨中截面 C，其弯矩分量为

$$M_{y,\max} = \frac{(F\sin20°)l}{4} = \frac{Fl}{4}\sin20°, \quad M_{z,\max} = \frac{Fl}{4}\cos20°$$

由强度条件

$$\sigma_{\max} = \frac{Fl}{4}\left(\frac{\sin20°}{W_y} + \frac{\cos20°}{W_z}\right) \leqslant [\sigma]$$

设 $W_z/W_y=10$，则解得

$$W_z \geqslant \frac{Fl}{4[\sigma]}\left(\frac{W_z}{W_y}\sin20° + \cos20°\right) = 190.8\text{cm}^3$$

试选 18 号工字钢，其 $W_y=26\text{cm}^3$，$W_z=185\text{cm}^3$，则

$$W_z/W_y = 7.12$$

与假定值相差较大，即假定值过大，所选截面过大。若选用 16 号工字钢（$W_z=141\text{cm}^3$，$W_y=21.2\text{cm}^3$），直接校核其强度

$$\sigma_{\max} = \frac{Fl}{4}\left(\frac{\sin20°}{W_y} + \frac{\cos20°}{W_z}\right) = 159.6\text{MPa} \approx [\sigma]$$

与许用应力十分接近，故选用 16 号工字钢是合适的。

（2）最大挠度

最大挠度发生在跨中截面 C

$$v_y = \frac{(F\cos20°)l^3}{48EI_z} = 3.88\text{mm} \quad (\downarrow)$$

$$v_z = \frac{(F\sin30°)l^3}{48EI_y} = 17.14\text{mm} \quad (\leftarrow)$$

所以，总挠度为

$$v = \sqrt{v_y^2 + v_z^2} = 17.58\text{mm}$$

挠度方向为

$$\tan\alpha = \frac{v_z}{v_y} = 4.418$$

$$\alpha = 77°15'$$

*$10.2\text{-}6$　一长度 $l=2\mathrm{m}$，型号为 80×8 的等边角钢悬臂梁，在其自由端截面 B 承受通过弯曲中心的铅垂集中力 $F=1\mathrm{kN}$，如图（a）所示。设材料的弹性模量 $E=200\mathrm{GPa}$，试求：

（1）自由端截面沿铅垂方向（y 轴）和水平方向（z 轴）的挠度。

（2）若为消除水平方向的挠度（只产生铅垂方向的位移），则力 F 应倾斜的角度 α 值。

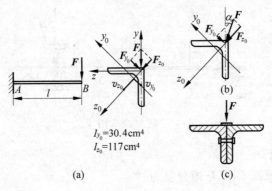

$$I_{y_0}=30.4\mathrm{cm}^4$$
$$I_{z_0}=117\mathrm{cm}^4$$

习题 10.2-6 图

解　（1）挠度 v_y、v_z

将力 F 沿形心主惯性轴（y_0、z_0 轴）方向分解：

$$F_{y_0} = F_{z_0} = F\cos 45°$$

则形心主惯性轴方向的挠度为

$$v_{y_0} = \frac{F_{y_0}l^3}{3EI_{z_0}} = \frac{(1\times 10^3\,\mathrm{N})\cos 45°\times (2\mathrm{m})^3}{3\times (200\times 10^9\,\mathrm{Pa})\times (117\times 10^{-8}\,\mathrm{m}^4)}$$

$$= 8.07\times 10^{-3}\,\mathrm{m}$$

$$v_{z_0} = \frac{F_{z_0}l^3}{3EI_{y_0}} = 31.01\times 10^{-3}\,\mathrm{m}$$

于是，悬臂梁自由端截面 B 的铅垂和水平挠度分别为

$$v_y = v_{y_0}\cos 45° + v_{z_0}\cos 45° = 27.7\mathrm{mm}\quad(\downarrow)$$

$$v_z = v_{z_0}\cos 45° - v_{y_0}\cos 45° = 16.2\mathrm{mm}\quad(\leftarrow)$$

（2）无水平挠度时的倾斜角 α

设力 F 与 y 轴间的倾角为 α（图（b）），则

$$F_{y_0} = F\sin(45° - \alpha),\quad F_{z_0} = F\cos(45° - \alpha)$$

$$v_{y_0} = \frac{F_{y_0}l^3}{3EI_{z_0}} = \frac{F\sin(45° - \alpha)l^3}{3EI_{z_0}}$$

$$v_{z_0} = \frac{F\cos(45° - \alpha)l^3}{3EI_{y_0}}$$

为使水平挠度为零，则有

$$v_{y_0}\cos 45° = v_{z_0}\cos 45°$$

将 v_{y_0}、v_{z_0} 代入上式，即得

$$I_{y_0}\sin(45° - \alpha) = I_{z_0}\cos(45° - \alpha)$$

$$\tan(45° - \alpha) = \frac{1 - \tan\alpha}{1 + \tan\alpha} = \frac{I_{z_0}}{I_{y_0}}$$

$$\tan\alpha = \frac{I_{y_0} - I_{z_0}}{I_{y_0} + I_{z_0}} = \frac{(30.4 \times 10^{-8}\,\text{m}^4) - (117 \times 10^{-8}\,\text{m}^4)}{(30.4 \times 10^{-8}\,\text{m}^4) + (117 \times 10^{-8}\,\text{m}^4)} = -0.5865$$

$$\alpha = -30.4°$$

α 的负值表示与图(b)所示角 α 的转向相反,即力 F 应指向右下方。

讨论:

单根角钢用作悬臂梁时,梁将引起斜弯曲,并将发生水平面内的侧向挠度。若采用两根并列的角钢作为悬臂梁,并承受铅垂集中力(图(c)),则梁将是平面弯曲,但由于水平侧向挠度,两角钢将有分离的趋势,为此,两角钢间需用螺栓(或铆钉)连接,而螺栓所受的拉力应等于力具有倾角 α 时沿水平(z 轴)方向的分量。

* **10.2-7** 设一横截面为任意形状的等直梁,C 为截面的形心,坐标轴 y 和 z 不是截面的形心主惯性轴。已知截面对 y、z 轴惯性矩和惯性积分别为 I_y,I_z 和 I_{yz},任一截面的弯矩分量为 M_y 和 M_z,如图(a)所示。试求任一点 $A(y,z)$ 处的弯曲正应力及中性轴的位置。

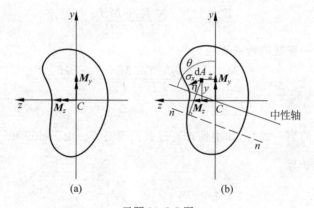

习题 10.2-7 图

解 (1)弯曲正应力

假设在纯弯曲的情况下,平面假设依然成立,且横截面上各点均处于单轴应力状态。设横截面的中性轴为 $n—n$(图(b)中虚线所示),当材料在线弹性范围内工作,且拉、压的弹性模量均为 E,则由变形几何相容条件及胡克定律,可得距中性轴为 η 的任一点的正应力为

$$\sigma_x = E \frac{\eta}{\rho} \tag{1}$$

式中,ρ 为梁变形后中性轴的曲率半径。

由横截面上应力总和等于内力的静力学关系,得

$$\left.\begin{aligned} \int_A \sigma_x \mathrm{d}A &= F_N = 0 \\ \int_A z\sigma_x \mathrm{d}A &= M_y \\ \int_A y\sigma_x \mathrm{d}A &= -M_z \end{aligned}\right\}$$

由式(1)有

$$\int_A \eta \mathrm{d}A = 0$$

即中性轴必通过截面形心(如图(b)中实线所示)。设中性轴与 y 轴间的夹角为 θ，则有

$$\eta = y\sin\theta - z\cos\theta$$

将 η 代入式(1)，得

$$\sigma_x = \frac{E}{\rho}(y\sin\theta - z\cos\theta)$$

将 σ_x 代入静力学关系中的后两式，得

$$\left.\begin{aligned}
\frac{E}{\rho}(I_{yz}\sin\theta - I_y\cos\theta) &= M_y \\[2mm]
\frac{E}{\rho}(I_z\sin\theta - I_{yz}\cos\theta) &= -M_z
\end{aligned}\right\}$$

联立解得

$$\left.\begin{aligned}
\frac{E}{\rho}\cos\theta &= -\frac{M_y I_z + M_z I_{yz}}{I_y I_z - I_{yz}^2} \\[2mm]
\frac{E}{\rho}\sin\theta &= -\frac{M_z I_y + M_y I_{yz}}{I_y I_z - I_{yz}^2}
\end{aligned}\right\}$$

代回式(1)，即得任一点处的弯曲正应力为

$$\sigma_x = \frac{M_y(zI_z - yI_{yz}) - M_z(yI_y - zI_{yz})}{I_y I_z - I_{yz}^2} \tag{2}$$

(2) 中性轴位置

由静力学关系的第一式，已知中性轴通过截面形心 C。由 $\dfrac{E}{\rho}\sin\theta$ 和 $\dfrac{E}{\rho}\cos\theta$ 式，即得中性轴与 y 轴间的夹角 θ 为

$$\tan\theta = \frac{M_z I_y + M_y I_{yz}}{M_y I_z + M_z I_{yz}} \tag{3}$$

讨论：

(1) 本题中的梁既无纵向对称面，弯矩 M_y 和 M_z 的作用面也不是梁的形心主惯性平面。这时，梁的弯曲称为非对称弯曲。

非对称弯曲为梁弯曲变形中的普遍情况。本题所导得弯曲正应力公式(2)称为非对称纯弯曲下的广义弯曲正应力公式。当梁为细长等直杆时，广义弯曲正应力公式同样适用于横向力作用下的非对称弯曲(参见习题 6.1-17)。

(2) 若梁具有纵向对称平面 Cxy 或梁不具有纵向对称平面，但 Cxy 平面为形心主惯性平面，且外力作用于 Cxy 平面内，则由 $I_{yz}=0$ 及 $M_y=0$，可得

$$\sigma_x = -\frac{M_z}{I_z} \cdot y$$

上式即为平面弯曲时的弯曲正应力公式。

若 Cxy 和 Cxz 为梁的纵向对称平面，或虽非纵向对称平面，但均是形心主惯性平面，且在该两平面内均有弯矩作用，则由 $I_{yz}=0$，可得

$$\sigma_x = \frac{M_y}{I_y} \cdot z - \frac{M_z}{I_z}y$$

上式即为斜弯曲时的弯曲正应力公式。

*10.2-8 三角形截面 $b \times h$ 的悬臂梁，在通过形心 O 的铅垂纵向平面内发生纯弯曲（任一截面弯矩 $M_z = M, M_y = 0$），如图所示。试用上题导得的广义弯曲正应力公式，求截面角点 A、B 和 C 处的正应力，并确定其中性轴位置。

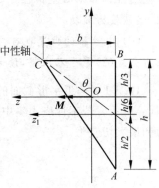

习题 10.2-8 图

解 （1）截面几何性质

三角形 ABC 对于 z_1 轴的惯性矩 I_{z_1} 应为矩形对形心轴惯性矩的一半，即

$$I_{z_1} = \frac{1}{2} \cdot \frac{bh^3}{12}$$

由平行移轴定理，得

$$I_z = I_{z_1} - \left(\frac{h}{6}\right)^2 \left(\frac{bh}{2}\right) = \frac{bh^3}{36}$$

同理

$$I_y = \frac{hb^3}{36}$$

$$I_{yz} = \frac{b^2 h^2}{72} \quad (\text{参见习题 4.3-5})$$

（2）应力计算

由习题 10.2-7 导得的广义弯曲正应力公式，得

点 $A\left(y_A = -\frac{2h}{3}, z_A = -\frac{b}{3}\right)$

$$\sigma_A = \frac{M\left(\frac{b^2 h^2}{72}\right)\left(-\frac{b}{3}\right) - M\left(\frac{hb^3}{36}\right)\left(-\frac{2h}{3}\right)}{\left(\frac{hb^3}{36}\right)\left(\frac{bh^3}{36}\right) - \left(\frac{b^2 h^2}{72}\right)^2} = \frac{24}{bh^2}M$$

点 $B\left(y_B = \frac{h}{3}, z_B = -\frac{b}{3}\right)$

$$\sigma_B = \frac{M\left(\frac{b^2 h^2}{72}\right)\left(-\frac{b}{3}\right) - M\left(\frac{hb^3}{36}\right)\left(\frac{h}{3}\right)}{\left(\frac{hb^3}{36}\right)\left(\frac{bh^3}{36}\right) - \left(\frac{b^2 h^2}{72}\right)^2} = -\frac{24}{bh^2}M$$

点 $C\left(y_C = \frac{h}{3}, z_C = \frac{2b}{3}\right)$

$$\sigma_C = \frac{M\left(\frac{b^2 h^2}{72}\right)\left(\frac{2b}{3}\right) - M\left(\frac{hb^3}{36}\right)\left(\frac{h}{3}\right)}{\left(\frac{hb^3}{36}\right)\left(\frac{bh^3}{36}\right) - \left(\frac{b^2 h^2}{72}\right)^2} = 0$$

（3）中性轴位置

已知截面形心 O 和角点 C 的弯曲正应力为零，故连接点 O 与 C，即得截面的中性轴位置（如图中虚线所示）

$$\tan\theta = \frac{2b/3}{h/3} = \frac{2b}{h}$$

讨论：

（1）在本题的应力计算中可见，应用广义弯曲正应力公式，可不必经历先计算截面的形心主惯性轴和形心主惯性矩，并将弯矩 M 向形心主惯性轴分解，最后，再将应力叠加的过程，显然较为简捷。

（2）中性轴的位置也可应用习题 10.2-7 中的中性轴位置计算式(3)，或令广义弯曲正应力公式(2)等于零求得，读者可自行验算。

10.3-1   一工字形截面的机械构件，在其纵向对称平面内承受集中载荷 $F=450\text{kN}$，如图(a)所示。若不计应力集中的影响，试求工字形截面的腹板与翼缘交界面 A 点处的主应力和最大切应力。

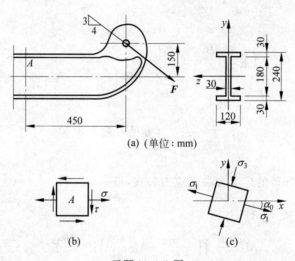

习题 10.3-1 图

解   （1）截面的几何性质

$$A = (0.18\text{m}\times0.03\text{m})+2\times(0.12\text{m}\times0.03\text{m})=0.0126\text{m}^2$$

$$I_z = \frac{(0.12\text{m})\times(0.24\text{m})^3}{12} - \frac{(0.12\text{m}-0.03\text{m})\times(0.18\text{m})^3}{12}$$

$$= 9.45\times10^{-5}\text{ m}^4$$

（2）A 点处的应力状态

A 点所在横截面上的内力分量为

$$F_\text{N} = (450\times10^3\text{N})\times\frac{4}{5} = 360\times10^3\text{N}$$

$$F_\text{S} = (450\times10^3\text{N})\times\frac{3}{5} = 270\times10^3\text{N}$$

$$M_z = (450\times10^3\text{N})\times\frac{3}{5}\times(0.45\text{m}) + (450\times10^3\text{N})\times\frac{4}{5}\times(0.15\text{m})$$

$$= 175.5\times10^3\text{N}\cdot\text{m}$$

横截面上 A 点处的应力分量为

$$\sigma= \frac{M_z}{I_z}y_A + \frac{F_\text{N}}{A} = \frac{175.5\times10^3\text{N}\cdot\text{m}}{9.45\times10^{-5}\text{m}^4}\times(0.09\text{m}) + \frac{360\times10^3\text{N}}{0.0126\text{m}^2}$$

$$= 195.7 \times 10^6 \, \text{Pa}$$

$$\tau = \frac{F_S S_z^*}{b I_z} = \frac{(270 \times 10^3 \, \text{N}) \times (0.12 \text{m} \times 0.03 \text{m} \times 0.105 \text{m})}{(0.03 \text{m}) \times (9.45 \times 10^{-5} \, \text{m}^4)}$$

$$= 36 \times 10^6 \, \text{Pa}$$

A 点处的应力状态如图(b)所示。

（3）主应力及最大切应力

A 点处的主应力为

主平面　　　$\tan 2\alpha_0 = -\dfrac{2\tau}{\sigma} = -\dfrac{2 \times (36 \times 10^6 \, \text{Pa})}{195.7 \times 10^6 \, \text{Pa}} = -0.368$

$$\alpha_0 = -10.1°$$

主应力　　　$\genfrac{}{}{0pt}{}{\sigma_1}{\sigma_3} = \dfrac{\sigma}{2} \pm \sqrt{\left(\dfrac{\sigma}{2}\right)^2 + \tau^2}$

$$= \frac{195.7 \times 10^6 \, \text{Pa}}{2} \pm \sqrt{\left(\frac{195.7 \times 10^6 \, \text{Pa}}{2}\right)^2 + (36 \times 10^6 \, \text{Pa})^2}$$

$$= \genfrac{}{}{0pt}{}{202}{-6.4} \times 10^6 \, \text{Pa} = \genfrac{}{}{0pt}{}{202}{-6.4} \, \text{MPa}$$

$$\sigma_2 = 0$$

其主应力单元体如图(c)所示。

A 点处的最大切应力为

$$\tau_{\max} = \frac{\sigma_1 - \sigma_3}{2} = \frac{202 \times 10^6 \, \text{Pa} + 6.4 \times 10^6 \, \text{Pa}}{2}$$

$$= 104.2 \times 10^6 \, \text{Pa} = 104.2 \, \text{MPa}$$

最大切应力平面分别与 σ_1、σ_3 主平面互成 $45°$。

10.3-2　一直径为 d 的等直圆杆 AB，其 B 端为铰链，A 端靠在光滑的铅垂墙上，圆杆轴线与水平面成 α 角，如图(a)所示。设圆杆的长度为 l、单位长度的自重为 q，试确定由杆件自重产生的最大压应力为最大时的横截面位置。

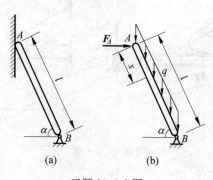

习题 10.3-2 图

解　（1）受力分析

取杆件轴线为 x 轴，并以其 A 端为坐标原点(图(b))，则由平衡条件，得墙面的水平反力为

$$\sum M_A = 0, \qquad -F_A \cdot l\sin\alpha + (ql)\left(\frac{l}{2}\cos\alpha\right) = 0$$

$$F_A = \frac{ql}{2}\cot\alpha$$

（2）最大压应力为最大时的横截面位置

任一截面 x 的内力分量为

$$F_N = F_A\cos\alpha + (q\sin\alpha)x = \frac{ql}{2}\cdot\frac{\cos^2\alpha}{\sin\alpha} + qx\sin\alpha$$

$$M = F_A\sin\alpha\cdot x - (q\cos\alpha)\frac{x^2}{2} = \frac{ql}{2}\cdot x\cos\alpha - \frac{qx^2}{2}\cos\alpha$$

任一截面的最大压应力值为

$$\sigma_{c,\max} = \frac{F_N}{A} + \frac{M}{W} = \frac{4}{\pi d^2}\left(\frac{ql}{2}\cdot\frac{\cos^2\alpha}{\sin\alpha} + qx\sin\alpha\right) +$$

$$\frac{32}{\pi d^3}\left(\frac{ql}{2}x\cos\alpha - \frac{qx^2}{2}\cos\alpha\right)$$

由 $\dfrac{\mathrm{d}\sigma_{c,\max}}{\mathrm{d}x} = 0$，解得最大压应力为最大时的横截面位置为

$$\sin\alpha + \frac{8}{d}\left(\frac{l}{2}\cos\alpha - x\cos\alpha\right) = 0$$

$$x = \frac{l}{2} + \frac{d}{8}\tan\alpha$$

10.3-3　简易起重架的最大起重量（包括附属设备重量）$P = 40\mathrm{kN}$，横梁 AB 由两根 18b 号槽钢组成，材料为 Q235 钢，其 $E = 200\mathrm{GPa}$，$[\sigma] = 120\mathrm{MPa}$（已考虑到起吊时的动荷影响）。起重架的结构尺寸如图（a）所示。试求：

（1）校核横梁的强度。

（2）若拉杆 BC 为 $b\times h = 10\mathrm{mm}\times40\mathrm{mm}$ 的钢板条，材料为 Q235 钢。当载荷 P 移动到横梁的跨度中点时，计算载荷作用点的铅垂位移。

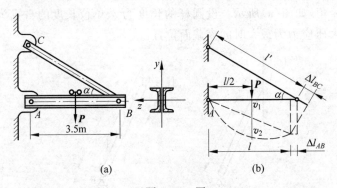

习题 10.3-3 图

解　（1）横梁的强度校核

横梁 AB 为压缩与弯曲的组合变形，对于强度而言，弯曲变形是主要的。因而，载荷的最不利位置在横梁的跨度中点处。这时，横梁的危险截面为载荷作用点的截面，其内力分量为

$$F_{N} = \frac{P}{2} \cdot \cot 30° = \frac{40 \times 10^{3} N}{2} \cdot \cot 30° = 34.64 \times 10^{3} N$$

$$M_{z} = \frac{Pl}{4} = \frac{(40 \times 10^{3} N) \times (3.5 m)}{4} = 35 \times 10^{3} N \cdot m$$

18 号槽钢的截面几何性质为

$$A = 29.29 cm^{2}, \quad I_{z} = 1370 cm^{4}, \quad W_{z} = 152 cm^{3}$$

所以,横梁的最大压应力值为

$$\sigma_{max} = \frac{F_{N}}{A} + \frac{M_{z}}{W_{z}} = \frac{34.64 \times 10^{3} N}{2 \times (29.29 \times 10^{-4} m^{2})} + \frac{35 \times 10^{3} N \cdot m}{2 \times (152 \times 10^{-6} m^{3})}$$

$$= (5.91 + 115) \times 10^{6} Pa = 120.9 MPa > [\sigma]$$

最大应力大于材料的许用应力,但仅超出

$$\frac{120.9 MPa - 120 MPa}{120 MPa} = 0.75\% < 5\%$$

故可认为满足强度要求。

（2）载荷作用点的铅垂位移

由轴向变形引起的位移

由横梁 AB 和拉杆 BC 的变形,以及变形图（图(b)）,可得结点 B 的铅垂位移 Δ_{B} 为

$$\Delta l_{AB} = \frac{F_{N}l}{EA} = \frac{(34.64 \times 10^{3} N) \times (3.5 m)}{(200 \times 10^{9} Pa) \times (2 \times 29.29 \times 10^{-4} m^{2})}$$

$$= 0.104 \times 10^{-3} m$$

$$\Delta l_{BC} = \frac{F'_{N}l'}{EA'} = \frac{F_{N}l}{EA' \cos^{2} 30°} = \frac{(34.64 \times 10^{3} N) \times (3.5 m)}{(200 \times 10^{9} Pa) \times (4 \times 10^{-4} m^{2}) \cos^{2} 30°}$$

$$= 2.02 \times 10^{-3} m$$

$$\Delta_{B} = \frac{\Delta l_{AB}}{\tan 30°} + \frac{\Delta l_{BC}}{\sin 30°} = \frac{0.104 \times 10^{-3} m}{\tan 30°} + \frac{2.02 \times 10^{-3} m}{\sin 30°}$$

$$= 4.22 \times 10^{-3} m$$

所以,由轴向变形引起的位移为

$$v_{1} = \frac{\Delta_{B}}{2} = 2.11 \times 10^{-3} m$$

由弯曲变形引起的位移

$$v_{2} = \frac{Pl^{3}}{48 EI_{z}} = \frac{(40 \times 10^{3} N) \times (3.5 m)^{3}}{48 \times (200 \times 10^{9} Pa) \times (2 \times 1370 \times 10^{-8} m^{4})}$$

$$= 6.52 \times 10^{-3} m$$

于是,得横梁在载荷作用点的铅垂位移为

$$v = v_{1} + v_{2} = 2.11 \times 10^{-3} m + 6.52 \times 10^{-3} m$$

$$= 8.63 \times 10^{-3} m = 8.63 mm$$

讨论:

由本题的计算可见,在压缩(拉伸)与弯曲的组合变形中,对于横截面上的应力而言,弯曲变形是主要的。因此,在设计截面时,可先略去轴向力的影响,由弯曲强度选择截面,然后再考虑轴向力进行校核。而对截面的位移而言,轴力与弯矩所引起的位移,是属于同一数量级的。

10.3-4 直径为 d 的钢丝绳由 n 根直径为 d_1 的钢丝所组成，钢丝绳绕过直径为 D 的滑轮，如图所示。若钢丝的弹性模量为 E，许用应力为 $[\sigma]$，且 $d \ll D$，试求钢丝绳的许可拉力。

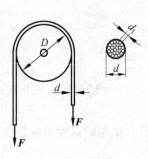

习题 10.3-4 图

解 （1）钢丝的最大应力

组成钢丝绳的每根钢丝为拉伸与弯曲的组合变形。当钢丝绳直径 d 远小于滑轮直径 D 时，可认为每根钢丝的应力情况相同，其最大应力为

$$\sigma_{\max} = \frac{F_{\text{N}}}{A_1} + E\frac{y_{\max}}{\rho} = \frac{F/n}{\pi d_1^2/4} + E\frac{d_1/2}{D/2} = \frac{4F}{n\pi d_1^2} + E\frac{d_1}{D}$$

（2）许可拉力

由强度条件

$$\sigma_{\max} = \frac{4F}{n\pi d_1^2} + E\frac{d_1}{D} \leqslant [\sigma]$$

所以，钢丝绳的许可拉力为

$$[F] = \left([\sigma] - E\frac{d_1}{D}\right)\frac{n\pi d_1^2}{4}$$

讨论：

（1）由上式可见，$\dfrac{n\pi d_1^2}{4}$ 为钢丝绳的横截面面积；$E\dfrac{d_1}{D}$ 为由于钢丝绳弯曲而引起的应力，在钢丝绳直径不变的情况下，其值随钢丝直径的减小而减小。这就反映了采用多股钢丝组成钢丝绳的优点。同时，细钢丝的许用应力往往大于同一材料的粗钢条。

（2）在工程实际中，由于钢丝本身缠绕的影响，钢丝的应力计算需作适当修正，可参阅有关手册。

10.3-5 矩形截面短柱承受偏心压力 $F_1 = 25\text{kN}$ 和横向力 $F_2 = 5\text{kN}$，短柱的几何尺寸如图(a)所示，试求固定端截面上四个角点 A、B、C 及 D 处的正应力，并确定该截面的中性轴位置。

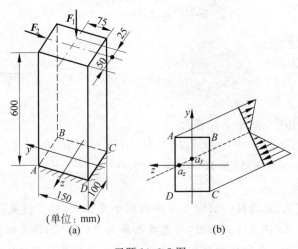

（单位：mm）
(a)   (b)

习题 10.3-5 图

解 （1）固定端截面的内力分量

$$F_N = F_1 = 25kN$$

$$M_y = F_1 \times 0.025m = (25 \times 10^3 N) \times (0.025m)$$
$$= 625N \cdot m$$

$$M_z = F_2 \times 0.6m = (5 \times 10^3 N) \times (0.6m)$$
$$= 3000N \cdot m$$

（2）各点处的应力

$$\sigma_A = -\frac{F_N}{A} + \frac{M_y}{W_y} + \frac{M_z}{W_z}$$

$$= -\frac{25 \times 10^3 N}{(0.1m) \times (0.15m)} + \frac{6 \times (625N \cdot m)}{(0.15m) \times (0.1m)^2} + \frac{6 \times (3000N \cdot m)}{(0.1m) \times (0.15m)^2}$$

$$= 8.83MPa$$

$$\sigma_B = -\frac{F_N}{A} - \frac{M_y}{W_y} + \frac{M_z}{W_z}$$

$$= -\frac{25 \times 10^3 N}{(0.1m) \times (0.15m)} - \frac{6 \times (625N \cdot m)}{(0.15m) \times (0.1m)^2} + \frac{6 \times (3000N \cdot m)}{(0.1m) \times (0.15m)^2}$$

$$= 3.83MPa$$

$$\sigma_C = -\frac{F_N}{A} - \frac{M_y}{W_y} - \frac{M_z}{W_z} = -12.17MPa$$

$$\sigma_D = -\frac{F_N}{A} + \frac{M_y}{W_y} - \frac{M_z}{W_z} = -7.17MPa$$

（3）中性轴位置

设(y_0, z_0)为中性轴上任意点的坐标，则由

$$\sigma(y_0, z_0) = -\frac{F_N}{A} + \frac{M_y z_0}{I_y} + \frac{M_z y_0}{I_z}$$

$$= -\frac{25 \times 10^3 N}{(0.1m) \times (0.15m)} + \frac{12 \times (625N \cdot m)}{(0.15m) \times (0.1m)^3} z_0 + \frac{12 \times (3000N \cdot m)}{(0.1m) \times (0.15m)^3} y_0 = 0$$

可得中性轴方程为

$$29.94z_0 + 63.89y_0 - 1 = 0$$

中性轴与y、z轴的截距为

令 $z_0 = 0$，　　　　　得　$a_y = \dfrac{1m}{63.89} = 0.0157m = 15.7mm$

$y_0 = 0$，　　　　　　　$a_z = \dfrac{1m}{29.94} = 0.0334m = 33.4mm$

中性轴位置如图（b）所示。

讨论：

（1）确定中性轴的位置，也可将M_y写成$M_y = F_i z_F$；M_z写成$M_z = F_i y_F$，算出假想的偏心压力F_i的作用点(y_F, z_F)，然后，直接应用式（10-9）进行计算。

（2）偏心压缩（或拉伸）时，中性轴具有如下特征：①中性轴为一条不通过截面形心的直线，并与载荷作用点分别位于截面形心的两侧；②中性轴的位置仅与截面的几何形状、尺寸(i_y, i_z)以及载荷的作用点(y_F, z_F)有关，而与载荷的大小无关；③若中性轴不通过截面，

则截面上将只引起同号的应力。

10.3-6　一输气管的支承情况如图（a）所示。管的平均直径 $D=1$m，壁厚 $\delta=30$mm。材料为钢，密度 $\rho=7.80\times10^3$kg/m³，许用应力 $[\sigma]=100$MPa，试按第三强度理论计算管的许可内压。

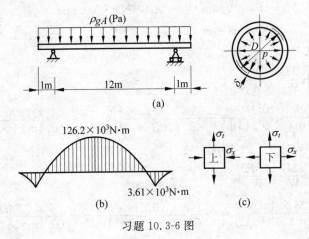

习题 10.3-6 图

解　（1）受力分析

输气管承受自重及内压的共同作用。设内压的压强为 p，在自重作用下的弯矩图如图（b）。危险截面位于跨度中点的截面，其最大弯矩为

$$M_{max}=\frac{(\rho gA)(12\text{m})^2}{8}-\frac{(\rho gA)(1\text{m})^2}{2}$$

$$=(7.80\times10^3\text{kg/m}^3)\times(9.81\text{m/s}^2)\times(\pi\times1\text{m}\times0.03\text{m})\times\left[\frac{(12\text{m})^2}{8}-\frac{(1\text{m})^2}{2}\right]$$

$$=126.2\times10^3\text{N}\cdot\text{m}$$

（2）危险点应力状态

危险点位于跨度中点截面的上、下边缘处，其应力状态如图（c）所示。其中

弯曲应力　　　$\sigma_x=\mp\dfrac{M_{max}}{I_z}\cdot y_{max}\approx\mp\dfrac{8\times126.2\times10^3\text{N}\cdot\text{m}}{\pi(1\text{m})^3\times0.03\text{m}}\times\dfrac{1.03\text{m}}{2}$

$$=\mp5.52\times10^6\text{Pa}$$

环向应力　　　$\sigma_t=\dfrac{pD}{2\delta}=\dfrac{p(1\text{m})}{2\times(0.03\text{m})}=\dfrac{100p}{6}\text{Pa}$

（3）许可内压

考虑第三强度理论，则危险点应为跨度中点截面的上边缘点，该点处的主应力为

$$\sigma_1=\frac{100p}{6}\text{Pa},\quad\sigma_2=0,\quad\sigma_3=-5.52\times10^6\text{Pa}$$

由第三强度理论

$$\sigma_{r3}=\sigma_1-\sigma_3=\frac{100p}{6}+5.52\times10^6\text{Pa}\leqslant[\sigma]=100\times10^6\text{Pa}$$

得许可内压为

$$[p]=5.67\text{MPa}$$

10.3-7 试求 20 号槽钢截面的截面核心。

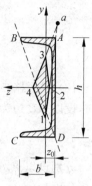

解 （1）截面的几何性质

由型钢表,查得 20b 号槽钢（如图）的几何性质为

$$b = 75\text{mm}, \quad h = 200\text{mm};$$
$$i_y = 2.09\text{cm}, \quad i_z = 7.64\text{cm};$$
$$z_0 = 1.95\text{cm}$$

（2）截面核心

设以 AB 边为中性轴（$a_y = 10\text{cm}, a_z = \infty$）,则相应的载荷作用点 1 的坐标为

$$y_F = -\frac{i_z^2}{a_y} = -\frac{(7.64 \times 10^{-2}\text{m})^2}{10 \times 10^{-2}\text{m}} = -5.84 \times 10^{-2}\text{m} = -5.84\text{cm}$$

$$z_F = -\frac{i_y^2}{a_z} = 0$$

习题 10.3-7 图

设以 BC 边为中性轴（$a_y = \infty, a_z = 5.55\text{cm}$）,则相应的载荷作用点 2 的坐标为

$$y_F = -\frac{i_z^2}{a_y} = 0, \quad z_F = -\frac{i_y^2}{a_z} = -0.787\text{cm}$$

设以 CD 边为中性轴（$a_y = -10\text{cm}, a_z = \infty$）,则相应的载荷作用点 3 将与点 1 对称于 z 轴,即

$$y_F = 5.84\text{cm}, \quad z_F = 0$$

设以 AD 边为中性轴（$a_y = \infty, a_z = -1.95\text{cm}$）,则相应的载荷作用点 4 的坐标为

$$y_F = 0, \quad z_F = -\frac{i_y^2}{a_z} = 2.24\text{cm}$$

连接点 1、2、3 和 4 所围的区域,即为 20 号槽钢截面的截面核心,如图中阴影区域所示。

讨论:

若有一轴向力作用于直线 1—2 和 3—4 的交点 a 处,则相应的中性轴将是通过截面角点 B、D 的连线（如图中虚线所示）。因由截面核心的特征可知,当载荷沿直线 1—2—a（或 3—4—a）移动时,截面的中性轴将始终通过点 B（或点 D）。

10.3-8 试求直径 $d = 20\text{cm}$ 的半圆形截面（如图）的截面核心。

解 （1）截面几何性质

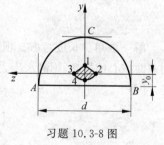

$$A = \frac{\pi d^2}{8} = \frac{\pi(20 \times 10^{-2}\text{m})^2}{8} = 157.1 \times 10^{-4}\text{m}^2$$

$$y_0 = \frac{2d}{3\pi} = \frac{2 \times (20 \times 10^{-2}\text{m})}{3\pi} = 4.244 \times 10^{-2}\text{m}$$

$$I_y = \frac{\pi d^4}{2 \times 64} = \frac{\pi(20 \times 10^{-2}\text{m})^4}{2 \times 64} = 3927 \times 10^{-8}\text{m}^4$$

习题 10.3-8 图

$$I_z = \frac{\pi d^4}{2 \times 64} - A y_0^2 = 3927 \times 10^{-8}\text{m}^4 - (157.1 \times 10^{-4}\text{m}^2) \times (4.244 \times 10^{-2}\text{m})^2$$

$$= 1097 \times 10^{-8}\text{m}^4$$

$$i_y^2 = \frac{I_y}{A} = \frac{3927 \times 10^{-8}\,\mathrm{m^4}}{157.1 \times 10^{-4}\,\mathrm{m^2}} = 25 \times 10^{-4}\,\mathrm{m^2}$$

$$i_z^2 = \frac{I_z}{A} = \frac{1097 \times 10^{-8}\,\mathrm{m^4}}{157.1 \times 10^{-4}\,\mathrm{m^2}} = 6.98 \times 10^{-4}\,\mathrm{m^2}$$

（2）截面核心

设以 AB 边为中性轴（$a_y = -4.244 \times 10^{-2}\,\mathrm{m}, a_z = \infty$），则相应的载荷作用点 1 的坐标为

$$y_F = -\frac{i_z^2}{a_y} = 1.65 \times 10^{-2}\,\mathrm{m} = 1.65\,\mathrm{cm}, \quad z_F = -\frac{i_y^2}{a_z} = 0$$

分别设以点 A、B 和 C 的切线为中性轴，则相应的中性轴截距和载荷作用点 2、3 和 4 的坐标分别为

$$a_y = \infty, \quad a_z = \pm 10\,\mathrm{cm}; \quad a_y = 5.756\,\mathrm{cm}, \quad a_z = \infty$$

$$y_F = 0, \quad z_F = \mp 2.5\,\mathrm{cm}; \quad y_F = -1.21\,\mathrm{cm}, \quad z_F = 0$$

中性轴由 AB 边绕角点 A（或 B）旋转至点 A（或 B）的切线时，相应的载荷作用点的轨迹为一由点 1 至点 2（或 3）的直线；而中性轴由点 A 的切线沿半圆弧 $\overset{\frown}{ACB}$ 过渡到点 B 的切线（始终与圆周相切），则相应的载荷作用点的轨迹必为一通过点 2、4 和 3 的曲线。于是，可得该截面的截面核心如图中阴影区域所示。

10.3-9　水的深度为 h，欲建造一矩形剖面的混凝土挡水坝，如图（a）所示。设水的密度为 ρ_w，混凝土的密度为 ρ_c，且 $\rho_c = 2.5\rho_w$。要求坝底不出现拉应力，试设计坝的最小宽度。

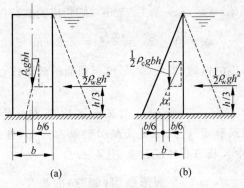

习题 10.3-9 图

解　取单位长度考虑。坝受静水压力和自重作用，对于坝底截面，要求其拉应力为零，利用截面核心的概念，则静水压力与自重的合力作用线必须通过其截面核心的边缘（图（a)）。于是，可得

$$\left(\frac{1}{2}\rho_w g h^2\right) \Big/ (\rho_c b h) = \left(\frac{b}{6}\right) \Big/ \left(\frac{h}{3}\right)$$

由 $\rho_c = 2.5\rho_w$，得

$$2.5b^2 = h^2$$

所以，坝的最小宽度为

$$b = 0.63h$$

讨论：

(1) 挡水坝为压缩与弯曲的组合变形，也可由压、弯组合变形下坝底截面最大拉应力为零

$$\sigma_{t,\max} = -\frac{F_N}{A} + \frac{M_{\max}}{W} = 0$$

的条件，计算坝底截面的最小宽度。

(2) 若坝体改为三角形剖面(图(b))，则同理可得坝底截面的最小宽度为

$$\left(\frac{1}{2}\rho_w gh^2\right)\bigg/\left(\frac{1}{2}\rho_c gbh\right) = \frac{b}{3}\bigg/\frac{h}{3}$$

$$b = 0.63h$$

对于三角形剖面的坝体，应注意校核

$$\frac{1}{2}\rho_w gh^2 \leqslant f\left(\frac{1}{2}\rho_c gbh\right)$$

即

$$\tan\alpha = \frac{b}{h} \leqslant f = \tan\varphi$$

以防止坝体与基础间的滑动。上式中 f、φ 分别表示坝底与基础接触面之间的静摩擦因数和摩擦角。

*10.3-10 一弓形夹紧器如图(a)所示。弓形架长度 $l_1 = 150\,\text{mm}$，偏心距 $e = 60\,\text{mm}$，截面为矩形 $b \times h = 10\,\text{mm} \times 20\,\text{mm}$，弹性模量 $E_1 = 200\,\text{GPa}$。螺杆的工作长度 $l_2 = 100\,\text{mm}$，根径 $d_2 = 8\,\text{mm}$，弹性模量 $E_2 = 220\,\text{GPa}$。工件的长度 $l_3 = 40\,\text{mm}$，直径 $d_3 = 10\,\text{mm}$，弹性模量 $E_3 = 180\,\text{GPa}$。当螺杆与工件接触后，再将螺杆旋进 $1.0\,\text{mm}$，以压紧工件，试求弓形架内的最大正应力，以及弓形架两端 A、B 间的相对位移 δ_{AB}。

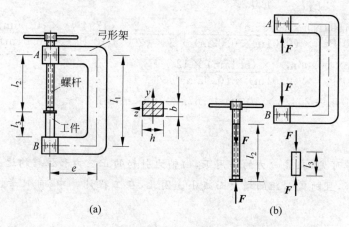

(a)　　　　　　　　(b)

习题 10.3-10 图

解 (1) 受力分析

本题为一次静不定，弓形架、螺杆及工件的受力如图(b)所示。设弓形架 A、B 两端间的相对位移为 δ_{AB}，螺杆工作段的压缩变形为 δ_2，工件的压缩变形为 δ_3。则其变形几何相容条件为

$$\delta_{AB} + \delta_2 + \delta_3 = \delta$$

力-变形(位移)间的物理关系为

$$\delta_{AB} = \frac{Fl_1}{E_1 A_1} + 2 \times \frac{Fe^3}{3E_1 I_y} + \frac{(Fe) l_1}{E_1 I_y} \cdot e$$

$$\delta_2 = \frac{Fl_2}{E_2 A_2}, \quad \delta_3 = \frac{Fl_3}{E_3 A_3}$$

将物理关系代入变形相容方程,即可解得

$$F = \frac{E_1 \delta}{\frac{l_1}{A_1} + \frac{e^2 (2e + 3l_1)}{3I_y} + \frac{E_1}{E_2} \cdot \frac{l_2}{A_2} + \frac{E_1}{E_3} \cdot \frac{l_3}{A_3}}$$

$$= (200 \times 10^9 \, \text{Pa}) \times (1 \times 10^{-3} \, \text{m}) \Big/ \Big[\frac{0.15 \text{m}}{(0.01 \text{m} \times 0.02 \text{m})} + \frac{(0.06 \text{m})^2 \times 12}{3 \times (0.01 \text{m}) \times (0.02 \text{m})^3}$$

$$(2 \times 0.06 \text{m} + 3 \times 0.15 \text{m}) + \frac{4 \times 0.1 \text{m}}{1.1 \pi (0.008 \text{m})^2} + \frac{0.9 \times 4 \times (0.04 \text{m})}{\pi (0.01 \text{m})^2} \Big]$$

$$= 1894 \text{N}$$

(2) 弓形架的最大正应力

$$\sigma_{\max} = \frac{F_N}{A_1} + \frac{M_y}{W_y} = \frac{F}{bh} + \frac{Fe}{bh^2 / 6}$$

$$= \frac{1894 \text{N}}{0.01 \text{m} \times 0.02 \text{m}} + \frac{6 \times (1894 \text{N}) \times 0.06 \text{m}}{0.01 \text{m} \times (0.02 \text{m})^2}$$

$$= 9.47 \times 10^6 \, \text{Pa} + 170.5 \times 10^6 \, \text{Pa}$$

$$= 180 \text{MPa}$$

(3) 弓形架两端的相对位移

$$\delta_{AB} = \frac{Fl_1}{E_1 A_1} + 2 \times \frac{Fe^3}{3E_1 I_y} + \frac{(Fe) l_1}{E_1 I_y} \cdot e$$

$$= \frac{(1894 \text{N}) \times (0.15 \text{m})}{(200 \times 10^9 \, \text{Pa}) \times (0.01 \text{m} \times 0.02 \text{m})} + \frac{2 \times (1894 \text{N}) \times (0.06 \text{m})^3 \times 12}{3 \times (200 \times 10^9 \, \text{Pa}) \times (0.01 \text{m}) \times (0.02 \text{m})^3} +$$

$$\frac{(1894 \text{N}) \times (0.06 \text{m})^2 \times (0.15 \text{m}) \times 12}{(200 \times 10^9 \, \text{Pa}) \times (0.01 \text{m}) \times (0.02 \text{m})^3}$$

$$= 7.1 \times 10^{-6} \text{m} + 204.6 \times 10^{-6} \text{m} + 767.1 \times 10^{-6} \text{m}$$

$$= 0.98 \text{mm}$$

讨论:

由上述计算可见,在偏心力的作用下,由轴力引起的正应力和位移均远小于由弯矩引起的正应力和位移,且随偏心距的增大而减小。因此,在工程计算中,可只考虑弯曲变形的影响,以简化计算。

*10.3-11　长度为 l、直径为 d 的悬臂梁 AB,在室温下正好靠在光滑斜面上,如图(a)所示。梁材料的弹性模量为 E,线膨胀系数为 α_l。试求当温度升高 $\Delta t \, \text{℃}$ 时,梁内的最大正应力和最大切应力。

解　(1) 受力分析

本题为一次静不定。由于温度升高,光滑面的支反力为 F(图(b)),则

$$F_x = F \sin\alpha, \quad F_y = F \cos\alpha$$

由变形几何相容条件(图(b))

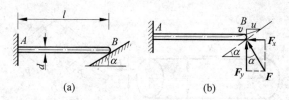

习题 10.3-11 图

$$v = u\tan\alpha$$

物理关系为

$$v = \frac{F_y l^3}{3EI}$$

$$u = \alpha_l l \Delta t - \frac{F_x l}{EA}$$

将物理方程代入变形相容方程,得补充方程

$$\frac{(F\cos\alpha)l^3}{3EI} = \left(\alpha_l l \Delta t - \frac{(F\sin\alpha)l}{EA}\right)\tan\alpha$$

解得

$$F = \frac{\alpha_l l \Delta t \cdot 3EAI \cdot \tan\alpha}{Al^3\cos\alpha + 3Il\sin\alpha\tan\alpha}$$

(2)最大应力

最大压应力发生在固定端截面 A 的上边缘处,其值为

$$\sigma_{\max} = \frac{F_N}{A} + \frac{M}{W} = \frac{4F\sin\alpha}{\pi d^2} + \frac{32Fl\cos\alpha}{\pi d^3}$$

最大切应力发生在任一横截面中性轴上的各点处,其值为

$$\tau_{\max} = \frac{4}{3} \cdot \frac{F_S}{A} = \frac{16}{3} \cdot \frac{F\cos\alpha}{\pi d^2}$$

讨论:

本题给出的最大切应力仅是指梁横截面上的最大切应力。对于梁 AB 内的最大切应力还应考虑最大压应力所在点处的应力状态,即

$$\sigma_1 = \sigma_2 = 0, \quad \sigma_3 = -\sigma_{\max}$$

而该点处的最大切应力发生在通过该点、并与横截面成 $45°$ 的平面,其值为

$$\tau'_{\max} = \frac{\sigma_1 - \sigma_3}{2} = \frac{1}{2}\sigma_{\max}$$

实际上,在多数情况下,$\tau'_{\max}$ 将大于 $\tau_{\max}$。

*10.3-12 直径为 d 的圆杆 AB,A 端固定,B 端承受偏心拉力 F。为测定拉力 F 及其偏心距 e,现在圆杆的上、下表面黏贴电阻应变片 R_a 和 R_b,如图(a)所示。材料的弹性模量为 E,现规定采用全桥接线的方式,试设计接线方案并推导 F、e 与 ε_a、ε_b 之间的关系。

解 (1)F、e 与 ε_a、ε_b 间的关系

圆杆任一横截面上、下边缘处的正应力为

$$\sigma_a = \frac{F_N}{A} + \frac{M}{W} = \frac{4F}{\pi d^2} + \frac{32Fe}{\pi d^3} = E\varepsilon_a$$

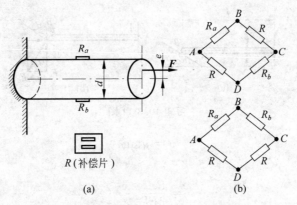

习题 10.3-12 图

$$\sigma_b = \frac{F_\mathrm{N}}{A} - \frac{M}{W} = \frac{4F}{\pi d^2} - \frac{32Fe}{\pi d^3} = E\varepsilon_b$$

联立解得

$$F = \frac{\pi d^2}{8} E(\varepsilon_a + \varepsilon_b)$$

$$e = \frac{d}{8} \cdot \frac{\varepsilon_a - \varepsilon_b}{\varepsilon_a + \varepsilon_b}$$

（2）接线方案

利用电阻应变仪的读数值 ε_R 与应变仪测量电桥中四个桥臂应变值 ε_1、ε_2、ε_3、ε_4 之间的关系

$$\varepsilon_R = \varepsilon_1 - \varepsilon_2 + \varepsilon_3 - \varepsilon_4$$

分别将工作片 R_a 和 R_b 接入桥臂 AB 和 CD，将温度补偿片 R 接入桥臂 BC 和 AD（图（b））。则得测量的读数值为

$$\varepsilon_R' = \varepsilon_a + \varepsilon_b$$

然后，再分别将 R_a、R_b 接入桥臂 AB 和 BC，将 R 接入桥臂 CD 和 DA（图（b）），则得读数值

$$\varepsilon_R'' = \varepsilon_a - \varepsilon_b$$

将 ε_R' 和 ε_R'' 代入 F 和 e 的表达式，即可测定偏心拉力 F 和偏心距 e。

10.4-1　一平均直径 $d_0 = 40\mathrm{mm}$、壁厚 $\delta = \dfrac{5}{\pi}\mathrm{mm}$ 的水平薄壁圆管，A 端固定，B 端与刚性臂 BC 连接。在刚性臂的 C 端与铅垂方向的螺杆 CD 相连，如图（a）所示。螺杆的根径 $d = 8\mathrm{mm}$，薄壁圆管与螺杆的材料相同，其弹性模量 $E = 200\mathrm{GPa}$，切变模量 $G = 80\mathrm{GPa}$。在螺帽与螺杆紧密配合，但螺杆不受力的条件下，再旋进螺帽 $\Delta = 5\mathrm{mm}$，试求薄壁圆管内危险点的位置及其主应力。

解　（1）受力分析

取基本静定系如图（b），由变形几何相容条件

$$v_\mathrm{C} + \delta_\mathrm{C} = \Delta$$

代入力-位移间的物理关系，得补充方程

$$\left(\frac{Fl^3}{3EI} + \frac{Fa \cdot l}{GI_\mathrm{p}} \cdot a \right) + \frac{Fh}{EA} = \Delta$$

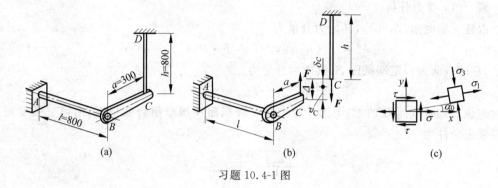

习题 10.4-1 图

由 $I_p = 2I = \pi d_0 \delta \left(\dfrac{d_0}{2}\right)^2, A = \dfrac{\pi d^2}{4}$，并代入已知数据，解得

$$F = 153\text{N}$$

（2）危险点及其主应力

圆管的危险点位于固定端截面 A 的上、下边缘处。下边缘点的应力状态如图（c），其应力分量为

$$\sigma = \frac{M_A}{I} \cdot y_{\max} = \frac{(Fl)\left(\dfrac{d_0}{2}+\dfrac{\delta}{2}\right)}{I} = 63.6\text{MPa}$$

$$\tau = \frac{T}{I_p} \cdot \rho_{\max} = \frac{(Fa)\left(\dfrac{d_0}{2}+\dfrac{\delta}{2}\right)}{I_p} = 11.9\text{MPa}$$

危险点的主应力为

$$\begin{aligned}\sigma_1 \\ \sigma_3\end{aligned} = \frac{\sigma}{2} \pm \sqrt{\left(\frac{\sigma}{2}\right)^2 + \tau^2} = \begin{aligned}65.8 \\ -2.15\end{aligned}\text{MPa}$$

$$\tan 2\alpha_0 = -\frac{2\tau}{\sigma} = 0.374$$

$$\alpha_0 = 10°15'$$

危险点的主应力单元体如图（c）中所示。

10.4-2 一水平放置的等截面圆杆 AB，其轴线为 1/4 圆弧，圆弧的半径 $R = 60\text{cm}$，圆杆在自由端 A 承受铅垂载荷 $F = 1.5\text{kN}$，如图（a）所示。圆杆材料的许用应力 $[\sigma] = 80\text{MPa}$，弹性模量 $E = 210\text{GPa}$，泊松比 $\nu = 0.3$。试求圆杆的直径及自由端 A 的铅垂位移。

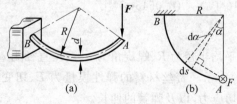

习题 10.4-2 图

解 （1）受力分析

取任一横截面（图(b)），其内力分量为

$$M = F \cdot R\sin\alpha, \quad T = F \cdot R(1 - \cos\alpha)$$

显然，危险截面为固定端截面 B，其内力分量为

$$M_{\max} = T_{\max} = FR$$

危险点位于危险截面 B 的上、下边缘处。对于圆截面在扭弯组合变形下，由第三强度理论可得强度条件为

$$\frac{\sqrt{M_{\max}^2 + T_{\max}^2}}{W} \leqslant [\sigma]$$

于是，可得圆杆直径为

$$d \geqslant \sqrt[3]{\frac{32\sqrt{M_{\max}^2 + T_{\max}^2}}{\pi[\sigma]}} = \sqrt[3]{\frac{32\sqrt{2} \cdot FR}{\pi[\sigma]}}$$

$$= \sqrt[3]{\frac{32\sqrt{2} \times (1.5 \times 10^3 \mathrm{N}) \times (0.6\mathrm{m})}{\pi(80 \times 10^6 \mathrm{Pa})}} = 54.5\mathrm{mm}$$

（2）自由端 A 的铅垂位移

对于轴线的 1/4 圆弧的曲杆，取任一微段 $\mathrm{d}s$（图(b)），微段的扭转与弯曲变形均将引起自由端的铅垂位移。

由微段扭转变形引起的位移为

$$\mathrm{d}\delta_1 = \mathrm{d}\varphi \cdot R(1 - \cos\alpha) = \frac{T\mathrm{d}s}{GI_\mathrm{p}}R(1 - \cos\alpha)$$

由微段弯曲变形引起的位移为

$$\mathrm{d}\delta_2 = \mathrm{d}\theta \cdot R\sin\alpha = \frac{M\mathrm{d}s}{EI}R\sin\alpha$$

注意到 $I_\mathrm{p} = 2I = \dfrac{\pi d^4}{32}, \dfrac{E}{G} = 2(1 + \nu)$，于是，可得自由端的铅垂位移为

$$\delta_A = \int_0^s \mathrm{d}\delta_1 + \int_0^s \mathrm{d}\delta_2$$

$$= \int_0^{\pi/2} \frac{FR(1 - \cos\alpha)(R\mathrm{d}\alpha)}{GI_\mathrm{p}}R(1 - \cos\alpha) + \int_0^{\pi/2} \frac{FR\sin\alpha(R\mathrm{d}\alpha)}{EI}R\sin\alpha$$

$$= \frac{FR^3}{EI}\left[\frac{\pi}{4} + \frac{E}{G} \cdot \frac{I}{I_\mathrm{p}}\left(\frac{3\pi}{4} - 2\right)\right] = \frac{16FR^3}{Ed^4}\left[1 + (1 + \nu)\left(3 - \frac{8}{\pi}\right)\right]$$

$$= \frac{16 \times (1.5 \times 10^3 \mathrm{N}) \times (0.6\mathrm{m})^3}{(210 \times 10^9 \mathrm{Pa}) \times (0.0545\mathrm{m})^4}\left[1 + (1 + 0.3) \times \left(3 - \frac{8}{\pi}\right)\right]$$

$$= 4.45\mathrm{mm} \quad (\downarrow)$$

10.4-3 一弹簧圈的平均半径为 R、螺旋角为 α、簧丝直径为 d 的疏圈（大螺距）螺旋弹簧，承受轴向力 F，如图(a)所示。簧丝材料的弹性模量为 E，切变模量为 G，弹簧的有效圈数为 n。试求簧丝的最大切应力，以及弹簧的伸长。

解 （1）簧丝

取任一截面（图 b），可得内力分量（略去剪力和轴力影响）为

$$M = FR\sin\alpha, \quad T = FR\cos\alpha$$

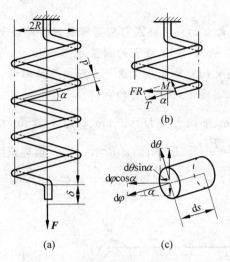

习题 10.4-3 图

簧丝横截面上危险点位于弹簧圈的内侧和外侧点处,其应力分量为

$$\sigma = \frac{M}{W} = \frac{32FR\sin\alpha}{\pi d^3}, \quad \tau = \frac{T}{W_p} = \frac{16FR\cos\varphi}{\pi d^3}$$

在扭、弯组合变形下,危险点为平面应力状态($\sigma_x = \sigma, \sigma_y = 0, \tau_{xy} = \tau$)。故其主应力为

$$
\begin{aligned}
\genfrac{}{}{0pt}{}{\sigma_1}{\sigma_3} &= \frac{\sigma}{2} \pm \sqrt{\left(\frac{\sigma}{2}\right)^2 + \tau^2} \\
&= \frac{32FR\sin\alpha}{2 \cdot \pi d^3} \pm \frac{16FR}{\pi d^3}\sqrt{\sin^2\alpha + \cos^2\alpha} \\
&= \frac{16FR}{\pi d^3}(\sin\alpha \pm 1)
\end{aligned}
$$

$$\sigma_2 = 0$$

危险点的最大切应力为

$$\tau_{max} \doteq \frac{\sigma_1 - \sigma_3}{2} = \frac{16FR}{\pi d^3}$$

(2)弹簧的伸长

任取微段 ds(图(c)),两端截面的相对扭转角和转角分别为

$$d\varphi = \frac{Tds}{GI_p} = \frac{FR\cos\alpha}{GI_p}ds, \quad d\theta = \frac{Mds}{EI} = \frac{FR\sin\alpha}{EI}ds$$

而由扭转角 $d\varphi$ 和转角 $d\theta$ 引起弹簧沿轴线方向的位移为

$$
\begin{aligned}
d\delta &= (d\varphi\cos\alpha)R + (d\theta\sin\alpha)R \\
&= \frac{64FR^2}{\pi d^4}\left(\frac{\cos^2\alpha}{2G} + \frac{\sin^2\alpha}{E}\right)ds
\end{aligned}
$$

簧丝的总长度 $s = 2\pi Rn\sec\alpha$,于是,可得弹簧的伸长为

$$
\begin{aligned}
\delta &= \int_0^s d\delta = \frac{64FR^2 \cdot s}{\pi d^4}\left(\frac{\cos^2\alpha}{2G} + \frac{\sin^2\alpha}{E}\right) \\
&= \frac{64nFR^3\sec\alpha}{d^4}\left(\frac{\cos^2\alpha}{G} + \frac{2\sin\alpha}{E}\right)
\end{aligned}
$$

讨论：

疏圈螺旋弹簧簧丝的最大切应力公式与密圈螺旋弹簧的最大切应力公式在形式上是相同的，但两者的作用面并不相同，其危险点的位置也不尽相同。若簧丝直径 d 与弹簧圈直径 $2R$ 相比并不很小，则最大切应力也应考虑剪力和曲率的影响，而加以修正。对于螺旋角 $\alpha \leqslant 20°$ 时，其修正因数可取与密圈螺旋弹簧的相同。

10.4-4   长度 $l=10\text{cm}$、平均直径 $D=40\text{mm}$、壁厚 $\delta=2\text{mm}$ 的铸铁薄壁圆管，承受横向力 F 和扭转外力偶矩 $M_e = \dfrac{FD}{2}$ 作用，如图(a)所示。当 F 值逐渐增大而导致圆管破裂时，发现其破裂面与圆管母线的夹角 $\theta = 84.4°$，铸铁的拉伸强度极限 $\sigma_b = 60\text{MPa}$，试按第一强度理论，求破裂时的 F 值。

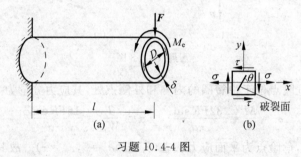

习题 10.4-4 图

解   (1) 危险点及其应力状态

危险点在固定端截面的上边缘处，其应力分量为

$$\sigma = \frac{M}{W}, \quad \tau = \frac{T}{W_p}$$

由 $W_p = 2W = 2\pi\delta\left(\dfrac{D}{2}\right)^2 = 5.02 \times 10^{-6}\,\text{m}^3$，即得

$$\sigma = \frac{M}{W} = \frac{F(0.1\text{m}) \times 2}{5.02 \times 10^{-6}\,\text{m}^3} = \frac{F}{25.1} \times 10^6\,\text{Pa}$$

$$\tau = \frac{T}{W_p} = \frac{F(0.04\text{m})}{2 \times (5.02 \times 10^{-6}\,\text{m}^3)} = \frac{F}{251} \times 10^6\,\text{Pa}$$

其应力状态如图(b)所示。

(2) 破裂时的 F 值

按第一强度理论，破裂面沿最大拉应力 σ_1 的作用面，因而，最大拉应力 σ_1 与横截面间的夹角为(图(b))

$$\alpha_0 = \theta - 90° = -5.6°$$

由

$$\sigma_1 = \frac{\sigma}{2} + \frac{\sigma}{2}\cos(-5.6° \times 2) - \tau\sin(-5.6° \times 2)$$

$$= \frac{F \times 10^6}{2 \times 25.1}\text{Pa} + \left(\frac{F \times 10^6}{2 \times 25.1}\text{Pa}\right)\cos(-11.2°) - \left(\frac{F \times 10^6}{251}\text{Pa}\right)\sin(-11.2°)$$

$$= \sigma_b = 60 \times 10^6\,\text{Pa}$$

解得

$$F = 1.49\text{kN}$$

10.4-5 直径 $d=20\text{mm}$ 的等圆截面直杆,承受外力偶矩 M_x 和 M_z 作用,如图所示。在杆表面的 A、B 两点分别沿图示方向测得线应变 $\varepsilon_A=250\times10^{-6}$ 和 $\varepsilon_B=200\times10^{-6}$,杆材料的弹性模量 $E=200\text{GPa}$、泊松比 $\nu=0.25$,许用应力 $[\sigma]=100\text{MPa}$,试按第四强度理论校核杆的强度。

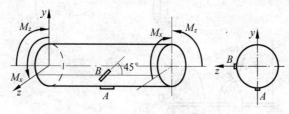

习题 10.4-5 图

解 (1)外力偶矩值

由
$$\varepsilon_A=\frac{\sigma_A}{E}=\frac{M}{EW_z}=\frac{32M_z}{E\pi d^3}$$

得
$$M_z=E\varepsilon_A\frac{\pi d^3}{32}=(200\times10^9\text{Pa})\times(250\times10^{-6})\times\frac{\pi(20\times10^{-3}\text{m})^3}{32}$$
$$=39.3\text{N}\cdot\text{m}$$

点 B 为纯剪切应力状态,有 $\sigma_1=-\sigma_3=\tau=\dfrac{T}{W_p}$,$\sigma_2=0$。由广义胡克定律

$$\varepsilon_B=\frac{1}{E}(\sigma_1-\nu\sigma_3)=\frac{1+\nu}{E}\tau=\frac{1+\nu}{E}\cdot\frac{T}{W_p}=\frac{1+\nu}{E}\cdot\frac{16M_x}{\pi d^3}$$

得
$$M_x=E\varepsilon_B\frac{\pi d^3}{16(1+\nu)}=(200\times10^9\text{Pa})\times(200\times10^{-6})\times\frac{\pi(20\times10^{-3}\text{m})^3}{16(1+0.25)}$$
$$=50.3\text{N}\cdot\text{m}$$

(2)强度校核

圆杆在扭、弯组合变形下,按第四强度理论

$$\sigma_{r4}=\frac{\sqrt{M^2+0.75T^2}}{W}=\frac{32\sqrt{M_z^2+0.75M_x^2}}{\pi d^3}$$
$$=\frac{32\sqrt{(39.3\text{N}\cdot\text{m})^2+0.75\times(50.3\text{N}\cdot\text{m})^2}}{\pi(20\times10^{-3}\text{m})^3}$$
$$=74.7\text{MPa}<[\sigma]$$

所以,圆杆满足强度要求。

10.4-6 某滚齿机变速箱第 II 轴为根径 $d=36\text{mm}$ 的花键轴,如图(a)所示。传递功率 $P=3.2\text{kW}$,转速 $n=315\text{r/min}$。轴上的齿轮 1 为直齿圆柱齿轮,节圆直径 $d_1=108\text{mm}$,啮合力分解为切向力 F_1 和径向力 F_{r1},且 $F_{r1}=F_1\tan20°$;齿轮 2 为螺旋角 $\beta=17°20'$ 的斜齿轮,节圆直径 $d_2=141\text{mm}$,啮合力分解为切向力 F_2、径向力 F_{r2} 和轴向力 F_{a2},且

$$F_{r2}=\frac{\tan20°}{\cos17°20'}F_2,\quad F_{a2}=F_2\tan17°20'$$

轴材料的许用应力 $[\sigma]=85\text{MPa}$,试按第三强度理论,校核轴的强度。

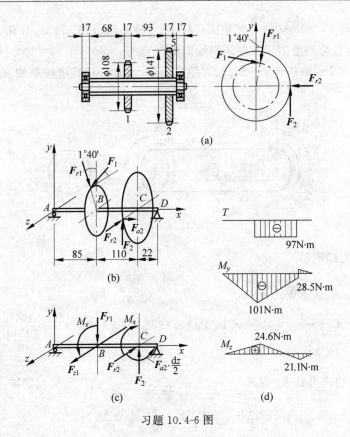

习题 10.4-6 图

解 (1) 受力分析

扭转外力偶矩

$$M_x = 9550\frac{P}{n} = 9550 \times \frac{3.2\text{kW}}{315\text{r/min}} = 97\text{N} \cdot \text{m}$$

啮合力

$$F_1 = \frac{M_x}{d_1/2} = \frac{2 \times 97\text{N} \cdot \text{m}}{0.108\text{m}} = 1796\text{N}$$

$$F_{r1} = F_1\tan 20° = 654\text{N}$$

$$F_2 = \frac{M_x}{d_2/2} = \frac{2 \times 97\text{N} \cdot \text{m}}{0.141\text{m}} = 1376\text{N}$$

$$F_{r2} = F_2\frac{\tan 20°}{\cos 17°20'} = 525\text{N}$$

$$F_{a2} = F_2\tan 17°20' = 430\text{N}$$

轴的受力图如图(b)所示。

将外力化简为符合基本变形外力作用条件的等效力系：

$$F_{y1} = F_1\sin 1°40' + F_{r1}\cos 1°40' = 706\text{N}$$

$$F_{z1} = F_1\cos 1°40' - F_{r1}\sin 1°40' = 1776\text{N}$$

略去轴力对轴强度的影响，于是，可得轴的计算简图如图(c)所示。

(2) 内力分析

分别作轴的扭矩图，Oxz 和 Oxy 平面的弯矩图，如图(d)所示。可见，危险截面为齿轮 1 所在的截面 B 的右侧，其内力分量为

$$T = M_x = 97\text{N} \cdot \text{m}$$

$$M_y = 101\text{N} \cdot \text{m}, \qquad M_z = 24.6\text{N} \cdot \text{m}$$

$$M = \sqrt{M_y^2 + M_z^2} = \sqrt{(101\text{N} \cdot \text{m})^2 + (24.6\text{N} \cdot \text{m})^2}$$

$$= 104\text{N} \cdot \text{m}$$

（3）强度校核

按第三强度理论

$$\sigma_{r3} = \frac{\sqrt{M^2 + T^2}}{W} = \frac{32\sqrt{(104\text{N} \cdot \text{m})^2 + (97\text{N} \cdot \text{m})^2}}{\pi(36 \times 10^{-3}\text{m})^3} = 31\text{MPa} < [\sigma]$$

所以，满足强度要求。

讨论：

本题中轴的许用应力取得较低，这是因为轴在工作过程中，轴内危险点的应力将随轴的转动作周期性的变化。某定点的应力随时间作周期性变化的，称为交变应力。关于交变应力下，材料的强度校核，参见第 14 章。另外，对于滚齿机或精密机床等，通常轴的强度是次要的，而以刚度要求为主。

10.4-7 飞机起落架的折轴为管状截面，内径 $d = 70\text{mm}$，外径 $D = 80\text{mm}$。承受载荷 $F_1 = 1\text{kN}$，$F_2 = 4\text{kN}$，如图（a）所示。若材料的 $[\sigma] = 100\text{MPa}$，试按第三强度理论，校核折轴的强度。

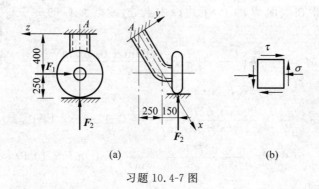

(a)　　　　　　(b)

习题 10.4-7 图

解　（1）危险点应力状态

危险截面为固定端截面 A，其内力分量为

$$F_N = F_2 \frac{0.4\text{m}}{\sqrt{(0.4\text{m})^2 + (0.25\text{m})^2}} = 3.39\text{kN} \quad （压力）$$

$$T = (F_1 \times 0.15\text{m}) \frac{0.4\text{m}}{\sqrt{(0.4\text{m})^2 + (0.25\text{m})^2}} = 127.2\text{N} \cdot \text{m}$$

$$M_y = (F_1 \times 0.15\text{m}) \frac{0.25\text{m}}{\sqrt{(0.4\text{m})^2 + (0.25\text{m})^2}} + F_1 \cdot \sqrt{(0.4\text{m})^2 + (0.25\text{m})^2}$$

$$= 551.2\text{N} \cdot \text{m}$$

$$M_z = F_2(0.4\text{m}) = 1600\text{N} \cdot \text{m}$$

$$M = \sqrt{M_y^2 + M_z^2} = \sqrt{(551.2\text{N} \cdot \text{m})^2 + (1600\text{N} \cdot \text{m})^2} = 1692\text{N} \cdot \text{m}$$

危险点的应力状态如图(b)所示，其应力分量为

$$\sigma = \frac{F_N}{A} + \frac{M}{W} = \frac{4 \times (3390\mathrm{N})}{\pi [(0.08\mathrm{m})^2 - (0.07\mathrm{m})^2]} + \frac{32 \times (1692\mathrm{N \cdot m})}{\pi (0.08\mathrm{m})^3 \times \left[1 - \frac{(0.07\mathrm{m})^4}{(0.08\mathrm{m})^4}\right]}$$

$$= 2.88 \times 10^6 \mathrm{Pa} + 81.34 \times 10^6 \mathrm{Pa} = 84.22 \times 10^6 \mathrm{Pa}$$

$$\tau = \frac{T}{W_p} = \frac{16 \times (127.2\mathrm{N \cdot m})}{\pi (0.08\mathrm{m})^3 \left[1 - \frac{(0.07\mathrm{m})^4}{(0.08\mathrm{m})^4}\right]} = 3.06 \times 10^6 \mathrm{Pa}$$

(2) 强度校核

由第三强度理论

$$\sigma_{r3} = \sqrt{\sigma^2 + 4\tau^2} = \sqrt{(84.22 \times 10^6 \mathrm{Pa})^2 + 4 \times (3.06 \times 10^6 \mathrm{Pa})^2}$$

$$= 84.5\mathrm{MPa} < [\sigma]$$

所以，满足强度要求。

10.4-8　边长 $a = 5\mathrm{mm}$ 的正方形截面的弹簧垫圈，外圈的直径 $D = 60\mathrm{mm}$，在开口处承受铅垂力 F 作用，如图所示。垫圈材料的许用应力 $[\sigma] = 300\mathrm{MPa}$，试按第三强度理论，计算垫圈的许可载荷。

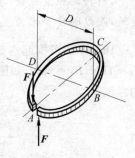

习题 10.4-8 图

解　(1) 危险点及其应力分量

危险点可能发生在截面 B 的上、下边缘中点处，或截面 C 的四边中点处。

截面 B
$$M = T = F\left(\frac{D-a}{2}\right) = F\left(\frac{0.06\mathrm{m} - 0.005\mathrm{m}}{2}\right)$$

$$= 0.0275F \ \mathrm{N \cdot m}$$

$$\sigma = \frac{M}{W} = \frac{6 \times (0.0275F \ \mathrm{N \cdot m})}{(5 \times 10^{-3}\mathrm{m})^3} = 1.32F \times 10^6 \mathrm{Pa}$$

$$\tau = \frac{T}{\alpha a^3} = \frac{0.0275F \ \mathrm{N \cdot m}}{0.208 \times (5 \times 10^{-3}\mathrm{m})^3} = 1.06F \times 10^6 \mathrm{Pa}$$

截面 C
$$M = 0$$

$$T = F(D-a) = F(0.06\mathrm{m} - 0.005\mathrm{m}) = 0.055F \ \mathrm{N \cdot m}$$

$$\sigma = 0$$

$$\tau = \frac{T}{\alpha a^3} = \frac{0.055F \ \mathrm{N \cdot m}}{0.208 \times (5 \times 10^{-3}\mathrm{m})^3} = 2.12F \times 10^6 \mathrm{Pa}$$

(2) 许可载荷

截面 B 上危险点为平面应力状态，其主应力为

$$\begin{matrix} \sigma_1 \\ \sigma_3 \end{matrix} = \frac{\sigma}{2} \pm \sqrt{\left(\frac{\sigma}{2}\right)^2 + \tau^2} = \begin{matrix} 1.91F \\ -0.59F \end{matrix} \times 10^6 \mathrm{Pa}, \quad \sigma_2 = 0$$

截面 C 上危险点为纯剪切应力状态，其主应力为

$$\sigma_1 = -\sigma_3 = \tau = 2.12F \times 10^6 \mathrm{Pa}, \quad \sigma_2 = 0$$

按第三强度理论 $\sigma_{r3} = \sigma_1 - \sigma_3$，显然，垫圈危险点位于截面 C 的四边中点处。由此，可得许可载荷

$$\sigma_{r3} = \sigma_1 - \sigma_3 = 2\tau = 2(2.12F \times 10^6 \,\mathrm{Pa}) \leqslant [\sigma]$$

$$[F] \leqslant \frac{300 \times 10^6 \,\mathrm{Pa}}{2 \times (2.12 \times 10^6 \,\mathrm{m})} = 70.8 \mathrm{N}$$

讨论：

在习题 10.4-6、10.4-7、10.4-8 三题中，第三强度理论的强度条件分别表达为：

(1) $\sigma_{r3} = \dfrac{\sqrt{M^2 + T^2}}{W} \leqslant [\sigma]$

(2) $\sigma_{r3} = \sqrt{\sigma^2 + 4\tau^2} \leqslant [\sigma]$

(3) $\sigma_{r3} = \sigma_1 - \sigma_3 \leqslant [\sigma]$

在具体应用中，应该注意：形式(1)仅适用于圆形或空心圆截面杆在扭、弯组合变形下的强度计算；形式(2)适用于构件危险点的应力状态为平面应力状态，且 $\sigma_x = \sigma$、$\sigma_y = 0$、$\tau_{xy} = \tau$ 时的强度计算，而对引起应力分量 σ、τ 的变形形式并无限制；形式(3)是普遍适用的第三强度理论的基本表达式，既不限制构件的变形形式，也不限制构件危险点的应力状态。

***10.4-9** 边长 $a = 9\mathrm{cm}$ 的正方形截面梁 AB，两端固定，在中央截面 C 距截面铅垂对称轴为 $e = 60\mathrm{cm}$ 处作用有铅垂载荷 $F = 6\mathrm{kN}$，如图(a)所示。试求梁内危险点的主应力。

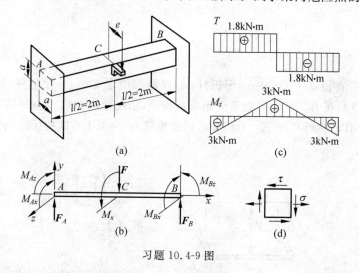

习题 10.4-9 图

解 （1）受力分析

将载荷 F 平移至截面 C 的铅垂对称轴，得

$$F = 6\mathrm{kN}, \quad M_x = Fe = 3.6\mathrm{kN \cdot m}$$

梁的计算简图如图(b)所示。

由于载荷和结构对于中间截面 C 的对称性，得

$$M_{Ax} = M_{Bx} = \frac{M_x}{2} = 1.8\mathrm{kN \cdot m}$$

$$F_A = F_B = \frac{F}{2} = 3\mathrm{kN}$$

$$M_{Az} = M_{Bz}$$

M_{Az}、M_{Bz} 的数值应按静不定梁求解,由习题 7.4-3 已解得

$$M_{Az} = M_{Bz} = \frac{Fl}{8} = 3\text{kN} \cdot \text{m}$$

梁的扭矩图和弯矩图如图(c)所示。

（2）危险点主应力

危险点位于截面 C 左(或右)侧(或截面 A、B)的下(上)边缘的中点处,其应力状态(图(d))的应力分量为

$$\sigma = \frac{M}{W} = \frac{6M_z}{a^3} = \frac{6 \times (3 \times 10^3 \text{N} \cdot \text{m})}{(9 \times 10^{-2}\text{m})^3} = 24.7\text{MPa}$$

$$\tau = \frac{T}{\alpha a^3} = \frac{1.8 \times 10^3 \text{N} \cdot \text{m}}{0.208(9 \times 10^{-2}\text{m})^3} = 11.87\text{MPa}$$

所以,危险点的主应力为

$$\begin{aligned}
\genfrac{}{}{0pt}{}{\sigma_1}{\sigma_3} &= \frac{\sigma}{2} \pm \sqrt{\left(\frac{\sigma}{2}\right)^2 + \tau^2} \\
&= \frac{24.7 \times 10^6 \text{Pa}}{2} \pm \sqrt{\left(\frac{24.7 \times 10^6 \text{Pa}}{2}\right)^2 + (11.87 \times 10^6 \text{Pa})^2} \\
&= \genfrac{}{}{0pt}{}{29.5}{-4.8}\text{MPa}
\end{aligned}$$

$$\sigma_2 = 0$$

*__10.4-10__　直径 $d = 2\text{cm}$ 的冖形折杆,A、D 两端固定支承,并使折杆 $ABCD$ 保持水平(角 B、C 为直角),在 BC 中点 E 处承受铅垂载荷 F,如图(a)所示。若 $l = 15\text{cm}$,材料的许用应力 $[\sigma] = 160\text{MPa}$,弹性模量 $E = 200\text{GPa}$,切变模量 $G = 80\text{GPa}$,试按第三强度理论,确定结构的许可载荷。

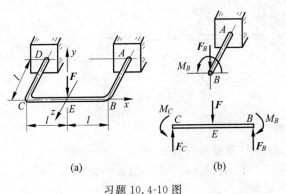

习题 10.4-10 图

__解__　（1）受力分析

取 AB、CD 杆对 BC 杆在截面 B、C 的约束为多余约束,并由载荷和结构对于 BC 杆中间截面 E 的对称性,可得基本静定系(图(b))及

$$F_B = F_C = \frac{F}{2}, \quad M_B = M_C$$

由截面 B 的变形几何相容条件

$$(\varphi_B)_{AB} = (\theta_B)_{BC}$$

代入力-变形间物理关系,得补充方程为

$$\frac{M_B l}{GI_p} = \frac{F(2l)^2}{16EI} - \left(\frac{M_B \cdot 2l}{3EI} + \frac{M_C \cdot 2l}{6EI}\right)$$

由 $I_p = 2I$,$E = 2.5G$,代入上式即可解得

$$M_B = M_C = \frac{Fl}{9}$$

（2）许可载荷

危险截面在固定端截面 A（或 D）处,其内力分量为（略去剪力影响）

$$M = F_B l = \frac{Fl}{2}, \quad T = M_B = \frac{Fl}{9}$$

对于扭、弯组合变形圆杆,由第三强度理论得强度条件

$$\sigma_{r3} = \frac{\sqrt{M^2 + T^2}}{W} = \frac{\sqrt{\left(\dfrac{Fl}{2}\right)^2 + \left(\dfrac{Fl}{9}\right)^2}}{\dfrac{\pi}{32}d^3} \leqslant [\sigma]$$

解得许可载荷为

$$[F] \leqslant \frac{\pi d^3 [\sigma]}{32l(0.512)} = 1.64 \text{kN}$$

*10.4-11 两根直径为 d、相距为 a 的等截面圆杆,一端固定支承,另一端共同固定在刚性平板上,如图（a）所示。已知材料的弹性模量与切变模量之比 $E/G = 2.5$。当刚性平板承受扭转外力偶矩 M_e 时,刚性平板绕中心转动了微小角度 φ。试求圆杆危险截面上的内力分量。

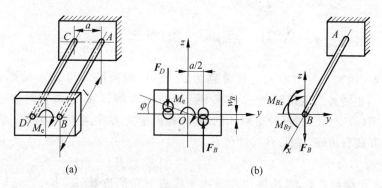

习题 10.4-11 图

解 （1）受力分析

刚性平板受到扭转外力偶矩 M_e 时,刚性平板绕中心 O 转动了 φ 角。因此,圆杆的截面 B（或 D）产生扭转角 φ,而受到扭转力偶矩 M_{Bx};同时,截面 B（或 D）产生挠度 $v_B = \varphi \cdot \dfrac{a}{2}$,但其转角 $\theta_B = 0$,因而截面 B 上有横向力 F_B 和弯曲力偶矩 M_{By} 作用（图（b））。

以刚性平板为多余约束,相应的基本静定系如图（b）所示。

由刚性平板的静力平衡条件,得

$$\sum F_z = 0, \qquad\qquad F_B = F_D$$

$$\sum M_y = 0, \qquad\qquad M_{By} = M_{Dy}$$

$$\sum M_x = 0, \qquad\qquad M_e = M_{Bx} + M_{Dx} + F_B \cdot a$$

由变形几何相容条件,并代入物理关系,得补充方程为

$$\varphi = \frac{M_{Bx}l}{GI_p} = \frac{M_{Dx}l}{GI_p}$$

$$\theta_B = \frac{F_B l^2}{2EI} - \frac{M_{By}l}{EI} = 0$$

$$v_B = \frac{F_B l^3}{3EI} - \frac{M_{By}l^2}{2EI} = \varphi \cdot \frac{a}{2}$$

联立平衡方程和补充方程,并注意到 $I_p = 2I, E = 2.5G$,即可解得

$$F_B = F_D = \frac{7.5 M_e a}{2l^2 + 7.5a^2}$$

$$M_{Bx} = M_{Dx} = \frac{M_e l^2}{2l^2 + 7.5a^2}$$

$$M_{By} = M_{Dy} = \frac{7.5 M_e al}{2(2l^2 + 7.5a^2)}$$

(2) 危险截面

圆杆的危险截面为截面 A 或 B(即杆的两端截面),其内力分量为

$$F_S = F_B = \frac{7.5 M_e a}{2l^2 + 7.5a^2}$$

$$T = M_{Bx} = \frac{M_e l^2}{2l^2 + 7.5a^2}$$

$$M = M_{By} = \frac{7.5 M_e al}{2(2l^2 + 7.5a^2)}$$

*10.4-12 两根长度均为 l、直径分别为 d_1 和 d_2 的圆杆 1 和 2,一端固定在墙基 EF 上,另一端分别扭转并产生扭转角 φ_1 和 φ_2 后,固结在 A 端铰支、B 端暂时固定的水平刚性梁 AB 上,如图(a)所示。两杆的材料相同,其弹性模量为 E、切变模量为 G。现将梁 AB 的 B 端释放,使其成自由端,试求 B 端的位移。

解 (1) 受力分析

设刚性梁 B 端释放后,最后停留在与水平线成 φ 角的位置(图(b))。选取刚性梁对圆杆 1,2 的固结为多余约束,则相应的基本静定系如图(c)所示。按圆杆的变形情况可知,多余未知力 F_1, F_2, M_{z1}, M_{z2} 和 M_{x1}, M_{x2} 的方向或转向如图(c)所示。

由结构的变形图(图(b)),得变形几何相容条件为

$$\theta_C = \theta_C(F_1) + \theta_C(M_{z1}) = 0$$

$$v_C = v_C(F_1) + v_C(M_{z1}) = \varphi \cdot a$$

$$\theta_D = \theta_D(F_2) + \theta_D(M_{z2}) = 0$$

$$v_D = v_D(F_2) + v_D(M_{z2}) = \varphi \cdot 2a$$

$$\varphi_C = \varphi_1 - \varphi, \qquad \varphi_D = \varphi - \varphi_2$$

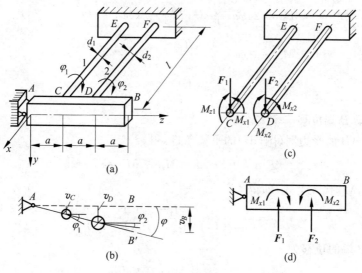

习题 10.4-12 图

力-变形间的物理关系为

$$\theta_C(F_1) = \frac{F_1 l^2}{2EI_1}, \quad \theta_C(M_{z1}) = -\frac{M_{z1} l}{EI_1}$$

$$v_C(F_1) = \frac{F_1 l^3}{3EI_1}, \quad v_C(M_{z1}) = -\frac{M_{z1} l^2}{2EI_1}$$

$$\theta_D(F_2) = \frac{F_2 l^2}{2EI_2}, \quad \theta_D(M_{z2}) = -\frac{M_{z2} l}{EI_2}$$

$$v_D(F_2) = \frac{F_2 l^3}{3EI_2}, \quad v_D(M_{z2}) = -\frac{M_{z2} l^2}{2EI_2}$$

$$\varphi_C = \frac{M_{x1} l}{GI_{p1}}, \quad\quad \varphi_D = \frac{M_{x2} l}{GI_{p2}}$$

将物理关系代入变形相容方程,经整理后得补充方程为

$$M_{z1} = \frac{1}{2} F_1 l$$

$$\frac{1}{3} F_1 l - \frac{1}{2} M_{x1} = \varphi a \frac{EI_1}{l^2}$$

$$M_{z2} = \frac{1}{2} F_2 l$$

$$\frac{1}{3} F_2 l - \frac{1}{2} M_{x2} = 2\varphi a \frac{EI_2}{l^2}$$

$$\frac{M_{x1} l}{GI_{p1}} = \varphi_1 - \varphi$$

$$\frac{M_{x2} l}{GI_{p2}} = \varphi - \varphi_2$$

由补充方程解得

$$F_1 = 12\varphi a \frac{EI_1}{l^3}, \quad M_{z1} = 6\varphi a \frac{EI_1}{l^2}$$

$$F_2 = 24\varphi a \frac{EI_2}{l^3}, \quad M_{z2} = 12\varphi a \frac{EI_2}{l^2}$$

$$M_{x1} = (\varphi_1 - \varphi) \frac{GI_{p1}}{l} = 2(\varphi_1 - \varphi) \frac{GI_1}{l}$$

$$M_{x2} = 2(\varphi - \varphi_2) \frac{GI_2}{l}$$

（2）刚性梁 B 端位移

由刚性梁 AB 的受力图（图(d)）的平衡条件，得

$$\sum M_A = 0, \qquad F_1 a + F_2 \cdot 2a - M_{x1} + M_{x2} = 0$$

将 F_1, F_2, M_{x1}, M_{x2} 代入上式，即得

$$\varphi = \frac{Gl^2(\varphi_1 I_1 + \varphi_2 I_2)}{6Ea^2(I_1 + 4I_2) + Gl^2(I_1 + I_2)}$$

于是，可得梁 B 端的位移为

$$v_B = \varphi \cdot 3a = \frac{3Gal^2(\varphi_1 I_1 + \varphi_2 I_2)}{6Ea^2(I_1 + 4I_2) + Gl^2(I_1 + I_2)} \quad (\downarrow)$$

第11章

塑性极限分析

【内容提要】

11.1　塑性变形　塑性极限分析

1. 塑性变形及其特征

塑性变形　一旦产生后,就不可消失的永久变形。通常是指在常温下,由载荷引起的与时间无关的不可逆的永久变形。

塑性变形的特征

(1) 塑性变形是不可逆的永久变形。结构(或构件)产生塑性变形后,若卸除载荷,则塑性变形不仅不会消失,而且往往导致残余应力。

(2) 应力超过线弹性范围,其应力-应变关系通常呈非线性关系。

(3) 塑性变形与加载历程有关,其应力与应变间的对应关系呈多值性。

(4) 一般金属材料的塑性变形总量远大于弹性变形总量。

2. 塑性极限分析的概念

极限状态　当结构(或构件)产生大的塑性变形,而成为几何可变机构时,则称结构(或构件)达到了极限状态。

塑性极限分析的假设

(1) 载荷为按比例同时由零增至最终值、单调增加的静载荷。

(2) 结构(或构件)在达到极限状态前,保持为几何不变体系,且其变形的几何相容关系保持为线性。

(3) 材料的应力-应变关系可理想化为刚性-理想塑性模型(图 11-1(a)),或弹性-理想塑性模型(图 11-1(b))。

3. 残余应力

残余应力　当结构(或构件)达到极限状态后,卸除载荷(即结构的外载荷为零),结构(或构件)内的应力,称为残余应力。

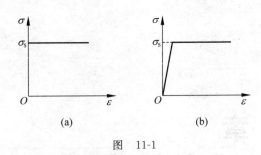

图　11-1

残余应力的特征

(1) 由于外载荷为零,故残余应力必自相平衡。

(2) 当结构(或构件)达到极限状态后,卸载时的应力-应变关系保持为线性关系。

(3) 残余应力的最大值为材料的屈服极限。

11.2　拉、压杆系的极限分析

1. 屈服载荷　极限载荷

屈服载荷　结构(或构件)开始出现塑性变形时的载荷值,记为 F_s。

极限载荷　结构(或构件)达到极限状态时的载荷值,记为 F_u。

2. 拉、压杆系极限分析的特征

(1) 对于静定的拉、压杆系,由于杆件横截面上正应力均匀分布,因而,结构(或构件)的屈服载荷与极限载荷相同。

(2) 静定的拉、压杆系将不出现残余应力。

(3) 静不定的拉、压杆系,由于存在多余约束,当受力最大的杆件(或杆段)的应力达到材料的屈服极时,结构(或构件)仍保持为几何不变机构,因而,其极限载荷大于屈服载荷,并可导致残余应力。

11.3　受扭圆杆的极限分析

1. 屈服扭矩　极限扭矩

屈服扭矩　受扭圆杆(图 11-2)开始出现塑性变形(即圆杆横截面上的最大切应力达到材料的剪切屈服极限)时,横截面上的扭矩值,记为 T_s。

$$T_s = W_p \tau_s = \frac{\pi d^3}{16} \cdot \tau_s \tag{11-1}$$

极限扭矩　受扭圆杆(图 11-2)达到极限状态(即横截面上各点处的切应力均达到材料的剪切屈服极限)时,横截面上的扭矩值,记为 T_u。

$$T_u = \frac{\pi d^3}{12} \tau_s = \frac{4}{3} T_s \tag{11-2}$$

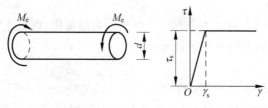

图 11-2

2. 残余切应力

等直圆杆在横截面上的扭矩达到极限扭矩后,卸除外力偶矩(即反向施加外力偶矩 $M_e = T_u$),则横截面上将导致自相平衡的残余切应力。

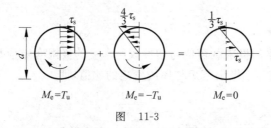

图 11-3

11.4 梁的极限分析 塑性铰

1. 屈服弯矩 极限弯矩

屈服弯矩 梁开始出现塑性变形(即梁横截面上的最大应力达到材料的屈服极限)时,横截面上的弯矩值,记为 M_s。

$$M_s = W\sigma_s \tag{11-3}$$

极限弯矩 梁达到极限状态(即梁横截面上各点处的应力均达到材料的屈服极限)时,横截面上的弯矩值,记为 M_u。

$$M_u = W_s\sigma_s \tag{11-4}$$

极限弯矩的特征

(1) 梁横截面上的弯矩达到极限弯矩时,该截面的中性轴将平分截面面积(即中性轴两侧的受拉面积 A_t 和受压面积 A_c 相等)。因此,对于无水平对称轴的横截面,其中性轴将与线弹性范围内工作时的中性轴位置不同。

(2) 塑性弯曲截面系数

$$W_s = S_t + S_c \tag{11-5}$$

式中,S_t 和 S_c 分别为横截面中 A_t 和 A_c 两部分面积对中性轴的静矩,且均取正值。

(3) 极限弯矩与屈服弯矩的比值等于塑性弯曲截面系数与弹性弯曲截面系数的比值,即

$$\frac{M_u}{M_s} = \frac{W_s}{W}$$

其比值与横截面的形状有关。

2. 塑性铰及其特征

塑性铰   当梁横截面上的应力全部达到材料的屈服极限,而处于完全塑性时,该截面两侧将产生绕截面中性轴相对转动的铰链效应。

塑性铰的特征

(1) 塑性铰是由截面达到完全塑性而导致的铰链效应。

(2) 形成塑性铰的截面上必具有弯矩,其值等于极限弯矩值。当截面上的弯矩值小于极限弯矩时,塑性铰的效应随之消失。

(3) 塑性铰所在截面两侧梁段的转动趋势,恒与极限弯矩的转向一致。

3. 梁的极限载荷

极限载荷   梁达到极限状态,即产生大的塑性变形,而成为几何可变机构时,梁所承受的载荷值。

极限载荷的特征

(1) 对于静定梁,梁的极限载荷值与塑性铰所承受的极限弯矩值相对应。因而,梁极限载荷与屈服载荷的比值等于极限弯矩与屈服弯矩的比值,即

$$\frac{F_u}{F_s} = \frac{M_u}{M_s}$$

(2) 静定梁的塑性铰必发生在弹性分析的最大弯矩截面处。

(3) 对于静不定梁,塑性铰的数目达到梁的静不定次数加 1 时,梁才达到极限状态。

(4) 静不定梁由于存在多余约束,其极限载荷与屈服载荷的比值大于极限弯矩与屈服弯矩的比值,即

$$\frac{F_u}{F_s} > \frac{M_u}{M_s}$$

【习题解析】

11.1-1   试问,金属材料在超过线弹性范围出现塑性变形后,为什么其应力-应变关系会呈现多值性?

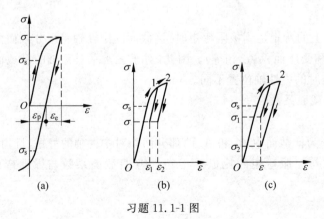

习题 11.1-1 图

答   当应力超过线弹性范围后,卸载时的应力-应变关系基本上按平行于线弹性阶段

的直线呈线性关系,直至达到材料在反向时的屈服极限 σ_s(设拉、压时的弹性模量 E 和屈服极限 σ_s 相同),这就称为材料的卸载规律(图(a))。因此,在考察材料的塑性变形时,对于同一应力水平 σ,不同的加载历程所对应的应变值不同(图(b))。反之,对于同一应变值 ε,不同的加载历程所对应的应力值也不相同(图(c))。因此,塑性变形的应力-应变关系是多值的,而与加载的历程有关。

11.1-2 试问,在塑性极限分析中,材料的应力-应变曲线为什么能假设成理想塑性(参见图 11-1)?

答 由于结构(或构件)在达到极限状态前,其变形仍然属于小变形范畴,即其变形的几何相容条件仍保持为线性。且金属材料的弹性变形量较小,若金属材料的弹性极限 $\sigma_e =$ 200MPa,弹性模量 $E = 200\text{GPa}$,则其弹性应变为 $\varepsilon_e = \dfrac{\sigma_e}{E} = 0.1\%$,而对于无明显屈服阶段的金属材料,其规定非比例伸长应力(即屈服强度)$\sigma_{p0.2}$ 的塑性应变为 $\varepsilon_p = 0.2\%$。由此可见,塑性应变远大于弹性应变,因此,在小变形条件下,假设材料的应力-应变曲线为理想塑性,在工程计算中是合理、可行的。

11.2-1 一组合圆筒,内筒材料为钢,横截面面积为 A_1,弹性模量为 E_1,屈服极限为 σ_{s1};外筒材料为铝合金,横截面面积为 A_2,弹性模量为 E_2,屈服极限为 σ_{s2}。承受轴向压力 F,如图(a)所示。假设两种材料的应力-应变曲线均可理想化为弹性-理想塑性模型,如图(b)所示。试求组合筒的屈服载荷和极限载荷。

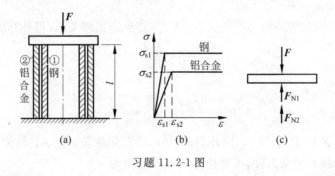

习题 11.2-1 图

解 (1)屈服载荷 F_s

由变形几何相容条件

$$\varepsilon_1 = \varepsilon_2$$

及应力-应变曲线(图(b))可见,钢内筒将先达到屈服。于是,由静力平衡条件(图(c)),得屈服载荷为

$$\sum F_y = 0, \qquad F_s = F_{N1} + F_{N2} = \sigma_{s1}A_1 + \sigma_2 A_2$$

$$= \sigma_{s1}A_1 + E_2\varepsilon_{s1}A_2$$

(2)极限载荷 F_u

当铝外筒也达到屈服时,组合筒达到极限状态。由静力平衡条件(图(c)),得极限载荷为

$$F_u = F_{N1} + F_{N2} = \sigma_{s1}A_1 + \sigma_{s2}A_2$$

11.2-2　横截面面积为 A 的等直杆 AB 两端固定,在截面 C 处承受轴向外力 F,如图(a)所示。杆材料可理想化为弹性-理想塑性,弹性模量为 E,屈服极限为 σ_s,且拉、压时相同,如图(b)所示。试求:

(1) 杆件的屈服载荷 F_s 及截面 C 相应的位移 δ_{Cs}。

(2) 杆件的极限载荷 F_u 及截面 C 相应的位移 δ_{Cu}。

(3) 卸载后,杆件的残余应力及截面 C 的残余位移。

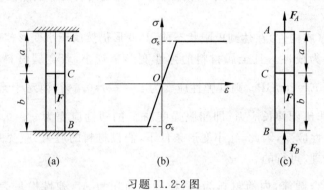

习题 11.2-2 图

解　(1) 屈服载荷及相应位移

当杆件处于线弹性阶段,由静力平衡条件(图(c)),得

$$\sum F_y = 0, \qquad\qquad F_A + F_B = F$$

由杆的变形几何相容条件 $\Delta l_a = \Delta l_b$,代入力-变形间物理关系,得补充方程

$$\frac{F_A a}{EA} = \frac{F_B b}{EA}$$

联立解得

$$F_A = \frac{Fb}{a+b}, \quad F_B = \frac{Fa}{a+b}$$

在 $a < b$ 的情况下,$F_A > |F_B|$,因此,杆的 AC 段首先屈服。当 AC 段横截面上的应力达到屈服极限时,由静力平衡条件,可得杆件的屈服载荷为

$$F_s = \sigma_s A + \frac{(\sigma_s A)a}{b} = \sigma_s A\left(1 + \frac{a}{b}\right)$$

当 $F = F_s$ 时,截面 C 的位移为

$$\delta_{Cs} = \Delta a = \frac{\sigma_s}{E} \cdot a \quad (\downarrow)$$

(2) 极限载荷及相应位移

当 BC 段横截面上的应力也达到屈服极限时,杆件达到极限状态。由静力平衡条件,得极限载荷为

$$F_u = \sigma_s A + \sigma_s A = 2\sigma_s A$$

当 $F = F_u$ 时,截面 C 的位移可任意增大。若考虑杆开始进入极限状态的瞬时,则截面 C 的位移可理解为 $F_B \to \sigma_s A$ 的极限值,即得

$$\delta_{Cu} = \lim_{F_B \to \sigma_s A} \Delta l_b = \frac{\sigma_s}{E}b \quad (\downarrow)$$

（3）残余应力及残余位移

卸载（即反向加力 F_u）时，应力-应变关系遵循线性关系，且 AC 段受压、BC 段受拉。由卸载引起的应力和位移分别为

$$\Delta\sigma_{AC} = \frac{F_u b}{(a+b)A} = \frac{2\sigma_s b}{a+b}(-), \quad \Delta\sigma_{BC} = \frac{2\sigma_s a}{a+b}(+)$$

$$\Delta\delta_C = \frac{\Delta\sigma_{AC}}{E} \cdot a = \frac{2\sigma_s ab}{E(a+b)} \quad (\uparrow)$$

于是，可得残余应力和残余位移分别为

$$\sigma^{\circ}_{AC} = \sigma_s - \Delta\sigma_{AC} = \frac{a-b}{a+b}\sigma_s \quad （压应力）$$

$$\sigma^{\circ}_{BC} = -\sigma_s + \Delta\sigma_{BC} = \frac{a-b}{a+b}\sigma_s \quad （压应力）$$

$$\delta^{\circ}_C = \delta_{Cu} - \Delta\delta_C = \frac{\sigma_s}{E}b - \frac{2\sigma_s ab}{E(a+b)} = \frac{\sigma_s}{E} \cdot \frac{b^2-ab}{a+b} \quad (\downarrow)$$

讨论：

由本题计算可见，残余应力和残余位移（变形）具有如下特征：

（1）杆件的残余应力必自相平衡，即 $\sigma^{\circ}_{AC} \cdot A = \sigma^{\circ}_{BC}A$。

（2）卸载后杆件的载荷为零，其支反力不等于零，但自相平衡。

（3）残余应力与残余应变可以是同号（如 BC 段）；也可以是异号（如 AC 段）。

11.2-3 横截面面积均为 A 的三杆铰接成静不定桁架，在结点 A 承受铅垂载荷 F，如图（a）所示。设三杆的材料相同，均为弹性-理想塑性，弹性模量为 E、屈服极限为 σ_s，且拉、压时相等（图（b））。试求结构的屈服载荷、极限载荷，以及各杆的残余应力和结点 A 的残余位移。

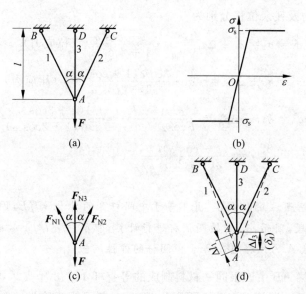

习题 11.2-3 图

解 （1）屈服载荷

当三杆均处于线弹性范围时，由结点 A 的平衡条件，得

$$\sum F_x = 0, \qquad\qquad F_{N1} = F_{N2}$$

$$\sum F_y = 0, \qquad\qquad F_{N3} + 2F_{N1}\cos\alpha - F = 0$$

由变形几何相容条件

$$\Delta l_1 = \Delta l_3 \cos\alpha$$

代入物理关系,得补充方程

$$F_{N1} = F_{N3}\cos^2\alpha$$

与静力平衡方程联立,解得

$$F_{N1} = F_{N2} = \frac{F\cos^2\alpha}{1 + 2\cos^3\alpha}, \quad F_{N3} = \frac{F}{1 + 2\cos^3\alpha}$$

由上式可见,$F_{N3} > F_{N1} = F_{N2}$,故中间杆首先达到屈服。于是,可得屈服载荷为

$$F_{N3} = \sigma_s A = \frac{F_s}{1 + 2\cos^3\alpha}$$

$$F_s = \sigma_s A(1 + 2\cos^3\alpha)$$

(2)极限载荷

继续增大载荷,当三杆都达到屈服,结构达到极限状态。由静力平衡条件,即得极限载荷为

$$F_u = \sigma_s A(1 + 2\cos\alpha)$$

(3)残余应力及残余位移

卸载时,力-变形关系服从胡克定律。于是,可得

$$\Delta\sigma_1 = \Delta\sigma_2 = \frac{F_u\cos^2\alpha}{A(1 + 2\cos^3\alpha)} \quad (压), \quad \Delta\sigma_3 = \frac{F_u}{A(1 + 2\cos^3\alpha)} \quad (压)$$

$$\Delta\delta_A = \frac{\Delta\sigma_3}{E} \cdot l = \frac{F_u l}{EA(1 + 2\cos^3\alpha)} \quad (\uparrow)$$

于是,可得残余应力及残余位移分别为

$$\sigma_1^\circ = \sigma_2^\circ = \sigma_s + \Delta\sigma_1 = \sigma_s \cdot \frac{1 - \cos^2\alpha}{1 + 2\cos^3\alpha} \quad (拉应力)$$

$$\sigma_3^\circ = \sigma_s + \Delta\sigma_3 = -\sigma_s \cdot \frac{2\cos\alpha(1 - \cos^2\alpha)}{1 + 2\cos^3\alpha} \quad (压应力)$$

$$\delta_A^\circ = \delta_{Au} - \Delta\delta_A = \frac{\sigma_s}{E\cos\alpha} \cdot \frac{l}{\cos\alpha} - \frac{\sigma_s A(1 + 2\cos\alpha) \cdot l}{EA(1 + 2\cos^3\alpha)}$$

$$= \frac{\sigma_s}{E} \cdot \frac{(1 - \cos^2\alpha)l}{\cos^2\alpha(1 + 2\cos^3\alpha)} \quad (\downarrow)$$

讨论:

当 $F \to F_u$ 时,结点 A 的位移 δ_{Au} 并不等于中间杆 3 的伸长 $\sigma_s l/E$,因中间杆先期屈服而经历了塑性变形阶段,因而,δ_{Au} 需按两侧杆进行计算,即 $\delta_{Au} = \sigma_s l/E\cos^2\alpha$;在卸载时,由于服从胡克定律,故结点 A 的位移 $\Delta\delta_A$ 等于中间杆的弹性缩短。

11.2-4 刚性梁 AB 由四根同一材料制成的等直杆 1、2、3、4 支承,在 D 点处承受铅垂载荷 F,如图(a)所示。四杆的横截面面积均为 A,材料可视为弹性-理想塑性,屈服极限为 σ_s,试求结构的极限载荷。

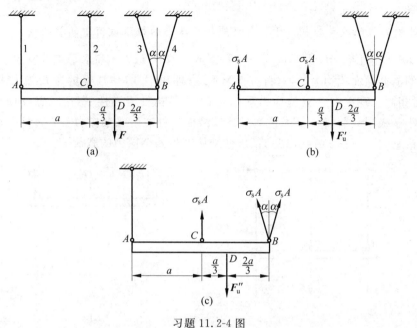

习题 11.2-4 图

解 （1）极限状态分析

梁 AB 承受载荷 F 后，可能出现两种位移状态：一是梁向下平移并向左倾斜，这时只有杆 1 和杆 2 先后达到屈服，结构才成为几何可变机构而达到极限状态；二是梁向下平移并向右倾斜，则只有当杆 3、4 和杆 2 均达到屈服时，结构才达到极限状态。

（2）极限载荷

对于两种可能的极限状态，分别计算其极限载荷。

状态 1：设杆 1、2 先达到屈服，则相应的极限载荷可由静力平衡条件（图（b））

$$\sum M_B = 0, \qquad F_u' \cdot \frac{2a}{3} - (\sigma_s A) \cdot a - (\sigma_s A) \cdot 2a = 0$$

得极限载荷为

$$F_u' = \frac{9}{2} \sigma_s A$$

状态 2：设杆 3、4 和杆 2 达到屈服，则由静力平衡条件（图（c））

$$\sum M_A = 0, \qquad (\sigma_s A)a + (2\sigma_s A \cos\alpha)(2a) - F_u'' \frac{4a}{3} = 0$$

得极限载荷为

$$F_u'' = \frac{3}{4} \sigma_s A (1 + 4\cos\alpha)$$

可见，不论角 α 为任何值，状态 2 的极限载荷总是小于状态 1 的极限载荷。结构的极限载荷应选取较小的一个，即

$$F_u = \frac{3}{4} \sigma_s A (1 + 4\cos\alpha)$$

讨论：

（1）静不定拉、压杆系的极限状态是至少有静不定次数加 1 的杆件达到屈服，即达到屈

服的杆件数≥静不定次数＋1。

（2）结构的极限载荷为相应于各种可能极限状态的极限载荷中的最小值。

* **11.2-5** 刚性梁 AC 由三根同一材料制成的直杆 1、2、3 和水平连杆支承，如图（a）所示。三杆的横截面面积均为 A，材料可视为弹性-理想塑性，弹性模量为 E，屈服极限为 σ_s，且拉、压时相同。现在点 A 处施加铅垂载荷 F，使结构处于弹性-塑性状态，即载荷大于屈服载荷而小于极限载荷（$F_s < F < F_u$），然后卸载使三杆产生残余应力。若将杆 3 截断，则点 A 将产生铅垂向下位移 $\sigma_s A/(12E)$，试求使结构产生残余应力的载荷 F。

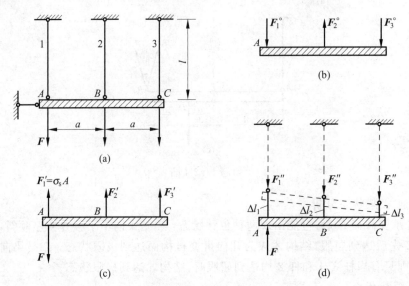

习题 11.2-5 图

解 （1）结构原有的残余轴力

为求结构的载荷，先计算三杆原有的残余轴力。当杆 3 截断后，结构中三杆的残余应力全部卸除。由于残余应力的最大值为屈服极限 σ_s，且结构的载荷 F 处于 $F_s < F < F_u$，故在卸除过程中材料服从胡克定律。已知点 A 向下位移，则杆 1 的残余轴力为压力。由胡克定律，得

$$\frac{\sigma_s l}{12E} = \frac{F_1^\circ l}{EA}, \qquad F_1^\circ = \frac{\sigma_s A}{12} \quad (\text{压})$$

又因结构的残余轴力必自相平衡，则由刚性梁 AC 的平衡条件（图（b）），可得

$$\sum M_B = 0, \qquad\qquad F_3^\circ = F_1^\circ = \frac{\sigma_s A}{12} \quad (\text{压})$$

$$\sum F_y = 0, \qquad\qquad F_2^\circ = 2F_1^\circ = \frac{\sigma_s A}{6} \quad (\text{拉})$$

（2）结构的载荷

结构的残余轴力是由加载使结构处于弹性-塑性状态，然后卸载后而引起的。在加载 $F > F_s$ 过程中，显然杆 1 将首先屈服。于是，由图（c）所示刚性梁的平衡条件

$$\sum F_y = 0, \qquad\qquad \sigma_s A + F_2' + F_3' = F$$

$$\sum M_A = 0, \qquad\qquad F_2' \cdot a + F_3' \cdot 2a = 0$$

解得

$$F_2' = 2(F - \sigma_s A) \quad (拉)$$

$$F_3' = -\frac{F_2'}{2} = -(F - \sigma_s A) \quad (压)$$

在卸载过程中(即反向施加力 F),材料服从胡克定律。由图(d)所示刚性梁的平衡条件,得

$$\sum F_y = 0, \qquad\qquad F_1'' + F_2'' + F_3'' = F$$

$$\sum M_A = 0, \qquad\qquad F_2'' \cdot a + F_3'' \cdot 2a = 0$$

由变形几何相容条件(图(d))

$$2\Delta l_2 = \Delta l_1 + \Delta l_3$$

代入力-变形间物理关系(胡克定律),得补充方程

$$2F_2'' = F_1'' + F_3''$$

与静力平衡方程联立,解得

$$F_1'' = \frac{5F}{6} \quad (压)$$

$$F_2'' = \frac{F}{3} \quad (压)$$

$$F_3'' = -\frac{F}{6} \quad (拉)$$

加载时的轴力 F_i' 与卸载时的轴力 F_i'' 叠加,即为杆的残余轴力 F_i°。于是,由

$$F_1^\circ = F_1' + F_1''$$

$$-\frac{\sigma_s A}{12} = \sigma_s A - \frac{5F}{6}$$

解得结构的载荷为

$$F = \frac{13}{10}\sigma_s A \quad (\downarrow)$$

讨论:

(1) 结构的屈服载荷为

$$F_1'' = \sigma_s A = \frac{5F_s}{6}, \qquad F_s = \frac{6}{5}\sigma_s A$$

极限载荷为杆 1、2 均达到屈服时的载荷值,由平衡条件,得

$$\sum M_C = 0, \qquad\qquad F_u \cdot 2a = (\sigma_s A)a + (\sigma_s A)2a$$

$$F_u = \frac{3}{2}\sigma_s A$$

可见,$F_s < F < F_u$,结构处于弹性-塑性状态。

(2) 杆 2、3 的残余轴力分别为

$$F_2^\circ = F_2' + F_2'' = 2(F - \sigma_s A) - \frac{F}{3} = \frac{1}{6}\sigma_s A \quad (拉)$$

$$F_3^\circ = F_3' + F_3'' = -(F - \sigma_s A) + \frac{F}{6} = -\frac{1}{12}\sigma_s A \quad (压)$$

可见与(1)的求解结果相同。

11.3-1　一内径为 d、外径为 D 的空心圆截面轴（图(a)），材料可理想化为弹性—理想塑性，其切应力-切应变间的关系如图(b)，剪切屈服极限为 τ_s。试求其极限扭矩与屈服扭矩的比值。

解　设空心圆轴的内、外径之比为

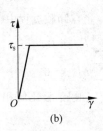

$$\frac{d}{D}=\alpha$$

屈服扭矩 T_s：当 $T=T_s$ 时，横截面上最大切应力达到 τ_s。由

$$\tau_{\max}=\tau_s=\frac{T_s}{W_p}=\frac{T_s}{\dfrac{\pi D^3}{16}(1-\alpha^4)}$$

习题 11.3-1 图

得

$$T_s=\frac{\tau_s\pi D^3(1-\alpha^4)}{16}$$

极限扭矩 T_u：当 $T=T_u$ 时，横截面上切应力全部达到 τ_s（参见图(a)）。于是，可得

$$T_u=\int_{d/2}^{D/2}\tau_s(2\pi\rho\mathrm{d}\rho)\rho=\frac{\tau_s\pi D^3(1-\alpha^3)}{12}$$

极限扭矩与屈服扭矩的比值为

$$\frac{T_u}{T_s}=\frac{4(1-\alpha^3)}{3(1-\alpha^4)}$$

可见，其比值 $\dfrac{T_u}{T_s}$ 随 α 值的增大而减小。

11.3-2　直径为 d 的圆轴，材料可视为弹性-理想塑性，材料的剪切屈服极限为 τ_s，试求：

(1) 截面的屈服扭矩和极限扭矩。

(2) 达到极限扭矩后卸载，截面上的残余切应力。

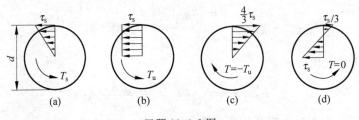

习题 11.3-2 图

解　(1) 屈服扭矩和极限扭矩

屈服扭矩：当截面上的最大切应力达到 τ_s 时（图(a)），其屈服扭矩为

$$T_s=W_p\tau_s=\frac{\pi d^3}{16}\tau_s$$

极限扭矩：当截面上各点的切应力均达到 τ_s 时（图(b)），则极限扭矩为

$$T_u=\int_0^{d/2}\rho(\tau_s\cdot2\pi\rho\mathrm{d}\rho)=\frac{\pi d^3}{12}\tau_s$$

(2) 残余切应力

卸载时，由于切应力-切应变间关系服从胡克定律，截面上各点处的切应力如图(c)所

示。叠加图（b）和图（c），得残余切应力如图（d）所示。

讨论：

（1）残余切应力必自相平衡

$$T = \int_{3d/8}^{d/2} \left[\frac{\tau_s/3}{d/8} \left(\rho - \frac{3}{8}d \right) \right] (2\pi\rho d\rho) \rho - \int_0^{3d/8} \left[\frac{\tau_s}{3d/8} \left(\frac{3d}{8} - \rho \right) \right] (2\pi\rho d\rho) \rho = 0$$

（2）若卸载后，继续在反向增大扭矩而达到 $T > -\frac{2}{3}T_s$ 后，则 τ-γ 关系不再保持为线性，截面上的切应力不能应用简单的线性叠加。

11.3-3 直径为 d 的等截面圆杆 AC，两端固定，在截面 B 处承受转矩（扭转外力偶矩）M_e，如图（a）所示。材料可视为弹性-理想塑性，切变模量为 G，剪切屈服极限为 τ_s。试求圆杆的屈服转矩和极限转矩。

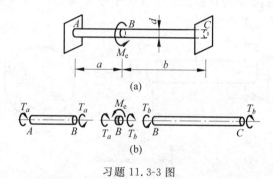

习题 11.3-3 图

解 （1）弹性分析

由截面 B 处微段的静力平衡条件（图（b）），得

$$\sum M_x = 0, \qquad\qquad T_a + T_b = M_e$$

由截面 B 的连续条件，得变形相容方程

$$\varphi_{BA} = \varphi_{BC}$$

代入扭矩—相对扭转角间物理关系，得补充方程

$$\frac{T_a \cdot a}{GI_p} = \frac{T_b \cdot b}{GI_p}$$

与静力平衡方程联立，解得

$$T_a = M_e \frac{b}{a+b}, \quad T_b = M_e \frac{a}{a+b}$$

（2）屈服转矩和极限转矩

屈服转矩：由于在线弹性阶段 $T_a > T_b$，故 AB 段轴横截面上的最大切应力首先达到材料的剪切屈服极限。由

$$\tau_{a,\max} = \frac{T_a}{W_p} = \frac{16}{\pi d^3} \cdot \frac{(M_e)_s b}{a+b} = \tau_s$$

得屈服转矩为

$$(M_e)_s = \tau_s \frac{(a+b)\pi d^3}{16 \cdot b}$$

极限转矩：当 AB 和 BC 段轴横截面上的扭矩均达到极限扭矩（$T_a = T_b = T_u$）时，圆轴

达到极限状态。由截面 B 处微段的平衡条件,即得极限转矩为

$$(M_e)_u = 2T_u = \tau_s \frac{\pi d^3}{6}$$

讨论:

屈服转矩也可直接令 $T_a = T_s$ 求得,即

$$T_a = (M_e)_s \frac{b}{a+b} = T_s = \tau_s \frac{\pi d^3}{16}$$

$$(M_e)_s = \tau_s \frac{(a+b)\pi d^3}{16 \cdot b}$$

*　**11.3-4**　长度为 l、半径为 r 的等截面圆杆 AB,A 端固定,B 端承受扭转外力偶矩 M_e,如图(a)所示。材料可视为弹性—理想塑性,切变模量为 G,剪切屈服极限为 τ_s。当圆杆处于弹性—塑性阶段时($T_s < T < T_u$),试求弹性区半径 r_s 和截面 B 的扭转角 φ_B,并作扭矩 T 与相对扭转角 φ 之间的关系曲线。

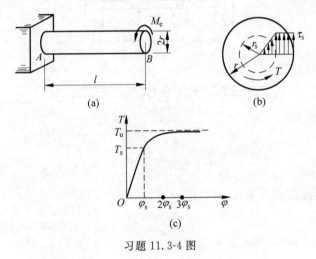

习题 11.3-4 图

解　(1) 弹性—塑性阶段的弹性区半径和截面 B 扭转角

在弹性—塑性状态,截面上的扭矩为

$$T = \int_0^{r_s} \left(\frac{\tau_s}{r_s} \rho \right) (2\pi\rho d\rho)\rho + \int_{r_s}^{r} \tau_s (2\pi\rho d\rho)\rho$$

$$= \tau_s \cdot \frac{\pi r_s^3}{2} + \tau_s \frac{2\pi}{3} (r^3 - r_s^3)$$

$$= \frac{2\pi r^3}{3} \cdot \tau_s - \frac{\pi r_s^3}{6} \cdot \tau_s$$

即得弹性区的半径为

$$r_s = \sqrt[3]{4r^3 - \frac{6T}{\pi\tau_s}}$$

截面 B 的扭转角可由弹性区的相对扭转角确定,即得

$$\varphi_B = \frac{\left(\tau_s \dfrac{\pi r_s^3}{2} \right) l}{G \left(\dfrac{\pi}{2} r_s^4 \right)} = \frac{\tau_s l}{G r_s}$$

（2） T-φ 关系曲线

在弹性阶段，T-φ 呈线性关系。当扭矩达到屈服扭矩（$T=T_s$）时，相应的相对扭转角为

$$\varphi_s = \frac{\tau_s l}{Gr}$$

在弹性—塑性阶段，由截面上的扭矩表达式

$$T = \frac{2\pi r^3}{3}\tau_s - \frac{\pi r_s^3}{6}\tau_s = \frac{2\pi}{3}\tau_s r^3 \left(1 - \frac{1}{4}\cdot\frac{r_s^3}{r^3}\right)$$

注意到 $T_s = \frac{\pi r^3}{2}\tau_s$，$\frac{r_s}{r} = \frac{\varphi_s}{\varphi}$（平面假设），即得

$$T = \frac{4}{3}T_s\left(1 - \frac{1}{4}\cdot\frac{\varphi_s^3}{\varphi^3}\right)$$

可见，T-φ 关系为非线性关系。

当圆杆达到极限状态（$T=T_u$）时，得

$$T_u = \frac{2\pi r^3}{3}\cdot\tau_s = \frac{4}{3}T_s$$

$$\varphi \rightarrow \infty$$

于是，可得 T-φ 间关系曲线如图（c）所示。

讨论：

由 T-φ 曲线可见，理论上仅在 $\varphi\rightarrow\infty$ 的极限时，截面上的扭矩才达到极限扭矩值。由上面导得的弹性—塑性状态下的扭矩表达式为

$$T = \frac{4}{3}T_s\left(1 - \frac{1}{4}\cdot\frac{\varphi_s^3}{\varphi^3}\right)$$

当 $\varphi=2\varphi_s$ 时，$T=1.29T_s$；$\varphi=3\varphi_s$ 时，$T=1.32T_s$。可见，极限的逼近是相当迅速的。

11.4-1 高度为 h、宽度为 b 的等腰三角形截面梁（图（a）），在其铅垂对称平面内承受一对外力偶而发生纯弯曲。材料可视为弹性—理想塑性（图（b）），其屈服极限为 σ_s。试求截面的屈服弯矩和极限弯矩。

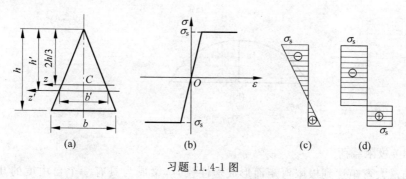

习题 11.4-1 图

解 （1）屈服弯矩

当最大应力达到屈服极限时（图（c）），中性轴通过截面形心 C。由

$$\sigma_{max} = \sigma_s = \frac{M_s}{I_z}y_{max} = \frac{M_s}{\dfrac{bh^3}{36}}\cdot\frac{2h}{3}$$

得屈服弯矩为

$$M_s = \sigma_s \cdot \frac{bh^2}{24}$$

（2）极限弯矩

当整个截面上的应力均达到屈服极限时（图(d)），则中性轴平分截面面积。由

$$A_t = A_c = \frac{1}{2}b'h' = \frac{1}{4}bh$$

注意到 $b/h = b'/h' = \alpha$，则有 $\alpha = \dfrac{1}{\sqrt{2}}$，得

$$h' = \frac{h}{\sqrt{2}} = 0.707h$$

于是，得极限弯矩为

$$
\begin{aligned}
M_u &= \sigma_s W_s = \sigma_s (S_t + S_c) \\
&= \sigma_s \left[b'(h-h')\frac{h-h'}{2} + \frac{(b-b')(h-h')}{2} \cdot \frac{2(h-h')}{3} + \left(\frac{b'h'}{2}\right)\left(\frac{h'}{3}\right) \right] \\
&= \left(1 - \frac{\sqrt{2}}{2}\right)\frac{bh^2}{3} \cdot \sigma_s
\end{aligned}
$$

11.4-2 长度为 l 的矩形截面 $b \times h$ 的简支梁，承受均布载荷 q，如图(a)所示。梁材料为弹性—理想塑性，屈服极限为 σ_s（参见习题 11.4-1 图(b)）。试求梁的极限载荷及梁塑性区的长度。

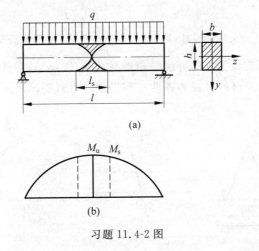

习题 11.4-2 图

解 （1）极限载荷

当梁的最大弯矩达到极限弯矩而形成塑性铰时，梁成为具有一个自由度的几何可变机构而达到极限状态，相应的载荷为极限载荷。于是，由

$$M_u = \frac{q_u l^2}{8} = W_s \sigma_s$$

注意到矩形截面 $b \times h$ 的塑性弯曲截面系数 $W_s = \dfrac{bh^2}{4}$，即得极限载荷为

$$q_u = \frac{2bh^2}{l^2}\sigma_s$$

（2）塑性区长度

塑性区位于梁极限弯矩两侧，在其边缘处截面上的弯矩为屈服弯矩。由

$$M_s = \frac{q_u l}{2} \cdot \frac{l - l_s}{2} - \frac{q_u}{2}\left(\frac{l - l_s}{2}\right)^2$$

$$= \frac{q_u l^2}{8}\left(1 - \frac{l_s^2}{l^2}\right) = M_u\left(1 - \frac{l_s^2}{l^2}\right)$$

注意到，矩形截面 $M_u/M_s = 3/2$，即得塑性区长度为

$$l_s = l\sqrt{1 - \frac{M_s}{M_u}} = \frac{l}{\sqrt{3}}$$

讨论：

梁的极限载荷具有如下特征：

（1）梁的极限状态为具有一个自由度的几何可变机构。

（2）梁依然满足外力与内力分量间的静力平衡条件。

（3）梁极限弯矩（即塑性铰）所在截面处挠曲线的曲率 $\frac{1}{\rho} \to \infty$，然而梁的挠度在进入极限状态的瞬时仍为有限值。

11.4-3 矩形截面 $b \times h$ 的直杆用力绕半径为 R 的刚性心轴弯曲（图(a)），而使杆处于完全塑性状态（即横截面上各点处的应力全部达到屈服极限）。杆材料可视为弹性—理想塑性，弹性模量为 E，屈服极限为 σ_s（参见习题 11.4-1 图(b)）。试求杆从心轴上松开时，杆的曲率和残余应力。

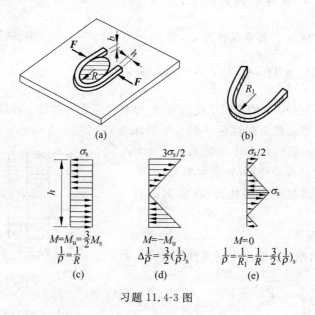

习题 11.4-3 图

解 （1）加载时极限弯矩及曲率

杆的屈服弯矩及其曲率为

$$M_s = \sigma_s \cdot W = \sigma_s \frac{bh^2}{6}$$

$$\left(\frac{1}{\rho}\right)_s = \frac{M_s}{EI} = \sigma_s \frac{2}{Eh}$$

加载时,杆处于完全塑性状态(图(c)),截面上的弯矩达到极限弯矩

$$M_u = \sigma_s W_s = \sigma_s \frac{bh^2}{4} = \frac{3}{2} M_s$$

$$\left(\frac{1}{\rho}\right)_u = \frac{1}{R}$$

（2）卸载时的残余应力及曲率

卸载时,材料服从胡克定律,截面上的应力如图(d)所示,其曲率改变为

$$\Delta\left(\frac{1}{\rho}\right) = \frac{M_u}{EI} = \frac{3}{2}\left(\frac{1}{\rho}\right)_s$$

于是,得卸载后的残余应力如图(e)所示,而杆的曲率(图(b))为

$$\frac{1}{R_1} = \frac{1}{R} - \Delta\left(\frac{1}{\rho}\right) = \frac{1}{R} - \frac{3}{2}\left(\frac{1}{\rho}\right)_s$$

$$= \frac{1}{R} - \frac{\sigma_s}{E} \cdot \frac{3}{h}$$

讨论:

（1）杆件绕心轴弯曲而处于完全塑性状态,称为塑性成形。而放松后的曲率改变,称为弹性后效。当金属材料进行塑性成形加工,而其尺寸需满足公差要求时,就必须考虑弹性后效的影响。

（2）若考虑弯矩与曲率间的关系,则在 $M \leqslant M_s$ 时,M 与 $\frac{1}{\rho}$ 间呈线性关系;当 $M_s < M < M_u$ 阶段,M 与 $\frac{1}{\rho}$ 呈非线性关系,当 $M \to M_u$ 时,$\frac{1}{\rho} \to \infty$。其 $M - \frac{1}{\rho}$ 关系曲线可参照习题 11.3-4 图(c),且 $M \to M_u$ 较 $\frac{1}{\rho} \to \infty$ 要迅速得多。

11.4-4 矩形截面 $b \times h$ 的直梁承受纯弯曲,梁材料可视为弹性—理想塑性,弹性模量为 E,屈服极限为 σ_s。当加载至塑性区达到 $h/4$ 的深度（如图）,梁处于弹性—塑性状态时,卸除载荷。试求:

（1）卸载后,梁的残余变形（残余曲率）。

（2）为使梁轴回复到直线状态,需施加的外力偶矩。

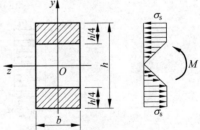

习题 11.4-4 图

解　（1）残余变形

加载时,梁的曲率可由截面中间弹性区确定。得

$$\frac{1}{\rho_1} = \frac{\sigma_s}{E} \cdot \frac{4}{h}$$

而梁截面上的弯矩为

$$M = \sigma_s\left(b\frac{h}{4}\right)\left(\frac{3h}{4}\right) + \frac{1}{2}\sigma_s\left(b\frac{h}{4}\right)\left(\frac{h}{3}\right) = \sigma_s\frac{11bh^2}{48}$$

卸载时,力矩-曲率呈线性关系,即

$$\frac{1}{\rho_2} = \frac{M}{EI} = \frac{\sigma_s}{E} \cdot \frac{11}{4h}$$

于是,得残余曲率为

$$\frac{1}{\rho_0} = \frac{1}{\rho_1} - \frac{1}{\rho_2} = \frac{\sigma_s}{E} \cdot \frac{5}{4h}$$

(2) 校直所需外力偶矩

若力矩-曲率关系仍遵循线性关系,则由

$$-\frac{1}{\rho_0} = \frac{M_e}{EI}$$

得

$$M_e = -EI\left(\frac{1}{\rho_0}\right) = -\frac{5bh^2}{48} \cdot \sigma_s$$

外力偶矩 M_e 的转向与加载时相反。

讨论:

由于

$$M_e + M = \sigma_s\left(\frac{5bh^2}{48}\right) + \sigma_s\left(\frac{11bh^2}{48}\right) = \sigma_s\frac{bh^2}{3}$$

$$< \frac{3}{2}M_u = \sigma_s\frac{3bh^2}{8}$$

所以,校直时的力矩-曲率关系服从线性规律。

11.4-5 一端固定、一端铰支的梁 AB,在 C 处承受集中载荷 F,如图(a)所示。梁材料可视为弹性-理想塑性,截面的屈服弯矩为 M_s,极限弯矩为 M_u。试求梁的屈服载荷和极限载荷。

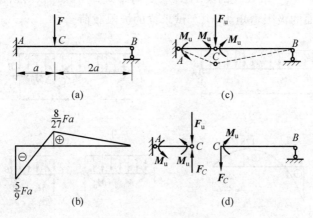

习题 11.4-5 图

解 (1) 屈服载荷

先按弹性分析求解静不定梁。若以固定端 A 阻止转动的约束为多余约束,则由变形几何相容条件,得

$$\theta_A = \theta_{AF} + \theta_{AM_A} = 0$$

代入 F、M_A 与 θ_A 间的物理关系,得补充方程,即可解得多余未知力

$$M_A = \frac{5}{9}Fa \quad (\curvearrowleft)$$

并得梁的弯矩图如图(b)所示。

当最大弯矩截面上的弯矩达到屈服弯矩(即最大应力达到屈服极限),即可得屈服载荷

$$|M|_{\max} = M_A = M_s = \frac{5}{9}F_s a$$

$$F_s = 1.8\frac{M_s}{a}$$

(2) 极限载荷

当最大弯矩截面上的弯矩达到极限弯矩,而形成塑性铰时,梁转化为两端铰支,并在截面 C 处承受集中载荷 F 和在截面 A 承受极限弯矩 M_u 的静定梁,并未丧失继续增大载荷的能力。只有当截面 C 的弯矩达到极限弯矩而形成塑性铰时(图(c)),梁成为几何可变机构,而达到极限状态。于是,由静力平衡条件(图(d)),得

$$\sum M_A = 0, \qquad\qquad (F_u - F_C)a - 2M_u = 0$$
$$\sum M_B = 0, \qquad\qquad F_C \cdot 2a - M_u = 0$$

解得极限载荷为

$$F_u = 2.5\frac{M_u}{a}$$

讨论:

(1) 静不定梁的极限状态至少需出现静不定次数加 1 的塑性铰。

(2) 若静不定梁或载荷较为复杂,出现几种可能的极限状态,则极限载荷应取其中的最小值(参见习题 11.4-8)。

11.4-6　一端固定、一端铰支的梁 AB,承受均布载荷 q,如图(a)所示。梁材料可视为弹性-理想塑性,截面的极限弯矩为 M_u。试求梁的极限载荷。

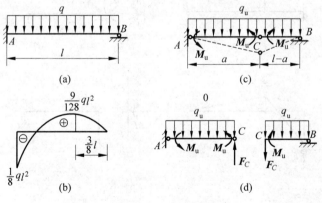

习题 11.4-6 图

解　(1) 弹性分析

按求解静不定梁的方法,取固定端 A 阻止转动的约束为多余约束,由变形几何相容条件

$$\theta_A = \theta_{Aq} + \theta_{AM_A} = 0$$

代入 q、M_A 与 θ_A 间的物理关系,得补充方程,即可解得多余未知力为

$$M_A = \frac{1}{8}ql^2 \quad (\smile)$$

并可得梁的弯矩图如图(b)所示。

(2) 极限载荷

一次静不定梁需出现两个塑性铰时,梁才达到极限状态。因此,除最大负弯矩的截面 A 形成塑性铰外,还需在正弯矩区的某一截面形成塑性铰。

设正弯矩区塑性铰的位置距固定端 A 的距离为 a(图(c))。于是,由静力平衡条件(图(d))

$$\sum M_A = 0, \qquad 2M_u + F_C a - \frac{q_u a^2}{2} = 0$$

$$\sum M_B = 0, \qquad F_C(l-a) + \frac{q_u(l-a)^2}{2} - M_u = 0$$

解得

$$q_u = \frac{2M_u}{al} \cdot \frac{2l-a}{l-a}$$

为求解正弯矩区塑性铰位置 a,令 $\dfrac{dq_u}{da} = 0$,得

$$a = (2-\sqrt{2})l$$

代入上式,得梁的极限载荷为

$$q_u = \frac{2(3+2\sqrt{2})}{l^2} = 11.66\,\frac{M_u}{l^2}$$

讨论:

值得注意的是,正弯矩区塑性铰位置 $a = (2-\sqrt{2})l = 0.586l$,与静不定梁在弹性阶段最大正弯矩的截面位置 $\dfrac{5}{8}l = 0.625l$ 不同。这是因为梁在固定端截面 A 形成塑性铰后,由于经历塑性变形而导致内力(弯矩)的重新分配的结果。而确定第二个塑性铰位置的条件 $\dfrac{dq_u}{da} = 0$,正是使极限载荷取得最小值。

*11.4-7 矩形截面 $b \times h = 40\text{mm} \times 60\text{mm}$ 的悬臂梁 AB,在自由端 B 承受集中载荷 $F = 8\text{kN}$,如图(a)所示。梁材料可视为弹性—理想塑性,弹性模量 $E = 210\text{GPa}$,屈服极限 $\sigma_s = 240\text{MPa}$。已知梁处于弹性-塑性阶段。试求:

(1) 塑性区的长度 l_s 及弹性区的高度 $h_1(x)$;

(2) 梁自由端 B 的挠度 v_B。

解 (1) 塑性区长度及弹性区高度

由塑性区边缘处截面弯矩应等于屈服弯矩

$$M_C = F(l-l_s) = M_s = \sigma_s W$$

得塑性区长度为

$$l_s = l - \frac{\sigma_s W}{F} = 1\text{m} - \frac{(240 \times 10^6\,\text{Pa}) \times (40 \times 10^{-3}\,\text{m}) \times (60 \times 10^{-3}\,\text{m})^2}{6 \times (8 \times 10^3\,\text{N})} = 0.28\text{m}$$

由 AC 段任一截面 x 的弯矩(图(b))

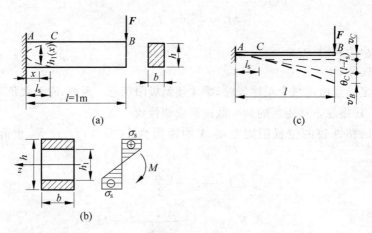

习题 11.4-7 图

$$M=\sigma_s b\left(\frac{h-h_1}{2}\right)\left(\frac{h+h_1}{2}\right)+\sigma_s b\left(\frac{h_1}{6}\right)^2=F(l-x)$$

得 AC 段弹性区的高度为

$$h_1^2(x)=3h^2-\frac{12F}{\sigma_s b}(l-x)$$

$$=3\times(60\times10^{-3}\,\mathrm{m})^2-\frac{12\times(8\times10^3\,\mathrm{N})}{(240\times10^6\,\mathrm{Pa})\times(40\times10^{-3}\,\mathrm{m})}\times(1\mathrm{m}-x)$$

$$=0.0008\mathrm{m}^2+0.01x\ \mathrm{m}^2$$

$$h_1(x)=\sqrt{0.0008+0.01x}\ \mathrm{m}$$

（2）自由端挠度

由叠加原理，梁 AB 的自由端挠度 v_B 可视为悬臂梁 CB 的弹性挠度叠加上悬臂梁 AC 的弹-塑性变形引起的截面 C 的挠度和转角对自由端挠度的影响（图(c)），即

$$v_B=v_B'+v_C+\theta_C(l-l_s)$$

悬臂梁 CB 的弹性挠度为

$$v_B'=\frac{F(l-l_s)^3}{3EI}=\frac{(8\times10^3\,\mathrm{N})\times(1\mathrm{m}-0.28\mathrm{m})^3\times12}{3\times(210\times10^9\,\mathrm{Pa})\times(40\times10^{-3}\,\mathrm{m})\times(60\times10^{-3}\,\mathrm{m})^3}$$

$$=12.7\times10^{-3}\,\mathrm{m}$$

悬臂梁 AC 的弹-塑性变形，由于平面假设依然成立，故等同于以 $h_1(x)$ 变化的变截面梁的弹性变形。应用积分法，并注意到变截面梁任一截面的弯矩均等于屈服弯矩。于是，得

$$\frac{\mathrm{d}^2v}{\mathrm{d}x^2}=\frac{M_s}{EI_1}=\frac{\sigma_s\cdot\dfrac{bh_1^2(x)}{6}}{E\cdot\dfrac{bh_1^3(x)}{12}}=\frac{2\sigma_s}{Eh_1(x)}$$

$$=\frac{2\sigma_s}{E}\cdot\frac{1}{\sqrt{0.0008+0.01x}}$$

$$\frac{\mathrm{d}v}{\mathrm{d}x}=\frac{2\sigma_s}{E}\cdot\frac{2\sqrt{0.0008+0.01x}}{0.01}+C$$

$$=\frac{400\sigma_s}{E}\sqrt{0.0008+0.01x}+C$$

$$v = \frac{400\sigma_s}{E} \cdot \frac{2}{3 \times 0.01} \sqrt{(0.0008 + 0.01x)^3} + Cx + D$$

$$= \frac{8 \times 10^4 \sigma_s}{3E}(0.0008 + 0.01x)^{3/2} + Cx + D$$

由边界条件,得

$$x = 0, \frac{\mathrm{d}v}{\mathrm{d}x} = 0: \quad C = -11.31\frac{\sigma_s}{E}$$

$$v = 0: \quad D = -0.603\frac{\sigma_s}{E}$$

将积分常数 C、D 及 $x = l_s = 0.28\mathrm{m}$ 代入转角、挠度方程,即得

$$\theta_C = 12.69\frac{\sigma_s}{E} = 12.69 \times \frac{240 \times 10^6 \mathrm{Pa}}{210 \times 10^9 \mathrm{Pa}} = 14.5 \times 10^{-3}$$

$$v_C = 1.987\frac{\sigma_s}{E} = 1.987 \times \frac{240 \times 10^6 \mathrm{Pa}}{210 \times 10^9 \mathrm{Pa}} = 2.27 \times 10^{-3}\mathrm{m}$$

于是,得处于弹性-塑性状态下悬臂梁 AB 的自由端挠度为

$$v_B = v_B' + v_C + \theta_C(l - l_s)$$
$$= 12.7 \times 10^{-3}\mathrm{m} + 2.27 \times 10^{-3}\mathrm{m} + 14.5 \times 10^{-3} \times (1\mathrm{m} - 0.28\mathrm{m})$$
$$= 25.41 \times 10^{-3}\mathrm{m} \quad (\downarrow)$$

*11.4-8 两个材料和截面均相同的悬臂梁 AC 和 CD,在 C 处以滚轴相接触,并在梁 AC 的 B 处承受铅垂载荷 F,如图(a)所示。设材料可视为弹性-理想塑性,且截面的极限弯矩为 M_u。试求结构的极限载荷。

解 (1) 极限状态

结构成为几何可变机构而达到极限状态,有两种不同的可能的形式:一是在梁 AC 的 A 和 B 截面形成塑性铰,而梁 CD 仍处于变形不大的弹性状态,如图(b)所示;二是分别在梁 AC 的截面 A 和梁 CD 的截面 D 形成塑性铰,如图(c)所示。为确定结构的极限载荷,分别计算每个可能形式时相应的极限载荷。

(2) 极限载荷

对于图(b)的极限状态,由静力平衡条件(参见习题 11.4-5)

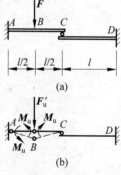

$$\sum M_A = 0, \qquad (F_u' - F_B)\frac{l}{2} - 2M_u = 0$$

$$\sum M_C = 0, \qquad F_B\frac{l}{2} - M_u = 0$$

得相应的极限载荷为

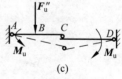

习题 11.4-8 图

$$F_u' = 6\frac{M_u}{l}$$

对于图(c)的极限状态,由静力平衡条件

$$\sum M_A = 0, \qquad F_C'l + M_u - F_u''\frac{l}{2} = 0$$

$$\sum M_D = 0, \qquad F_C'l - M_u = 0$$

得相应的极限载荷为

$$F''_u = 4\frac{M_u}{l}$$

因此,结构的极限载荷应为

$$F_u = F''_u = 4\frac{M_u}{l}$$

　　讨论:

　　实际上,由图(b)的静力平衡条件,可得 $F_C = 2\dfrac{M_u}{l}$。则相应于图(b)中截面 D 的弯矩应为

$$M_D = F_C \cdot l = 2M_u$$

可见,M_D 值与梁截面可能产生的最大弯矩为极限弯矩 M_u 的事实是不相容的。这表明,在发生图(b)所示的极限状态以前,在截面 D 处就已经形成塑性铰,而达到了极限状态。

第 12 章

能 量 法

【内容提要】

12.1 应变能 余能

1. 应变能

应变能 弹性体在外力作用下,由于变形而储存在弹性体内的能量,称为应变能,记为 V_ε。

功能原理 弹性体的外力由零缓慢地增至最终值,忽略弹性体在变形过程中的其他能量损耗,则弹性体的应变能等于外力在其相应位移上所做的功。即

$$V_\varepsilon = W \tag{12-1}$$

应变能密度 单位体积内的应变能,称为应变能密度,记为 v_ε。

非线性弹性体的应变能 对于非线性弹性体(图 12-1(b)或(c)),当外力由 $0 \to F_1$(或应力由 $0 \to \sigma_1$),而相应位移由 $0 \to \Delta_1$(或应变由 $0 \to \varepsilon_1$),则

应变能 $$V_\varepsilon = \int_0^{\Delta_1} F \mathrm{d}\Delta \tag{12-2a}$$

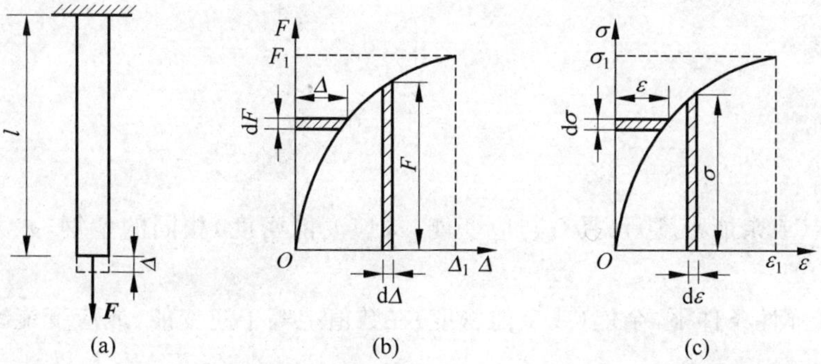

图 12-1

应变能密度
$$v_\varepsilon = \int_0^{\varepsilon_1} \sigma d\varepsilon \tag{12-2b}$$

而
$$V_\varepsilon = \int_V v_\varepsilon dV \tag{12-3}$$

2. 线弹性杆件的应变能

长度为 l 的线弹性等直杆的应变能

轴向拉伸(压缩):
$$V_\varepsilon = \frac{F_N^2 l}{2EA} = \frac{EA\Delta l^2}{2l} \tag{12-4a}$$

圆轴扭转:
$$V_\varepsilon = \frac{T^2 l}{2GI_p} = \frac{GI_p\varphi^2}{2l} \tag{12-4b}$$

对称纯弯曲:
$$V_\varepsilon = \frac{M^2 l}{2EI} = \frac{EI\theta^2}{2l} \tag{12-4c}$$

组合变形:设轴力、扭矩、弯矩分别为截面位置 x 的函数,不计剪力的影响。
$$V_\varepsilon = \int_l \frac{F_N^2(x)dx}{2EA} + \int_l \frac{T^2(x)dx}{2GI_p} + \int_l \frac{M^2(x)dx}{2EI} \tag{12-5}$$

应变能的特征

(1) 式(12-4)中的轴力 F_N、扭矩 T、弯矩 M 在长度 l 内均为常量,而伸长 Δl、相对扭转角 φ、相对转角 θ 均为杆两端截面间的相对位移。

(2) 应变能恒为正的标量,与坐标轴的选取无关。在不同杆段或杆系的不同杆件中,可独立地选取其坐标系。

(3) 在线弹性范围内,应变能为内力分量(或相对位移)的二次函数,故力作用的叠加原理不再成立。在小变形条件下,组合变形中每一基本变形的内力,在其他基本变形时并不做功,故组合变形的应变能等于各基本变形应变能的总和。

(4) 应变能仅与载荷的最终值有关,而与加载的次序无关。

3. 余能

余能的定义

对于非线性弹性体(图 12-1),余能定义为

余能
$$V_c = \int_0^{F_1} \Delta dF \tag{12-6a}$$

余能密度
$$v_c = \int_0^{\sigma_1} \varepsilon d\sigma \tag{12-6b}$$

而
$$V_c = \int_V v_c dV \tag{12-7}$$

余能的特征

(1) 余能(或余能密度)仅具有与应变能(或应变能密度)相同的量纲,并无具体的物理意义。

(2) 在线弹性条件下,余能(或余能密度)在数值上等于应变能(或应变能密度),但两者的概念不同。

12.2 卡 氏 定 理

1. 广义力与广义位移

广义力 以广义力 F 代表一个力、一个力偶、一对力或一对力偶(图 12-2)。

广义位移 以广义位移 Δ 代表一点的线位移、一截面的角位移、两点间的相对线位移或两截面之间的相对角位移(图 12-2)。

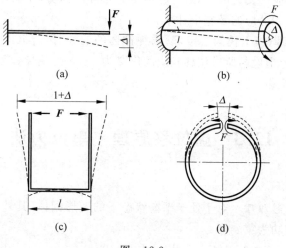

(a)   (b)

(c)   (d)

图 12-2

广义力与广义位移间的对应关系 一个力相应的位移为该力作用点沿力矢正向的线位移(图 12-2(a));一个力偶相应的位移为该力偶作用面沿力偶转向的角位移(图 12-2(b));一对力相应的位移为该对力两作用点沿力矢正向的相对线位移(图 12-2(c));一对力偶相应的位移为该对力偶两作用面沿力偶转向的相对角位移(图 12-2(d))。

2. 卡氏定理

卡氏第一定理 弹性体的应变能对于弹性体某一广义位移的偏导数,等于相应于该广义位移的广义力。即

$$F_i = \frac{\partial V_\varepsilon}{\partial \Delta_i} \tag{12-8}$$

余能定理 弹性体的余能对于弹性体上某一广义力的偏导数,等于相应于该广义力的广义位移。即

$$\Delta_i = \frac{\partial V_c}{\partial F_i} \tag{12-9}$$

卡氏第二定理 线弹性体的应变能对于弹位体上某一广义力的偏导数,等于相应于该广义力的广义位移。即

$$\Delta_i = \frac{\partial V_\varepsilon}{\partial F_i} \tag{12-10a}$$

对于线弹性杆系,卡氏第二定理可表达为

$$\Delta_i = \int_l \frac{F_{\mathrm{N}}(x)}{EA} \cdot \frac{\partial F_{\mathrm{N}}(x)}{\partial F_i} \mathrm{d}x + \int_l \frac{T(x)}{GI_{\mathrm{p}}} \cdot \frac{\partial T(x)}{\partial F_i} \mathrm{d}x + \int_l \frac{M(x)}{EI} \cdot \frac{\partial M(x)}{\partial F_i} \quad \text{(12-10b)}$$

卡氏定理的特征

（1）卡氏第一定理和余能定理适用于线性或非线性弹性体,而卡氏第二定理仅适用于线性弹性体。

（2）应用卡氏第一定理,需将应变能表示为位移的函数；应用余能定理或卡氏第二定理需将余能或应变能表示为力（载荷）的函数。

（3）当线弹性杆系的内力为截面位置 x 的函数时,由于应变能应对截面位置 x 积分,而卡氏第二定理是对相应广义力的求导,计算中可先求导后积分,不必求出杆系的应变能,直接应用式(12-10b)。积分应遍及整个杆系。

（4）应用余能定理（或卡氏第二定理）求弹性体的位移时,若欲求位移处无相应的载荷作用,则可在弹性体上虚设与所求位移相应的广义力,在求得偏导数后,再令虚设广义力为零,即可求得需求的位移。

12.3 虚位移原理 单位力法

1. 虚位移原理

变形固体的虚位移原理 对于处于平衡状态下的变形固体,其外力和内力对任意给定的虚位移所做的总虚功为零。即

$$W_{\mathrm{e}} + W_{\mathrm{i}} = 0 \quad \text{(12-11)}$$

杆件（或杆系）的虚位移原理 对于处于平衡状态下组合变形的杆件,所有载荷对其相应虚位移所做的虚功,等于各内力分量对其相应的变形虚位移所做虚功之和。即

$$\sum_{i=1}^{n} F_i \overline{\Delta_i} = \int_l (M\mathrm{d}\theta + F_{\mathrm{s}}\mathrm{d}\lambda + F_{\mathrm{N}}\mathrm{d}\delta + T\mathrm{d}\varphi) \quad \text{(12-12)}$$

虚位移原理的特征

（1）虚位移为满足变形几何相容条件（包括支座约束条件和光滑、连续条件）的任意给定的微小位移。故载荷作用下杆件的变形位移满足虚位移的要求。

（2）式(12-12)中的 F_i 为某一载荷（广义力）；$\overline{\Delta_i}$ 为由载荷引起的与 F_i 相应的广义位移。式中积分应遍及全杆（或杆系）。

（3）虚位移原理适用于线性或非线性,弹性或非弹性结构的微小变形。

2. 单位力法

单位力法 杆件在载荷作用下任一截面的广义位移 Δ,等于由与所求位移相应的虚设的广义单位力所引起的内力分量（$\overline{F}_{\mathrm{N}}$、$\overline{M}$、$\overline{F}_{\mathrm{s}}$、$\overline{T}$）分别在相应的由载荷引起的变形位移上所做的虚功。即

$$\Delta = \int_l (\overline{F}_{\mathrm{N}}\mathrm{d}\delta + \overline{M}\mathrm{d}\theta + \overline{F}_{\mathrm{s}}\mathrm{d}\lambda + \overline{T}\mathrm{d}\varphi) \quad \text{(12-13)}$$

线弹性杆件的单位力法表达式

$$\Delta = \int_0^l \overline{F}_{\mathrm{N}} \frac{F_{\mathrm{N}}\mathrm{d}x}{EA} + \int_0^l \overline{M} \frac{M\mathrm{d}x}{EI} + \int_0^l \overline{F}_{\mathrm{s}} \frac{\alpha_{\mathrm{s}}F_{\mathrm{s}}\mathrm{d}x}{GA} + \int_0^l \overline{T} \frac{T\mathrm{d}x}{GI_{\mathrm{p}}} \quad \text{(12-14)}$$

单位力法的特征

（1）单位力法是以与所求位移相应的虚设的广义单位力作为外力，而以实际载荷引起的变形位移作为虚位移。

（2）式（12-13）适用于线性或非线性，弹性或非弹性杆件（或杆系）；而式（12-14）仅适用于线弹性杆件（或杆系）在任意载荷作用下的位移计算（式（12-14）也称为莫尔定理）。式中积分应遍及整个杆件（或杆系）。

（3）所得广义位移 Δ 为正值，表示其方向（或转向）与所加广义单位力的指向（或转向）相一致；负值表示相反。

（4）式（12-14）中，修正因数 α_S 为与截面形状有关的因子。

12.4　互　等　定　理

1. 功的互等定理

功的互等定理　广义力系 $F_i(i=1,2,\cdots,m)$ 在由广义力系 $F_j(j=1,2,\cdots,n)$ 引起的相应于广义力系 F_i 的广义位移 Δ_{ij} 上所做的功，等于广义力系 F_j 在由广义力系 F_i 引起的相应于广义力系 F_j 的广义位移 Δ_{ji} 上所做的功。即

$$\sum_{i=1}^{m}F_i\Delta_{ij} = \sum_{j=1}^{n}F_j\Delta_{ji} \tag{12-15}$$

功的互等定理的特征

（1）适用于线弹性范围、小变形条件下的任意结构。

（2）广义位移的两个下标，第一个下标表示位移所对应的力系；第二个下标表示产生位移的力系。

（3）广义力系 F_i 和 F_j 中所包含的广义力的性质和个数可以互不相同。

2. 位移互等定理

位移互等定理　由单位广义力（$F_i=1$）引起的相应于单位广义力（$F_j=1$）的广义位移 δ_{ji}，等于由单位广义力 F_j 引起的相应于单位广义力 F_i 的广义位移 δ_{ij}。即

$$\delta_{ij} = \delta_{ji} \tag{12-16}$$

位移互等定理的特征

（1）适用于线弹性范围、小变形条件下的任意结构。

（2）广义力 F_i（或 F_j）引起的相应于广义力 F_j（或 F_i）的广义位移 Δ_{ji}（或 Δ_{ij}）为

$$\Delta_{ji}=F_i\delta_{ji} \quad （或 \Delta_{ij}=F_j\delta_{ij}）$$

（3）式（12-16）表示两广义位移 δ_{ij} 和 δ_{ji} 的数值相等，其量纲不一定相同。

12.5　用能量法解静不定系统

1. 用能量法解静不定系统

用能量法求解静不定系统，同样是综合考虑静力、几何和物理三方面。只是在考虑力-

位移间物理关系(或变形几何相容条件的形式)时,应用了能量法(卡氏第一定理、余能定理、卡氏第二定理、虚位移原理或单位力法)。由于能量法适用于线性或非线性、弹性或非弹性的杆件、刚架或曲杆,因而扩展了求解静不定系统的范围。

2. 力法及其正则方程

力法　以多余未知力(多余反力或多余内力)为基本未知数,求解静不定系统的方法,称为力法。

正则方程　用力法求解静不定系统,其变形相容方程的标准形式,称为正则方程。

设 n 次静不定的线弹性结构,其多余未知力为 $X_1, X_2, \cdots, X_n$,则其正则方程为

$$\left. \begin{array}{c} \delta_{11}X_1 + \delta_{12}X_2 + \cdots + \delta_{1n}X_n + \Delta_{1F} = 0 \\ \vdots \\ \delta_{n1}X_1 + \delta_{n2}X_2 + \cdots + \delta_{nn}X_n + \Delta_{nF} = 0 \end{array} \right\} \tag{12-17}$$

正则方程的特征

(1) 正则方程适用于小变形条件下的线性弹性结构。

(2) 方程中,$X_i(i=1,2,\cdots,n)$ 为广义多余未知力;Δ_{iF} 为由载荷引起的相应于 X_i 的广义位移;δ_{ij} 为由单位广义力($X_j=1, j=1,2,\cdots,n$)引起的相应于 X_i 的广义位移。

(3) 由位移互等定理可知

$$\delta_{ij} = \delta_{ji} \quad (i,j=1,2,\cdots,n)$$

(4) 变形相容方程不一定总是为零,应根据具体问题,比较基本静定系统与静不定系统在多余约束处的变形而定。

3. 对称与反对称的利用

对称与反对称的特征

若结构的几何形状、尺寸、材料性能和约束条件均对称于某一轴线,则称为对称结构。如图 12-3(a)所示的简支梁(不计轴力影响)和图 12-3(d)所示的刚架。

若载荷的作用位置、数值、方位及指向均对称于某一轴线,则称对称载荷(图 12-3(b)、(e));若载荷的作用位置、数值及方位对称于某一轴线,而指向为反对称,则称为反对称载荷(图 12-3(c)、(f))。

对称结构在对称载荷作用下,则结构的内力分布(或反力)和变形(或位移)均对称于对

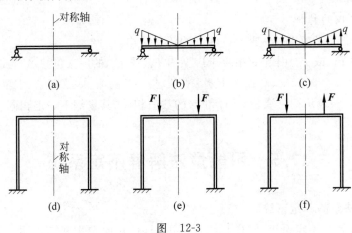

图　12-3

称轴。因而,位于对称轴上截面的反对称的内力分量和位移分量必为零(图 12-4(a)、(b));反之,对称结构在反对称载荷作用下,则结构的内力分布和变形均反对称于对称轴。因而,位于对称轴上截面的对称的内力分量和位移分量必为零(图 12-4(c)、(d))。

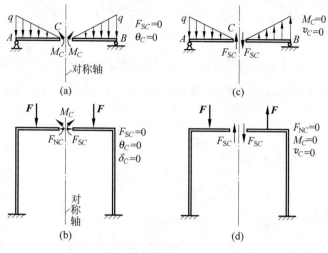

图　12-4

截面内力分量和位移分量的对称或反对称属性

	轴 向 拉 压	扭　　转	对 称 弯 曲
内力分量	轴力 F_N,对称	扭矩 T,反对称	剪力 F_S,反对称 弯矩 M,对称
位移分量	轴向线位移 δ,反对称	扭转角 φ,对称	挠度 v,对称 转角 θ,反对称

【习题解析】

12.1-1　空间主应力状态的主应力和主应变分别为 σ_1、σ_2、σ_3 和 ε_1、ε_2、ε_3,由第 8 章式(8-20)已知其应变能密度为 $v_\varepsilon=\dfrac{1}{2}\sigma_1\varepsilon_1+\dfrac{1}{2}\sigma_2\varepsilon_2+\dfrac{1}{2}\sigma_3\varepsilon_3$。试问是否应用了力作用的叠加原理。

答　空间主应力状态的应变能密度表达式

$$v_\varepsilon=\frac{1}{2}\sigma_1\varepsilon_1+\frac{1}{2}\sigma_2\varepsilon_2+\frac{1}{2}\sigma_3\varepsilon_3$$

并不是由叠加原理导得的。而是由三个主应力按一定比例,同时由零开始,同时达到各自的最终值。这时,三个主应变 ε_1、ε_2、ε_3 中分别包括了三个主应力 σ_1、σ_2、σ_3 的影响(即由广义胡克定律确定),而三个主应变仍分别与三个主应力成线性关系。即

$$v_\varepsilon=\frac{1}{2}\sigma_1\left(\frac{\sigma_1}{E}-\nu\frac{\sigma_2}{E}-\nu\frac{\sigma_3}{E}\right)+\frac{1}{2}\sigma_2\left(\frac{\sigma_2}{E}-\nu\frac{\sigma_3}{E}-\nu\frac{\sigma_1}{E}\right)+\frac{1}{2}\sigma_3\left(\frac{\sigma_3}{E}-\nu\frac{\sigma_1}{E}-\nu\frac{\sigma_2}{E}\right)$$

$$= \frac{1}{2E}(\sigma_1^2 + \sigma_2^2 + \sigma_3^2) - \frac{\nu}{E}(\sigma_1\sigma_2 + \sigma_2\sigma_3 + \sigma_3\sigma_1)$$

若三个主应力按 $\sigma_1 \rightarrow \sigma_2 \rightarrow \sigma_3$ 的次序逐一加载,则

$$v_\varepsilon = \frac{\sigma_1^2}{2E} + \left(\frac{\sigma_2^2}{2E} - \sigma_1\frac{\nu\sigma_2}{E}\right) + \left(\frac{\sigma_3^2}{2E} - \sigma_1\frac{\nu\sigma_3}{E} - \sigma_2\frac{\nu\sigma_3}{E}\right)$$

可见,两种加载方式所得的应变能密度是相同的。

12.1-2 拉、压刚度为 EA 的等截面直杆,上端固定、下端与刚性支承面之间留有空隙 Δ,在中间截面 B 处承受轴向力 F 作用,如图(a)所示。当 $F > \dfrac{EA\Delta}{l}$ 时,下端支承面的反力为

$$F_C = \frac{F}{2} - \frac{\Delta}{l}\frac{EA}{2}$$

于是,力 F 作用点的铅垂位移为

$$\Delta_B = \frac{(F - F_C)l}{EA} = \frac{Fl}{2EA} + \frac{\Delta}{2}$$

从而得外力 F 所做的功为

$$W = \frac{1}{2}F\Delta_B = \frac{F^2 l}{4EA} + \frac{F\Delta}{4}$$

而杆的应变能为

$$V_\varepsilon = \frac{(F - F_C)^2 l}{2EA} + \frac{F_C^2 l}{2EA} = \frac{F^2 l}{4EA} + \frac{\Delta^2 EA}{4l}$$

结果,杆的应变能不等于外力所做的功 $V_\varepsilon \neq W$,试问这是什么原因?

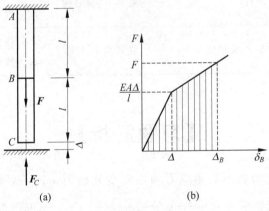

习题 12.1-2 图

解 对于线弹性杆件,杆内的应变能应该等于外力所做的功。现在的问题是,外力所做的功计算有误。因在这种情况下,外力 F 与其作用点的位移 Δ_B 间的关系,在杆 C 端与支承面接触前、后的比例不同。若将力 F 作用点的位移分解为

$$\Delta_B = \Delta + (\Delta_B - \Delta)$$

则力 F 所做的功应为

$$W = \frac{EA\Delta^2}{2l} + (F - F_C)\frac{F_C l}{EA} = \frac{EA\Delta^2}{2l} + \left(\frac{F}{2} + \frac{EA\Delta}{2l}\right)\left(\frac{F}{2} - \frac{EA\Delta}{2l}\right)\frac{l}{EA}$$

$$= \frac{F^2 l}{4EA} + \frac{EA\Delta^2}{4l}$$

于是，可得

$$V_\varepsilon = W$$

讨论：

若作 F-Δ_B 间的关系曲线（图(b)），则由 F-Δ_B 图的阴影面积，可得力 F 所做的功为

$$W = \frac{1}{2}\Delta \frac{\Delta EA}{l} + \frac{1}{2}\left(\frac{\Delta EA}{l} + F\right)(\Delta_B - \Delta) = \frac{F^2 l}{4EA} + \frac{EA\Delta^2}{4l}$$

12.1-3 弯曲刚度为 EI 的简支梁 AB，承受均布载荷 q，如图所示。试求梁内的应变能。

解 若不计剪力影响，则由式（12-5），得梁内应变能为

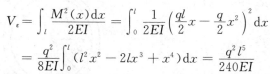

习题 12.1-3 图

$$V_\varepsilon = \int_l \frac{M^2(x)\mathrm{d}x}{2EI} = \int_0^l \frac{1}{2EI}\left(\frac{ql}{2}x - \frac{q}{2}x^2\right)^2 \mathrm{d}x$$

$$= \frac{q^2}{8EI}\int_0^l (l^2 x^2 - 2lx^3 + x^4)\mathrm{d}x = \frac{q^2 l^5}{240EI}$$

讨论：

若由应变能密度计算梁内应变能，则

$$\sigma = \frac{M(x)}{I}y, \quad \varepsilon = \frac{\sigma}{E} = \frac{M(x)}{EI}y$$

$$v_\varepsilon = \int_0^\varepsilon \sigma \mathrm{d}\varepsilon = \int_0^\varepsilon E\varepsilon \mathrm{d}\varepsilon = \frac{E\varepsilon^2}{2} = \frac{E}{2}\left(\frac{M(x)}{EI}y\right)^2$$

$$V_\varepsilon = \int_V v_\varepsilon \mathrm{d}V = \int_0^l \frac{M^2(x)\mathrm{d}x}{2EI^2}\int_A y^2 \mathrm{d}A = \int_0^l \frac{M^2(x)}{2EI}\mathrm{d}x = \frac{q^2 l^5}{240EI}$$

若由外力功计算梁内应变能，则由附录Ⅲ梁的挠曲线方程

$$v = \frac{q}{24EI}(l^3 x - 2lx^3 + x^4)$$

$$W = \int_0^l \frac{1}{2}(q\mathrm{d}x)v = \frac{q^2}{48EI}\int_0^l (l^3 x - 2lx^3 + x^4)\mathrm{d}x = \frac{q^2 l^5}{240EI}$$

得

$$V_\varepsilon = W = \frac{q^2 l^5}{240EI}$$

可见，不同计算方法的计算结果均相同。

12.1-4 拉、压刚度为 EA，弯曲刚度为 EI 的刚架，承受均布载荷 q，如图所示。若不计剪力的影响，试求刚架内的应变能。

解 由静力平衡条件，求得刚架的支反力为

$$F_{Ax} = ql, \quad F_{Ay} = \frac{1}{2}ql, \quad F_C = \frac{1}{2}ql$$

于是，得刚架内的应变能为

$$V_\varepsilon = \frac{F_N^2 \overline{AB}}{2EA} + \int_{\overline{AB}} \frac{M^2(x)\mathrm{d}x}{2EI} + \int_{\overline{BC}} \frac{M^2(x)\mathrm{d}x}{2EI}$$

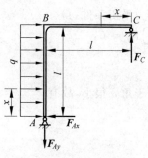

习题 12.1-4 图

$$= \frac{\left(\dfrac{ql}{2}\right)^2 l}{2EA} + \int_0^l \frac{\left(qlx - \dfrac{q}{2}x^2\right) \mathrm{d}x}{2EI} + \int_0^l \frac{\left(\dfrac{ql}{2}x\right)^2 \mathrm{d}x}{2EI}$$

$$= \frac{q^2 l^3}{8EA} + \frac{13q^2 l^3}{120EI}$$

讨论：

在计算刚架内应变能时，AB 肢和 BC 肢的坐标原点可任意选取。

12.1-5　由直径为 d 的圆杆制成平均半径为 R 的开口圆环，在开口处承受一对垂直于圆环平面的集中力 F 作用，如图所示。材料的弹性模量为 E、切变模量为 G，若不计轴力和剪力的影响，试求圆环内的应变能。

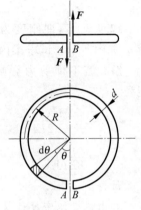

解　圆环任一截面的内力分量为

$$M(\theta) = FR\sin\theta, \quad T(\theta) = FR(1 - \cos\theta)$$

故得圆环内的应变能为

$$V_\varepsilon = \int_{\widehat{AB}} \mathrm{d}V_\varepsilon = \int_{\widehat{AB}} \frac{M^2(\theta)\mathrm{d}s}{2EI} + \int_{\widehat{AB}} \frac{T^2(\theta)\mathrm{d}s}{2GI_\mathrm{p}}$$

$$= 2\int_0^\pi \frac{F^2 R^2}{2EI}\sin^2\theta\,(R\mathrm{d}\theta) + 2\int_0^\pi \frac{F^2 R^2}{2GI_\mathrm{p}}(1 - \cos\theta)^2 (R\mathrm{d}\theta)$$

$$= \frac{\pi F^2 R^3}{2EI} + \frac{3\pi F^2 R^3}{2GI_\mathrm{p}} = \frac{16F^2 R^3}{d^4}\left(\frac{2}{E} + \frac{3}{G}\right)$$

习题 12.1-5 图

***12.1-6**　长度为 l，拉、压刚度为 EA 的两杆 AB 和 AC，铰接成水平位置，如图（a）所示。杆材料为线弹性，在结点 A 承受铅垂载荷 F 作用，试求结构的应变能和余能。

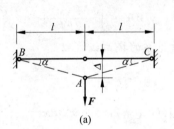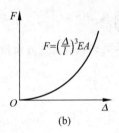

习题 12.1-6 图

解　（1）载荷-位移关系

载荷由零增至 F 值，两杆分别伸长 Δl，结点 A 的位移为 Δ（图（a））。由变形后结点 A 的静力平衡条件，得

$$\sum F_y = 0, \qquad\qquad 2F_\mathrm{N}\sin\alpha - F = 0$$

$$F_\mathrm{N} = \frac{F}{2\sin\alpha}$$

由于角 α 很小，故有

$$\sin\alpha \approx \tan\alpha = \frac{\Delta}{l}$$

所以

$$F_\mathrm{N} = \frac{Fl}{2\Delta}$$

由图(a)的几何关系得

$$\Delta = \sqrt{(l+\Delta l)^2 - l^2} = \sqrt{\left(l^2 + 2l\frac{F_N l}{EA} + \frac{F_N^2 l^2}{E^2 A^2}\right) - l^2}$$

$$= \sqrt{l^2\left(2\frac{F_N}{EA} + \frac{F_N^2}{E^2 A^2}\right)} \approx l\sqrt{2\frac{F_N}{EA}}$$

将 $F_N = \dfrac{Fl}{2\Delta}$ 代入上式，即得 F 与 Δ 的关系为

$$\Delta = l\sqrt[3]{\frac{F}{EA}} \quad 或 \quad F = \left(\frac{\Delta}{l}\right)^3 EA$$

F-Δ 间的关系曲线如图(b)所示。

（2）应变能

结构的应变能为

$$V_\varepsilon = \int_0^\Delta F\mathrm{d}\Delta = \int_0^\Delta \left(\frac{\Delta}{l}\right)^3 EA\,\mathrm{d}\Delta$$

$$= \frac{1}{4} \cdot \frac{\Delta^4}{l^3}EA = \frac{1}{4}F\Delta$$

（3）余能

结构的余能为

$$V_c = \int_0^F \Delta\mathrm{d}F = \int_0^F l\sqrt[3]{\frac{F}{EA}}\mathrm{d}F$$

$$= \frac{3l}{4} \cdot \frac{F^{4/3}}{(EA)^{1/3}} = \frac{3}{4}F\Delta$$

讨论：

（1）两杆的材料为线弹性，而载荷 F 与位移 Δ 间为非线性的。这类非线性弹性称为几何非线性弹性，而由材料非线性弹性导致的非线性弹性，称为物理非线性弹性。凡由载荷引起的变形而对杆件内力发生影响的问题，均属于几何非线性弹性问题，如第13章中偏心受压细长杆和纵横弯曲的杆件，均属于几何非线性弹性。

（2）由于几何非线性弹性问题，其非线性关系只反映在外力及其相应的位移之间，所以，其应变能和余功只能从载荷所做的外力功和外力余功来计算。

（3）对于非线性弹性，依然有

$$V_\varepsilon + V_c = F\Delta$$

* 12.2-1 由材料相同、横截面面积为 A 的两杆组成桁架 ABC，并在结点 B 承受铅垂载荷 F，如图(a)所示。材料在拉、压时的应力-应变关系为 $\sigma = K\sqrt{\varepsilon}$。试用卡氏第一定律，求结点 B 的水平和铅垂位移。

解 （1）结构的应变能

应用卡氏第一定理，需将应变能表示为位移的函数。设结点的水平和铅垂位移为 Δ_x 和 Δ_y（图(b)），则由变形几何相容条件，可得两杆的变形分别为

$$\delta_1 = \Delta_x（伸长），\quad \delta_2 = \Delta_y\cos 45° - \Delta_x\cos 45° = \frac{\Delta_y - \Delta_x}{\sqrt{2}} \quad （缩短）$$

两杆的纵向线应变分别为

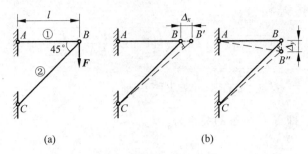

习题 12.2-1 图

$$\varepsilon_1 = \frac{\delta_1}{l} = \frac{\Delta_x}{l} \quad (\text{拉应变}), \qquad \varepsilon_2 = \frac{\delta_2}{\sqrt{2}l} = \frac{\Delta_y - \Delta_x}{2l} \quad (\text{压应变})$$

于是,得结构的应变能为

$$V_\varepsilon = v_{\varepsilon 1}(Al) + v_{\varepsilon 2}(\sqrt{2}Al) = Al \int_0^{\varepsilon_1} K\sqrt{\varepsilon}\, d\varepsilon + \sqrt{2}Al \int_0^{\varepsilon_2} K\sqrt{\varepsilon}\, d\varepsilon$$

$$= \frac{KA}{3\sqrt{l}} \left[2\Delta_x^{3/2} + (\Delta_y - \Delta_x)^{3/2} \right]$$

(2) 结点 B 的位移

由卡氏第一定理,得

$$\frac{\partial V_\varepsilon}{\partial \Delta_x} = \frac{KA}{2\sqrt{l}} \left[2\Delta_x^{1/2} - (\Delta_y - \Delta_x)^{1/2} \right] = 0$$

$$\frac{\partial V_\varepsilon}{\partial \Delta_y} = \frac{KA}{2\sqrt{l}} (\Delta_y - \Delta_x)^{1/2} = F$$

联立解得结点 B 的水平和铅垂位移为

$$\Delta_x = \frac{F^2 l}{K^2 A^2}, \quad \Delta_y = \frac{5F^2 l}{K^2 A^2}$$

所得位移为正号,表示位移方向与假设一致。

讨论:

值得注意的是,本题在外力 F 作用下,显然,杆 1 的轴力为拉力,而杆 2 的轴力为压力。因而,在解题中,杆 1 的线应变 ε_1 表示为拉伸应变,而杆 2 的线应变 ε_2 表示为压缩应变,以满足力与变形(应变)相容。

*12.2-2　试用余能定理,求习题 12.2-1 图(a)所示结构在铅垂力 F 作用下结点 B 的水平和铅垂位移。

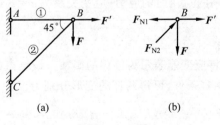

习题 12.2-2 图

解 （1）结构的余能

应用余能定理，需将余能表示为外力的函数。并为求水平位移，在结点 B 处虚设水平力 $F'(F'=0)$，如图（a）所示。

由结点 B 的静力平衡条件（图（b））

$$\sum F_x = 0, \qquad F_{N2}\cos45° + F' - F_{N1} = 0$$
$$\sum F_y = 0, \qquad F_{N2}\sin45° - F = 0$$

解得

$$F_{N1} = F + F' \quad （拉力）, \quad F_{N2} = \sqrt{2}F \quad （压力）$$

于是，结构的余能为

$$V_c = v_{c1}(Al) + v_{c2}(\sqrt{2}Al)$$
$$= Al\int_0^{\sigma_1}\left(\frac{\sigma}{K}\right)^2 d\sigma + \sqrt{2}Al\int_0^{\sigma_2}\left(\frac{\sigma}{K}\right)^2 d\sigma$$
$$= \frac{(F+F')^3 l}{3K^2 A^2} + \frac{4F^3 l}{3K^2 A^2}$$

（2）结点 B 的位移

由余能定理，得

$$\Delta_x = \left.\frac{\partial V_c}{\partial F'}\right|_{F'=0} = \frac{F^2 l}{K^2 A^2}$$
$$\Delta_y = \left.\frac{\partial V_c}{\partial F}\right|_{F=0} = \frac{5F^2 l}{K^2 A^2}$$

所得位移为正号，表示位移方向分别与 F' 和 F 的方向相同。

12.2-3 弯曲刚度为 EI，材料为线弹性的悬臂梁 AB，分别在截面 B 和 C 处承受集中载荷 F，如图（a）所示。若不计剪力的影响，试用卡氏第二定理，计算梁自由端 B 的挠度。

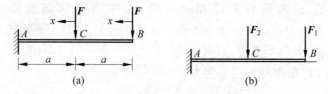

习题 12.2-3 图

解 （1）梁的应变能

将两个力 F 分别标为 F_1 和 F_2（图（b）），则梁的应变能为

$$V_\varepsilon = \int_{BC}\frac{(F_1 x)^2 dx}{2EI} + \int_{AC}\frac{[F_1(a+x)+F_2 x]^2 dx}{2EI}$$
$$= \int_0^a\frac{F_1^2 x^2 dx}{2EI} + \int_0^a\frac{[F_1^2(a+x)^2 + 2F_1 F_2 x(a+x) + F_2^2 x^2]dx}{2EI}$$
$$= \frac{4F_1^2 a^3}{3EI} + \frac{5F_1 F_2 a^3}{6EI} + \frac{F_2^2 a^3}{6EI}$$

（2）梁自由端挠度

由卡氏第二定理，得

$$v_B = \frac{\partial V_\varepsilon}{\partial F_1}\bigg|_{F_1=F_2=F} = \left[\frac{8F_1 a^3}{3EI} + \frac{5F_2 a^3}{6EI}\right]_{F_1=F_2=F} = \frac{7Fa^3}{2EI} \quad (\downarrow)$$

讨论：

若两个力 F 不加区别，则 AC 段的弯矩为

$$M = F(a+x) + Fx = F(a+2x)$$

由此，得梁的应变能为

$$V_\varepsilon = \int_0^a \frac{(Fx)^2\, \mathrm{d}x}{2EI} + \int_0^a \frac{(Fa+2Fx)^2\, \mathrm{d}x}{2EI} = \frac{7F^2 a^3}{3EI}$$

于是，得

$$v_B' = \frac{\partial V_\varepsilon}{\partial F} = \frac{14Fa^3}{3EI}$$

显然，$v_B' \neq v_B$。实际上，上面算得的 v_B' 值为两个力 F 作用点的挠度 v_B 和 v_C 的代数和。

12.2-4　弯曲刚度为 EI 的带中间铰 B 的静定梁 ABC，在 AB 段上受均布载荷作用，如图（a）所示。梁材料为线弹性，不计剪力的影响，试用卡氏第二定理，求梁中间铰 B 两侧截面的相对转角。

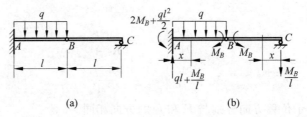

习题 12.2-4 图

解　（1）受力分析

为计算中间铰 B 两侧截面的相对转角，在中间铰两侧虚设一对外力偶 M_B（图（b））。梁 ABC 在均布载荷和虚设外力偶的共同作用下，由静力平衡条件，可求得梁固定端 A 和活动铰支座 C 处的支反力，如图（b）所示。

两段梁 AB 和 BC 的弯矩方程分别为

AB 梁：　　$M(x) = \left(ql + \dfrac{M_B}{l}\right)x - \left(2M_B + \dfrac{ql^2}{2}\right) - \dfrac{qx^2}{2} \quad (0 < x \leqslant l)$

BC 梁：　　$M(x) = -\dfrac{M_B}{l}x \quad (0 \leqslant x < l)$

（2）相对转角

由卡氏第二定理，得中间铰两侧截面的相对转角为

$$\Delta\theta_B = \frac{\partial V_\varepsilon}{\partial M_B}\bigg|_{M_B=0} = \sum \frac{1}{EI}\int_l M(x)\bigg|_{M_B=0} \cdot \frac{\partial M(x)}{\partial M_B}\bigg|_{M_B=0}\, \mathrm{d}x$$

$$= \frac{1}{EI}\int_0^l \left(qlx - \frac{ql^2}{2} - \frac{qx^2}{2}\right)\left(\frac{x}{l} - 2\right)\mathrm{d}x = \frac{7ql^3}{24EI}$$

相对转角 $\Delta\theta_B$ 的转向与虚设外力偶 M_B 的转向（图（b））一致。

12.2-5　矩形截面 $b \times h$ 的三杆组成的结构及其承载如图（a）所示。线弹性材料的弹性

模量为 E,若不计剪力影响,试用卡氏第二定理,求结点 C 的水平位移以及三杆中横截面上的最大正应力。

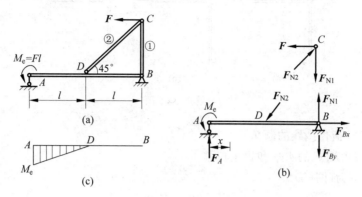

习题 12.2-5 图

解 (1)受力分析

由结点 C 的静力平衡条件(图(b)),得杆 BC 和 CD 的轴力为

$$\sum F_x = 0, \qquad\qquad F_{N2} = \frac{F}{\cos 45°} = \sqrt{2}F \quad (压力)$$

$$\sum F_y = 0, \qquad\qquad F_{N1} = F_{N2}\cos 45° = F \quad (拉力)$$

由杆 AB 的静力平衡条件(图(b)),得支反力为

$$\sum F_x = 0, \qquad F_{Bx} = F_{N2}\cos 45° = F$$

$$\sum M_A = 0, \qquad F_{By} = \frac{1}{2l}(F_{N1} \cdot 2l - F_{N2}\sin 45° \cdot l + M_e) = \frac{F}{2} + \frac{M_e}{2l}$$

$$\sum M_B = 0, \qquad F_A = \frac{1}{2l}(M_e + F_{N2}\sin 45° \cdot l) = \frac{F}{2} + \frac{M_e}{2l}$$

杆 AB 的弯矩图如图(c)所示。

(2)结点 C 水平位移

由卡氏第二定理,得

$$u_C = \frac{\partial V_\varepsilon}{\partial F} = \sum \frac{F_N l}{EA} \cdot \frac{\partial F_N}{\partial F} + \sum \int_l \frac{M(x)}{EI} \cdot \frac{\partial M(x)}{\partial F} dx$$

$$= \frac{Fl}{EA} \cdot 1 + \frac{(-\sqrt{2}F)(\sqrt{2}l)}{EA}(-\sqrt{2}) + \frac{Fl}{EA} \cdot 1 + \int_0^l \frac{\left(\frac{F}{2} + \frac{M_e}{2l}\right)x - M_e}{EI}\left(\frac{x}{2}\right)dx$$

$$= \frac{2(\sqrt{2}+1)Fl}{EA} - \frac{Fl^3}{12EI} = \frac{2(\sqrt{2}+1)Fl}{Ebh} - \frac{Fl^3}{Ebh^3} \quad (\leftarrow)$$

(3)最大正应力

由于长度 l 远大于截面高度 h,故最大正应力发生在活动铰支座 A 内侧截面的上(下)边缘处,其值为

$$\sigma_{max} = \frac{M_e}{W} = \frac{6Fl}{bh^2}$$

12.2-6 弯曲刚度为 EI 的刚架,在自由端 C 承受集中载荷 F,如图(a)所示。刚架材料为线弹性,不计轴力和剪力影响。为使刚架自由端的总位移正好沿载荷 F 的方向,试用卡

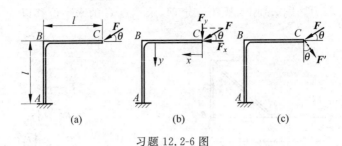

习题 12.2-6 图

氏第二定理,求载荷作用线的倾角 θ。

解　(1) 自由端 C 的水平和铅垂位移

将力 F 分解为(图(b))

$$F_x = F\cos\theta, \quad F_y = F\sin\theta$$

由卡氏第二定理,得刚架自由端的位移为

$$\Delta_x = \int_0^l \frac{M(x)}{EI} \cdot \frac{\partial M}{\partial F_x}\mathrm{d}x + \int_0^l \frac{M(y)}{EI} \cdot \frac{\partial M}{\partial F_x}\mathrm{d}y = \frac{F_x l^3}{3EI} - \frac{F_y l^3}{2EI} \quad (\leftarrow)$$

$$\Delta_y = \int_0^l \frac{M(x)}{EI} \cdot \frac{\partial M}{\partial F_y}\mathrm{d}x + \int_0^l \frac{M(y)}{EI} \cdot \frac{\partial M}{\partial F_y}\mathrm{d}y = \frac{F_y l^3}{3EI} + \frac{F_y l^3}{EI} - \frac{F_x l^3}{2EI}$$

$$= \frac{4F_y l^3}{3EI} - \frac{F_x l^3}{2EI} \quad (\downarrow)$$

(2) 位移与载荷同方向时的倾角

$$\tan\theta = \frac{\Delta_y}{\Delta_x} = \frac{8F_y - 3F_x}{-3F_y + 2F_x} = \frac{8\sin\theta - 3\cos\theta}{-3\sin\theta + 2\cos\theta}$$

$$6\sin\theta\cos\theta - 3(\cos^2\theta - \sin^2\theta) = 0$$

$$3\sin2\theta - 3\cos2\theta = 0$$

$$\tan2\theta = 1$$

所以　　　　　　　　　$$\theta = \frac{\pi}{8} + \frac{n\pi}{2} \quad (n \text{ 为整数})$$

讨论:

为使自由端总位移沿载荷作用方向,则垂直于载荷作用方向的位移应为零。为此,在垂直于载荷 F 方向虚设力 F'(图(c)),然后,由卡氏第二定理计算沿虚设力 F' 方向的位移 Δ',并令其等于零,即

$$\Delta' = \frac{\partial V_\varepsilon(F, F')}{\partial F'}\bigg|_{F'=0} = 0$$

也可解得位移与载荷同向时的倾角 θ。

12.2-7　弯曲刚度为 EI、扭转刚度为 GI_p 的开口正方形刚架,在开口处作用一对垂直于刚架平面的集中力 F,如图(a)所示。刚架材料为线弹性,不计剪力影响,试用卡氏第二定理,求开口处相应于力 F 的相对位移 Δ。

解　取结构的对称轴一侧考虑(图(b))

AE 段:　　　　　　　　　　$$M = Fx, \quad \frac{\partial M}{\partial F} = x$$

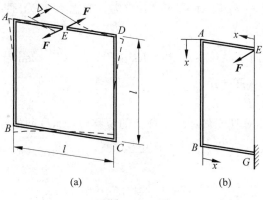

(a)　　　　　　　　(b)

习题 12.2-7 图

AB 段：
$$M = Fx, \quad \frac{\partial M}{\partial F} = x$$

$$T = \frac{Fl}{2}, \quad \frac{\partial T}{\partial F} = \frac{l}{2}$$

BG 段：
$$M = F\left(\frac{l}{2} - x\right), \quad \frac{\partial M}{\partial F} = \frac{l}{2} - x$$

$$T = Fl, \quad \frac{\partial T}{\partial F} = l$$

由卡氏第二定理，即得开口处相应于载荷的相对位移为

$$\Delta = 2\left[\int_0^{l/2} \frac{Fx}{EI}x\,\mathrm{d}x + \int_0^l \frac{Fx}{EI}x\,\mathrm{d}x + \int_0^l \frac{Fl}{2GI_\mathrm{p}}\left(\frac{l}{2}\right)\mathrm{d}x + \int_0^{l/2} \frac{F\left(\dfrac{l}{2}-x\right)}{EI}\left(\frac{l}{2}-x\right)\mathrm{d}x + \right.$$

$$\left. \int_0^{l/2} \frac{Fl}{GI_\mathrm{p}} \cdot l\,\mathrm{d}x\right]$$

$$= \frac{5Fl^3}{6EI} + \frac{3Fl^3}{2GI_\mathrm{p}} \quad (\swarrow)$$

12.2-8　线弹性元件由弯曲刚度为 EI、曲率半径为 R 的钢片组成，如图(a)所示。不计轴力和剪力的影响，试用卡氏第二定理，求弹性元件的弹簧常数 $k = \dfrac{F}{\Delta}$。

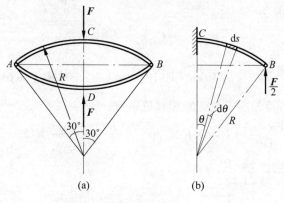

(a)　　　　　　　　(b)

习题 12.2-8 图

解 由于结构及载荷均对称于 $\overline{AB}$、$\overline{CD}$，考虑弹性元件的 $1/4$ 部分的 $\overset{\frown}{CB}$ 段（图(b)）。任一截面的弯矩为

$$M = \frac{F}{2}(R\sin 30° - R\sin\theta) = \frac{FR}{4}(1 - 2\sin\theta)$$

$$\frac{\partial M}{\partial F} = \frac{R}{4}(1 - 2\sin\theta)$$

由卡氏第二定理,得弹性元件相应于载荷的位移(点 C,D 间的相对位移)为

$$\Delta = 4\int_0^{\pi/6} \frac{FR(1-2\sin\theta)}{4EI} \cdot \frac{R}{4}(1-2\sin\theta)(R\mathrm{d}\theta)$$

$$= \frac{FR^3}{4EI}\left(\frac{\pi}{2} - 4 + \frac{3\sqrt{3}}{2}\right) = 0.0422\frac{FR^3}{EI}$$

故得弹性元件的弹簧常数为

$$k = \frac{F}{\Delta} = 23.7\frac{EI}{R^3}$$

12.2-9 弯曲刚度为 EI、扭转刚度为 GI_p、平均半径为 R 的开口圆环形曲杆,在开口处承受一对垂直于圆环平面的集中载荷 F,如图(a)所示。不计剪力的影响,试用卡氏第二定理,求开口处两侧截面 A 与 B 间相应于载荷的相对位移和相对转角。

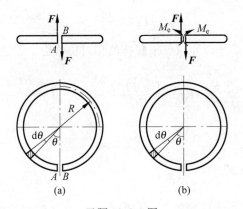

习题 12.2-9 图

解 (1) 相对线位移

任一截面内力分量为

$$M(\theta) = FR\sin\theta, \qquad \frac{\partial M}{\partial F} = R\sin\theta$$

$$T(\theta) = FR(1-\cos\theta), \qquad \frac{\partial T}{\partial F} = R(1-\cos\theta)$$

由卡氏第二定理,得相应于载荷的相对位移为

$$\Delta_{AB} = \int_0^{2\pi} \frac{FR\sin\theta}{EI} \cdot R\sin\theta(R\mathrm{d}\theta) + \int_0^{2\pi} \frac{FR(1-\cos\theta)}{GI_p}R(1-\cos\theta)(R\mathrm{d}\theta)$$

$$= \frac{\pi FR^3}{EI} + \frac{3\pi FR^3}{GI_p} \quad (\updownarrow)$$

（2）相对角位移

为计算截面 A、B 间相对角位移，在截面 A、B 虚设一对力偶（图(b)），则任一截面的内力分量为

$$M(\theta) = FR\sin\theta + M_e\cos\theta, \quad \frac{\partial M}{\partial M_e} = \cos\theta$$

$$T(\theta) = FR(1-\cos\theta) + M_e\sin\theta, \quad \frac{\partial T}{\partial M_e} = \sin\theta$$

由卡氏第二定理，得截面 A、B 间相对转角为

$$\theta_{AB} = \int_s \frac{M(\theta)}{EI}\bigg|_{M_e=0} \cdot \frac{\partial M}{\partial M_e}\bigg|_{M_e=0} \cdot \mathrm{d}s + \int_s \frac{T(\theta)}{GI_p}\bigg|_{M_e=0} \cdot \frac{\partial T}{\partial M_e}\bigg|_{M_e=0} \cdot \mathrm{d}s$$

$$= \int_0^{2\pi} \frac{FR\sin\theta}{EI} \cdot \cos\theta(R\mathrm{d}\theta) + \int_0^{2\pi} \frac{FR(1-\cos\theta)}{GI_p}\sin\theta(R\mathrm{d}\theta) = 0$$

讨论：

截面 A 与 B 间的相对转角 $\theta_{AB} = 0$，表明两截面保持平行，但每一截面的转角并不等于零。

$$\theta_A = \int_0^\pi \frac{FR\sin\theta}{EI}\cos\theta(R\mathrm{d}\theta) + \int_0^\pi \frac{FR(1-\cos\theta)}{GI_p}\sin\theta(R\mathrm{d}\theta) = \frac{2FR^2}{GI_p}$$

*12.2-10 矩形截面 $b \times h$ 的简支梁 AB，在 C 点处承受集中载荷 F，如图所示。梁材料为线弹性，弹性模量为 E、切变模量为 G，需考虑剪力的影响。试用卡氏第二定理，求截面 C 的挠度。

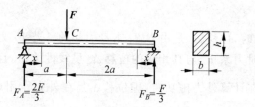

习题 12.2-10 图

解 （1）梁内应变能

由梁的静力平衡条件，求得梁的支反力如图中所示，梁内应变能包含由弯矩和剪力引起的影响。

由弯矩引起的应变能

$$V_{\varepsilon1} = \int_0^a \frac{\left(\frac{2}{3}Fx\right)^2}{2EI}\mathrm{d}x + \int_0^{2a} \frac{\left(\frac{1}{3}Fx\right)^2}{2EI}\mathrm{d}x = \frac{2F^2a^3}{9EI}$$

由剪力引起的应变能

$$\tau = \frac{F_S S_2^*}{bI} = \frac{F_S}{2I}\left(\frac{h^2}{4} - y^2\right)$$

$$V_{\varepsilon2} = \int_V v_{\varepsilon2}\mathrm{d}V = \int_V \frac{\tau^2}{2G} \cdot \mathrm{d}V$$

$$= \frac{1}{2G}\left[\left(\frac{F}{3I}\right)^2\int_0^a \mathrm{d}x\int_{-h/2}^{h/2}\left(\frac{h^2}{4} - y^2\right)^2(b\mathrm{d}y) + \left(\frac{F}{6I}\right)^2\int_0^{2a}\mathrm{d}x\int_{-h/2}^{h/2}\left(\frac{h^2}{4} - y^2\right)^2(b\mathrm{d}y)\right]$$

$$= \frac{F^2 abh^5}{12 \times 30 GI^2} = \frac{2F^2 a}{5Gbh}$$

于是,得梁内的应变能为

$$V_\varepsilon = V_{\varepsilon 1} + V_{\varepsilon 2} = \frac{2F^2 a^3}{9EI} + \frac{2F^2 a}{5Gbh}$$

$$= \frac{8F^2 a^3}{3Ebh^3} + \frac{2F^2 a}{5Gbh} = \frac{8F^2 a^3}{3Ebh^3}\left(1 + \frac{3}{20} \cdot \frac{h^2}{a^2} \cdot \frac{E}{G}\right)$$

（2）截面 C 的挠度

由卡氏第二定理,得截面 C 的挠度为

$$v_C = \frac{\partial V_\varepsilon}{\partial F} = \frac{16 F a^3}{3Ebh^3}\left(1 + \frac{3}{20} \cdot \frac{h^2}{a^2} \cdot \frac{E}{G}\right)$$

讨论:

对于细长钢梁,若取 $3a = 10h$, $E/G = 2.5$,则

$$\frac{3}{20} \cdot \frac{h^2}{a^2} \cdot \frac{E}{G} = \frac{3}{20}\left(\frac{3}{10}\right)^2 (2.5) = 0.03375$$

即由剪力产生的挠度约为弯矩产生的挠度的 3.4%。因而,对于细长梁,剪力的影响一般可忽略不计。

12.3-1　在应变能计算中,外力所做的功 $W = \sum \frac{1}{2} F_i \Delta_i$（参见习题 12.1-3）;而在虚位移原理中,外力所做的虚功 $W_e = \sum F_i \overline{\Delta_i}$（参见式(12-12)）,式中没有 $\frac{1}{2}$ 的因子,试问这是为什么?

答　在计算外力功时,位移 Δ_i 是由力 F_i 本身引起的。若 F_i 为力系,则要求力系 F_i 同时由零增至最终值,这时力系 F_i 与其相应的位移 Δ_i 呈线性关系,且两者同时由零增至最终值,故有 $\frac{1}{2}$ 的因子。而在计算外力虚功时,虚位移 $\overline{\Delta_i}$ 是在外力作用后虚设的,即在发生虚位移 $\overline{\Delta_i}$ 的过程中,外力 F_i 始终保持不变,因而没有 $\frac{1}{2}$ 的因子。

12.3-2　静定桁架在结点 A、C 处承受一对力 F 作用,如图(a)所示。桁架各杆的拉、压刚度均为 EA,材料为线弹性,试用单位力法,求结点 A、C 间沿 $\overline{AC}$ 方向的相对位移。

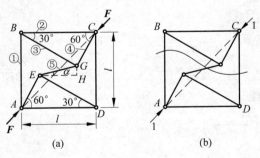

习题 12.3-2 图

解　（1）各杆轴力

由几何关系(图(a)),得

$$\overline{GH} = l - 2l\cos60°\sin60° = \left(1 - \frac{\sqrt{3}}{2}\right)l, \quad \overline{EH} = l - 2l\cos^2 60° = \frac{l}{2}$$

所以

$$\overline{EG} = \sqrt{\overline{GH}^2 + \overline{EH}^2} = \sqrt{2 - \sqrt{3}} \cdot l = 0.518l$$

为求结点 A、C 间相对位移,应在结点 A、C 施加一对单位力(图(b))。显然,载荷作用下的轴力 F_{Ni} 与单位力作用下的轴力 $\overline{F}_{Ni}$ 间有如下关系:

$$F_{Ni} = F\overline{F}_{Ni}$$

为求解单位力作用下的轴力,先用截面法(图(b)),由静力平衡条件,得

$$\sum F_x = 0, \qquad \overline{F}_{N5} = \frac{1 \cdot \cos45°}{\cos\alpha} = 0.732 \quad (压力)$$

然后,分别由结点 G、B 的平衡条件,可得

$$\overline{F}_{N3} = 0.518 \quad (拉力), \quad \overline{F}_{N4} = 0.518 \quad (压力)$$

$$\overline{F}_{N1} = 0.259 \quad (压力), \quad \overline{F}_{N2} = 0.449 \quad (压力)$$

(2)结点 A、C 间相对位移

由单位力法,得

$$\begin{aligned}
\Delta_{AC} &= \sum \frac{\overline{F}_{Ni} F_{Ni} l_i}{EA} \\
&= 2\frac{\overline{F}_{N1} \cdot F_{N1} l}{EA} + 2\frac{\overline{F}_{N2} \cdot F_{N2} l}{EA} + 2\frac{\overline{F}_{N3} \cdot F_{N3}(l\cos30°)}{EA} + \\
&\quad 2\frac{\overline{F}_{N4} \cdot F_{N4}(l\cos60°)}{EA} + \frac{\overline{F}_{N5} \cdot F_{N5}(0.518l)}{EA} \\
&= 1.548\frac{Fl}{EA} \quad (\swarrow\!\!\!\!\nearrow)
\end{aligned}$$

12.3-3 阶梯形简支梁 AB,中间 CD 段的弯曲刚度为 $2EI$,两侧 AC、DB 段的弯曲刚度为 EI,在截面 C、D 处分别承受集中载荷 F,如图(a)所示。梁材料为线弹性,不计剪力影响,试用单位力法,求跨中截面 E 的挠度和端截面 A 的转角。

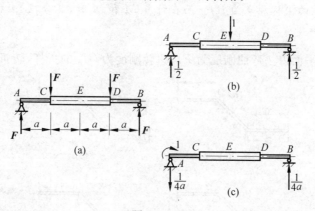

习题 12.3-3 图

解 (1)载荷作用下的弯矩方程

由于结构和载荷对称于跨中截面 E,故得

$AC(DB)$段：$\qquad\qquad\qquad\qquad\qquad M=Fx\quad(0\leqslant x\leqslant a)$

$CE(ED)$段：$\qquad\qquad\qquad\qquad\qquad M=Fa\quad(a\leqslant x\leqslant 2a)$

（2）跨中截面挠度

在跨中截面 E 施加一相应于挠度的单位力（图(b)），由对称性得

$$\overline{M}=\frac{1}{2}x\quad(0\leqslant x\leqslant 2a)$$

由单位力法，得跨中截面挠度为

$$v_E=\int_l\frac{\overline{M}M\mathrm{d}x}{EI}=2\left[\int_0^a\frac{\left(\dfrac{x}{2}\right)(Fx)}{EI}\mathrm{d}x+\int_a^{2a}\frac{\left(\dfrac{x}{2}\right)(Fa)}{EI}\mathrm{d}x\right]$$

$$=\frac{13Fa^3}{12EI}\quad(\downarrow)$$

（3）端截面转角

在端截面 A 施加一相应于转角的单位力偶（图(c)），得

AE 段：$\qquad\qquad\qquad\qquad\qquad \overline{M}=1-\frac{x}{4a}\quad(0\leqslant x\leqslant 2a)$

EB 段：$\qquad\qquad\qquad\qquad\qquad \overline{M}=\frac{x}{4a}\quad(0\leqslant x\leqslant 2a)$

由单位力法，得端截面 A 的转角为

$$\theta_A=\int_0^a\frac{\left(1-\dfrac{x}{4a}\right)(Fx)}{EI}\mathrm{d}x+\int_a^{2a}\frac{\left(1-\dfrac{x}{4a}\right)(Fa)}{EI}\mathrm{d}x+$$

$$\int_0^a\frac{\left(\dfrac{x}{4a}\right)(Fx)}{EI}\mathrm{d}x+\int_a^{2a}\frac{\left(\dfrac{x}{4a}\right)(Fa)}{EI}\mathrm{d}x=\frac{Fa^2}{EI}\quad(\curvearrowright)$$

讨论：

由于在单位力偶作用下，对于跨中截面 E 不对称，故在 θ_A 计算中，AE 与 EB 段应分别计算(上式中 EB 段的坐标原点为 B)。而在计算 $\overline{M}$ 和 M 时，其分段、坐标原点及内力分量的正、负号应保持一致。

12.3-4 在水平面内一弯曲刚度为 EI、扭转刚度为 GI_p 的折杆，转折处均为直角，在自

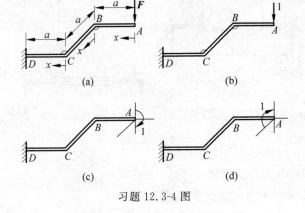

习题 12.3-4 图

由端承受集中载荷 F,如图(a)所示。不计剪力的影响,试用单位力法,求自由端截面的挠度、转角和扭转角。

解 (1) 载荷作用下的内力分量

AB 段： $M=Fx$ $(0{\leqslant}x{\leqslant}a)$

BC 段： $M=Fx$ $(0{\leqslant}x{\leqslant}a)$

                  $T=Fa$ $(0{\leqslant}x{\leqslant}a)$

CD 段： $M=F(a+x)$ $(0{\leqslant}x{\leqslant}a)$

                  $T=Fa$ $(0{\leqslant}x{\leqslant}a)$

(2) 端截面 A 的挠度(图(b))

$$v_A = \int_0^a \frac{Fx^2}{EI}\mathrm{d}x + \int_0^a \frac{Fx^2}{EI}\mathrm{d}x + \int_0^a \frac{Fa^2}{GI_p}\mathrm{d}x + \int_0^a \frac{F(a+x)^2}{EI}\mathrm{d}x + \int_0^a \frac{Fa^2}{GI_p}\mathrm{d}x$$

$$= \frac{3Fa^3}{EI} + \frac{2Fa^3}{GI_p} \quad (\downarrow)$$

(3) 端截面 A 的转角

在端截面 A 施加单位力偶(图(c)),得

$$\theta_A = \int_0^a \frac{1 \cdot (Fx)}{EI}\mathrm{d}x + \int_0^a \frac{1 \cdot (Fa)}{GI_p}\mathrm{d}x + \int_0^a \frac{1 \cdot F(a+x)}{EI}\mathrm{d}x$$

$$= \frac{2Fa^2}{EI} + \frac{Fa^2}{GI_p} \quad (\circlearrowright)$$

(4) 端截面 A 的扭转角

在端截面 A 施加单位扭转力偶(图(d)),得

$$\varphi_A = \int_0^a \frac{1 \cdot (Fx)}{EI}\mathrm{d}x + \int_0^a \frac{1 \cdot (Fa)}{GI_p}\mathrm{d}x$$

$$= \frac{Fa^2}{2EI} + \frac{Fa^2}{GI_p} \quad (\rotatebox{0}{\diagdown})$$

12.3-5 弯曲刚度为 EI 的刚架 $ABCD$,A 端为固定铰链、D 端装有滚轮,支承在光滑的刚性平面上,如图(a)所示。在 B 点处承受铅垂载荷 F,由载荷引起的刚架位移(或变形)很小。试用单位力法,求刚架 D 端的支承反力。

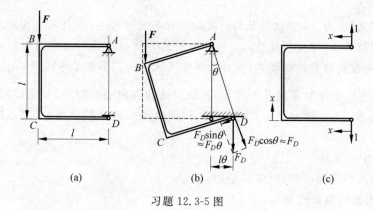

习题 12.3-5 图

解 (1) A、D 连线长度的改变

结构为瞬时几何可变机构,若不考虑结构的微小位移,则不能与载荷保持平衡(或支座反力 $F_D \to \infty$)。只有当结构产生微小位移后(图(b)),结构才能维持平衡。

设刚架绕铰链 A 转动了微小角度 θ。由静力平衡条件

$$\sum M_A = 0, \qquad\qquad\qquad Fl - F_D \cdot l\theta = 0$$

得

$$F_D = \frac{F}{\theta}$$

A、D 两点间距离的增加为

$$\Delta_{AD} = \sqrt{l^2 + (l\theta)^2} - l \approx \frac{l\theta^2}{2}$$

(2)D 端的支承反力

刚架发生微小位移后,A、D 两点间产生相对位移。为求相对位移,在 A、D 两点处施加一对单位力(图(c))。由载荷和单位力引起的弯矩分别为

AB 段:$\qquad\qquad M = (F + F_D)x = F_D(1 + \theta)x, \qquad \overline{M} = x$

BC 段:$\qquad\qquad M = F_D l + F_D \theta x, \qquad\qquad\qquad \overline{M} = l$

CD 段:$\qquad\qquad M = F_D x, \qquad\qquad\qquad\qquad\qquad \overline{M} = x$

由单位力法,得 A、D 两点间相对位移为

$$\Delta_{AD} = \int_0^l \frac{F_D(1+\theta)x}{EI} x \, \mathrm{d}x + \int_0^l \frac{F_D(l+\theta x)}{EI} l \, \mathrm{d}x + \int_0^l \frac{F_D x}{EI} x \, \mathrm{d}x$$

$$= \frac{5F_D l^3}{3EI} \left(1 + \frac{\theta}{2}\right)$$

令 A、D 两点间的相对位移等于其距离的增量,且在微小位移条件下,$\frac{\theta}{2}$ 与 1 相比可略去不计,又 $\theta = F/F_D$。于是,可得 D 端的支承反力为

$$\frac{5F_D l^3}{3EI} = \frac{l}{2}\left(\frac{F}{F_D}\right)^2$$

所以

$$F_D = \sqrt[3]{\frac{3F^2 EI}{10 l^2}}$$

讨论:

由上式可见,反力 F_D 不仅与结构的几何形状和尺寸有关,而且与弯曲刚度有关。反力与载荷呈非线性关系(即相对位移 Δ_{AD} 与载荷 F 呈非线性关系),这类因瞬时几何可变机构的几何原因,而导致的非线性弹性,称为几何非线性弹性。参见习题12.1-6。

12.3-6 平均半径为 R 的开口圆环,其缺口处的夹角 $\Delta\theta_0$ 很小,如图(a)所示。设圆环的弯曲刚度为 EI,不计轴力和剪力的影响。试问在缺口两侧的截面上,应怎样加力才能使两侧的截面密合。

解 (1)密合条件

为使缺口两侧截面密合,则应满足:

① 两侧截面的相对转角为 $\Delta\theta = \Delta\theta_0$;

② 两侧截面的相对线位移为 $\Delta = R \cdot \Delta\theta_0$

(2)设在两侧截面施加一对力 F(图(b))

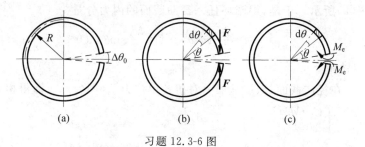

习题 12.3-6 图

一对力 F 作用下的弯矩方程为

$$M=FR(1-\cos\theta) \quad (0\leqslant\theta\leqslant2\pi)$$

为求力 F 作用下两侧截面的相对位移和相对转角,则分别在两侧截面施加一对单位力(参见图(b))和一对单位力偶(参见图(c))。其弯矩方程分别为

一对单位力: $\overline{M}=R(1-\cos\theta) \quad (0\leqslant\theta\leqslant2\pi)$

一对单位力偶: $\overline{M}=1 \qquad\qquad (0\leqslant\theta\leqslant2\pi)$

由单位力法,得

$$\Delta=\int_0^{2\pi}\frac{R(1-\cos\theta)\cdot FR(1-\cos\theta)}{EI}(Rd\theta)=\frac{3\pi FR^3}{EI}$$

$$\Delta\theta=\int_0^{2\pi}\frac{1\cdot FR(1-\cos\theta)}{EI}(Rd\theta)=\frac{2\pi FR^2}{EI}$$

若令 $\Delta\theta=\Delta\theta_0$,则 $\Delta=\dfrac{3}{2}R\cdot\Delta\theta_0\neq R\cdot\Delta\theta_0$,故不能满足密合条件。

(3)设在两侧截面施加一对力偶 M_e(图(c))

由单位力法,得

$$\Delta=\int_0^{2\pi}\frac{R(1-\cos\theta)\cdot M_e}{EI}(Rd\theta)=\frac{2\pi M_e R^2}{EI}$$

$$\Delta\theta=\int_0^{2\pi}\frac{1\cdot M_e}{EI}(Rd\theta)=\frac{2\pi M_e R}{EI}$$

令 $\Delta\theta=\Delta\theta_0$,得 $\Delta=R\cdot\Delta\theta_0$,符合密合条件。故应在两侧截面施加一对力偶,其力偶矩为

$$M_e=\frac{EI}{2\pi R}\cdot\Delta\theta_0$$

12.3-7 由直径 $d=5\text{cm}$ 的圆钢杆制成平均半径 $R=50\text{cm}$ 的圆环,在直径 AB 的两端截面处作用一对扭转力偶,其矩为 $M_e=5\text{kN}\cdot\text{m}$,如图(a)所示。材料为钢,其弹性模量 $E=200\text{GPa}$、泊松比 $\nu=0.3$,试用单位力法,求截面 A、B 间的相对扭转角。

解 (1)受力分析

圆环任一直径均为对称轴,而扭转外力偶也对称于直径 CD。因此,在径向截面 C、D 上反对称的扭矩为零,而对称的内力分量:弯矩的数值相等,

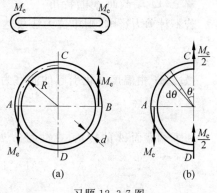

习题 12.3-7 图

轴力为零,如图(b)所示。于是,得圆环任一径向截面的内力分量为

$$M = \frac{M_e}{2}\cos\theta, \quad T = \frac{M_e}{2}\sin\theta \quad \left(0 \leqslant \theta \leqslant \frac{\pi}{2}\right)$$

(2) 相对扭转角

由单位力法,在径向截面 A、B 施加一对扭转单位力偶(图(a))。即得相对扭转角为

$$\varphi_{AB} = 4\left[\int_{\widehat{AC}} \frac{\overline{M}M}{EI}\mathrm{d}s + \int_{\widehat{AC}} \frac{\overline{T}T}{GI_p}\mathrm{d}s\right]$$

$$= 4\left[\int_0^{\pi/2} \frac{\left(\frac{\cos\theta}{2}\right)\left(\frac{M_e}{2}\cos\theta\right)}{EI}(R\mathrm{d}\theta) + \int_0^{\pi/2} \frac{\left(\frac{\sin\theta}{2}\right)\left(\frac{M_e}{2}\sin\theta\right)}{GI_p}(R\mathrm{d}\theta)\right]$$

$$= \frac{\pi M_e R}{4EI}\left(1 + \frac{E}{G} \cdot \frac{I}{I_p}\right)$$

将 $\frac{I}{I_p} = \frac{1}{2}$,$\frac{E}{G} = 2(1+\nu)$ 及已知数据代入上式,得

$$\varphi_{AB} = \frac{\pi(5\times10^3\,\mathrm{N \cdot m})\times(50\times10^{-2}\,\mathrm{m})}{4\times(200\times10^9\,\mathrm{Pa})\times\frac{\pi}{64}(5\times10^{-2}\,\mathrm{m})^4}\times\left[1 + 2\times(1+0.3)\times\frac{1}{2}\right]$$

$$= 0.0736\,\mathrm{rad} = 4°13'$$

12.3-8 矩形截面 $b\times h$ 的简支梁 AB,上表面温度为 t_1,下表面的温度由 t_1 升高至 $t_2(t_2>t_1)$,且从上到下表面温度按线性规律变化(图(a))。设材料的线膨胀系数为 α_l,试用单位力法,求端截面 A 的转角和跨中截面 C 的挠度。

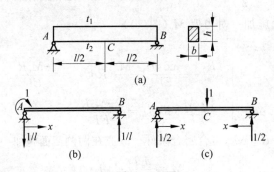

习题 12.3-8 图

解 (1) 端截面 A 的转角

若不计剪力影响,则单位力法表达式为

$$\Delta = \int_l \overline{M}\mathrm{d}\theta$$

微段 $\mathrm{d}x$ 由温度变化引起的曲率为

$$\frac{1}{\rho} = \frac{\mathrm{d}\theta}{\mathrm{d}x} = \frac{\alpha_l(t_2-t_1)}{h}$$

为求端截面 A 的转角,在截面 A 处施加单位力偶(图(b)),则

$$\overline{M} = 1 - \frac{x}{l} \quad (0 \leqslant x \leqslant l)$$

$$\theta_A = \int_l \overline{M}\mathrm{d}\theta = \int_0^l \left(1 - \frac{x}{l}\right)\frac{\alpha_l(t_2 - t_1)}{h}\mathrm{d}x$$

$$= \frac{\alpha_l(t_2 - t_1)}{2h}l \quad (\curvearrowleft)$$

（2）跨中截面 C 挠度

在跨中截面 C 施加单位力（图(c)）。并由对称性，得

$$v_C = 2\int_0^{l/2} \left(\frac{x}{2}\right)\frac{\alpha_l(t_2 - t_1)}{h}\mathrm{d}x$$

$$= \frac{\alpha_l(t_2 - t_1)}{8h} \cdot l^2 \quad (\downarrow)$$

* 12. 3-9　横截面面积为 A 的简支梁 AB，在跨中截面 C 承受集中力 F，如图(a)所示，梁材料的应力-应变关系为 $\sigma = K\sqrt{\varepsilon}$，不计剪力的影响，试用单位力法，求梁跨中截面 C 的挠度。

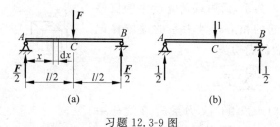

习题 12.3-9 图

解　（1）梁微段 $\mathrm{d}x$ 的变形

梁的平面假设依然成立，由变形几何相容条件，截面上距中性轴为 y 的纵向线应变为

$$\varepsilon = \frac{y}{\rho}$$

由应力-应变关系，得横截面上任一点处的正应力为

$$\sigma = K\sqrt{\varepsilon} = K\sqrt{\frac{y}{\rho}}$$

由应力合成等于内力的静力学关系，得

$$M = \int_A (\sigma \mathrm{d}A) y = K\sqrt{\frac{1}{\rho}}\int_A y^{\frac{3}{2}}\mathrm{d}A = \frac{F}{2}x$$

令 $I^* = \int_A y^{3/2}\mathrm{d}A$，而 $\dfrac{1}{\rho} = \dfrac{\mathrm{d}\theta}{\mathrm{d}x}$，即得微段两端截面的相对转角为

$$\mathrm{d}\theta = \frac{\mathrm{d}x}{\rho} = \frac{F^2 x^2}{4K^2 I^{*2}}\mathrm{d}x$$

（2）梁跨中截面挠度

相应于所求位移施加单位力（图(b)），由单位力法，即得梁跨中截面 C 的挠度为

$$v_C = \int_l \overline{M}\mathrm{d}\theta = 2\int_0^{l/2}\left(\frac{x}{2}\right)\left(\frac{F^2 x^2}{4K^2 I^{*2}}\right)\mathrm{d}x$$

$$= \frac{F^2 l^4}{256 K^2 I^{*2}} \quad (\downarrow)$$

讨论：

式中 $I^*=\int_A y^{3/2}\mathrm{d}A$ 是与截面形状、大小有关的几何量。若为矩形 $b\times h$，则

$$I^*=\int_{-h/2}^{h/2}y^{3/2}(b\mathrm{d}y)=\frac{4}{5}b\left(\frac{h}{2}\right)^{5/2}$$

而跨中截面挠度为

$$v_C=\frac{50F^2l^4}{128K^2b^2h^5}\quad(\downarrow)$$

*12.3-10 矩形截面 $b\times h$ 的简支梁 AB，承受均布载荷 q，如图(a)所示。梁材料为线弹性，弹性模量为 E，切变模量为 G。考虑剪力的影响，试用虚位移原理，推导单位力法表达式(12-14)，并计算修正因素 α_S。

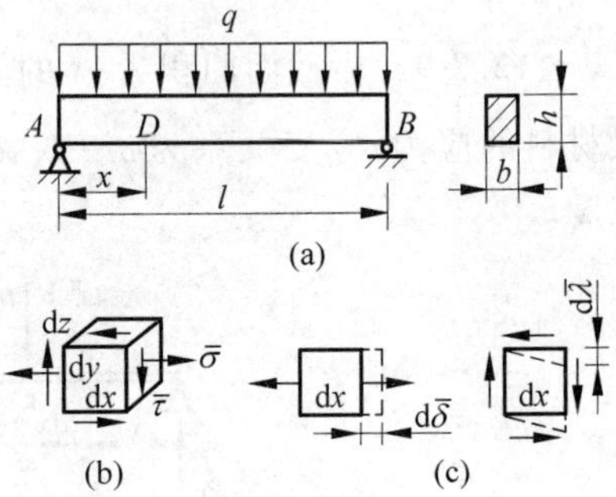

习题 12.3-10 图

解 (1) 单位力法表达式

设广义力系 $\overline{F}_i$ 为外力系，而由载荷 q 产生的位移为虚位移。由载荷引起的相应于外力系的虚位移记为 Δ_i，则外力系 $\overline{F}_i$ 所做的虚功为

$$W_e=\sum_{i=1}^{n}\overline{F}_i\Delta_i$$

现考虑内力的虚功。若由广义力系 $\overline{F}_i$ 在梁任一截面距中性轴任一距离 y 处的应力为(图(b))

$$\bar{\sigma}=\frac{\overline{M}}{I}y,\quad \bar{\tau}=\frac{\overline{F}_S S^*}{bI}$$

在载荷作用下，任一截面任一点处的虚位移为(图(c))

$$\mathrm{d}\delta=\varepsilon\mathrm{d}x=\frac{\sigma}{E}\mathrm{d}x=\frac{M}{EI}y\mathrm{d}x$$

$$\mathrm{d}\lambda=\gamma\mathrm{d}x=\frac{\tau}{G}\mathrm{d}x=\frac{F_S S^*}{GbI}\mathrm{d}x$$

单元体(图(b))的应力合成，对单元体而言是外力，因此，由 $\mathrm{d}W_e+\mathrm{d}W_i=0$，得单元体的内力虚功为

$$\begin{aligned}\mathrm{d}W_i&=-\mathrm{d}W_e=-[(\bar{\sigma}\mathrm{d}y\mathrm{d}z)\mathrm{d}\delta+(\bar{\tau}\mathrm{d}y\mathrm{d}z)\mathrm{d}\lambda]\\&=-\left[\left(\frac{\overline{M}y}{I}\mathrm{d}y\mathrm{d}z\right)\left(\frac{My}{EI}\mathrm{d}x\right)+\left(\frac{\overline{F}_S S^*}{bI}\mathrm{d}y\mathrm{d}z\right)\left(\frac{F_S S^*}{GbI}\mathrm{d}x\right)\right]\end{aligned}$$

于是，整个梁的内力虚功为

$$W_i=\int_V\mathrm{d}W_i=-\left(\int_l\frac{\overline{M}M}{EI^2}\mathrm{d}x\int_A y^2\mathrm{d}A+\int_l\frac{\overline{F}_S F_S}{GI^2}\mathrm{d}x\int_A\frac{S^{*2}}{b^2}\mathrm{d}A\right)$$

式中，$\int_A y^2\mathrm{d}A=I$，令 $\frac{A}{I^2}\int_A\frac{S^{*2}}{b^2}\mathrm{d}A=\alpha_S$，则得

$$W_i=-\left(\int_l\frac{\overline{M}M}{EI}\mathrm{d}x+\int_l\alpha_S\frac{\overline{F}_S F_S}{GA}\mathrm{d}x\right)$$

由虚位移原理

$$W_e+W_i=0$$

即得

$$\sum_{i=1}^{n} \overline{F}_i \Delta_i = \int_l \frac{\overline{M}M}{EI} \mathrm{d}x + \int_l \alpha_S \frac{\overline{F}_S F}{GA} \mathrm{d}x$$

若广义力系 $\overline{F}_i$ 为单位力,即得单位力法的表达式(12-14)

$$\Delta = \int_l \frac{\overline{M}M}{EI} \mathrm{d}x + \int_l \alpha_S \frac{\overline{F}_S F}{GA} \mathrm{d}x$$

(2) 修正因数

对于矩形截面,横截面上任一点处对中性轴的静矩为

$$S^* = \frac{b}{2}\left(\frac{h^2}{4} - y^2\right)$$

所以

$$\alpha_S = \frac{A}{I^2}\int_A \frac{S^{*2}}{b^2}\mathrm{d}A = \frac{A}{I^2}\int_{-h/2}^{h/2} \frac{1}{4}\left(\frac{h^2}{4} - y^2\right)^2 (b\mathrm{d}y)$$

$$= \frac{bh}{(bh^3/12)^2} \times \frac{bh^5}{120} = \frac{6}{5}$$

讨论:

由本题计算可见,剪力项的修正因数 α_S 是个与截面形状有关,而与截面尺寸无关的因子。对于其他形状的截面,修正因数 α_S 可按同理求得。可以证明,实心圆截面的修正因数 $\alpha_S = 10/9$;箱形或工字形截面的修正因数 $\alpha_S = A/A_f$(A 为整个横截面面积,A_f 为腹板的横截面面积)。

12.4-1 变截面的悬臂梁 AB,为测定砝码 G 作用在自由端 B 时,截面 1、2、3、4、5 的挠度,如图(a)所示。现仅有一个测量位移的千分表,且限定只能安装一次,试问应如何测定。

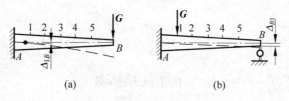

习题 12.4-1 图

解 由功的互等定理可知,当砝码作用在自由端时截面 1 的挠度 Δ_{1B},就等于砝码作用在截面 1 处自由端的挠度 Δ_{B1}(图(b)),即

$$G\Delta_{B1} = G\Delta_{1B}$$

故

$$\Delta_{1B} = \Delta_{B1}$$

因此,仅需将千分表安装在自由端 B 处,依次将砝码分别作用在截面 1、2、3、4、5 处,读出千分表的读数值,即得砝码作用在自由端时,截面 1、2、3、4、5 的挠度值。

12.4-2 弯曲刚度为 EI 的简支梁 AB 承受均布载荷 q,已知其跨中截面 C 的挠度 $v_{Cq} = \frac{5ql^4}{384EI}$,如图(a)所示。试用功的互等定理,求该梁在跨中承受集中载荷 F 时,梁的挠曲线与原始轴线间所包围的面积 ω(图(b))。

解 设简支梁在跨中集中载荷 F 作用下的挠曲线方程为 $v = v_F(x)$(图(b)),则由功的互等定理可得

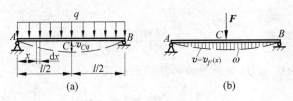

习题 12.4-2 图

$$Fv_{Cq} = \int_l (q\mathrm{d}x)v_F(x) = q\int_l v_F(x)\mathrm{d}x = q\omega$$

$$\omega = \frac{Fv_{Cq}}{q} = \frac{5Fl^4}{384EI}$$

12.4-3   弯曲刚度为 EI,曲率半径为 R 的圆弧形曲杆 AB,在自由端 A 分别作用单位力偶(图(a))和单位力(图(b))。不计轴力和剪力的影响,试证明位移互等定理 $\delta_{12} = \delta_{21}$。

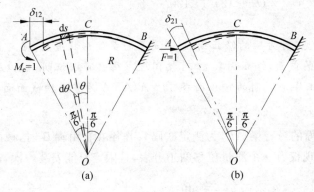

习题 12.4-3 图

解   (1) 计算 δ_{12}

以 $M_e = 1$ 为载荷、$F = 1$ 为单位力,由单位力法,得

$$M = M_e = 1, \quad \overline{M} = 1 \cdot R\left(\cos\theta - \cos\frac{\pi}{6}\right)$$

$$\delta_{12} = \int_s \frac{\overline{M}M}{EI}\mathrm{d}s = 2\int_0^{\pi/6} \frac{1 \cdot R\left(\cos\theta - \cos\dfrac{\pi}{6}\right)}{EI}(R\mathrm{d}\theta)$$

$$= \frac{R^2}{EI}\left(1 - \frac{\pi\sqrt{3}}{6}\right)$$

(2) 计算 δ_{21}

以 $F = 1$ 为载荷,而以 $M_e = 1$ 为单位力,则

$$M = 1 \cdot R\left(\cos\theta - \cos\frac{\pi}{6}\right), \quad \overline{M} = 1$$

$$\delta_{21} = \int_s \frac{\overline{M}M}{EI} = 2\int_0^{\pi/6} \frac{1 \cdot R\left(\cos\theta - \cos\dfrac{\pi}{6}\right)}{EI}(R\mathrm{d}\theta)$$

$$= \frac{R^2}{EI}\left(1 - \frac{\pi\sqrt{3}}{6}\right)$$

显然,有

$$\delta_{12} = \delta_{21}$$

两者数值相等,但其量纲不同。

*12.4-4 任意形状的线弹性体承受一对等值、反向、共线的集中力 F 作用,如图(a)所示。材料的弹性模量为 E、泊松比为 ν,试用功的互等定理,求弹性体的体积改变。

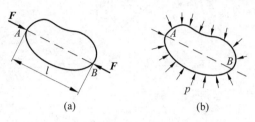

习题 12.4-4 图

解 设在同一弹性体的表面上作用均匀分布的压力,其压强为 p,如图(b)所示,则弹性体内任一点处于均匀受压的应力状态 $\sigma_1 = \sigma_2 = \sigma_3 = -p$。而弹性体任意方向的线应变为

$$\varepsilon = \frac{\sigma_1}{E} - \nu\left(\frac{\sigma_2}{E} + \frac{\sigma_3}{E}\right) = -\frac{(1-2\nu)}{E}p$$

于是,外力作用点 A、B 间的相对位移为

$$\Delta_{AB} = \varepsilon l = -\frac{(1-2\nu)}{E}pl$$

设弹性体表面各点处,由力 F 引起的沿压力 p 的位移为 δ,弹性体的表面积为 A,则由功的互等定理

$$F\Delta_{AB} = \int_A (p\,dA)\delta$$

$$F \times \frac{1-2\nu}{E}pl = p\int_A \delta\,dA = p\Delta V$$

即得弹性体的体积改变为

$$\Delta V = \frac{1-2\nu}{E}Fl$$

*12.4-5 弯曲刚度为 EI 的静不定梁及其承载如图(a)所示。不计剪力影响,试用功的互等定理,求梁的支座反力。

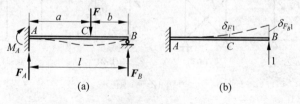

习题 12.4-5 图

解 静不定梁及其支座反力如图(a)所示。若取活动铰支座 B 为多余约束,解除多余约束,并施加相应于多余约束的单位力,如图(b)所示。由功的互等定理,图(a)所示诸力(含载荷和支座反力)在由单位力作用下引起的相应位移(图(b))上所做的功,等于图(b)所示

单位力在由图(a)所示诸力引起的相应位移上所做的功。即

$$M_A \cdot O + F_A \cdot O - F\delta_{F1} + F_B \cdot \delta_{F_B 1} = 1 \times 0$$

而由单位力法,可得

$$\delta_{F1} = \int_0^a \frac{x(b+x)}{EI} \mathrm{d}x = \frac{a^2}{6EI}(2l+b)$$

$$\delta_{F_B 1} = \int_0^l \frac{x \cdot x}{EI} \mathrm{d}x = \frac{l^3}{3EI}$$

代入上式,解得

$$F_B = \frac{F\delta_{F1}}{\delta_{F_B 1}} = \frac{Fa^2}{2l^3}(2l+b)$$

然后,由静力平衡条件(图(a)),得

$$F_A = \frac{Fb}{2l^3}(3l^2 - b^2), \quad M_A = -\frac{Fab}{2l^2}(l+b)$$

讨论:

(1) 在求解多余未知力 F_B 的过程中,功的互等定理反映了变形的几何相容条件,而单位力法给出了力-位移间的物理关系。

(2) 选取不同的多余约束,所得的结果相同。若以固定端阻止转动的约束为多余约束,则类似地可得

$$M_A = \frac{F\delta_{F1}}{\delta_{M_A 1}} = -\frac{Fab}{2l^2}(l+b)$$

12.5-1 静不定桁架及其承载如图(a)所示,图(a-1)、图(a-2)和图(a-3)为三种供选择的基本静定系;又静不定刚架及其承载如图(b)所示,图(b-1)、图(b-2)和图(b-3)为三种供选择的基本静定系。试问对于两种静不定结构,供选择的基本静定系中,哪些不能作为基本静定系,为什么?

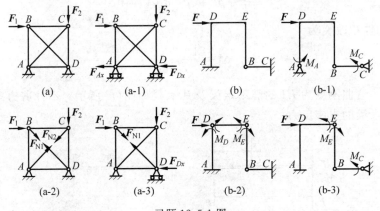

习题 12.5-1 图

答 (1) 静不定桁架

静不定桁架为二次静不定,其中支座反力为一次静不定,桁架内力为一次静不定。图(a-1)和图(a-2)不能作为基本静定系,其中,图(a-1)的桁架将沿水平面滑动,而桁架内力仍为静不定;图(a-2)的桁架成几何可变机构,而支座反力仍为静不定。

（2）静不定刚架

静不定刚架为二次静不定，其中图（b-1）不能作为基本静定系，因为铰 A、B、C 处于同一直线，结构成为几何可变机构。

12.5-2 弯曲刚度为 EI 的两端固定梁 AB，承受线性分布载荷，如图（a）所示。梁材料为线弹性，不计剪力的影响，试用卡氏第二定理，求梁的最大弯矩。

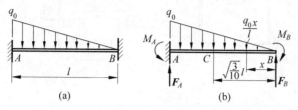

习题 12.5-2 图

解 （1）支座反力

取基本静定系如图（b）所示。由卡氏第二定理，得补充方程为

$$v_B = \frac{\partial V_\varepsilon}{\partial F_B} = \int_l \frac{M}{EI} \cdot \frac{\partial M}{\partial F_B} \mathrm{d}x = \int_0^l \frac{F_B x - M_B - \left(\frac{1}{2} \cdot \frac{q_0}{l} x^2\right)\left(\frac{1}{3} x\right)}{EI} x \, \mathrm{d}x$$

$$= \frac{1}{EI}\left(\frac{F_B l^3}{3} - \frac{M_B l^2}{2} - \frac{q_0 l^4}{30}\right) = 0$$

$$\theta_B = \frac{\partial V_\varepsilon}{\partial M_B} = \int_l \frac{M}{EI} \cdot \frac{\partial M}{\partial M_B} \mathrm{d}x = \int_0^l \frac{F_B x - M_B - \left(\frac{1}{2} \cdot \frac{q_0}{l} x^2\right)\left(\frac{x}{3}\right)}{EI} (-1) \, \mathrm{d}x$$

$$= -\frac{1}{EI}\left(\frac{F_B l^2}{2} - M_B l - \frac{q_0 l^3}{24}\right) = 0$$

解得

$$F_B = \frac{3}{20} q_0 l, \quad M_B = \frac{q_0 l^2}{30}$$

由静力平衡条件，得

$$\sum F_y = 0, \qquad F_A = \frac{q_0 l}{2} - F_B = \frac{7}{20} q_0 l$$

$$\sum M_A = 0, \qquad M_A = \left(\frac{q_0 l}{2}\right)\left(\frac{l}{3}\right) + M_B - F_B l = \frac{q_0 l^2}{20}$$

（2）最大弯矩

由 $\dfrac{\mathrm{d}M}{\mathrm{d}x} = F_B - \dfrac{q_0 x^2}{2l} = 0$，得最大弯矩发生在 $x = \sqrt{\dfrac{3}{10}} l$ 处，其值为

$$M_{\max} = F_B\left(\sqrt{\frac{3}{10}} \cdot l\right) - M_B - \frac{q_0}{6l}\left(\sqrt{\frac{3}{10}} \cdot l\right)^3$$

$$= \left(\frac{1}{10}\sqrt{\frac{3}{10}} - \frac{1}{30}\right) q_0 l^2 = 0.0214 q_0 l^2$$

12.5-3 弯曲刚度为 EI 的刚架，A 端固定，D 端可沿水平刚性平面摩擦滑动，其摩擦因数为 f。在结点 C 承受水平集中载荷 F，如图（a）所示。材料为线弹性，不计轴力和剪力影

响,试用卡氏第二定理,求刚架的支座反力。

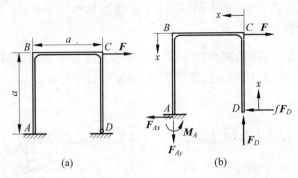

习题 12.5-3 图

解 (1) 多余未知力

取基本静定系如图(b)所示。各段的弯矩方程及其偏导数为

CD 段:
$$M = (fF_D)x, \qquad \frac{\partial M}{\partial F_D} = 0$$

BC 段:
$$M = F_D x - (fF_D)a, \qquad \frac{\partial M}{\partial F_D} = x$$

AB 段:
$$M = F_D a - (fF_D)(a-x) - Fx, \qquad \frac{\partial M}{\partial F_D} = a$$

由卡氏第二定理,得补充方程为

$$\Delta_D = \frac{\partial V_\varepsilon}{\partial F_D} = \sum \int_l \frac{M}{EI} \cdot \frac{\partial M}{\partial F_D} \mathrm{d}x$$

$$= \frac{1}{EI} \left[\int_0^a (F_D x - fF_D a)x \mathrm{d}x + \int_0^a (F_D a - fF_D a + fF_D x - Fx)a \mathrm{d}x \right]$$

$$= \frac{a^3}{EI} \left(\frac{4}{3} F_D - fF_D - \frac{F}{2} \right) = 0$$

所以,多余未知力为

$$F_D = \frac{3F}{8 - 6f}$$

(2) 固定端反力

由静力平衡条件,得

$$\sum F_x = 0, \qquad F_{Ax} = F - fF_D = \frac{8 - 9f}{8 - 6f} F$$

$$\sum F_y = 0, \qquad F_{Ay} = F_D = \frac{3F}{8 - 6f}$$

$$\sum M_A = 0, \qquad M_A = Fa - F_D a = \frac{5 - 6f}{8 - 6f} Fa$$

讨论:

在计算相应于多余未知力 F_D 的位移 Δ_D 中的弯矩对多余未知力 F_D 的偏导数时,摩擦力 fF_D 应视为一个整体,因摩擦力方向并不与 D 点的铅垂位移相对应。

12.5-4 直径 $d = 2\mathrm{cm}$ 的冖形刚架 $ABCD$,A、D 两端固定,并使刚架处于水平面内。

折角 $\angle ABC$ 和 $\angle BCD$ 均为直角,在 BC 段的中点 E 处承受铅垂载荷 F,如图(a)所示。若 $l=15\text{cm}$,材料为线弹性,弹性模量 $E=200\text{GPa}$,切变模量 $G=80\text{GPa}$,许用应力 $[\sigma]=160\text{MPa}$。不计剪力影响,试求结构的许可载荷及 BC 段跨中截面 E 的铅垂位移。

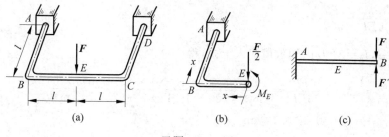

习题 12.5-4 图

解 (1) 多余未知力

结构为三次静不定,但由于结构和载荷均对称于跨中截面 E,因此,在截面 E 上反对称的剪力和扭矩必等于零,只可能有对称的轴力和弯矩。而在铅垂载荷下,轴力为零,于是,仅有弯矩 M_E 为多余未知力,其基本静定系如图(b)所示。

由截面 E 转角为零的变形几何相容条件,代入由卡氏第二定理所表达的力-位移物理关系,即得补充方程为

$$\theta_A = \frac{\partial V_\varepsilon}{\partial M_E} = \int_0^l \frac{M_E - \dfrac{F}{2}x}{EI} \cdot 1 \cdot \mathrm{d}x + \int_0^l \frac{M_E - \dfrac{F}{2}l}{GI_\mathrm{p}} \cdot 1 \cdot \mathrm{d}x$$

$$= \left(\frac{1}{EI} + \frac{1}{GI_\mathrm{p}}\right)M_E l - \left(\frac{1}{2EI} + \frac{1}{GI_\mathrm{p}}\right)\frac{Fl^2}{2} = 0$$

由 $G = \dfrac{E}{2.5}$,$I_\mathrm{p} = 2I$ 代入上式,解得多余未知力为

$$M_E = \frac{7}{18}Fl$$

(2) 许可载荷(参见习题 10.4-10)

危险截面在固定端 A,其内力分量为

$$M = \frac{Fl}{2}, \quad T = M_E - \frac{Fl}{2} = -\frac{Fl}{9}$$

对于圆截面,由第三强度理论

$$\frac{\sqrt{M^2 + T^2}}{W} \leqslant [\sigma]$$

$$Fl\sqrt{\left(\frac{1}{2}\right)^2 + \left(\frac{1}{9}\right)^2} \leqslant W[\sigma] = \frac{\pi d^3}{32}[\sigma]$$

代入已知数值,即得许可载荷为

$$[F] = \frac{\pi d^3[\sigma]}{32l\sqrt{\left(\frac{1}{2}\right)^2 + \left(\frac{1}{9}\right)^2}} = 1.64\text{kN}$$

(3) 截面 E 铅垂位移

按基本静定系(图(b)),由卡氏第二定理,得截面 E 的铅垂位移为

$$\Delta_E = \frac{\partial V_\varepsilon}{\partial \left(\dfrac{F}{2}\right)} = \int_0^l \frac{\left(\dfrac{F}{2}x - M_E\right)}{EI} \cdot x\mathrm{d}x + \int_0^l \frac{\dfrac{F}{2}x}{EI} \cdot x\mathrm{d}x + \int_0^l \frac{\left(\dfrac{F}{2}l - M_E\right)}{GI_p} \cdot l\mathrm{d}x$$

$$= \frac{5Fl^2}{36EI} + \frac{Fl^3}{9GI_p}$$

由 $G = \dfrac{E}{2.5}$，$I_p = 2I$ 及已知数值代入上式，得

$$\Delta_E = \frac{10Fl^3}{36EI} = \frac{10 \times (1.64 \times 10^3\,\mathrm{N}) \times (0.15\mathrm{m})^3 \times 64}{36 \times (200 \times 10^9\,\mathrm{Pa}) \times \pi(2 \times 10^{-2}\mathrm{m})^4}$$

$$= 0.98 \times 10^{-3}\,\mathrm{m} = 0.98\mathrm{mm} \quad (\downarrow)$$

讨论：

静不定问题在求得多余未知力后，基本静定系就等效于原静不定结构。但在本题计算截面位移 Δ_E 时，对于基本静定系应对力 $\left(\dfrac{F}{2}\right)$ 求偏导数。若对力 F 求偏导数，则积分应遍及整个结构（即乘以 2）。

对于悬臂梁承受集中载荷 F 和 F'（图(c)），若求梁自由端的挠度，则应变能对 F，或对 F'，或对 $(F-F')$、对 $(F'-F)$ 求偏导数都是等价的。即

$$\Delta_B = \frac{\partial V_\varepsilon}{\partial F} = \frac{\partial V_\varepsilon}{\partial F'} = \frac{\partial V_\varepsilon}{\partial (F - F')} = \frac{\partial V_\varepsilon}{\partial (F' - F)}$$

12.5-5 曲率半径为 R 的薄壁圆环，由 $\overset{\frown}{ACB}$ 和 $\overset{\frown}{ADB}$ 两段在 A、B 处铰接而成，并在 A、B 处承受一对集中力 F，如图(a)所示。圆环材料为线弹性，$\overset{\frown}{ACB}$ 段弯曲刚度为 EI，$\overset{\frown}{ADB}$ 段的弯曲刚度为 βEI。为使截面 C、D 处的弯矩相等，试求因数 β 值。

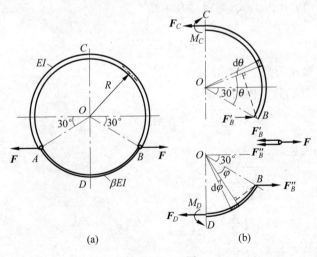

习题 12.5-5 图

解 （1）受力分析

本题内力为一次静不定，但由题意截面 C、D 弯矩相等的条件，故可由静力平衡条件求解。

由于结构和载荷均对称于 CD 轴,故截面 C、D 仅有对称的内力分量:轴力和弯矩,且 $M_C = M_D$。考察对称轴一侧 $\overset{\frown}{CBD}$ 部分,得受力图如图(b)所示。由静力平衡条件,得

$\overset{\frown}{CB}$ 段:

$$\sum F_x = 0, \qquad F_C = F'_B$$

$$\sum M_B = 0, \qquad M_C = F_C R(1 + \sin 30°) = \frac{3}{2} F_C R$$

铰 B:

$$\sum F_x = 0, \qquad F'_B + F''_B = F$$

$\overset{\frown}{BD}$ 段:

$$\sum F_x = 0, \qquad F_D = F''_B$$

$$\sum M_B = 0, \qquad M_D = F_D R(1 - \sin 30°) = \frac{1}{2} F_D R$$

注意到 $M_C = M_D$,即可解得

$$F'_B = F_C = \frac{1}{4}F, \quad F''_B = F_D = \frac{3}{4}F, \quad M_C = M_D = \frac{3}{8}FR$$

（2）因数 β

由 $\Delta'_B = \Delta''_B$ 的变形几何相容条件和卡氏第二定理表达的力-位移间物理关系,得补充方程

$$\int_0^{2\pi/3} \frac{M_\theta}{EI} \cdot \frac{\partial M_\theta}{\partial F'_B}(Rd\theta) = \int_0^{\pi/3} \frac{M_\varphi}{\beta EI} \cdot \frac{\partial M_\varphi}{\partial F''_B}(Rd\theta)$$

$$\int_0^{2\pi/3} \frac{F'_B \cos 30° \cdot R\sin\theta + F'_B \sin 30° \cdot R(1 - \cos\theta)}{EI} \cdot$$

$$[R\cos 30° \sin\theta + R\sin 30°(1 - \cos\theta)](Rd\theta)$$

$$= \int_0^{\pi/3} \frac{F''_B \cos 30° \cdot R\sin\varphi - F''_B \sin 30° \cdot R(1 - \cos\varphi)}{\beta EI} \cdot$$

$$[R\cos 30° \sin\varphi - R\sin 30° R(1 - \cos\varphi)](Rd\varphi)$$

积分上式后,得

$$\frac{\pi}{2} + \frac{3\sqrt{3}}{8} = \frac{3}{4\beta}\left(\pi - \frac{3\sqrt{3}}{2}\right)$$

所以,因数为

$$\beta = \frac{3 \times (2\pi - 3\sqrt{3})}{4\pi + 3\sqrt{3}} = 0.184$$

12.5-6 一夹具可简化为平均半径为 R 的圆环(图(a)),夹紧时,圆环承受相互间圆心角相等的三个径向力 F 作用,如图(b)所示。圆环材料为线弹性,弯曲刚度为 EI,不计轴力和剪力的影响。试用卡氏第二定理,求圆环径向截面上的最大弯矩及径向力 F 作用处的径向位移。

解 （1）多余未知力

封闭圆环的内力为三次静不定。利用对称性,在力 F 之间的弧长中间截面 D、E、F 处截开(图(c)),则截面 D、F 上反对称的剪力和扭矩为零,只可能有对称的轴力和弯矩。而由于 $\overset{\frown}{DAF}$ 段的结构和载荷均对称于 OA 轴,故径向截面 D 和 F 上的轴力和弯矩分别相等。其轴力 F_N 可由静力平衡条件求得,即

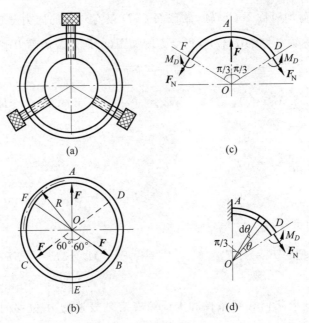

习题 12.5-6 图

$$\sum F_y = 0, \qquad\qquad F - 2F_N \sin\frac{\pi}{3} = 0$$

$$F_N = \frac{F}{\sqrt{3}}$$

故仅有弯矩 M_D 为多余未知力,结构简化为一次静不定。

由截面 D 的转角为零(反对称的位移为零)的变形几何相容条件,代入用卡氏第二定理表达的力-位移间物理关系,得补充方程(图(d))为

$$\theta_D = \int_s \frac{M}{EI} \cdot \frac{\partial M}{\partial M_D} \mathrm{d}s = \int_0^{\pi/3} \frac{F_N R(1-\cos\theta) - M_D}{EI}(-1)(R\mathrm{d}\theta)$$

$$= \frac{\pi R}{3EI}M_D - \frac{FR^2}{\sqrt{3}EI}\left(\frac{\pi}{3} - \frac{\sqrt{3}}{2}\right) = 0$$

解得多余未知力为

$$M_D = \left(\frac{1}{\sqrt{3}} - \frac{3}{2\pi}\right)FR$$

（2）最大弯矩

任一截面的弯矩为

$$M = \frac{F}{\sqrt{3}}R(1-\cos\theta) - M_D = \left(\frac{3}{2\pi} - \frac{\cos\theta}{\sqrt{3}}\right)FR$$

截面 D：$\qquad\qquad \theta = 0$（极值处）， $M_D = \left(\frac{3}{2\pi} - \frac{1}{\sqrt{3}}\right)FR = -0.0999FR$

截面 A：$\qquad\qquad \theta = \frac{\pi}{3}$（边界值）， $M_A = \left(\frac{3}{2\pi} - \frac{1}{2\sqrt{3}}\right)FR = 0.1888FR$

因此,最大弯矩发生在径向截面 A、B、C 上,其值为

$$M_{\max} = M_A = 0.1888FR$$

（3）力 F 作用处的径向位移

由卡氏第二定理（图(c)），即得径向位移为

$$\Delta_A = \int_s \frac{M}{EI} \cdot \frac{\partial M}{\partial F} \mathrm{d}s = 2 \int_0^{\pi/3} \frac{\left(\dfrac{3}{2\pi} - \dfrac{\cos\theta}{\sqrt{3}}\right)FR}{EI} \cdot R\left(\frac{3}{2\pi} - \frac{\cos\theta}{\sqrt{3}}\right)(R\mathrm{d}\theta)$$

$$= \frac{2FR^3}{EI} \int_0^{\pi/3} \left(\frac{3}{2\pi} - \frac{\cos\theta}{\sqrt{3}}\right)^2 \mathrm{d}\theta$$

$$= \left(\frac{\pi}{9} + \frac{\sqrt{3}}{12} - \frac{3}{2\pi}\right)\frac{FR^3}{EI}$$

*12.5-7 由同一材料制成的三杆铰接成静不定桁架，并在结点 A 承受铅垂载荷 F，如图(a)所示。已知三杆的横截面面积均为 A，材料为非线性弹性，应力-应变关系为 $\sigma = K\varepsilon^{1/n}$，且 $n>1$，试用卡氏第一定理，计算各杆的轴力。

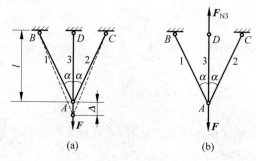

习题 12.5-7 图

解 （1）桁架的应变能

应用卡氏第一定理时，结构的应变能应表示为位移的函数。由于结构和载荷均对称于 AD 轴，故结点 A 的位移必在对称轴上，设结点 A 的位移为 Δ，则有

杆 1、2：$\qquad \delta_1 = \delta_2 = \Delta\cos\alpha, \qquad \varepsilon_1 = \varepsilon_2 = \dfrac{\Delta}{l}\cos^2\alpha$

杆 3：$\qquad \delta_3 = \Delta, \qquad \varepsilon_3 = \dfrac{\Delta}{l}$

各杆的应变能密度为

$$v_{\varepsilon 1} = v_{\varepsilon 2} = \int_0^{\varepsilon_1} \sigma \mathrm{d}\varepsilon = \int_0^{\varepsilon_1} K\varepsilon^{1/n} \mathrm{d}\varepsilon = K\frac{n}{n+1}\varepsilon_1^{\frac{n+1}{n}}$$

$$= K \cdot \frac{n}{n+1} l^{-\frac{n+1}{n}} \Delta^{\frac{n+1}{n}} (\cos\alpha)^{\frac{2(n+1)}{n}}$$

$$v_{\varepsilon 3} = \int_0^{\varepsilon_3} \sigma \mathrm{d}\varepsilon = \int_0^{\varepsilon_3} K\varepsilon^{1/n} \mathrm{d}\varepsilon = K \cdot \frac{n}{n+1}\varepsilon_3^{\frac{n+1}{n}}$$

$$= K \cdot \frac{n}{n+1} l^{-\frac{n+1}{n}} \Delta^{\frac{n+1}{n}}$$

所以，桁架的应变能为

$$V_\varepsilon = v_{\varepsilon 1} A l_1 + v_{\varepsilon 2} A l_2 + v_{\varepsilon 3} A l_3$$

$$= K\frac{n}{n+1}Al^{-\frac{1}{n}}\left(1+2\cos\alpha\cos^{\frac{2}{n}}\alpha\right)\Delta^{\frac{n+1}{n}}$$

（2）未知位移

由卡氏第一定理，得补充方程

$$F = \frac{\partial V_\varepsilon}{\partial\Delta} = KAl^{-\frac{1}{n}}\left(1+2\cos\alpha\cos^{\frac{2}{n}}\alpha\right)\Delta^{\frac{1}{n}}$$

$$\Delta^{\frac{1}{n}} = \frac{F}{KA}l^{\frac{1}{n}}\frac{1}{1+2\cos\alpha(\cos^2\alpha)^{1/n}}$$

所以，结点 A 的位移为

$$\Delta = \left(\frac{F}{KA}\right)^n\frac{l}{\left[1+2\cos\alpha(\cos^2\alpha)^{1/n}\right]^n}$$

（3）各杆轴力

$$F_{N1} = F_{N2} = \sigma_1 A = K\varepsilon_1^{1/n}A = KA\left(\frac{\Delta}{l}\cos^2\alpha\right)^{1/n}$$

$$= \frac{F}{2\cos\alpha+(\cos^2\alpha)^{-1/n}}$$

$$F_{N3} = \sigma_3 A = K\varepsilon_3^{1/n}A = KA\left(\frac{\Delta}{l}\right)^{1/n}$$

$$= \frac{F}{1+2\cos\alpha(\cos^2\alpha)^{1/n}}$$

讨论：

（1）利用卡氏第一定理求解静不定系统时，是以结点（或截面）的位移为基本未知量的。以未知力为基本未知量求解静不定系统的方法，统称为力法；而以未知位移为基本未知量求解静不定系统的方法，称为位移法。力法和位移法是求解静不定系统的两种基本方法。在用位移法求解静不定系统时，同样是综合考虑静力平衡、变形几何相容和力-位移间物理关系三个方面。即在用结点位移表达应变能中，考虑了变形的几何相容条件；卡氏第一定理反映了静力平衡条件；最后，由结点位移计算轴力，则是利用了力-位移间的物理关系。

（2）本题为非线性弹性的静不定桁架，也可用余能定理求解。若取铰链 D 为多余约束，则基本静定系如图（b）所示。由静力平衡条件，得

$$F_{N1} = F_{N2} = \frac{F-F_{N3}}{2\cos\alpha}$$

结构的余能为

$$V_c = v_{c1}Al_1 + v_{c2}Al_2 + v_{c3}Al_3 = 2\int_0^{\sigma_1}\varepsilon d\sigma\cdot Al_1 + \int_0^{\sigma_3}\varepsilon d\sigma\cdot Al_3$$

$$= 2Al_1\int_0^{\sigma_1}\left(\frac{\sigma}{K}\right)^n d\sigma + Al_3\int_0^{\sigma_3}\left(\frac{\sigma}{K}\right)^n d\sigma$$

$$= \frac{2Al}{(n+1)K^n\cos\alpha}\left(\frac{F-F_{N3}}{2\cos\alpha\cdot A}\right)^{n+1} + \frac{Al}{(n+1)K^n}\left(\frac{F_{N3}}{A}\right)^{n+1}$$

由 $\Delta_D = 0$ 的变形几何相容条件，代入用余能定理表达的力-位移间物理关系，即得补充方程

$$\Delta_0 = \frac{\partial V_c}{\partial F_{N3}} = \frac{2Al}{K^n\cos\alpha}\left(\frac{F-F_{N3}}{2\cos\alpha\cdot A}\right)^n\left(-\frac{1}{2\cos\alpha\cdot A}\right) + \frac{Al}{K^n}\left(\frac{F_{N3}}{A}\right)^n\left(\frac{1}{A}\right) = 0$$

即得
$$F_{N3} = \frac{F}{1 + 2\cos\alpha(\cos^2\alpha)^{1/n}}$$

可见,所得结果是相同的。

* 12.5-8 两材料和截面 $b \times h$ 均相同的悬臂梁 AC 和 CD,在 C 处以活动铰链相接,并在梁 AC 的跨中 B 处承受铅垂载荷 F,如图(a)所示。设材料可视为弹性—理想塑性,屈服极限为 σ_s。试用虚位移原理,求结构的极限载荷。

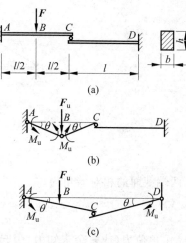

习题 12.5-8 图

解 一次静不定结构需有两个截面上弯矩达到极限弯矩,而形成塑性铰时,结构才成为几何可变机构而达到极限状态。由于弯矩的峰值可能发生在截面 A、B 和 D 处,故可能的极限状态有两种,分别如图(b)和(c)所示。

图(b):以达到极限状态瞬时的微小位移为虚位移,则有
$$W_e = F_u\left(\theta\frac{l}{2}\right), \quad W_i = -M_u\theta - M_u\theta - M_u\theta$$

由虚位移原理
$$W_e + W_i = F_u\left(\theta\frac{l}{2}\right) - 3M_u\theta = 0$$

得极限载荷
$$F_u = 6\frac{M_u}{l} = \frac{6}{l}\left(\frac{bh^2}{4}\right)\sigma_s = \frac{3bh^2}{2l}\sigma_s$$

图(c):由虚位移原理,得
$$F_u\left(\theta\frac{l}{2}\right) - M_u\theta - M_u\theta = 0$$

$$F_u = 4\frac{M_u}{l} = \frac{bh^2}{l}\sigma_s$$

结构的极限载荷应取其最小值,即对应于图(c)所示极限状态的极限载荷 $F_u = \dfrac{bh^2}{l}\sigma_s$(参见习题 11.4-8)。

讨论:

(1) 在达到极限状态瞬时,微段转动的方向与极限弯矩的转向相反。而载荷作用处的位移恒与载荷方向一致。

(2) 虚位移原理实质上正是反映了质点或质点系处于平衡状态的充分和必要条件。

* 12.5-9 矩形截面 $b \times h$ 的梁 AB,用横截面面积为 A 的杆加固成混合结构,以提高梁的刚度,如图(a)所示。梁和杆的材料均为线弹性,现梁的下表面的温度较上表面及各杆温度升高 t ℃,且沿梁截面高度成线性变化。材料的弹性模量为 E,线膨胀系数为 α_l。考虑梁内轴力影响,但不计剪力影响,试用单位力法,求杆 GH 的轴力。

解 以杆 GH 与结点 H 的连接为多余约束,基本静定系如图(b)所示。梁微段 $\mathrm{d}x$ 在发生温度变化时,中性层的伸长为

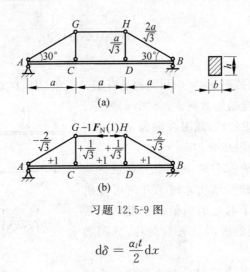

习题 12.5-9 图

$$d\delta = \frac{\alpha_l t}{2}dx$$

dx 两端截面的相对转角为

$$d\theta = \frac{\alpha_l t}{h}dx$$

由单位力(或多余未知力)引起的各部分轴力,由静力平衡条件求得,如图(b)所示。于是,由 $\Delta_{HG}=0$ 的变形几何相容条件,代入用单位力法表达的力-位移间物理关系,得补充方程为

$$\Delta_{HG} = \int_l (\bar{F}_N d\delta + \bar{M} d\theta)$$

$$= (1)\frac{\alpha_l t}{2}(3a) + (-1)\left(-\frac{F_N a}{EA}\right) + 2\left(-\frac{2}{\sqrt{3}}\right)\left(-\frac{2F_N}{\sqrt{3}EA}\right)\left(\frac{2}{\sqrt{3}}a\right) +$$

$$2\left(\frac{1}{\sqrt{3}}\right)\left(\frac{F_N}{\sqrt{3}EA}\right)\left(\frac{a}{\sqrt{3}}\right) + 2\int_0^a \left(-\frac{x}{\sqrt{3}}\right)\left(\frac{\alpha_l t}{h}dx\right) + \int_0^a \left(-\frac{a}{\sqrt{3}}\right)\left(\frac{\alpha_l t}{h}dx\right) +$$

$$2\int_0^a \left(\frac{x}{\sqrt{3}}\right)\left(\frac{F_N x}{\sqrt{3}EI}dx\right) + \int_0^a \left(\frac{a}{\sqrt{3}}\right)\left(\frac{F_N a}{\sqrt{3}EI}dx\right) = 0$$

$$\left(\frac{3}{2} - \frac{2a}{\sqrt{3}h}\right)\alpha_l ta + \frac{F_N a}{E}\left(\frac{1+2\sqrt{3}}{bh} + \frac{20a^2}{3bh^3}\right) = 0$$

解得多余未知力(即 GH 杆轴力)为

$$F_N = \frac{(4\sqrt{3}a - 9h)3bh^2}{(1+2\sqrt{3})6h^2 + 40a^2} \cdot \alpha_l tE \quad (\text{压力})$$

12.5-10　静不定桁架在结点 B 承受铅垂载荷 $F=10\text{kN}$,如图(a)所示。设各杆的弹性模量 $E=10\text{GPa}$,$l=3h$,$h=2.4\text{m}$,各杆的横截面面积如附表所示。试用力法求解各杆的轴力。

解　(1) 正则方程及其系数

桁架为一次静不定,取基本静定系如图(b)所示。正则方程(补充方程)为

$$\Delta_1 = \delta_{11}X_1 + \Delta_{1F} = 0$$

$$X_1 = -\frac{\Delta_{1F}}{\delta_{11}}$$

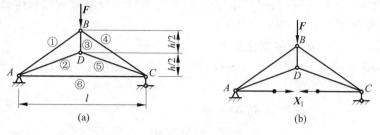

习题 12.5-10 图

式中

$$\delta_{11} = \sum_{i=1}^{4} \frac{\overline{F}_{Ni}\overline{F}_{Ni}l_i}{EA_i}$$

$$\Delta_{1F} = \sum_{i=1}^{6} \frac{F'_{Ni}\overline{F}_{Ni}l_i}{EA_i}$$

（2）各杆轴力

$$F_{N6} = X_1$$

$$F_{Ni} = F'_{Ni} + \overline{F}_{Ni}X_1 \quad (i = 1,2,\cdots,6)$$

各杆长度 l_i，基本静定系由载荷和单位力引起的轴力 F'_{Ni} 和 $\overline{F}_{Ni}$，以及计算结果均列于下表。

杆	A_i/cm^2	l_i/m	F'_{Ni}	$\overline{F}_{Ni}$	$\dfrac{F'_{Ni}\overline{F}_{Ni}l_i}{A_i}$	$\dfrac{\overline{F}_{Ni}\overline{F}_{Ni}l_i}{A_i}$	轴力 F_i/kN
1	28	4.33	$-1.804F$	1.203	$-3356F$	2238	-8.03
2	16	3.80	$1.583F$	-2.111	$-7937F$	10584	-1.73
3	12	1.20	$1.000F$	-1.333	$-1333F$	1777	-1.09
4	28	4.33	$-1.804F$	1.203	$-3356F$	2238	-8.03
5	16	3.80	$1.583F$	-2.111	$-7937F$	10584	-1.73
6	54	7.20	0	1.000	0	1333	$+8.32$

12.5-11 弯曲刚度为 EI 的刚架，承受集中载荷 F，如图（a）所示。不计轴力和剪力影响，试用力法，求刚架的支座反力。

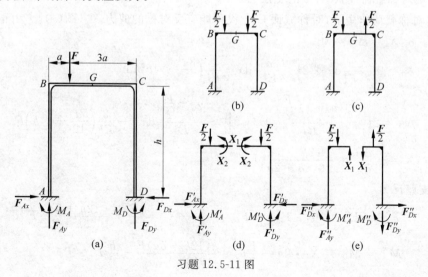

习题 12.5-11 图

解　本题为三次静不定,利用对称与反对称性,将载荷分解为对称载荷和反对称载荷,分别如图(b)和(c)所示。

(1) 对称载荷(图(b))下的支座反力

在对称载荷作用下,对称截面 G 上仅可能有对称的轴力 X_1 和弯矩 X_2(图(d))。由正则方程,即

$$\delta_{11}X_1 + \delta_{12}X_2 + \Delta_{1F} = 0$$
$$\delta_{21}X_1 + \delta_{22}X_2 + \Delta_{2F} = 0$$

各项系数为

$$\delta_{11} = 2\int_0^h \frac{x^2}{EI}\mathrm{d}x = \frac{2h^3}{3EI}$$

$$\delta_{12} = \delta_{21} = 2\int_0^h \frac{x}{EI}\mathrm{d}x = \frac{h^2}{EI}$$

$$\delta_{22} = 2\int_0^{2a} \frac{1}{EI}\mathrm{d}x + 2\int_0^h \frac{1}{EI}\mathrm{d}x = \frac{2}{EI}(2a+h)$$

$$\Delta_{1F} = 2\int_0^h -\frac{\frac{F}{2}ax}{EI}\mathrm{d}x = -\frac{Fah^2}{2EI}$$

$$\Delta_{2F} = 2\int_0^a -\frac{\frac{F}{2}x}{EI}\mathrm{d}x + 2\int_0^h -\frac{\frac{F}{2}a}{EI}\mathrm{d}x = -\frac{F}{EI}\left(\frac{a^2}{2}+ah\right)$$

代入准则方程,解得

$$X_1 = \frac{9Fa^2}{2h(h+8a)}, \quad X_2 = \frac{F(ah+2a^2)}{2(h+8a)}$$

于是,得支座反力

$$F'_{Ax} = F'_{Dx} = X_1 = \frac{9Fa^2}{2h(h+8a)}, \qquad F'_{Ay} = F'_{Dy} = \frac{F}{2}$$

$$M'_A = M'_D = X_2 + X_1 h - \frac{F}{2}a = \frac{Fa}{2}\cdot\frac{h+11a}{h+8a} - \frac{Fa}{2}$$

(2) 反对称载荷(图(c))下的支反力

在反对称载荷作用下,对称截面 G 上仅可能有反对称的剪力 X_1(图(e))。由正则方程

$$\delta_{11}X_1 + \Delta_{1p} = 0$$

$$\delta_{11} = 2\int_0^{2a} \frac{x^2}{EI}\mathrm{d}x + 2\int_0^h \frac{(2a)^2}{EI}\mathrm{d}x = \frac{2}{EI}\left(\frac{8a^3}{3}+4a^2h\right)$$

$$\Delta_{1F} = 2\int_0^a -\frac{(a+x)\frac{F}{2}x}{EI}\mathrm{d}x + 2\int_0^h -\frac{2a\cdot\frac{F}{2}a}{EI}\mathrm{d}x = -\frac{2}{EI}\left(\frac{5a^3}{12}+a^2h\right)F$$

$$X_1 = -\frac{\Delta_{1F}}{\delta_{11}} = \frac{12h+5a}{16(3h+2a)}F$$

于是,得支座反力

$$F''_{Ax} = F''_{Dx} = 0, \quad F''_{Ay} = F''_{Dy} = \frac{F}{2} - X_1 = \frac{F}{2} - \frac{12h+5a}{16(3h+2a)}F$$

$$M''_A = M''_D = X_1\cdot 2a - \frac{F}{2}a = \frac{a(12h+5a)F}{16(3h+2a)} - \frac{F}{2}a$$

（3）静不定刚架的支座反力

$$F_{Ax} = F_{Dx} = F'_{Ax} + F''_{Ax} = \frac{9Fa^2}{2h(h+8a)}$$

$$F_{Ay} = F'_{Ay} + F''_{Ay} = \frac{F}{2} + \left[\frac{F}{2} - \frac{(12h+5a)F}{16(3h+2a)}\right] = \frac{36h+27a}{16(3h+2a)}F$$

$$F_{Dy} = F'_{Dy} - F''_{Dy} = \frac{F}{2} - \left[\frac{F}{2} - \frac{(12h+5a)F}{16(3h+2a)}\right] = \frac{12h+5a}{16(3h+2a)}F$$

$$M_A = M'_A + M''_A = \frac{Fa}{2} \cdot \frac{(12h+5a)(h+8a) - 8(3h+2a)(h+5a)}{8(h+8a)(3h+2a)}$$

$$M_D = M'_D - M''_D = \frac{Fa}{2} \cdot \frac{8(h+11a)(3h+2a) - (12h+5a)(h+8a)}{8(h+8a)(3h+2a)}$$

* 12.5-12 跨度为 $2R$，弯曲刚度为 EI_1 的两端固定梁 AB，在未承受载荷时，梁的中点 E 正好与曲率半径为 R，弯曲刚度为 EI_2 的半圆环 $\overset{\frown}{CED}$ 相接触，如图（a）所示。现在梁上作用均布载荷 q，不计轴力和剪力影响，试用力法求梁和半圆环的支座反力。

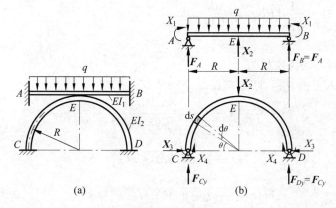

习题 12.5-12 图

解 考虑结构和载荷均对称于跨中截面 E，且梁无水平载荷，其水平反力 $F_{Ax} = F_{Bx} = 0$，故简化为四次静不定（其中两端固定梁为一次，两端固定半圆环为二次，梁与圆环接触处为一次）。取基本静定系如图（b）所示。

（1）正则方程及其系数

$$\begin{cases} \delta_{11}X_1 + \delta_{12}X_2 + \delta_{13}X_3 + \delta_{14}X_4 + \Delta_{1F} = 0 \\ \delta_{21}X_1 + \delta_{22}X_2 + \delta_{23}X_3 + \delta_{24}X_4 + \Delta_{2F} = 0 \\ \delta_{31}X_1 + \delta_{32}X_2 + \delta_{33}X_3 + \delta_{34}X_4 + \Delta_{3F} = 0 \\ \delta_{41}X_1 + \delta_{42}X_2 + \delta_{43}X_3 + \delta_{44}X_4 + \Delta_{4F} = 0 \end{cases}$$

各系数值为

$$\delta_{11} = \int_0^{2R} \frac{1}{EI_1}\mathrm{d}x = \frac{2R}{EI_1}$$

$$\delta_{12} = \delta_{21} = 2\int_0^R -\frac{x}{2EI_1}\mathrm{d}x = -\frac{R^2}{2EI_1}$$

$$\delta_{13} = \delta_{31} = 0$$

$$\delta_{14} = \delta_{41} = 0$$

$$\Delta_{1F} = 2\int_0^R \frac{q(2Rx - x^2)}{2EI_1}\mathrm{d}x = \frac{2qR^3}{3EI_1}$$

$$\delta_{22} = 2\int_0^R \frac{x^2}{4EI_1}\mathrm{d}x + 2\int_0^{\pi/2} \frac{R^2(1 - \cos\theta)^2}{4EI_2}(R\mathrm{d}\theta) = \frac{R^3}{6EI_1} + \frac{R^3}{8EI_2}(3\pi - 8)$$

$$\delta_{23} = \delta_{32} = 2\int_0^{\pi/2} -\frac{R(1 - \cos\theta)}{2EI_2}(R\sin\theta)(R\mathrm{d}\theta) = -\frac{R^3}{2EI_2}$$

$$\delta_{24} = \delta_{42} = 2\int_0^{\pi/2} -\frac{R(1 - \cos\theta)}{2EI_2}(R\mathrm{d}\theta) = -\frac{R^2}{2EI_2}(\pi - 2)$$

$$\Delta_{2F} = 2\int_0^R -\frac{q(2Rx - x^2)}{2EI_1} \cdot \frac{x}{2}\mathrm{d}x = -\frac{5qR^4}{24EI_1}$$

$$\delta_{33} = 2\int_0^{\pi/2} \frac{(R\sin\theta)^2}{EI_2}(R\mathrm{d}\theta) = \frac{\pi R^3}{2EI_2}$$

$$\delta_{34} = \delta_{43} = 2\int_0^{\pi/2} \frac{R\sin\theta}{EI_2}(R\mathrm{d}\theta) = \frac{2R^2}{EI_2}$$

$$\Delta_{3F} = 0$$

$$\delta_{44} = 2\int_0^{\pi/2} \frac{1}{EI_2}(R\mathrm{d}\theta) = \frac{\pi R}{EI_2}$$

$$\Delta_{4F} = 0$$

（2）梁和半圆环的支座反力

将各系数代入正则方程，联立解得

$$X_1 = -\frac{qR^2}{12}\left[4 - \frac{3k(\pi^2 - 8)}{3(\pi^3 - 20\pi + 32) + k(\pi^2 - 8)}\right]$$

$$X_2 = qR\frac{k(\pi^2 - 8)}{3(\pi^3 - 20\pi + 32) + k(\pi^2 - 8)}$$

$$X_3 = qR\frac{k(4 - \pi)}{3(\pi^3 - 20\pi + 32) + k(\pi^2 - 8)}$$

$$X_4 = \frac{qR^2}{2} \cdot \frac{k(\pi^2 - 2\pi - 4)}{3(\pi^3 - 20\pi + 32) + k(\pi^2 - 8)}$$

式中，$k = I_2/I_1$。于是，可得支座反力为

梁 AB：$\qquad\qquad F_A = F_B = qR - \dfrac{X_2}{2}, \qquad M_A = M_B = X_1$

半圆环 $\overset{\frown}{CED}$：$\qquad F_{Cx} = F_{Dx} = X_3, \qquad F_{Cy} = F_{Dy} = \dfrac{X_2}{2}, \qquad M_C = M_D = X_4$

第13章

压杆稳定

【内容提要】

13.1 弹性平衡稳定性的概念

1. 弹性平衡的稳定性

　　稳定平衡　系统处于平衡形态,若对于偏离原有平衡形态的微小位移,其弹性回复力将使系统回复到原有的平衡形态,则称系统原有的平衡形态是稳定的。如图 13-1 中,当 $2kxl > Fx$ 时,杆 AB 的铅垂平衡形态是稳定的。

　　不稳定平衡　系统处于平衡形态,若对于偏离原有平衡形态的微小位移,其弹性回复力不再使系统回复原有的平衡形态,则称系统原有的平衡形态是不稳定的。如图 13-1 中,当 $2kxl \leqslant Fx$ 时,杆 AB 原有的铅垂平衡形态是不稳定的。

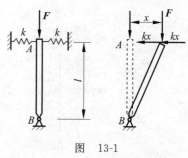

图　13-1

　　弹性平衡稳定性的特征

　　(1) 弹性平衡稳定性是对于原有的平衡形态而言的。

　　(2) 弹性平衡稳定性取决于杆件所承受的压力值。

$$稳定平衡 \qquad F < 2kl$$
$$不稳定平衡 \qquad F \geqslant 2kl$$

　　(3) 弹性平衡的稳定性与弹性元件的弹簧常数 k 和杆件的长度 l 有关。

　　(4) 研究弹性平衡的稳定性,需对结构变形后,(即发生微小位移后)的形态进行分析。

2. 压杆的稳定性

　　压杆的平衡稳定性　中心受压直杆,当偏离原有平衡形态而发生微小弯曲变形,若消除导致偏离的因素后,能恢复原有的直线平衡形态,则称压杆原有的直线平衡形态为稳定平衡 (图 13-2(b));反之,不能恢复原有直线平衡形态的,则原有的直线平衡形态为不稳定平衡

（图 13-2(c)）。

压杆的稳定性属于弹性平衡稳定性的范畴。因而，压杆的稳定性也取决于压杆所受的压力。

临界压力   系统由稳定平衡过渡到不稳定平衡的临界值，记为 F_{cr}。

图 13-1： $F_{cr}=2kl$ （系统在微斜形态下保持平衡）

图 13-2： $F=F_{cr}$ （压杆在微弯形态下保持平衡）

压杆（或系统）的压力由零增至临界值 F_{cr} 时，压杆（或系统）由稳定平衡过渡到不稳定平衡，称为"失稳"。

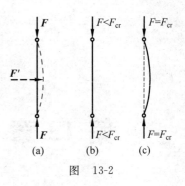

图   13-2

13.2   轴向受压等直杆的临界压力与临界应力

1. 柔度与长度因数

柔度   压杆的长度 l 乘以与杆端约束有关的长度因数 μ，与横截面的惯性半径 i 之比，称为柔度（或长细比），记为 λ。即

$$\lambda = \frac{\mu l}{i} \tag{13-1}$$

长度因数   与杆端约束有关的因数，称为长度因数。四种常见的理想约束条件下的长度因数如图 13-3 所示。

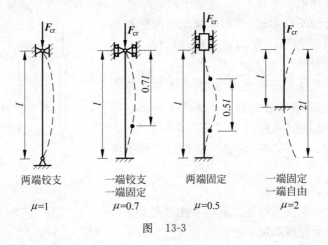

图   13-3

2. 大柔度杆的欧拉公式

临界压力

$$F_{cr} = \frac{\pi^2 EI}{(\mu l)^2} \tag{13-2}$$

临界应力

$$\sigma_{cr} = \frac{\pi^2 E}{\lambda^2} \tag{13-3}$$

欧拉公式的特征

（1）欧拉公式适用于线弹性范围内大柔度的轴向受压等直杆。其柔度应满足

$$\lambda \geqslant \lambda_p = \sqrt{\frac{\pi^2 E}{\sigma_p}}$$

（2）柔度计算式中的 $i = \sqrt{\dfrac{I}{A}}$，其中 i 或 I 是对截面的某一形心主惯性轴而言的，即

$$i_y = \sqrt{\frac{I_y}{A}}, \quad i_z = \sqrt{\frac{I_z}{A}}$$

对于杆端约束在各方向均相同的压杆，应取使 λ 为最大的 $i_{\min}$ 或 $I_{\min}$ 值。

（3）对于有铆钉孔等导致截面局部削弱的压杆，在计算临界压力或临界应力时，不考虑其局部削弱的影响。

3. 中柔度杆的经验公式

中柔度的区间　中柔度杆的柔度值小于等于横截面应力等于材料的比例极限时的柔度 λ_p，而大于等于应力等于屈服极限时的柔度 λ_s。即

$$\lambda_p \geqslant \lambda \geqslant \lambda_s = \frac{a - \sigma_s}{b}$$

中柔度杆的直线公式[①]

$$\text{临界应力} \qquad \sigma_{cr} = a - b\lambda \qquad\qquad (13\text{-}4)$$
$$\text{临界压力} \qquad F_{cr} = \sigma_{cr} A = (a - b\lambda)A \qquad (13\text{-}5)$$

式中，常数 a、b 与材料有关，其值如表 13-1 所示。

表 13-1　直线公式中的常数 a、b

材　　　料		a/MPa	b/MPa
Q235	$\sigma_b \geqslant 372\text{MPa}, \sigma_s = 235\text{MPa}$	304	1.12
优质碳钢	$\sigma_b \geqslant 471\text{MPa}, \sigma_s = 306\text{MPa}$	461	2.568
硅　钢	$\sigma_b \geqslant 510\text{MPa}, \sigma_s = 353\text{MPa}$	578	3.744
铬钼钢		980.7	5.296
铸　铁		332.2	1.454
强　铝		373	2.15
松　木		28.7	0.19

4. 小柔度杆的失效

柔度 $\lambda \leqslant \lambda_s$，横截面上应力大于等于材料的屈服极限，则属于强度失效。压杆的临界应力可取为屈服极限，即

$$\sigma_{cr} = \sigma_s$$

[①]　对于柔度 $\lambda \leqslant \lambda_p$ 的压杆，其临界应力尚有抛物线公式，折减弹性模量公式等，可参见：孙训方. 材料力学 I [M]. 6 版. 北京：高等教育出版社，2019，§9-4.

13.3　压杆的稳定性计算

1. 稳定计算的安全因数法

稳定条件　压杆具有的工作安全因数 n 应不低于规定的稳定安全因数 n_{st} 即

$$n = \frac{F_{cr}}{F} \geqslant n_{st} \tag{13-6}$$

稳定计算　稳定性计算同样有三种类型：稳定校核、截面设计和许可载荷计算。

2. 稳定计算的稳定因数法

稳定条件　压杆横截面上的工作应力不得超过材料的强度许用应力乘以稳定因素，即

$$\sigma = \frac{F}{A} \leqslant \varphi[\sigma] \tag{13-7a}$$

或

$$\frac{F}{\varphi A} \leqslant [\sigma] \tag{13-7b}$$

稳定因数 φ　根据实际压杆可能存在初曲率、偏心度、残余应力等不利因素，以实际压杆的稳定试验为依据，并考虑稳定安全因数，由设计规范给定的折减因数值。

按钢结构设计规范，钢结构的截面分为 a、b、c 三类。以常用的 b 类截面为例，稳定因数如表 13-2 所示。

表 13-2　b 类截面的稳定因数 φ

λ	Q235 钢	16Mn 钢	15MnV 钢	λ	Q235 钢	16Mn 钢	15MnV 钢
0	1.000	1.000	1.000				
10	0.992	0.989	0.988	110	0.493	0.373	0.338
20	0.970	0.956	0.951	120	0.437	0.324	0.293
30	0.936	0.913	0.904	130	0.387	0.283	0.255
40	0.899	0.863	0.849	140	0.345	0.249	0.224
50	0.856	0.804	0.783	150	0.308	0.221	0.198
60	0.807	0.734	0.705	160	0.276	0.197	0.176
70	0.751	0.656	0.620	170	0.249	0.176	0.158
80	0.688	0.575	0.538	180	0.225	0.159	0.142
90	0.621	0.499	0.459	190	0.204	0.144	0.126
100	0.555	0.431	0.393	200	0.186	0.131	0.117

3. 提高压杆稳定性的措施

（1）选择合理的截面形状　对于各方向的杆端约束条件相同的压杆，应选用对两形心主惯性轴的惯性半径相等（$i_y = i_z$），且尽可能增大 i 值的截面，如空心圆截面、空心方截面或组合截面等；对于各方向的杆端约束条件不同的压杆，应选用对两形心主惯性轴的柔度相

等(或接近相等)的截面。

(2) 减小压杆的相当长度 μl 改善压杆的约束条件,降低长度因数 μ 值;增加中间支座,减小压杆的计算长度 l,以提高压杆的临界应力。

13.4 纵横弯曲的概念

1. 纵横弯曲

压杆同时承受轴向压力(纵向力)和横向力的作用,如图 13-4 所示。若杆的弯曲刚度较小,由于轴向力与横向力的作用互有影响,即使材料仍处于线弹性范围,变形与外力间不再呈线性关系,而不能应用力作用的叠加原理,称为纵横弯曲。

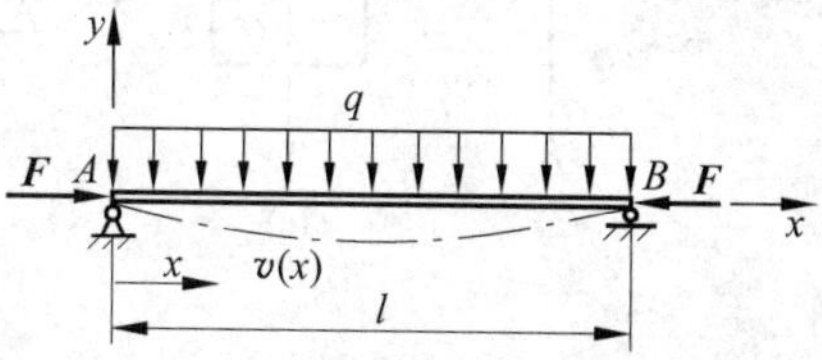

2. 纵横弯曲的特征

(1) 由于横向力的存在,不论横向力 q 和轴向力 F 值的大小,杆件均将在微弯形态下保持平衡。

图 13-4

(2) 由于杆的弯曲刚度较小,即使在线弹性范围内,力-位移之间呈现非线性关系。如图 13-4 中杆 AB 的挠曲线方程为(参见习题 13.4-2)

$$v(x) = \frac{EI}{F^2}q\left(1 - \tan\frac{kl}{2}\sin kx - \cos kx\right) + \frac{q}{2F}(lx - x^2)$$

式中,参数 $k = \sqrt{\dfrac{F}{EI}}$。

由上式可见,$v(x)$ 与轴向力 F 间为非线性,而与横向力 q 间仍为线性关系。也就是说,在轴向力 F 保持不变的情况下,当计算由几项横向力引起的位移时,仍可应用叠加原理(参见习题 13.4-3)。

(3) 当轴向力 $F \to F_{cr}$ 时,无论横向力如何微小,杆件的位移(v_{max})将趋向无限而丧失稳定。因而,在纵横弯曲中,将使弯曲变形趋于无限的轴向压力,定义为临界压力。

【习题解析】

13.1-1 压杆的压力一旦达到临界压力值,试问压杆是否就丧失了承受载荷的能力?

解 不是。压杆的压力达到其临界压力值,压杆开始丧失稳定,将在微弯形态下保持平衡,即丧失了在直线形态下平衡的稳定性。既能在微弯形态下保持平衡,说明压杆并不是完全丧失了承载能力,只能说压杆丧失了继续增大载荷的能力。但当压杆的压力达到临界压力后,若稍微增大载荷,压杆的弯曲挠度将趋于无限,而导致压溃,丧失了承载能力。且在杆系结构中,由于某一压杆达到临界压力,引起该杆弯曲。若再增大载荷,将引起结构各杆内力的重新分配,从而导致结构的毁坏,而丧失其承载能力。因此,压杆的压力达临界压力时,是其承受载荷的"极限"状态。

13.1-2 两端球铰支承的等直压杆(图(a)),其横截面分别如图(b)、(c)、(d)、(e)、(f)、

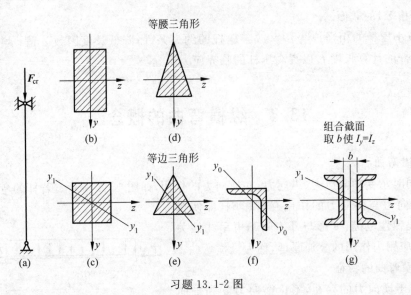

习题 13.1-2 图

(g)所示。试问压杆失稳时,压杆将绕横截面上哪一根轴转动?

解　压杆失稳时,将在轴向压力作用下发生弯曲变形。由于杆端的约束条件在各方向均相同,因此压杆将在弯曲刚度为最小的平面内失稳,即杆件横截面将绕其惯性矩为最小的形心主惯性轴转动。

图(b)、(d)和(f)所示的截面将绕形心主惯性轴 y 和 y_0 转动。

图(c)、(e)、(g)所示的截面,由于对任一形心轴的惯性矩均相同,故可能绕任一形心轴转动。

13.1-3　刚性杆 AB,上端 A 与刚度为 k 的弹簧相连,下端 B 安装在不计摩擦枢轴上,并在上端 A 承受通过导槽传递的载荷 F,如图(a)所示。已知当位移 $x=0$ 时,弹簧无伸长,试求载荷 F 的临界值。

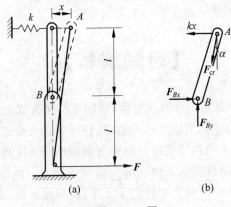

习题 13.1-3 图

解　当载荷 F 达到临界值时,刚性杆 AB 将在微斜形态(图(a)中虚线所示)下保持平衡。

由静力平衡条件,得

$$\sum M_B = 0, \qquad (kx + F_{cr}\sin\alpha)l - F_{cr}\cos\alpha \cdot x = 0$$

由于 $x \ll l$,则

$$\sin\alpha \approx \frac{x}{2l}, \quad \cos\alpha \approx 1$$

代入上式,即得临界载荷为

$$F_{cr} = 2kl$$

*13.1-4 刚性杆 AB,下端 B 为球铰支承,上端 A 的两侧由刚度为 k 的弹簧支承,承受具有微小偏心率 e 的轴向压力 F 作用,如图(a)所示。试讨论偏心压力的临界值。

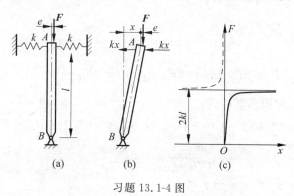

习题 13.1-4 图

解 (1)杆平衡时 A 端的横向位移

由于偏心压力作用,杆将在微斜形态下保持平衡(图(b))。由静力平衡条件

$$\sum M_B = 0, \qquad 2(kx)l - F(e + x) = 0$$

得杆 A 端的横向位移为

$$x = \frac{Fe}{2kl - F}$$

满足上式的压力 F 与横向位移 x 间的关系曲线如图(c)所示。

(2)偏心压力的临界值

当 $F \to 2kl$ 时,横向位移 x 趋于无限,故偏心压力的临界值为

$$F_{cr} = 2kl$$

讨论:

(1)压力具有偏心率的模型,是对实际压杆可能存在初曲率、偏心度,以及材料不均匀性等不利因素的一种力学模型。

(2)若 $F > F_{cr}$,满足平衡条件的位置如图(c)中虚线所示。则随 x 增大,F 降低,或 x 减小,F 增大。因此,这是一个不稳定的平衡位置。

*13.1-5 两根长度 l,截面积 A 和弹性模量 E 均相同的等直杆 AB 和 BC,在 A、B、C 处铰接,并在结点 A 承受铅垂集中力 F,如图(a)所示。若结点 B 仅能在纸平面内沿铅垂方向移动,试求力 F 与位移 δ 间的关系,并论述结构的稳定性。

解 (1)力 F 与位移 δ 间的关系

考虑结构在微小变形后(图(a)中虚线所示)的平衡。由结点 B(图(b))的静力平衡条

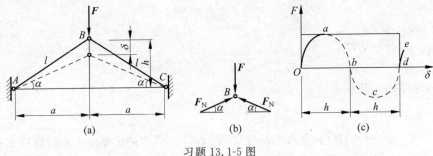

习题 13.1-5 图

件,得

$$\sum F_y = 0, \qquad\qquad F - 2F_N \cdot \sin\alpha = 0$$

$$F = 2F_N \sin\alpha = 2F_N \frac{h-\delta}{l-\Delta l} = 2F_N \frac{h-\delta}{l(1-\varepsilon)}$$

由图(a)的变形几何相容条件,得

$$[l(1-\varepsilon)]^2 = a^2 + (h-\delta)^2 = (a^2+h^2) - 2h\delta + \delta^2$$

$$\varepsilon = 1 - \frac{\sqrt{l^2 - 2h\delta + \delta^2}}{l}$$

由物理关系 $F_N = E\varepsilon A$,得 F 与 δ 间关系为

$$F = 2EA\left(\frac{h-\delta}{l}\right)\left(\frac{\varepsilon}{1-\varepsilon}\right)$$

$$= 2EA\left(\frac{h-\delta}{l}\right)\left(\frac{l}{\sqrt{l^2 - 2h\delta + \delta^2}} - 1\right)$$

F 与 δ 间的关系曲线如图(c)所示。

(2) 弹性平衡的稳定性

由图(c)可见,力 F 由零增至相应于点 a 的最大值后,δ 的微小增加,力 F 反而减小,故其平衡是不稳定的。在无需加力的情况下,结构跳跃到相应于点 d 的初始构形的对称位置,而结构再次处于稳定的平衡形态。若反向加载达到一定的数值,则结构又将跳跃到其初始形态。

讨论:

(1) 本题对位移的大小并未作任何假设,但应用了胡克定律。也就是说,变形并不要求很小,但应在线弹性范围内。

(2) 在本题讨论的模型中,在一定的载荷作用下,结构会突然跳跃到其对称位置的现象,称为跳跃失稳或"油罐效应"。工程中油罐的底板或拱形薄壁元件,在一定的压力作用下都会产生这种现象。生活中的电灯开关,就是这种效应的应用。

13.2-1　长度为 l,两端固定的空心圆截面压杆,承受轴向力 F,如图所示。压杆材料为 Q235 钢,弹性模量 $E = 200\text{GPa}$,取 $\lambda_p = 100$,截面外径与内径之比为 $D/d = 1.2$。试求:

(1) 当能应用欧拉公式时,压杆的长度与外径的最小比值,以及这时的临界压力。

(2) 若压杆改用实心圆截面,而压杆的长度、杆端约束、材料及临界压力均保持与空心圆杆相同,两杆的重量之比。

解　（1）空心圆杆的 l/D 及 F_{cr}

欧拉公式适用于 $\lambda \geqslant \lambda_p$，两端固定的长度因数 $\mu = 0.5$。由

$$\lambda = \frac{\mu l}{i} = \frac{0.5l}{\dfrac{D}{4}\sqrt{1+\left(\dfrac{d}{D}\right)^2}} = 100$$

得其长度与外径之比为

$$\frac{l}{D} = 65$$

而临界压力为

$$F_{cr} = \frac{\pi^2 EI}{(\mu l)^2} = \frac{\pi^2 E}{\lambda^2} \cdot A = 47.4D^2 \, (\text{MN})$$

（2）实心与空心圆杆的重量比

由于两杆的材料、长度、杆端约束及临界压力均相同，则由欧拉公式，两杆横截面的惯性矩应相等，即

$$\frac{\pi D_1^4}{64} = \frac{\pi D^4}{64}\left[1-\left(\frac{d}{D}\right)^4\right]$$

由此，得实心圆截面的直径为

$$D_1 = D\sqrt[4]{1-\left(\frac{1}{1.2}\right)^4} = 0.848D$$

即得实心与空心圆杆的重量比为

$$\frac{G_1}{G} = \frac{A_1}{A} = \frac{D_1^2}{D^2\left[1-\left(\dfrac{1}{1.2}\right)^2\right]} = 2.35$$

讨论：

由弯曲变形时横截面上的应力变化规律显见，空心圆杆较实心圆杆省料、合理。且空心圆杆能用欧拉公式时，实心圆杆也定能适用。

13.2-2　一长度 $l=4\text{m}$，两端铰支的 10 号槽钢的立柱，承受轴向压力 F，如图（a）所示。槽钢材料为 Q235 钢，弹性模量 $E=200\text{GPa}$，取 $\lambda_p=100$。试求：

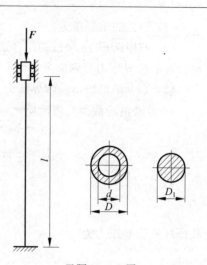

习题 13.2-1 图

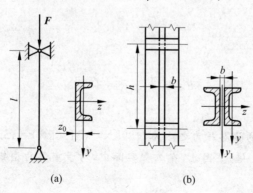

(a)　　　　(b)

习题 13.2-2 图

（1）钢柱的临界压力。

（2）若用两根 10 号槽钢组合成立柱（图（b）），则两槽钢的间距 b，连接板的间距 h，以及组合柱的临界压力分别应为多大？

解 （1）单根槽钢的临界压力

10 号槽钢的截面几何性质

$$A = 12.74\text{cm}^2, \quad I_y = 25.6\text{cm}^4, \quad I_z = 198\text{cm}^4$$
$$z_0 = 1.52\text{cm}, \quad i_y = 1.41\text{cm}, \quad i_z = 3.95\text{cm}^4$$

由于 $i_y < i_z$，所以

$$\lambda_y = \frac{\mu l}{i_y} = 284 > \lambda_p$$

故压杆的临界压力为

$$F_{cr} = \frac{\pi^2 E I_y}{(\mu l)^2} = \frac{\pi^2 (200 \times 10^9 \text{Pa}) \times (25.6 \times 10^{-8} \text{m}^4)}{(1 \times 4\text{m})^2}$$
$$= 31.6 \times 10^3 \text{N} = 31.6\text{kN}$$

（2）组合柱计算

两槽钢间距 为合理利用材料，应使组合柱两相互垂直的形心主惯性矩相等，即

$$2\left[I_y + \left(z_0 + \frac{b}{2}\right)^2 A\right] = 2I_z$$

得两槽钢的间距为

$$b = 2\left(\sqrt{\frac{I_z - I_y}{A}} - z_0\right) = 4.32\text{cm}$$

连接板间距 为防止单根槽钢绕 y 轴失稳，应使单根槽钢的柔度 λ_y 不大于组合柱的柔度 $\lambda_z (= \lambda_{y1})$，即

$$\lambda_y = \frac{\mu h}{i_y} \leqslant \lambda_z = \frac{\mu l}{i_z}$$

将连接板对槽钢的约束视为铰支，得连接板间距为

$$h \leqslant i_y \frac{l}{i_z} = 1.43\text{m}$$

组合柱的临界压力

由

$$\lambda_z = \frac{\mu l}{i_z} = 101.3 > \lambda_p$$

得临界压力为

$$F_{cr} = \frac{\pi^2 E I_z}{(\mu l)^2} = 489\text{kN}$$

讨论：

组合柱与单根槽钢的临界压力之比为（489kN）/（31.6kN）＝15.5（实际上，组合柱承载能力为单根槽钢的 I_z/I_y 倍）。因此，在工程实际中，对于重型的型钢柱，大都采用组合柱的形式。

13.2-3 一端固定、一端球铰支承的细长压杆，杆的长度为 l，弯曲刚度为 EI，承受轴向压力 F，如图（a）所示。试推导其临界压力。

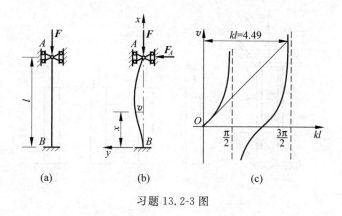

习题 13.2-3 图

解 （1）挠曲线近似微分方程及其积分

压杆在临界压力作用下，将在微弯形态下保持平衡（图（b））。由于固定端 B 存在反力偶，简支端 A 必有反力 F_A。于是，得挠曲线近似微分方程

$$\frac{\mathrm{d}^2 v}{\mathrm{d}x^2} = \frac{M(x)}{EI} = -\frac{F}{EI}\left[v - \frac{F_A}{F}(l-x)\right]$$

令 $\dfrac{F}{EI} = k^2$，得

$$\frac{\mathrm{d}^2 v}{\mathrm{d}x^2} + k^2 v = k^2 \frac{F_A}{F}(l-x)$$

上列微分方程的通解为

$$v = A\sin kx + B\cos kx + \frac{F_A}{F}(l-x)$$

由边界条件

$$x = 0, v = 0: \qquad B = -\frac{F_A}{F}l$$

$$\theta = 0: \qquad A = \frac{F_A}{kF}$$

$$x = l, v = 0: \qquad A\sin kl + B\cos kl = 0$$

得

$$\tan kl = -\frac{B}{A} = kl$$

以 kl 为横坐标，v 为纵坐标，分别作正切曲线（$v = \tan kl$）和 45°斜直线（$v = kl$），即得最小的非零解（图（c））

$$kl = 4.49$$

（2）临界压力

将 $k = 4.49/l$ 代入式 $F/(EI) = k^2$，即得一端固定、一端铰支细长压杆的临界压力为

$$F_{\mathrm{cr}} = \frac{4.49^2 EI}{l^2} \approx \frac{\pi^2 EI}{(0.7l)^2}$$

13.2-4 两根直径为 d 的圆杆，上、下端分别与刚性板固结，如图（a）所示。设圆杆为满足使用欧拉公式条件的大柔度杆。试分析在总压力 F 作用下，压杆可能失稳的几种形态，并求其最小的临界载荷值。

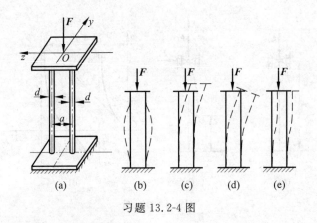

习题 13.2-4 图

解　(1)压杆可能的失稳形态

压杆可能有以下四种失稳形态：

① 每根圆杆作为两端固定的压杆分别失稳(图(b))。

② 两根压杆共同以下端固定、上端自由，绕 z 轴失稳(图(c))。

③ 两根压杆共同以下端固定、上端自由，绕 yz 平面内通过点 O 的某一轴(除 z 轴外)失稳(图(d))。

④ 两根压杆共同发生 z 方向的平移，而以两端固定，每根压杆均绕平行于 y 轴的形心轴失稳(图(e))。

(2) 最小临界压力

在 yz 平面内，$I_{min}=I_z$，因此，第二种形态较第三种形态容易失稳；第一种和第四种形态与第二种形态的 I 相等，但第二种形态的长度因数为最大(第一种形态 $\mu=0.5$；第二种形态 $\mu=2$；第四种形态 $\mu=1$)，因而，第二种形态最容易丧失稳定。即结构的最小临界压力为

$$F_{cr}=\frac{\pi^2 EI}{(\mu l)^2}=\frac{\pi^2 E\left(2\ \dfrac{\pi d^4}{64}\right)}{(2l)^2}=\frac{\pi^3 Ed^4}{128 l^2}$$

13.2-5　车床丝杠 AB 承受由走刀箱对开螺母传来的轴向力 F(图(a))。当螺母位于丝杠螺纹段的最右端 C 时，丝杠最易丧失稳定。设丝杠的根径为 d，材料的弹性模量为 E，丝杠可简化为三支点的直杆(图(b))。试求丝杠的临界压力。

解　(1)丝杠螺纹段 AC 的挠曲线方程

考虑丝杠在微弯形态下的平衡(图(c))。由 AC 段的挠曲线近似微分方程

$$\frac{d^2 v}{dx^2}=\frac{1}{EI}\left(\frac{M_C}{l}x-Fv\right)$$

令 $\dfrac{F}{EI}=k^2$，得

$$\frac{d^2 v}{dx^2}+k^2 v=k^2\ \frac{M_C}{Fl}x$$

上列微分方程的通解为

$$v=A\sin kx+B\cos kx+\frac{M_C}{Fl}x$$

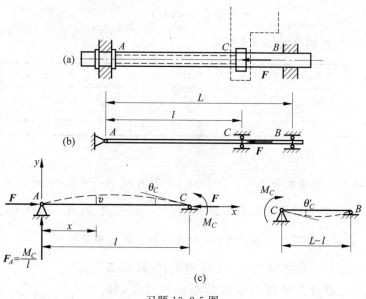

习题 13.2-5 图

由边界条件

$$x=0, v=0: \qquad B=0$$

$$x=l, v=0: \qquad A=-\frac{M_C}{F\sin kl}$$

得挠曲线方程为

$$v=-\frac{M_C}{F\sin kl}\sin kx+\frac{M_C}{Fl}x$$

（2）临界压力

由丝杠的变形几何相容条件

$$\theta_C=\theta'_C$$

将力-位移间物理关系

$$\theta_C=\frac{\mathrm{d}v}{\mathrm{d}x}\Big|_{x=l}=-\frac{M_C k}{F\tan kl}+\frac{M_C}{Fl}$$

$$\theta'_C=-\frac{M_C(L-l)}{3EI}$$

代入变形相容方程,经整理后,得稳定方程为

$$\tan kl=\frac{kl}{1+\dfrac{L-l}{3l}(kl)^2}$$

以 l/L 的具体比值,由上式求出最小非零解 kl,并由 $k^2=\dfrac{F}{EI}$,即得临界压力 F_{cr}。若将临界压力写成

$$F_{cr}=m\frac{EI}{L^2}$$

则式中因数 m 为

$$m = k^2 L^2 = (kl)^2 \left(\frac{L}{l}\right)^2$$

对于不同的 l/L 值,可得结果如下表所示。

l/L	0	0.1	0.2	0.3	0.4	0.5	0.6	0.7	0.8	0.9	1.0
kl	—	3.24	3.35	3.46	3.59	3.73	3.87	4.02	4.18	4.34	4.49
m	∞	1050	280	133	80.6	55.7	41.6	33	27.3	23.3	20.2

讨论:

临界压力随 l/L 的增大而减小。当 $l=L$,丝杠可视为一端铰支、一端固定的压杆。在解题过程中,应用了挠曲线的近似微分方程 $\dfrac{\mathrm{d}^2 v}{\mathrm{d}x^2} = \dfrac{M(x)}{EI}$,因而,要求材料处于线弹性范围。当 l/L 减小时,应注意解答的适用范围(也即欧拉公式的适用范围)。

13.2-6　长度为 l,弯曲刚度为 EI 的细长杆,杆的 B 端固定,A 端承受通过无摩擦的滑轮传递的压力 F,如图(a)所示。试求杆的临界压力。

解　(1)杆的挠曲线方程

考虑杆在微弯形态下保持平衡(图(b)),由挠曲线近似微分方程

$$\frac{\mathrm{d}^2 v}{\mathrm{d}x^2} = \frac{M(x)}{EI} = \frac{F}{EI}\cos\theta\big[(\delta - v) - \tan\theta(l - x)\big]$$

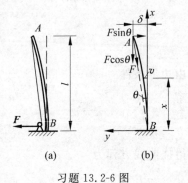

习题 13.2-6 图

令 $\dfrac{F}{EI}\cos\theta = k^2$,而 $\tan\theta = \dfrac{\delta}{l}$,得

$$\frac{\mathrm{d}^2 v}{\mathrm{d}x^2} + k^2 v = k^2\,\frac{\delta}{l}x$$

微分方程通解为

$$v = A\sin kx + B\cos kx + \frac{\delta}{l}x$$

由边界条件

$$x = 0, v = 0: \qquad B = 0$$
$$\theta = 0: \qquad A = \frac{-\delta}{kl}$$

得挠曲线方程

$$v = \frac{-\delta}{kl}\sin kx + \frac{\delta}{l}x = \frac{\delta}{l}\left(x - \frac{\sin kx}{k}\right)$$

(2)临界压力

由 $x = l, v = \delta$,得

$$\sin kl = 0$$
$$kl = n\pi \quad (n = 1, 2, 3, \cdots)$$

将 $k = \dfrac{n\pi}{l}$ 代入 $k^2 = \dfrac{F}{EI}\cos\theta$,得

$$F = \frac{n^2 \pi^2 EI}{l^2 \cos\theta}$$

在杆原始平衡形态 $\theta = 0$,取最小非零解 $n = 1$,得杆的临界压力为

$$F_{cr} = \frac{\pi^2 EI}{l^2}$$

13.2-7 长度 $l = 1\text{m}$,直径 $d = 16\text{mm}$,两端铰支的钢杆 AB,在 $15℃$ 时装配,装配后 A 端与刚性槽之间有空隙 $\delta = 0.25\text{mm}$,如图所示。杆材料为 Q235 钢,$\sigma_p = 200\text{MPa}$,$E = 200\text{GPa}$,线膨胀系数 $\alpha_l = 11.2 \times 10^{-6}(℃)^{-1}$。试求钢杆失稳时的温度。

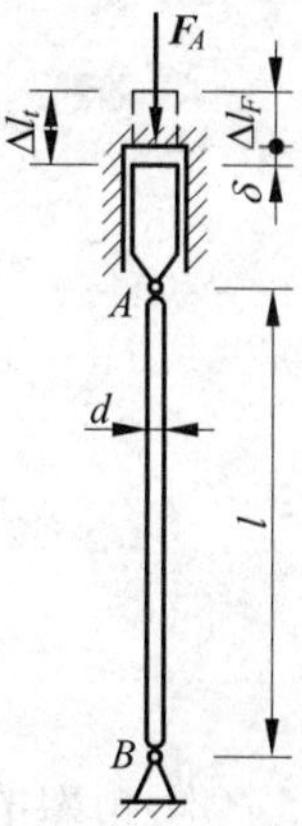

解 (1) 杆的温度应力

当温度升高 Δt 足够大,由温度升高引起的伸长 $\Delta l_t > \delta$ 时,由变形几何相容条件,得

$$\Delta l_t - \delta = \Delta l_F$$

代入物理关系,得补充方程

$$\alpha_l \Delta t \cdot l - \delta = \frac{\sigma}{E} \cdot l$$

解得杆的温度应力为

$$\sigma = E\left(\alpha_l \Delta t - \frac{\delta}{l}\right)$$

习题 13.2-7 图

(2) 失稳时的温度

由杆的柔度

$$\lambda = \frac{\mu l}{i} = \frac{4\mu l}{d} = 250 > \lambda_p = \sqrt{\frac{\pi^2 E}{\sigma_p}} \approx 100$$

于是,由欧拉公式

$$\sigma_{cr} = \frac{\pi^2 E}{\lambda^2} = E\left(\alpha_l \cdot \Delta t - \frac{\delta}{l}\right)$$

解得失稳时温度升高为

$$\Delta t = \frac{1}{\alpha_l}\left(\frac{\pi^2}{\lambda^2} + \frac{\delta}{l}\right) = 36.4℃$$

所以,失稳时的温度为

$$T = 15℃ + 36.4℃ = 51.4℃$$

13.2-8 两根材料相同,弯曲刚度均为 EI 的细长杆 AB 和 BC,铰接成简单桁架,在结点 B 承受角度 θ 可在 $0 \sim \frac{\pi}{2}$ 间变化的载荷 F,如图(a)所示。考虑桁架由于失稳而毁坏,试求载荷 F 的临界值为最大时的 θ 角及其最大临界载荷。

解 (1) 临界载荷为最大时的 θ 值

由结点 B 的平衡条件(图(b)),得

$$\sum F_x = 0, \qquad\qquad F_{N1} = F\cos\theta$$
$$\sum F_y = 0, \qquad\qquad F_{N2} = F\sin\theta$$

当杆 AB 和 BC 同时达到临界值时,载荷 F 的临界值为最大。由欧拉公式

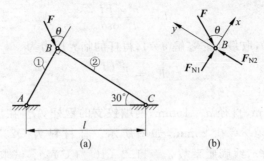

习题 13.2-8 图

$$(F_{N1})_{cr} = \frac{\pi^2 EI}{l_1^2} = \frac{\pi^2 EI}{(l\sin30°)^2} = \frac{4\pi^2 EI}{l^2} = (F_{cr})_{max}\cos\theta$$

$$(F_{N2})_{cr} = \frac{\pi^2 EI}{l_2^2} = \frac{\pi^2 EI}{(l\cos30°)^2} = \frac{4\pi^2 EI}{3l^2} = (F_{cr})_{max}\sin\theta$$

$$\tan\theta = \frac{1}{3}$$

$$\theta = 18°26'$$

（2）桁架的最大临界载荷

$$(F_{cr})_{max} = \frac{4\pi^2 EI}{l^2\cos\theta} = 41.6\frac{EI}{l^2}$$

13.2-9 六根直径均为 $d=10$mm 的圆钢杆铰接成正方形的结构，在杆 AC 和 BD 的交叉处相互间无约束，正方形的边长 $a=20$cm，在结点 A、C 承受一对集中载荷 F，如图（a）所示。杆材料为 Q235 钢，$E=200$GPa，$\sigma_p=200$MPa，$\sigma_s=240$MPa，试求结构的临界载荷。

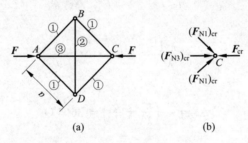

习题 13.2-9 图

解 （1）受力分析

结构为一次静不定。由于结构和载荷均对称于 $\overline{AC}$、$\overline{BD}$，故四边杆 AB、BC、CD、DA 的轴力相等。并由结构受力后的变形可见，四边杆轴力 F_{N1} 为压力，铅垂杆 BD 的轴力 F_{N2} 为拉力，水平杆 AC 的轴力 F_{N3} 为压力，其具体数值可通过求解静不定结构的静力、几何、物理三方面方法求得。

（2）临界载荷

受压的四边杆及水平杆可能因轴力达到临界值而失稳。若四边杆的轴力先达到临界值，则结构仍可在杆 AC 和 BD 的支撑下继续增大载荷；同样，若水平杆 AC 的轴力先达到临界值，则静定桁架 $ABCD$ 也可继续增大载荷。因此，只有当四边杆和水平杆都达到各自的临界值而丧失稳定时,结构才因失稳而毁坏。

考虑四边杆稳定:

$$\lambda = \frac{\mu l}{i} = \frac{4\mu a}{d} = \frac{4 \times 0.2\text{m}}{0.01\text{m}} = 80$$

而　　　$\lambda_p = \sqrt{\dfrac{\pi^2 E}{\sigma_p}} \approx 100, \lambda_s = \dfrac{a - \sigma_s}{b} = \dfrac{(304 \times 10^6\text{Pa}) - (240 \times 10^6\text{Pa})}{1.12 \times 10^6\text{Pa}} = 57$

因此,$\lambda_p > \lambda > \lambda_s$。应用直线公式

$$(F_{N1})_{cr} = \sigma_{cr} A = (a - b\lambda) \frac{\pi d^2}{4} = 16.8\text{kN}$$

考虑水平杆稳定:

$$\lambda = \frac{\mu l}{i} = \frac{4\mu \cdot \sqrt{2}a}{d} = 113 > \lambda_p$$

由欧拉公式,得

$$(F_{N3})_{cr} = \frac{\pi^2 EI}{(\mu l)^2} = \frac{\pi^2 E}{(\mu \sqrt{2}a)^2} \cdot \frac{\pi d^4}{64} = 12.1\text{kN}$$

于是,由结点 C 的静力平衡条件,得结构的临界载荷为

$$F_{cr} = (F_{N3})_{cr} + 2(F_{N1})_{cr} \cdot \cos 45° = 35.9\text{kN}$$

*13.2-10　长度为 l,弯曲刚度为 EI 的细长杆 AB,一端固定,一端自由,在自由端承受偏心距为 e 的压力 F,如图(a)所示。试求杆的临界压力。

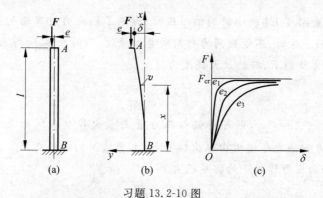

习题 13.2-10 图

解　(1)杆的挠曲线方程

考虑杆在微弯形态下的平衡,由挠曲线近似微分方程

$$\frac{\mathrm{d}^2 v}{\mathrm{d}x^2} = \frac{M(x)}{EI} = \frac{F}{EI}(e + \delta - v)$$

令 $k^2 = \dfrac{F}{EI}$,得

$$\frac{\mathrm{d}^2 v}{\mathrm{d}x^2} + k^2 v = k^2(e + \delta)$$

微分方程的通解为

$$v = A\sin kx + B\cos kx + (e + \delta)$$

由边界条件

$$x = 0, v = 0: \qquad B = -(e + \delta)$$
$$\theta = 0: \qquad A = 0$$

得挠曲线方程

$$v = (e + \delta)(1 - \cos kx)$$

(2) 临界压力

由 $x = l, v = \delta$, 得

$$\delta = (e + \delta)(1 - \cos kl)$$

$$\delta = e \cdot \frac{1 - \cos kl}{\cos kl}$$

当偏心压力 F 达到临界值时, 挠度 δ 趋于无限, 得

$$\cos kl = 0$$

$$kl = n\frac{\pi}{2} \quad (n = 1, 2, 3, \cdots)$$

取最小非零解 $n = 1$, 得杆的临界压力为

$$kl = \sqrt{\frac{F}{EI}} \cdot l = \frac{\pi}{2}$$

$$F_{\text{cr}} = \frac{\pi^2 EI}{(2l)^2}$$

讨论：

(1) 本题为弯曲刚度 EI 较小时的偏心压缩, 考虑了轴向力对弯曲的影响, 称为纵横弯曲(参见第 13.4 节)。这时, 不能应用力作用的叠加原理, 不同于第 10 章组合变形的计算。

(2) 在偏心压力作用下, 杆的最大挠度为

$$\delta = e \cdot \frac{1 - \cos kl}{\cos kl}$$

若给定偏心距 $e_1 < e_2 < e_3$, 则可得偏心压力 F 与最大挠度 δ 间的关系曲线如图(c)所示。当 $e \to 0$ 时, F-δ 曲线无限逼近由纵坐标和 F_{cr} 水平线所构成的折线。已知一端固定、一端自由的压杆在轴向压力作用下的临界压力为

$$F_{\text{cr}} = \frac{\pi^2 EI}{(2l)^2}$$

而偏心距 e 可视为实际压杆可能存在初曲率、偏心率及材料不均匀等缺陷的模型, 因而, 理想的轴向受压细长杆的临界压力为实际压杆临界压力的上限值。

*13.2-11   弯曲刚度为 EI 的刚架 $ABCD$, 在刚结点 B、C 分别承受铅垂载荷 F, 如图(a)所示。设刚架直至失稳前始终处于线弹性范围, 试求刚架的临界载荷。

解   (1) 刚架立柱的挠曲线方程

刚架载荷 F 到达临界值时, 刚架在微弯形态下保持平衡, 如图(a)中虚线所示。假想地将刚架在结点 B、C 处截开, 则立柱 AB 和水平杆 BC 的受力图如图(b)所示。设截面 B、C 上的弯矩为 M_0。

由立柱的挠曲线近似微分方程

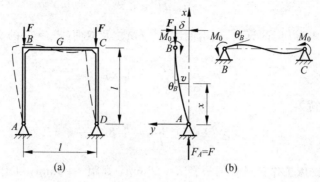

习题 13.2-11 图

$$\frac{\mathrm{d}^2 v}{\mathrm{d}x^2} = \frac{M(x)}{EI} = -\frac{Fv}{EI}$$

令 $k^2 = \dfrac{F}{EI}$，得

$$\frac{\mathrm{d}^2 v}{\mathrm{d}x^2} + k^2 v = 0$$

微分方程通解为

$$v = A\sin kx + B\cos kx$$

由边界条件

$$x = 0, v = 0: \qquad B = 0$$

$$x = l, v = \delta: \qquad A = \frac{\delta}{\sin kl}$$

得挠曲线方程为

$$v = \frac{\delta}{\sin kl} \cdot \sin kx$$

（2）刚架的临界载荷

由结点 B 的变形几何相容条件，得

$$\theta_B = \theta'_B$$

力-位移间物理关系

$$\theta_B = \left(\frac{\mathrm{d}v}{\mathrm{d}x}\right)_{x=l} = k\delta\cot kl$$

$$\theta'_B = \frac{M_0 l}{3EI} - \frac{M_0 l}{6EI} = \frac{M_0 l}{6EI}$$

代入变形相容方程，得

$$k\delta\cot kl = \frac{M_0 l}{6EI}$$

由立柱 AB 的静力平衡条件，得

$$\sum M_A = 0, \qquad\qquad M_0 = F\delta$$

代入上式，得

$$k\delta\cot kl = \frac{F\delta \cdot l}{6EI} = \frac{k^2 \delta l}{6}$$

$$kl\tan kl = 6$$

上列方程的最小非零解$\left(\text{用试算法,或由曲线 }v = \tan kl\text{ 及双曲线 }v = \dfrac{6}{kl}\text{的交点}\right)$为

$$kl = l\sqrt{\frac{F}{EI}} = 1.35$$

即得刚架的临界载荷为

$$F_{cr} = (1.35)^2\frac{EI}{l^2} = 1.823\frac{EI}{l^2}$$

13.3-1 万能铣床工作台丝杠的根径 $d=22\text{mm}$，螺距 $s=6\text{mm}$，工作台升至最高位置时,丝杠的长度 $l=50\text{cm}$,如图(a)所示。丝杠钢材的 $E=210\text{GPa}$，$\sigma_p=260\text{MPa}$，$\sigma_s=300\text{MPa}$。若伞齿轮的传动比为 1/2(即手轮旋转一周,丝杠旋转半周),手轮的半径 $R=10\text{cm}$,手轮上作用的最大切向力 $F_t=200\text{N}$。丝杠的稳定安全因数 $n_{st}=2.5$,试校核丝杠的稳定性。

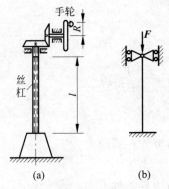

习题 13.3-1 图

解 (1)受力分析

手轮旋轮一周,工作台上升的距离为

$$\delta = \frac{s}{2} = 3\text{mm}$$

丝杠上升 δ 时,压力 F 所做的功应等于手轮旋转一周切向力所做的功。由此得丝杠的轴向压力为

$$F\delta = F_t(2\pi R)$$

$$F = \frac{F_t(2\pi R)}{\delta} = \frac{(200\text{N})\times 2\pi(10\times 10^{-2}\text{m})}{3\times 10^{-3}\text{m}}$$

$$= 41.9\text{kN}$$

(2)丝杠的临界压力

由丝杠材料的机械性能,得

$$\lambda_p = \sqrt{\frac{\pi^2 E}{\sigma_p}} = \sqrt{\frac{\pi^2(210\times 10^9\text{Pa})}{260\times 10^6\text{Pa}}} = 89.3$$

$$\lambda_s = \frac{a-\sigma_s}{b} = \frac{461\times 10^6\text{MPa} - 300\times 10^6\text{Pa}}{2.568\times 10^6\text{Pa}} = 62.7$$

丝杠简化为一端固定、一端铰支的压杆(图(b)),其柔度为

$$\lambda = \frac{\mu l}{i} = \frac{4\mu l}{d} = \frac{4\times 0.7\times 0.5\text{m}}{22\times 10^{-3}\text{m}} = 63.6$$

$\lambda_p > \lambda > \lambda_s$,故丝杆的临界压力为

$$F_{cr} = (a-b\lambda)A = (a-b\lambda)\frac{\pi d^2}{4} = 113.2\text{kN}$$

(3)稳定校核

由稳定性条件

$$n = \frac{F_{cr}}{F} = \frac{113.2\times 10^3\text{N}}{41.9\times 10^3\text{N}} = 2.7 > n_{st} = 2.5$$

所以,丝杠满足稳定性要求。

13.3-2 材料试验机的示意图如图(a)所示。四根立柱的长度均为 $l=3\text{m}$,设每根立柱均衡受力。材料为 Q235 钢,$E=210\text{GPa}$,$\sigma_p=200\text{MPa}$。若试验机的最大载荷 $F=1000\text{kN}$,立柱失稳时的变形曲线如图(b)所示。规定的稳定安全因数 $n_{\text{st}}=4$,试按稳定性要求设计立柱的直径。

解 (1) 按欧拉公式设计直径

由立柱的变形曲线可见,对于 $l/2$ 长度可视为一端固定,一端自由的压杆。其相当长度为

$$\mu \cdot \frac{l}{2} = 2 \cdot \frac{l}{2} = 1 \times l$$

故对于全长,立柱的长度因数 $\mu=1$。由稳定性条件

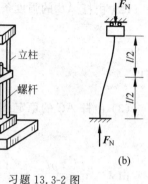

习题 13.3-2 图

$$\frac{F_{\text{cr}}}{F_{\text{N}}} \geqslant n_{\text{st}}$$

$$F_{\text{cr}} \geqslant F_{\text{N}} \cdot n_{\text{st}} = \frac{F_{\max}}{4} n_{\text{st}}$$

由欧拉公式

$$\frac{\pi^2 EI}{(\mu l)^2} = \frac{\pi^2 E \cdot \pi d^4}{(\mu l)^2 \cdot 64} \geqslant \frac{F_{\max} \cdot n_{\text{st}}}{4}$$

$$d \geqslant \sqrt[4]{\frac{16(\mu l)^2 \cdot F_{\max} \cdot n_{\text{st}}}{\pi^3 E}} = 0.097\text{m} = 97\text{mm}$$

(2) 校核压杆的柔度

$$\lambda = \frac{\mu l}{i} = \frac{1 \times 3\text{m}}{\dfrac{1}{4} \times (97 \times 10^{-3}\text{m})} = 123.7$$

$$> \lambda_p = \sqrt{\frac{\pi^2 E}{\sigma_p}} = 102$$

所以欧拉公式适用,原计算成立,取立柱直径 $d=97\text{mm}$。

讨论:

在稳定计算中,已知压杆的载荷、材料、杆长和杆端约束,而需计算截面尺寸时,由于截面尚未确定,无法计算压杆的柔度。通常先假设用欧拉公式进行计算,待确定截面尺寸后,再校核压杆的柔度。若柔度 $\lambda < \lambda_p$,则适当减小截面尺寸,再校核压杆的稳定性,直至合适为止。

13.3-3 简易起重架由两根圆钢杆组成,杆 AB 的直径 $d_1=20\text{mm}$,杆 AC 的直径 $d_2=30\text{mm}$,在结点 A 承受重量 G,如图(a)所示。两杆材料均为 Q235 钢,$E=200\text{GPa}$,$\sigma_s=240\text{MPa}$,$\lambda_p=100$,$\lambda_s=60$,规定的强度安全因数 $n_s=2$,稳定安全因数 $n_{\text{st}}=3$,试求起重架的最大起重量 $G_{\max}$。

解 (1) 受力分析

由结点 A 的静力平衡条件(图(b)),

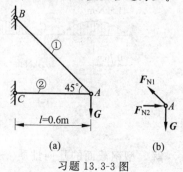

习题 13.3-3 图

$$\sum F_y = 0, \qquad\qquad F_{N1} = \frac{G}{\cos45°} = \sqrt{2}\,G \quad (拉力)$$

$$\sum F_x = 0, \qquad\qquad F_{N2} = F_{N1}\cos45° = G \quad (压力)$$

（2）由杆 AB 的强度条件，得

$$\sigma_1 = \frac{F_{N1}}{A_1} \leqslant \frac{\sigma_s}{n_s}$$

所以

$$G \leqslant \frac{\sigma_s A_1}{\sqrt{2}\,n_s} = 26.7\text{kN}$$

（3）由杆 AC 的稳定条件，得

$$\frac{F_{cr}}{F_{N2}} \geqslant n_{st}$$

由 $\lambda = \dfrac{\mu l}{i} = \dfrac{4\mu l}{d_2} = \dfrac{4\times1\times0.6\text{m}}{0.03\text{m}} = 80$，应用直线公式

$$G \leqslant \frac{(a-b\lambda)A_2}{n_{st}}$$

$$= \frac{(304\times10^6\text{Pa} - 1.12\times10^6\text{Pa}\times80)}{3} \times \frac{\pi(0.03\text{m})^2}{4}$$

$$= 50.5\text{kN}$$

可见，最大起重量取决于杆 AB 的强度，其值为

$$G_{max} = 26.7\text{kN}$$

13.3-4 由 16 号工字钢制成的简支梁 AB，在跨中 C 处与由两根 63mm×63mm×5mm 角钢制成的立柱 CD 相铰接，承受均布载荷 $q = 40$kN/m，如图（a）所示。梁和柱的材料均为 Q235 钢，$E = 210$GPa，$[\sigma] = 170$MPa，立柱 CD 符合钢结构设计规范中实腹式 b 类截面的要求，试验算梁和立柱是否安全。

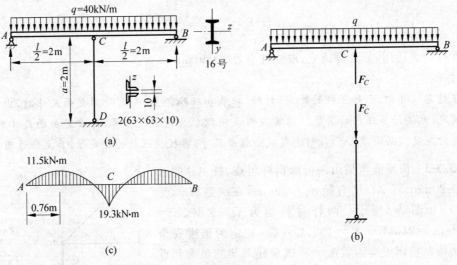

习题 13.3-4 图

解 型钢截面的几何性质

16 号工字钢：$\qquad I_z = 1130\text{cm}^4, \quad W_z = 141\text{cm}^3$

$63 \times 63 \times 10$ 角钢：$\qquad A = 11.66\text{cm}^2, \quad I_z = 41.1\text{cm}^4, \quad i_z = 1.88\text{cm}$

（1）受力分析

结构为一次静不定，取立柱对梁的约束为多余约束，相应的基本静定系如图(b)所示。由变形几何相容条件，得

$$v_C = v_{C,q} + v_{C,F} = \Delta l$$

代入力-位移间物理关系，得补充方程

$$\frac{5ql^4}{384EI_z} - \frac{F_C l^3}{48EI_z} = \frac{F_C a}{EA}$$

代入已知数据，解得

$$F_C = 99.3\text{kN}$$

（2）梁的强度校核

作梁的弯矩图如图(c)所示。得最大弯矩

$$|M|_{max} = M_C = 19.3\text{kN} \cdot \text{m}$$

由强度条件，得

$$\sigma_{max} = \frac{|M|_{max}}{W_z} = 137\text{MPa} < [\sigma] \qquad\qquad\text{所以安全}$$

（3）立柱的稳定性校核

由柔度，得

$$\lambda = \frac{\mu a}{i_z} = 106$$

由表 13-2，查得稳定因数

$$\varphi = 0.555 - \frac{0.555 - 0.493}{10} \times 6 = 0.518$$

由稳定条件，得

$$\sigma = \frac{F_C}{A} = \frac{99.3 \times 10^3 \text{N}}{2 \times (11.66 \times 10^{-4}\text{m}^2)} = 42.6\text{MPa}$$

$$< \varphi[\sigma] = 0.518 \times 170 \times 10^6\text{Pa} = 88\text{MPa} \qquad\qquad\text{所以安全}$$

讨论：

若考虑梁截面 C 腹板与翼缘交界处的主应力强度，则可求得

$$\sigma = 120\text{MPa}, \quad \tau = 47.9\text{MPa}$$

由第三强度理论

$$\sigma_{r3} = \sqrt{\sigma^2 + 4\tau^2} = 153.6\text{MPa} < [\sigma]$$

一般来说，对于轧制型钢，由于翼缘的坡度和翼缘与腹板处过渡圆角的加强，可无需考虑其主应力强度。

13.3-5 给料器支承在四根立柱上，每根立柱由两根 16b 号槽钢用缀板连接而成，且每根立柱受力相等。缀板的间距为 h，缀板与槽钢连接用的铆钉直径 $d = 12\text{mm}$，如图所示。立柱长 $l = 2.13\text{m}$，上端与给料器的底板焊接，下端用螺栓与基础固接。若两端均简化为固定约束，但上端可有微小侧移（参见习题 13.3-2）。材料均为 Q235 钢，许用应力 $[\sigma] = $

160MPa,立柱属 b 类截面。试求：

(1) 两槽钢的间距 B。

(2) 缀板的间距 h。

(3) 给料器的许可载荷 $[F]$。

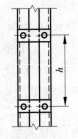

解 16b 号槽钢的截面几何性质：

$A_1 = 25.15\text{cm}^2, b = 6.5\text{cm}, z_0 = 1.75\text{cm}, t = 10\text{mm}$

$I_{y1} = 83.4\text{cm}^4, I_{z1} = 935\text{cm}^4, i_{y1} = 1.82\text{cm}, i_{z1} = 6.1\text{cm}$

(1) 两槽钢的间距

由两槽钢整体截面的 $I_y = I_z$,得

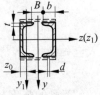

$$2\left[I_{y1} + \left(b - z_0 + \frac{B}{2}\right)^2 A_1\right] = 2I_{z1}$$

$$B = 2\left[\sqrt{\frac{I_{z1} - I_{y1}}{A_1}} - b + z_0\right] = 2\left(\sqrt{i_{z1} - i_{y1}} - b + z_0\right)$$

习题 13.3-5 图

$$= 2.1\text{cm}$$

(2) 缀板间距

由单肢的最大柔度 λ_{y1} 与立柱柔度 λ 相等,得

$$\frac{\mu_1 h}{i_{y1}} = \frac{\mu l}{i_z}$$

单肢视作两端铰支 $\mu_1 = 1$;立柱两端固定,但上端有侧移时 $\mu = 1$(参见习题 13.3-2)。于是,可得

$$\frac{1 \times h}{1.82 \times 10^{-2}\text{m}} = \frac{1 \times 2.13\text{m}}{6.1 \times 10^{-2}\text{m}}$$

$$h = 0.64\text{m}$$

(3) 许可载荷

由立柱柔度,得

$$\lambda = \frac{\mu l}{i} = \frac{1 \times 2.13\text{m}}{6.1 \times 10^{-2}\text{m}} = 0.35$$

查得稳定因素 $\varphi = 0.918$。由稳定性条件,每根立柱的许可载荷为

$$F_1 \leqslant \varphi[\sigma]A = 0.918 \times (160 \times 10^6\text{Pa}) \times (2 \times 25.15 \times 10^{-4}\text{m}^2) = 739\text{kN}$$

所以,给料器的许可载荷为

$$[F] = 4F_1 = 2956\text{kN}$$

(4) 校核立柱的强度

槽钢截面由于铆钉孔的削弱,应校核其强度。由

$$\sigma = \frac{F_1}{2A_1 - 4(dt)} = \frac{739 \times 10^3\text{N}}{2 \times (25.15 \times 10^{-4}\text{m}^2) - 4 \times (12 \times 10^{-3}\text{m}) \times (10 \times 10^{-3}\text{m})}$$

$$= 162.4\text{MPa} > [\sigma]$$

可知,当工作应力超过许用应力为 $\dfrac{\sigma - [\sigma]}{[\sigma]} = 1.5\% < 5\%$ 时,工程中允许采用。

*13.3-6 千斤顶丝杠的根径 $d_1 = 52\text{mm}$,最大升高长度 $l = 70\text{cm}$,如图(a)所示。材料

为 Q235 钢，$E=200\mathrm{GPa}$，$\lambda_\mathrm{p}=100$，$\lambda_\mathrm{s}=60$。规定稳定安全因数 $n_\mathrm{st}=3$，试求：

（1）若丝杠下端可简化为固定端时，丝杠的许可载荷。

（2）若丝杠下端视为弹性约束，且其转动刚度 $C=\dfrac{M}{\varphi}=20\dfrac{EI}{l}$ 时，丝杠的许可载荷。

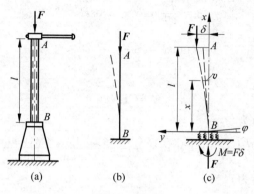

习题 13.3-6 图

解　（1）下端为固定约束时的许可载荷

丝杠简化为一端固定、一端自由的压杆（图(b)）。其柔度为

$$\lambda=\frac{\mu l}{i}=\frac{2\times0.7\mathrm{m}}{\frac{1}{4}\times(52\times10^{-3}\mathrm{m})}=107.7>\lambda_\mathrm{p}$$

由欧拉公式，得压杆的临界压力

$$F_\mathrm{cr}=\frac{\pi^2 EI}{(\mu l)^2}=\frac{\pi^2(200\times10^9\mathrm{Pa})\times\frac{\pi}{64}(0.052\mathrm{m})^4}{(2\times0.7\mathrm{m})^2}=361.5\mathrm{kN}$$

所以，千斤顶的许可载荷为

$$[F]=\frac{F_\mathrm{cr}}{n_\mathrm{st}}=120.5\mathrm{kN}$$

（2）下端为弹性约束时的许可载荷

为求一端弹性约束、一端自由的压杆（图(c)）的临界压力，由杆的挠曲线近似微分方程

$$\frac{\mathrm{d}^2 v}{\mathrm{d}x^2}=\frac{M(x)}{EI}=\frac{F}{EI}(\delta-v)$$

令 $k^2=\dfrac{F}{EI}$，得

$$\frac{\mathrm{d}^2 v}{\mathrm{d}x^2}+k^2 v=k^2\delta$$

微分方程通解

$$v=A\sin kx+B\cos kx+\delta$$

由边界条件，得

$$x=0,v=0:\qquad B=-\delta$$

$$\theta=\varphi:\qquad A=\frac{\varphi}{k}$$

$$v = \frac{\varphi}{k}\sin kx - \delta\cos kx + \delta$$

由 $x = l, v = \delta$ 及 $F\delta = M = C\varphi, k^2 = \frac{F}{EI}$,得

$$\delta = \frac{F\delta}{Ck}\sin kl - \delta\cos kl + \delta$$

$$kl\tan kl = \frac{C}{EI/l} = 20$$

用试算法,解得

$$kl = 1.496$$

于是,得压杆的临界压力为

$$F_{cr} = (1.496)^2\frac{EI}{l^2} = (1.496)^2 \times \frac{(200 \times 10^9\,\text{Pa}) \times \pi(0.052\text{m})^4}{(0.7\text{m})^2 \times 64} = 328\text{kN}$$

所以,千斤顶的许可载荷为

$$[F] = \frac{F_{cr}}{n_{st}} = 109.3\text{kN}$$

讨论:

(1) 下端为弹性约束时,截面 B 有转角 φ,则转角为零($\theta = 0$)的截面可设想位于截面 B 以下的某处,即增大了压杆的长度(或增大了长度因数),从而降低压杆的临界压力。

(2) 临界压力 F_{cr} 与弹性约束的转动刚度 C 有关。若转动刚度 $C \to \infty$,则要求 $\tan kl \to \infty$,即有

$$kl = n\pi + \frac{\pi}{2} \quad (n = 0, 1, 2, \cdots)$$

取最小非零解($n=0$),得临界压力

$$F_{cr} = \frac{\pi^2 EI}{(2l)^2}$$

即为下端固定时的临界压力。

*13.3-7   矩形截面 $b \times h$ 的简支梁 AB,在跨中 C 处与直径为 d 的细长圆杆 CD 铰接,如图(a)所示。梁和杆材料的弹性模量为 E,线膨胀系数为 α_l。梁上表面的温度降低 Δt℃,设温度沿梁高度呈线性变化,规定的稳定安全因数为 n_{st},试求温度下降 Δt 的许可值。

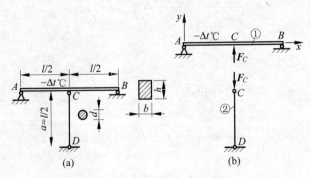

习题 13.3-7 图

解 （1）受力分析

结构为一次静不定，以铰链 C 为多余约束，其基本静定系如图(b)所示。由变形几何相容条件，得

$$v_{C,t} + v_{C,F} = \Delta l$$

力-位移间物理关系为

$$v_{C,F} = \frac{F_C l^3}{48EI_1}, \quad \Delta l = -\frac{F_C a}{EA_2} = -\frac{F_C l}{2EA_2}$$

由温度变化引起的挠曲线近似微分方程为(参见习题 6.1-13)

$$\frac{\mathrm{d}^2 v}{\mathrm{d}x^2} = \frac{1}{\rho} = \frac{\alpha_l \cdot \Delta t}{h}$$

$$v = \frac{\alpha_l \cdot \Delta t}{2h} x^2 + Cx + D$$

由边界条件

$$x = 0, \quad v = 0: \qquad D = 0$$

$$x = l, \quad v = 0: \qquad C = -\frac{\alpha_l \Delta t \cdot l}{2h}$$

以 $x = \dfrac{l}{2}$ 及积分常数 C、D 代入挠曲线方程，得

$$v_{C,t} = v \mid_{x=l/2} = -\frac{\alpha_l \Delta t l^2}{8h}$$

代入变形相容方程，得补充方程

$$-\frac{\alpha_l \Delta t \cdot l^2}{8h} + \frac{F_C l^3}{48EI_1} = -\frac{F_C l}{2EA_2}$$

解得

$$F_C = \frac{6EI_1 \cdot \alpha_l \Delta t A_2 l}{h(A_2 l^2 + 24I_1)}$$

（2）许可温差

两端铰支细长压杆的临界压力为

$$F_{\mathrm{cr}} = \frac{\pi^2 EI_2}{(\mu a)^2} = \frac{4\pi^2 EI_2}{l^2}$$

由稳定性条件

$$F_C = \frac{6EI_1 \cdot \alpha_l \Delta t A_2 l}{h(A_2 l^2 + 24I_1)} \leqslant \frac{F_{\mathrm{cr}}}{n_{\mathrm{st}}} = \frac{4\pi^2 EI_2}{n_{\mathrm{st}} l^2}$$

即得温度下降的许可值为

$$[\Delta t] = \frac{4\pi^2 h I_2(A_2 l^2 + 24I_1)}{6\alpha_l l^3 A_2 I_1 n_{\mathrm{st}}} = \frac{\pi^2 d^2(\pi d^2 + 8bh^3)}{8\alpha_l l^3 bh^2 n_{\mathrm{st}}} {}^{\circ}\mathrm{C}$$

13.4-1 弯曲刚度为 EI 的简支梁 AB，存在初曲率的轴线方程为 $v_0 = a\sin\dfrac{\pi x}{l}$。试推导在轴向载荷 F 作用下的挠曲线方程。

解 梁存在初曲率，其初始挠度为 v_0。在轴向压力作用下产生的附加挠度为 v_1。于是，由挠曲线近似微分方程（如图）

$$\frac{\mathrm{d}^2 v_1}{\mathrm{d}x^2} = \frac{M(x)}{EI} = -\frac{F}{EI}(v_0 + v_1)$$

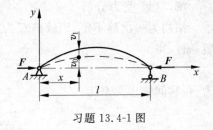

习题 13.4-1 图

令 $k^2 = \dfrac{F}{EI}$，得

$$\frac{\mathrm{d}^2 v_1}{\mathrm{d}x^2} + k^2 v_1 = -k^2 a \sin \frac{\pi x}{l}$$

微分方程的通解为

$$v_1 = A\sin kx + B\cos kx + \frac{1}{\dfrac{\pi^2}{k^2 l^2} - 1} \cdot a \sin \frac{\pi x}{l}$$

由边界条件

$$x = 0, v_1 = 0: \qquad B = 0$$
$$x = l, v_1 = 0: \qquad A = 0$$

若令 α 表示轴向压力与两端铰支细长压杆临界压力之比，即

$$\alpha = \frac{F}{F_{\mathrm{cr}}} = \frac{F}{\dfrac{\pi^2 EI}{l^2}} = \frac{k^2 l^2}{\pi^2}$$

则得挠曲线方程为

$$v_1 = \frac{\alpha}{1 - \alpha} a \sin \frac{\pi x}{l}$$

梁挠曲线总的纵坐标为

$$v = v_0 + v_1 = a \sin \frac{\pi x}{l} + \frac{\alpha}{1 - \alpha} a \sin \frac{\pi x}{l}$$
$$= \frac{a}{1 - \alpha} \sin \frac{\pi x}{l}$$

梁的最大挠度发生在跨中截面 $\left(x = \dfrac{l}{2} \right)$ 处，其值为

$$v_{\max} = \frac{a}{1 - \alpha}$$

讨论：

当轴向压力趋近于临界压力 F_{cr} 时，比值 $\alpha \to 1$，挠度将趋于无限。表明具有初曲率的细长压杆，其临界压力与等直杆的临界压力相同。

13.4-2　长度为 l，弯曲刚度为 EI 的简支梁 AB，承受轴向压力 F 及均布载荷 q，如图所示。试求梁的挠曲线方程及最大正应力。

解　（1）挠曲线方程

由挠曲线近似微分方程

$$\frac{\mathrm{d}^2 v}{\mathrm{d}x^2} = \frac{M(x)}{EI} = \frac{1}{EI} \left(\frac{ql}{2} x - \frac{qx^2}{2} - Fv \right)$$

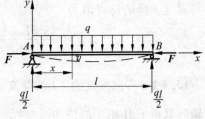

习题 13.4-2 图

令 $k^2 = \dfrac{F}{EI}$，得

$$\frac{\mathrm{d}^2 v}{\mathrm{d}x^2} + k^2 v = k^2 \frac{q}{2F}(lx - x^2)$$

微分方程通解为

$$v = A\sin kx + B\cos kx + \frac{q}{2F}\left(lx - x^2 + \frac{2}{k^2}\right)$$

由边界条件

$$x = 0, v = 0: \qquad B = -\frac{q}{Fk^2}$$

$$x = l, v = 0: \qquad A = \frac{q}{Fk^2}\left(\frac{\cos kl - 1}{\sin kl}\right) = -\frac{q}{Fk^2}\cdot\tan\frac{kl}{2}$$

得挠曲线方程为

$$v = \frac{q}{Fk^2}\left(1 - \tan\frac{kl}{2}\sin kx - \cos kx\right) + \frac{q}{2F}(lx - x^2)$$

最大挠度发生在跨中截面 $\left(x = \frac{l}{2}\right)$ 处，其值为

$$v_{max} = \frac{q}{Fk^2}\left(1 - \sec\frac{kl}{2}\right) + \frac{ql^2}{8F}$$

（2）最大正应力

最大弯矩发生在跨中截面 $\left(x = \frac{l}{2}\right)$ 上，其值为

$$M_{max} = \frac{ql^2}{8} - Fv_{max} = \frac{ql^2}{8}\cdot\frac{2\left(\sec\dfrac{kl}{2} - 1\right)}{\left(\dfrac{kl}{2}\right)^2}$$

最大正应力将发生在跨中截面的上边缘处，其值为

$$\sigma_{max} = \frac{F}{A} + \frac{M_{max}}{W} = \frac{F}{A} + \frac{ql^2}{8W}\cdot\frac{2\left(\sec\dfrac{kl}{2} - 1\right)}{\left(\dfrac{kl}{2}\right)^2}$$

讨论：

最大正应力等于由轴向压力产生的压应力加上由最大弯矩产生的压应力。但在最大弯矩中，反映了轴向压力对弯矩的影响，并不是轴向力和横向力分别作用所引起的压应力的叠加。

***13.4-3** 长度为 l，弯曲刚度为 EI 的梁 AB，A 端铰支，B 端固定，承受轴向压力 F 和均布载荷 q，如图（a）所示。试求梁的挠曲线方程。

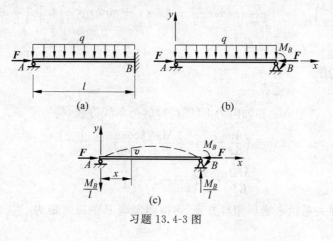

习题 13.4-3 图

解　(1) 简支梁在力偶矩 M_B 作用下的挠曲线方程

本题为一次静不定。若取固定端 B 阻止转动的约束为多余约束,则基本静定系如图(b)所示。

在纵横弯曲中,由于轴向压力对弯曲变形的影响,不能应用力作用的叠加原理。由于不计轴向压力引起的轴向位移,因此,弯曲变形(或弯曲应力)与横向力依然呈线性关系。因而,横向载荷间仍可应用叠加原理。均布载荷 q 与轴向压力 F 作用下的挠曲线方程,已由习题 13.4-2 求得。现推导力偶矩 M_B 与轴向压力 F 作用下(图(c))的挠曲线方程。

由挠曲线近似微分方程

$$\frac{\mathrm{d}^2 v}{\mathrm{d}x^2} = \frac{M(x)}{EI} = -\frac{1}{EI}\left(\frac{M_B}{l}x + Fv\right)$$

令 $k^2 = \dfrac{F}{EI}$,得

$$\frac{\mathrm{d}^2 v}{\mathrm{d}x^2} + k^2 v = -k^2 \frac{M_B}{Fl}x$$

微分方程通解

$$v = A\sin kx + B\cos kx - \frac{M_B}{Fl}x$$

由边界条件

$$x = 0, v = 0: \qquad B = 0$$

$$x = l, v = 0: \qquad A = \frac{M_B}{F\sin kl}$$

得挠曲线方程为

$$v = \frac{M_B}{F}\left(\frac{\sin kx}{\sin kl} - \frac{x}{l}\right)$$

(2) 静不定梁的挠曲线方程

由变形几何相容条件

$$\theta_B = \theta_{Bq} + \theta_{BM} = 0$$

力-位移间物理关系,由习题 13.4-2 的挠曲线方程,得

$$\theta_{Bq} = \left(\frac{\mathrm{d}v}{\mathrm{d}x}\right)_{x=l} = \left[\frac{q}{Fk^2}\left(-\tan\frac{kl}{2}\cos kx \cdot k + \sin kx \cdot k\right) + \frac{q}{F}\left(\frac{l}{2} - x\right)\right]_{x=l}$$

$$= \frac{ql^3}{8EI} \cdot \frac{\tan\dfrac{kl}{2} - \dfrac{kl}{2}}{\left(\dfrac{kl}{2}\right)^3}$$

而由简支梁承受力偶矩 M_B 和轴向力 F(图(c))的挠曲线方程,得

$$\theta_{BM} = \left(\frac{\mathrm{d}v}{\mathrm{d}x}\right)_{x=l} = \left[\frac{M_B}{F}\left(\frac{k\cos kx}{\sin kl} - \frac{1}{l}\right)\right]_{x=l}$$

$$= \frac{M_B l}{EI} \cdot \frac{1}{kl}\left(\frac{1}{\tan kl} - \frac{1}{kl}\right)$$

将力-位移间物理关系代入变形相容方程,解得固定端 B 的反力矩为

$$M_B = \frac{ql^2}{2} \cdot \frac{\left(\tan\dfrac{kl}{2} - \dfrac{kl}{2}\right)\tan kl}{(\tan kl - kl) \cdot \dfrac{kl}{2}}$$

于是，得静不定梁的挠曲线方程为

$$v = v_q + v_M$$

$$= \left[\frac{q}{EI} \cdot \frac{1 - \tan\dfrac{kl}{2}\sin kx - \cos kx}{k^4} + \frac{q}{2EI} \cdot \frac{x(l-x)}{k^2}\right] +$$

$$\left[\frac{ql}{EI} \cdot \frac{\tan kl\left(\tan\dfrac{kl}{2} - \dfrac{kl}{2}\right)}{k^3(\tan kl - kl)} \cdot \left(\frac{\sin kx}{\sin kl} - \frac{x}{l}\right)\right]$$

第 14 章
动载荷与交变应力

【内容提要】

14.1 动载荷与交变应力

1. 静载荷与动载荷

静载荷 构件(或结构)的载荷由零缓慢地增至最终值,且保持不变。加载过程中构件质点不产生加速度,或加速度很小而可略去不计。

动载荷 构件(或结构)的载荷随时间作急剧变化,或构件质点作加速运动而引起惯性力的。

动荷因数 动载荷的效应(应力、应变或位移)与不计动荷影响时相应的静载荷的效应的比值,称为动荷因数,记为 K_d。即

$$K_d = \frac{F_d}{F_{st}} = \frac{\sigma_d}{\sigma_{st}} = \frac{\varepsilon_d}{\varepsilon_{st}} = \frac{\delta_d}{\delta_{st}} \tag{14-1}$$

2. 交变应力及其基本参数

交变应力 构件内一点处的应力随时间作交替变化。如受迫振动梁某一截面某一点处的正应力随时间作周期性变化(图 14-1)。

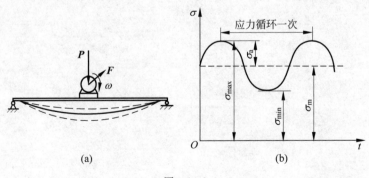

图 14-1

交变应力的基本参量(图 14-1)

应力极值 $\qquad\qquad\qquad\qquad\qquad \sigma_{\max},\quad \sigma_{\min}$

平均应力 $\qquad\qquad\qquad\qquad\qquad \sigma_{m}=\dfrac{\sigma_{\max}+\sigma_{\min}}{2}$

应力幅 $\qquad\qquad\qquad\qquad\qquad \sigma_{a}=\dfrac{\sigma_{\max}-\sigma_{\min}}{2}$

应力比(循环特征) $\qquad\qquad\qquad r=\dfrac{\sigma_{\min}}{\sigma_{\max}}$ $\qquad\qquad\qquad\qquad$ (14-2)

交变应力的分类

对称循环 $\qquad\qquad r=-1 \qquad (\sigma_{\max}=-\sigma_{\min})$

非对称循环 $\qquad\quad r\neq-1 \qquad (\sigma_{\max}\neq\sigma_{\min})$

脉动循环 $\qquad\qquad r=0 \qquad\ (\sigma_{\min}=0,属非对称循环范畴)$

交变应力的特征

(1) 当构件承受交变切应力时,上述概念仍然适用,仅需将正应力 σ 改写为切应力 τ。

(2) 交变应力是指应力随时间作交替变化,其应力本身并不一定是由动载荷引起的动应力。

(3) 应力比规定在 -1 与 $+1$ 之间 $(-1\leqslant r\leqslant 1)$,以绝对值较大者为正号最大应力,与正号应力反向的应力为负号。

14.2　动应力的计算

1. 运动构件的应力

计算原理 在构件的各质点处施加与加速度(或角加速度)方向相反的惯性力(或惯性力矩),则构件在载荷和惯性力(或惯性力矩)的共同作用下,通过静力平衡条件,求解构件内的应力。

动荷因数

构件以匀加速度 a 作直线运动 $\qquad K_{d}=1+\dfrac{a}{g}$

构件作匀速转动 若不计由转动引起惯性力(或惯性力矩),则构件内无静应力,故无动荷因数。

2. 冲击应力

冲击作用 静止构件承受运动物体的碰撞,而使运动物体的速度骤降为零;或运动构件经碰撞后速度骤降为零。

计算原理 不计冲击物变形和回弹,以及冲击过程中的声、热、塑性变形等能量损耗,由机械能守恒原理,冲击物在冲击过程中动能和势能的减少等于受冲击作用构件应变能的增加。即

$$E_{k}+E_{p}=V_{\epsilon d} \qquad\qquad\qquad (14-3)$$

动荷因数

自由落体冲击 $\qquad K_{d}=1+\sqrt{1+\dfrac{2h}{\Delta_{st}}}=1+\sqrt{1+\dfrac{v^{2}}{g\Delta_{st}}} \qquad\qquad (14-4a)$

起吊重物突然停止 $\qquad K_d = 1 + \sqrt{\dfrac{v^2}{g\Delta_{st}}}$ (14-4b)

水平冲击 $\qquad K_d = \sqrt{\dfrac{v^2}{g\Delta_{st}}}$ (14-4c)

3. 振动应力

单自由度受迫振动　弹簧刚度为 k 的弹性系统承受重量为 P 的物体和幅值为 F、频率为 ω 的干扰力 $F\sin\omega t$ 以及与速度成正比的阻尼力 $F_R = r\dot{x}$ 共同作用下，构成单自由度弹性系统的受迫振动。如图 14-2 所示。

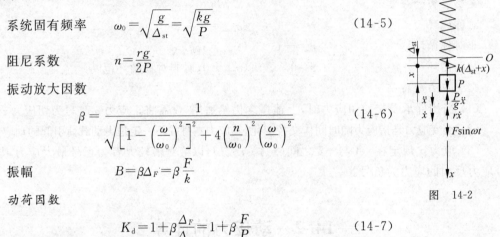

系统固有频率 $\qquad \omega_0 = \sqrt{\dfrac{g}{\Delta_{st}}} = \sqrt{\dfrac{kg}{P}}$ (14-5)

阻尼系数 $\qquad n = \dfrac{rg}{2P}$

振动放大因数

$$\beta = \dfrac{1}{\sqrt{\left[1 - \left(\dfrac{\omega}{\omega_0}\right)^2\right]^2 + 4\left(\dfrac{n}{\omega_0}\right)^2\left(\dfrac{\omega}{\omega_0}\right)^2}}$$ (14-6)

振幅 $\qquad B = \beta\Delta_F = \beta\dfrac{F}{k}$

动荷因数

图　14-2

$$K_d = 1 + \beta\dfrac{\Delta_F}{\Delta_{st}} = 1 + \beta\dfrac{F}{P}$$ (14-7)

单自由度受迫振动的特征

(1) 当干扰力频率趋近于系统的固有频率 $\left(\dfrac{\omega}{\omega_0}\to 1\right)$ 时，放大因数 β 急剧增大，将引起很大的振幅或动应力，即发生共振。工程中转子的转速趋近于系统固有频率（参见图 14-1）而发生共振，称为临界转速。

(2) 当干扰力频率远小于系统固有频率 $\left(\dfrac{\omega}{\omega_0}\ll 1\right)$ 时，放大因数 β 趋近于 $1(\beta\to 1)$，则干扰力可作为幅值 F 的静载荷处理。为此，可增大弹性系统的刚度，减小静位移 Δ_{st}。

(3) 当干扰力频率远大于系统固有频率 $\left(\dfrac{\omega}{\omega_0}\gg 1\right)$ 时，放大因数 β 趋近于零 $(\beta\to 0)$，则无需考虑干扰力影响。为此，应减小弹性系统的刚度，增大静位移 Δ_{st}。

14.3　疲劳破坏与疲劳强度校核

1. 疲劳破坏与疲劳极限

疲劳破坏　金属材料在交变应力作用下，工作应力远小于静应力下的强度极限，在无明显塑性变形情况下的骤然断裂。疲劳破坏的断口，明显地呈现光滑和晶粒状两个区域（图 14-3）。

疲劳寿命　构件疲劳破坏时所经历的应力循环次数，记作 N。

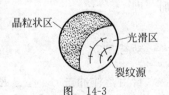

图　14-3

疲劳极限 材料(试样)经历无限次应力循环而不发生疲劳破坏,应力循环中的最大应力值,记作 σ_r(或 τ_r)。

条件疲劳极限 材料在规定的疲劳寿命 N_0 的条件下,不发生疲劳破坏时应力循环中的最大应力值,记作 $\sigma_r^{N_0}$(或 $\tau_r^{N_0}$)。

材料的疲劳极限与材料材质、变形形式和交变应力的应力比有关,由疲劳试验测定。

影响构件疲劳极限的因数

有效应力集中因数 无应力集中光滑试样的疲劳极限与有应力集中试样的疲劳极限之比,即

$$K_\sigma = \sigma_{-1}/(\sigma_{-1})_K \tag{14-8a}$$

或

$$K_\tau = \tau_{-1}/(\tau_{-1})_K \tag{14-8b}$$

对于 $D/d = 2$,且 $d = 30 \sim 50\text{mm}$ 条件下,阶梯形圆截面轴在对称循环弯曲、拉压和扭转时的有效应力集中因数分别如图 14-4~图 14-6 所示。

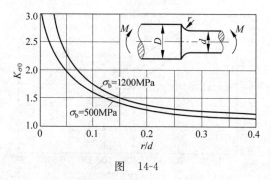

图 14-4

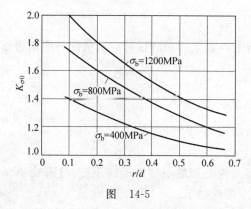

图 14-5

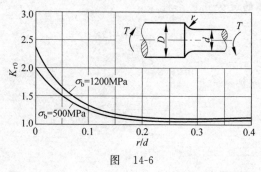

图 14-6

对于 $D/d < 2$ 的阶梯形圆轴，其有效应力集中因数为

$$K_\sigma = 1 + \xi(K_{\sigma 0} - 1) \qquad (14\text{-}9a)$$

$$K_\tau = 1 + \xi(K_{\tau 0} - 1) \qquad (14\text{-}9b)$$

式中：$K_{\sigma 0}(K_{\tau 0})$ 为 $D/d = 2$ 的有效应力集中因数值；ξ 为修正因数，其值与 D/d 的比值有关，如图 14-7 所示。

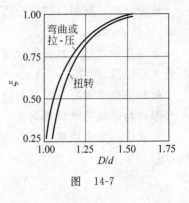

图 14-7

尺寸因数   尺寸为 d 的构件疲劳极限与几何相似的标准试样疲劳极限之比。即

$$\varepsilon_\sigma = (\sigma_{-1})_d / \sigma_{-1} \qquad (14\text{-}10a)$$

或

$$\varepsilon_\tau = (\tau_{-1})_d / \tau_{-1} \qquad (14\text{-}10b)$$

圆截面钢轴在对称循环的弯曲和扭转时，其尺寸因数如图 14-8 所示。轴向拉、压时，由于横截面上应力的均匀分布，截面尺寸的影响不大，可取尺寸因数 $\varepsilon \approx 1$。

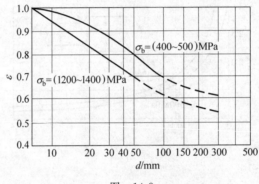

图 14-8

表面质量因数   具有某种加工表面的试样疲劳极限与磨削表面的标准试样疲劳极限之比。即

$$\beta = (\sigma_{-1})_\beta / \sigma_{-1} \qquad (14\text{-}11a)$$

或

$$\beta = (\tau_{-1})_\beta / \tau_{-1} \qquad (14\text{-}11b)$$

国产钢材的表面质量因数如图 14-9 所示。

2. 疲劳强度条件

对于应力循环中的最大应力和最小应力保持不变、且寿命 $N > 10^4$ 的高周稳定交变应力，各种情况下的疲劳强度条件如下。

弯曲、拉压对称循环的疲劳强度条件

$$n_\sigma = \frac{\sigma_{-1}}{\dfrac{K_\sigma}{\varepsilon_\sigma \beta} \sigma_{\max}} \geqslant n_f \qquad (14\text{-}12a)$$

扭转对称循环的疲劳强度条件

$$n_\tau = \frac{\tau_{-1}}{\dfrac{K_\tau}{\varepsilon_\tau \beta} \tau_{\max}} \geqslant n_f \qquad (14\text{-}12b)$$

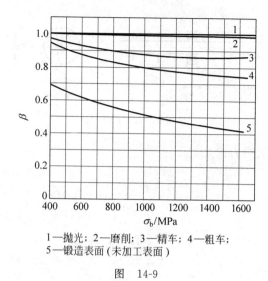

1—抛光；2—磨削；3—精车；4—粗车；
5—锻造表面（未加工表面）

图 14-9

弯曲、拉压非对称循环的疲劳强度条件

$$n_\sigma = \frac{\sigma_{-1}}{\dfrac{K_\sigma}{\varepsilon_\sigma \beta}\sigma_a + \psi_\sigma \sigma_m} \geqslant n_f \tag{14-13a}$$

扭转非对称循环的疲劳强度条件

$$n_\tau = \frac{\tau_{-1}}{\dfrac{K_\tau}{\varepsilon_\tau \beta}\tau_a + \psi_\tau \tau_m} \geqslant n_f \tag{14-13b}$$

扭、弯组合变形下的疲劳强度条件

$$n_{\sigma\tau} = \frac{n_\sigma n_\tau}{\sqrt{n_\sigma^2 + n_\tau^2}} \geqslant n_f \tag{14-14}$$

上列各式中：$n_\sigma(n_\tau)$ 为构件在弯曲、拉压（或扭转）变形下，实际具有的工作安全因数；$n_{\sigma\tau}$ 为构件在扭、弯组合变形下的工作安全因数；n_f 为构件规定的疲劳安全因数；ψ_σ（或 ψ_τ）为材料对于应力循环非对称性的敏感因数，其值可用下式计算：

$$\psi_\sigma = \frac{2\sigma_{-1} - \sigma_0}{\sigma_0} \tag{14-15a}$$

或

$$\psi_\tau = \frac{2\tau_{-1} - \tau_0}{\tau_0} \tag{14-15b}$$

【习题解析】

14.1-1 直径为 d 的圆钢轴，在跨中截面处通过轴承承受铅垂载荷 F，如图所示。圆轴可在 $\pm 30°$ 范围内往复摆动，试求圆轴跨中截面点 A 和 B 的应力比。

解 当圆轴在 $\pm 30°$ 范围内作往复摆动时，跨中截面上点 A 和 B 的最大工作应力均为

$$\sigma_{\max} = \frac{M_{\max}}{I} \cdot \frac{d}{2}$$

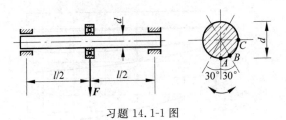

习题 14.1-1 图

为此,考察点 A 和点 B 的应力比

点 A：
$$r=\frac{\sigma_{\min}}{\sigma_{\max}}=\frac{\dfrac{M}{I}\left(\dfrac{d}{2}\cos30^\circ\right)}{\dfrac{M}{I}\cdot\dfrac{d}{2}}=0.866$$

点 B：
$$r=\frac{\sigma_{\min}}{\sigma_{\max}}=\frac{\dfrac{M}{I}\left(\dfrac{d}{2}\cos60^\circ\right)}{\dfrac{M}{I}\cdot\dfrac{d}{2}}=0.5$$

对于同一材料,在最大应力相同的情况下,应力比越小,疲劳破坏的可能性越大(即工作安全因数越小),因而,应校核跨中截面点 B 处的疲劳强度。

讨论：

跨中截面上点 C 的应力比($r=-1$)为最小,虽该点处的最大应力为点 B 处的一半,但仍应校核点 C 处的疲劳强度。

14.1-2 阀门弹簧如图(a)所示。阀门关闭时,最小工作载荷 $F_{\min}=200\text{N}$；阀门顶开时,最大工作载荷 $F_{\max}=500\text{N}$。簧丝直径 $d=6\text{mm}$,弹簧圈外径 $D=40\text{mm}$,试求簧丝危险点的平均应力、应力幅、应力比及其应力谱($\tau\text{-}t$ 曲线)。

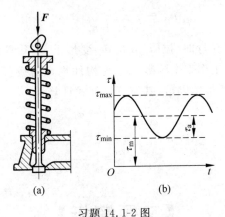

(a)   (b)

习题 14.1-2 图

解 (1) 应力谱

簧丝的危险点位于弹簧圈的内侧。其弹簧指数为

$$c=\frac{D-d}{d}=\frac{40\text{mm}-6\text{mm}}{6\text{mm}}=5.67$$

簧丝危险点的最大、最小切应力为

$$\tau_{max} = \left(\frac{4c-1}{4c-4} + \frac{0.615}{c}\right) \times \frac{8F_{max}(D-d)}{\pi d^3}$$

$$= \left(\frac{4 \times 5.67 - 1}{4 \times 5.67 - 4} + \frac{0.615}{5.67}\right) \times \frac{8 \times (500\text{N}) \times (40 \times 10^{-3}\text{m} - 6 \times 10^{-3}\text{m})}{\pi(6 \times 10^{-3}\text{m})^3}$$

$$= 254\text{MPa}$$

$$\tau_{min} = \tau_{max}\frac{F_{min}}{F_{max}} = 102\text{MPa}$$

得簧丝危险点的应力谱如图(b)所示。

(2) 平均应力、应力幅及应力比

平均应力 $\qquad\qquad\qquad \tau_m = \dfrac{\tau_{max} + \tau_{min}}{2} = 178\text{MPa}$

应力幅 $\qquad\qquad\qquad \tau_a = \dfrac{\tau_{max} - \tau_{min}}{2} = 76\text{MPa}$

应力比 $\qquad\qquad\qquad r = \dfrac{\tau_{min}}{\tau_{max}} = 0.4$

14.1-3 由 20b 号槽钢制成的悬臂梁 AB,在自由端 B 安装一重量 $P=1\text{kN}$ 的电机,电机的转速 $n=900\text{r/min}$,惯性力的幅值 $F=200\text{N}$,如图所示。梁材料为 Q235 钢,弹性模量 $E=200\text{GPa}$。若不计梁的质量及阻尼影响,试求当梁的固有频率为干扰力频率的 1.2 倍时,梁的长度及危险点应力循环的应力比。

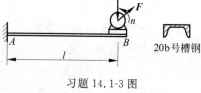

习题 14.1-3 图

解 (1) 梁的长度

梁的干扰力频率为

$$\omega = \frac{2\pi n}{60} = 30\pi \text{ s}^{-1}$$

梁的固有频率为

$$\omega_0 = \sqrt{\frac{g}{\Delta_{st}}} = \sqrt{\frac{3EI \cdot g}{Pl^3}} = 1.2\omega$$

于是,即得梁的长度

$$l = \sqrt[3]{\frac{3EIg}{p(1.2\omega)^2}} = \sqrt[3]{\frac{3 \times (200 \times 10^9\text{Pa}) \times (144 \times 10^{-8}\text{m}^4) \times (9.81\text{m/s}^2)}{(1000\text{N}) \times (1.2 \times 30\pi/\text{s})^2}}$$

$$= 0.872\text{m}$$

(2) 危险点应力比

梁危险点位于固定端 A 的下边缘处。梁受迫振动的放大因数为

$$\beta = \frac{1}{1 - \left(\dfrac{\omega}{\omega_0}\right)^2} = \frac{1}{1 - \left(\dfrac{1}{1.2}\right)^2} = 3.27$$

梁危险点应力循环的应力比为

$$r = \frac{\sigma_{min}}{\sigma_{max}} = \frac{v_{Bmin}}{v_{Bmax}} = \frac{1 - \beta\dfrac{F}{P}}{1 + \beta\dfrac{F}{P}}$$

$$= \frac{1 - 3.27 \times \dfrac{200\mathrm{N}}{1000\mathrm{N}}}{1 + 3.27 \times \dfrac{200\mathrm{N}}{1000\mathrm{N}}} = 0.21$$

*14.1-4   两个材料和横截面均相同的弹簧片,左端固定、右端自由。两弹簧片相距为 a,现用一双向螺栓将两弹簧片在自由端相连,并将螺母旋进 Δ,如图(a)所示。然后,螺栓承受对称交变载荷 $\pm F$ 作用。设弹簧片的弯曲刚度为 EI、弯曲截面系数为 W;螺栓的弹性模量为 E、横截面面积为 A,并假设螺栓在交变载荷作用下始终受拉。试求上弹簧片的上表面各点在交变载荷作用下的应力比。

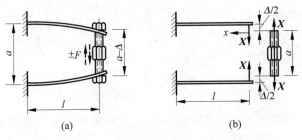

习题 14.1-4 图

解 (1) 加载前的受力分析

两弹簧片与螺栓相连,若以梁与螺栓的连接为多余约束,则其基本静定系如图(b)所示。

由变形几何相容条件,代入力-位移间物理关系,得补充方程为

$$2 \frac{Xl^3}{3EI} + \frac{Xa}{EA} = \Delta$$

解得多余未知力为

$$X = \frac{\Delta}{2\dfrac{l^3}{3EI} + \dfrac{a}{EA}}$$

令 $k_1 = \dfrac{3EI}{l^3}$ 和 $k_2 = \dfrac{EA}{a}$ 分别表示将梁和螺栓视作弹簧时的刚度;$\lambda = k_2/(k_1 + 2k_2)$。则上式可写为

$$X = \frac{\Delta \cdot k_1 k_2}{2k_2 + k_1} = k_1 \lambda \Delta$$

(2) 交变载荷作用下的应力比

两弹簧片在旋紧螺栓并承受交变载荷后,上弹簧片上表面任一点处的弯曲应力为

$$\sigma(x) = \frac{Xx}{W} \pm \frac{\dfrac{F}{2}x}{W}$$

即得应力比为

$$r = \frac{\sigma_{\min}}{\sigma_{\max}} = \frac{2X - F}{2X + F} = \frac{2k_1 \lambda \Delta - F}{2k_1 \lambda \Delta + F}$$

由于在交变载荷作用下,螺栓始终受拉,故应力比 r 为正值。

14.2-1 平均半径 $r_0 = 0.5\text{m}$，宽度为 b、厚度为 δ 的薄壁圆环，以匀角速度绕通过圆心且垂直于圆环平面的轴 $O—O$ 旋转，如图（a）所示。薄壁圆环的材料为钢，密度 $\rho = 7.85 \times 10^3 \text{kg/m}^3$，弹性模量 $E = 200\text{GPa}$，许用应力 $[\sigma] = 150\text{MPa}$，试求圆环的许可转速及圆环半径的增量。

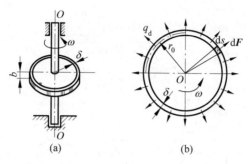

习题 14.2-1 图

解 （1）惯性力集度

设圆环的角速度为 ω，对于薄壁圆环，可认为各质点的向心加速度相等，故得圆环的惯性力集度为（图（b））

$$q_\text{d} = \frac{\text{d}F}{\text{d}s} = \frac{(\rho \cdot b\delta\text{d}s)r_0\omega^2}{\text{d}s} = \rho \cdot b\delta \cdot r_0\omega^2$$

（2）许可转速

圆环径向截面上的正应力为

$$\sigma = \frac{q_\text{d}r_0}{\delta b} = \rho(r_0\omega)^2$$

由强度条件，得圆环的许可转速为

$$[\omega] = \frac{1}{r_0}\sqrt{\frac{[\sigma]}{\rho}} = \frac{1}{0.5\text{m}}\sqrt{\frac{150 \times 10^6\,\text{Pa}}{7.85 \times 10^3\,\text{kg/m}^3}}$$

$$= 276.5\text{rad/s}$$

或

$$[n] = \omega\frac{60}{2\pi} = 2640\text{r/min}$$

（3）圆环半径的伸长

$$\Delta r = r_0\varepsilon_\text{d} = r_0\varepsilon_{\pi\text{d}} = r_0\frac{\sigma}{E} = \frac{\rho}{E}r_0^3\omega^2$$

$$= \frac{7.85 \times 10^3\,\text{kg/m}^3}{200 \times 10^9\,\text{Pa}} \times (0.5\text{m})^3 \times (276.5\text{rad/s})^2$$

$$= 0.375 \times 10^{-3}\text{m} = 0.375\text{mm}$$

讨论：

（1）圆环径向截面上的应力与其截面面积无关，因而，增加截面面积，并不能改善圆环的强度，或提高圆环的转速。

（2）工程中，铸铁飞轮通过过盈配合安装的钢质轮缘，就属于这种情况，故应校核圆环半径的伸长，以防止轮缘脱落。

14.2-2　长度为 l 的水平杆 AB，A 端固定在铅垂轴 CD 上，B 端附有重量 P，杆和重量 P 在光滑的水平面上以匀角速度 ω 绕 CD 转动，如图（a）所示。设杆材料的密度为 ρ，弹性模量为 E，许用应力为 $[\sigma]$，不计由杆重量引起的弯曲影响，试求杆 AB 的横截面面积及其伸长。

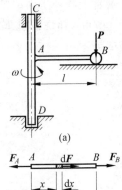

解　（1）受力分析

匀角速度旋转时，重量 P 的惯性力（图（b））为

$$F_B = ma_n = \frac{P}{g}(l\omega^2)$$

杆任一微段的惯性力为

$$\mathrm{d}F = \rho A\,\mathrm{d}x(x\omega^2)$$

于是，杆任一截面的应力为

$$\sigma(x) = \frac{F_N(x)}{A} = \frac{1}{A}\left(F_B + \int_x^l \mathrm{d}F\right)$$

$$= \frac{P}{gA}(l\omega^2) + \frac{\rho\omega^2}{2}(l^2 - x^2)$$

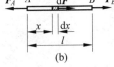

习题 14.2-2 图

（2）杆的横截面面积

危险截面位于固定端 $A(x=0)$，由强度条件

$$\sigma_{\max} = \frac{P}{gA}(l\omega^2) + \frac{\rho}{2}l^2\omega^2 \leqslant [\sigma]$$

$$A \geqslant \frac{2Pl\omega^3}{(2[\sigma] - \rho l^2\omega^2)g}$$

（3）杆的伸长

$$\Delta l = \int_0^l \mathrm{d}(\Delta l) = \int_0^l \frac{\sigma(x)}{E}\mathrm{d}x = \frac{1}{E}\int_0^l\left[\frac{P}{gA}(l\omega^2) + \frac{\rho\omega^2}{2}(l^2 - x^2)\right]\mathrm{d}x$$

$$= \left(\frac{P}{gA} + \frac{\rho l}{3}\right)\frac{(l\omega)^2}{E}$$

14.2-3　调速器由水平刚性杆 AB 和弹簧片 BC 刚性连接而成，并在弹簧片的自由端 C 装有重量 $P=20\mathrm{N}$ 的小球，如图所示。弹簧片的长度 $l=0.4\mathrm{m}$，截面宽度 $b=30\mathrm{mm}$，厚度 $\delta=4\mathrm{mm}$，材料的弹性模量 $E=200\mathrm{GPa}$，许用应力 $[\sigma]=180\mathrm{MPa}$，弹簧片轴线距轴 $O\!-\!O$ 的距离 $r=12\mathrm{cm}$。调速器工作时，以匀角速度绕轴 $O\!-\!O$ 旋转，试由弯曲强度求调速器的许可转速，以及该转速时弹簧片 C 端的挠度。

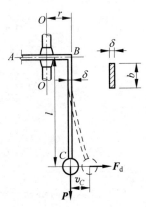

解　（1）许可转速

设调速器的转速为 n。在计算小球的惯性力 F_d 时，应考虑由惯性力引起的挠度对回转半径的影响，即

$$F_d = ma = \frac{P}{g}(r + v_c)\omega^2 = \frac{P}{g}\left(r + \frac{F_d l^3}{3EI}\right)\omega^2$$

所以

习题 14.2-3 图

$$F_d = \frac{Pr\omega^2/g}{1 - \dfrac{P}{g}\cdot\dfrac{l^3}{3EI}\omega^2} = \frac{Pr}{\dfrac{g}{\omega^2} - \dfrac{Pl^3}{3EI}}$$

由弯曲强度条件

$$\sigma_{\max} = \frac{M_{\mathrm{dmax}}}{W} = \frac{F_{\mathrm{d}}l}{W} \leqslant [\sigma]$$

$$F_{\mathrm{d}} = \frac{Pr}{\dfrac{g}{\omega^2} - \dfrac{Pl^3}{3EI}} \leqslant \frac{W[\sigma]}{l}$$

所以

$$\omega \leqslant \sqrt{\frac{g}{\dfrac{Prl}{W[\sigma]} + \dfrac{Pl^3}{3EI}}}$$

故许可转速为

$$[n] = \frac{60}{2\pi} \cdot \omega = \frac{60}{2\pi}\sqrt{\frac{g}{\dfrac{Prl}{W[\sigma]} + \dfrac{Pl^3}{3EI}}} = 105.7\,\mathrm{r/min}$$

（2）C 端挠度

由 $F_{\mathrm{d}} = \dfrac{W[\sigma]}{l} = 36\mathrm{N}$，得 C 端挠度为

$$\omega_C = \frac{F_{\mathrm{d}}l^3}{3EI} = \frac{4F_{\mathrm{d}}l^3}{Ebh^3} = 0.024\mathrm{m} = 24\mathrm{mm}$$

14.2-4 长度 $l = 1.2\mathrm{m}$，直径 $d = 30\mathrm{mm}$ 的钢轴 AB，在其跨中 C 处连接一根长度 $l_1 = 0.6\mathrm{m}$、直径 $d_1 = 20\mathrm{mm}$ 的钢质斜杆 CD，如图（a）所示。钢材的密度 $\rho = 7.95 \times 10^3\,\mathrm{kg/m^3}$，许用应力 $[\sigma] = 120\mathrm{MPa}$，当轴 AB 以匀速 $n = 300\mathrm{r/min}$ 转动时，试校核轴和斜杆的强度。

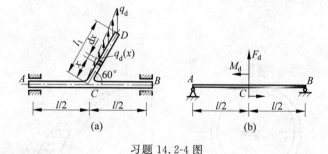

习题 14.2-4 图

解 （1）受力分析

斜杆 CD 的惯性力集度为（图（a））

$$q_{\mathrm{d}}(x) = \rho A(x\sin 60° \cdot \omega^2)$$

$q_{\mathrm{d}}(x)$ 呈线性分布，其最大值为

$$q_{\mathrm{d}} = \rho A(l_1\sin 60° \cdot \omega^2)$$

$$= (7.95 \times 10^3\,\mathrm{kg/m^3}) \times \frac{\pi}{4}(20 \times 10^{-3}\mathrm{m})^2 \times (0.6\mathrm{m} \times \sin 60°) \times \left(300 \times \frac{2\pi}{60}\mathrm{s}^{-1}\right)^2$$

$$= 1281\,\mathrm{N/m}$$

（2）斜杆 CD 强度校核

斜杆危险截面位于截面 C，其最大拉应力为

$$\sigma_{max} = \frac{F_{Nmax}}{A} + \frac{M_{max}}{W}$$

$$= \frac{\left(\frac{1}{2}q_d l_1\right)\sin 60°}{\frac{\pi}{4}d_1^2} + \frac{\left(\frac{1}{2}q_d l_1\cos 60°\right)\left(\frac{2}{3}l_1\right)}{\frac{\pi}{32}d_1^3}$$

$$= 98.9\text{MPa} < [\sigma]$$

（3）轴 AB 强度校核

轴 AB 的受力如图（b），其中

$$F_d = \frac{1}{2}q_d l_1, \quad M_d = \left(\frac{1}{2}q_d l_1\right)\left(\frac{2l_1}{3}\cos 60°\right) = \frac{q_d l_1^2}{6}$$

危险截面位于截面 C 右侧，其最大应力为

$$\sigma_{max} = \frac{M_{max}}{W} = \frac{\frac{F_d l}{4} + \frac{M_d}{2}}{\frac{\pi d^3}{32}} = \frac{8(F_d l + 2M_d)}{\pi d^3}$$

$$= \frac{4q_d l_1(3l + 2l_1)}{3\pi d^3} = 58\text{MPa} < [\sigma]$$

所以，轴和斜杆均满足强度要求。

* **14.2-5** 一截面为矩形 $b \times \delta$、平均半径为 R 的圆环，绕铅垂轴 O—O 以等角速度 ω 旋转，如图（a）所示。圆环材料的密度为 ρ，弹性模量为 E，试求：

（1）圆环的最大弯矩及其作用面。

（2）圆环 A,C 两点的相对位移。

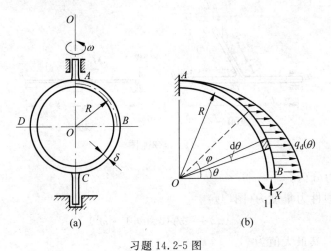

习题 14.2-5 图

解 （1）受力分析

封闭圆环为三次静不定。由于圆环的结构和载荷（惯性力）均对称于 $\overline{AC}$、$\overline{BD}$，取 1/4 圆环 $\overset{\frown}{AB}$ 考虑，截面 A 反对称的转角和切向位移为零，可视为固定；截面 B 上反对称的剪力为零，又因铅垂方向的载荷为零，故轴力为零，而仅有弯矩为多余未知力 X，如图（b）所示。

圆环的惯性力集度为

$$q_d(\theta) = (\rho b \delta)(R\cos\theta \cdot \omega^2)$$

于是,任一截面的弯矩为

$$M_d(\varphi) = X - \int_0^\varphi (q_d R d\theta) \cdot R(\sin\varphi - \sin\theta)$$

$$= X - \int_0^\varphi (\rho b \delta R^3 \omega^2)\cos\theta(\sin\varphi - \sin\theta)d\theta$$

$$= X - \frac{1}{2}(\rho b \delta R^3 \omega^2)\sin^2\varphi$$

由截面 B 反对称的转角为零的变形几何相容条件,代入由单位力法表达的力-位移间物理关系,得补充方程

$$\theta_B = \int_0^{\pi/2} \frac{M_d(\varphi)\,\overline{M(\varphi)}}{EI}(Rd\varphi) = \frac{R}{EI}\int_0^{\pi/2}\left(X - \frac{\rho b \delta R^3 \omega^2}{2}\sin^2\varphi\right)d\varphi = 0$$

解得多余未知力

$$X = \frac{\rho b \delta R^3 \omega^2}{4}$$

(2) 最大弯矩

任一截面的弯矩为

$$M_d(\varphi) = X - \frac{\rho b \delta R^3 \omega^2}{2}\sin^2\varphi = \frac{\rho b \delta R^3 \omega^2}{4}(1 - 2\sin^2\varphi)$$

由上式可见,最大正弯矩发生在截面 $B(\varphi=0)$,最大负弯矩发生在截面 $A\left(\varphi=\dfrac{\pi}{2}\right)$,其值为

$$M_B(M_D) = -M_A(M_C) = \frac{\rho b \delta R^3 \omega^2}{4}$$

(3) A、C 截面间的相对位移

圆环 A、C 两点间相对位移,等于基本静定系(图(b))截面 B 铅垂位移的 2 倍。于是,由单位力法,即得

$$\Delta_{AC} = 2\Delta_B = 2\int_0^{\pi/2} \frac{M_d(\varphi)}{EI}\,\overline{M(\varphi)}(Rd\varphi)$$

$$= -\frac{\rho b \delta R^5 \omega^2}{2EI}\int_0^{\pi/2}(1 - 2\sin^2\varphi)(1 - \cos\varphi)d\varphi$$

$$= \frac{2\rho R^5 \omega^2}{E\delta^2}$$

14.2-6　重量为 P 的重物施加在弹簧刚度为 k 的弹簧上,如图所示。这时,重物向下移动的距离为

$$\Delta = \frac{P}{k}$$

则重物的势能减少为

$$E_p = P\Delta = \frac{P^2}{k}$$

而弹簧的应变能为

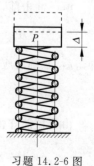

习题 14.2-6 图

$$V_\varepsilon = \frac{1}{2}P\Delta = \frac{P^2}{2k}$$

结果,系统的机械能不守恒了,$E_p \neq V_\varepsilon$,试问这是为什么?

解　问题的关键是,在本题中未明确重物是以怎样的方式施加到弹簧上,以及图示位置（位移 Δ）是一个怎样的平衡位置。

（1）若重物以静载荷方式缓慢地由 O 到 P 逐渐施加到弹簧上,即在加载过程中,系统在每一瞬时均保持平衡,则重物势能的减少应是

$$E_p = \int_0^\Delta P\mathrm{d}\Delta = \frac{P\Delta}{2} = \frac{P^2}{2k}$$

而不是 $P\Delta$,系统的机械能守恒。

（2）若重物以突加载荷（自由落体高度 $h=0$ 的冲击）方式施加到弹簧上,而考察的是冲击末瞬时重物下降的最低位置（即为 Δ_d）,则按冲击作用,动荷因数

$$K_d = 1 + \sqrt{1 + \frac{2h}{\Delta_{st}}} = 2$$

物体的势能减少为

$$E_p = P\Delta_d = 2P\Delta$$

而弹簧应变能增加为

$$V_\varepsilon = \frac{1}{2}P_d\Delta_d = 2P\Delta$$

系统的机械能守恒。

（3）若重物以突加载荷方式施加到弹簧上,而考察的是最后的静平衡位置（即图示位置）。则重物的势能减少为 $E_p = P\Delta$,而弹簧的应变能增加为 $V_\varepsilon = \frac{1}{2}P\Delta$,两者的差值为重物下沉时具有的动能

$$E_k = P\Delta - \frac{1}{2}P\Delta = \frac{1}{2}P\Delta$$

因而,重物将在静平衡位置附近振动,直至由于弹簧内摩擦等因素将这部分动能转化为能量消耗后,重物才能在静平衡位置保持平衡。

14.2-7　长度为 l,横截面面积为 A 的钢杆,以速度 $v=2\mathrm{m/s}$ 水平撞击刚性壁,如图所示。设钢的密度 $\rho=7.95\times 10^3\,\mathrm{kg/m^3}$,弹性模量 $E=210\mathrm{GPa}$。若钢杆冲击时产生的轴向应力 $\sigma(x)$ 沿杆轴成线性分布,试求杆内最大动应力。

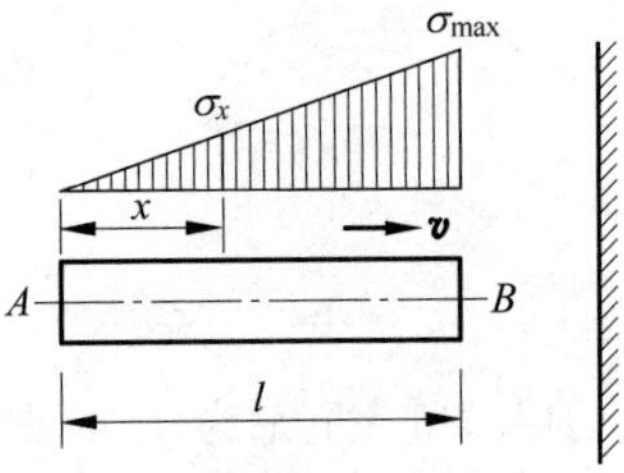

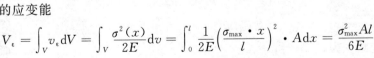

解　冲击前,系统的能量:

$$E_k = \frac{1}{2}mv^2 = \frac{\rho Al}{2}v^2, \quad E_p = 0$$

习题 14.2-7 图

冲击后,系统的应变能

$$V_\varepsilon = \int_V v_\varepsilon \mathrm{d}V = \int_V \frac{\sigma^2(x)}{2E}\mathrm{d}v = \int_0^l \frac{1}{2E}\left(\frac{\sigma_{max}\cdot x}{l}\right)^2 \cdot A\mathrm{d}x = \frac{\sigma_{max}^2 Al}{6E}$$

由机械能守恒

$$\frac{\rho Al}{2}v^2 = \frac{\sigma_{max}^2 Al}{6E}$$

得杆的最大动应力为

$$\sigma_{\max} = \sqrt{3E\rho} \cdot v = 141.5\mathrm{MPa}$$

讨论：

在本题中，若不考虑动荷影响，则相应的静应力为零。因此，不存在动荷因数，需按机械能守恒原理求解。

14.2-8 长度为 l_1、弯曲刚度为 EI 的悬臂梁 AB，在自由端装有绞车，将重物 P 以匀速 v 下降。当钢绳下降至长度为 l_2 时，钢绳突然被卡住。如图(a)所示。若钢绳的弹性模量为 E_s，横截面面积为 A，试求钢绳中的动应力。

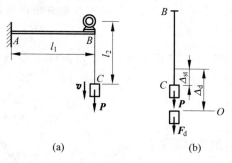

习题 14.2-8 图

解 (1) 系统的能量

当钢绳被卡住，并以重物下降至最低点(动能为零)为原点(图(b))，则钢绳在被卡住的前、后两瞬时，系统的能量为

被卡前瞬时：动能 $E_{\mathrm{k1}} = \dfrac{P}{2g}v^2$，势能 $E_{\mathrm{p1}} = P(\Delta_{\mathrm{d}} - \Delta_{\mathrm{st}})$

应变能 $V_{\varepsilon 1} = \dfrac{1}{2}P\Delta_{\mathrm{st}}$

卡住后瞬时：动能 $E_{\mathrm{k2}} = 0$，势能 $E_{\mathrm{p2}} = 0$

应变能 $V_{\varepsilon 2} = \dfrac{1}{2}F_{\mathrm{d}}\Delta_{\mathrm{d}}$

式中，位移 Δ_{st} 和 Δ_{d} 均应包含梁 AB 的弯曲变形和钢绳 BC 的伸长的影响。

(2) 钢绳中的动应力

由机械能守恒

$$\frac{P}{2g}v^2 + P(\Delta_{\mathrm{d}} - \Delta_{\mathrm{st}}) + \frac{1}{2}P\Delta_{\mathrm{st}} = 0 + 0 + \frac{1}{2}F_{\mathrm{d}}\Delta_{\mathrm{d}}$$

将 $P/\Delta_{\mathrm{st}} = F_{\mathrm{d}}/\Delta_{\mathrm{d}}$ 代入上式得

$$\Delta_{\mathrm{d}}^2 - 2\Delta_{\mathrm{st}}\Delta_{\mathrm{d}} + \Delta_{\mathrm{st}}^2\left(1 - \frac{v^2}{g\Delta_{\mathrm{st}}}\right) = 0$$

解得 Δ_{d} 中大于 Δ_{st} 的根，得动位移为

$$\Delta_{\mathrm{d}} = \Delta_{\mathrm{st}}\left[1 + \sqrt{\frac{v^2}{g\Delta_{\mathrm{st}}}}\right]$$

由 $\sigma_{\mathrm{d}}/\sigma_{\mathrm{st}} = \Delta_{\mathrm{d}}/\Delta_{\mathrm{st}}$，$\Delta_{\mathrm{st}} = \dfrac{Pl_1^3}{3EI} + \dfrac{Pl_2}{E_s A}$

得钢绳中的动应力为

$$\sigma_{\mathrm{d}} = \frac{P}{A}\left[1 + \sqrt{\frac{v^2}{g\left(\dfrac{Pl_1^3}{3EI} + \dfrac{Pl_2}{E_{\mathrm{s}}A}\right)}}\,\right]$$

讨论：

实际上，本题导得动荷因素

$$K_{\mathrm{d}} = \frac{\Delta_{\mathrm{d}}}{\Delta_{\mathrm{st}}} = 1 + \sqrt{\frac{v^2}{g\Delta_{\mathrm{st}}}}$$

与式(14-4b)所给出的起吊重物突然停止时的动荷因数是一致的，区别仅在于静位移 Δ_{st} 的计算。因此，在计算中只要冲击作用的方式相同，就可直接应用动荷因数的计算式(14-4)，而不论被冲击系统的构成及其变形形式。

14.2-9　弯曲刚度为 EI 的 Z 字形刚架，承受自高度 h 下落的重量 P 的冲击作用，如图(a)所示。若不计轴力和剪力的影响，试求冲击时，刚架内的最大弯矩。

解　(1) 动荷因数

自由落体的动荷因数，由式(14-4a)得

$$K_{\mathrm{d}} = 1 + \sqrt{1 + \frac{2h}{\Delta_{\mathrm{st}}}}$$

由单位力法，计算 P 作为静载荷时，相应于力 P 的静位移(图(b))，

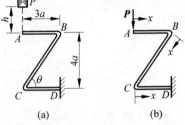

习题 14.2-9 图

$$\Delta_{\mathrm{st}} = \int_0^{3a} \frac{Px}{EI}\cdot x\,\mathrm{d}x + \int_0^{5a} \frac{P(3a - x\cos\theta)}{EI}(3a - x\cos\theta)\,\mathrm{d}x + \int_0^{3a}\frac{Px}{EI}\cdot x\,\mathrm{d}x$$

$$= \frac{33Pa^3}{EI}$$

$$K_{\mathrm{d}} = 1 + \sqrt{1 + \frac{2hEI}{33Pa^3}}$$

(2) 冲击时的最大弯矩

最大弯矩发生在截面 B 或 D，其值为

$$M_{\mathrm{d,max}} = K_{\mathrm{d}} M_{\max} = 3\left(1 + \sqrt{1 + \frac{2hEI}{33Pa^3}}\right)Pa$$

14.2-10　长度为 l、弯曲刚度为 EI 的悬臂梁 AB，在自由端 B 承受重物 P 自高度 h 自由下落的冲击作用。为降低梁内的冲击应力，按下列三种方式设置缓冲弹簧：

① 弹簧放置在梁的上面，如图(a)所示；

② 弹簧设置在梁的下面，如图(b)所示；

③ 弹簧设置在梁的下面，且与梁下表面有微小空隙 $\Delta < \dfrac{Pl^3}{3EI}$，如图(c)所示。

设弹簧刚度为 k，且下落高度 h 远大于相应的静挠度，试比较三种缓冲装置的效果。

解　(1) 三种方式下的动荷因数

由动荷因数计算式(14-4a)，且 $h \gg \Delta_{\mathrm{st}}$，即得重物高处下落的动荷因数为

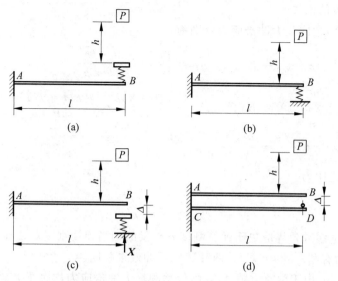

习题 14.2-10 图

$$K_{d} = 1 + \sqrt{1 + \frac{2h}{\Delta_{st}}} \approx \sqrt{\frac{2h}{\Delta_{st}}}$$

方式①：由图(a)得

$$\Delta_{st} = \frac{P}{k} + \frac{Pl^3}{3EI} = P\left(\frac{1}{k} + \frac{1}{k'}\right)$$

式中，$k' = \dfrac{3EI}{l^3}$ 表示将梁视作弹簧时的弹簧刚度。于是，得动荷因数为

$$K_{d,1} = \sqrt{\frac{2hkk'}{P(k+k')}}$$

方式③：以重物 P 为静载荷，图(c)成一次静不定，取弹簧支承反力 X 为多余未知力，则由变形几何相容条件，代入力-位移间物理关系，得补充方程

$$\frac{P-X}{k'} - \frac{X}{k} = \Delta$$

解得

$$X = \frac{Pk}{k+k'} - \frac{\Delta kk'}{k+k'}$$

系统的静位移为

$$\Delta_{st} = \Delta + \frac{X}{k} = \Delta\left(1 - \frac{k'}{k+k'}\right) + \frac{P}{k+k'}$$

于是，其动荷因数为

$$K_{d,3} = \sqrt{\frac{2h(k+k')}{\Delta k + P}}$$

方式②： 令方式③中 $\Delta = 0$，即得方式②的动荷因数为

$$K_{d,2} = \sqrt{\frac{2h(k+k')}{P}}$$

（2）三种装置的比较

a. 方式①、②，梁内最大冲击应力分别为

$$(\sigma_{d,max})_1 = K_{d,1}(\sigma_{max})_1 = \frac{Pl}{W} \cdot \sqrt{\frac{2h \cdot kk'}{P(k+k')}}$$

$$(\sigma_{d,max})_2 = K_{d,2}(\sigma_{max})_2 = \frac{(P-X)l}{W} \cdot \sqrt{\frac{2h(k+k')}{P}}$$

$$= \frac{Plk'}{W} \cdot \sqrt{\frac{2h}{P(k+k')}}$$

其最大冲击应力之比为

$$\frac{(\sigma_{d,max})_1}{(\sigma_{d,max})_2} = \sqrt{\frac{k}{k'}}$$

可见，方式①、②的缓冲效界取决于弹簧刚度 k 与梁的相当弹簧刚度 k' 之比。若 $k>k'$，则方式②（图(b)）较为有利。若 $k=k'$，则两种装置缓冲效果相同。

b. 对于方式③，由于留有空隙 Δ，其静位移和最大冲击应力均大于方式②，但均小于不设置弹簧的悬臂梁 AB。

讨论：

重型卡车后轴的叠板弹簧通常设计成类似于方式③的形式（如图(d)），上梁为主弹簧、下梁为副弹簧。当车辆的载荷增大或经受冲击作用时，副簧与主簧共同工作，以降低主簧的冲击应力。而在设计中，应使副簧的刚度大于主簧的刚度，更为有利。

14.2-11　直径 $d=100\text{mm}$ 的钢轴上装有转动惯量 $I=0.8\text{N} \cdot \text{m} \cdot \text{s}^2$ 的飞轮，如图所示。轴的转速 $n=200\text{r/min}$，材料的切变模量 $G=80\text{GPa}$，制动器与飞轮的距离 $l=1\text{m}$，试求在下列三种情况下，轴内的最大切应力：

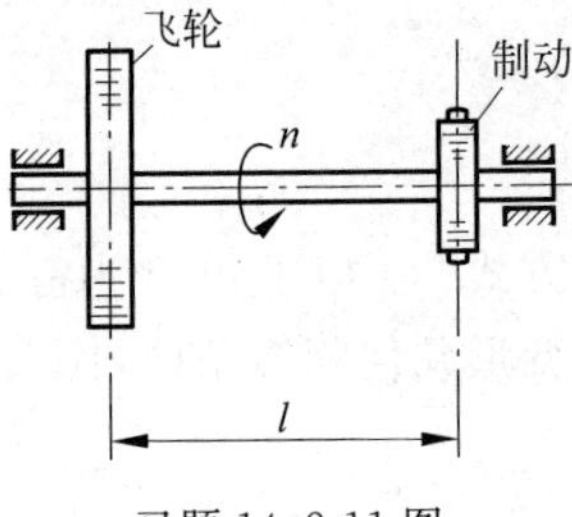

（1）轴在 $t=0.01\text{s}$ 后被刹住。

（2）轴被急速刹住。

（3）制动器内安装扭转刚度 $k=30\text{kN} \cdot \text{m/rad}$ 的扭簧，急速刹住。

习题 14.2-11 图

解　（1）轴在 $t=0.01\text{s}$ 后刹住时的最大切应力

设轴为等减速转动，其角减速度为

$$\varepsilon = \frac{\omega}{t} = \frac{n\pi}{30t}$$

所以，惯性力矩为

$$M_d = I\varepsilon = I\frac{n\pi}{30t}$$

于是，得轴的最大切应力为

$$\tau_{d,max} = \frac{T_d}{W_p} = \frac{M_d}{W_p} = \frac{8In}{15td^3}$$

$$= \frac{8 \times (0.8\text{N} \cdot \text{m} \cdot \text{s}^2) \times (200\text{r/min})}{15 \times (0.01\text{s}) \times (0.1\text{m})^3} = 8.53\text{MPa}$$

（2）轴被急速刹住时的最大切应力

由制动前动能等于制动后的应变能

$$\frac{1}{2}I\omega^2 = \frac{1}{2} \cdot \frac{T_d^2 l}{GI_p}$$

得冲击扭矩为

$$T_d = \omega\sqrt{\frac{I \cdot GI_p}{l}}$$

于是,得最大切应力为

$$\tau_{d,max} = \frac{T_d}{W_p} = \frac{4\omega}{d} \cdot \sqrt{\frac{IG}{2\pi l}}$$

$$= \frac{4}{0.1m} \times \left(\frac{200\pi}{30}\right)\sqrt{\frac{(0.8N \cdot m \cdot s^2) \times (80 \times 10^9 Pa)}{2\pi(1m)}}$$

$$= 84.6MPa$$

（3）通过扭簧急速刹住时的最大切应力

由机械能守恒原理

$$\frac{1}{2}I\omega^2 = \frac{1}{2} \cdot \frac{T_d^2 l}{GI_p} + \frac{1}{2} \cdot \frac{T_d^2}{k}$$

得冲击扭矩为

$$T_d = \omega\sqrt{\frac{IkGI_p}{kl + GI_p}}$$

于是,得最大切应力为

$$\tau_{d,max} = \frac{T_d}{W_p} = \frac{4\omega}{d}\sqrt{\frac{IkG}{2\pi(kl + G\pi d^4/32)}}$$

$$= 16.2MPa$$

讨论：

由本题的计算可见,在制动时,制动时间仅增加 $t = 0.01s$,轴内的最大切应力就降为急剧制动时的 1/10（通过扭簧急剧制动时的 1/5）,且轴内最大切应力与轴的转速成正比。因此,对于高速转动的轴,制动时适当延长轴的减速转动时间,是防止轴遭受破坏的有效措施。

*14.2-12 长度为 l,弯曲刚度为 EI,总重量为 $P = mg$ 的匀质简支梁 AB,在跨度中点 C 处承受重量为 $P_1 = m_1 g$ 的重物从高度 h 自由下落的冲击作用,如图（a）所示。若需考虑被冲击的梁 AB 的质量,试求其动荷因数。

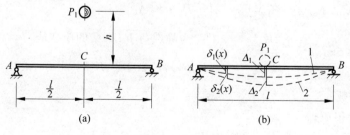

习题 14.2-12 图

解　设梁在静载荷 P_1 作用下,跨中截面 C 的挠度为 Δ_1,挠曲线方程为 $\delta_1(x)$;梁在冲击载荷作用下,跨中截面 C 的挠度为 Δ_2,挠曲线方程为 $\delta_2(x)$。则动荷因数

$$K_\mathrm{d} = \frac{\Delta_2}{\Delta_1} = \frac{\delta_2(x)}{\delta_1(x)}$$

(1) 系统在冲击前瞬时的机械能

冲击前瞬时,重物下降至与梁接触,梁与重物以相同的速度一起向下运动。

静载荷下梁的挠曲线方程为

$$\delta_1(x) = \frac{P_1}{48EI}(3l^2 - 4x^2)x \qquad \left(0 \leqslant x \leqslant \frac{l}{2}\right)$$

$$\Delta_1 = \frac{P_1 l^3}{48EI}$$

设重物和梁一起下降时,截面 C 的下降速度为 v_1,则梁任一微段 $\mathrm{d}x$ 的速度 v 为

$$v = v_1 \cdot \frac{\delta_1}{\Delta_1} = v_1 \frac{x(3l^2 - 4x^2)}{l^3}$$

由动量守恒原理

$$m_1 v_1 + 2\int_0^{l/2} \mathrm{d}m \cdot v = \frac{P_1}{g} v_1 + 2\int_0^{l/2}\left(\frac{P}{g} \cdot \frac{\mathrm{d}x}{l}\right) \cdot v_1 \frac{x(3l^2 - 4x^2)}{l^3}$$

$$= \frac{P_1}{g}\sqrt{2gh}$$

解得梁和重物一起在截面 C 的速度为

$$v_1 = \frac{P_1}{P_1 + \dfrac{5}{8}P} \cdot \sqrt{2gh}$$

梁和重物在冲击前瞬时(图(b)中梁的水平位置)的机械能为

$$E_{k1} = \frac{1}{2}\left(\frac{P_1}{g}\right)v_1^2 + 2\int_0^{l/2} \frac{1}{2}\left(\frac{P}{g} \cdot \frac{\mathrm{d}x}{l}\right) \cdot v_1^2 \frac{x^2(3l^2 - 4x^2)^2}{l^6}$$

$$= \frac{v_1^2}{2g}\left(P_1 + \frac{17}{35}P\right) = P_1^2 h \frac{(P_1 + 17P/35)}{(P_1 + 5P/8)^2}$$

$$E_{p1} = 0$$

$$V_{\varepsilon1} = 0$$

(2) 系统在冲击末瞬时的机械能

冲击末瞬时,梁和重物下降至最低位置(图(b)中位置 2)的机械能为

$$E_{k2} = 0$$

$$E_{p2} = -P_1 \Delta_2 = -2\left(\frac{1}{2}P_1 \cdot K_\mathrm{d}\Delta_1\right)$$

$$= -2K_\mathrm{d}V_\varepsilon \qquad (V_\varepsilon \text{ 为静载荷 } P_1 \text{ 下梁的应变能})$$

$$V_{\varepsilon2} = \frac{1}{2}F_\mathrm{d}\Delta_2 = \frac{1}{2}(K_\mathrm{d}P_1)(K_\mathrm{d}\Delta_1) = K_\mathrm{d}^2 V_\varepsilon$$

(3) 动荷因数

由机械能守恒原理

$$E_{k1} + E_{p1} + V_{\varepsilon1} = E_{k2} + E_{p2} + V_{\varepsilon2}$$

$$E_{k1} = V_\varepsilon(K_\mathrm{d}^2 - 2K_\mathrm{d})$$

解得 $K_d>1$ 的根,即得动荷因数为

$$K_d = 1 + \sqrt{1 + \frac{E_{k1}}{V_\varepsilon}}$$

讨论:

本题所得动荷因数

$$K_d = 1 + \sqrt{1 + \frac{E_{k1}}{V_\varepsilon}}$$

式中,E_{k1} 表示系统在冲击前所具有的动能;V_ε 表示冲击物作为静载荷时系统的应变能。这是一个较自由落体动荷因数式(14-4a)更具普遍意义的表达式。

若不计冲击物(梁)的质量,则

$$E_{k1} = \frac{1}{2} \cdot \frac{P_1}{g} v^2 = P_1 h, \quad V_\varepsilon = \frac{1}{2} P_1 \Delta_1 = \frac{1}{2} P_1 \Delta_{st}$$

即得自由落体的动荷因数

$$K_d = 1 + \sqrt{1 + \frac{v^2}{g\Delta_{st}}} = 1 + \sqrt{1 + \frac{2h}{\Delta_{st}}}$$

14.2-13　长度 $l=3$m 的简支梁 AB 用 25a 工字钢制成,在跨度中点 C 处安装一台重 $P=12$kN 的电机,转速 $n=2000$r/min。由于转子偏心所产生的离心惯性力 $F=4$kN,如图所示。材料的弹性模量 $E=200$GPa,不计梁的自重和阻尼,试求梁内危险点的最大和最小的振动应力。

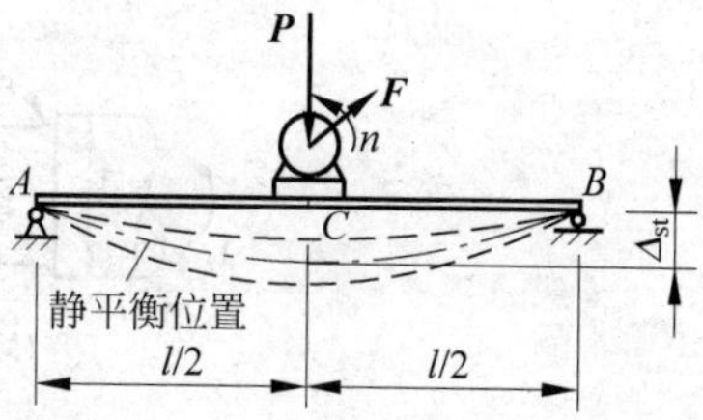

习题 14.2-13 图

解　25a 工字钢的截面几何性质:

$$I = 5020\text{cm}^4, \quad W = 402\text{cm}^3$$

(1) 放大因数

由式(14-5),得系统的固有频率为

$$\omega_0 = \sqrt{\frac{g}{\Delta_{st}}} = \sqrt{\frac{48EI \cdot g}{Pl^3}}$$

$$= \sqrt{\frac{48 \times (200 \times 10^9\text{Pa}) \times (5020 \times 10^{-8}\text{m}^4) \times (9.81\text{m/s}^2)}{(12 \times 10^3\text{N}) \times (3\text{m})^3}}$$

$$= 120.8\text{s}^{-1}$$

干扰力频率为

$$\omega = n\frac{2\pi}{60} = 209.4\text{s}^{-1}$$

由式(14-6)得振动放大因数

$$\beta = \frac{1}{\left|1 - \left(\dfrac{\omega}{\omega_0}\right)^2\right|} = 0.499$$

(2) 振动应力

危险点位于梁跨中截面 C 的下(上)边缘处,其静应力为

$$\sigma_{st} = \frac{M_{max}}{W} = \frac{Pl}{4W} = 22.4\text{MPa}$$

于是,可得危险点最大和最小振动应力为

$$\sigma_{d, max} = \sigma_{st}\left(1 + \beta\frac{F}{P}\right) = 26.1\text{MPa}$$

$$\sigma_{d, min} = \sigma_{st}\left(1 - \beta\frac{F}{P}\right) = 18.7\text{MPa}$$

14.3-1　试述在平面应力状态下,有效应力集中因数与理论应力集中因数间的差别。

答　理论应力集中因数是在静应力下,表征弹性体由构件的几何外形局部骤变所引起的应力集中程度。理论应力集中因数仅与构件几何外形的局部骤变有关,而与材料的性能无关。

有效应力集中因数是在交变应力下,表征构件由几何外形局部骤变所引起的构件疲劳强度的降低程度。有效应力集中因数不仅与构件几何外形的局部骤变有关,而且与构件材料的性能有关。对于同一应力集中因素,有效应力集中因数随材质的提高(强度极限的提高)而增大。

14.3-2　ϕ84 的钢轴承受最大弯矩 $M = 3\text{kN·m}$,安装轴承处的轴颈为 ϕ80,过渡圆角的半径 $r = 2\text{mm}$,如图(a)所示。轴材料为碳素钢,$\sigma_b = 500\text{MPa}$,$\sigma_{-1} = 250\text{MPa}$,表面经磨削加工,规定的疲劳安全因数 $n_f = 2.0$,试校核轴的疲劳强度。

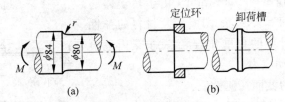

习题 14.3-2 图

解　(1) 计算工作应力

轴在弯矩作用下,由于轴的旋转,轴危险点为对称循环交变应力,其最大应力为

$$\sigma_{max} = \frac{M}{W} = \frac{32 \times (3 \times 10^3\text{N·m})}{\pi(0.080\text{m})^3} = 59.7 \times 10^6\text{Pa}$$

(2) 计算影响因数

由 $D/d = 1.05$,$r/d = 0.025$ 及 $\sigma_b = 500\text{MPa}$,按图 14-4 和图 14-7,得有效应力集中因数为

$$K_\sigma = 1 + 0.50 \times (2.3 - 1) = 1.65$$

由图 14-8,得尺寸因数为

$$\varepsilon_\sigma = 0.72$$

由图 14-9,得表面质量因数为

$$\beta = 1$$

(3) 校核疲劳强度

由弯曲对称循环的疲劳强度条件,其工作安全因数为

$$n_\sigma = \frac{\varepsilon_\sigma\beta \cdot \sigma_{-1}}{K_\sigma \cdot \sigma_{max}} = \frac{0.72 \times 1 \times (250 \times 10^6\text{Pa})}{1.65 \times (59.7 \times 10^6\text{Pa})} = 1.83 < n_f$$

所以,轴不能满足疲劳强度要求。

讨论:

工程中,由于轴承内座圈的圆角半径较小,往往造成轴颈处的过渡圆角半径较小,而导致应力集中的影响过大。本题的过渡圆角半径若改用 $r=4$mm,则

$$K_\sigma = 1 + 0.5 \times (1.95 - 1) = 1.475$$

$$n_\sigma = \frac{\varepsilon_\sigma \beta \sigma_{-1}}{K_\sigma \sigma_{max}} = 2.04 > n_f$$

即可满足疲劳强度要求。

为增大过渡圆角半径 r,一般可设置定位环。但本题中由于轴径为 $\phi 84$,无法增大过渡圆角半径,则可设置卸荷槽,减小截面变化处的刚度差,以降低应力集中的影响,如图(b)所示。

14.3-3 发动机排气阀的圆柱形密圈螺旋弹簧,弹簧圈的平均直径 $D=60$mm,圈数 $n=10$,簧丝直径 $d=6$mm,弹簧钢的 $\sigma_b = 1200$MPa,$\tau_{-1} = 300$MPa,$\tau_0 = 520$MPa,$G=80$GPa。弹簧在预压量 $\lambda_0 = 40$mm 和最大压缩量 $\lambda_{max} = 90$mm 之间工作。若取表面质量因数 $\beta = 1.0$,规定的疲劳安全因数 $n_f = 1.7$,试校核弹簧的疲劳强度。

解 (1)弹簧压力

弹簧的刚度为

$$k = \frac{Gd^4}{8nD^3} = \frac{(80 \times 10^9 \text{Pa}) \times (6 \times 10^{-3} \text{m})^4}{8 \times 10 \times (60 \times 10^{-3} \text{m})^3} = 6000 \text{N/m}$$

最大压力 $F_{max} = k\lambda_{max} = 540$N

最小压力 $F_{min} = k\lambda_0 = 240$N

(2)交变应力的参量

弹簧的危险点位于弹簧圈内侧各点处。由弹簧指数 $c = \dfrac{D}{d} = 10$,得

最大应力 $\tau_{max} = \left(\dfrac{4c-1}{4c-4} - \dfrac{0.615}{c}\right)\dfrac{8F_{max}D}{\pi d^3} = 437$MPa

最小应力 $\tau_{min} = \tau_{max}\dfrac{F_{min}}{F_{max}} = 194$MPa

平均应力 $\tau_m = \dfrac{\tau_{max} + \tau_{min}}{2} = 316$MPa

应力幅值 $\tau_a = \dfrac{\tau_{max} - \tau_{min}}{2} = 122$MPa

应力比 $r = \dfrac{\tau_{min}}{\tau_{max}} = \dfrac{\lambda_0}{\lambda_{max}} = 0.44$

(3)疲劳强校核

影响因数: $K_\tau = 1$, $\varepsilon_\tau \approx 1$, $\beta = 1$

敏感因数: $\psi_\tau = \dfrac{2\tau_{-1} - \tau_0}{\tau_0} = 0.154$

于是,由扭转非对称循环的疲劳强度条件

$$n_\tau = \frac{\tau_{-1}}{\dfrac{K_\tau}{\varepsilon_\tau \beta}\tau_a + \psi_\tau \tau_m} = \frac{300 \times 10^6 \text{Pa}}{(122 \times 10^6 \text{Pa}) + 0.154 \times (316 \times 10^6 \text{Pa})} = 1.76 > n_f$$

所以,满足疲劳强度要求。

讨论:

对于应力比 $r > 0$ 的非对称循环交变应力,除校核疲劳强度外,一般而言,还应校核其屈服强度。通常是先经历静应力的强度计算,然后,再进行疲劳强度校核。因此,本题不再校核其屈服强度。

14.3-4 直径 $D = 50\text{mm}$, $d = 40\text{mm}$ 的阶梯轴承受扭转和弯曲组合变形下的交变应力,弯矩 $M = 400\text{ N} \cdot \text{m}$,扭矩 $T_{\max} = 600\text{N} \cdot \text{m}$, $T_{\min} = 300\text{N} \cdot \text{m}$。变截面处的过渡圆角半径 $r = 2\text{mm}$,如图所示。轴的材料为碳素钢, $\sigma_b = 500\text{MPa}$, $\sigma_{-1} = 220\text{MPa}$, $\tau_{-1} = 120\text{MPa}$, $\tau_0 = 200\text{MPa}$,轴表面为精车加工,试求轴的工作安全因数。

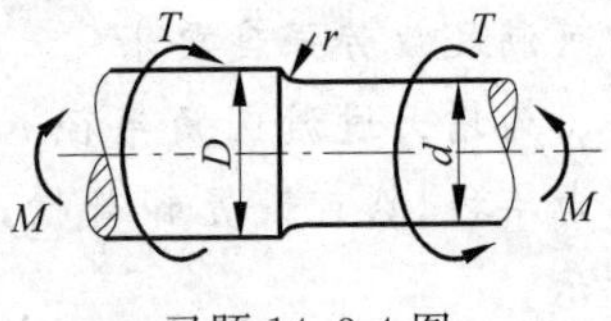

习题 14.3-4 图

解 (1) 交变应力参量

弯曲:　　应力比　　　　　　$r = -1$

最大正应力　　　$\sigma_{\max} = \dfrac{M}{W} = \dfrac{32 \times (400\text{N} \cdot \text{m})}{\pi (40 \times 10^{-3}\text{m})^3} = 63.7 \times 10^6\text{Pa}$

最小正应力　　　$\sigma_{\min} = -\sigma_{\max} = 63.7 \times 10^6\text{Pa}$

扭转:　　应力比　　　　　　$r = \dfrac{\tau_{\min}}{\tau_{\max}} = \dfrac{T_{\min}}{T_{\max}} = 0.5$

最大切应力　　　$\tau_{\max} = \dfrac{T_{\max}}{W_p} = \dfrac{16 \times (600\text{N} \cdot \text{m})}{\pi (40 \times 10^{-3}\text{m})^3} = 47.7 \times 10^6\text{Pa}$

最小切应力　　　$\tau_{\min} = \tau_{\max}\dfrac{T_{\min}}{T_{\max}} = 23.9 \times 10^6\text{Pa}$

平均应力　　　　$\tau_m = \dfrac{\tau_{\max} + \tau_{\min}}{2} = 35.8 \times 10^6\text{Pa}$

应力幅值　　　　$\tau_a = \dfrac{\tau_{\max} - \tau_{\min}}{2} = 11.9 \times 10^6\text{Pa}$

(2) 影响因数

由 $D/d = 1.25$, $r/d = 0.05$ 及图 14-4、图 14-6~图 14-9 查得

弯曲:
$$K_\sigma = 1 + 0.91 \times (2.25 - 1) = 2.05$$
$$\varepsilon_\sigma = 0.83, \quad \beta = 0.95$$

扭转:
$$K_\tau = 1 + 0.86 \times (1.5 - 1) = 1.43$$
$$\varepsilon_\tau = 0.83, \quad \beta = 0.95$$
$$\psi_\tau = \frac{2\tau_{-1} - \tau_0}{\tau_0} = \frac{2 \times (120 \times 10^6\text{Pa}) - (200 \times 10^6\text{Pa})}{200 \times 10^6\text{Pa}} = 0.2$$

(3) 工作安全因数
$$n_\sigma = \frac{\varepsilon_\sigma \beta \sigma_{-1}}{K_\sigma \sigma_{\max}} = \frac{0.83 \times 0.95 \times (220 \times 10^6\text{Pa})}{2.05 \times (63.7 \times 10^6\text{Pa})} = 1.33$$
$$n_\tau = \frac{\tau_{-1}}{\dfrac{K_\tau}{\varepsilon_\tau \beta}\tau_a + \psi_\tau \tau_m} = \frac{120 \times 10^6\text{Pa}}{\dfrac{1.43}{0.83 \times 0.95} \times (11.9 \times 10^6\text{Pa}) + 0.2 \times (35.8 \times 10^6\text{Pa})}$$
$$= 4.18$$

所以
$$n_{\sigma\tau}=\frac{n_\sigma n_\tau}{\sqrt{n_\sigma^2+n_\tau^2}}=\frac{1.33\times4.18}{\sqrt{1.33^2+4.18^2}}=1.27$$

*14.3-5 由塑性材料制成的构件承受交变应力时,若材料的强度极限为 σ_b,屈服极限为 σ_s,对称循环的疲劳极限为 σ_{-1},脉动循环的疲劳极限为 σ_0,以及构件的有效应力集中因数、尺寸因数和表面质量因数分别为 K_σ、ε_σ 和 β,试画出构件内危险点既不发生疲劳破坏,也不发出屈服的区域。

解 (1)疲劳极限简化折线

取 σ_a-σ_m 坐标系,由材料的 σ_{-1}、σ_0 和 σ_b 分别在 σ_a-σ_m 坐标系中定点 A、C 和 B:

点 A: $\qquad\qquad\sigma_a=\sigma_{-1},\quad\sigma_m=0$

点 C: $\qquad\qquad\sigma_a=\dfrac{\sigma_0}{2},\quad\sigma_m=\dfrac{\sigma_0}{2}$

点 B: $\qquad\qquad\sigma_a=0,\quad\sigma_m=\sigma_b$

实验表明,对于非对称循环交变应力,构件的影响因数(k_σ、ε_σ、β)仅对交变应力中的应力幅有影响,而对不随时间变化的平均应力没有影响。为此,将各点的纵坐标乘以影响因数 $\varepsilon_\sigma\cdot\beta/K_\sigma$,分别得点 A'、C'。以直线连接点 A'、C' 和点 C'、B,即得疲劳极限简化折线。

(2)不发生疲劳破坏和屈服的区域

在 σ_a-σ_m 坐标系的疲劳极限简化折线基础上,在 σ_m 轴上取相应于材料屈服极限的点 D,并由点 D 作与 σ_m 轴成 $45°$ 的射线 DE,如图所示。

若相应于构件危险点交变应力的点在 $OA'ED$ 区域内,则其交变应力的最大应力 $\sigma_{max}=\sigma_a+\sigma_m$ 既小于材料的疲劳极限 σ_r,也小于屈服极限 σ_s,即不发生疲劳破坏或屈服失效。

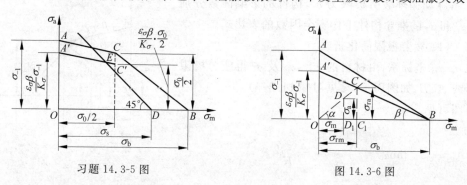

习题 14.3-5 图   图 14.3-6 图

*14.3-6 承受交变应力的构件,若仅有材料的强度极限 σ_b 和对称循环疲劳极限 σ_{-1},以及构件的有效应力集中因数 K_σ、尺寸因数 ε_σ 和表面质量因数 β,试推导构件在非对称循环交变应力下工作安全因数的表达式。

解 (1)疲劳极限简化直线

取 σ_a-σ_m 坐标系,由材料的 σ_{-1} 及 σ_b 定点 $A(\sigma_a=\sigma_{-1},\sigma_m=0)$ 及点 $B(\sigma_a=0,\sigma_m=\sigma_b)$,考虑影响因数得点 $A'\left(\sigma_a=\dfrac{\varepsilon_\sigma\beta}{K_\sigma}\sigma_{-1},\sigma_m=0\right)$,并以直线连接点 A'、B,即得构件的疲劳极限简化直线,如图所示。

（2）工作安全因数

若非对称循环交变应力的平均应力为 σ_{m}，应力幅为 σ_{a}，应力比为 r，则由

$$\tan\alpha = \frac{\sigma_{\mathrm{a}}}{\sigma_{\mathrm{m}}} = \frac{1-r}{1+r}$$

作射线 $\overline{OD}$，并与疲劳极限简化直线 $\overline{A'B}$ 相交于点 C，如图所示。即得构件的工作安全因数

$$n_\sigma = \frac{\sigma_{\mathrm{r}}}{\sigma_{\max}} = \frac{\sigma_{\mathrm{ra}} + \sigma_{\mathrm{rm}}}{\sigma_{\mathrm{a}} + \sigma_{\mathrm{m}}} = \frac{\sigma_{\mathrm{ra}}}{\sigma_{\mathrm{a}}}$$

而

$$\sigma_{\mathrm{ra}} = \frac{\varepsilon_\sigma \beta}{K_\sigma}\sigma_{-1} - \sigma_{\mathrm{rm}} \cdot \tan\beta = \frac{\varepsilon_\sigma \beta}{K_\sigma}\sigma_{-1} - \left(\sigma_{\mathrm{m}}\frac{\sigma_{\mathrm{ra}}}{\sigma_{\mathrm{a}}}\right)\left(\frac{\varepsilon_\sigma \beta}{K_\sigma} \cdot \frac{\sigma_{-1}}{\sigma_{\mathrm{b}}}\right)$$

$$\sigma_{\mathrm{ra}}\frac{K_\sigma}{\varepsilon_\sigma \beta} + \sigma_{\mathrm{ra}}\frac{\sigma_{\mathrm{m}}}{\sigma_{\mathrm{a}}} \cdot \frac{\sigma_{-1}}{\sigma_{\mathrm{b}}} = \sigma_{-1}$$

令 $\psi_\sigma = \dfrac{\sigma_{-1}}{\sigma_{\mathrm{b}}}$，得

$$\sigma_{\mathrm{ra}} = \left(\frac{\sigma_{-1}}{\dfrac{K_\sigma}{\varepsilon_\sigma \beta}\sigma_{\mathrm{a}} + \psi_\sigma \sigma_{\mathrm{m}}}\right)\sigma_{\mathrm{a}}$$

代入 n_σ 式，即得

$$n_\sigma = \frac{\sigma_{-1}}{\dfrac{K_\sigma}{\varepsilon_\sigma \beta}\sigma_{\mathrm{a}} + \psi_\sigma \sigma_{\mathrm{m}}}$$

式中，$\psi_\sigma = \sigma_{-1}/\sigma_{\mathrm{b}}$。

*14.3-7　塑性材料制成的构件承受交变应力，材料的屈服极限为 σ_{s}，对称循环疲劳极限为 σ_{-1}，脉动循环疲劳极限为 σ_0，构件的影响因数分别为 K_σ、ε_σ 和 β，试推导构件工作安全因数的表达式。

解　（1）疲劳极限简化折线

取 σ_{a}-σ_{m} 坐标系，由材料的 σ_{-1}、σ_0 及 σ_{s} 得疲劳极限简化折线 ACB，如图所示（参见习题 14.3-5）。

由图可见，

$$\tan\alpha_0 = \frac{\dfrac{\varepsilon_\sigma \beta}{K_\sigma} \cdot \dfrac{\sigma_0}{2}}{\dfrac{\sigma_0}{2}} = \frac{\varepsilon_\sigma \beta}{K_\sigma}$$

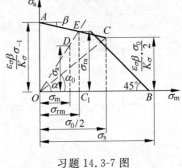

习题 14.3-7 图

（2）疲劳强度的工作安全因数

设交变应力的平均应力为 σ_{m}，应力幅为 σ_{a}，应力比为 r，则由

$$\tan\alpha = \frac{1-r}{1+r}$$

当 $\alpha \geqslant \alpha_0$ 时，应考虑构件的疲劳强度。构件的工作安全因数

$$n_\sigma = \frac{\sigma_{\mathrm{ra}}}{\sigma_{\mathrm{a}}}$$

而

$$\sigma_{\mathrm{ra}} = \frac{\varepsilon_\sigma \beta}{K_\sigma}\sigma_{-1} - \sigma_{\mathrm{rm}}\tan\beta = \frac{\varepsilon_\sigma \beta}{K_\sigma}\sigma_{-1} - \left(\sigma_{\mathrm{ra}}\frac{\sigma_{\mathrm{m}}}{\sigma_{\mathrm{a}}}\right)\frac{\varepsilon_\sigma \beta}{K_\sigma}\left(\frac{\sigma_{-1} - \sigma_0/2}{\sigma_0/2}\right)$$

$$\sigma_{\text{ra}} = \left[\frac{\sigma_{-1}}{\dfrac{K_\sigma}{\varepsilon_\sigma \beta} \cdot \sigma_{\text{a}} + \left(\dfrac{\sigma_{-1} - \sigma_0/2}{\sigma_0/2} \right) \sigma_{\text{m}}} \right] \sigma_{\text{a}}$$

令 $\psi_\sigma = \dfrac{\sigma_{-1} - \sigma_0/2}{\sigma_0/2} = \dfrac{2\sigma_{-1} - \sigma_0}{\sigma_0}$，并将 σ_{ra} 代入 n_σ 式，即得交变应力下疲劳强度的工作安全因数

$$n_\sigma = \frac{\sigma_{-1}}{\dfrac{K_\sigma}{\varepsilon_\sigma \beta} \cdot \sigma_{\text{a}} + \psi_\sigma \sigma_{\text{m}}}$$

式中，$\psi_\sigma = \dfrac{2\sigma_{-1} - \sigma_0}{\sigma_0}$。

（3）屈服强度的工作安全因数

当 $\alpha \leqslant \alpha_0$ 时，应考虑构件的屈服强度，其工作安全因数为

$$n_\sigma = \frac{\sigma_{\text{s}}}{\sigma_{\max}}$$

讨论：

（1）由本题推导可见，非对称循环的疲劳强度条件式(14-13)，实质上是由疲劳极限的简化折线推得的，式中 ψ_σ 即称为非对称循环的敏感因数。

（2）在工程实践中，近似地可认为 $r \leqslant 0$（即 $\alpha \geqslant \alpha_0 = 45°$）将发生疲劳破坏，而 $r \geqslant 0$（即 $\alpha \leqslant 45°$）通常为屈服失效。在具体计算中，通常是先按静应力强度条件设计构件的截面尺寸，然后，再进行构件的疲劳强度校核。因此，在校核构件的疲劳强度后，一般并不需要再进行屈服强度的校核。

参 考 文 献

1. 孙训方,方孝淑,关来泰. 孙训方,胡增强修订. 材料力学(Ⅰ)[M]. 4 版. 北京：高等教育出版社,2002.

2. 孙训方,方孝淑,关来泰. 孙训方,胡增强修订. 材料力学(Ⅱ)[M]. 4 版. 北京：高等教育出版社,2002.

3. 单辉祖. 材料力学(Ⅰ)[M]. 北京：高等教育出版社,1999.

4. 单辉祖. 材料力学(Ⅱ)[M]. 北京：高等教育出版社,1999.

5. 胡增强. 固体力学基础[M]. 南京：东南大学出版社,1990.

6. 胡增强. 材料力学学习指导[M]. 北京：高等教育出版社,2003.

7. 胡增强. 材料力学习题解析[M]. 北京：中国农业机械出版社,1983.

8. 苏翼林. 材料力学难题分析[M]. 北京：高等教育出版社,1988.

9. GERE J M, TIMOSHENKO S P. Mechanics of materials[M]. SI ed. New York：Van Norstrand Reinhold, 1984.

10. ARCHER R R, COOK N H, CRANDALL S P, et al. An introduction to the mechanics of solids [M]. 2nd ed. New York：McGraw Hill, 1972.

附录 Ⅰ

型钢规格表

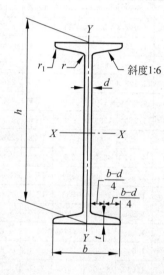

说明:

h——高度;

b——腿宽度;

d——腰厚度;

t——腿中间厚度;

r——内圆弧半径;

r_1——腿端圆弧半径。

表1 热轧工字钢 GB/T 706—2016

型号	截面尺寸/mm						截面面积/cm²	理论重量/(kg/m)	外表面积/(m²/m)	惯性矩/cm⁴		惯性半径/cm		截面模数/cm³	
	h	b	d	t	r	r_1				I_x	I_y	i_x	i_y	W_x	W_y
10	100	68	4.5	7.6	6.5	3.3	14.33	11.3	0.432	245	33,0	4.14	1.52	49.0	9.72
12	120	74	5.0	8.4	7.0	3.5	17.80	14.0	0.493	436	46.9	4.95	1.62	72.7	12.7
12.6	126	74	5.0	8.4	7.0	3.5	18.10	14.2	0.505	488	46.9	5.20	1.61	77.5	12.7
14	140	80	5.5	9.1	7.5	3.8	21.50	16.9	0.553	712	64.4	5.76	1.73	102	16.1
16	160	88	6.0	9.9	8.0	4.0	26.11	20.5	0.621	1130	93.1	6.58	1.89	141	21.2
18	180	94	6.5	10.7	8.5	4.3	30.74	24.1	0.681	1660	122	7.36	2.00	185	26.0
20a	200	100	7.0	11.4	9.0	4.5	35.55	27.9	0.742	2370	158	8.15	2.12	237	31.5
20b		102	9.0				39.55	31.1	0.746	2500	169	7.96	2.06	250	33.1
22a	220	110	7.5	12.3	9.5	4.8	42.10	33.1	0.817	3400	225	8.99	2.31	309	40.9
22b		112	9.5				46.50	36.5	0.821	3570	239	8.78	2.27	325	42.7
24a	240	116	8.0	13.0	10.0	5.0	47.71	37.5	0.878	4570	280	9.77	2.42	381	48.4
24b		118	10.0				52.51	41.2	0.882	4800	297	9.57	2.38	400	50.4
25a	250	116	8.0				48.51	38.1	0.898	5020	280	10.2	2.40	402	48.3
25b		118	10.0				53.51	42.0	0.902	5280	309	9.94	2.40	423	52.4

型号	截面尺寸/mm						截面面积/cm²	理论重量/(kg/m)	外表面积/(m²/m)	惯性矩/cm⁴		惯性半径/cm		截面模数/cm³	
	h	b	d	t	r	r_1				I_x	I_y	i_x	i_y	W_x	W_y
27a	270	122	8.5	13.7	10.5	5.3	54.52	42.8	0.958	6550	345	10.9	2.51	485	56.6
27b		124	10.5				59.92	47.0	0.962	6870	366	10.7	2.47	509	58.9
28a	280	122	8.5	13.7	10.5	5.3	55.37	43.5	0.978	7110	345	11.3	2.50	508	56.6
28b		124	10.5				60.97	47.9	0.982	7480	379	11.1	2.49	534	61.2
30a	300	126	9.0	14.4	11.0	5.5	61.22	48.1	1.031	8950	400	12.1	2.55	597	63.5
30b		128	11.0				67.22	52.8	1.035	9400	422	11.8	2.50	627	65.9
30c		130	13.0				73.22	57.5	1.039	9850	445	11.6	2.46	657	68.5
32a	320	130	9.5	15.0	11.5	5.8	67.12	52.7	1.084	11100	460	12.8	2.62	692	70.8
32b		132	11.5				73.52	57.7	1.088	11600	502	12.6	2.61	726	76.0
32c		134	13.5				79.92	62.7	1.092	12200	544	12.3	2.61	760	81.2
36a	360	136	10.0	15.8	12.0	6.0	76.44	60.0	1.185	15800	552	14.4	2.69	875	81.2
36b		138	12.0				83.64	65.7	1.189	16500	582	14.1	2.64	919	84.3
36c		140	14.0				90.84	71.3	1.193	17300	612	13.8	2.60	962	87.4
40a	400	142	10.5	16.5	12.5	6.3	86.07	67.6	1.285	21700	660	15.9	2.77	1090	93.2
40b		144	12.5				94.07	73.8	1.289	22800	692	15.6	2.71	1140	96.2
40c		146	14.5				102.1	80.1	1.293	23900	727	15.2	2.65	1190	99.6
45a	450	150	11.5	18.0	13.5	6.8	102.4	80.4	1.411	32200	855	17.7	2.89	1430	114
45b		152	13.5				111.4	87.4	1.415	33800	894	17.4	2.84	1500	118
45c		154	15.5				120.4	94.5	1.419	35300	938	17.1	2.79	1570	122
50a	500	158	12.0	20.0	14.0	7.0	119.2	93.6	1.539	46500	1120	19.7	3.07	1860	142
50b		160	14.0				129.2	101	1.543	48600	1170	19.4	3.01	1940	146
50c		162	16.0				139.2	109	1.547	50600	1220	19.0	2.96	2080	151
55a	550	166	12.5	21.0	14.5	7.3	134.1	105	1.667	62900	1370	21.6	3.19	2290	164
55b		168	14.5				145.1	114	1.671	65600	1420	21.2	3.14	2390	170
55c		170	16.5				156.1	123	1.675	68400	1480	20.9	3.08	2490	175
56a	560	166	12.5	21.0	14.5	7.3	135.4	106	1.687	65600	1370	22.0	3.18	2340	165
56b		168	14.5				146.6	115	1.691	68500	1490	21.6	3.16	2450	174
56c		170	16.5				157.8	124	1.695	71400	1560	21.3	3.16	2550	183
63a	630	176	13.0	22.0	15.0	7.5	154.6	121	1.862	93900	1700	24.5	3.31	2980	193
63b		178	15.0				167.2	131	1.866	98100	1810	24.2	3.29	3160	204
63c		180	17.0				179.8	141	1.870	102000	1920	23.8	3.27	3300	214

注：表中 r、r_1 的数据用于孔型设计，不作交货条件。

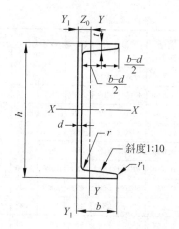

说明：

h——高度；

b——腿宽度；

d——腰厚度；

t——腿中间厚度；

r——内圆弧半径；

r_1——腿端圆弧半径；

Z_0——重心距离。

图中标注：$\dfrac{b-d}{2}$、斜度 1:10

表 2　热轧槽钢　GB/T 706—2016

型号	截面尺寸/mm						截面面积/cm²	理论重量/(kg/m)	外表面积/(m²/m)	惯性矩/cm⁴			惯性半径/cm		截面模数/cm³		重心距离/cm
	h	b	d	t	r	r_1				I_x	I_y	I_{y1}	i_x	i_y	W_x	W_y	Z_0
5	50	37	4.5	7.0	7.0	3.5	6.925	5.44	0.226	26.0	8.30	20.9	1.94	1.10	10.4	3.55	1.35
6.3	63	40	4.8	7.5	7.5	3.8	8.446	6.63	0.262	50.8	11.9	28.4	2.45	1.19	16.1	4.50	1.36
6.5	65	40	4.3	7.5	7.5	3.8	8.292	6.51	0.267	55.2	12.0	28.3	2.54	1.19	17.0	4.59	1.38
8	80	43	5.0	8.0	8.0	4.0	10.24	8.04	0.307	101	16.6	37.4	3.15	1.27	25.3	5.79	1.43
10	100	48	5.3	8.5	8.5	4.2	12.74	10.0	0.365	198	25.6	54.9	3.95	1.41	39.7	7.80	1.52
12	120	53	5.5	9.0	9.0	4.5	15.36	12.1	0.423	346	37.4	77.7	4.75	1.56	57.7	10.2	1.62
12.6	126	53	5.5	9.0	9.0	4.5	15.69	12.3	0.435	391	38.0	77.1	4.95	1.57	62.1	10.2	1.59
14a	140	58	6.0	9.5	9.5	4.8	18.51	14.5	0.480	564	53.2	107	5.52	1.70	80.5	13.0	1.71
14b	140	60	8.0	9.5	9.5	4.8	21.31	16.7	0.484	609	61.1	121	5.35	1.69	87.1	14.1	1.67
16a	160	63	6.5	10.0	10.0	5.0	21.95	17.2	0.538	866	73.3	144	6.28	1.83	108	16.3	1.80
16b	160	65	8.5	10.0	10.0	5.0	25.15	19.8	0.542	935	83.4	161	6.10	1.82	117	17.6	1.75
18a	180	68	7.0	10.5	10.5	5.2	25.69	20.2	0.596	1270	98.6	190	7.04	1.96	141	20.0	1.88
18b	180	70	9.0	10.5	10.5	5.2	29.29	23.0	0.600	1370	111	210	6.84	1.95	152	21.5	1.84
20a	200	73	7.0	11.0	11.0	5.5	28.83	22.6	0.654	1780	128	244	7.86	2.11	178	24.2	2.01
20b	200	75	9.0	11.0	11.0	5.5	32.83	25.8	0.658	1910	144	268	7.64	2.09	191	25.9	1.95
22a	220	77	7.0	11.5	11.5	5.8	31.83	25.0	0.709	2390	158	298	8.67	2.23	218	28.2	2.10
22b	220	79	9.0	11.5	11.5	5.8	36.23	28.5	0.713	2570	176	326	8.42	2.21	234	30.1	2.03
24a	240	78	7.0	12.0	12.0	6.0	34.21	26.9	0.752	3050	174	325	9.45	2.25	254	30.5	2.10
24b	240	80	9.0	12.0	12.0	6.0	39.01	30.6	0.756	3280	194	355	9.17	2.23	274	32.5	2.03
24c	240	82	11.0	12.0	12.0	6.0	43.81	34.4	0.760	3510	213	388	8.96	2.21	293	34.4	2.00
25a	250	78	7.0	12.0	12.0	6.0	34.91	27.4	0.722	3370	176	322	9.82	2.24	270	30.6	2.07
25b	250	80	9.0	12.0	12.0	6.0	39.91	31.3	0.776	3530	196	353	9.41	2.22	282	32.7	1.98
25c	250	82	11.0	12.0	12.0	6.0	44.91	35.3	0.780	3690	218	384	9.07	2.21	295	35.9	1.92

续表

型号	截面尺寸/mm						截面面积/cm²	理论重量/(kg/m)	外表面积/(m²/m)	惯性矩/cm⁴			惯性半径/cm		截面模数/cm³		重心距离/cm
	h	b	d	t	r	r_1				I_x	I_y	I_{y1}	i_x	i_y	W_x	W_y	Z_0
27a		82	7.5				39.27	30.8	0.826	4360	216	393	10.5	2.34	323	35.5	2.13
27b	270	84	9.5				44.67	35.1	0.830	4690	239	428	10.3	2.31	347	37.7	2.06
27c		86	11.5	12.5	12.5	6.2	50.07	39.3	0.834	5020	261	467	10.1	2.28	372	39.8	2.03
28a		82	7.5				40.02	31.4	0.846	4760	218	388	10.9	2.33	340	35.7	2.10
28b	280	84	9.5				45.62	35.8	0.850	5130	242	428	10.6	2.30	366	37.9	2.02
28c		86	11.5				51.22	40.2	0.854	5500	268	463	10.4	2.29	393	40.3	1.95
30a		85	7.5				43.89	34.5	0.897	6050	260	467	11.7	2.43	403	41.1	2.17
30b	300	87	9.5	13.5	13.5	6.8	49.89	39.2	0.901	6500	289	515	11.4	2.41	433	44.0	2.13
30c		89	11.5				55.89	43.9	0.905	6950	316	560	11.2	2.38	463	46.4	2.09
32a		88	8.0				48.50	38.1	0.947	7600	305	552	12.5	2.50	475	46.5	2.24
32b	320	90	10.0	14.0	14.0	7.0	54.90	43.1	0.951	8140	336	593	12.2	2.47	509	49.2	2.16
32c		92	12.0				61.30	48.1	0.955	8690	374	643	11.9	2.47	543	52.6	2.09
36a		96	9.0				60.89	47.8	1.053	11900	455	818	14.0	2.73	660	63.5	2.44
36b	360	98	11.0	16.0	16.0	8.0	68.09	53.5	1.057	12700	497	880	13.6	2.70	703	66.9	2.37
36c		100	13.0				75.29	59.1	1.061	13400	536	948	13.4	2.67	746	70.0	2.34
40a		100	10.5				75.04	58.9	1.144	17600	592	1070	15.3	2.81	879	78.8	2.49
40b	400	102	12.5	18.0	18.0	9.0	83.04	65.2	1.148	18600	640	1140	15.0	2.78	932	82.5	2.44
40c		104	14.5				91.04	71.5	1.152	19700	688	1220	14.7	2.75	986	86.2	2.42

注：表中 r、r_1 的数据用于孔型设计，不作交货条件。

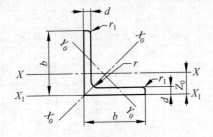

说明：

b——边宽度；

d——边厚度；

r——内圆弧半径；

r_1——边端圆弧半径；

Z_0——重心距离。

表 3　热轧等边角钢　GB/T 706—2016

型号	截面尺寸/mm			截面面积/cm²	理论重量/(kg/m)	外表面积/(m²/m)	惯性矩/cm⁴				惯性半径/cm			截面模数/cm³			重心距离/cm
	b	d	r				I_x	I_{x1}	I_{x0}	I_{y0}	i_x	i_{x0}	i_{y0}	W_x	W_{x0}	W_{y0}	Z_0
2	20	3	3.5	1.132	0.89	0.078	0.40	0.81	0.63	0.17	0.59	0.75	0.39	0.29	0.45	0.20	0.60
		4		1.459	1.15	0.077	0.50	1.09	0.78	0.22	0.58	0.73	0.38	0.36	0.55	0.24	0.64
2.5	25	3	3.5	1.432	1.12	0.098	0.82	1.57	1.29	0.34	0.76	0.95	0.49	0.46	0.73	0.33	0.73
		4		1.859	1.46	0.097	1.03	2.11	1.62	0.43	0.74	0.93	0.48	0.59	0.92	0.40	0.76

续表

型号	截面尺寸/mm			截面面积/cm²	理论重量/(kg/m)	外表面积/(m²/m)	惯性矩/cm⁴				惯性半径/cm			截面模数/cm³			重心距离/cm
	b	d	r				I_x	I_{x1}	I_{x0}	I_{y0}	i_x	i_{x0}	i_{y0}	W_x	W_{x0}	W_{y0}	Z_0
3.0	30	3		1.749	1.37	0.117	1.46	2.71	2.31	0.61	0.91	1.15	0.59	0.68	1.09	0.51	0.85
		4		2.276	1.79	0.117	1.84	3.63	2.92	0.77	0.90	1.13	0.58	0.87	1.37	0.62	0.89
3.6	36	3	4.5	2.109	1.66	0.141	2.58	4.68	4.09	1.07	1.11	1.39	0.71	0.99	1.61	0.76	1.00
		4		2.756	2.16	0.141	3.29	6.25	5.22	1.37	1.09	1.38	0.70	1.28	2.05	0.93	1.04
		5		3.382	2.65	0.141	3.95	7.84	6.24	1.65	1.08	1.36	0.70	1.56	2.45	1.00	1.07
4	40	3		2.359	1.85	0.157	3.59	6.41	5.69	1.49	1.23	1.55	0.79	1.23	2.01	0.96	1.09
		4		3.086	2.42	0.157	4.60	8.56	7.29	1.91	1.22	1.54	0.79	1.60	2.58	1.19	1.13
		5		3.792	2.98	0.156	5.53	10.7	8.76	2.30	1.21	1.52	0.78	1.96	3.10	1.39	1.17
4.5	45	3	5	2.659	2.09	0.177	5.17	9.12	8.20	2.14	1.40	1.76	0.89	1.58	2.58	1.24	1.22
		4		3.486	2.74	0.177	6.65	12.2	10.6	2.75	1.38	1.74	0.89	2.05	3.32	1.54	1.26
		5		4.292	3.37	0.176	8.04	15.2	12.7	3.33	1.37	1.72	0.88	2.51	4.00	1.81	1.30
		6		5.077	3.99	0.176	9.33	18.4	14.8	3.89	1.36	1.70	0.80	2.95	4.64	2.06	1.33
5	50	3	5.5	2.971	2.33	0.197	7.18	12.5	11.4	2.98	1.55	1.96	1.00	1.96	3.22	1.57	1.34
		4		3.897	3.06	0.197	9.26	16.7	14.7	3.82	1.54	1.94	0.99	2.56	4.16	1.96	1.38
		5		4.803	3.77	0.196	11.2	20.9	17.8	4.64	1.53	1.92	0.98	3.13	5.03	2.31	1.42
		6		5.688	4.46	0.196	13.1	25.1	20.7	5.42	1.52	1.91	0.98	3.68	5.85	2.63	1.46
5.6	56	3	6	3.343	2.62	0.221	10.2	17.6	16.1	4.24	1.75	2.20	1.13	2.48	4.08	2.02	1.48
		4		4.39	3.45	0.220	13.2	23.4	20.9	5.46	1.73	2.18	1.11	3.24	5.28	2.52	1.53
		5		5.415	4.25	0.220	16.0	29.3	25.4	6.61	1.72	2.17	1.10	3.97	6.42	2.98	1.57
		6		6.42	5.04	0.220	18.7	35.3	29.7	7.73	1.71	2.15	1.10	4.68	7.49	3.40	1.61
		7		7.404	5.81	0.219	21.2	41.2	33.6	8.82	1.69	2.13	1.09	5.36	8.49	3.80	1.64
		8		8.367	6.57	0.219	23.6	47.2	37.4	9.89	1.68	2.11	1.09	6.03	9.44	4.16	1.68
6	60	5	6.5	5.829	4.58	0.236	19.9	36.1	31.6	8.21	1.85	2.33	1.19	4.59	7.44	3.48	1.67
		6		6.914	5.43	0.235	23.4	43.3	36.9	9.60	1.83	2.31	1.18	5.41	8.70	3.98	1.70
		7		7.977	6.26	0.235	26.4	50.7	41.9	11.0	1.82	2.29	1.17	6.21	9.88	4.45	1.74
		8		9.02	7.08	0.235	29.5	58.0	46.7	12.3	1.81	2.27	1.17	6.98	11.0	4.88	1.78
6.3	63	4	7	4.978	3.91	0.248	19.0	33.4	30.2	7.89	1.96	2.46	1.26	4.13	6.78	3.29	1.70
		5		6.143	4.82	0.248	23.2	41.7	36.8	9.57	1.94	2.45	1.25	5.08	8.25	3.90	1.74
		6		7.288	5.72	0.247	27.1	50.1	43.0	11.2	1.93	2.43	1.24	6.00	9.66	4.46	1.78
		7		8.412	6.60	0.247	30.9	58.6	49.0	12.8	1.92	2.41	1.23	6.88	11.0	4.98	1.82
		8		9.515	7.47	0.247	34.5	67.1	54.6	14.3	1.90	2.40	1.23	7.75	12.3	5.47	1.85
		10		11.66	9.15	0.246	41.1	84.3	64.9	17.3	1.88	2.36	1.22	9.39	14.6	6.36	1.93
7	70	4	8	5.570	4.37	0.275	26.4	45.7	41.8	11.0	2.18	2.74	1.40	5.14	8.44	4.17	1.86
		5		6.876	5.40	0.275	32.2	57.2	51.1	13.3	2.16	2.73	1.39	6.32	10.3	4.95	1.91
		6		8.160	6.41	0.275	37.8	68.7	59.9	15.6	2.15	2.71	1.38	7.48	12.1	5.67	1.95
		7		9.424	7.40	0.275	43.1	80.3	68.4	17.8	2.14	2.69	1.38	8.59	13.8	6.34	1.99
		8		10.67	8.37	0.274	48.2	91.9	76.4	20.0	2.12	2.68	1.37	9.68	15.4	6.98	2.03

型号	截面尺寸/mm			截面面积/cm²	理论重量/(kg/m)	外表面积/(m²/m)	惯性矩/cm⁴				惯性半径/cm			截面模数/cm³			重心距离/cm
	b	d	r				I_x	I_{x1}	I_{x0}	I_{y0}	i_x	i_{x0}	i_{y0}	W_x	W_{x0}	W_{y0}	Z_0
7.5	75	5	9	7.412	5.82	0.295	40.0	70.6	63.3	16.6	2.33	2.92	1.50	7.32	11.9	5.77	2.04
		6		8.797	6.91	0.294	47.0	84.6	74.4	19.5	2.31	2.90	1.49	8.64	14.0	6.67	2.07
		7		10.16	7.98	0.294	53.6	98.7	85.0	22.2	2.30	2.89	1.48	9.93	16.0	7.44	2.11
		8		11.50	9.03	0.294	60.0	113	95.1	24.9	2.28	2.88	1.47	11.2	17.9	8.19	2.15
		9		12.83	10.1	0.294	66.1	127	105	27.5	2.27	2.86	1.46	12.4	19.8	8.89	2.18
		10		14.13	11.1	0.293	72.0	142	114	30.1	2.26	2.84	1.46	13.6	21.5	9.56	2.22
8	80	5	9	7.912	6.21	0.315	48.8	85.4	77.3	20.3	2.48	3.13	1.60	8.34	13.7	6.66	2.15
		6		9.397	7.38	0.314	57.4	103	91.0	23.7	2.47	3.11	1.59	9.87	16.1	7.65	2.19
		7		10.86	8.53	0.314	65.6	120	104	27.1	2.46	3.10	1.58	11.4	18.4	8.58	2.23
		8		12.30	9.66	0.314	73.5	137	117	30.4	2.44	3.08	1.57	12.8	20.6	9.46	2.27
		9		13.73	10.8	0.314	81.1	154	129	33.6	2.43	3.06	1.56	14.3	22.7	10.3	2.31
		10		15.13	11.9	0.313	88.4	172	140	36.8	2.42	3.04	1.56	15.6	24.8	11.1	2.35
9	90	6	10	10.64	8.35	0.354	82.8	146	131	34.3	2.79	3.51	1.80	12.6	20.6	9.95	2.44
		7		12.30	9.66	0.354	94.8	170	150	39.2	2.78	3.50	1.78	14.5	23.6	11.2	2.48
		8		13.94	10.9	0.353	106	195	169	44.0	2.76	3.48	1.78	16.4	26.6	12.4	2.52
		9		15.57	12.2	0.353	118	219	187	48.7	2.75	3.46	1.77	18.3	29.4	13.5	2.56
		10		17.17	13.5	0.353	129	244	204	53.3	2.74	3.45	1.76	20.1	32.0	14.5	2.59
		12		20.31	15.9	0.352	149	294	236	62.2	2.71	3.41	1.75	23.6	37.1	16.5	2.67
10	100	6	12	11.93	9.37	0.393	115	200	182	47.9	3.10	3.90	2.00	15.7	25.7	12.7	2.67
		7		13.80	10.8	0.393	132	234	209	54.7	3.09	3.89	1.99	18.1	29.6	14.3	2.71
		8		15.64	12.3	0.393	148	267	235	61.4	3.08	3.88	1.98	20.5	33.2	15.8	2.76
		9		17.46	13.7	0.392	164	300	260	68.0	3.07	3.86	1.97	22.8	36.8	17.2	2.80
		10		19.26	15.1	0.392	180	334	285	74.4	3.05	3.84	1.96	25.1	40.3	18.5	2.84
		12		22.80	17.9	0.391	209	402	331	86.8	3.03	3.81	1.95	29.5	46.8	21.1	2.91
		14		26.26	20.6	0.391	237	471	374	99.0	3.00	3.77	1.94	33.7	52.9	23.4	2.99
		16		29.63	23.3	0.390	263	540	414	111	2.98	3.74	1.94	37.8	58.6	25.6	3.06
11	110	7	12	15.20	11.9	0.433	177	311	281	73.4	3.41	4.30	2.20	22.1	36.1	17.5	2.96
		8		17.24	13.5	0.433	199	355	316	82.4	3.40	4.28	2.19	25.0	40.7	19.4	3.01
		10		21.26	16.7	0.432	242	445	384	100	3.38	4.25	2.17	30.6	49.4	22.9	3.09
		12		25.20	19.8	0.431	283	535	448	117	3.35	4.22	2.15	36.1	57.6	26.2	3.16
		14		29.06	22.8	0.431	321	625	508	133	3.32	4.18	2.14	41.3	65.3	29.1	3.24

续表

型号	截面尺寸/mm			截面面积/cm²	理论重量/(kg/m)	外表面积/(m²/m)	惯性矩/cm⁴				惯性半径/cm			截面模数/cm³			重心距离/cm
	b	d	r				I_x	I_{x1}	I_{x0}	I_{y0}	i_x	i_{x0}	i_{y0}	W_x	W_{x0}	W_{y0}	Z_0
12.5	125	8		19.75	15.5	0.492	297	521	471	123	3.88	4.88	2.50	32.5	53.3	25.9	3.37
		10		24.37	19.1	0.491	362	652	574	149	3.85	4.85	2.48	40.0	64.9	30.6	3.45
		12		28.91	22.7	0.491	423	783	671	175	3.83	4.82	2.46	41.2	76.0	35.0	3.53
		14		33.37	26.2	0.490	482	916	764	200	3.80	4.78	2.45	54.2	86.4	39.1	3.61
		16		37.74	29.6	0.489	537	1050	851	224	3.77	4.75	2.43	60.9	96.3	43.0	3.68
14	140	10		27.37	21.5	0.551	515	915	817	212	4.34	5.46	2.78	50.6	82.6	39.2	3.82
		12		32.51	25.5	0.551	604	1100	959	249	4.31	5.43	2.76	59.8	96.9	45.0	3.90
		14	14	37.57	29.5	0.550	689	1280	1090	284	4.28	5.40	2.75	68.8	110	50.5	3.98
		16		42.54	33.4	0.549	770	1470	1220	319	4.26	5.36	2.74	77.5	123	55.6	4.06
15	150	8		23.75	18.6	0.592	521	900	827	215	4.69	5.90	3.01	47.4	78.0	38.1	3.99
		10		29.37	23.1	0.591	638	1130	1010	262	4.66	5.87	2.99	58.4	95.5	45.5	4.08
		12		34.91	27.4	0.591	749	1350	1190	308	4.63	5.84	2.97	69.0	112	52.4	4.15
		14		40.37	31.7	0.590	856	1580	1360	352	4.60	5.80	2.95	79.5	128	58.8	4.23
		15		43.06	33.8	0.590	907	1690	1440	374	4.59	5.78	2.95	84.6	136	61.9	4.27
		16		45.74	35.9	0.589	958	1810	1520	395	4.58	5.77	2.94	89.6	143	64.9	4.31
16	160	10		31.50	24.7	0.630	780	1370	1240	322	4.98	6.27	3.20	66.7	109	52.8	4.31
		12		37.44	29.4	0.630	917	1640	1460	377	4.95	6.24	3.18	79.0	129	60.7	4.39
		14		43.30	34.0	0.629	1050	1910	1670	432	4.92	6.20	3.16	91.0	148	68.2	4.47
		16		49.07	38.5	0.629	1180	2190	1870	485	4.89	6.17	3.14	103	165	75.3	4.55
18	180	12	16	42.24	33.2	0.710	1320	2330	2100	543	5.59	7.05	3.58	101	165	78.4	4.89
		14		48.90	38.4	0.709	1510	2720	2410	622	5.56	7.02	3.56	116	189	88.4	4.97
		16		55.47	43.5	0.709	1700	3120	2700	699	5.54	6.98	3.55	131	212	97.8	5.05
		18		61.96	48.6	0.708	1880	3500	2990	762	5.50	6.94	3.51	146	235	105	5.13
20	200	14		54.64	42.9	0.788	2100	3730	3340	864	6.20	7.82	3.08	145	236	112	5.46
		16		62.01	48.7	0.788	2370	4270	3760	971	6.18	7.79	3.96	164	266	124	5.54
		18	18	69.30	54.4	0.787	2620	4810	4160	1080	6.15	7.75	3.94	182	294	136	5.62
		20		76.51	60.1	0.787	2870	5350	4550	1180	6.12	7.72	3.93	200	322	147	5.69
		24		90.66	71.2	0.785	3340	6460	5290	1380	6.07	7.64	3.90	236	374	167	5.87
22	220	16		68.67	53.9	0.866	3190	5680	5060	1310	6.81	8.59	4.37	200	326	154	6.03
		18		76.75	60.3	0.866	3540	6400	5620	1450	6.79	8.55	4.35	223	361	168	6.11
		20	21	84.76	66.5	0.865	3870	7110	6150	1590	6.76	8.52	4.34	245	395	182	6.18
		22		9.268	72.8	0.865	4200	7830	6670	1730	6.73	8.48	4.32	267	429	195	6.26
		24		100.5	78.9	0.864	4520	8550	7170	1870	6.71	8.45	4.31	289	461	208	6.33
		26		108.3	85.0	0.864	4830	9280	7690	2000	6.68	8.41	4.30	310	492	221	6.41

续表

型号	截面尺寸/mm			截面面积/cm²	理论重量/(kg/m)	外表面积/(m²/m)	惯性矩/cm⁴				惯性半径/cm			截面模数/cm³			重心距离/cm
	b	d	r				I_x	I_{x1}	I_{x0}	I_{y0}	i_x	i_{x0}	i_{y0}	W_x	W_{x0}	W_{y0}	Z_0
		18		87.84	69.0	0.985	5270	9380	8370	2170	7.75	9.76	4.97	290	473	224	6.84
		20		97.05	76.2	0.984	5780	10400	9180	2380	7.72	9.73	4.95	320	519	243	6.92
		22		106.2	83.3	0.983	6280	11500	9970	2580	7.69	9.69	4.93	349	564	261	7.00
		24		115.2	90.4	0.983	6770	12500	10700	2790	7.67	9.66	4.92	378	608	278	7.07
25	250	26	24	124.2	97.5	0.982	7240	13600	11500	2980	7.64	9.62	4.90	406	650	295	7.15
		28		133.0	104	0.982	7700	14600	12200	3180	7.61	9.58	4.89	433	691	311	7.22
		30		141.8	111	0.981	8160	15700	12900	3380	7.58	9.55	4.88	461	731	327	7.30
		32		150.5	118	0.981	8600	16800	13600	3570	7.56	9.51	4.87	488	770	342	7.37
		35		163.4	128	0.980	9240	18400	14600	3850	7.52	9.46	4.86	527	827	364	7.48

注：截面图中的 $r_1 = 1/3d$ 及表中 r 的数据用于孔型设计，不作交货条件。

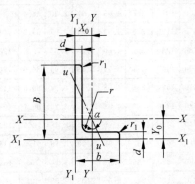

说明：

B——长边宽度；

b——短边宽度；

d——边厚度；

r——内圆弧半径；

r_1——边端圆弧半径；

X_0——重心距离；

Y_0——重心距离。

表4 热轧不等边角钢 GB/T 706—2016

型号	截面尺寸/mm				截面面积/cm²	理论重量/(kg/m)	外表面积/(m²/m)	惯性矩/cm⁴					惯性半径/cm			截面模数/cm³			tanα	重心距离/cm	
	B	b	d	r				I_x	I_{x_1}	I_y	I_{y1}	I_u	i_x	i_y	i_u	W_x	W_y	W_u		X_0	Y_0
2.5/1.6	25	16	3	3.5	1.162	0.91	0.080	0.70	1.56	0.22	0.43	0.14	0.78	0.44	0.34	0.43	0.19	0.16	0.392	0.42	0.86
			4		1.499	1.18	0.079	0.88	2.09	0.27	0.59	0.17	0.77	0.43	0.34	0.55	0.24	0.20	0.381	0.46	0.90
3.2/2	32	20	3		1.492	1.17	0.102	1.53	3.27	0.46	0.82	0.28	1.01	0.55	0.43	0.72	0.30	0.25	0.382	0.49	1.08
			4		1.939	1.52	0.101	1.93	4.37	0.57	1.12	0.35	1.00	0.54	0.42	0.93	0.39	0.32	0.374	0.53	1.12
4/2.5	40	25	3	4	1.890	1.48	0.127	3.08	5.39	0.93	1.59	0.56	1.28	0.70	0.54	1.15	0.49	0.40	0.385	0.59	1.32
			4		2.467	1.94	0.127	3.93	8.53	1.18	2.14	0.71	1.36	0.69	0.54	1.49	0.63	0.52	0.381	0.63	1.37
4.5/2.8	45	28	3	5	2.149	1.69	0.143	4.45	9.10	1.34	2.23	0.80	1.44	0.79	0.61	1.47	0.62	0.51	0.383	0.64	1.47
			4		2.806	2.20	0.143	5.69	12.1	1.70	3.00	1.02	1.42	0.78	0.60	1.91	0.80	0.66	0.380	0.68	1.51
5/3.2	50	32	3	5.5	2.431	1.91	0.161	6.24	12.5	2.02	3.31	1.20	1.60	0.91	0.70	1.84	0.82	0.68	0.404	0.73	1.60
			4		3.177	2.49	0.160	8.02	16.7	2.58	4.45	1.53	1.59	0.90	0.69	2.39	1.06	0.87	0.402	0.77	1.65
5.6/3.6	56	36	3	6	2.743	2.15	0.181	8.88	17.5	2.92	4.70	1.73	1.80	1.03	0.79	2.32	1.05	0.87	0.408	0.80	1.78
			4		3.590	2.82	0.180	11.5	23.4	3.76	6.33	2.23	1.79	1.02	0.79	3.03	1.37	1.13	0.408	0.85	1.82
			5		4.415	3.47	0.180	13.9	29.3	4.49	7.94	2.67	1.77	1.01	0.78	3.71	1.65	1.36	0.404	0.88	1.87

型号	截面尺寸/mm				截面面积/cm²	理论重量/(kg/m)	外表面积/(m²/m)	惯性矩/cm⁴					惯性半径/cm			截面模数/cm³			$\tan\alpha$	重心距离/cm	
	B	b	d	r				I_x	I_{x_1}	I_y	I_{y1}	I_u	i_x	i_y	i_u	W_x	W_y	W_u		X_0	Y_0
6.3/4	63	40	4	7	4.058	3.19	0.202	16.5	33.3	5.23	8.63	3.12	2.02	1.14	0.88	3.87	1.70	1.40	0.398	0.92	2.04
			5		4.993	3.92	0.202	20.0	41.6	6.31	10.9	3.76	2.00	1.12	0.87	4.74	2.07	1.71	0.396	0.95	2.08
			6		5.908	4.64	0.201	23.4	50.0	7.29	13.1	4.34	1.96	1.11	0.86	5.59	2.43	1.99	0.393	0.99	2.12
			7		6.802	5.34	0.201	26.5	58.1	8.24	15.5	4.97	1.98	1.10	0.86	6.40	2.78	2.29	0.389	1.03	2.15
7/4.5	70	45	4	7.5	4.553	3.57	0.226	23.2	45.9	7.55	12.3	4.40	2.26	1.29	0.98	4.86	2.17	1.77	0.410	1.02	2.24
			5		5.609	4.40	0.225	28.0	57.1	9.13	15.4	5.40	2.23	1.28	0.98	5.92	2.65	2.19	0.407	1.06	2.28
			6		6.644	5.22	0.225	32.5	68.4	10.6	18.6	6.35	2.21	1.26	0.98	6.95	3.12	2.59	0.404	1.09	2.32
			7		7.658	6.01	0.225	37.2	80.0	12.0	21.8	7.16	2.20	1.25	0.97	8.03	3.57	2.94	0.402	1.13	2.36
7.5/5	75	50	5	8	6.126	4.81	0.245	34.9	70.0	12.6	21.0	7.41	2.39	1.44	1.10	6.83	3.3	2.74	0.435	1.17	2.40
			6		7.260	5.70	0.245	41.1	84.3	14.7	25.4	8.54	2.38	1.42	1.08	8.12	3.88	3.19	0.435	1.21	2.44
			8		9.467	7.43	0.244	52.4	113	18.5	34.2	10.9	2.35	1.40	1.07	10.5	4.99	4.10	0.429	1.29	2.52
			10		11.59	9.10	0.244	62.7	141	22.0	43.4	13.1	2.33	1.38	1.06	12.8	6.04	4.99	0.423	1.36	2.60
8/5	80	50	5	8	6.376	5.00	0.255	42.0	85.2	12.8	21.1	7.66	2.56	1.42	1.10	7.78	3.32	2.74	0.388	1.14	2.60
			6		7.560	5.93	0.255	49.5	103	15.0	25.4	8.85	2.56	1.41	1.08	9.25	3.91	3.20	0.387	1.18	2.65
			7		8.724	6.85	0.255	56.2	119	17.0	29.8	10.2	2.54	1.39	1.08	10.6	4.48	3.70	0.384	1.21	2.69
			8		9.867	7.75	0.254	62.8	136	18.9	34.3	11.4	2.52	1.38	1.07	11.9	5.03	4.16	0.381	1.25	2.73
9/5.6	90	56	5	9	7.212	5.66	0.287	60.5	121	18.3	29.5	11.0	2.90	1.59	1.23	9.92	4.21	3.49	0.385	1.25	2.91
			6		8.557	6.72	0.286	71.0	146	21.4	35.6	12.9	2.88	1.58	1.23	11.7	4.96	4.13	0.384	1.29	2.95
			7		9.881	7.76	0.286	81.0	170	24.4	41.7	14.7	2.86	1.57	1.22	13.5	5.70	4.72	0.382	1.33	3.00
			8		11.18	8.78	0.286	91.0	194	27.2	47.9	16.3	2.85	1.56	1.21	15.3	6.41	5.29	0.380	1.36	3.04
10/6.3	100	63	6	10	9.618	7.55	0.320	99.1	200	30.9	50.5	18.4	3.21	1.79	1.38	14.6	6.35	5.25	0.394	1.43	3.24
			7		11.11	8.72	0.320	113	233	35.3	59.1	21.0	3.20	1.78	1.38	16.9	7.29	6.02	0.394	1.47	3.28
			8		12.58	9.88	0.319	127	266	39.4	67.9	23.5	3.18	1.77	1.37	19.1	8.21	6.78	0.391	1.50	3.32
			10		15.47	12.1	0.319	154	333	47.1	85.7	28.3	3.15	1.74	1.35	23.3	9.98	8.24	0.387	1.58	3.40
10/8	100	80	6	10	10.64	8.35	0.354	107	200	61.2	103	31.7	3.17	2.40	1.72	15.2	10.2	8.37	0.627	1.97	2.95
			7		12.30	9.66	0.354	123	233	70.1	120	36.2	3.16	2.39	1.72	17.5	11.7	9.60	0.626	2.01	3.00
			8		13.94	10.9	0.353	138	267	78.6	137	40.6	3.14	2.37	1.71	19.8	13.2	10.8	0.625	2.05	3.04
			10		17.17	13.5	0.353	167	334	94.7	172	49.1	3.12	2.35	1.69	24.2	16.1	13.1	0.622	2.13	3.12
11/7	110	70	6	10	10.64	8.35	0.354	133	266	42.9	69.1	25.4	3.54	2.01	1.54	17.9	7.90	6.53	0.403	1.57	3.53
			7		12.30	9.66	0.354	153	310	49.0	80.8	29.0	3.53	2.00	1.53	20.6	9.09	7.50	0.402	1.61	3.57
			8		13.94	10.9	0.353	172	354	54.9	92.7	32.5	3.51	1.98	1.53	23.3	10.3	8.45	0.401	1.65	3.62
			10		17.17	13.5	0.353	208	443	65.9	117	39.2	3.48	1.96	1.51	28.5	12.5	10.3	0.397	1.72	3.70
12.5/8	125	80	7	11	14.10	11.1	0.403	228	455	74.4	120	43.8	4.02	2.30	1.76	26.9	12.0	9.92	0.408	1.80	4.01
			8		15.99	12.6	0.403	257	520	83.5	138	49.2	4.01	2.28	1.75	30.4	13.6	11.2	0.407	1.84	4.06
			10		19.71	15.5	0.402	312	650	101	173	59.5	3.98	2.26	1.74	37.3	16.6	13.6	0.404	1.92	4.14
			12		23.35	18.3	0.402	364	780	117	210	69.4	3.95	2.24	1.72	44.0	19.4	16.0	0.400	2.00	4.22

续表

型号	截面尺寸/mm				截面面积/cm²	理论重量/(kg/m)	外表面积/(m²/m)	惯性矩/cm⁴					惯性半径/cm			截面模数/cm³			tanα	重心距离/cm	
	B	b	d	r				I_x	I_{x1}	I_y	I_{y1}	I_u	i_x	i_y	i_u	W_x	W_y	W_u		X_0	Y_0
14/9	140	90	8		18.04	14.2	0.453	366	731	121	196	70.8	4.50	2.59	1.98	38.5	17.3	14.3	0.411	2.04	4.50
			10		22.26	17.5	0.452	446	913	140	246	85.8	4.47	2.56	1.96	47.3	21.2	17.5	0.409	2.12	4.58
			12		26.40	20.7	0.451	522	1100	170	297	100	4.44	2.54	1.95	55.9	25.0	20.5	0.406	2.19	4.66
			14		30.46	23.9	0.451	594	1280	192	349	114	4.42	2.51	1.94	64.2	28.5	23.5	0.403	2.27	4.74
15/9	150	90	8	12	18.84	14.8	0.473	442	898	123	196	74.1	4.84	2.55	1.98	43.9	17.5	14.5	0.364	1.97	4.92
			10		23.26	18.3	0.472	539	1120	149	246	89.9	4.81	2.53	1.97	54.0	21.4	17.7	0.362	2.05	5.01
			12		27.60	21.7	0.471	632	1350	173	297	105	4.79	2.50	1.95	63.8	25.1	20.8	0.359	2.12	5.09
			14		31.86	25.0	0.471	721	1570	196	350	120	4.76	2.48	1.94	73.3	28.8	23.8	0.356	2.20	5.17
			15		33.95	26.7	0.471	764	1680	207	376	127	4.74	2.47	1.93	78.0	30.5	25.3	0.354	2.24	5.21
			16		36.03	28.3	0.470	806	1800	217	403	134	4.73	2.45	1.93	82.6	32.3	26.8	0.352	2.27	5.25
16/10	160	100	10	13	25.32	19.9	0.512	669	1360	205	337	122	5.14	2.85	2.19	62.1	26.6	21.9	0.390	2.28	5.24
			12		30.05	23.6	0.511	785	1640	239	406	142	5.11	2.82	2.17	73.5	31.3	25.8	0.388	2.36	5.32
			14		34.71	27.2	0.510	896	1910	271	476	162	5.08	2.80	2.16	84.6	35.8	29.6	0.385	2.43	5.40
			16		39.28	30.8	0.510	1000	2180	302	548	183	5.05	2.77	2.16	95.3	40.2	33.4	0.382	2.51	5.48
18/11	180	110	10	14	28.37	22.3	0.571	956	1940	278	447	167	5.80	3.13	2.42	79.0	32.5	26.9	0.376	2.44	5.89
			12		33.71	26.5	0.571	1120	2330	325	539	195	5.78	3.10	2.40	93.5	38.3	31.7	0.374	2.52	5.98
			14		38.97	30.6	0.570	1290	2720	370	632	222	5.75	3.08	2.39	108	44.0	36.3	0.372	2.59	6.06
			16		44.14	34.6	0.569	1440	3110	412	726	249	5.72	3.06	2.38	122	49.4	40.9	0.369	2.67	6.14
20/12.5	200	125	12	14	37.91	29.8	0.641	1570	3190	483	788	286	6.44	3.57	2.74	117	50.0	41.2	0.392	2.83	6.54
			14		43.87	34.4	0.640	1800	3730	551	922	327	6.41	3.54	2.73	135	57.4	47.3	0.390	2.91	6.62
			16		49.74	39.0	0.639	2020	4260	615	1060	366	6.38	3.52	2.71	152	64.9	53.3	0.388	2.99	6.70
			18		55.53	43.6	0.639	2240	4790	677	1200	405	6.35	3.49	2.70	169	71.7	59.2	0.385	3.06	6.78

注：截面图中的 $r_1 = 1/3d$ 及表中 r 的数据用于孔型设计，不作交货条件。

常用截面的几何性质

截面形状和形心轴的位置	面积 A	惯 性 矩		惯 性 半 径	
		I_x	I_y	i_x	i_y
	bh	$\dfrac{bh^3}{12}$	$\dfrac{b^3h}{12}$	$\dfrac{h}{2\sqrt{3}}$	$\dfrac{b}{2\sqrt{3}}$
	$\dfrac{bh}{2}$	$\dfrac{bh^3}{36}$	$\dfrac{b^3h}{36}$	$\dfrac{h}{3\sqrt{2}}$	$\dfrac{b}{3\sqrt{2}}$
	$\dfrac{\pi d^2}{4}$	$\dfrac{\pi d^4}{64}$	$\dfrac{\pi d^4}{64}$	$\dfrac{d}{4}$	$\dfrac{d}{4}$
$\alpha=\dfrac{d}{D}$	$\dfrac{\pi D^2}{4}(1-\alpha^2)$	$\dfrac{\pi D^4}{64}(1-\alpha^4)$	$\dfrac{\pi D^4}{64}(1-\alpha^4)$	$\dfrac{D}{4}\sqrt{1+\alpha^2}$	$\dfrac{D}{4}\sqrt{1+\alpha^2}$
$\delta\ll r_0$	$2\pi r_0\delta$	$\pi r_0^3\delta$	$\pi r_0^3\delta$	$\dfrac{r_0}{\sqrt{2}}$	$\dfrac{r_0}{\sqrt{2}}$

截面形状和形心轴的位置	面积 A	惯 性 矩		惯 性 半 径	
		I_x	I_y	i_x	i_y
	πab	$\dfrac{\pi}{4}ab^3$	$\dfrac{\pi}{4}a^3b$	$\dfrac{b}{2}$	$\dfrac{a}{2}$
	$\dfrac{\theta d^2}{4}$	$\dfrac{d^4}{64}\Big(\theta+$ $\sin\theta\cos\theta-$ $\dfrac{16\sin^2\theta}{9\theta}\Big)$	$\dfrac{d^4}{64}(\theta-$ $\sin\theta\cos\theta)$		
$y_1=\dfrac{d-\delta}{2}\Big(\dfrac{\sin\theta}{\theta}-\cos\theta\Big)$ $+\dfrac{\delta\cos\theta}{2}$	$\theta\Big[\Big(\dfrac{d}{2}\Big)^2-$ $\Big(\dfrac{d}{2}-\delta\Big)^2\Big]$ $\approx\theta\delta d$	$\dfrac{\delta(d-\delta)^3}{8}\times$ $(\theta+\sin\theta\times$ $\cos\theta-$ $\dfrac{2\sin^2\theta}{\theta})$	$\dfrac{\delta(d-\delta)^3}{8}\times$ $(\theta-\sin\theta\cos\theta)$		

附录Ⅲ
简单载荷作用下梁的挠度和转角

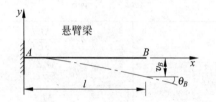

悬臂梁

$v=$沿 y 方向的挠度

$v_B=v(l)=$梁右端处的挠度

$\theta_B=v'(l)=$梁右端处的转角

序号	梁上载荷及弯矩图	挠曲线方程	转角和挠度
1	M_e A ———— B l	$v=-\dfrac{M_e x^2}{2EI}$	$\theta_B=-\dfrac{M_e l}{EI}$ $v_B=-\dfrac{M_e l^2}{2EI}$
2	F A ———— B l	$v=-\dfrac{Fx^2}{6EI}(3l-x)$	$\theta_B=-\dfrac{Fl^2}{2EI}$ $v_B=-\dfrac{Fl^3}{3EI}$
3	F A ——B a l	$v=-\dfrac{Fx^2}{6EI}(3a-x)$ $(0\leqslant x\leqslant a)$ $v=-\dfrac{Fa^2}{6EI}(3x-a)$ $(a\leqslant x\leqslant l)$	$\theta_B=-\dfrac{Fa^2}{2EI}$ $v_B=-\dfrac{Fa^2}{6EI}(3l-a)$
4	q A ———— B l	$v=-\dfrac{qx^2}{24EI}(x^2+6l^2-4lx)$	$\theta_B=-\dfrac{ql^3}{6EI}$ $v_B=-\dfrac{ql^4}{8EI}$
5	q_0 A ————B l	$v=-\dfrac{q_0 x^2}{120EIl}(10l^3-10l^2 x$ $+5lx^2-x^3)$	$\theta_B=-\dfrac{q_0 l^3}{24EI}$ $v_B=-\dfrac{q_0 l^4}{30EI}$

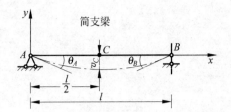

简支梁

$v=$ 沿 y 方向的挠度

$v_C = v\left(\dfrac{l}{2}\right) =$ 梁的中点挠度

$\theta_A = v'(0) =$ 梁左端处的转角

$\theta_B = v'(l) =$ 梁右端处的转角

续表

序号	梁上载荷及弯矩图	挠曲线方程	转角和挠度
6		$v=-\dfrac{M_A x}{6EIl}(l-x)(2l-x)$	$\theta_A=-\dfrac{M_A l}{3EI}$ $\theta_B=\dfrac{M_A l}{6EI}$ $v_C=-\dfrac{M_A l^2}{16EI}$
7		$v=-\dfrac{M_B x}{6EIl}(l^2-x^2)$	$\theta_A=-\dfrac{M_B l}{6EI}$ $\theta_B=\dfrac{M_B l}{3EI}$ $v_C=-\dfrac{M_B l^2}{16EI}$
8		$v=-\dfrac{qx}{24EI}(l^3-2lx^2+x^3)$	$\theta_A=-\dfrac{ql^3}{24EI}$ $\theta_B=\dfrac{ql^3}{24EI}$ $v_C=-\dfrac{5ql^4}{384EI}$
9		$v=-\dfrac{q_0 x}{360EIl}$ $(7l^4-10l^2x^2+3x^4)$	$\theta_A=-\dfrac{7q_0 l^3}{360EI}$ $\theta_B=\dfrac{q_0 l^3}{45EI}$ $v_C=-\dfrac{5q_0 l^4}{768EI}$
10		$v=-\dfrac{Fx}{48EI}(3l^2-4x^2)$ $\left(0\leqslant x\leqslant \dfrac{l}{2}\right)$	$\theta_A=-\dfrac{Fl^2}{16EI}$ $\theta_B=\dfrac{Fl^2}{16EI}$ $v_C=-\dfrac{Fl^3}{48EI}$
11		$v=-\dfrac{Fbx}{6EIl}(l^2-x^2-b^2)$ $(0\leqslant x\leqslant a)$ $v=-\dfrac{Fb}{6EIl}\left[\dfrac{l}{b}(x-a)^2\right.$ $\left.+(l^2-b^2)x-x^3\right]$ $(a\leqslant x\leqslant l)$	$\theta_A=-\dfrac{Fab(l+b)}{6EIl}$ $\theta_B=\dfrac{Fab(l+a)}{6EIl}$ $v_C=-\dfrac{Fb(3l^2-4b^2)}{48EI}$ （当 $a\geqslant b$ 时）

序号	梁上载荷及弯矩图	挠曲线方程	转角和挠度
12		$v = -\dfrac{M_e x}{6EIl}(6al - 3a^2 - 2l^2 - x^2)$ $(0 \leqslant x \leqslant a)$ 当 $a = b = \dfrac{l}{2}$ 时，$v = -\dfrac{M_e x}{24EIl}(l^2 - 4x^2)$ $\left(0 \leqslant x \leqslant \dfrac{l}{2}\right)$	$\theta_A = -\dfrac{M_e}{6EIl}(6al - 3a^2 - 2l^2)$ $\theta_B = -\dfrac{M_e}{6EIl}(l^2 - 3a^2)$ 当 $a = b = \dfrac{l}{2}$ 时，$\theta_A = -\dfrac{M_e l}{24EI}$ $\theta_B = -\dfrac{M_e l}{24EI},\ v_C = 0$